高 等 学 校 教 材

传感器与测试技术

第2版

李晓莹　　主　编

张新荣　　任海果　**副主编**

李晓莹　　张新荣　　任海果
刘笃喜　　叶　芳　　谢建兵
王斌华　　张　军　　任　森　编　著
申　强　　贾恒信　　顾海荣
金伟清

U0341362

高等教育出版社·北京

内容提要

　　本书是在第 1 版的基础上修订而成的。 全书共分三篇 17 章，包括工程测试技术基础和传感器技术概论篇、常用传感器原理及应用篇、新型传感与检测技术篇，系统地介绍了工程测试技术和传感技术基础、常用传感器的原理及应用、微型传感器、智能传感器、生物传感器等新型传感器以及无线传感器网络、物联网技术等新型传感与检测技术的最新进展及新成果的应用。

　　本书体系完整，结构清晰，内容丰富，广深兼顾，以典型工程应用案例将理论与工程实际有机结合，实用性强。 将知识拓展、图片、动画等素材以二维码展现，表现形式新颖，体现了体系新、内容新、方法新、手段新的教材特色。

　　本书可作为机械工程、测控技术及仪器、自动化、电子信息工程、电气工程及自动化、物联网工程等专业的教材或参考书，也可供其他专业的学生和相关领域的工程技术人员选用。

图书在版编目（ＣＩＰ）数据

　　传感器与测试技术 / 李晓莹主编. --2 版. -- 北京：高等教育出版社,2019.7(2023.11 重印)
　　ISBN 978-7-04-051785-9

　　Ⅰ.①传… Ⅱ.①李… Ⅲ.①传感器-测试技术-高等学校-教材 Ⅳ.①TP212.06

　　中国版本图书馆 CIP 数据核字(2019)第 075302 号

策划编辑	吴陈滨	责任编辑	孙 琳	封面设计　王 洋	版式设计　于 婕	
插图绘制	于 博	责任校对	陈 杨	责任印制　高 峰		

出版发行	高等教育出版社		网　址	http://www.hep.edu.cn
社　址	北京市西城区德外大街 4 号			http://www.hep.com.cn
邮政编码	100120		网上订购	http://www.hepmall.com.cn
印　刷	固安县铭成印刷有限公司			http://www.hepmall.com
开　本	787mm×1092mm　1/16			http://www.hepmall.cn
印　张	31.5		版　次	2004 年 11 月第 1 版
字　数	650 千字			2019 年 7 月第 2 版
购书热线	010-58581118		印　次	2023 年 11 月第 7 次印刷
咨询电话	400-810-0598		定　价	53.00 元

《传感器与测试技术》于 2004 年 11 月首次出版,被国内多所高校选做教材,也被从事传感器和测试技术的工程技术人员作为参考书,已累计印刷 15 次,印数达 41000 多册。本书是在第 1 版基础上进行了系统修订、补充和完善,在修订过程中力求突出体系完整性和教学适用性,注重应用创新实践及最新技术发展等新技术、新成果的应用。

在第 2 版的修订中,教材的整体框架基本保持不变。修订内容包括:(1) 对教学及使用过程中发现的问题进行了修订并完善;并对有关章节内容和结构进行了调整,如将光电式传感器、光纤传感器和图像传感器合并为一章、删去应用不多的核辐射传感器等。(2) 兼顾近年来有关测试理论、方法和技术的最新进展及新成果的应用,增补了"固态压阻式传感器""磁电感应式传感器""微波传感器""磁栅传感器""智能传感器""生物传感器""无线传感器网络""物联网技术"等相关内容,满足新的教学需要。(3) 考虑到课程涉及学科面广,实践性强,在第二篇每一章中增加了"工程应用案例",将理论与工程实际有机结合;同时,补充了较多的启发性思考题和应用性习题,培养学生的综合应用能力。

本次教材再版修订体现三个特色:一是每章由"本章要点提示"开始,给出教学目标,引领学生自主学习;二是知识拓展(阅读材料、图片、动画或视频等素材)以二维码形式展现,激发学生的求知欲望;三是"工程应用案例"密切结合科研项目,培养学生的工程实践应用和创新能力。

本书共分三篇 17 章,主要由李晓莹修订及统稿。其中,李晓莹编写第 1~5 章,第 5 章"工程应用案例"由贾恒信编写;任海果编写第 6、7、11 章,顾海荣参与第 11 章修订;张新荣编写第 8、9、10 章,其中"工程应用案例"由张军编写;刘笃喜编写第 12、13、17 章,其中"磁栅传感器""微波传感器"由金伟清编写,"信号调理及转换电路"由申强编写;谢建兵编写第 14 章,其中"微型压力传感器"由任森编写;王斌华编写第 15 章;叶芳编写第 16 章。

感谢朱名铨教授、焦生杰教授审阅并提出的宝贵意见和建议! 感谢中航电测仪器股份有限公司高工贾恒信专家的支持!

本书修订出版获得了西北工业大学精品教材建设项目的支持,在此表示感谢!

本书编写过程中,编者参阅了大量国内外相关的书籍、文献、专利及网站等,在此特向有关作者表示衷心的感谢。同时感谢教材使用过程中各位同行提出的宝贵意见和建议;感谢高等教育出版社编辑们付出的辛勤劳动。

传感器与测试技术应用广泛,技术发展快,限于编者的学识和水平,书中难免存在疏漏和不足,敬请同行和读者批评指正。

编　者

2019 年 1 月

传感器与测试技术是集机械、电子、信息及控制等为一体的综合技术。随着现代科学技术的飞速发展,特别是微电子技术、计算机技术及信息处理技术的发展,各个领域需要获取的信息量(物理量、化学量、生物量等等)越来越多,对信息测试准确度的要求越来越高,测试的难度越来越大,从而对传感器与测试技术提出了更高更新的要求。当前国内外都将传感器与测试技术作为优先发展的科技领域之一。

本书力求从突出工程应用、强化理论联系实际的角度出发,着重对工程测试技术及常用传感器应用技术的基本理论、基本方法进行较为系统的阐述;从适应学科发展需要的角度出发,对国内外传感器与测试技术新成果与新技术做实用性论述;最后对计算机辅助测试系统及虚拟测试仪器做概要性介绍。本书采用将传感器与测试技术结合起来介绍的方法,充分考虑了传感器的应用及教学内容的需要,以此促进传感器与测试技术的教学。

本书取材新颖,内容丰富,每章内容相对独立,不同专业可对内容适当进行取舍。本书将理论与工程实际紧密结合,实用性强,具有一定的深度与广度,可作为机械工程、测控技术及仪器、自动化等专业的教材,也可供相关专业工程技术人员参考。

全书共分 17 章。参与编写的有李晓莹(绪论、第 1、2、3、4、5 章,附录)、张新荣(第 8、9、10、13、14 章)、刘笃喜(第 12、15、17 章)、任海果(第 6、7、11 章)、马炳和(第 16 章)。全书由李晓莹统稿、整理及补充。

本书由西北工业大学朱名铨教授审阅。朱名铨教授对本书的总体结构和内容细节等进行了全面审订,提出了许多宝贵意见,在此深表感谢。

本书从编写大纲的制定到全书的完成,得到了朱名铨教授、冯凯昉教授、石秀华教授和焦生杰教授的指导和帮助,在编写过程中也得到其他兄弟院校许多同志的关心和帮助,在此表示衷心的感谢。

本书涉及的知识面较广,尽管作者已做了很大努力,但由于水平所限,书中欠妥之处在所难免,敬请读者批评指正。

编　者

2004 年 3 月

绪　论

传感器与测试技术是一门随着现代科学技术发展而迅猛发展的综合性技术学科,广泛应用于人类的社会生产和科学研究中。它是人类认识世界和探索世界的基本手段,也是科学研究的基本方法,是实现自动化和信息化的基础,已经成为国民经济发展和社会进步的一项必不可少的重要技术,也是衡量一个国家科技发展水平的重要标志,许多国家都将其列为重点发展的科技领域之一。当前,物联网技术的发展和以智能制造为主导的第四次工业革命——工业 4.0 时代的来临,对推动传感器与测试技术的发展带来新的机遇与挑战。

测试的基本任务就是获取有用的信息,借助专门的仪器、设备,设计合理的实验方法,进行必要的信号分析和数据处理,从而获得与被测对象有关的信息,最后将其结果提供显示或输入其他信息处理装置、控制系统。因此,传感器与测试技术是属于信息科学范畴,它与通信技术、计算机技术并称为信息技术的三大支柱。

在进入信息社会的今天,人们对信息的提取、处理、传输等要求越来越高,需求也更加迫切。无论是国防军事、航空航天、海洋探测、环境监控、生命科学等领域,还是工业制造、农业生产以及人们的日常生活,都离不开传感器与测试技术。例如,一架飞机需要几千种传感器及配套测试仪表,用来监测飞行参数(飞行高度、速度、加速度、姿态角等)和发动机状态(转速、温度、压力、振动、燃油量等)等;一辆汽车需要几十到数百种传感器及配套测试仪表,用以检测车速、温度、方位、转矩、振动、油压、油量、气体浓度等。在现代机械工程中,从产品设计、质量控制、性能监测到设备的故障检测,传感器与测试技术占有非常重要的地位,是先进制造技术的重要标志。

测试技术的发展与科学技术的发展是相辅相成的。近年来,传感器技术、材料科学、微电子技术、计算机技术、信号处理技术的不断发展,极大地推动了测试技术的发展和变革,新的测试方法和先进的测试仪器不断更新换代,为科学研究提供了有力的工具和先进的手段。同时,随着人们对客观世界的认识不断深入,现代科学技术的发展不断地对测试技术提出更高的要求和新的挑战。

综合国内外的技术动态,传感器与测试技术的发展趋势归纳起来主要是:

1. 传感器向新型化、微型化、智能化方向发展

传感器的工作机理是基于各种效应和定律,因此探索新效应、开发新型敏感功能材料是研制新型传感器的重要基础。微米/纳米技术和微细加工技术的发展为实现传感器的集成化和微型化奠定了坚实的基础。同时,传感器与计算机的紧密结合,使传感器不仅具有信号检测、转换和信息处理功能,还具有存储、记忆、自诊断、自校准、自适应和双向通信等功能,从而实现了传感器的智能化。

2. 测试仪器向高精度、宽量程、多功能方向发展

科技的发展,对测试仪器和测试系统的精度、测量范围、可靠性等性能的要求越

来越高。测试仪器及整个测试系统精度的提高,不仅能提高测试数据的可信度,而且可以减少试验次数,缩短产品的研制周期,降低产品成本。同时,随着研究的不断深入和领域的不断拓展,测量范围向极端测量方向发展,测试仪器的量程范围必须适应不同的测量要求。近年来,随着计算机辅助测试系统(CAT)和虚拟仪器技术的发展,测试仪器的结构和功能发生了根本的变化,用户可在集成仪器平台上按自己的要求构成所需要的实用仪器和实用测试系统,使得仪器和系统的功能具有很大的灵活性和拓展空间。

3. 测试系统向自动化、智能化、网络化方向发展

目前,越来越多的测试系统都采用以计算机为核心的多通道自动测试系统,不仅可以实现不同参数的在线实时测量,同时利用软件的强大功能实现系统的自校准、自诊断、自动量程、故障诊断等智能化功能,并通过数字通信接口快速地进行数据的传输及信号分析和处理。网络化测试系统的特点是能够实现资源共享、多目标、多任务的协同测试,并能实时进行过程测控。

本教材主要讨论机械工程领域中常用物理量的测试原理及方法。全书共分三篇,第一篇着重介绍工程测试技术基础和传感器技术概论,内容包括:测试的基本概念、信号分析基础、测试系统的特性及传感器技术概论。第二篇着重从应用的角度,介绍常用传感器的工作原理、结构特性、调理电路及应用,包括:电阻应变式传感器、电感式传感器、电容式传感器、压电式传感器、磁电式传感器、光电式传感器、热电式传感器、辐射式传感器和数字式传感器。在第二篇中,结合学科发展及编者多年从事教学、科研的成果和经验,每章给出一个典型的传感器综合应用案例,将理论与工程实际有机地结合起来。第三篇主要介绍新型传感器与检测技术,包括微型传感器、智能传感器、生物传感器等新型传感器以及自动测试系统、虚拟仪器、无线传感器网络、物联网技术等的最新进展及新成果的应用。

传感器与测试技术涉及的学科面广,是多门学科(包括数学、物理学、力学、机械学、电工电子学、自动控制、计算机技术和信号处理技术等)的交叉融合和综合应用。对高等学校机械工程各有关专业来说,"传感器与测试技术"是一门技术基础课,且实践性很强。通过课程的学习和相关实验,学生获得信号分析、误差分析及数据处理的基本知识,建立起测试系统的完整概念;掌握各类典型传感器的原理、工作特性及适用场合,并能根据测试要求合理选用或设计测试装置。通过掌握并运用动态测试的基本理论、方法和技能,为进一步研究和处理工程实际问题打下坚实的基础。

第一篇

工程测试技术基础和传感器技术概论

第 1 章　测试的基础知识

【本章要点提示】………………………………………………………………

　　1. 测试的基本概念、测试方法分类及测试系统的组成
　　2. 测量误差的定义、分类及处理方法
　　3. 测量不确定度的评定
　　4. 测量数据的处理方法——回归分析

1.1　测试的基本概念

1.1.1　测量、计量、测试

　　测量、计量、测试是三个密切关联的技术术语。测量(measurement)是以确定被测对象的量值为目的的全部操作。计量(metrology)是实现测量单位统一和量值准确传递的一门科学,也称为计量学(简称为计量),具有准确性、一致性、溯源性和法制性等特点,计量的内容包括计量单位、计量基准(标准)、量值传递、测量方法、计量监督管理等。测试(measurement and test)则是具有试验性质的测量,是利用各种物理、化学或生物效应,借助专门的仪器或装置,通过一定的实验方法获取与被测对象相关的信息。

　　因此,测量定义的核心内涵是确定量值;计量是一种特定的测量,不仅可以确定量值,而且可实现量值统一;测试可理解为测量和试验的综合。测量、计量、测试三者关系密切,计量是测量和测试的前提和基础,测量与测试是计量的具体体现,测试又可为计量和测量提供新的技术手段和方法。由于测试和测量密切相关,在实际使用中往往对测试与测量并不严格区分。

　　一个完整的测试过程必定涉及被测对象、计量单位、测试方法和测量误差。

1-1 国际
单位制 SI
及其单位

1.1.2　测试方法的分类

　　测试方法是指在实施测试中所涉及的理论运算和实际操作方法。测试方法可按多种原则分类,通常采用以下原则来分类:

　　1. 按是否直接测定被测量的原则分类,可分为直接测量法和间接测量法。直接测量法是指被测量直接与测量单位进行比较,或者用预先标定好的测量仪器或测试设备进行测量,而不需要对所获取数值进行运算的测量方法,例如用直尺测量长度,

1-2 计量
基准、计量
标准与量
值传递

用万用表测量电压、电流和电阻值等。间接测量法是指通过测量与被测量有函数关系的其他量，来得到被测量量值的测量方法。例如，发动机的输出功率是通过测量发动机的转速及输出转矩得到；有时还需要联合直接测量和间接测量，通过改变测量条件联立方程组来获得测量结果，这种测量也称为组合测量。例如，铂热电阻的电阻值与温度之间的关系式为

$$R(t) = R_0(1 + \alpha t + \beta t^2) \tag{1.1.1}$$

式中，$R(t)$、R_0 为铂热电阻分别在 t ℃ 和 0 ℃ 时的电阻值，α、β 为铂热电阻的温度系数。

要确定电阻温度系数 α、β 及 R_0 的数值，可采用改变测试温度的方法，任取三个不同温度下测得其对应的电阻值，联立三个方程，通过求解方程组便可求得 α、β 及 R_0。

2. 按测量时是否与被测对象接触的原则，可分为接触式测量和非接触式测量。接触式测量往往比较简单，比如测量振动时采用带磁铁座的加速度计直接放在被测位置进行测量；而非接触式测量可以避免对被测对象的运行工况及其特性的影响，也可避免测试设备受到磨损，例如用多普勒超声测速仪测量汽车超速就属于非接触测量。

3. 按被测量是否随时间变化的原则，分为静态测量和动态测量。被测量不随时间变化或变化缓慢的测量属于静态测量，而动态测量是指被测量随时间变化的测量，因此动态测量中，要确定被测量就必须测量它的瞬时值及其随时间变化的规律。

1.1.3　测试系统的组成

一般来说，测试系统的组成框图如图 1.1.1 所示，包括信号的检测和转换、信号调理、信号分析与处理、信号的显示和记录等。有时候测试工作所希望获取的信息并没有直接隐含在可检测的信号中，这时测试系统就必须选用合适的方式激励被测对象，使其产生既能充分表征其有关信息又便于检测的信号。

图 1.1.1　测试系统组成框图

在测试系统中，传感器直接作用于被测量，并能按一定规律将被测量转换成电信号（包括电流、电压、频率等），然后利用信号调理环节（如放大、调制解调、阻抗匹配等）把来自传感器的信号转换成适合进一步传输和处理、功率足够的形式，这里的信号转换多数情况下是电信号之间的转换，例如幅值放大、将阻抗的变化转换成电压、电流、频率的变化等；信号分析处理环节接受来自调理环节的信号，并进行各种运算、分析（如提取特征参数、频谱分析、相关分析等）；信号显示记录环节是测试系统的输出环节，用以显示记录分析处理结果的数据、图形等，以便进一步分析研究，

找出被测信息的规律。

1.2　测量误差与不确定度

任何测试都具有误差,误差自始至终存在于一切科学实验和测量过程中,这就是"误差公理"。研究测量误差的目的就是为了减小测量误差,使测量结果尽可能接近真值。

1.2.1　测量误差的定义及分类

1. 与测量误差相关的术语

(1) 真值

真值即真实值,是指被测量在一定条件下客观存在的、实际具备的量值。真值是不能确切获知的,通常所说的真值可分为理论真值、约定真值、相对真值。

1) 理论真值　理论真值又称为绝对真值,是根据一定的理论,按严格定义确定的数值,例如三角形的内角和恒为 180°。在实际测量中由于理论真值难以获得,常采用约定真值或相对真值来代替理论真值。

2) 约定真值　约定真值也称为规定真值,是指用约定的办法并得到国际上公认的基准量值。例如,保存在国家计量局的 1 kg 铂铱合金就是 1 kg 质量的约定真值。就给定的目的而言,它被认为充分接近于真值,通常用于在测量中代替真值。

3) 相对真值　相对真值也叫实际值,是指满足规定精度用来代替真值使用的量值。若将计量器具按精度不同分为若干等级,高一等级计量器具的测量值即为相对真值,相对真值在误差测量中的应用最为广泛。

(2) 示值

示值是由测量仪器给出或提供的量值,也称为测量值。由于测量误差的影响,示值与实际值总是存在偏差。如用二等标准活塞压力计测量压力,测得值为 9000.2 N/cm^2(示值),用高一等级的压力计测得值为 9000.5 N/cm^2(实际值),因此该二等标准活塞压力计的测量误差为 -0.3 N/cm^2。

(3) 标称值

标称值是指计量或测量器具上标注的数值,如标准砝码标注的 1 kg、精密电阻标注的 100 Ω 等。由于受到制造、测量或环境等因素影响,标称值并不一定等于它的实际值,即计量或测量器具的标称值存在不确定度,通常需要根据精度等级或误差范围进行测量不确定度的评定。

(4) 测量误差

测量误差是指测量结果与被测量真值之差,即

$$测量误差 = 测量结果 - 真值 \tag{1.2.1}$$

真值常用约定真值或相对真值代替。实际测量中通常将被测量的最佳估计值(如多次重复测量的算术平均值)作为约定真值。

（5）精度

精度是反映测量结果与真值接近程度的量,它与误差的大小相对应,因此常用误差的大小表示精度的高低,即误差越大精度越低,误差越小精度越高。

（6）测量不确定度

测量不确定度是指由于测量误差的存在,对测量结果的不可信程度或不确定性的评价,表征被测量的真值在某个量值范围内的一个估计,即对测量误差极限估计值的评价。测量不确定度是评定测量结果质量的一个定量指标,不确定度越小,测量结果越可信(详见本书 1.2.3 节)。

2. 测量误差的分类

在测试过程中,由于测量环境、测量仪器、测量方法、测量人员等各种因素的影响,必然产生测量误差。根据测量误差的特征或性质可以分为系统误差、随机误差和粗大误差。

（1）系统误差

在相同的条件下,对同一被测量进行多次测量,保持定值或按一定规律变化的误差称为系统误差,前者也叫已定系统误差(恒值系统误差),在误差处理中是可被修正的;后者为未定系统误差(变值系统误差),根据其变化规律,可分为线性系统误差、周期性系统误差和复杂规律系统误差等。

系统误差的来源包括测量设备的基本误差、测量理论和方法不完善、读数方法不正确、环境误差等。在实际测量中需要及时发现系统误差,进而设法校正和消除系统误差,也可以通过测量不确定度评定其误差范围。

（2）随机误差

在相同的条件下,对同一被测量进行多次测量,误差的绝对值和符号以不可预知的方式变化,则该误差为随机误差。

产生随机误差的原因很复杂,如测量环境中温度、湿度、气压、振动、电场等的微小变化,因此,随机误差是大量对测量值影响微小且又互不相关的因素所引起的综合结果。随机误差就个体而言无规律可循,但其总体却服从统计规律,可通过统计学方法分析它对测量结果影响的大小。

需要说明的是,随机误差和系统误差虽然是两类不同性质的误差,但它们之间并不存在绝对的界限,两者在一定条件下可以相互转化。随着对误差性质认识的深入和测试技术的发展,有可能将过去作为随机误差的某些误差分离出来作为系统误差处理,用修正的方法减小其影响;或者把某些系统误差当作随机误差来处理,采用统计处理的方法减小误差的影响。

（3）粗大误差

在多次重复测量中,明显超出规定条件下的预期值的误差称为粗大误差。

粗大误差一般是由于操作人员粗心大意或操作不当或不可控制的环境因素影响等造成的误差,如读错数值、使用有缺陷的测量仪表等。对于粗大误差在数据处理时应予以剔除。

另外,按照被测量随时间的变化,测量误差可分为静态误差和动态误差。

（1）静态误差

被测量不随时间变化时所产生的测量误差称为静态误差，一般情况下静态误差是非时变的。

（2）动态误差

被测量随时间变化过程中所产生的测量误差称为动态误差，通常动态误差具有时变性。动态误差是由于测试系统（装置）对输入信号变化的响应滞后或者对输入信号不同频率成分产生不同的衰减和延迟而造成的。

3. 测量误差的表示方法

常用的测量误差表示方法有以下四种：

（1）绝对误差

绝对误差是指测量值 x（即仪器示值）与真值 A_0 之差，即

$$\Delta = x - A_0 \qquad (1.2.2)$$

绝对误差是可正可负，且具有量纲的物理量。

（2）相对误差

相对误差定义为绝对误差 Δ 与真值 A_0 之比，通常用百分数表示，即

$$\delta_0 = \frac{\Delta}{A_0} \times 100\% \qquad (1.2.3)$$

这里真值 A_0 常常也用测量值（示值）代替，即

$$\delta_x = \frac{\Delta}{x} \times 100\% \qquad (1.2.4)$$

为了区分，通常将 δ_0 称为真值相对误差，而把 δ_x 称为示值相对误差。

显然，相对误差无量纲，通常用相对误差评定精度，相对误差越小，精度越高。

（3）引用误差

引用误差又称为满度相对误差，是一种简化和实用方便的测量仪器示值的相对误差的表示，定义为示值的绝对误差与测量范围上限或满刻度值（Full Scale）之比，用百分数表示为

$$\gamma = \frac{\Delta}{F.S.} \times 100\% \qquad (1.2.5)$$

式中，$F.S.$ 为测量仪器的满刻度值。

在式（1.2.5）中，当绝对误差 Δ 取测量仪器的最大绝对误差 Δ_m 时，引用误差最大，即

$$\gamma_m = \frac{\Delta_m}{F.S.} \times 100\% \qquad (1.2.6)$$

最大引用误差为评价测量仪器的精确度等级（习惯上也称为精度等级）提供了方便，国家标准（GB/T 13283—2008-T）规定的工业过程测量和控制用仪表和显示仪表的精度等级（用符号 G 表示）就是按最大引用误差（即最大引用误差百分数的分子并取绝对值）分为 11 级：0.01、0.02、0.05、0.1、0.2、0.5、1.0、1.5、2.5、4.0 和 5.0，精度等级的数值越小，仪表的精度越高。仪表的精度等级由生产厂商根据其最大引用误差

1-3 GB/T
13283—
2008-T）

的大小并以选大不选小的原则确定,即满足

$$|\gamma_{\mathrm{m}}| \leqslant G\% \tag{1.2.7}$$

式中 ,G 为精度等级数值。

由此可见,仪表的精度等级表示了测量仪表的精度。工程上,常采用仪表的精度等级来评估仪表在正常工作时(单次)测量的测量误差。需要注意的是,精度等级的数值仅表示仪表的引用误差的最大值,并不代表该仪表在实际测量中具体的测量误差(即实际精度)。

例 1-1   量程为 $0 \sim 1000$ V 的数字电压表,经标定整个量程中的最大绝对误差为 1.05 V,试确定其精度等级?

解   根据式(1.2.6),计算最大引用误差为

$$\gamma_{\mathrm{m}} = \frac{1.05}{1000} \times 100\% = 0.105\%$$

由于 0.105 不是标准的精度等级数值,且 0.105 在 0.1~0.2 之间,按照选大不选小的原则确定该数字电压表的精度等级 G 应为 0.2 级。

例 1-2   现有 0.5 级、量程为 $0 \sim 300$ ℃ 和 1.0 级、量程为 $0 \sim 100$ ℃ 的温度计,要测量 80 ℃ 的温度,试问采用哪一个温度计好?

解   根据式(1.2.6),计算用两种温度计测量可能产生的最大绝对误差分别为

$$\Delta_{\mathrm{m1}} = (\pm 0.5\%) \times 300 = \pm 1.5 \ ℃$$
$$\Delta_{\mathrm{m2}} = (\pm 1.0\%) \times 100 = \pm 1.0 \ ℃$$

根据式(1.2.4),计算用两种温度计测量 80 ℃ 的温度时,示值的最大相对误差分别为

$$\delta_{x1} = \frac{\pm 1.5}{80} \times 100\% = \pm 1.875\%$$

$$\delta_{x2} = \frac{\pm 1.0}{80} \times 100\% = \pm 1.25\%$$

结果表明,1.0 级温度计比 0.5 级温度计的示值相对误差的绝对值小,因此更合适。

由此可知,仪表的测量误差不仅与仪表的精度等级有关,而且与量程有关。因此,在选用仪表时应兼顾精度等级和量程,通常要求测量示值尽可能接近仪表满刻度值的 2/3 左右。

(4)分贝误差

分贝(dB)是电学、机械工程、声学等测量仪表常用的计量单位。在电气、机械和声学等测量中,往往需要求两个能量(或场量)的比值,如放大器的功率放大倍数和电压放大倍数等,定义"两个同类能量(功率)之比的常用对数的 10 倍"为能量(功率)比的级差,单位为分贝(dB),即

$$N_{\mathrm{dB}} = 10 \lg \frac{p}{p_0} \tag{1.2.8}$$

式中,p 为测量功率,p_0 为参考功率(基准功率),N_{dB} 表示 p 与 p_0 功率比的级差(也称

1-4 标称
范围、测量
范围与量
程

为绝对分贝数）。

由于能量与场量（如振幅、场强、电流、电压等）的平方成正比，定义"两个场量之比的常用对数的 20 倍"为场量比的级差，即

$$N_{dB} = 20\lg \frac{U}{U_0} \qquad (1.2.9)$$

式中，U 为场量测量值，U_0 为参考场量（基准场量），N_{dB} 表示 U 与 U_0 场量比的级差（也称为绝对分贝数）。

当测量能量（或场量）存在误差时，将引起分贝误差。例如，放大器的输入、输出电压分别为 U_1、U_2，其放大倍数 K_v 的分贝数为

$$K_{dB} = 20\lg \frac{U_2}{U_1} = 20\lg K_v$$

测量时，若 U_1 有误差 ΔU_1，U_2 有误差 ΔU_2，使得 K_v 有误差 ΔK_v，于是该电压放大倍数的分贝误差为

$$\Delta K_{dB} = 20\lg(1 + \Delta K_v / K_v)$$

上式表明电压放大倍数的分贝误差与电压放大倍数的相对误差之间的关系。

分贝误差是用来表征以分贝为计量单位的测量仪表的误差，分贝误差是相对误差的对数表示，通常可定义为

$$\delta_{dB} = 10\lg(1 + \delta_x) \quad (能量) \qquad (1.2.10)$$
$$或 \quad \delta_{dB} = 20\lg(1 + \delta_x) \quad (场量) \qquad (1.2.11)$$

例 1-3　某型线性集成电路自动测试仪，开环电压增益的量程范围：40～100 dB，其中 40～80 dB 内其误差 ≤±1 dB，80～100 dB 内其误差 ≤±2 dB。当开环电压增益读数为 40 dB 时，示值相对误差 δ_x 和分贝误差 δ_{dB} 各为多大？

解　根据式（1.2.4）和式（1.2.11），计算如下

$$\delta_x = (\pm 1/40) \times 100\% = \pm 2.5\%$$

$$\delta_{dB} = 20\lg(1 + \delta_x) = 20\lg(1 \pm 2.5\%) \approx -0.22 \text{ dB} \sim +0.21 \text{ dB}$$

1.2.2　测量误差的处理

1. 粗大误差的处理

含有粗大误差的测量数据属于异常值，一旦发现应该予以剔除。判别粗大误差的准则很多，下面介绍两种。

（1）拉依达准则（3σ 准则）

当测量数据呈正态分布时，误差分布在 $\pm 3\sigma$ 以外的概率仅为 0.27%，为小概率事件。因此，当测量值 x_i 的残余误差（即测量值与多次重复测量的算术平均值之差，简称残差）满足

$$|\nu_i| = |x_i - \bar{x}| > 3\sigma \qquad (1.2.12)$$

则认为该测量值 x_i 含有粗大误差，应予以剔除。

式（1.2.12）中，x_i 为被怀疑为异常值的测量值；$\bar{x}$ 为包含此异常测量值在内的所有测量值的算术平均值；σ 为包含此异常测量值在内的所有测量值的标准偏差。

剔除该异常值后,剩余的测量数据还应重新计算 $\bar{x}$ 和 σ,并按式(1.2.12)判断,直到所有的异常测量值被剔除为止。

3σ 准则简单实用,但它是以测量误差符合正态分布为前提,因此适用于测量次数较多,而不适合于测量次数 $n \leqslant 10$ 的情况。

(2)格罗布斯(Grubbs)准则

当测量数据中,测量值 x_i 的残差满足

$$|v_i| > g(\alpha, n)\sigma \tag{1.2.13}$$

则该测量值含有粗大误差,应予以剔除。

式中,$g(\alpha, n)$ 为格罗布斯准则鉴别系数,α 为显著性水平(置信水平或置信概率 $P = 1 - \alpha$),n 为测量次数,σ 为标准偏差。

格罗布斯准则鉴别系数 $g(\alpha, n)$ 与测量次数 n 和显著性水平 α 有关,可通过查表获得。表 1.2.1 是工程上常用的 $\alpha = 0.05$ 和 $\alpha = 0.01$ 在不同测量次数时对应的 $g(\alpha, n)$ 数值。

应当注意,若按照式(1.2.13)判断有多个异常值时,每次只能舍弃一个误差最大的异常数据(即使有两个相同的异常值,也只能先剔除一个),然后重新进行计算、判别,直到所有异常数据全部剔除为止。

格罗布斯准则是建立在数理统计理论的基础上,因此在小样本测量中普遍应用,目前国内外普遍推荐使用该准则判断粗大误差。

表 1.2.1   格罗布斯准则的 $g(\alpha, n)$ 数值表(摘录)

α \ n	3	4	5	6	7	8	9	10	11	12	13	14	15	16
0.01	1.155	1.492	1.749	1.944	2.097	2.221	2.323	2.410	2.485	2.550	2.607	2.659	2.705	2.747
0.05	1.153	1.462	1.672	1.822	1.938	2.032	2.110	2.176	2.234	2.285	2.331	2.371	2.409	2.443

α \ n	17	18	19	20	21	22	23	24	25	30	35	40	45	50
0.01	2.785	2.821	2.854	2.884	2.912	2.939	2.963	2.987	3.009	3.103	3.178	3.240	3.292	3.336
0.05	2.475	2.504	2.532	2.557	2.580	2.603	2.624	2.644	2.663	2.745	2.811	2.866	2.914	2.956

例 1-4   对某量进行了 15 次重复测量,测量的数据为:20.42,20.43,20.40,20.43,20.42,20.43,20.39,20.30,20.40,20.43,20.42,20.41,20.39,20.39,20.40。试判定测量数据中是否存在粗大误差($P = 99\%$)。

解   测量数据的平均值

$$\bar{x} = \frac{1}{n} \sum_{i=1}^{15} x_i = 20.404$$

测量数据的标准偏差

$$\hat{\sigma} = \sqrt{\frac{1}{n-1} \sum_{i=1}^{n} v_i^2} = \sqrt{\frac{0.014\,96}{14}} \approx 0.033$$

第 8 个数据的残差 $|\nu|=0.104>3\sigma=0.099$，根据拉依达准则可以判定，数据20.30为异常值，应当剔除。剔除该数据后，重新计算平均值和标准偏差，得

$$\overline{x}'=20.411$$

$$\hat{\sigma}'=\sqrt{\frac{0.003\ 374}{13}}\approx0.016$$

1-5 格罗布斯准则举例

这时剩余数据的残差均满足 $|\nu'|<3\sigma=0.048$，即剩余数据不再含有粗大误差。根据已知的置信概率 $P=99\%$，也可用格罗布斯准则判定，结果相同。

2. 系统误差的处理

系统误差的特点是服从某一确定的规律，在测量过程中产生系统误差的因素众多，系统误差所表现的特征，即变化规律往往也不尽一致，因此需要及时发现系统误差，进而设法校正和消除系统误差。

（1）系统误差的发现与判别

1）实验对比法。通过改变测量条件、测量仪器等进行测量结果的对比，以发现系统误差，这种方法适用于发现恒值系统误差。例如一台存在恒值系统误差的仪器，即使进行多次测量也不能发现系统误差，只能用精度更高一级的测试仪表进行同样的测试才能发现这台仪器的系统误差。

2）残差观察法。根据测量值的残差的大小和符号的变化规律，由数据列表或曲线图形来判断有无系统误差，这种方法适用于发现有规律变化的系统误差。

3）准则判别法。常用的判别准则包括马利科夫准则和阿贝-赫梅特准则等。马利科夫准则适用于发现线性系统误差，阿贝-赫梅特准则适用于发现周期性系统误差。

马利科夫准则是将同一条件下重复测量值的残余误差，按照测量顺序分为前后两组，并分别计算两组的残差和，若两组的残差和相差较大，则说明测量值存在线性系统误差。

阿贝-赫梅特准则将同一条件下重复测量值的残余误差按照测量顺序排序为 $v_1,v_2,\cdots,v_n$，并计算统计量

$$\Delta=\left|\sum_{i=1}^{n-1}v_iv_{i+1}\right| \tag{1.2.14}$$

若 $\Delta\geqslant\sqrt{n-1}\sigma^2$，则认为该测量值中含有周期性系统误差。

（2）减小和消除系统误差的方法

若测量中存在系统误差，则需要对系统误差产生的原因进行仔细分析。首先从根源上消除系统误差，如按照规定调整仪器、测量前后检查仪器的零位、定期检定和维护仪器设备、对环境进行检查等，进而采取措施减小和消除系统误差。下面介绍几种常用的减小和消除系统误差的方法。

1）恒值系统误差的消除。采用修正值来减小和消除恒值系统误差是常用的方法之一，通过标准仪器比对预先将测试仪器的系统误差检定或计算出来，做出误差表或误差曲线得到修正值，实际测量时用修正值对测量结果进行修正，即可得到不含系统误差的测量结果。

由于修正值本身也含有一定的误差,因此不可能完全消除系统误差。通常也可采取标准量替代法、测量条件互换法、反向抵消法等措施消除系统误差。

2）线性系统误差的消除。交叉读数法(或称对称测量法)是减小线性系统误差的有效方法,当存在线性系统误差时,被测量随时间的变化而线性增加,若选定某一时刻为中点,则对称于此点的各对测量值的算术平均值都相等。利用这一特点可将测量在时间上对称安排,取各对称点两次读数的算术平均值作为测量值,即可有效减小线性系统误差。

3）周期性系统误差的消除。对于周期性系统误差,可按照系统误差变化相隔半个周期进行一次测量,由于两次测量的误差在理论上大小相等、符号相反,因此取两次读数的算术平均值,即可有效消除周期性系统误差。

值得注意的是,在实际工程中,由于影响因素复杂,上述几种方法难以完全消除系统误差,而只能是将系统误差对测量结果的影响降低到最低程度。通常测量系统误差(或残差)代数和的绝对值不超过测量结果不确定度的最后一位有效数字的一半时,可以认为系统误差对测量结果的影响很小,可忽略不计。

3. 随机误差的处理

随机误差具有随机变量的一切特点,它的概率分布通常服从一定的统计规律,因此可以采用数理统计的方法,研究其总体的统计规律。以下对随机误差的讨论都是在假设无系统误差和粗大误差的前提下进行的。

(1)随机误差的分布规律

大量的试验结果表明,随机误差具有如下统计特征:

1）对称性:绝对值相等、符号相反的随机误差出现的概率相等;

2）单峰性:绝对值小的随机误差比绝对值大的随机误差出现的概率大;

3）有界性:随机误差的绝对值不会超过一定的界限;

4）抵偿性:当测量次数足够多时,随机误差的代数和趋于零。

这些统计特征表明随机误差多数都服从正态分布,因此正态分布在误差理论中占有十分重要的地位。当然,在实际中随机误差的概率分布除正态分布外,还会出现均匀分布、t分布、梯形分布等,这里只对正态分布进行介绍。

(2)随机误差的估计

1）算术平均值 $\bar{x}$。在实际测量中由于存在随机误差无法得到被测量的真值,当测量次数足够多时,可采用算术平均值来代替真值。

$$\bar{x} = \frac{x_1 + x_2 + \cdots + x_n}{n} = \frac{1}{n} \sum_{i=1}^{n} x_i \qquad (1.2.15)$$

式中,n 为测量次数,x_i 为第 i 次测量值。

2）标准偏差 σ。标准偏差也称为标准差或均方根误差,单次测量值的标准偏差定义为

$$\sigma = \sqrt{\frac{1}{n} \sum_{i=1}^{n} (x_i - \mu)^2} \qquad (1.2.16)$$

式中,n 为测量次数,x_i 为第 i 次测量值,μ 为被测量真值。

在实际测量中,被测量的真值 μ 无法得到,故通常用算术平均值 $\bar{x}$ 代替真值对标准差偏 σ 作出估计,标准偏差的估计值符号 $\hat{\sigma}$ 表示,即

$$\hat{\sigma} = \sqrt{\frac{1}{n-1}\sum_{i=1}^{n}(x_i - \bar{x})^2} \tag{1.2.17}$$

式(1.2.17)称为贝塞尔(Bessel)公式,根据此式可求得单次测量的标准偏差的估计值。

由于测量次数总是有限,被测量的算术平均值不可能等于真值,因此在多次重复测量中需要评价算术平均值的精度,可用算术平均值的标准偏差来表示,即

$$\hat{\sigma}_{\bar{x}} = \frac{\hat{\sigma}}{\sqrt{n}} \tag{1.2.18}$$

由此可知,算术平均值的标准偏差为单次测量值标准偏差的 $\frac{1}{\sqrt{n}}$,随着测量次数的增加,算术平均值越接近被测量的真值,测量精度越高。

3)测量结果的置信度。随机误差呈正态分布时的概率密度函数表达式为

$$p(x) = \frac{1}{\sigma\sqrt{2\pi}}e^{-\frac{(x-\mu)^2}{2\sigma^2}} \tag{1.2.19}$$

式中,σ 为标准偏差,x 为测量值(随机变量),μ 为随机变量的真值(数学期望值)。

由前面讨论可知,算术平均值反映了随机变量的分布中心,标准差反映了随机误差的分布范围。研究随机误差的统计规律,不仅要知道随机变量的取值范围,还要确定在该范围内取值的概率,即真值以多大的概率落在某一数值区间。

通常定义取值区间为置信区间,常用正态分布的标准偏差 σ 的倍数来表示,即置信限为 $\pm k\sigma$,k 为置信系数(或称置信因子);该置信区间($\pm k\sigma$)内包含真值的概率称为置信概率或置信水平(置信区间以外取值的概率称为显著性水平,即 $\alpha = 1-P$),置信概率的表达式为

$$P\{|x-\mu| \leqslant k\sigma\} = \int_{\mu-k\sigma}^{\mu+k\sigma} \frac{1}{\sigma\sqrt{2\pi}}e^{-\frac{(x-\mu)^2}{2\sigma^2}}dx \tag{1.2.20}$$

为方便表示,这里令 $\delta = x-\mu$,则有

$$P\{|\delta| \leqslant k\sigma\} = \int_{-k\sigma}^{+k\sigma} \frac{1}{\sigma\sqrt{2\pi}}e^{-\frac{\delta^2}{2\sigma^2}}d\delta = \int_{-k\sigma}^{+k\sigma} p(\delta)d\delta \tag{1.2.21}$$

可以看出,置信系数越大,置信区间越宽,置信概率越大,随机误差的分布范围越大,测量精度越低,因此置信区间和置信概率综合反映了测量结果的置信度。表1.2.2 表示正态分布时置信概率 P 与置信系数 k 的关系。

表 1.2.2　正态分布时概率与置信因子 k 的关系

概率 $P\%$	50	68.27	90	95	95.45	99	99.73
置信因子 k	0.676	1	1.645	1.960	2	2.576	3

在实际测量中,通常取 $k=3$(置信区间 $\pm 3\sigma$),置信概率为 99.73%(显著性水平为 0.01)。一般情况下,可取 $k=2$(置信区间 $\pm 2\sigma$),置信概率为 95.45%(显著性水平为 0.05),表明测量结果的置信度已经足够。

1.2.3 测量不确定度

测量不确定度是误差理论发展和完善的产物,表示由于测量误差的影响而对测量结果的不可信程度或不能肯定的程度,可用于定量地表示被测量值的分散程度,其数值通常可用标准偏差来表示,也可用标准偏差的倍数或用具有一定置信水平的置信区间的半宽度表示。

根据不确定度的定义,一个完整的测量结果应包含被测量的估计值以及该估计值的不确定度。因此,不确定度是对测量结果质量的定量表征,测量结果的可用性很大程度上取决于其不确定度的大小,不确定度越小,测量结果的质量越高,可用价值越大,测量结果必须附有不确定度说明才是完整并有意义的。

1. 不确定度的分类

根据计算及表示方法的不同,不确定度可分为以下三类:

(1)标准不确定度。标准不确定度是指用标准偏差表示的不确定度,通常用符号 u 表示。因为测量不确定度往往是由多个分量组成,这些分量根据不同的评定方法用相应的标准偏差表征出来,即称为标准不确定度分量,用符号 u_i 表示。根据评定方法的不同,标准不确定度分为 A 类标准不确定度和 B 类标准不确定度。

① A 类标准不确定度:由统计方法得到的不确定度,用符号 u_A 表示。

② B 类标准不确定度:由非统计方法得到的不确定度,即根据资料及假设的概率分布估计的标准偏差表示的不确定度,用符号 u_B 表示。

(2)合成标准不确定度 由各个标准不确定度分量合成的标准不确定度。在间接测量时,即测量结果是由若干非相关分量求得的情况下,测量结果的标准不确定度等于各分量的方差和的正平方根,用符号 u_C 表示。

(3)扩展不确定度 由合成标准不确定度的倍数表示的测量不确定度,用符号 U 表示,即

$$U = k \cdot u_C \tag{1.2.22}$$

式中,k 称为包含因子(或置信因子),k 的大小取决于测量结果估计值的概率分布和置信水平(或置信概率)。当被测量估计值服从正态分布时,k 的取值由所取的置信概率获得(参见表 1.2.2 置信概率 P 与置信因子 k 的关系);当被测量估计值服从某种非正态分布时,k 值应根据所取的置信概率和被测量估计值的概率分布类型进行选取。表 1.2.3 给出了几种常见的概率分布类型在不同置信概率下的 k 值。当无法判断被测量的概率分布时,一般取 $k=2$($P=95\%$)或 3($P=99\%$)。

表 1.2.3 几种非正态分布的置信概率与包含因子 k 的关系

分布类型	均匀分布	三角形	梯形($\beta=0.5$)
$k(P=99\%)$	1.71	2.20	2.00

续表

分布类型	均匀分布	三角形	梯形($\beta = 0.5$)
$k(P = 95\%)$	1.65	1.90	1.77

注:表中 β 为梯形的上底与下底之比。

扩展不确定度表示了测量结果置信区间的半宽度,通常测量结果的不确定度都是用扩展不确定度 U 表示。

2. 测量不确定度与测量误差

测量不确定度和测量误差是误差理论的两个重要概念,都是评价测量结果质量高低的重要指标,但两者之间又有明显的差别,见表 1.2.4。

表 1.2.4　测量误差与测量不确定度的主要区别

测量误差	测量不确定度
定义为测量结果与真值之差,当用约定真值代替真值可得到测量误差的估计值;是有符号的量值(或正或负)	表示被测量之值的分散度,是一个区间,以被测量的估计值为中心;恒为正值
客观存在,但不能准确得到,是一个定性概念	与人们对被测量、影响量及测量过程的认识有关,可以根据试验、资料、经验等信息进行定量评定
测量误差按性质分为随机误差、系统误差和粗大误差;首先须进行粗大误差的判别并剔除异常值,并采取不同措施减小或消除各类误差对测量结果的影响	测量不确定度按照标准不确定度的评定方法分为 A 类和 B 类标准不确定度,与随机误差、系统误差之间不存在简单的对应关系;不确定度评定前须剔除异常值
已知系统误差的估计值时,可对测量结果进行修正	无法用不确定度对测量结果进行修正,在评定已修正测量结果的不确定度时,须考虑修正值的不确定度分量
误差合成采用各误差分量的代数和	当各不确定度分量互不相关时采用方根和法进行合成,否则应考虑加入相关项

测量不确定度与测量误差既有区别,又有联系。误差是不确定度的基础,研究不确定度首先要对误差的性质、分布规律、相互联系等有充分的了解和认识,才能更好地估计各不确定度分量,正确评定测量结果的质量。

3. 不确定度的评定方法

(1)A 类标准不确定度的评定

A 类标准不确定度采用统计分析法进行评定,通常取 n 次测量的算术平均值 $\bar{x}$ 作为被测量的估计值(即测量结果),以算术平均值 $\bar{x}$ 的标准差 $\hat{\sigma}_{\bar{x}}$ 作为测量结果的 A 类标准不确定度 u_A,由式(1.2.17)和式(1.2.18)计算得到。

需要注意的是,评定 A 类标准不确定度时通常要求测量次数 $n \geqslant 10$。

(2)B 类标准不确定度的评定

工程测试一般多用单次测量,因此当测量次数较少、不能用统计方法计算测量不确定度时,就要进行 B 类标准不确定度的评定。它是基于经验或资料及假设的概率分布估计的标准偏差来评定,在实际工作中,采用 B 类评定方法居多。

B 类标准不确定度评定的主要信息来源包括:以前的测量数据、对有关技术资料和仪器性能的了解、厂商的技术说明文件、校准检定证书或研究报告提供的数据、手册或某些资料给出的参考数据及其不确定度等。

采用 B 类评定法,首先分析实际情况对测量值进行一定的分布假设,如正态分布、均匀分布、三角分布等;再根据现有信息评定近似的方差或标准偏差,分析判断被测量可能的取值区间 $(-\alpha, +\alpha)$,然后由要求的置信水平估计包含因子 k,则 B 类标准测量不确定度为

$$u_B = \alpha / k \tag{1.2.23}$$

式中,α 为被测量可能的取值区间的半宽度,k 为包含因子。

例如,检定证书表明一标称值为 10 Ω 的标准电阻 R 在 23℃ 时为 $(10.000\ 742 \pm 0.000\ 129)\ \Omega$,其不确定度区间具有 99% 的置信水平,则电阻的标准不确定度为

$$u_B(R) = \frac{129\ \mu\Omega}{2.58} = 50\ \mu\Omega$$

B 类标准不确定度评定的可靠性取决于所提供信息的可信程度,同时应充分估计概率分布。多数情况下,只要测量次数足够多,其概率分布近似为正态分布,若无法确定分布类型时,一般假设为均匀分布。

(3) 合成标准不确定度的评定

当测量结果受多种因素影响形成了若干个标准不确定分量时,测量结果的标准不确定度用各不确定度分量合成后的合成标准不确定度 u_C 表示。

如果影响测量结果的各不确定度分量彼此独立,即被测量 Y 是由 n 个输入量 $x_1, x_2, \cdots, x_n$ 的函数关系 $Y = f(x_1, x_2, \cdots, x_n)$ 来确定,且各分量互不相关,合成标准不确定度由下式表示

$$u_C(Y) = \sqrt{\sum_{i=1}^{n} \left(\frac{\partial f}{\partial x_i}\right)^2 u^2(x_i)} = \sqrt{\sum_{i=1}^{n} c_i^2 u^2(x_i)} \tag{1.2.24}$$

式中,$\dfrac{\partial f}{\partial x_i}$ 是被测量 Y 对输入量 x_i 的偏导数,称为灵敏系数或传播系数,用符号 c_i 表示;$u(x_i)$ 是输入量 x_i 的 A 类或 B 类标准不确定度分量。

如果影响测量结果的各不确定度分量彼此相关时,合成标准不确定度可由下式表示

$$u_C(Y) = \sqrt{\sum_{i=1}^{n} \left(\frac{\partial f}{\partial x_i}\right)^2 u^2(x_i) + 2\sum_{1=i<j}^{n} \frac{\partial f}{\partial x_i} \frac{\partial f}{\partial x_j} \rho(x_i, x_j) u(x_i) u(x_j)} \tag{1.2.25}$$

式中,$\rho(x_i, x_j)$ 为任意两个输入量 x_i 和 x_j 不确定度的相关系数;$\rho(x_i, x_j) u(x_i) u(x_j) = \sigma(x_i, x_j)$ 为输入量 x_i 和 x_j 的协方差。

若被测量 Y 与输入量 $x_1, x_2, \cdots, x_n$ 之间不能用确定的函数关系式进行描述时,

合成标准不确定度由下式表示

$$u_C(Y) = \sqrt{\sum_{i=1}^{n} u^2(x_i)}$$ 　　　　（1.2.26）

（4）扩展不确定度的评定

扩展不确定度 U 由合成不确定度 u_C 与包含因子 k 的乘积得到，即

$$U = k u_C$$ 　　　　（1.2.27）

扩展不确定度 U 主要用于测量结果的报告，根据被测量的测量值 y 和该测量值的不确定度，测量结果可表示为

$$Y = y \pm U = y \pm k u_C$$ 　　　　（1.2.28）

需要说明的是，计算被测量的估计值前，首先要修正系统误差，则完整的测量结果报告应该是被测量的算术平均值经过修正后的估计值及该估计值的不确定度。

4. 测量不确定度的评定流程及实例

（1）测量不确定度的一般评定流程：

① 根据测量原理、方法，建立测量过程的数学模型。

② 分析并列出对测量结果影响显著的不确定度分量。

③ 定量评定各标准不确定度分量（注意：A 类评定前要剔除异常值）；并根据数学模型确定灵敏系数 c_i 或相关系数 $\rho(x_i, x_j)$。

④ 计算合成标准不确定度 u_C 和扩展不确定度 U。

⑤ 报告测量结果。

（2）测量不确定度评定实例

某恒温容器温度测控系统，用热电偶数字温度计测量容器内部的实际温度，系统设定温度要求为 400℃。所用的测量仪器是带 K 型热电偶的数字式温度计，从仪器说明书查得：分辨力为 0.1℃，准确度为 ±0.6℃。热电偶校准证书表明其不确定度为 2.0℃（置信水平 99%），在 400℃ 的修正值为 0.5℃。

当恒温容器的指示器表明调控到示值 400℃ 时，稳定半小时后从数字温度计上重复测得 10 个显示值 t，列于表 1.2.5。

表 1.2.5　测量数据记录表

测量列 i	1	2	3	4	5	6	7	8	9	10	Σ	$\bar{t}$
测得值 t_i（℃）	401.0	400.1	400.9	399.4	398.8	400.0	401.0	402.0	399.9	399.0	4 002.1	400.21

测量不确定度的分析评定步骤如下：

（1）建立测量过程数学模型

容器内某处温度 T 与数字温度计显示值 t 和热电偶修正值 B 之间的函数关系为：$T = t + B$

（2）分析测量不确定度来源

分析测量条件，温度测量的不确定度的影响因素主要有：① 由于各种随机因素

影响的测量重复性引起的不确定度;② 数字温度计示值误差引起的不确定度;③ 热电偶校准引入的不确定度等。

（3）评定标准不确定度

① 测量重复性引入的标准不确定度 u_1

按 A 类方法评定,由实测数据计算算术平均值 $\bar{t}=400.21$,根据贝塞尔公式求得样本标准偏差 σ_t

$$\sigma_t = \sqrt{\frac{1}{(n-1)}\sum_{i=1}^{n}(t_i - \bar{t})^2} = 1.03\ ℃$$

则算术平均值的标准差即为测量重复性引入的标准不确定度 u_1

$$u_1 = \frac{\sigma_t}{\sqrt{n}} = \frac{1.03\ ℃}{\sqrt{10}} = 0.33\ ℃$$

② 数字温度计示值误差引入的标准不确定度 u_2

按 B 类方法评定。由技术说明书可知,数字温度计的准确度为 $\pm 0.6\ ℃$,故确定最大允许误差的区间半宽度 α 为 $0.6\ ℃$。设测量值在该区间内为均匀分布,取包含因子 $k=1.71$（置信概率为 99%）,则数字温度计示值误差引入的标准不确定度 u_2 为

$$u_2 = \frac{a}{k} = 0.6\ ℃/1.71 = 0.35\ ℃$$

③ 热电偶校准引入的标准不确定度 u_3

按 B 类方法评定。从热电偶的校准证书得知,400 ℃ 时的修正值为 0.5 ℃,其不确定度为 2.0 ℃。按正态分布,取包含因子 $k=2.576$（置信概率为 99%）,故热电偶校准时引入的标准不确定度 u_3 为

$$u_3 = \frac{a}{k} = 2.0\ ℃/2.576 = 0.78\ ℃$$

④ 计算合成标准不确定度

由于上述三项标准不确定度分量之间不相关,所以合成标准不确定度 u_C 为

$$u_C = \sqrt{u_1^2 + u_2^2 + u_3^2} = \sqrt{(0.33)^2 + (0.35)^2 + (0.78)^2} = 0.92\ ℃$$

⑤ 确定扩展不确定度

取包含因子 $k=2$（置信概率为 95%）,故扩展不确定度 U 为

$$U = k \cdot u_C = 2 \times 0.92\ ℃ = 1.84\ ℃$$

⑥ 测量结果报告

测量结果的报告采用扩展不确定度,不确定度的数值与被测量的估计值末位对齐,其有效数字一般不超过两位。

经修正后,测量结果可表示为:

$$T = \bar{t} + B = [(400.21 + 0.5) \pm 1.84]\ ℃ = (400.71 \pm 1.84)\ ℃ \quad (P = 95\%)$$

1-6 有效数字的取舍规则

1.3 测量数据的处理方法

测量数据处理是对测量所获得的一系列数据进行深入的分析,找出变量之间相互制约、相互联系的依存关系,有时还需要用数学解析的方法,推导出各变量之间的函数关系。只有经过科学的处理,才能去粗取精、去伪存真,从而获得反映被测对象的物理状态和特性的有用信息,这才是测量数据处理的最终目的。

下面主要介绍测量数据的统计特性、测量数据的表述方法和回归分析方法。

1.3.1 测量数据的统计特性

测量数据总是存在误差的,而误差又包含着各种因素产生的分量,如系统误差、随机误差、粗大误差等。显然一次测量是无法判别误差的统计特性,只有通过足够多次的重复测量才能由测量数据的统计分析获得误差的统计特性。

而实际的测量是有限次的,因而测量数据只能用样本的统计量作为测量数据总体特征量的估计值。测量数据处理的任务就是求得测量数据的样本统计量,以得到一个既接近真值又可信的估计值以及它偏离真值程度的估计。

误差分析的理论大多基于测量数据的正态分布,而实际测量由于受各种因素的影响,使得测量数据的分布情况复杂。因此,测量数据必须经过消除系统误差、正态性检验和剔除粗大误差后,才能作进一步处理,以得到可信的结果。

1.3.2 测量数据的表述方法

测量数据的表述通常采用的方法有散点图、表格、图形和经验公式等。通过数据的表述,将被测量的变化规律反映出来,以便于进一步分析和应用。

1. 表格法

表格法表述数据的优点是简单、方便,数据易于参考比较,同一表格内可以同时表示多个变量之间的变化关系;缺点是不直观,不易看出数据变化的趋势。因此要进行深入的分析(如确定变化规律或函数关系),就要采用图示法和经验公式法。

2. 图示法

图示法是用图形或曲线表示数据之间的关系,它能形象直观地反映数据变化的趋势,如递增或递减、极值点、周期性等。

在工程测试中,多采用直角坐标系绘制测量数据的图形,也可采用其他坐标系(如对数坐标系、极坐标系等)来描述。在直角坐标系中将测量数据描绘成图形或曲线时,应该使曲线通过尽可能多的数据,曲线以外的数据尽可能靠近曲线,曲线两侧数据点数目大致相等,最后应得到一条平滑曲线。

值得注意的是曲线是否真实反映出测试数据的函数关系,在很大程度上还取决于图形比例尺的选取,即取决于坐标的分度是否适当。坐标比例尺的选取没有严格的规定,要具体问题具体分析,应当以能够表示出极值的确切位置和曲线急剧变化的确切趋势为准。

3. 经验公式法

测量数据不仅可以用图示法表示各变量之间的关系,还可以用与图形对应的数学公式来描述变量之间的关系,从而进一步分析和处理数据。该数学模型称为经验公式,可通过回归分析方法获得,因此也称为回归方程。

需要说明的是,回归分析是利用最小二乘原理确定回归方程或经验公式,检验回归方程的精度还需要进行回归方程的方差分析及显著性检验,以确定回归方程是否与实际情况相吻合。

1.3.3　回归分析及应用

回归分析是处理变量之间相互关系的一种数理统计方法,它是基于最小二乘原理对观测数据进行处理,从而得出符合事物内部规律的数学表达式——经验公式。根据变量个数及变量之间关系的不同,回归分析分为一元线性回归、一元非线性回归、多元线性回归、多元非线性回归和多项式回归等。

下面主要介绍一元线性回归和一元非线性回归方法。

1. 一元线性回归

一元线性回归也称为直线拟合,即用一元线性方程 $y = a + bx$ 表示两个变量 y 与 x 之间的函数关系。根据一系列测量数据 $(x_i, y_i), i = 1, 2, \cdots n$ 并利用最小二乘原理确定回归方程的系数 a 和 b,即确立了拟合方程。

最小二乘法的原理是使实际测量数据 y_i 与由回归方程 $y = a + bx$ 计算出 x_i 对应的回归值 $\hat{y}_i$ 之间的残差 ν_i 的平方和为最小,即

$$\sum_{i=1}^{n} \nu_i^2 = \sum_{i=1}^{n} \left[y_i - \hat{y}_i \right]^2 = \sum_{i=1}^{n} \left[y_i - (a + bx_i) \right]^2 \qquad (1.3.1)$$

为使 $\sum_{i=1}^{n} \nu_i^2$ 值最小,只要使 a 和 b 的偏导数为零,即可解得 a 和 b 的值。满足最小二乘原理的 a 和 b 的表达式为

$$\begin{cases} a = \dfrac{\displaystyle\sum_{i=1}^{n} x_i \sum_{i=1}^{n} x_i y_i - \sum_{i=1}^{n} y_i \sum_{i=1}^{n} x_i^2}{\left(\displaystyle\sum_{i=1}^{n} x_i\right)^2 - n \sum_{i=1}^{n} x_i^2} \\[6mm] b = \dfrac{\displaystyle\sum_{i=1}^{n} x_i \sum_{i=1}^{n} y_i - n \sum_{i=1}^{n} x_i y_i}{\left(\displaystyle\sum_{i=1}^{n} x_i\right)^2 - n \sum_{i=1}^{n} x_i^2} \end{cases} \qquad (1.3.2)$$

回归方程的方差分析是采用拟合方程的残余标准偏差来衡量拟合直线的精度,即

$$\sigma = \sqrt{\dfrac{\sum\limits_{i=1}^{n} v_i^2}{n-m-1}} \tag{1.3.3}$$

式中，n 为测量次数，m 为拟合方程中自变量的个数。残余标准偏差 σ 数值越小，则表示拟合直线的精度越高。

回归方程的显著性检验是检验回归方程是否符合变量 y 与 x 之间的客观规律，可采用 F 检验法、相关指数 R^2 等进行回归方程的显著性检验。

1-7 回归方程的显著性检验

2. 一元非线性回归

在实际工程测试中，有时两个变量之间的关系呈现非线性，一元非线性回归也称为曲线拟合或多项式拟合。首先根据散点图判断测量曲线的函数类型，如双曲线、幂函数、指数曲线、对数曲线等；再通过变量代换将非线性模型转换成线性函数，即可采用一元线性回归方法拟合直线方程；最后将线性方程反变换为曲线方程。

如果测量曲线的非线性模型难以判断，则可采用 m 阶多项式回归方程处理，即

$$y = a_0 + a_1 x + a_2 x^2 + \cdots + a_m x^m \tag{1.3.4}$$

对上式作如下变量代换，令 $t_1 = x, t_2 = x^2, \dots, t_m = x^m$，可将多项式回归方程转化为多元线性回归方程，即

$$y = a_0 + a_1 t_1 + a_2 t_2 + \cdots + a_m t_m \tag{1.3.5}$$

多元线性回归同样可利用最小二乘原理求解回归系数，从而确定回归方程。

例 1-5　某种变压器油的黏度随温度升高而降低，经测量不同温度下的黏度值列于表 1.3.1 中，试求黏度（恩氏黏度，单位 °E）与温度（单位为 ℃）之间的经验公式。

表 1.3.1　变压器油黏度随温度变化数据

温度 x/℃	10	15	20	25	30	35	40	45	50	55	60	65	70	75	80
黏度 y/°E	4.24	3.51	2.92	2.52	2.20	2.00	1.81	1.70	1.60	1.50	1.43	1.37	1.32	1.29	1.25

解　根据表 1.3.1 中的测量数据绘制散点图，并用一条平滑曲线拟合，如图 1.3.1 所示。观察此曲线与幂函数的曲线相似，因此确定曲线方程为

$$y = a x^b$$

对上式两边取对数得

$$\ln y = \ln a + b \ln x$$

令 $y' = \ln y, x' = \ln x, a_0 = \ln a$ 得

$$y' = a_0 + b x'$$

采用最小二乘法进行拟合，由式 (1.3.2) 求得系数 a_0 和 b 得

$$a_0 = 2.8868, \quad b = -0.6148$$

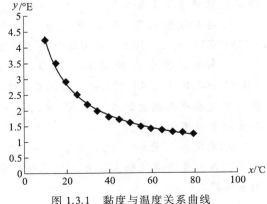

图 1.3.1　黏度与温度关系曲线

则有

$$\ln y = 2.8868 - 0.6148\ln x$$
$$y = \mathrm{e}^{2.8868} x^{-0.6148}$$

即得

$$y = 17.936 x^{-0.6148}$$

拟合方程的精度由式(1.3.3)计算得

$$\sigma = \sqrt{\frac{0.0412}{15-2}} = 0.056$$

表明该曲线拟合效果较好。

需要特别说明的是:用最小二乘法求回归方程是以自变量 x 没有误差或误差最小为前提,即不考虑输入量有误差,只考虑输出量有误差。当两个变量 x 和 y 的测量误差都比较大时,就不能应用上面的分析方法,这时应当按测量数据点到选取的曲线的垂直距离的平方和为最小进行计算。

习题与思考题

1. 简述测量、测试、计量三者概念的区别。举例说明常用的测试方法。

2. 测试系统一般主要包括哪些环节组成?各环节分别起什么作用?

3. 通常测量误差包含哪几种类型?简述各类误差的性质、特点及对测量结果的影响。

4. 测量误差与测量不确定度有何区别?测量误差的表示及测量不确定度的评定分别包括哪几种形式?

5. 为什么选用电测仪表时,不仅要考虑它的精度等级,而且要考虑其量程?用量程为 150 V、0.5 级和量程为 30 V、1.5 级的两个电压表,测量 25 V 的电压,试问选用哪一个电压表测量更合适?

6. 量程为 10 A 的 0.5 级电流表经检测在示值 5 A 处的示值误差最大,其值为 15 mA,问该表是否合格?

7. 对某电感测量 10 次,测量数据为 50.74、50.76、50.82、50.85、50.83、50.74、50.75、50.81、50.85、50.85,试判断该测量数据是否存在系统误差。

8. 对某被测量进行了 8 次测量,测得值为:802.40、802.50、802.38、802.48、802.42、802.46、802.45、802.43。若取置信概率 $P=0.95$,试用格罗布斯准则判断测量数据中是否存在粗大误差。若有坏值,则将坏值剔除,并利用测量不确定度的评定给出测量结果的报告。

9. 设间接测量 $z=x+y$,在测量 x 和 y 时是一对一同时读数,测量数据如下。判定测量数据中是否存在粗大误差。试求被测量 z 的估计值及其扩展不确定度,并报告测量结果。

x_i	100	104	102	98	103	101	99	101	105	102
y_i	51	51	54	50	51	52	50	50	53	51

10. 已知某一电阻的标称值为 $10\ \Omega\ \pm1\%$，测量电阻 R 的耗散功率可通过以下两种方法：（1）$P = E^2/R$；（2）$P = EI$。其中 E 为电阻 R 两端的压降，$E = 100\ \text{V}\pm1\%$；I 为流过电阻 R 的电流，$I = 10\ \text{A}\pm1\%$。试确定不同测量方法下电阻 R 的耗散功率的合成不确定度。

11. 精密露点仪作为湿度测量的标准器，由恒温恒湿试验箱提供稳定的湿度场，采取比较法对湿度计进行检定。当试验箱温度为 $20\ ℃$，相对湿度为 $60\%\text{RH}$ 时，精密露点仪的示值为 $59.10\%\text{RH}$，被检湿度计的 10 次测量数据如下：

n	1	2	3	4	5	6	7	8	9	10
$F_i(\%\text{RH})$	59.4	59.4	59.8	59.7	59.7	60.5	59.6	59.7	60.6	60.8

试确定该被检湿度计的扩展不确定度并给出测量结果的报告。（精密露点仪的鉴定证书给出，露点仪的示值误差按 3 倍标准差计算为 $\pm1\%\text{RH}$；试验箱说明书给出，试验箱的稳定度不超过 $\pm3\%\text{RH}$，湿度场的不均匀性小于 $\pm5\%\text{RH}$。）

12. 已知某热电偶的温度与输出电压的实测数据如下表所示，试用最小二乘法确立其线性回归方程，并采用 F 检验法或相关系数 ρ^2 检验法进行回归方程的显著性检验。

$t_i/℃$	20	30	40	50	60	75	100
U_i/mV	1.02	1.53	2.05	2.55	3.07	3.56	4.05

13. 铜热电阻与温度之间的关系为 $R_t = R_0(1+\alpha t)$，在不同温度下测得的铜热电阻的电阻值见下表。试用最小二乘法原理估计 $0\ ℃$ 时的铜热电阻的电阻值 R_0 和铜热电阻的电阻温度系数 α。

$t_i/℃$	15.0	20.0	25.0	30.0	35.0	40.0	50.0
R_{t_i}/Ω	106.42	108.56	110.70	112.84	114.98	117.12	121.40

14. 某含锡合金的熔点温度与含锡量有关，实验获得如下数据：

含锡量 $x(\%)$	20.3	28.1	35.5	42.0	50.7	58.6	65.9	74.9	80.3	86.4
熔点温度 $y/℃$	416	386	368	337	305	282	258	224	201	183

设含锡量的数据无误差，试求：1）求熔点温度与含锡量之间的关系；2）预测含锡量为 60% 时合金的熔点温度；3）若要求熔点温度在 $(310\sim325)℃$ 之间，合金的含锡量应控制在什么范围？

第 2 章 信号分析基础

【本章要点提示】

1. 信号的分类及描述
2. 周期信号与非周期信号的频谱分析
3. 随机信号的统计分析、相关分析及频谱分析

工程测试的基本任务是从被测对象中获取反映其变化规律的动态信息,而信号是信息的载体,信号中包含着反映被测对象状态或特性的有关信息。

信号分析是工程测试的核心内容之一,信号分析的内容包括:研究信号的特征及其随时间变化的规律;信号的构成;信号随频率变化的特征;如何提取有用信息并排除信号中的无用信息(噪声)等。

2.1 信号的分类与描述

2.1.1 信号的分类

信号实质上是反映被测对象状态或特性的某种物理量。信号的分类方法很多,通常信号是时间的函数,以信号所具有的时间函数特性加以分类,信号可以分为确定性信号与随机信号、连续信号与离散信号等,如图 2.1.1 所示。下面分别说明各种信号的定义和特点。

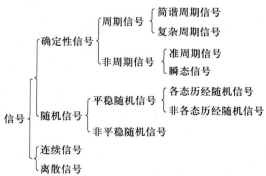

图 2.1.1 信号的分类

1. 确定性信号与随机信号

（1）确定性信号

确定性信号是指可以用精确的数学关系式来表达的信号。给定一个时间值就可以得到一个确定的函数值。确定性信号根据它的波形是否有规律地重复又可进一步分为周期信号和非周期信号两种。

① 周期信号。周期信号是指按一定时间间隔 T（周期）重复变化的信号，它满足下列关系式

$$x(t) = x(t+nT) \quad (n = \pm 1, \pm 2, \pm 3, \cdots) \tag{2.1.1}$$

最简单的周期信号即简谐周期信号，是按正弦或余弦规律变化，且具有单一的频率。正弦函数的时间函数表达式为

$$x(t) = A\sin(\omega t + \phi) = A\sin(2\pi f t + \phi) \tag{2.1.2}$$

式中　A——振幅；

　　　ω——角频率；

　　　f——频率；

　　　ϕ——初相位。

当三个参数已知时，正弦信号 $x(t)$ 在任一时刻的数值就可以完全确定。

由两个或两个以上简谐周期信号叠加而成的周期信号称为复杂周期信号，它具有一个最长的基本重复周期。例如周期性方波信号、周期性三角波信号等都属于复杂周期信号。

② 非周期信号。非周期信号是指不具有周期重复性的信号。非周期信号包括准周期信号和瞬态信号两类。

准周期信号是由有限个简谐周期信号合成的，但其中各简谐分量之间无法找到公共周期，因而不能按基本周期重复出现。例如信号 $x(t) = A\sin(2t) + B\sin(\sqrt{2}\,t + \theta)$ 是由两个正弦信号合成，它们的周期分别为 π 和 $\sqrt{2}\pi$。由于两个周期没有最小公倍数，或者说由于两个角频率的比值 $\omega_1/\omega_2 = 1/\sqrt{2}$ 是无理数。它们之间没有一个共同的基本周期，因此信号 $x(t)$ 是非周期信号，但它又是由简谐周期信号合成的，故称之为准周期信号。

瞬态信号是指或者在一定时间区域内存在，或者随时间的增加而衰减至零的信号。它们的共同特点是过程突然发生、时间极短、能量很大，例如指数衰减振荡信号、单个脉冲信号等都属于瞬态信号。

确定性信号的波形如图 2.1.2 所示。

（2）随机信号

随机信号不是一个确定的时间函数，不能用精确的数学关系式来表达，也无法确切地预测未来任何瞬间的数值。它描述的物理现象是一个随机过程，例如汽车行驶时产生的振动、环境噪声、切削材质不均匀的工件时所产生的切削力等都属于随机信号，如图 2.1.3 所示。随机信号的特点是任何一次观测的结果（样本函数）只是许多可能产生的结果中的一种，但其瞬时信号值的变化服从统计规律，因此可以用

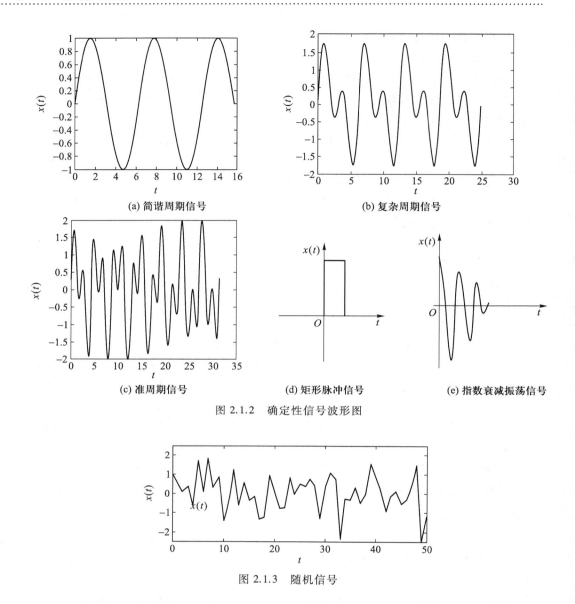

(a) 简谐周期信号

(b) 复杂周期信号

(c) 准周期信号

(d) 矩形脉冲信号

(e) 指数衰减振荡信号

图 2.1.2   确定性信号波形图

图 2.1.3   随机信号

概率统计的方法来描述随机信号。随机信号的统计特性参数包括均值、方差、均方值、概率密度函数、相关函数和功率谱密度函数等。

随机信号可分为平稳随机信号和非平稳随机信号两种。所谓平稳随机信号是指其统计特性参数不随时间而变化的随机信号,否则为非平稳随机信号。在平稳随机信号中,若任一单个样本函数的时间平均统计特征等于该随机过程的集合平均统计特征,这样的平稳随机信号称为各态历经(历经性)随机信号,它表明一个样本函数表现出各种状态都经历的特征,有充分的代表性,因此只要一个样本函数就可以描述整个随机过程。实际测试中常把随机信号按各态历经过程来处理,本书中对随机信号的讨论仅限于各态历经过程的范围。

确定性信号和随机信号之间并不是截然分开的。通常确定性信号也包含着一定的随机成分,而对于随机信号也可以在概率统计意义上进行分析和预测。判断一个信号是确定性信号还是随机信号,通常是以通过实验能否重复产生该信号为依据。在相同的条件下,如果一个实验重复多次,在一定的误差范围内得到的信号相同,则可以认为该信号是确定性信号,否则为随机信号。

2. 连续信号与离散信号

在信号的时间函数表达式中,按信号的取值时间是否连续,将信号分为连续信号和离散信号。

(1) 连续信号

在一定时间间隔内,对任意时间值,除若干个不连续点(第一类间断点①)外,都可给出确定的函数值,即时间变量 t 是连续的,此类信号称为连续信号。例如正弦信号、直流信号、阶跃信号、锯齿波、矩形脉冲信号等都属于连续信号,如图 2.1.4(a)、(b)所示。

连续信号的幅值可以是连续的,也可以是离散的,若时间变量和幅值均为连续的信号称为模拟信号。

(2) 离散信号

在一定的时间间隔内,只在时间轴的某些离散点给出函数值,此类信号称为离散信号。离散信号又可分为两种:时间离散而幅值连续的信号称为抽样信号(即连续信号经采样获得的离散信号);时间离散且幅值离散(量化)的信号称为数字信号,如图 2.1.4(c)、(d)所示。

注:① 所谓第一类间断点,应满足条件:函数在间断点处左极限与右极限存在;左极限与右极限不等;间断点收敛于左极限与右极限函数值的中点。

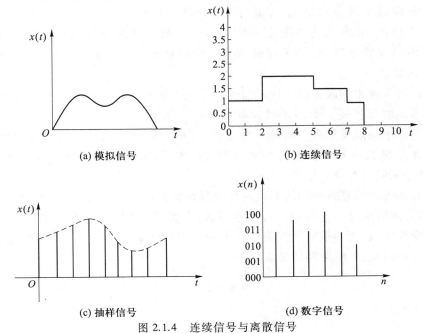

(a) 模拟信号　　　　(b) 连续信号

(c) 抽样信号　　　　(d) 数字信号

图 2.1.4　连续信号与离散信号

2.1.2　信号的描述

信号作为一定的物理过程(现象)的表示,包含着丰富的信息。为了从中提取某种有用信息,需要对信号进行必要的分析和处理,以全面了解信号的特性。所谓信号分析就是采用各种物理的或数学的方法提取有用信息的过程,而信号的描述方法提供了对信号进行各种不同变量域的数学描述,表征信号的数据特征,它是信号分析的基础。通常以四个变量域来描述信号,即时间域(简称时域)、频率域(简称频域)、幅值域和时延域。

以时间作为自变量的信号表达,称为信号的时域描述。时域描述是信号最直接的描述方法,它反映了信号的幅值随时间变化的过程,从时域描述图形中可以知道信号的时域特征参数,即周期、峰值、均值、方差、均方值等,这些参数反映了信号变化的快慢和波动情况,因此时域描述比较直观、形象,便于观察和记录。

以信号的频率作为自变量的信号表达,称为信号的频域描述。信号的频域描述可以揭示信号的频率结构,即组成信号的各频率分量的幅值、相位与频率的对应关系,因此在动态测试技术中得到广泛应用。例如对振动、噪声等信号进行频域描述,可以从频域描述图形——频谱图中观察到该振动或噪声是由哪些不同的频率分量组成、各频率分量所占的比例以及哪些频率分量是主要的,从而找出振动或噪声源,以便排除或减小有害振动或噪声。

信号的幅值域描述是以信号幅值为自变量的信号表达方式,它反映了信号中不同强度幅值的分布情况,常用于随机信号的统计分析。由于随机信号的幅值具有随机性,通常用概率密度函数来描述。概率密度函数反映信号幅值在某一范围内出现的概率,提供了随机信号沿幅值域分布的信息,它是随机信号的主要特征参数之一。

以时间和频率的联合函数同时描述信号在不同时间和频率的能量密度或强度,称为信号的时延描述。典型的时频联合分析方法包括短时傅里叶变换、小波变换等。它是非平稳随机信号分析的有效工具,可以同时反映信号的时间和频率信息,揭示非平稳随机信号所代表的被测物理量的本质,常用于图像处理、语音处理、医学、故障诊断等信号分析中。

信号的各种描述方法是从不同的角度观察和描述同一信号,并不改变信号的实质,它们之间可通过一定的数学关系进行转换,例如傅里叶变换可以将信号描述从时域转换到频域,而傅里叶反变换可以从频域转换到时域。图 2.1.5 形象地表示出方波信号在时域、频域之间的关系。

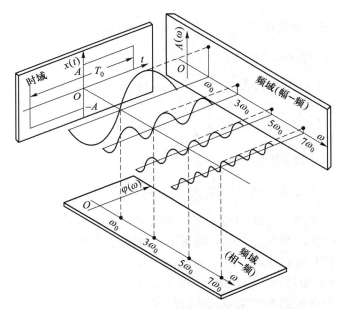

图 2.1.5 周期性方波信号的时域、频率描述

2.2 周期信号与离散频谱

2.2.1 傅里叶级数与周期信号的分解

从数学分析已知,任一周期信号 $x(t)$ 在有限区间 $(t,t+T)$ 上满足狄里赫利(Dirichlet)条件时,即:(1)信号在定义周期 $[0,T]$ 内单调连续或只有有限个第一类间断点;(2)在此定义周期内只有有限个极限点;(3) $x(t)$ 是绝对可积的,则信号 $x(t)$ 可以展开成傅里叶级数。傅里叶级数有两种表达式,即三角函数展开式和复指数函数展开式。

1. 傅里叶级数的三角函数展开式

$$x(t) = a_0 + \sum_{n=1}^{\infty} [a_n \cos(n\omega_0 t) + b_n \sin(n\omega_0 t)] \qquad (n=1,2,3,\cdots) \qquad (2.2.1)$$

式中,ω_0——周期信号基频的角频率,$\omega_0 = \dfrac{2\pi}{T}$;

$\qquad T$——信号周期;

a_0, a_n, b_n——傅里叶系数;

$\qquad a_0$——常值分量,$a_0 = \dfrac{1}{T} \displaystyle\int_{-T/2}^{T/2} x(t)\, \mathrm{d}t$,表示信号在一个周期内的平均值;

$\qquad a_n$——余弦分量的幅值,$a_n = \dfrac{2}{T} \displaystyle\int_{-T/2}^{T/2} x(t) \cos(n\omega_0 t)\, \mathrm{d}t$;

b_n——正弦分量的幅值，$b_n = \dfrac{2}{T} \displaystyle\int_{-T/2}^{T/2} x(t) \sin(n\omega_0 t)\,\mathrm{d}t$。

将式(2.2.1)中正弦、余弦项合并，可得

$$x(t) = a_0 + \sum_{n=1}^{\infty} A_n \sin(n\omega_0 t + \theta_n)$$

或
$$x(t) = a_0 + \sum_{n=1}^{\infty} A_n \cos(n\omega_0 t + \varphi_n) \qquad (2.2.2)$$

式中，A_n——各频率分量的幅值，$A_n = \sqrt{a_n^2 + b_n^2}$；

θ_n、φ_n——各频率分量的初相位，$\theta_n = \varphi_n + \dfrac{\pi}{2} = \arctan \dfrac{a_n}{b_n}$，$\varphi_n = -\arctan \dfrac{b_n}{a_n}$。

式(2.2.1)和式(2.2.2)实际描述了周期信号 $x(t)$ 的频率结构，它表明周期信号是由一个常值分量 a_0 和无穷多个不同频率的谐波分量叠加而成的。由于 n 是整数序列，当 $n=1$ 时，$A_1 \sin(\omega_0 t + \theta_1)$ 或 $A_1 \cos(\omega_0 t + \varphi_1)$ 称为一次谐波分量(基波)，基波的频率与信号的频率相同；当 $n>1$ 时，$A_n \sin(n\omega_0 t + \theta_n)$ 或 $A_n \cos(n\omega_0 t + \varphi_n)$ 称为 n 次谐波，各高次谐波分量的频率都是 ω_0 的整数倍。

为了直观地表达一个信号的频率成分结构，以频率 $\omega(n\omega_0)$ 为横坐标，以各次谐波的幅值 A_n、相角 θ_n 或 φ_n 为纵坐标分别作图，则可得到该信号的幅频谱图和相频谱图，两者统称为信号的三角傅里叶级数频谱图(简称频谱)。由于 n 的取值为正整数，即各频率成分都是 ω_0 的正整数倍，因此谱线只出现在 $0, \omega_0, 2\omega_0, \cdots, n\omega_0$ 等 ω_0 的整数倍频率点上，这种频谱为离散频谱。

2. 傅里叶级数的复指数函数展开式

根据欧拉公式

$$\mathrm{e}^{\pm \mathrm{j}\omega t} = \cos(\omega t) \pm \mathrm{j}\sin(\omega t) \qquad (2.2.3)$$

则有

$$\begin{cases} \cos(\omega t) = \dfrac{1}{2}(\mathrm{e}^{-\mathrm{j}\omega t} + \mathrm{e}^{\mathrm{j}\omega t}) \\[2mm] \sin(\omega t) = \mathrm{j}\,\dfrac{1}{2}(\mathrm{e}^{-\mathrm{j}\omega t} - \mathrm{e}^{\mathrm{j}\omega t}) \end{cases} \qquad (2.2.4)$$

将式(2.2.4)带入式(2.2.1)可得

$$\begin{aligned} x(t) &= a_0 + \sum_{n=1}^{\infty} \left[\frac{a_n}{2}(\mathrm{e}^{-\mathrm{j}n\omega_0 t} + \mathrm{e}^{\mathrm{j}n\omega_0 t}) + \frac{b_n}{2}\mathrm{j}(\mathrm{e}^{-\mathrm{j}n\omega_0 t} - \mathrm{e}^{\mathrm{j}n\omega_0 t}) \right] \\ &= a_0 + \sum_{n=1}^{\infty} \left[\frac{1}{2}(a_n + \mathrm{j}b_n)\mathrm{e}^{-\mathrm{j}n\omega_0 t} + \frac{1}{2}(a_n - \mathrm{j}b_n)\mathrm{e}^{\mathrm{j}n\omega_0 t} \right] \end{aligned} \qquad (2.2.5)$$

令
$$c_0 = a_0$$

$$c_n = \frac{1}{2}(a_n - \mathrm{j}b_n)$$

$$c_{-n} = \frac{1}{2}(a_n + \mathrm{j}b_n)$$

则有

$$x(t) = c_0 + \sum_{n=1}^{\infty} \left[c_n e^{jn\omega_0 t} + c_{-n} e^{-jn\omega_0 t} \right] \tag{2.2.6}$$

由于 c_n 和 c_{-n} 是一对共轭复数,则

$$\sum_{n=1}^{\infty} c_{-n} e^{-jn\omega_0 t} = \sum_{n=-\infty}^{-1} c_n e^{jn\omega_0 t} \tag{2.2.7}$$

当 $n=0$ 时,$b_n = 0$,$a_n = \dfrac{2}{T} \int_{-T/2}^{T/2} x(t) \, dt$

于是

$$c_{n|n=0} = c_0 = \frac{1}{2} \left[\frac{2}{T} \int_{-T/2}^{T/2} x(t) \, dt \right] = \frac{1}{T} \int_{-T/2}^{T/2} x(t) \, dt = a_0$$

因此 c_0 与 $n=0$ 时的 c_n 是一致的。于是,可将式(2.2.6)中的各项合并,得到傅里叶级数的复指数展开式,即

$$x(t) = \sum_{n=-\infty}^{+\infty} c_n e^{jn\omega_0 t} \qquad (n = 0, \pm 1, \pm 2, \cdots) \tag{2.2.8}$$

式中,c_n——复数傅里叶系数。

即

$$c_n = \frac{1}{T} \int_{-T/2}^{T/2} x(t) e^{-jn\omega_0 t} \, dt \tag{2.2.9}$$

以上结果表明,周期信号 $x(t)$ 可分解成无穷多个指数分量之和;而且傅里叶系数 c_n 完全由原信号 $x(t)$ 确定,因此 c_n 包含原信号 $x(t)$ 的全部信息。

一般情况下,c_n 为复变函数,可以写成

$$c_n = \mathrm{Re}(c_n) + j\mathrm{Im}(c_n) = |c_n| e^{j\varphi_n} \tag{2.2.10}$$

式中,$|c_n| = |c_{-n}| = \dfrac{A_n}{2} = \dfrac{1}{2}\sqrt{a_n^2 + b_n^2}$;$\varphi_n = \arctan\dfrac{\mathrm{Im}c_n}{\mathrm{Re}c_n} = -\arctan\dfrac{b_n}{a_n}$,$\varphi_{-n} = -\varphi_n$。

复数傅里叶系数 c_n 的模和相角分别表示各次谐波的幅值和相位角,因此 c_n 包括了周期信号所含的各次谐波幅值和相位角的信息,因而它同样是周期信号的频谱函数。

以频率 $\omega(n\omega_0)$ 为横坐标,分别以 $|c_n|$、φ_n 为纵坐标,可以得到信号的幅频谱图和相频谱图;也可以分别以 c_n 的实部和虚部为纵坐标,得到信号的实频谱图和虚频谱图。两者都统称为复数频谱(简称复频谱),这里 n 的取值为整数,因此复频谱也是离散频谱。

比较傅里叶级数的两种展开式可知:三角函数展开式的频谱为单边频谱(ω 从 $0 \sim +\infty$),复指数函数形式的频谱为双边频谱(ω 从 $-\infty \sim +\infty$);各次谐波的幅值在量值上有确定的关系,$|c_n| = A_n/2$,即双边谱中各谐波的幅值为单边谱中各对应谐波幅值的一半,其原因是 $|c_n|$ 和 A_n 中 n 的取值范围不同,前者 n 取整数,而后者 n 取正整数。由此可见,双边幅频谱为偶函数,双边相频谱为奇函数。

在式(2.2.8)中,n 值可正可负。当 n 为负值时,谐波频率 $n\omega_0$ 为"负频率"。怎

样理解"负频率"呢？这是因为从实数形式的傅里叶级数过渡到复数形式的傅里叶级数时其 n 值从正值扩展到了正、负值。"负频率"可以参照角速度的旋转方向来理解，即角速度按其旋转方向可以有正、负之分，这样一个矢量的实部可以看成是两个旋转方向相反的矢量在实轴上的投影之和，而虚部则为在虚轴上的投影之差。

2.2.2 周期信号的频域描述实例

周期信号展开为傅里叶级数的关键就是确定各个系数，即 a_0, a_n, b_n 或 c_n。要快速求解各系数，可利用函数的奇偶特性。

例如，当 $x(t)$ 为奇函数时，$a_0 = 0, a_n = 0$，此时

$$x(t) = \sum_{n=1}^{\infty} b_n \sin(n\omega_0 t) \tag{2.2.11}$$

同理，当 $x(t)$ 为偶函数时，$b_n = 0$，于是

$$x(t) = a_0 + \sum_{n=1}^{\infty} a_n \cos(n\omega_0 t) \tag{2.2.12}$$

例 2-1 如图 2.2.1 所示周期性方波，在一个周期内可表达为

$$x(t) = \begin{cases} A & 0 < t < T/2 \\ 0 & t = 0, \pm T/2 \\ -A & -T/2 < t < 0 \end{cases}$$

求此信号的频谱。

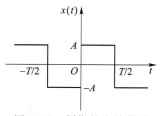

图 2.2.1 周期性方波信号

解 由图可知，该信号为奇函数，因此

$$a_0 = 0, a_n = 0$$

$$\begin{aligned} b_n &= \frac{2}{T} \int_{-T/2}^{T/2} x(t) \sin(n\omega_0 t)\, \mathrm{d}t \\ &= \frac{4}{T} \int_0^{T/2} A\sin(n\omega_0 t)\, \mathrm{d}t \\ &= \frac{2A}{n\pi}[1 - \cos(n\pi)] \\ &= \begin{cases} 0 & n = 2, 4, 6, \cdots \\ \dfrac{4A}{n\pi} & n = 1, 3, 5, \cdots \end{cases} \end{aligned}$$

于是，周期性方波可写成

$$\begin{aligned} x(t) &= \frac{4A}{\pi}\left[\sin(\omega_0 t) + \frac{1}{3}\sin(3\omega_0 t) + \frac{1}{5}\sin(5\omega_0 t) + \cdots\right] \\ &= \frac{4A}{\pi}\left[\cos\left(\omega_0 t - \frac{\pi}{2}\right) + \frac{1}{3}\cos\left(3\omega_0 t - \frac{\pi}{2}\right) + \right. \\ &\qquad \left. \frac{1}{5}\cos\left(5\omega_0 t - \frac{\pi}{2}\right) + \cdots\right] \end{aligned}$$

周期性方波的频谱图如图 2.2.2 所示，其幅频谱只包含基波（ω_0）及奇次谐波

（$n=3,5,7,\cdots$）的频率分量，各次谐波的幅值以 $\dfrac{1}{n}$ 的规律收敛，相频谱均为 $-\dfrac{\pi}{2}$。

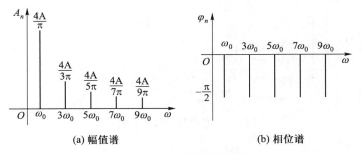

(a) 幅值谱　　　　　　　　　　　(b) 相位谱

图 2.2.2　周期性方波的频谱图

例 2-2　如图 2.2.3 所示周期性三角波，在一个周期内信号可表示为

$$x(t)=\begin{cases} A+\dfrac{2A}{T}t & -T/2\leqslant t\leqslant 0 \\[2mm] A-\dfrac{2A}{T}t & 0\leqslant t\leqslant T/2 \end{cases}$$

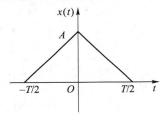

图 2.2.3　周期性三角波信号

求此信号的频谱。

解　由图可知，该信号为偶函数，因此 $b_n=0$

$$a_0=\frac{1}{T}\int_{-T/2}^{T/2}x(t)\,\mathrm{d}t=\frac{2A}{T}\int_0^{T/2}\left(1-\frac{2}{T}t\right)\mathrm{d}t=\frac{A}{2}$$

$$a_n=\frac{2}{T}\int_{-T/2}^{T/2}x(t)\cos(n\omega_0 t)\,\mathrm{d}t$$

$$=\frac{4A}{T}\int_0^{T/2}\left(1-\frac{2}{T}t\right)\cos(n\omega_0 t)\,\mathrm{d}t$$

$$=\frac{4A}{n^2\pi^2}\sin^2\left(\frac{n\pi}{2}\right)$$

$$=\begin{cases}\dfrac{4A}{n^2\pi^2} & n=1,3,5,\cdots \\[2mm] 0 & n=2,4,6,\cdots\end{cases}$$

于是，该周期性三角波可写成

$$x(t)=\frac{A}{2}+\frac{4A}{\pi^2}\left[\cos(\omega_0 t)+\frac{1}{3^2}\cos(3\omega_0 t)+\frac{1}{5^2}\cos(5\omega_0 t)+\cdots\right]$$

周期性三角波的频谱图如图 2.2.4 所示，其幅频谱包含常值分量、基波和奇次谐波的频率分量，谐波的幅值以 $\dfrac{1}{n^2}$ 的规律收敛，相频谱均为零。

例 2-3　对如图 2.2.1 所示周期方波，以复指数展开形式求复频谱。

解　根据式（2.2.9）计算复数傅里叶系数，即

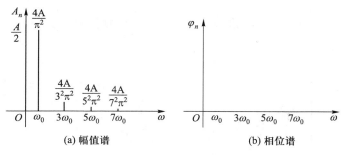

(a) 幅值谱
(b) 相位谱

图 2.2.4   周期性三角波的频谱图

$$c_n = \frac{1}{T} \int_{-T/2}^{T/2} x(t)\, \mathrm{e}^{-jn\omega_0 t}\,\mathrm{d}t$$

$$= \frac{1}{T}\left(\int_{-T/2}^{T/2} x(t)\cos(n\omega_0 t)\,\mathrm{d}t - j\int_{-T/2}^{T/2} x(t)\sin(n\omega_0 t)\,\mathrm{d}t \right)$$

$$= -j\frac{2}{T}\int_0^{T/2} A\sin(n\omega_0 t)\,\mathrm{d}t = j\frac{A}{n\pi}\left[\cos(n\pi) - 1\right]$$

$$= \begin{cases} -j\dfrac{2A}{n\pi} & n = \pm1, \pm3, \pm5, \cdots \\ 0 & n = \pm2, \pm4, \pm6, \cdots \end{cases}$$

周期方波的傅里叶级数复指数展开式为

$$x(t) = -j\frac{2A}{\pi}\sum_{n=-\infty}^{+\infty}\frac{1}{n}\mathrm{e}^{jn\omega_0 t}$$

于是,幅值为

$$|c_n| = \begin{cases} \left|\dfrac{2A}{n\pi}\right| & n = \pm1, \pm3, \pm5, \cdots \\ 0 & n = \pm2, \pm4, \pm6, \cdots \end{cases}$$

相位为

$$\varphi_n = \arctan\frac{-\dfrac{2A}{n\pi}}{0} = \begin{cases} -\dfrac{\pi}{2} & n = 1, 3, 5\cdots \\ \dfrac{\pi}{2} & n = -1, -3, -5, \cdots \\ 0 & n = \pm2, \pm4, \pm6, \cdots \end{cases}$$

图 2.2.5 所示为该周期方波的复频谱图。可以看出,该频谱为双边频谱,幅值谱为偶函数,相位谱为奇函数。

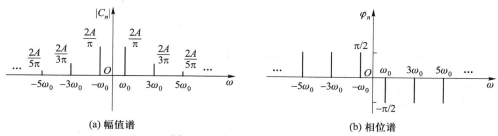

(a) 幅值谱
(b) 相位谱

图 2.2.5   周期方波的复频谱图

例 2-4 求正弦、余弦信号的频谱图。

解 根据欧拉公式有

$$\cos(\omega_0 t) = \frac{1}{2}(e^{-j\omega_0 t} + e^{j\omega_0 t})$$

$$\sin(\omega_0 t) = j\frac{1}{2}(e^{-j\omega_0 t} - e^{j\omega_0 t})$$

故余弦信号只有实频谱,与纵轴偶对称;正弦信号只有虚频谱图,与纵轴奇对称。图 2.2.6 是这两个信号的频谱图。

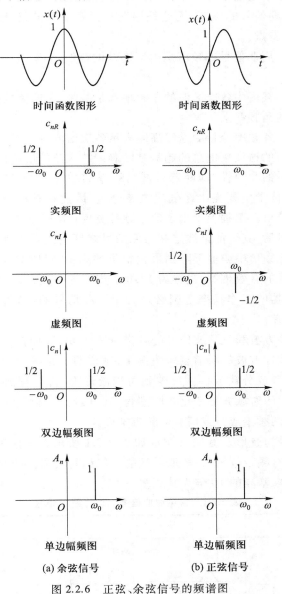

(a) 余弦信号　　(b) 正弦信号

图 2.2.6　正弦、余弦信号的频谱图

　　一般来说,周期信号按傅里叶级数的复指数函数形式展开后,其实频谱总是偶对称的,其虚频谱总是奇对称的。

2.2.3　周期信号频谱的特点及物理意义

　　傅里叶级数展开式表明,周期信号只要满足狄里赫利条件,就可以表示为由有限个或无穷多个谐波分量叠加而成,这一结论对于工程测试非常重要。当一个复杂的周期信号作用到一线性测试系统时,测量其输出信号就可以把这个复杂周期信号的作用看成是若干个简谐信号叠加作用的结果,从而使问题简化。

　　归纳起来,周期信号的频谱,无论是用三角函数展开式还是用复指数函数展开式求得,具有以下特点:

　　(1) 离散性。周期信号的频谱是由不连续的谱线组成,每条谱线代表一个谐波分量。

　　(2) 谐波性。频谱中各次谐波的角频率都是基频 ω_0 的整数倍,即每条谱线只出现在基频整数倍的角频率上。

　　(3) 收敛性。各频率分量的谱线高度表示各次谐波分量的幅值或相位角。工程上常见的周期信号的谐波幅值总的趋势是随着谐波次数的增高而减小的。

　　由于周期信号的收敛性,即随着谐波角频率的增大,谐波幅值总的趋势是渐趋于零,表明信号的能量主要集中在低次谐波分量,因此在频谱分析中可以忽略那些谐波次数过高的分量。工程上提出了信号频带宽度(信号带宽)的概念,按照略去谐波次数过高的分量后,其余的谐波之和与原信号之间的差异不超过允许误差来定义信号带宽。通常把频谱中幅值下降到最大幅值的 1/10 时所对应的角频率作为信号的频带宽度或信号的有效带宽,也称为 1/10 法则。这一点在设计或选择测试仪器时尤为重要,测试仪器的工作频率范围必须大于被测信号的频宽,否则将会引起信号失真,增大测量误差。

　　从前面周期性方波和三角波信号的频谱分析可知,周期性三角波信号的各次谐波幅值衰减比周期性方波的频谱衰减快得多,这说明三角波的频率结构中低频成分较多,而方波的高频成分比较多。反映到时域波形上,含高频成分多的时域波形变化比含高频成分少的时域波形变化要剧烈得多。因此,可根据时域波形变化的剧烈程度,粗略判断它的频谱成分或信号的频带宽度。

　　常见周期信号的波形及其频带宽度如表 2.2.1 所示。从该表可以看出,对于无跃变的信号,其占有频带较窄,一般取基频的 3 倍为其频宽;对于有跃变的信号,其占有频带较宽,一般取基频的 10 倍为其频宽。

表 2.2.1　常见周期信号的波形及其频宽

序号	1	2	3	4
波形				

续表

序号	1	2	3	4
频宽	$10\omega_0$	$3\omega_0$	$10\omega_0$	$3\omega_0$

测试系统常常包含许多测量装置,如传感器、放大器、滤波器等,由于任何一个测量装置的工作频带宽度都是有限的,输入信号中高次谐波的频率如果超过了测量装置的截止频率,这些高次谐波就得不到放大等调理,从而引起失真,造成测量误差。可见,分析信号的频率结构对动态测试是非常重要的。

通过傅里叶级数及其表达图形——频谱图,可以一目了然地知道周期信号是由哪些频率成分构成、各频率成分的幅值和相位角是多大、各次谐波的幅值在周期信号中所占的比例等等,这些统称为周期信号的频率描述。

2.2.4 周期信号的强度描述

周期信号的强度(幅值特性)可以用峰值、均值、有效值和平均功率来表述。

1. 峰值 x_p。峰值是信号在一个周期内可能出现的最大瞬时值,即

$$x_p = \left| x(t) \right|_{\max} \tag{2.2.13}$$

峰–峰值 x_{p-p} 是在一个周期内最大瞬时值与最小瞬时值之差。

对信号的峰值和峰–峰值应有足够的估计,以便确定测试系统的动态范围。一般希望信号的峰–峰值在测试系统的线性范围内,以保证足够小的非线性误差,并使信号不致产生大的畸变。

2. 均值 μ_x。均值是信号的常值分量(直流分量),即一个周期内的平均值,表达式为

$$\mu_x = \frac{1}{T} \int_{-T/2}^{T/2} x(t)\,\mathrm{d}t \tag{2.2.14}$$

绝对均值 $\mu_{|x|}$ 是周期信号全波整流后的均值,其表达式为

$$\mu_{|x|} = \frac{1}{T} \int_{-T/2}^{T/2} |x(t)|\,\mathrm{d}t \tag{2.2.15}$$

3. 有效值。有效值是信号的均方根值 x_{rms},即

$$x_{\mathrm{rms}} = \sqrt{\frac{1}{T} \int_{-T/2}^{T/2} x^2(t)\,\mathrm{d}t} \tag{2.2.16}$$

4. 平均功率。周期信号的功率定义为

$$P = \frac{1}{T} \int_{-T/2}^{T/2} x^2(t)\,\mathrm{d}t \tag{2.2.17}$$

式(2.2.17)表示信号 $x(t)$ 在一个周期内的平均功率,即信号的均方值——有效值的平方。

将式(2.2.2)代入式(2.2.17),有

$$P = \frac{1}{T} \int_{-T/2}^{T/2} \left[a_0 + \sum_{n=1}^{\infty} A_n \cos(n\omega_0 t + \varphi_n) \right]^2 \mathrm{d}t$$

对上式进行整理化简,可得

$$P = \frac{1}{T}\int_{-T/2}^{T/2} x^2(t)\,\mathrm{d}t = a_0^2 + \sum_{n=1}^{\infty}\frac{1}{2}A_n^2 \qquad (2.2.18)$$

式(2.2.18)等号右边第一项表示信号 $x(t)$ 的直流功率,第二项为信号各次谐波的功率之和。

根据傅里叶系数之间的关系,式(2.2.18)也可表示为

$$P = \frac{1}{T}\int_{-T/2}^{T/2} x^2(t)\,\mathrm{d}t = |c_0|^2 + 2\sum_{n=1}^{\infty}|c_n|^2 = \sum_{n=-\infty}^{\infty}|c_n|^2 \qquad (2.2.19)$$

式(2.2.18)和式(2.2.19)表明,周期信号在时域中的功率等于信号在频域中的功率。

由式(2.2.18)或式(2.2.19)可得到周期信号 $x(t)$ 的功率谱,也是离散频谱。

下面给出几种典型周期信号的强度。从表中可以看出,虽然信号的峰值相同,但信号的均值、绝对均值和有效值随波形不同而异。

表 2.2.2　常见周期信号的强度描述

名称	波形图	傅里叶级数展开式	x_{p}	μ_x	$\mu_{|x|}$	x_{rms}
正弦波		$x(t) = A\sin(\omega_0 t)$	A	0	$\dfrac{2A}{\pi}$	$\dfrac{A}{\sqrt{2}}$
方波		$x(t) = \dfrac{4A}{\pi}\left(\sin(\omega_0 t) + \dfrac{1}{3}\sin(3\omega_0 t) + \dfrac{1}{5}\sin(5\omega_0 t) + \cdots\right)$	A	0	A	A
三角波		$x(t) = \dfrac{8A}{\pi^2}\left(\sin(\omega_0 t) + \dfrac{1}{9}\sin(3\omega_0 t) + \dfrac{1}{25}\sin(5\omega_0 t) + \cdots\right)$	A	0	$\dfrac{A}{2}$	$\dfrac{A}{\sqrt{3}}$
锯齿波		$x(t) = \dfrac{A}{2} - \dfrac{4}{\pi}\left(\sin(\omega_0 t) + \dfrac{1}{2}\sin(2\omega_0 t) + \dfrac{1}{3}\sin(3\omega_0 t) + \cdots\right)$	A	$\dfrac{A}{2}$	$\dfrac{A}{2}$	$\dfrac{A}{\sqrt{3}}$
正弦整流		$x(t) = \dfrac{2A}{\pi}\left(1 - \dfrac{2}{3}\cos(2\omega_0 t) - \dfrac{2}{15}\cos(4\omega_0 t) - \cdots\right)$	A	$\dfrac{2A}{\pi}$	$\dfrac{2A}{\pi}$	$\dfrac{A}{\sqrt{2}}$

2.3 非周期信号与连续频谱

非周期信号包括准周期信号和瞬态信号两种,其频谱各有特点。由于准周期信号是由简谐信号叠加而成(无公共周期),因此准周期信号仍然具有离散频谱,其频谱由有限个谱线构成,但一般不具有周期信号频谱所具有的谐波性的特征。例如在工程测试中,多个独立激振源共同作用所引起的振动往往属于这类信号。

瞬态信号在工程中有着广泛的应用,如图 2.3.1 所示,电容放电时的电压信号(见图(a))、有阻尼振动系统的位移信号(见图(b))、承载缆绳断裂时的拉力信号(见图(c))等均属于瞬态信号。通常习惯上所称的非周期信号是指瞬态信号,瞬态信号的频谱不能直接用傅里叶级数展开,而必须应用傅里叶变换来描述。本节主要讨论瞬态信号的频谱分析。

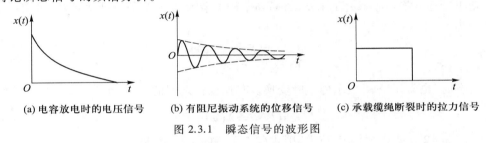

(a) 电容放电时的电压信号　　　(b) 有阻尼振动系统的位移信号　　　(c) 承载缆绳断裂时的拉力信号

图 2.3.1　瞬态信号的波形图

2.3.1　傅里叶变换

非周期信号可以看作是周期 T 为无穷大的周期信号。因此,非周期信号的频谱可以由周期信号的频谱进行推导。

当周期 T 趋于无穷大时,其相邻谱线的间隔 $\Delta\omega = \omega_0 = 2\pi/T$ 趋于无穷小,谱线无限靠近,以致离散频谱的顶点最后变成一条连续曲线,即成为连续频谱,因此非周期信号的频谱是连续的,它是由无限多个、频率无限接近的分量所组成。

由周期信号 $x(t)$ 的傅里叶级数的复指数展开式(式 2.2.8),将 c_n(式 2.2.9)代入得到

$$x(t) = \sum_{n=-\infty}^{+\infty} \left[\frac{1}{T} \int_{-T/2}^{T/2} x(t)\, e^{-jn\omega_0 t}\, dt \right] e^{jn\omega_0 t} \tag{2.3.1}$$

当信号的周期趋于无穷大时,即 $T \to \infty$,则有:

(1) 谱线的间隔趋于无穷小,$\Delta\omega = \omega_0 \to d\omega$;

(2) 离散频率变成连续频率,$n\omega_0 = n\Delta\omega \to \omega$;

(3) 求和变成求积,$\displaystyle\sum_{n=-\infty}^{n=+\infty} \to \int_{-\infty}^{+\infty}$;

(4) $\dfrac{1}{T} = \dfrac{\omega_0}{2\pi} = \dfrac{1}{2\pi} d\omega$;

于是,式(2.3.1)可改写为

$$x(t) = \int_{-\infty}^{+\infty} \frac{\mathrm{d}\omega}{2\pi} \left[\int_{-\infty}^{+\infty} x(t)\, \mathrm{e}^{-\mathrm{j}\omega t}\mathrm{d}t \right] \mathrm{e}^{\mathrm{j}\omega t}$$

$$= \frac{1}{2\pi} \int_{-\infty}^{+\infty} \left[\int_{-\infty}^{+\infty} x(t)\, \mathrm{e}^{-\mathrm{j}\omega t}\mathrm{d}t \right] \mathrm{e}^{\mathrm{j}\omega t}\mathrm{d}\omega \tag{2.3.2}$$

上式方括号内的积分,由于时间 t 是积分变量,故积分之后仅是 ω 的函数,可记为 $X(\omega)$。于是有

$$X(\omega) = \int_{-\infty}^{+\infty} x(t)\, \mathrm{e}^{-\mathrm{j}\omega t}\mathrm{d}t \tag{2.3.3}$$

$$x(t) = \frac{1}{2\pi} \int_{-\infty}^{+\infty} X(\omega)\, \mathrm{e}^{\mathrm{j}\omega t}\mathrm{d}\omega \tag{2.3.4}$$

这样,$x(t)$ 与 $X(\omega)$ 建立了确定的对应关系。在数学上,称式(2.3.3)所表达的 $X(\omega)$ 为 $x(t)$ 的傅里叶变换(Fourier transform,FT);式(2.3.4)所表达的 $x(t)$ 为 $X(\omega)$ 的傅里叶逆变换(inverse Fourier transform,IFT);两者互称为傅里叶变换对,可用符号简记为

$$\begin{cases} x(t) = F^{-1}[X(\omega)] \\ X(\omega) = F[x(t)] \end{cases} \tag{2.3.5}$$

有时,也常用"⇔"表示傅里叶变换及其逆变换之间的关系,记为

$$x(t) \underset{IFT}{\overset{FT}{\Longleftrightarrow}} X(\omega) \tag{2.3.6}$$

将 $\omega = 2\pi f$ 代入式(2.3.2)中,则式(2.3.3)和式(2.3.4)变为

$$X(f) = \int_{-\infty}^{+\infty} x(t)\, \mathrm{e}^{-\mathrm{j}2\pi f t}\mathrm{d}t \tag{2.3.7}$$

$$x(t) = \int_{-\infty}^{+\infty} X(f)\, \mathrm{e}^{\mathrm{j}2\pi f t}\mathrm{d}f \tag{2.3.8}$$

这样就避免了在傅里叶变换中出现 $1/2\pi$ 的常数因子,使公式形式简化。

需要指出的是,以上是从形式上进行了推导,即从周期信号的周期 T 趋近于无穷大、离散频谱变成连续频谱推导出傅里叶变换对,这在数学上是不严格的。严格来讲,非周期信号 $x(t)$ 的傅里叶变换同样需要满足狄里赫利条件。

一般情况下,$X(f)$ 是复函数,可以写成

$$X(f) = \mathrm{Re}X(f) + \mathrm{j}\mathrm{Im}X(f) = |X(f)|\mathrm{e}^{\mathrm{j}\theta(f)} \tag{2.3.9}$$

式中,$|X(f)|$——信号 $x(t)$ 的连续幅值谱;$\theta(f)$——信号 $x(t)$ 的连续相位谱。

由式(2.3.8)可以看出,非周期信号 $x(t)$ 是由频率 f 连续变化的无穷多个谐波分量 $\mathrm{e}^{\mathrm{j}2\pi f t}$ 叠加而成。每一个谐波分量的幅值或相位表示为 $X(f)\,\mathrm{d}f$(无穷小量),则 $X(f)$ 表示频率为 f 处的单位频带宽度内不同频率谐波分量 $\mathrm{e}^{\mathrm{j}2\pi f t}$ 的幅值和相位,具有密度的含义,因此 $X(f)$ 称为 $x(t)$ 的频谱密度函数。故 $|X(f)|$ 表示非周期信号的幅值频谱密度函数,简称幅值谱密度,$\theta(f) = \angle X(f)$ 表示非周期信号的相位谱密度。

综上所述,瞬态非周期信号的频谱是连续的,包含了从零到无穷大的不同频率

的所有谐波分量;频谱由频谱密度函数来描述,表示单位频宽上的幅值和相位(即单位频宽内所包含的能量),其量纲具有密度的含义。周期信号的频谱是离散的,其量纲与信号的幅值或相位的量纲相同。这是瞬态非周期信号与周期信号频谱的主要区别。

需要说明一点,在工程中最常用的频谱图包括振幅频谱图和相位频谱图,其纵坐标有明确的物理量纲。在实际使用中,还可以采用对数振幅谱图、功率谱图(如周期信号、随机信号等)或能量谱图(如瞬态信号等)。这些频谱图对原振幅、功率或能量进行了对数计算(如 $20\lg A$ 或 $10\lg P$ 等),所以纵坐标的单位是分贝(dB),频率轴(横坐标)也可采用对数标尺。

2.3.2 典型非周期信号的频谱

1. 单位冲激信号(δ 函数)及其频谱

(1)单位冲激信号的定义

单位冲激信号又称为 δ 函数或狄拉克函数,是一个广义函数,它在信号处理、系统分析与建模中具有十分重要的地位。下面给出常见的两种定义:

1)用脉冲函数的极限定义

在 ε 时间内激发一个矩形脉冲 $S_\varepsilon(t)$,幅值为 $\dfrac{1}{\varepsilon}$,其面积为 1,如图 2.3.2(a)所示。当 $\varepsilon \to 0$ 时,矩形脉冲 $S_\varepsilon(t)$ 的极限就称为单位冲激信号,记做 $\delta(t)$。若将脉冲的面积看成是脉冲强度,则 $\delta(t)$ 函数为幅值无限大、强度仅为 1 的脉冲,采用带有箭头的线段表示,如图 2.3.2(b)所示。

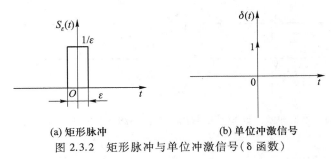

(a) 矩形脉冲　　　　　　　　(b) 单位冲激信号

图 2.3.2　矩形脉冲与单位冲激信号(δ 函数)

除矩形脉冲外,也可选取三角形脉冲、双边指数脉冲、钟形脉冲、抽样函数等取极限定义单位冲激信号。

2)狄拉克(Dirac)给出冲激函数的定义式为

$$\left. \begin{aligned} \int_{-\infty}^{+\infty} \delta(t)\,\mathrm{d}t &= 1 \\ \delta(t) &= 0 \,(t \neq 0) \\ \delta(t) &= \infty \,(t = 0) \end{aligned} \right\} \qquad (2.3.10)$$

这一定义式从面积的角度来看,与上述脉冲极限的定义是一致的,因此,也把 $\delta(t)$ 函数称为狄拉克函数。

单位冲激信号 $\delta(t)$ 只表示在 $t=0$ 处有"冲激",在 $t=0$ 点以外的各函数值均为零,其冲激强度(冲激面积)为 1。对于任意点 $t=t_0$ 处出现的冲激,可表示为

$$\left.\begin{array}{l} \int_{-\infty}^{+\infty} \delta(t - t_0)\mathrm{d}t = 1 \\ \delta(t - t_0) = 0 \ (t \neq t_0) \\ \delta(t - t_0) = \infty \ (t = t_0) \end{array}\right\} \qquad (2.3.11)$$

若任一冲激信号 $x(t)$ 的强度为 E,则表示为 $x(t) = E\delta(t)$,图形表示时,在箭头旁边标注 E。

严格来讲,在数学上单位冲激信号 $\delta(t)$ 是一理想函数。但在工程中,常用来描述持续时间极短、取值极大的物理现象,如爆炸、冲击、碰撞、放电等抽象模型的表征。

单位冲激信号 $\delta(t)$ 有许多重要的性质,如抽样特性(筛选特性)、卷积特性等,在信号分析与处理中具有重要的作用。

2-1 单位
冲激函数
的性质

(2)单位冲激信号 $\delta(t)$ 的频谱

根据傅里叶变换,有

$$\Delta(f) = \int_{-\infty}^{+\infty} \delta(t)\mathrm{e}^{-\mathrm{j}2\pi f t}\mathrm{d}t = \int_{-\infty}^{+\infty} \delta(t)\mathrm{e}^0\mathrm{d}t = 1 \qquad (2.3.12)$$

由式(2.3.12)可见,单位冲激信号 $\delta(t)$ 的频谱为常数,如图 2.3.3 所示。表明 $\delta(t)$ 函数具有无限宽的频谱,而且在整个频率范围内强度相等,这种频谱也称为"均匀谱"。因此,单位冲激信号 $\delta(t)$ 可用做测试系统的激励信号,通过其响应来评价测试系统的特性。

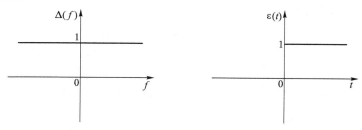

图 2.3.3 单位冲激函数 $\delta(t)$ 的频谱   图 2.3.4 单位阶跃信号

2. 单位阶跃信号及其频谱

单位阶跃信号 $\varepsilon(t)$ 可表示为

$$\varepsilon(t) = \begin{cases} 1 & t>0 \\ 0 & t<0 \end{cases} \qquad (2.3.13)$$

如图 2.3.4 所示,在跳变点 $t=0$ 处,函数值未定义(可取 0,1 或 1/2)。

显然,单位阶跃信号 $\varepsilon(t)$ 不满足绝对可积的条件,故不能由傅里叶变换定义式直接求取其频谱。可以将 $\varepsilon(t)$ 看作为单边指数信号 $x(t) = \mathrm{e}^{-\alpha t}(\alpha>0, t \geq 0)$ 在时域上当 $\alpha \to 0$ 时的极限,其频谱为该指数信号的频谱在 $\alpha \to 0$ 时的极限。

单边指数信号 $x(t) = \mathrm{e}^{-\alpha t}(\alpha>0, t \geq 0)$ 的频谱函数为

$$X(f) = \int_{-\infty}^{+\infty} x(t)\,\mathrm{e}^{-\mathrm{j}2\pi ft}\mathrm{d}t = \int_{0}^{\infty} \mathrm{e}^{-\alpha t}\mathrm{e}^{-\mathrm{j}2\pi ft}\mathrm{d}t$$

$$= \int_{0}^{\infty} \mathrm{e}^{-(\alpha+\mathrm{j}2\pi f)t}\mathrm{d}t = \frac{1}{\alpha+\mathrm{j}2\pi f} \tag{2.3.14}$$

其幅值谱为

$$|X(f)| = \frac{1}{\sqrt{\alpha^2 + (2\pi f)^2}} \tag{2.3.15}$$

其相位谱为

$$\theta(f) = -\arctan\left(\frac{2\pi f}{\alpha}\right) \tag{2.3.16}$$

单边指数信号及其频谱图如图 2.3.5 所示。

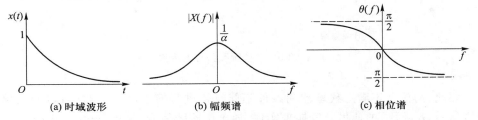

(a) 时域波形　　　　(b) 幅频谱　　　　(c) 相位谱

图 2.3.5　单边指数信号及其频谱

将单边指数信号的频谱分解为实频与虚频两部分，即

$$X(f) = \frac{1}{\alpha+\mathrm{j}2\pi f} = \frac{\alpha}{\alpha^2+(2\pi f)^2} - \mathrm{j}\frac{2\pi f}{\alpha^2+(2\pi f)^2} = A(f) + \mathrm{j}B(f)$$

当 $\alpha\to 0$ 时，有

$$\lim_{\alpha\to 0} A(f) = \begin{cases} 0 & f\neq 0 \\ \infty & f=0 \end{cases}$$

而

$$\lim_{\alpha\to 0}\int_{-\infty}^{+\infty} A(f)\,\mathrm{d}f = \lim_{\alpha\to 0}\int_{-\infty}^{+\infty}\frac{\alpha}{\alpha^2+(2\pi f)^2}\mathrm{d}f$$

$$= \frac{1}{2\pi}\lim_{\alpha\to 0}\int_{-\infty}^{+\infty}\frac{d\left(\frac{2\pi f}{\alpha}\right)}{1+\left(\frac{2\pi f}{\alpha}\right)^2} = \frac{1}{2\pi}\lim_{\alpha\to 0}\arctan\frac{2\pi f}{\alpha}\Big|_{-\infty}^{+\infty} = \frac{1}{2}$$

可见，$A(f)$ 是一冲激函数，冲击强度为 $\frac{1}{2}$。

同理，当 $\alpha\to 0$ 时，有

$$\lim_{\alpha\to 0} B(f) = \lim_{\alpha\to 0}\left(-\frac{2\pi f}{\alpha^2+(2\pi f)^2}\right) = \begin{cases} -\frac{1}{2\pi f} & f\neq 0 \\ \infty & f=0 \end{cases}$$

因此，单位阶跃信号的频谱可表示为

$$F(f) = \lim_{\alpha \to 0} [A(f) + jB(f)] = \frac{1}{2}\delta(f) + \frac{1}{j2\pi f} \tag{2.3.17}$$

单位阶跃信号的频谱图如图 2.3.6 所示。由于阶跃信号中含有直流分量,所以阶跃信号的频谱在 $f = 0$ 处存在一冲激;同时它在 $t = 0$ 处有跳变,表明频谱中还含有高频分量。

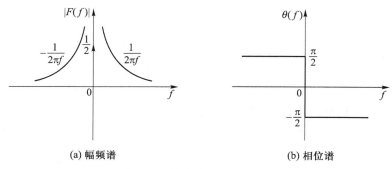

(a) 幅频谱   (b) 相位谱

图 2.3.6   单位阶跃信号的频谱

因此,当信号不满足狄里赫利条件不能直接进行傅里叶变换时,可以利用单位冲激信号(δ 函数)的傅里叶变换来实现,如单位阶跃信号、复指数信号、正弦(余弦)信号及一般周期信号等等。

3. 矩形脉冲信号(矩形窗函数)及其频谱

矩形脉冲信号的时域表达式为

$$x(t) = \begin{cases} 1 & |t| \leqslant \tau/2 \\ 0 & |t| > \tau/2 \end{cases} \tag{2.3.18}$$

根据傅里叶变换,其频谱函数为

$$X(f) = \int_{-\infty}^{+\infty} x(t) e^{-j2\pi ft} dt = \int_{-\tau/2}^{\tau/2} e^{-j2\pi ft} dt = \frac{1}{-j2\pi f}[e^{-j\pi f\tau} - e^{j\pi f\tau}]$$

$$= \tau \frac{\sin(\pi f\tau)}{\pi f\tau} = \tau Sa(\pi f\tau)$$

上式中,τ 称为脉冲宽度或窗宽。数学上将 $Sa(x) = \sin x/x$ 称为抽样函数,该函数在测试信号的分析中经常用到。抽样函数是偶函数,其函数值可在专门的数学表中查到,其波形以 2π 为周期随 x 的增加作衰减震荡,在 $x = n\pi (n = \pm1, \pm2, \pm3, \cdots)$ 处函数值为零。

矩形脉冲信号的频谱函数 $X(f)$ 只有实部,没有虚部,故其幅频谱为

$$|X(f)| = |\tau Sa(\pi f\tau)| \tag{2.3.19}$$

其相频谱为

$$\theta(f) = \begin{cases} 0 & Sa(\pi f\tau) > 0 \\ \pi & Sa(\pi f\tau) < 0 \end{cases} \tag{2.3.20}$$

矩形脉冲信号及其频谱如图 2.3.7 所示。

从矩形脉冲信号的频谱图可以看出,在 $f = 0 \sim \pm\frac{1}{\tau}$ 之间频谱幅值最大,称为频谱

的主瓣。一般来讲,信号的能量主要集中在主瓣。

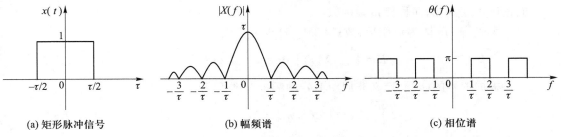

(a) 矩形脉冲信号   (b) 幅频谱   (c) 相位谱

图 2.3.7   矩形脉冲信号及频谱图

2.3.3   非周期信号的能量谱与频带

在工程测试的非电量测量中,常把被测信号转换成电压或电流信号来处理。显然,电压信号 $x(t)$ 加在单位电阻 $R(R=1\ \Omega)$ 上的瞬时功率 $P(t)=x^2(t)/R=x^2(t)$。瞬时功率对时间积分就是信号在该积分时间内的能量,因此,通常不考虑信号实际的量纲,直接把信号 $x(t)$ 的平方 $x^2(t)$ 及其对时间的积分称为信号的功率和能量。

当信号 $x(t)$ 满足 $\int_{-\infty}^{+\infty} x^2(t)\,\mathrm{d}t < \infty$,则认为信号的能量是有限的,如矩形脉冲信号、指数衰减信号等瞬态信号。若信号的能量有限,实际上也满足了狄里赫利条件的绝对可积条件。

若信号 $x(t)$ 在区间 $(-\infty,+\infty)$ 的能量是无限的,即 $\int_{-\infty}^{+\infty} x^2(t)\,\mathrm{d}t \to \infty$,但它在有限区间 (t_1,t_2) 的平均功率是有限的,即 $\dfrac{1}{t_2-t_1}\int_{t_1}^{t_2} x^2(t)\,\mathrm{d}t < \infty$,则认为信号的功率是有限的,如周期信号、常值信号、阶跃信号等。

由此可知,瞬态信号是能量有限信号,因此可通过傅里叶变换得到其能量谱。

非周期信号的能量定义为

$$E = \int_{-\infty}^{\infty} x^2(t)\,\mathrm{d}t \tag{2.3.21}$$

将式(2.3.8)代入上式,可得

$$E = \int_{-\infty}^{\infty} x^2(t)\,\mathrm{d}t = \int_{-\infty}^{\infty} x(t)\cdot\left(\int_{-\infty}^{\infty} X(f)\,\mathrm{e}^{\mathrm{j}2\pi ft}\,\mathrm{d}f\right)\mathrm{d}t = \int_{-\infty}^{\infty} X(f)\cdot\left(\int_{-\infty}^{\infty} x(t)\,\mathrm{e}^{\mathrm{j}2\pi ft}\,\mathrm{d}t\right)\mathrm{d}f$$

$$= \int_{-\infty}^{\infty} X(f)\cdot X(-f)\,\mathrm{d}f$$

对于实信号 $x(t)$,有 $X(-f)=X^*(f)$,$X^*(f)$ 为 $X(f)$ 的复共轭函数。于是,上式变为

$$E = \int_{-\infty}^{\infty} X(f)\cdot X^*(f)\,\mathrm{d}f = \int_{-\infty}^{\infty} \left|X(f)\right|^2\,\mathrm{d}f \tag{2.3.22}$$

式(2.3.22)表示信号 $x(t)$ 在频域的能量,由此得到

$$E = \int_{-\infty}^{\infty} x^2(t)\,\mathrm{d}t = \int_{-\infty}^{\infty} \left|X(f)\right|^2\,\mathrm{d}f \tag{2.3.23}$$

式(2.3.23)称为帕斯瓦尔定理,表明非周期信号 $x(t)$ 在时域的能量等于其在频域中

连续频谱的能量,即信号经过傅里叶变换,保持能量守恒。$\left|X(f)\right|^2$ 称为信号 $x(t)$ 的能量谱密度函数,简称能量谱函数。

由于 $\left|X(f)\right|^2$ 为偶函数,故式(2.3.23)也可写成

$$E = \int_{-\infty}^{\infty} \left|X(f)\right|^2 \mathrm{d}f = 2\int_0^{\infty} \left|X(f)\right|^2 \mathrm{d}f \qquad (2.3.24)$$

根据信号的能量,定义非周期信号的频带宽度 f_b 为

$$2\int_0^{f_b} \left|X(f)\right|^2 \mathrm{d}f = \eta E = 2\eta \int_0^{\infty} \left|X(f)\right|^2 \mathrm{d}f \qquad (2.3.25)$$

式中,η 是指信号在 $0 \sim f_b$ 频段内的能量与信号总能量的比值,一般应取 0.9(即 90%)以上。

对于上述矩形脉冲信号的频谱,其第一个过零点位置在 $f = \dfrac{1}{\tau}$ 处,则在 $f = 0 \sim \dfrac{1}{\tau}$ 频带(主瓣)内信号的能量为

$$W = 2\int_0^{\frac{1}{\tau}} \left|X(f)\right|^2 \mathrm{d}f = 2\int_0^{\frac{1}{\tau}} \tau^2 \left[\mathrm{Sa}(\pi f \tau)\right]^2 \mathrm{d}f$$

令 $x = \pi f \tau$,$\mathrm{d}f = \dfrac{1}{\pi\tau}\mathrm{d}x$;若取 $f_b = \dfrac{1}{\tau}$,则 $x = \pi f_b \tau = \pi$,从而有

$$W = \frac{2\tau}{\pi}\int_0^{\pi} \left[\frac{\sin x}{x}\right]^2 \mathrm{d}x$$

对上式进行数值积分,可得

$$W = 0.903\tau$$

矩形脉冲信号在 $f = 0 \sim \infty$ 频带内的总能量为 τ(矩形脉冲信号的面积),在 $f = 0 \sim \dfrac{1}{\tau}$ 频带内信号的能量约占总能量的 90.3%,因此矩形脉冲信号的频带宽度(有效带宽)可取第一个过零点以内的频段,即为主瓣宽度 $\dfrac{1}{\tau}$。

由此可见,矩形脉冲信号在时域的持续时间(即脉冲宽度 τ)对频谱分布会产生影响:

(1)当脉冲宽度 τ 很大时,信号的能量将大部分集中在 $f = 0 \sim \pm\dfrac{1}{\tau}$ 以内(见图 2.3.8(a));

(2)当脉冲宽度 $\tau \to \infty$ 时,脉冲信号变成直流信号,频谱函数 $X(f)$ 只在 $f = 0$ 处存在(见图 2.3.8(b));

(3)当脉冲宽度 τ 减小时,频谱中的高频成分增加,信号频带展宽(见图 2.3.8(c));

(4)当脉冲宽度 $\tau \to 0$ 时,矩形脉冲变成无穷窄的脉冲(相当于单位冲激信号),频谱函数 $X(f)$ 成为一条平行于 f 轴的直线,并扩展到全部频谱范围,信号的频带宽度趋于无穷大(见图 2.3.8(d))。

可以看出,信号的频带宽度与脉冲宽度(窗宽)τ 成反比,因此在选择测试仪器

时,如果被测信号是一个窄脉冲,那么测试仪器就必须有较宽的工作频带范围。

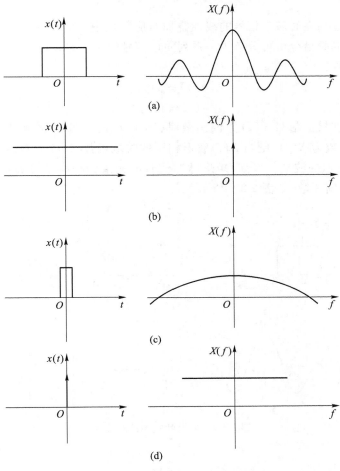

图 2.3.8 脉冲宽度与频谱的关系

2.3.4 傅里叶变换的基本性质

傅里叶变换是信号分析和处理中时域与频域之间转换的基本数学工具。掌握傅里叶变换的主要性质,有助于理解信号在某个域的特征、运算和变化将在另一域中产生何种相应的特征、运算和变化,并为复杂工程问题的分析和简化提供帮助。

下面简要介绍傅里叶变换的几个主要性质,其他性质可参考有关信号分析书籍。

1. 线性叠加性

若
$$x_1(t) \Leftrightarrow X_1(f), x_2(t) \Leftrightarrow X_2(f)$$
则对应两个任意常数 a_1 和 a_2,有
$$a_1 x_1(t) + a_2 x_2(t) \Leftrightarrow a_1 X_1(f) + a_2 X_2(f) \qquad (2.3.26)$$
进一步可推广为

$$\sum_{i=1}^{n} a_i x_i(t) \Leftrightarrow \sum_{i=1}^{n} a_i X_i(f) \tag{2.3.27}$$

该特性表明,在时域中信号的线性叠加对应频域中各信号频谱的线性叠加。因此,复杂信号的频谱分析可分解为一系列简单信号的频谱的分析处理。

2. 对称性

若 $\qquad\qquad x(t) \Leftrightarrow X(f)$

则 $\qquad\qquad X(t) \Leftrightarrow x(-f) \tag{2.3.28}$

对称性表明,当信号 $x(t)$ 为偶函数时,则 $x(t)$ 的时域与频域具有对称性。若 $x(t)$ 的频谱函数为 $X(f)$,则与 $X(f)$ 波形相同的时域函数 $X(t)$ 的频谱密度函数与原信号 $x(t)$ 有相似的波形。例如,矩形脉冲信号的频谱为抽样信号波形,而抽样信号的频谱为矩形窗函数,如图 2.3.9 所示。

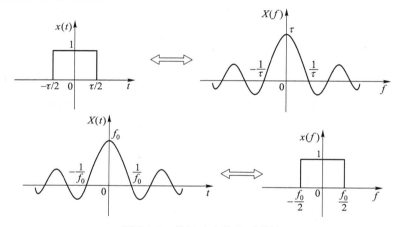

图 2.3.9　傅里叶变换的对称性

3. 时移特性

若 $\qquad\qquad x(t) \Leftrightarrow X(f)$

则 $\qquad\qquad x(t \pm t_0) \Leftrightarrow X(f) \mathrm{e}^{\pm \mathrm{j} 2\pi f t_0} \tag{2.3.29}$

时移特性表明,信号在时域中发生时移 $(\pm) t_0$,则在频域中频谱需乘以因子 $\mathrm{e}^{\pm \mathrm{j} 2\pi f t_0}$,即幅频特性不变,相频谱中各次谐波的相移与频率成正比,即 $\Delta\theta = \pm 2\pi f t_0$。因此,信号在时域中的时移对应频域中的相移。

4. 频移特性

若 $\qquad\qquad x(t) \Leftrightarrow X(f)$

则 $\qquad\qquad x(t) \mathrm{e}^{\pm \mathrm{j} 2\pi f_0 t} \Leftrightarrow X(f \mp f_0) \tag{2.3.30}$

频移特性表明,若时域信号乘以因子 $\mathrm{e}^{\pm \mathrm{j} 2\pi f_0 t}$,则对应频谱沿频率轴平移 $(\mp) f_0$,频谱形状无变化。

频移特性也称为调制特性,式(2.3.30)是信号调制的数学基础。在实际应用中,通常是将信号 $x(t)$ 与载波信号 $\sin 2\pi f_0 t$ 或 $\cos 2\pi f_0 t$ 相乘,则

$$F[x(t)\sin 2\pi f_0 t] = F\left[x(t)\frac{e^{j2\pi f_0 t} - e^{-j2\pi f_0 t}}{2j}\right] = \frac{j}{2}[X(f+f_0) - X(f-f_0)] \quad (2.3.31)$$

$$F[x(t)\cos 2\pi f_0 t] = F\left[x(t)\frac{e^{j2\pi f_0 t} + e^{-j2\pi f_0 t}}{2}\right] = \frac{1}{2}[X(f+f_0) + X(f-f_0)] \quad (2.3.32)$$

可见,信号调制后的频谱是将原频谱一分为二,并各向左右平移 f_0,但幅频特性的形状保持不变,如图 2.3.10 所示。

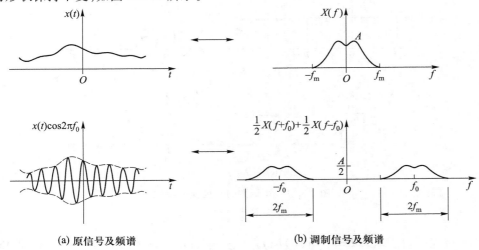

(a) 原信号及频谱　　　　　　(b) 调制信号及频谱

图 2.3.10　信号调制及其频谱变化

5. 时间尺度特性

若
$$x(t) \Leftrightarrow X(f)$$

则
$$x(kt) \Leftrightarrow \frac{1}{k}X\left(\frac{f}{k}\right) \quad (2.3.33)$$

式中,k 为大于零的常数,称为尺度因子或压缩系数。

时间尺度特性表明,在时域中信号沿时间轴扩展 $1/k$ 倍($k<1$),在频域中将引起频带压缩至原来的 k 倍,意味着低频分量比较丰富,而幅值增大至原频谱的 $1/k$。反之,在时域中信号压缩($k>1$),则在频域其频谱将展宽,意味着高频分量相对增加,而幅值减小。图 2.3.11 给出窗函数 $x(t)$ 在尺度因子 $k=1$、0.5、2 时的时域波形与相对应的频谱图形。

可以看出,信号的持续时间与信号占有的频带宽度成反比。在工程测试中,有时为了加快信号的传输速度,需要缩短信号的持续时间,相应地,其频带展宽。若后续信号处理设备,如放大器、滤波器等的通频带不够宽,就会导致失真。

6. 微分和积分特性

若
$$x(t) \Leftrightarrow X(f)$$

则
$$\frac{d^n x(t)}{dt^n} \Leftrightarrow (j2\pi f)^n X(f) \quad (\text{微分特性}) \quad (2.3.34)$$

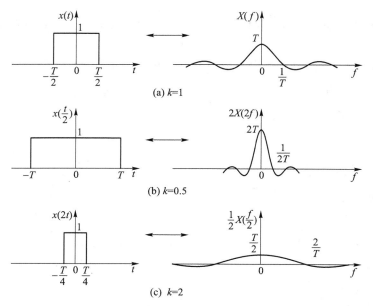

图 2.3.11   窗函数的尺度变换特性

$$\int_{-\infty}^{t} x(t)\,\mathrm{d}t \Leftrightarrow \frac{1}{2}X(0)\delta(f) + \frac{1}{\mathrm{j}2\pi f}X(f) \qquad （积分特性）\tag{2.3.35}$$

微分特性表明，在时域对信号进行 n 阶微分，则对应频谱乘以 $(\mathrm{j}2\pi f)^n$。显然，时域进行微分运算后，直流分量没有了，频域中高频分量增加，低频分量相对变弱。因此，微分运算可用于提取信号中快速变化的信息，如图像的边缘或轮廓等。

积分特性表明，在时域对信号进行积分，则对应频谱幅值变为 $\left|\dfrac{X(f)}{2\pi f}\right|$，即高频分量受到抑制，起到"平滑滤波"的作用。

微分和积分特性常用于处理复杂信号或具有微积分关系的参量。例如，如果测量得到某一系统的位移、速度或加速度中的任一参数，可应用微分、积分特性获得其他参数的频谱。

7. 卷积特性

若 $\qquad\qquad\qquad\qquad x_1(t)\Leftrightarrow X_1(f) , x_2(t)\Leftrightarrow X_2(f)$

则 $\qquad\qquad x_1(t) * x_2(t)\Leftrightarrow X_1(f)X_2(f) \qquad （时域卷积特性）\tag{2.3.36}$

$\qquad\qquad x_1(t)x_2(t)\Leftrightarrow X_1(f) * X_2(f) \qquad （频域卷积特性）\tag{2.3.37}$

式中符号"$*$"表示卷积。可以看出，时域与频域具有对偶性，即时域的卷积对应频域的乘积，时域的乘积对应频域的卷积。

数学上，两个函数 $x_1(t)$ 与 $x_2(t)$ 的卷积定义为

$$x_1(t) * x_2(t) = \int_{-\infty}^{+\infty} x_1(\tau)x_2(t - \tau)\,\mathrm{d}\tau$$

或

$$x_1(t) * x_2(t) = \int_{-\infty}^{+\infty} x_1(t - \tau)x_2(\tau)\,\mathrm{d}\tau \tag{2.3.38}$$

在很多情况下,卷积积分用直接积分的方法来计算是有困难的,但它可以利用变换域的方法来解决,从而使信号分析工作大大简化,因此,卷积特性在信号分析中占有重要地位。

2-3 时域
卷积与频
域卷积

时域卷积特性表明,时域中两个信号卷积的频谱等于两个信号频谱的乘积。该特性对于系统分析和求解系统的响应具有重要意义,从频域角度表征线性系统输入——输出的关系,简化了运算关系。

频域卷积特性表明,时域中两个信号乘积的频谱等于两个信号频谱的卷积。在进行信号处理时,往往要将无限长的信号截短成有限长,这就相当于将无限长的信号与矩形脉冲信号相乘,利用频域卷积特性可计算截短后的有限长信号的频谱。另外,时域信号的采样可表征为周期冲激序列与模拟信号的乘积,映射到频域则是原信号频谱函数和周期冲激序列频谱函数的卷积。只要满足奈奎斯特采样定理,就可以由采样信号唯一准确地恢复原来的时域信号。

2-4 采样
定理

2.4　随机信号的分析与处理

随机信号是不能用精确的数学关系式描述的信号,但随机信号值的变动服从统计规律,可以用概率统计的方法来描述。随机信号在实际工程测试中普遍存在,如电子元器件的热噪声、陀螺的漂移、环境因素引起的机械振动等,都可以抽象为随机信号。一般来讲,实际的信号总是受到各种随机干扰的影响,确定性信号仅仅是在一定条件下出现或者是忽略某些随机干扰后抽象出的模型,因此研究随机信号具有更普遍和现实的意义。

对随机信号按时间历程所作的各次长时间观测记录称为样本函数,记作 $x_i(t)$。在同样的条件下,不同时间段的全部样本函数的集合(总体)称为随机过程,记作

$$\{x(t)\} = \{x_1(t), x_2(t), \cdots, x_i(t)\}$$

只有获得足够多和足够长的样本函数,才能得到其概率意义上的统计规律,常用的统计特性参数有均值、均方值、方差、概率密度函数等。

在实际应用中,大多数工程中的平稳随机过程都具有各态历经性(遍历性),这样可以用有限长度样本记录的观察分析来判断、估计整个随机过程。本书中讨论的随机信号若无特殊说明均指各态历经随机信号。

随机信号通常采用以下统计参数或函数来描述:

(1) 统计特性分析:均值、方差、均方值、概率密度函数等;

(2) 相关分析:自相关函数、互相关函数等;

(3) 功率谱分析:自功率谱密度函数、互谱密度函数、相干函数等。

前两项是时域描述,后一项是频域描述。由于部分函数的概念已经在先修课程中学习,这里只做简述。

2.4.1   随机信号的统计特性分析

1. 平均值、方差和均方值

工程上常把随机信号看成是由一个不随时间变化的静态分量(即直流分量或常值分量)和随时间变化的动态分量两部分组成。静态分量可用均值表示为

$$\mu_x = \lim_{T \to \infty} \frac{1}{T} \int_{-\frac{T}{2}}^{\frac{T}{2}} x(t)\, \mathrm{d}t \qquad (2.4.1)$$

式中, $x(t)$——样本函数;

T——观测时间。

动态分量描述信号偏离均值的波动情况,用方差表示为

$$\sigma_x^2 = \lim_{T \to \infty} \frac{1}{T} \int_{-\frac{T}{2}}^{\frac{T}{2}} \left[x(t) - \mu_x \right]^2 \mathrm{d}t \qquad (2.4.2)$$

方差的平方根称为标准差 σ_x。

均方值描述随机信号的强度(能量)或平均功率,表示为

$$\psi_x^2 = \lim_{T \to \infty} \frac{1}{T} \int_{-\frac{T}{2}}^{\frac{T}{2}} x^2(t)\, \mathrm{d}t \qquad (2.4.3)$$

均方值的平方根称为均方根值,即 x_{rms},又称为有效值。

平均值、方差和均方值的相互关系是

$$\sigma_x^2 = \psi_x^2 - \mu_x^2 \qquad (2.4.4)$$

在实际测试工作中,要获得观察时间 T 为无限长的样本函数是不可能实现的,因此以有限长度样本记录代替之,这样所计算的平均值、方差和均方值都是估计值,表示为 $\hat{\mu}_x$、$\hat{\sigma}_x^2$、$\hat{\psi}_x^2$。

2. 概率密度函数

随机信号的概率密度函数表示信号幅值落在某指定范围内的概率,用来表征随机信号幅值的统计特征,它随所取的幅值范围而改变,因此它是信号幅值的函数。假设一随机信号 $x(t)$ 在记录时间 T 内,信号幅值落在区间 $(x, x + \Delta x)$ 内的时间长度分别为 Δt_1、Δt_2、Δt_3、$\cdots$,如图 2.4.1 所示。那么,当样本的观察时间 $T \to \infty$ 时,信号幅值落在该区间的概率为

$$P[\, x < x(t) \leqslant x + \Delta x] = \lim_{T \to \infty} \frac{\Delta t_1 + \Delta t_2 + \Delta t_3 + \cdots}{T} = \lim_{T \to \infty} \frac{1}{T} \sum_{i=1}^{k} \Delta t_i \quad (2.4.5)$$

定义概率密度函数为概率相对于幅值的变化率,即

$$p(x) = \lim_{\Delta x \to 0} \frac{P[\, x < x(t) \leqslant x + \Delta x]}{\Delta x} = \lim_{\substack{\Delta x \to 0 \\ T \to \infty}} \left(\frac{1}{T \Delta x} \sum_{i=1}^{k} \Delta t_i \right) \qquad (2.4.6)$$

工程上,大多随机信号服从或近似服从正态分布,其概率密度函数具有如下的经典高斯函数形式

$$p(x) = \frac{1}{\sigma_x \sqrt{2\pi}} \exp \left[-\frac{(x - \mu_x)^2}{2\sigma_x^2} \right] \qquad (2.4.7)$$

概率密度函数反映了随机信号沿幅值域分布的统计规律。不同的随机信号,其

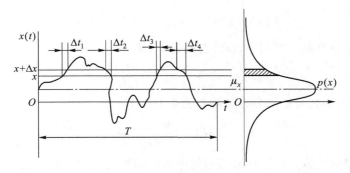

图 2.4.1　概率密度函数

概率密度函数的图形不同,据此可辨别信号的性质。图 2.4.2 是四种常见随机信号及其概率密度函数图形,正弦信号的概率密度函数如图 2.4.2(a)所示,呈"马鞍形";当随机信号中含有周期成分越多,其概率密度函数曲线中的"马鞍形"特征越明显,如图 2.4.2(b)所示;若为纯随机信号,则概率密度函数曲线为标准的正态分布曲线,且随频带范围发生变化,如图 2.4.2(c)、(d)所示,该特征可用于机器的故障诊断。

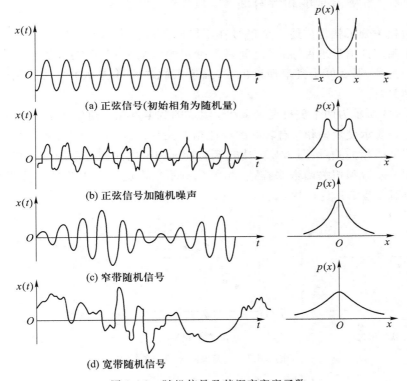

(a) 正弦信号(初始相角为随机量)

(b) 正弦信号加随机噪声

(c) 窄带随机信号

(d) 宽带随机信号

图 2.4.2　随机信号及其概率密度函数

　　在工程实际中,可根据概率密度函数定义概率分布函数,表示信号的瞬时值小于或等于某指定值的概率,即

$$F(x) = P[x(t) \leqslant x] = \int_{-\infty}^{x} p(\xi)\,\mathrm{d}\xi \tag{2.4.8}$$

或者信号的取值在某一区间 (x_1, x_2) 内的概率,即

$$P[x_1 \leqslant x(t) \leqslant x_2] = \int_{x_1}^{x_2} p(\xi)\,\mathrm{d}\xi \tag{2.4.9}$$

因此,概率密度函数与概率分布函数的关系为

$$p(x) = \frac{\mathrm{d}F(x)}{\mathrm{d}x} \tag{2.4.10}$$

随机信号的均值、方差、均方值与概率密度函数之间的关系如下:

$$\hat{\mu}_x = \int_{-\infty}^{\infty} x p(x)\,\mathrm{d}x \tag{2.4.11}$$

$$\hat{\sigma}_x^2 = \int_{-\infty}^{\infty} [x - \mu_x]^2 p(x)\,\mathrm{d}x \tag{2.4.12}$$

$$\hat{\psi}_x^2 = \int_{-\infty}^{\infty} x^2 p(x)\,\mathrm{d}x \tag{2.4.13}$$

由此可见,获得了概率密度函数也就得到了随机信号的其他统计特征。

2.4.2　随机信号的相关分析

　　所谓相关分析就是描述一个信号在不同时刻或两个信号之间的相似或关联程度。对于确定性信号来说,信号之间具有确定的函数关系;而随机信号之间具有非确定性的关系,那么可从概率理论出发,描述它们之间可能存在的某种统计上可确定的物理关系。

　　图 2.4.3 所示为两个随机变量 x 和 y 组成的数据点在直角坐标系中的分布情况。图 2.4.3(a) 表示变量 x 和 y 有较好的线性相关关系;图 2.4.3(b) 表示变量 x 和 y 具有某种程度的相关关系;图 2.4.3(c) 表示变量 x 和 y 之间完全不相关。相关分析通常采用相关系数和相关函数来描述,相关分析不仅广泛应用于信号的分析与处理,在工程测试中也有广泛应用。

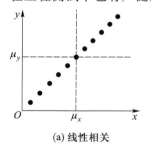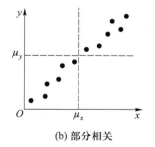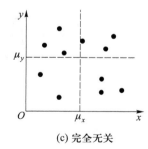

(a) 线性相关　　　　　　　(b) 部分相关　　　　　　　(c) 完全无关

图 2.4.3　变量 x 和 y 的相关性

1. 相关系数

　　在数学上,评价两个变量 x 和 y 之间的线性相关程度可通过两个变量的协方差 σ_{xy} 来表示,变量 x 和 y 之间的协方差定义为

$$\sigma_{xy} = E\left[\,(x-\mu_x)(y-\mu_y)\,\right] = \lim_{N\to\infty}\frac{1}{N}\sum_{i=1}^{N}(x_i-\mu_x)(y_i-\mu_y) \qquad (2.4.14)$$

式中， E——数学期望；

$\mu_x = E[x]$——随机变量 x 的均值；

$\mu_y = E[y]$——随机变量 y 的均值。

严格来讲，协方差 σ_{xy} 只表示两个变量的线性相关方向，即协方差为正值，表示两个变量同向相关，协方差为负值，表示两个变量反向相关。协方差 σ_{xy} 的大小与两个变量的取值范围密切相关，即受两个变量度量单位的影响较大，因此不能完全反映其相关程度。为克服这一缺点，对协方差进行归一化，采用相关系数 ρ_{xy} 来表征两个变量 x 和 y 之间的相关程度。变量 x 和 y 之间的相关系数定义为

$$\rho_{xy} = \frac{\sigma_{xy}}{\sigma_x\sigma_y} = \frac{E\left[\,(x-\mu_x)(y-\mu_y)\,\right]}{\sqrt{E\left[\,(x-\mu_x)^2\,\right]E\left[\,(y-\mu_y)^2\,\right]}} \qquad (2.4.15)$$

式中， μ_x、μ_y——随机变量 x、y 的均值；

σ_x、σ_y——随机变量 x、y 的标准差。

相关系数 ρ_{xy} 是一个无量纲的系数，且 $|\rho_{xy}|\leqslant 1$，它不仅可表示两个变量的相关程度，还可表示两个变量的相关方向。当 $\rho_{xy}=1$ 时，说明两变量 x、y 是理想的线性相关，且为同向相关，如图 2.4.3（a）所示；当 $\rho_{xy}=-1$ 时，两变量 x、y 也是理想的线性相关，只是呈反向相关；当 $0<|\rho_{xy}|<1$ 时，两变量 x、y 之间部分相关，如图 2.4.3（b）所示；当 $\rho_{xy}=0$ 时，表示两变量 x、y 之间完全无关，如图 2.4.3（c）所示。

2. 相关函数

（1）自相关函数

自相关函数是描述信号自身在不同时刻的相似或关联程度。设 $x(t)$ 是某一各态历经随机过程的一个样本记录，假设 $x(t+\tau)$ 是 $x(t)$ 时移 τ 时刻前的样本记录，如图 2.4.4 所示。将随机信号 $x(t)$ 和其时移信号 $x(t+\tau)$ 的相关系数记为 $\rho_x(\tau)$，于是有

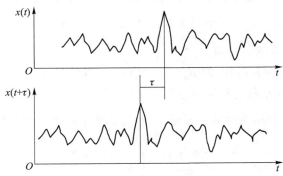

图 2.4.4　随机信号 $x(t)$ 和其时移信号 $x(t+\tau)$

$$\rho_x(\tau) = \frac{\lim_{T \to \infty} \frac{1}{T} \int_{-\frac{T}{2}}^{\frac{T}{2}} [x(t) - \mu_x][[x(t+\tau) - \mu_x]] \, \mathrm{d}t}{\sigma_x^2}$$

$$= \frac{\lim_{T \to \infty} \frac{1}{T} \int_{-\frac{T}{2}}^{\frac{T}{2}} x(t)x(t+\tau) \, \mathrm{d}t - \mu_x^2}{\sigma_x^2}$$

令

$$R_x(\tau) = \lim_{T \to \infty} \frac{1}{T} \int_{-\frac{T}{2}}^{\frac{T}{2}} x(t)x(t+\tau) \, \mathrm{d}t \qquad (2.4.16)$$

$R_x(\tau)$ 称为 $x(t)$ 的自相关函数,则

$$\rho_x(\tau) = \frac{R_x(\tau) - \mu_x^2}{\sigma_x^2} \qquad (2.4.17)$$

由此可见,自相关函数就是信号 $x(t)$ 和其时移信号 $x(t+\tau)$ 乘积在记录时间历程 T 趋于无穷大时的平均值。在实际应用中,记录时间历程 T 为有限值,因此通常取有限长的样本来估计自相关函数,即

$$\hat{R}_x(\tau) = \frac{1}{T} \int_{-\frac{T}{2}}^{\frac{T}{2}} x(t)x(t+\tau) \, \mathrm{d}t \qquad (2.4.18)$$

应当说明,自相关函数不仅可用于分析随机信号,也可用于分析确定性信号。信号的性质不同,自相关函数的表达式各异。

周期信号的自相关函数为

$$\hat{R}_x(\tau) = \frac{1}{T} \int_0^{\frac{T}{2}} x(t)x(t+\tau) \, \mathrm{d}t \qquad (2.4.19)$$

式中,T——信号周期。

非周期信号(瞬态信号)的能量有限,当记录时间历程 T 趋于无穷大时,式(2.4.16)结果为零。因此对能量有限的非周期信号的自相关函数按下式计算

$$\hat{R}_x(\tau) = \int_{-\infty}^{\infty} x(t)x(t+\tau) \, \mathrm{d}t \qquad (2.4.20)$$

自相关函数具有下列性质:

① 自相关函数为偶函数,即 $R_x(\tau) = R_x(-\tau)$,其图形对称于纵轴,如图 2.4.5 所示。因此,不论时移方向是前移还是滞后(即不论 τ 为正或负),函数值不变。

② 当 $\tau = 0$ 时,自相关函数具有最大值,其值等于信号的均方值 $\hat{\psi}_x^2$,即

$$R_x(0) = \lim_{T \to \infty} \frac{1}{T} \int_{-\frac{T}{2}}^{\frac{T}{2}} x^2(t) \, \mathrm{d}t = \hat{\psi}_x^2 \qquad (2.4.21)$$

③ 周期信号的自相关函数仍为同频率的周期信号。

④ 若随机信号不含周期成分,则当 $\tau \to \infty$ 时,$x(t)$ 和 $x(t+\tau)$ 之间互不相关,$R_x(\tau)$ 趋于信号平均值的平方,即

$$\lim_{\tau \to \infty} R_x(\tau) = \mu_x^2 \qquad (2.4.22)$$

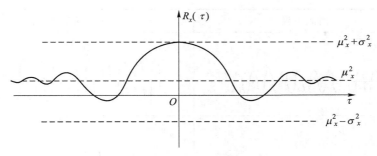

图 2.4.5 自相关函数的性质

例 2-5 求余弦函数 $x(t) = A\cos(2\pi f_0 t + \theta)$ 的自相关函数,初相角 θ 为一随机变量。

解 根据式(2.4.19),有

$$\hat{R}_x(\tau) = \frac{1}{T} \int_{-\frac{T}{2}}^{\frac{T}{2}} x(t) x(t+\tau) \mathrm{d}t = \frac{1}{T} \int_{-\frac{T}{2}}^{\frac{T}{2}} A^2 \cos(2\pi f_0 t + \theta) \cdot \cos[2\pi f_0(t+\tau) + \theta] \mathrm{d}t$$

式中,T 为余弦信号的周期,$T = 1/f_0$。

令 $2\pi f_0 t + \theta = \varphi$,则 $\mathrm{d}t = \dfrac{\mathrm{d}\varphi}{2\pi f_0}$,于是可得

$$\hat{R}_x(\tau) = \frac{A^2}{2\pi} \int_{-\pi}^{\pi} \cos\varphi \cos(\varphi + 2\pi f_0 \tau) \mathrm{d}\varphi = \frac{A^2}{2} \cos 2\pi f_0 \tau$$

由此可见,余弦函数的自相关函数仍然是一个余弦函数,在 $\tau = 0$ 时具有最大值,但不随 τ 值的增加而衰减至零。它保留了原余弦信号的幅值和频率信息,其频率不变,幅值等于原幅值平方的一半,即等于该频率分量的平均功率,但丢失了初始相位信息。

自相关函数是区分信号类型的一个非常有效的手段,常见四种典型信号的自相关函数如图 2.4.6 所示。如果信号中含有周期成分,其自相关函数在 τ 很大时也不衰减,且具有明显的周期性。而对于不包含周期成分的随机信号,当 τ 增大时自相关函数就趋近于零。窄带随机信号的自相关函数衰减较慢,宽带随机信号的自相关函数衰减较快。

(2) 互相关函数

互相关函数是描述两个信号的相似或关联程度。对于各态历经随机过程,随机信号 $x(t)$ 和 $y(t)$ 的互相关函数 $R_{xy}(\tau)$ 定义为

$$R_{xy}(\tau) = \lim_{T \to \infty} \frac{1}{T} \int_{-\frac{T}{2}}^{\frac{T}{2}} x(t) y(t+\tau) \mathrm{d}t \qquad (2.4.23)$$

式中,τ——时延或时移。

根据式(2.4.15),时移为 τ 的两个信号 $x(t)$ 和 $y(t)$ 的互相关系数 $\rho_{xy}(\tau)$ 可表示为

$$\rho_{xy}(\tau) = \frac{R_{xy}(\tau) - \mu_x \mu_y}{\sigma_x \sigma_y} \qquad (2.4.24)$$

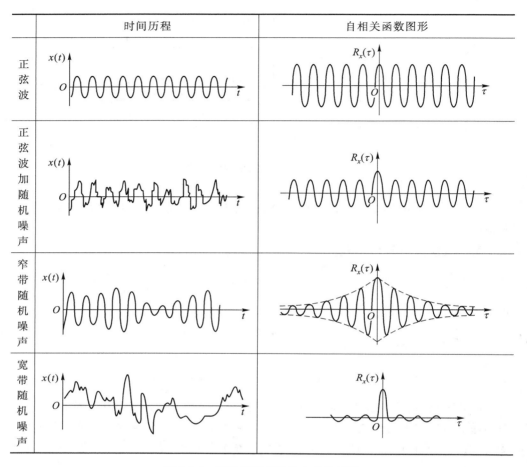

	时间历程	自相关函数图形
正弦波		
正弦波加随机噪声		
窄带随机噪声		
宽带随机噪声		

图 2.4.6　四种典型信号的自相关函数

对于有限长样本的互相关函数,用下式进行估计

$$\hat{R}_{xy}(\tau) = \frac{1}{T}\int_{-\frac{T}{2}}^{\frac{T}{2}} x(t)y(t+\tau)\,\mathrm{d}t \qquad (2.4.25)$$

互相关函数具有如下性质:

1) 互相关函数非偶函数,也非奇函数,而是满足 $R_{xy}(\tau) = R_{yx}(-\tau)$,即 $x(t)$ 和 $y(t)$ 互换后,它们的互相关函数对称于纵轴,如图 2.4.7 所示,下标 x、y 的顺序表示信号对于另一个信号的平移方向,$x(t)$ 与 $y(t)$ 的相似性是等价的,也说明使信号 $y(t)$ 在时间上超前与使另一信号 $x(t)$ 滞后,其结果是一样的。

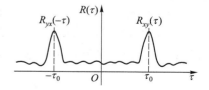

图 2.4.7　互相关函数的对称性

2) $R_{xy}(\tau)$ 的峰值不在 $\tau=0$ 处,其峰值偏离原点的位置 τ_0 反映了两信号时移为 τ_0 时相关程度最高,如图 2.4.8 所示。当 $\tau=\tau_0$ 时,互相关函数具有最大值,即 $R_{xy}(\tau_0) = \mu_x\mu_x + \sigma_x\sigma_y$。例如,图 2.4.9 所示两个随机信号 $x(t)$ 和 $y(t)$ 的互相关函数 $R_{xy}(\tau)$ 在

$\tau = \tau_d$ 位置达到最大值,说明 $x(t)$ 与 $y(t)$ 的时延为 τ_d 时,两个信号 $x(t)$ 与 $y(t)$ 最相似。

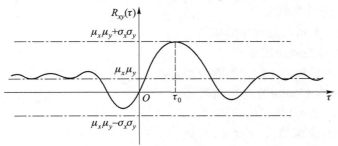

图 2.4.8　互相关函数的性质

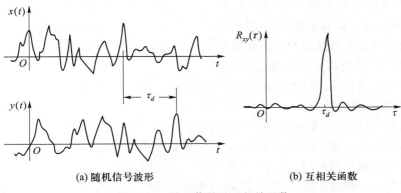

(a) 随机信号波形　　　　　　　　　(b) 互相关函数

图 2.4.9　随机信号及互相关函数

3）若两个随机信号 $x(t)$ 和 $y(t)$ 没有同频率周期成分,是两个完全独立的信号,当 $\tau \to \infty$ 时有

$$\lim_{\tau \to \infty} R_{xy}(\tau) = \mu_x \mu_y \qquad (2.4.26)$$

4）频率相同的两个周期信号的互相关函数仍是同频率的周期信号;两个不同频率的周期信号的互相关函数为零。即同频相关,不同频不相关。

例 2-6　求两个周期信号 $x(t) = A\sin(2\pi f_0 t + \theta)$, $y(t) = B\sin(2\pi f_0 t + \theta - \varphi)$ 的互相关函数,θ 为初始相位,φ 为两信号的相位差。

解　由于 $x(t)$、$y(t)$ 为周期信号,故可以用一个共同周期内的平均值代替其整个时间历程的平均值,其互相关函数

$$R_{xy}(\tau) = \frac{1}{T_0} \int_0^T x(t) y(t + \tau) \, dt$$

$$= \frac{1}{T_0} \int_0^{T_0} A\sin(2\pi f_0 t + \theta) \cdot B\sin[2\pi f_0(t + \tau) + \theta - \varphi] \, dt$$

$$= \frac{AB}{2} \cos[2\pi f_0 \tau - \varphi]$$

由此可见,两个相同频率的周期信号,其互相关函数不仅保留了两个信号的幅

值信息,还保留了两信号的相位差信息。

3. 相关分析的典型应用

(1) 在信号分析与处理中的应用

1) 辨识信号的周期成分

周期信号的自相关函数仍具有周期性,因此可利用自相关函数辨识信号中的周期成分。图 2.4.10(a) 所示为某一机械加工零件表面粗糙度的波形,从该波形中无法辨别是否含有周期成分。但通过自相关分析,如图 2.4.10(b) 所示,其自相关函数图形呈现出明显的周期性,这表明造成表面粗糙度的原因中包含有某种周期因素。从自相关函数波形图可以确定该周期因素的频率,从而进

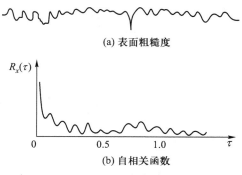

(a) 表面粗糙度

(b) 自相关函数

图 2.4.10   表面粗糙度的相关分析

一步分析产生这种周期因素的振动源等起因,以提高零件的加工质量。

2) 抑制噪声信号

随机信号(不含周期成分)的自相关函数当 $\tau \to \infty$ 时趋于零或某一常值,因此当确定性信号中混有随机噪声等干扰时,可利用自相关分析达到抑制噪声的目的。特别是对于微弱信号的检测,自相关分析可有效提高信噪比。

利用互相关函数同频相关、不同频不相关的性质也可消除噪声干扰的影响。例如,对线性系统进行激振试验,所测得的振动响应信号中常含有大量的噪声干扰。根据线性系统的频率保持特性,只有与激振频率相同的频率成分才可能是由激振引起的响应,其他成分均为干扰信号。因此,将激振信号与测得的振动响应信号进行互相关分析,就可以消除信号中的噪声干扰。

3) 复杂信号的频谱分析

相关分析法分析复杂信号频谱的工作原理如图 2.4.11 所示。将待分析的复杂信号与已知的正弦信号输入到互相关分析仪,并改变正弦信号的频率(从低频到高频逐个扫描)进行扫频,其输出就表征了待分析信号中所包含的频率成分及幅值、相位差等信息。

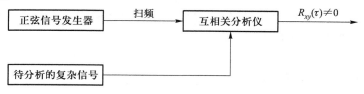

图 2.4.11   复杂信号频谱的相关分析

(2) 在工程测试中的应用

1) 相关测速

利用互相关函数可以实现物体运动或信号传播的速度和距离的非接触测量。图 2.4.12 为测定轧钢时钢板运动速度的示意图。利用两个相距为 d 的光电传感器 A 和 B（光电池等），得到钢板表面反射光强度变化的光电信号 $x(t)$ 和 $y(t)$，经互相关分析确定时移 τ。当可调延时 τ 等于钢板通过两个测点间所需的时间 τ_d 时，两信号的互相关函数为最大值，则运动物体的速度为 $v=d/\tau_d$。

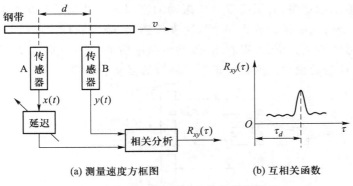

(a) 测量速度方框图　　　(b) 互相关函数

图 2.4.12　钢带运动速度的非接触测量

利用相关分析法还可以识别振动或噪声传播的途径。假如振动或噪声信号可能通过几个不同的途径传播到测点，对振动源或噪声源与测点信号进行互相关分析，则在互相关函数曲线中，对应于各传输通道的时延 τ_n 就会出现几个峰值，即每个峰值对应的延迟时间 τ_n 为振动或噪声源传输到测点的时间，从而可以确定振动或噪声传播的途径。

2）相关定位

互相关函数可用来测定深埋地下的输油管路或水管的裂损位置。如图 2.4.13 所示，深埋地下的管道裂损处液体流动时会产生振动，向两端传播，即裂损处可视为向两侧传播声响的声源。若管道表面每隔一段距离放置一个传感器（拾音器，加速度计或声发射传感器等），由于裂损位置与两个传感器的距离不等，声波传至两个传感器的时间不同，即存在时差 τ。将两个传感器测得的信号进行互相关分析，得到互相关函数最大处的时延即为时差 τ。设 S 为两个传感器的安装中心线至裂损处的距离，v 为声波在管道中的传播速度，则有

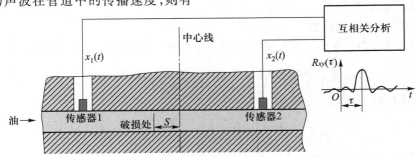

图 2.4.13　相关分析确定地下管路裂损位置

$$S = \frac{1}{2}v\tau \tag{2.4.27}$$

相关定位技术有效解决了工程上的定位难题,节省时间和成本,提高了效率。

（3）在故障诊断中的应用

利用互相关函数可以进行设备的故障诊断。如图 2.4.14 所示,汽车驾驶室座椅振动的故障诊断示意图,为了确定座椅振动的原因——可能是发动机或后桥振动引起,在发动机、座椅、后桥处放置三个加速度传感器,分别进行发动机与座椅、后桥与座椅振动信号的相关分析,可以看出,发动机与座椅的相关性差,而后桥与座椅的相关性大,因此座椅的振动主要是由于汽车后桥的振动引起的。

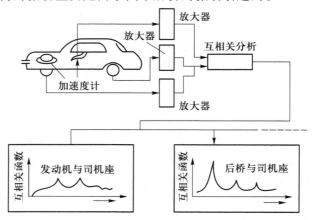

图 2.4.14　相关分析用于车辆振动的故障诊断

2.4.3　随机信号的功率谱分析

随机信号是时域无限、能量无限的信号,不满足狄里赫利条件,因此不能直接利用傅里叶变换对随机信号进行频谱分析。但对于平稳随机过程,任一样本函数都是功率有限信号,因此利用功率谱来分析描述随机信号在频域的特性。

在数学上,相关函数和功率谱密度是一对傅里叶变换对,这就使得功率谱分析与相关分析有机地联系在一起。功率谱密度函数也分为自功率谱密度函数和互功率谱密度函数两种形式。

1. 自功率谱密度函数

对于平稳随机信号 $x(t)$,若其均值为零且不含周期成分,则其自相关函数 $R_x(\tau \to \infty) = 0$,满足傅里叶变换的条件,即 $\int_{-\infty}^{+\infty} |R_x(\tau)| \mathrm{d}\tau < \infty$,于是,自相关函数 $R_x(\tau)$ 的傅里叶变换为

$$S_x(f) = \int_{-\infty}^{+\infty} R_x(\tau) \mathrm{e}^{-\mathrm{j}2\pi f\tau} \mathrm{d}\tau \tag{2.4.28}$$

其逆变换为

$$R_x(\tau) = \int_{-\infty}^{+\infty} S_x(f) \, e^{j2\pi f\tau} \, df \qquad (2.4.29)$$

当 $\tau = 0$ 时，由式（2.4.16）和式（2.4.29）可得

$$R_x(0) = \lim_{T \to \infty} \frac{1}{T} \int_{-\frac{T}{2}}^{\frac{T}{2}} x^2(t) \, dt = \int_{-\infty}^{+\infty} S_x(f) \, df \qquad (2.4.30)$$

式（2.4.30）左边表示了随机信号 $x(t)$ 的平均功率，因此函数 $S_x(f)$ 可看成是随机信号 $x(t)$ 的平均功率相对频率的分布函数，即单位频带宽度上的平均功率，于是称函数 $S_x(f)$ 为自功率谱密度函数，简称自功率谱或自谱。

式（2.4.28）和式（2.4.29）表明，平稳随机信号的自相关函数与功率谱密度函数是一对傅里叶变换对，因此自功率谱 $S_x(f)$ 包含了自相关函数 $R_x(\tau)$ 的全部信息。

自相关函数 $R_x(\tau)$ 为实偶函数，因此自功率谱 $S_x(f)$ 也是实偶函数。$S_x(f)$ 的频率范围是 $(-\infty, +\infty)$，所以又称为双边自功率谱。但在实际应用中频率 f 是在 $(0, +\infty)$ 范围变化，因此可用 $(0, +\infty)$ 频率范围内单边自功率谱 $G_x(f)$ 表示信号的全部功率谱，即有

$$G_x(f) = 2S_x(f) \qquad (f \geqslant 0) \qquad (2.4.31)$$

图 2.4.15 所示为单边谱与双边谱的关系。

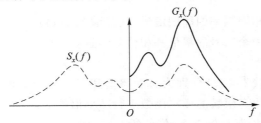

图 2.4.15 单边谱和双边谱

例 2-7 求余弦函数 $x(t) = A\cos(2\pi f_0 t + \theta)$ 的自功率谱，初相角 θ 为一随机变量。

解 根据例 2-5 中自相关函数的计算结果，带入式（2.4.28），有

$$S_x(f) = \int_{-\infty}^{+\infty} R_x(\tau) \, e^{-j2\pi f\tau} \, d\tau = \int_{-\infty}^{+\infty} \frac{A^2}{2} \cos(2\pi f_0 \tau) \, e^{-j2\pi f\tau} \, d\tau$$

$$= \frac{A^2}{4} \int_{-\infty}^{+\infty} \left[e^{-j2\pi f_0 \tau} + e^{j2\pi f_0 \tau} \right] e^{-j2\pi f\tau} \, d\tau$$

$$= \frac{A^2}{4} \left[\delta(f - f_0) + \delta(f + f_0) \right]$$

因此，余弦函数的自功率谱为两个冲激函数的叠加。

2. 互功率谱密度函数

与自功率谱密度函数的定义类似，若互相关函数 $R_{xy}(\tau)$ 满足傅里叶变换的条件，则定义

$$S_{xy}(f) = \int_{-\infty}^{+\infty} R_{xy}(\tau) \, e^{-j2\pi f\tau} \, d\tau \qquad (2.4.32)$$

$S_{xy}(f)$ 称为信号 $x(t)$ 和 $y(t)$ 的互功率谱密度函数，简称互谱。根据傅里叶逆变换，有

$$R_{xy}(\tau) = \int_{-\infty}^{+\infty} S_{xy}(f) \, \mathrm{e}^{\mathrm{j}2\pi f \tau} \, \mathrm{d}f \tag{2.4.33}$$

因此，信号 $x(t)$ 和 $y(t)$ 的互谱 $S_{xy}(f)$ 与互相关函数 $R_{xy}(\tau)$ 是一对傅里叶变换对，即互功率谱 $S_{xy}(f)$ 包含了互相关函数 $R_{xy}(\tau)$ 的全部信息。

由于互相关函数 $R_{xy}(\tau)$ 并非实偶函数，所以互谱 $S_{xy}(f)$ 为复频谱，也是双边互谱，实际应用中常取 $(0,+\infty)$ 的单边互谱 $G_{xy}(f)$，由此规定

$$G_{xy}(f) = 2S_{xy}(f) \qquad (f \geqslant 0) \tag{2.4.34}$$

例 2-8　求两个周期信号 $x(t) = A\sin(2\pi f_0 t + \theta)$，$y(t) = B\sin(2\pi f_0 t + \theta - \varphi)$ 的互谱，θ 为初始相位，φ 为两信号的相位差。

解　根据例 2-6 中互相关函数的计算结果，带入式 (2.4.32)，有

$$
\begin{aligned}
S_{xy}(f) &= \int_{-\infty}^{+\infty} R_{xy}(\tau) \, \mathrm{e}^{-\mathrm{j}2\pi f \tau} \, \mathrm{d}\tau = \int_{-\infty}^{+\infty} \frac{AB}{2}\cos(2\pi f_0 \tau + \varphi) \, \mathrm{e}^{-\mathrm{j}2\pi f \tau} \, \mathrm{d}\tau \\
&= \frac{AB}{4} \int_{-\infty}^{+\infty} \left[\mathrm{e}^{-\mathrm{j}(2\pi f_0 \tau + \varphi)} + \mathrm{e}^{\mathrm{j}(2\pi f_0 \tau + \varphi)} \right] \mathrm{e}^{-\mathrm{j}2\pi f \tau} \, \mathrm{d}\tau \\
&= \frac{AB}{4} \left[\delta(f - f_0) \, \mathrm{e}^{\mathrm{j}\varphi} + \delta(f + f_0) \, \mathrm{e}^{-\mathrm{j}\varphi} \right]
\end{aligned}
$$

由此可见，两个相同频率的周期信号，其互谱 $S_{xy}(f)$ 包含了互相关函数 $R_{xy}(\tau)$ 的全部信息，即保留了两个信号的幅值和相位差信息。

3. 功率谱的估计

式 (2.4.28) 和式 (2.4.32) 分别为自功率谱和互功率谱的理论计算公式，在实际工程应用中，只能采用有限长的样本函数进行功率谱的估计。

根据式 (2.3.23) 帕斯瓦尔定理，信号的平均功率可表示为

$$\lim_{T \to \infty} \frac{1}{T} \int_{-\frac{T}{2}}^{\frac{T}{2}} x^2(t) \, \mathrm{d}t = \int_{-\infty}^{\infty} \lim_{T \to \infty} \frac{1}{T} \left| X(f) \right|^2 \, \mathrm{d}f \tag{2.4.35}$$

由此得到自功率谱密度函数与幅值谱之间的关系

$$S_x(f) = \lim_{T \to \infty} \frac{1}{T} \left| X(f) \right|^2 \tag{2.4.36}$$

利用这一关系，取有限长样本进行自功率谱的估计，即

$$\hat{S}_x(f) = \frac{1}{T} \left| X(f) \right|^2 \tag{2.4.37}$$

同理，可得到互功率谱密度函数与各频谱的关系

$$S_{xy}(f) = \lim_{T \to \infty} \frac{1}{T} Y(f) X^*(f) \tag{2.4.38}$$

因此，互谱的估计值为

$$\hat{S}_{xy}(f) = \frac{1}{T} X^*(f) Y(f) \tag{2.4.39}$$

目前较实用、有效的方法是基于数字信号处理技术，采用快速傅里叶变换（FFT）算法来进行功率谱的估计，相应的计算公式分别为

$$\hat{S}_x(k) = \frac{1}{N} |X(k)|^2 \tag{2.4.40}$$

$$\hat{S}_{xy}(k) = \frac{1}{N} X^*(k) Y(k) \tag{2.4.41}$$

离散序列$\{x(n)\}$的傅里叶变换$X(k)$是周期函数,因此这种功率谱估计的方法称为周期图法。它是建立在 FFT 的基础上,是一种计算效率高、最常用的功率谱估计方法。

4. 功率谱分析的应用

功率谱分析不仅在随机信号分析中有着广泛的应用,也可适用于确定性信号,是现代信号分析的主要方法。其典型应用包括以下几个方面:

(1) 状态监测与故障诊断

由式(2.4.36)可知,自谱$S_x(f)$与幅值谱$|X(f)|$相似,都能反映信号的频率结构。但是自谱$S_x(f)$反映的是信号幅值的平方,因此其频域结构特征更加明显。图 2.4.16 所示为某型发动机的噪声信号及频谱图,自谱图与幅值谱图相比,突出了幅值较大的频率分量,极大地衰减了随机噪声的频谱成分,频域特征更加明显。

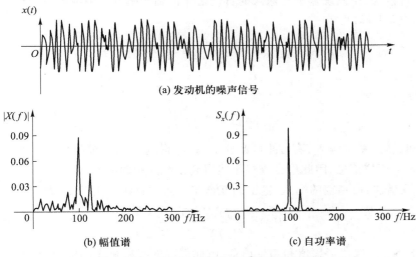

图 2.4.16　某型发动机的噪声信号及其频谱

利用功率谱的频域特征可以对机械设备工作状态进行监测及故障诊断。图 2.4.17 所示为某汽车变速箱振动信号的功率谱图,一般来讲,设备正常运行时其功率谱是稳定的,各谱线对应不同的振源;当设备运行出现异常,如轴承的局部损伤、齿轮的不正常等,就会在某些特征频率处出现突变。对比正常工作状态和异常工作状态的谱图,可以看到,图 2.4.17(b)比图 2.4.17(a)增加了 9.2 Hz 和 18.4 Hz 两个谱峰,反映了变速箱异常时功率消耗所在的频率,从而为寻找与该频率对应的设备故障的诊断提供了依据。

(2) 求取系统的频率响应函数$H(f)$

已知线性系统的输入和输出分别为$x(t)$和$y(t)$,则系统的频率响应函数为

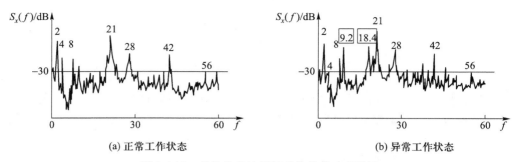

(a) 正常工作状态   (b) 异常工作状态

图 2.4.17   某汽车变速箱振动信号的功率谱图

$H(f)$，即

$$H(f) = \frac{Y(f)}{X(f)} \tag{2.4.42}$$

式中，$X(f)$、$Y(f)$——分别为 $x(t)$ 和 $y(t)$ 的频谱。

由功率谱计算频率响应函数为 $H(f)$ 的方法有两种：

1）自谱法：由系统输出与输入的自谱之比得到频率响应函数的幅频特性

由式（2.4.42）可得

$$H(f)H^*(f) = \frac{Y(f)Y^*(f)}{X(f)X^*(f)} = \frac{S_y(f)}{S_x(f)} = |H(f)|^2 \tag{2.4.43}$$

则有

$$|H(f)| = \sqrt{\frac{S_y(f)}{S_x(f)}} \tag{2.4.44}$$

由此可知，通过系统输入、输出的自谱分析，就能得到系统的幅频特性。但这样的谱分析丢失了相位信息，因此用自谱法不能得到系统的相频特性。

2）互谱法：由系统的输入、输出的互谱与输入的自谱之比求得，即

$$H(f) = \frac{Y(f)X^*(f)}{X(f)X^*(f)} = \frac{S_{xy}(f)}{S_x(f)} \tag{2.4.45}$$

由于互谱 $S_{xy}(f)$ 保留了幅值和相位信息，由此得到的频率响应函数 $H(f)$ 不仅含有幅频特性，也包含了相频特性。

由于相关函数可以抑制噪声信号的干扰，因此利用互功率谱求取系统的频率响应函数可排除测量噪声的影响，这是该分析方法的突出优点。

（3）系统因果性检验

若信号 $x(t)$ 和 $y(t)$ 的自谱和互谱分别为 $S_x(f)$、$S_y(f)$、$S_{xy}(f)$，则定义两个信号之间的相干函数为

$$\gamma_{xy}^2(f) = \frac{|S_{xy}(f)|^2}{S_x(f) \cdot S_y(f)} \quad [0 \leqslant \gamma_{xy}^2(f) \leqslant 1] \tag{2.4.46}$$

相干函数是在频域内反映两个信号相关程度的函数。在测试系统中，相干函数用于评价系统输入信号和输出信号之间的因果性，即输出信号的功率谱与输入信号

的相关性。当 $\gamma_{xy}^2(f) = 0$ 时,表示输出信号 $y(t)$ 与输入信号 $x(t)$ 互不相干;当 $\gamma_{xy}^2(f) = 1$ 时,表示输出信号 $y(t)$ 和输入信号 $x(t)$ 完全相干。而 $\gamma_{xy}^2(f)$ 在 $0 \sim 1$ 之间时,则可能测试系统中有外界噪声干扰,或者测试系统具有非线性。

相干函数常用于系统的因果性检验,图 2.4.18 所示为某柴油机润滑油泵的油压脉动与油管振动间的相干分析。润滑油泵的转速为 $n = 781$ r/min,油泵齿轮的齿数为 $z = 14$,因此油压脉动的基频为 $f_0 = nz/60 = 182.24$ Hz。图 2.4.18(a)为油压脉动信号 $x(t)$ 的自功率谱 $S_x(f)$,它除了包含基频谱线外,还由于油压脉动并不完全是准确的正弦变化,而是以基频为基础的非正弦周期信号,因此还存在二次、三次、四次甚至更高的谐波谱线。图 2.4.18(b)为油压管道上测得的振动信号 $y(t)$ 的自功率谱 $S_y(f)$。将油压脉动与管道振动作相干分析,得到如图 2.4.18(c)所示曲线。由该相干函数图可以看出:当 $f = f_0$ 时, $\gamma_{xy}^2(f) \approx 0.9$;当 $f = 2f_0$ 时, $\gamma_{xy}^2(f) \approx 0.37$;当 $f = 3f_0$ 时, $\gamma_{xy}^2(f) \approx 0.8$;当 $f = 4f_0$ 时, $\gamma_{xy}^2(f) \approx 0.75$;… 可以看出,由于油压脉动引起的各谐波所对应的相干函数值都比较大,而在非谐波的频率上相干函数值很小,所以油管的振动主要是由于油压脉动所引起的。

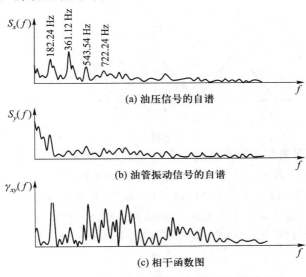

图 2.4.18　油压脉动与油管振动间的相干分析

习题与思考题

1. 周期信号与准周期信号有何异同?多个简谐信号满足什么条件时才能合成为周期信号?复杂信号的周期如何确定?

2. 简述信号的时域描述和频域描述的各自特点。

3. 周期信号的频谱有什么特点?周期信号的单边频谱与双边频谱有何异同?

4. 非周期信号的频谱有什么特点?非周期信号的幅值谱 $|X(f)|$ 和周期信号的

幅值谱 $|c_n|$ 有何区别？

5. 求题图 2.1 所示周期锯齿波信号的傅里叶级数的三角函数展开式和复指数函数展开式，并画出频谱图。

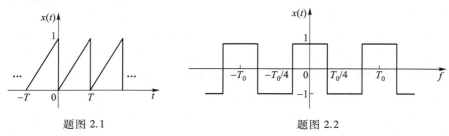

题图 2.1   题图 2.2

6. 求题图 2.2 所示周期方波信号的傅里叶级数的三角函数展开式和复指数函数展开式，并画出频谱图。

7. 求题图 2.3 所示周期三角波的傅里叶级数的复指数函数展开式，并画出双边频谱图。

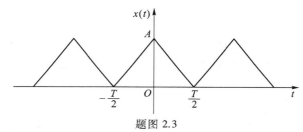

题图 2.3

8. 如何确定周期信号和非周期信号的频带宽度？某周期信号的周期为 2 ms，信号上升边较陡，能否选用频带为 1200 Hz 的光线示波器振子记录该信号？

9. 求指数函数 $x(t) = A\mathrm{e}^{-\alpha t}(\alpha > 0, t \geqslant 0)$ 的频谱，并画出频谱图。

10. 求指数衰减振荡信号 $x(t) = \mathrm{e}^{-at}\sin\omega_0 t(a > 0, t \geqslant 0)$ 的频谱。

11. 求题图 2.4 所示三角脉冲信号的频谱，并画出频谱图。

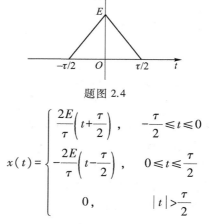

题图 2.4

$$x(t) = \begin{cases} \dfrac{2E}{\tau}\left(t + \dfrac{\tau}{2}\right), & -\dfrac{\tau}{2} \leqslant t \leqslant 0 \\[2ex] -\dfrac{2E}{\tau}\left(t - \dfrac{\tau}{2}\right), & 0 \leqslant t \leqslant \dfrac{\tau}{2} \\[2ex] 0, & |t| > \dfrac{\tau}{2} \end{cases}$$

12. 求被矩形窗函数截断的余弦函数 $x(t) = \cos\omega_0 t G(t)$ 的频谱（题图 2.5 所示），并作频谱图。$G(t)$ 为矩形窗函数，幅值为 1，窗宽为 τ。

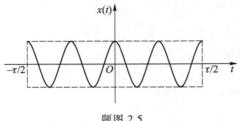

题图 2.5

13. 设有一个信号 $x(t)$ 及其频谱如题图 2.6 所示，试求 $x(t)\cos2\pi f_0 t (f_0 \gg f_m)$ 的频谱，并做出频谱图。若 $f_0 < f_m$，频谱图将会出现什么情况？

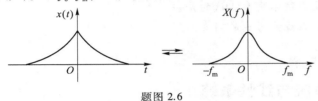

题图 2.6

14. 求正弦信号 $x(t) = A\sin(2\pi f_0 t + \varphi)$ 的均值 μ_x、均方值 ψ_x^2 和概率密度函数 $p(x)$。

15. 已知信号的自相关函数为 $R_x(\tau) = 20\cos20\pi\tau$，试求信号的均方值 ψ_x^2、有效值 x_{rms} 和自功率谱 $S_x(f)$。

16. 求信号 $x(t) = \mathrm{e}^{-at}(a>0, t \geqslant 0)$ 的自相关函数。

17. 如何根据一个信号的自相关函数图形确定该信号中的常值分量和周期成分？

18. 计算题图 2.7 所示同周期的方波与正弦波的互相关函数。

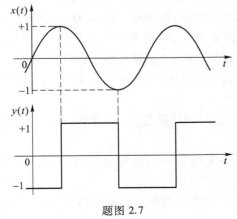

题图 2.7

第3章 测试系统的特性

【本章要点提示】

1. 测试系统的静/动态特性描述
2. 典型的一阶、二阶系统的动态特性
3. 测试系统静/动态特性的标定与校准
4. 实现测试系统不失真测试的条件
5. 组建测试系统应考虑的因素

3.1 测试系统与线性系统

3.1.1 测试系统的基本要求

测试系统一般由传感器、中间变换电路(信号调理)、记录和显示装置等组成(如图 1.1.1 所示)。然而,由于测试的目的和要求不同,测量对象又千变万化,因此测试系统的组成和复杂程度都有很大差别。最简单的温度测试系统只是一个液柱式温度计,而较完整的机床动态特性测试系统则非常复杂。本书中所称的"测试系统"既指由众多环节组成的复杂的测试系统,又指测试系统中的各组成环节,例如传感器、调理电路、记录仪器等等。因此,测试系统的概念是广义的,在测试信号的流通过程中,任意连接输入、输出并有特定功能的部分,均可视为测试系统。

对测试系统的基本要求就是使测试系统的输出信号能够真实地反映输入信号的变化过程,不使信号发生畸变,即实现不失真测试。任何测试系统都有自己的传输特性,当输入信号用 $x(t)$ 表示,测试系统的传输特性用 $h(t)$ 表示,输出信号用 $y(t)$ 表示,则通常的工程测试问题总是处理 $x(t)$、$h(t)$ 和 $y(t)$ 三者之间的关系,如图 3.1.1 所示,即

(1) 若输入 $x(t)$ 和输出 $y(t)$ 是已知量,则通过输入、输出就可以判断系统的传输特性;

(2) 若测试系统的传输特性 $h(t)$ 已知,输出 $y(t)$ 可测,则通过 $h(t)$ 和 $y(t)$ 可推断出对应于该输出的输入信号 $x(t)$;

(3) 若输入信号 $x(t)$ 和测试系统的传输特性 $h(t)$ 已知,则可推断和估计出测试系统的输出信号 $y(t)$。

从输入到输出,系统对输入信号进行传输和变换,系统的传输特性将对输入信

图 3.1.1 测试系统、输入和输出

号产生影响。因此,要使输出信号真实地反映输入的状态,测试系统必须满足一定的性能要求。一个理想的测试系统应该具有单一的、确定的输入与输出关系,即对应于每个确定的输入量都应有唯一的输出量与之对应,并且以输入与输出成线性关系为最佳。而且系统的特性不应随时间的推移发生改变,满足上述要求的系统是线性时不变系统(LTI, linear time-invariant),因此理想测试系统应具有线性时不变特性,其优点是可以简化理论分析与计算、便于数据处理并有利于提高测量精度。需要说明的是,在静态测量中,测试系统的这种线性关系尽管是希望的,但不是必需的,因为静态测量时比较容易采取曲线校正或补偿技术来做非线性校正。但在动态测量中,测试系统应该力求是线性关系,因为动态测试中非线性校正或处理较难实现。

在工程测试实践中,经常遇到的测试系统大多数属于线性时不变系统,一些非线性系统或时变系统,在限定的工作范围和一定的误差允许范围内,可视为遵从线性时不变规律,因此本章所讨论的测试系统限于线性时不变系统。

3.1.2 线性系统及其主要特性

线性时不变系统的输入 $x(t)$ 和输出 $y(t)$ 之间的关系可用常系数线性微分方程来描述,其微分方程的一般形式为

$$a_n \frac{\mathrm{d}^n y(t)}{\mathrm{d}t^n} + a_{n-1} \frac{\mathrm{d}^{n-1} y(t)}{\mathrm{d}t^{n-1}} + \cdots + a_1 \frac{\mathrm{d}y(t)}{\mathrm{d}t} + a_0 y(t)$$

$$= b_m \frac{\mathrm{d}^m x(t)}{\mathrm{d}t^m} + b_{m-1} \frac{\mathrm{d}^{m-1} x(t)}{\mathrm{d}t^{m-1}} + \cdots + b_1 \frac{\mathrm{d}x(t)}{\mathrm{d}t} + b_0 x(t) \quad (3.1.1)$$

式中, $a_n, a_{n-1}, \cdots, a_1, a_0$ 和 $b_m, b_{m-1}, \cdots, b_1, b_0$ 是与测试系统的物理特性、结构参数等有关的常数,不随时间变化; n 和 m 为正整数,表示微分的阶数,一般 $n \geqslant m$ 并称 n 值为线性系统的阶数。

若用 $x(t) \longrightarrow y(t)$ 表示线性时不变系统的输入与输出的对应关系,则线性时不变系统具有以下主要特性:

(1) 叠加特性。叠加特性指同时加在测试系统的几个输入量之和所引起的输出,等于几个输入量分别作用时所产生的输出量叠加的结果。即若

$$x_i(t) \rightarrow y_i(t) \qquad (i = 1, 2, \cdots, n)$$

则有

$$\sum_{i=1}^{n} x_i(t) \rightarrow \sum_{i=1}^{n} y_i(t) \quad (3.1.2)$$

该特性表明,作用于线性时不变系统的各输入分量所引起的输出是互不影响的。因此,分析线性时不变系统在复杂输入作用下的总输出时,可以先将输入分解成许多简单的输入分量,求出每个简单输入分量的输出,再将这些输出叠加即可。

这就给试验工作带来很大的方便,测试系统的正弦试验就是采用这种方法。

（2）比例特性。比例特性指输入 $x(t)$ 增大 c 倍（c 为任意常数），那么输出等于输入为 $x(t)$ 时对应的输出 $y(t)$ 的 c 倍,即若

$$x(t) \longrightarrow y(t)$$

则有
$$cx(t) \longrightarrow cy(t) \tag{3.1.3}$$

（3）微分特性。微分特性指系统对输入微分的响应,等于对原输入响应的微分,即若

$$x(t) \longrightarrow y(t)$$

则有
$$\frac{\mathrm{d}^n x(t)}{\mathrm{d}t^n} \longrightarrow \frac{\mathrm{d}^n y(t)}{\mathrm{d}t^n} \tag{3.1.4}$$

（4）积分特性。积分特性指初始条件为零时,系统对输入积分的响应,等于对原输入响应的积分,即若

$$x(t) \longrightarrow y(t)$$

则有
$$\int_0^t x(t)\,\mathrm{d}t \longrightarrow \int_0^t y(t)\,\mathrm{d}t \tag{3.1.5}$$

（5）频率保持性。频率保持性指线性时不变系统的稳态输出信号的频率成分与输入信号的频率成分相同。若输入 $x(t)$ 为某个频率的正弦激励时,则输出 $y(t)$ 也是与之同频的正弦信号,即频率不变,但幅值和相位可能发生改变。

该特性表明系统处于线性工作范围内,输入信号频率已知,则输出信号与输入信号具有相同的频率分量,如果输出信号中出现与输入信号频率不同的分量,说明系统中存在着非线性环节（噪声等干扰）或者超出了系统的线性工作范围,一方面可以采用滤波技术将有用信息提取出来,另一方面也可通过查找异常频率分量的根源进行故障诊断。

掌握线性时不变系统的这些主要特性,对动态测试工作十分有用。根据叠加原理和频率保持特性,研究复杂输入信号所引起的输出时,也可以转换到频域去研究,即研究输入频域函数所产生的输出频域函数,实际上在频域处理问题,往往较方便、简捷。

3.1.3　测试系统的传输特性

测试系统的传输特性表示系统的输入与输出之间的对应关系。测试系统的输出能否准确地反映输入量的量值及其变化,与测试系统的特性具有密切的关系。只有掌握了测试系统的特性,才能将失真控制在允许的误差范围内,也才能根据测试的要求合理地设计或选用测试装置组成测试系统。因此,掌握测试系统的传输特性对于实现不失真测试具有重要的意义。

前面提到,用常系数线性微分方程描述的线性时不变系统是一种理想的测试系统。而实际的测试系统由于结构及其所用元器件的物理参数并非能保持常数,从而导致了系统微分方程的系数 $a_n, a_{n-1}, \cdots, a_1, a_0$ 和 $b_m, b_{m-1}, \cdots, b_1, b_0$ 发生变化,因此理

想的线性时不变系统是不存在的。但在工程实际中,通过限定一定的工作范围和一定的误差允许范围,将实际的测试系统当作线性时不变系统来处理。因此,研究测试系统的传输特性,就是评价实际系统与理想的线性时不变系统之间的差异,差异越小,实际系统的传输特性越好。

根据输入信号 $x(t)$ 是否随时间变化,测试系统的传输特性分为静态特性和动态特性。对于那些用于静态测量的测试系统,只需要考虑静态特性,采用线性代数方程就可以描述。而用于动态测试的系统,既要考虑静态特性,又要考虑动态特性,因为两方面的特性都将影响测量结果,两者之间也有一定的联系,动态特性需要用常系数线性微分方程来描述。

3.2 测试系统的静态特性

测试系统的静态特性是指测试系统在静态信号作用下的输入、输出之间的关系。在静态测试时,输入信号 $x(t)$ 和输出信号 $y(t)$ 一般都不随时间变化,或者随时间变化但变化缓慢以至可以忽略,这时,式(3.1.1)中各阶导数为零,于是微分方程就变为

$$y = \frac{b_0}{a_0} x = Sx(t) \tag{3.2.1}$$

式(3.2.1)就是理想的线性时不变系统的静态特性方程,即输出是输入的单调、线性比例函数,也就是说输入、输出关系是一条理想的直线,其中斜率 S 为常数。

实际的测试系统或多或少存在非线性,其输出与输入往往不是理想直线,这样静态特性可由多项式表示

$$y = S_0 + S_1 x + S_2 x^2 + \cdots + S_n x^n \tag{3.2.2}$$

式中, S_0——零位输出;

S_1——线性项系数;

$S_2, S_3, \cdots, S_n$——非线性项系数;

x——输入信号, y——输出信号。

式(3.2.2)表明实际的测试系统的静态特性是用一条曲线来表示,该曲线称为测试系统的静态特性曲线。静态特性曲线通常采用试验测定的方法(即标定或校准)来获得,因此也称为定度曲线、静态标定曲线或校准曲线。

研究测试系统的静态特性就是在静态测试情况下,描述实际测试系统与理想线性时不变系统的接近程度。通常用下面的定量指标来表征实际测试系统的静态特性。

1. 灵敏度(sensitivity)

灵敏度是指测试系统在静态测量时,输出增量 Δy 与输入增量 Δx 之比,即

$$S = \frac{\Delta y}{\Delta x} \tag{3.2.3}$$

该灵敏度也称为系统的绝对灵敏度。

理想的测试系统的静态特性曲线为一条直线,直线的斜率即为灵敏度,且为一常数。但实际的测试系统并不是理想的线性系统,其特性曲线呈非线性关系,定义灵敏度为

$$S = \lim_{\Delta x \to 0} \frac{\Delta y}{\Delta x} = \frac{\mathrm{d}y}{\mathrm{d}x} \tag{3.2.4}$$

式(3.2.4)表示单位输入量的变化引起测试系统输出量的变化。因此,对于非线性测试系统,灵敏度不为常数,随输入量的变化而改变,即不同的输入量对应的灵敏度不相同。通常希望系统的灵敏度为常数,因此需要限定系统的工作范围,即实际的测试系统的灵敏度只能在线性工作范围内保持常数。在此线性工作范围内用一条拟合直线代替实际特性曲线,该拟合直线的斜率作为系统的平均灵敏度。

灵敏度是一个有量纲的量,其量纲等于输出量的量纲与输入量的量纲之比。当测试系统输入和输出量纲相同,常称之为"增益"或"放大倍数"。

在实际工程中,也常常用到相对灵敏度的概念,其定义为

$$S_r = \frac{\Delta y}{\Delta x / x} \tag{3.2.5}$$

相对灵敏度表示测试系统的输出变化量相对于被测输入量相对变化量的变化率。相对灵敏度考虑了输入量本身的影响,比较合理。因为在实际测量中,被测量的大小不同,在要求测量精度相同的条件下,被测量越小,所要求的绝对灵敏度越高;而采用相对灵敏度表示,则不论被测量的大小如何,只要相对灵敏度相同,测量精度也就相同。

当测试系统由多个环节串联构成时,系统的灵敏度等于各环节灵敏度的乘积,即

$$S = S_1 \cdot S_2 \cdot S_3 \cdot \cdots \cdot S_n \tag{3.2.6}$$

式中,$S_1, S_2, S_3, \cdots, S_n$ 分别为各环节的灵敏度。若其中一个环节的灵敏度过低,即使其他环节的灵敏度高,有可能系统的灵敏度也不会很高。因此要提高系统的灵敏度需要综合考虑各个环节的灵敏度匹配。

灵敏度反映了测试系统对输入量变化的反应能力,是由测试系统的物理属性或结构所决定的。一般来说,灵敏度越高,就愈易受到外界干扰和噪声的影响,从而使稳定性变差,测量范围变窄。另外,灵敏度与系统的固有频率相互制约,灵敏度越高,动态测量时工作频带范围越窄。因此,设计测试系统时,应根据系统的量程(或测量范围)、抗干扰能力等合理地取值。

2. 线性度(linearity)

线性度是指测试系统实际的输入输出特性曲线接近理想的线性输入输出特性的程度。通常理想的线性输入输出特性采用线性工作范围内的拟合直线表示,如图3.2.1所示,于是定义线性度为在系统的标称输出范围内实际输入输出特性曲线与拟合直线的最大偏差量与满量程的百分比,即

$$\delta_L = \frac{|\Delta L_{\max}|}{Y_{FS}} \times 100\% \tag{3.2.7}$$

式中,ΔL_{max}——最大偏差;

$\qquad Y_{FS}$——系统的满量程值。

线性度也称为非线性误差,由式(3.2.7)可知,δ_L越小,系统的线性越好。线性度的大小与拟合直线的确定方法有关,目前拟合直线的确定尚无统一标准,较常用的方法有端基直线和最小二乘拟合直线。端基直线是通过测量范围的上、下极限点的直线,这种拟合直线方法简单易行,但因未考虑数据的分布情况,其拟合精度较低。最小二乘拟合直线即线性回归,是以实际特性曲线与拟合直线的偏差的平方和为最小的条件下所确定的直线,该方法使所有测量值最接近拟合直线,因此拟合精度高。

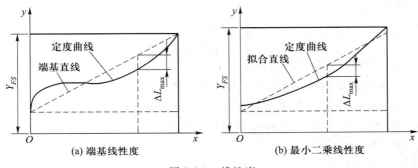

图 3.2.1 线性度

测试系统的线性工作范围越宽,表明系统的有效量程越大,因此设计测试系统时,尽可能保证其在接近线性的范围内工作。若实际工作中遇到非线性较严重时,可以采取限制测量范围或采用线性补偿(电路或软件补偿)等措施来提高系统的线性。

3. 回程误差(hysteresis)

回程误差也称为迟滞或滞后,它是描述测试系统的输出同输入变化方向有关的特性,如图 3.2.2 所示。在相同的测试条件下,当输入量由小到大(正行程)和由大到小(反行程)时,对于同一输入量所得到的两个输出量却往往存在差值,该差值称为迟滞偏差,用 ΔH 表示。回程误差定义为在全量程测量范围内,迟滞偏差的最大值 ΔH_{max} 与满量程之比的百分数,即

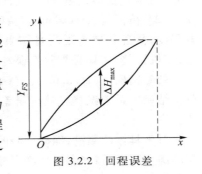

图 3.2.2 回程误差

$$\delta_H = \frac{|\Delta H_{max}|}{Y_{FS}} \times 100\% \qquad (3.2.8)$$

产生回程误差的原因主要有两个,一是测试系统中有吸收能量的元件,如磁性元件(磁滞)、弹性元件(弹性滞后)等;二是在机械结构中存在摩擦和间隙等缺陷。对于测试系统来讲,希望回程误差越小越好。为了减小回程误差,应尽量减少摩擦,并对变形零件采取热处理和稳定化处理等措施。

4. 重复性(repeatability)

在测试条件不变的情况下,测试系统按同一方向做全量程的多次重复测量时,静态特性曲线不一致,如图 3.2.3 所示。用重复性表示为

$$\delta_R = \frac{|\Delta R_{\max}|}{Y_{FS}} \times 100\% \qquad (3.2.9)$$

式中,$\Delta R_{\max}$——同一输入量对应多次循环的同向行程输出量的最大差值。

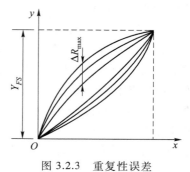

图 3.2.3   重复性误差

重复性表征了系统的随机误差的大小,因此也可用标准偏差表示

$$\delta_R = \frac{k\sigma}{Y_{FS}} \times 100\% \qquad (3.2.10)$$

式中,k——置信因子(常取 $k = 2$ 或 3);

σ——测量值的标准偏差(按式 1.2.18 计算)。

上式中,$k\sigma$ 为置信半区间,也可由测量不确定度来确定,其物理意义是:在整个测量范围内,测试系统相对于满量程值的随机误差不超过 δ_R 的置信概率为 95%($k = 2$)或 99.7%($k = 3$)。

5. 精度(accuracy)

精度是表征测试系统的测量结果与被测量真值的符合程度,反映了测试系统中系统误差和随机误差的综合影响。在实际应用中常采用准确度、精密度和精确度这三个概念定性描述测量结果的精度。

(1)准确度(correctness)。准确度也称为正确度,表征测量结果接近真值的程度,准确度越高则测量值越接近真值。它反映了测量结果中系统误差的大小,系统误差(包括重复性误差、非线性误差等)越小,准确度越高。

(2)精密度(precision)。精密度表征多次重复测量同一被测量,测量结果的分散程度,精密度越高则测量结果分布越密集。它反映了测量结果中随机误差的大小,随机误差(主要是重复性误差)越小,精密度越高。

(3)精确度(accuracy)。精确度简称为精度,是准确度和精密度的综合,反映了测量结果中系统误差与随机误差的综合影响,只有准确度和精密度都高时,精确度才会高。

对于具体的测量,准确度高的精密度不一定高,精密度高的准确度也不一定高,但精确度高,则精密度与准确度都高,因此实际测量总是希望精确度高,三者的关系可用图 3.2.4 表示。

作为技术指标,描述系统的精度通常有下列几种方式。

(1)用测量误差来表征

通常测量误差越小,精度越高。综合考虑非线性误差、回程误差、重复性误差等,可由非线性度 δ_L、回程误差 δ_H 与重复性 δ_R 三者的代数和或平方和的根表示,即

$$\delta_A = \delta_L + \delta_H + \delta_R \qquad (3.2.11)$$

$$\delta_A = \sqrt{\delta_L^2 + \delta_H^2 + \delta_R^2} \qquad (3.2.12)$$

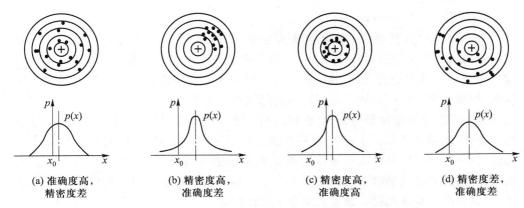

图 3.2.4 准确度、精密度与精确度的关系

注:$p(x)$——概率分布;x_0——真值;"+"——真值中心。

由于非线性误差、回程误差属于系统误差,重复性属于随机误差,实际上系统误差与随机误差的最大值并不一定出现在相同的测点上。因此,用上述方法表征精度是不完善的,只是一种粗略的简化表示。

(2)用测量不确定度来表征

测量不确定度是评定测量结果质量的一个定量指标,即在规定的条件下测试系统或装置用于测量时所得测量结果的不确定度,是测量误差极限估计值的评价。不确定度越小,测量结果可信度越高,即精度越高。

6. 稳定度(stability)和漂移(drift)

测试系统的稳定性是指在一定的工作条件下,系统保持其特性随时间恒定的能力。测试系统的稳定性表征有两种指标:稳定度和漂移。

(1)稳定度。稳定度是指在规定的工作条件下,由于系统内部元件的不稳定而引起的输出变化,通常用输出示值的变化与时间之比表示。例如,一测试仪表输出电压在 8 h 内的变化量为 1.3 mV,则系统的稳定度为 1.3 mV/8 h。

(2)漂移。漂移是指保持输入信号不变时,输出信号随外界环境和工作条件变化而发生缓慢变化的现象,通常表示为相应条件下的输出量的变化。例如,某型压力传感器的漂移为 0.02% F.S.(/h·℃),表示温度每改变 1 ℃,传感器的输出每小时变化为满量程值的 0.02%。也可以将温度、湿度、压力等外界环境,以及电源等工作条件的变化产生的影响,用影响系数 β 表示。例如,周围介质温度变化所引起的示值变化,可以用温度系数 β_t 表示;电源电压变化引起的示值变化,可以用电源电压系数 β_V 表示等。

最常见的漂移是温度漂移(温漂),即由于环境温度变化而引起的输出的变化。通常将输入为零时测试系统输出的漂移称为零漂。对大多数测试系统而言,不但存在零点漂移,而且还可能存在灵敏度漂移,使得测试系统的输入输出特性产生变化,因此必须对漂移进行观测和度量,采取恒温稳压等措施减小漂移对系统的影响,从而有效提高稳定性。

7. 分辨力(率)(resolution)

分辨力(率)表明测试系统分辨输入量微小变化的能力。如图 3.2.5 所示,当测试系统的输入从零开始缓慢地增加时,只有在达到某一值后才能测得其输出变化,这个最小值 Δ 通常称为阈值(threshold)。例如,有的传感器在零点附近有严重的非线性,形成所谓"死区"(dead band),可将死区的大小作为阈值。分辨力是指当输入从任意非零值缓慢地增加时,只有在超过某一输入增量 Δx 后输出才有变化 Δy,这个输入增量 Δx 称为分辨力。即当被测量的变化小于分辨力时,系统对输入量的变化无任何反应。可见,阈值表示系统可测出的最小输入量,可以看作是系统在零点附近的分辨力,阈值主要取决于系统噪声。而分辨力表示系统的可测出的最小输入变化量,表明测试系统能检测到输入量最小变化的能力,分辨力不仅与系统噪声有关,也与被测量的大小有关。

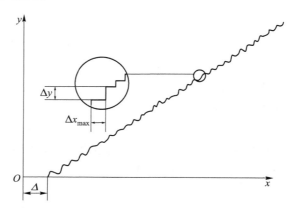

图 3.2.5   分辨力与阈值

分辨力是由能引起输出量发生变化的最小输入变化量 Δx 表示。显然,在全量程范围内,对应不同输入量其分辨力 Δx 不完全相同,因此测试系统的分辨力定义为全量程范围内最小输入变化量 Δx 的最大值,即 Δx_{max}(如图 3.2.5 所示)。Δx_{max} 与测试系统满量程之比称为分辨率,即

$$F = \frac{\Delta x_{\max}}{Y_{FS}} \times 100\% \qquad (3.2.13)$$

一般来讲,分辨力数值越小,系统的性能越好。但还要综合考虑系统的精度、重复性及环境等因素的影响,分辨率的大小应能保证系统在稳态测量时测量值波动很小,分辨率过高,易受到噪声、干扰的影响引起示值的波动过大,造成精度的下降。在实际应用中,不要将分辨率与灵敏度、精度三者概念混淆起来。一般来讲,灵敏度越高,分辨率也越高;提高灵敏度和分辨率都可以提高测量精度;但高的灵敏度和分辨率不代表测量精度就一定高。

通常测试系统的分辨力可通过显示/读数装置能有效辨别的最小示值差(即显示装置分辨力)来评定。对数字式显示装置,其分辨力就是当变化一个末位有效数

字时其示值的变化,因此一般可以认为该装置的最后一位所表示的数值就是它的分辨力。例如,数字式温度计的温度显示为 180.6 ℃,则分辨力为 0.1 ℃。对于模拟式读数装置,其分辨力为标尺上任何两个相邻标记之间即最小分度值的 1/2 ~ 1/10,具体取值取决于标尺间距、指针等因素,一般取最小分度值的 1/2;对于度盘较大的装置,分辨力可取最小分度值的 1/10。

8. 可靠性(reliability)

可靠性是指测试系统在规定的条件、规定的时间内,完成规定的功能的能力。这里所说的规定条件包括工作条件、环境条件和维修条件等;规定的时间是广义的,可以是时间,也可以是距离或循环次数等;规定的功能是指必须具备的功能及其技术指标。因此可靠性是反映测试系统的耐久性、无故障性、可用性、维护性和经济性等综合性的质量指标。可靠性的评价可以使用概率指标或时间指标,常用的可靠性指标有:

(1) 可靠度 R

可靠度是指系统在规定条件下和规定时间内完成规定功能的概率,通常以"R"表示。可靠度是时间的函数,也称为可靠度函数,记为 $R(t)$。

假设用随机变量 T 表示系统从开始工作到发生故障(对可修复产品)或失效(对不可修复产品,即丧失功能)的时间,则该系统在某一指定时刻 t 的可靠度为

$$R(t) = P(T>t) \qquad 0 \leq t < \infty \tag{3.2.14}$$

可靠度的数值通常是通过多次试验中系统发生故障的频率来估计的。例如,取 N 个产品进行试验,若在规定的时间 t 内共有 $r(t)$ 个产品出故障或失效,则该产品可靠度的估计值 $\hat{R}(t)$ 可用下式表示为

$$\hat{R}(t) = \frac{N-r(t)}{N} \tag{3.2.15}$$

在工程实际中,常需要了解工作过程中某一段执行任务时间的可靠度,通常将已经工作 t_1 时间再继续工作 t_2 时间的可靠度,称为条件可靠度,记为 $R(t_1+t_2 | t_1)$,即

$$R(t_1+t_2 | t_1) = P(T>t_1+t_2 | T>t_1) = \frac{R(t_1+t_2)}{R(t_1)} \tag{3.2.16}$$

(2) 失效率 λ

工作到 t 时刻尚未失效的产品,在该时刻后单位时间内发生失效的概率称为失效率,通常以 λ 表示。失效率是时间的函数,也称为失效率函数,记为 $\lambda(t)$,也称为故障率或故障率函数。根据定义,失效率可表示为在 t 时刻尚未失效的产品在 $t+\Delta t$ 的单位时间内发生失效的条件概率,即

$$\lambda(t) = \lim_{\Delta t \to 0} \frac{1}{\Delta t} P(t < T < t+\Delta t | T>t) \tag{3.2.17}$$

失效率的估计值可表示为

$$\hat{\lambda}(t) = \lim_{\Delta t \to 0} \frac{r(t+\Delta t) - r(t)}{[N-r(t)] \Delta t} \tag{3.2.18}$$

式中,$r(t)$ 和 $r(t+\Delta t)$ 分别为 N 个产品工作到 t 时刻、$t+\Delta t$ 时刻的失效数。

失效率通常采用单位时间的百分数来表示,例如某测试仪器的失效率为 0.03%/kh,表明有 1 万台这种仪器工作 1000 小时后可能有 3 台会出现故障。

研究表明,产品在整个生命周期内各个阶段的失效率不同,许多产品的失效率曲线具有"两头高中间低"的特点,习惯称之为"浴盆曲线",如图 3.2.6 所示。可以看出,产品的失效分为三个阶段:早期失效期、偶然失效期和耗损失效期。早期失效期的特点是开始失效率高,后来逐渐降低。这类失效主要是由于材料、设计和制造等环节的缺陷造成的,为了缩短这一阶段的时间,应进行试运转或通过试验进行筛选来剔除早期失效产品,以提高产品的可靠性。偶然失效期的特点是失效率低且较稳定,$\lambda(t)$ 可近似看作常数,这一阶段时间较长,是产品的最佳工作阶段。偶然失效的主要原因是操作不当和环境等因素引起的。耗损失效期的特点是失效率随工作时间的延长急速增加,这类失效主要是由于磨损、疲劳、老化、腐蚀等耗损性因素引起的。通过对产品试验数据分析,确定耗损阶段的起始点,对耗损的零部件进行维修、更换,从而降低产品的故障率,延长产品的使用寿命。产品的使用寿命与规定条件和允许的失效率有关,允许的失效率越高,产品的使用寿命越长。

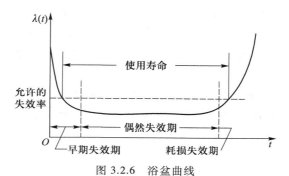

图 3.2.6   浴盆曲线

(3) 平均寿命 θ

平均寿命定义为系统从投入运行到发生故障(或失效)的平均工作时间,通常以 θ 表示。对于不可修复产品和可修复产品,平均寿命的含义略有不同。对于不可修复产品,平均寿命是指从开始使用到发生失效的平均时间,也称为平均失效前时间,记为 MTTF(mean-time-to-failure);对于可修复产品,平均寿命是指相邻两次故障之间工作时间的平均值,也称为平均无故障工作时间,记为 MTBF(mean-time-between-failure)。

设有 N 个不可修复产品,从开始工作到发生失效的时间分别为 $t_1, t_2, t_3, \ldots, t_N$,则其平均寿命的估计值为

$$\theta = MTTF = \frac{1}{N} \sum_{i=1}^{N} t_i \tag{3.2.19}$$

对于可修复产品,假设一个产品在使用过程中发生 n 次故障后,经过修复继续投入工作,其工作时间分别为 $t_1, t_2, t_3, \ldots, t_n$,则其平均寿命的估计值为

$$\theta = MTBF = \frac{1}{n} \sum_{i=1}^{n} t_i \tag{3.2.20}$$

设产品的可靠度为 $R(t)$，则平均寿命可表示为

$$\theta = \int_0^\infty R(t)\,\mathrm{d}t \tag{3.2.21}$$

即产品的平均寿命为其可靠度对时间的积分。

（4）有效度 A

有效度也称为可用度，是指可修复的产品在规定的条件下使用时，某时刻 t 具有或维持其功能的概率，通常以 A 表示。

对于可修复的产品，用 MTTR（mean-time-to-repair）代表平均修复时间，有效度可表示为

$$A = \frac{MTBF}{MTBF + MTTR} \tag{3.2.22}$$

可见，通过延长平均无故障工作时间 MTBF 并减小平均修复时间 MTTR 可提高有效度。有效度是反映产品可靠性与维修性的综合指标。

3.3　测试系统的动态特性

测试系统的动态特性是指输入量随时间变化时，系统的输出与输入之间的关系。在实际工程测试中，大量的被测量都是随时间变化的动态信号，这就要求测试系统不仅能迅速而准确地测出信号幅值的大小，而且能真实地再现信号的波形变化。一般来讲，当测试系统输入是随时间变化的动态信号 $x(t)$ 时，其相应的输出 $y(t)$ 总是与 $x(t)$ 不一致，两者之间的差异称为动态误差。研究测试系统的动态特性，就是要了解动态输出与输入之间的差异以及影响差异的因素，以便有效减小动态误差。

进行动态测量时，系统的输出不仅与输入信号有关，而且还受到系统动态特性的影响。例如，体温计测温时必须与人体有足够的接触时间，它的读数才能反映人体的体温，其原因就是体温计这种测试系统本身的特性造成其输出总是滞后于输入，从而产生动态误差，这种现象通常称为测试系统对输入的时间响应。又比如用千分表测量振动物体的振幅时，当振动的频率很低时，千分表的指针将随其摆动，可指示出各个时刻的振幅值，但随着振动频率的增加，指针摆动的幅度逐渐减小，以至趋于不动，表明指针的示值随振动频率的变化而改变，因此不能将千分表指针的最大偏摆量来表示振动位移的振幅，这是因为千分表这种由质量—弹簧构成的系统动态特性较差，引起动态误差大，这种现象也称为测试系统对输入的频率响应。时间响应和频率响应都是测试系统在动态测试过程中表现出的重要特性，也是研究测试系统动态特性的主要内容。

研究测试系统的动态特性实质上就是建立输入信号、输出信号和测试系统结构参数三者之间的关系，通常把测试系统这一物理系统抽象成数学模型，分析输入信号与输出信号之间的关系，以便描述其动态特性。

3.3.1   动态特性的数学描述

通常情况下,在一定的测量范围内,实际的测试系统总被视为线性时不变系统,根据测试系统的物理结构和所遵循的物理定律,建立起输出和输入关系的运动微分方程,即式(3.1.1)所示的常系数线性微分方程。若已知系统的输入,在给定的条件下求解微分方程,即可求得系统的响应,从而根据输入输出的关系描述系统的动态特性。

在动态测试中,为了研究和运算的方便,常通过拉普拉斯变换(简称拉氏变换)和傅里叶变换分别在复频域和频域中建立其相应的传递函数和频率响应函数,在时域中利用传递函数的拉普拉斯逆变换得到阶跃响应函数等,以此来描述测试系统的动态特性。

1.传递函数

若 $x(t)$ 为时间变量 t 的函数,且当 $t \leqslant 0$ 时,有 $x(t) = 0$,则 $x(t)$ 的拉氏变换 $X(s)$ 定义为

$$X(s) = \mathscr{L}[x(t)] = \int_0^\infty x(t)\,\mathrm{e}^{-st}\mathrm{d}t \qquad (3.3.1)$$

式中,$\mathscr{L}$ 表示拉氏变换符号;s 称为拉普拉斯算子,是复变量,即 $s = \sigma + \mathrm{j}\omega$,且 $\sigma \geqslant 0$。

当系统的初始条件为零时,即当 $t \leqslant 0$ 时,其输入 $x(t)$ 和输出 $y(t)$ 及其各阶导数均为零,则定义输出 $y(t)$ 的拉氏变换 $Y(s)$ 和输入 $x(t)$ 的拉氏变换 $X(s)$ 之比为系统的传递函数,记为 $H(s)$,即

$$H(s) = \frac{Y(s)}{X(s)} \qquad (3.3.2)$$

下面通过拉氏变换的性质来推导线性系统的传递函数表达式。

当系统的初始条件为零时,对式(3.1.1)进行拉氏变换,可得

$$(a_n s^n + a_{n-1} s^{n-1} + \cdots + a_1 s + a_0) Y(s) = (b_m s^m + b_{m-1} s^{m-1} + \cdots + b_1 s + b_0) X(s)$$

所以

$$H(s) = \frac{Y(s)}{X(s)} = \frac{b_m s^m + b_{m-1} s^{m-1} + \cdots + b_1 s + b_0}{a_n s^n + a_{n-1} s^{n-1} + \cdots + a_1 s + a_0} \qquad (3.3.3)$$

式中 $a_n, a_{n-1}, \cdots, a_1, a_0$ 和 $b_m, b_{m-1}, \cdots, b_1, b_0$ 均是由测试系统本身的结构参数决定的常数;分母中 s 的幂次 n(微分方程的阶数)表示传递函数的阶次。

可见,传递函数 $H(s)$ 是在复频域中用代数方程的形式表示测试系统的动态特性,与输入量无关,即不因输入 $x(t)$ 的变化而改变,表示了系统的固有特性。传递函数也与具体的物理结构无关,例如弹簧-质量-阻尼系统和 RLC 电路,它们是完全不同的物理系统,但都可以同一形式的传递函数来描述,因此两者具有相似的动态特性,即同一传递函数可表示不同的物理系统。

在数学上,传递函数与微分方程完全等价,都包含了系统瞬态和稳态响应的全部信息;在运算上,传递函数比求解微分方程更简便,特别是对于复杂的不便于列出微分方程的系统更具有实际意义。例如已知系统的传递函数 $H(s)$ 和输入 $x(t)$,那

么输出 $y(t)$ 的拉氏变换为 $Y(s) = H(s) \cdot X(s)$,再经过拉氏逆变换就可获得系统的输出 $y(t)$,即

$$y(t) = \mathscr{L}^{-1}[Y(s)] = \mathscr{L}^{-1}[H(s)X(s)] \tag{3.3.4}$$

式中,$\mathscr{L}^{-1}$——拉氏逆变换符号。

一般来讲,测试系统通常是由若干个环节串联和并联组成,按照传递函数的定义可得到十分简单的运算规则。

如图 3.3.1(a)所示,由两个传递函数分别为 $H_1(s)$ 和 $H_2(s)$ 的环节串联后构成的测试系统,其传递函数 $H(s)$ 为

$$H(s) = \frac{Y(s)}{X(s)} = \frac{Y_1(s)}{X(s)} \cdot \frac{Y(s)}{Y_1(s)} = H_1(s) \cdot H_2(s) \tag{3.3.5}$$

图 3.3.1(b)所示为两个传递函数分别为 $H_1(s)$ 和 $H_2(s)$ 的环节并联后构成的测试系统,其传递函数 $H(s)$ 为

$$H(s) = \frac{Y(s)}{X(s)} = \frac{Y_1(s) + Y_2(s)}{X(s)} = H_1(s) + H_2(s) \tag{3.3.6}$$

图 3.3.1(c)所示为两个传递函数分别为 $H_1(s)$ 和 $H_2(s)$ 的环节连接成闭环构成的测试系统,此时有

$$Y(s) = X_1(s) \cdot H_1(s)$$

$$X_2(s) = X_1(s) \cdot H_1(s) \cdot H_2(s)$$

$$X_1(s) = X(s) \pm X_2(s)$$

于是系统的传递函数 $H(s)$ 为

$$H(s) = \frac{Y(s)}{X(s)} = \frac{H_1(s)}{1 \mp H_1(s)H_2(s)} \tag{3.3.7}$$

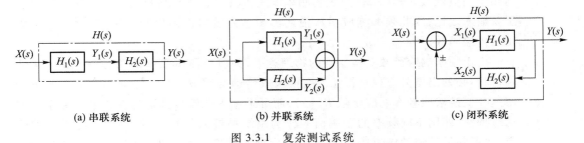

(a) 串联系统   (b) 并联系统   (c) 闭环系统

图 3.3.1 复杂测试系统

2. 频率响应函数

(1) 频率响应函数的定义

对于稳定的线性定常系统,可用傅里叶变换代替拉氏变换。根据式(2.3.3),若 $x(t)$ 为时间变量 t 的函数,且当 $t \leqslant 0$ 时,有 $x(t) = 0$,则 $x(t)$ 的傅里叶变换 $X(j\omega)$ 为

$$X(j\omega) = F[x(t)] = \int_0^\infty x(t)e^{-j\omega t}dt \tag{3.3.8}$$

式(3.3.8)称为单边傅里叶变换。

当系统的初始条件为零时,定义输出 $y(t)$ 的傅里叶变换 $Y(j\omega)$ 与输入 $x(t)$ 的傅

里叶变换 $X(j\omega)$ 之比为系统的频率响应函数,记为 $H(j\omega)$ 或 $H(\omega)$,即

$$H(j\omega) = \frac{Y(j\omega)}{X(j\omega)} \qquad (3.3.9)$$

同理,对式(3.1.1)进行傅里叶变换,可得频率响应函数为

$$H(j\omega) = \frac{Y(j\omega)}{X(j\omega)} = \frac{b_m(j\omega)^m + b_{m-1}(j\omega)^{m-1} + \cdots + b_1(j\omega) + b_0}{a_n(j\omega)^n + a_{n-1}(j\omega)^{n-1} + \cdots + a_1(j\omega) + a_0} \qquad (3.3.10)$$

显然,上式与将 $s = j\omega$ 带入传递函数公式具有同样的形式。因此,频率响应函数是传递函数的特例,它是在频域描述系统的特性,也简称为频率响应或频率特性。

(2) 频率响应函数的物理意义

对于稳定的线性定常系统,若输入是一幅值为 X_0、角频率为 ω、初始相位角为零的正弦信号,用相量(复数)表示为 $x(t) = X_0 e^{j\omega t}$,根据线性系统的频率保持性,系统的稳态输出必然也会是一个角频率为 ω 的正弦信号,只是其幅值与相位角发生变化,其输出可表示成

$$y(t) = Y_0 e^{j(\omega t + \varphi)} \qquad (3.3.11)$$

式中,幅值 Y_0 和相位角 φ 为未知量。

将输入与输出的各阶导数代入式(3.1.1),可得

$$[a_n(j\omega)^n + a_{n-1}(j\omega)^{n-1} + \cdots a_1(j\omega) + a_0] \cdot Y_0 \cdot e^{j(\omega t + \varphi)}$$
$$= [b_m(j\omega)^m + b_{m-1}(j\omega)^{m-1} + \cdots b_1(j\omega) + b_0] \cdot X_0 \cdot e^{j\omega t}$$

于是有

$$\frac{b_m(j\omega)^m + b_{m-1}(j\omega)^{m-1} + \cdots + b_1(j\omega) + b_0}{a_n(j\omega)^n + a_{n-1}(j\omega)^{n-1} + \cdots + a_1(j\omega) + a_0} = \frac{Y_0}{X_0} e^{j\varphi} = \frac{y(t)}{x(t)} \qquad (3.3.12)$$

式(3.3.12)的左边与式(3.3.10)的右边完全相同,这就说明式(3.3.12)也是系统的频率响应函数。式(3.3.12)表明频率响应 $H(j\omega)$ 也等于系统稳态时的正弦输出与正弦输入之比,因此频率响应函数描述了测试系统对简谐信号的传输特性,也称为正弦传递函数。

由于频率响应函数具有明确的物理意义,为研究测试系统的动态特性提供了便利,即不必列出微分方程进行拉氏变换求取传递函数 $H(s)$,也不必对微分方程进行傅里叶变换求取频率响应函数 $H(j\omega)$,而可采用正弦信号激励的方式来研究系统的动态特性,即用不同频率的正弦信号作为系统的输入信号,并测得稳态时系统的响应,便可获得系统的频率响应 $H(j\omega)$。这种通过实验方法来确定系统的动态特性,在工程中非常具有实用价值,因为任何复杂信号都可分解为不同频率的简谐信号之和,而线性系统又具有叠加性,因此频率响应也反映了测试系统对任意信号的传输特性。

需要注意的是,频率响应函数是描述系统的简谐输入和其稳态输出的关系,在测量系统的频率响应时,必须在系统响应达到稳态时才测量。

(3) 幅频、相频特性及其频响曲线

频率响应函数 $H(j\omega)$ 为复变量函数,因此可表示为复指数形式,即

$$H(j\omega) = P(\omega) + jQ(\omega) = A(\omega) e^{j\varphi(\omega)} \qquad (3.3.13)$$

式中，$P(\omega)$、$Q(\omega)$分别为$H(j\omega)$的实部和虚部；$A(\omega)$、$\varphi(\omega)$分别为$H(j\omega)$的模和幅角，都是角频率ω的实函数。

根据式（3.3.12），频率响应$H(j\omega)$的模$A(\omega)$和幅角$\varphi(\omega)$可表示为

$$A(\omega) = |H(j\omega)| = \frac{Y_0(\omega)}{X_0(\omega)} \tag{3.3.14}$$

$$\varphi(\omega) = \varphi_y(\omega) - \varphi_x(\omega) \tag{3.3.15}$$

式中，$Y_0(\omega)$和$X_0(\omega)$分别为输出和输入的幅值；$\varphi_y(\omega)$和$\varphi_x(\omega)$分别为输出和输入的相位角。

可见，频率响应$H(j\omega)$的模$A(\omega)$表示了系统的输出与输入的幅值比随角频率ω变化的关系，称为幅频特性。幅角$\varphi(\omega)$表示了输出与输入的相位差随角频率ω变化的关系，称为相频特性。

在工程中，常用频率响应曲线（简称频响曲线）描述系统的传输特性。$A(\omega)$-ω曲线和$\varphi(\omega)$-ω曲线分别称为幅频特性曲线和相频特性曲线。实际作图时，常以自变量ω取对数标尺，幅值取分贝数（dB）标尺，相角取实数标尺，分别画出$20\lg A(\omega)$-$\lg\omega$曲线和$\varphi(\omega)$-$\lg\omega$曲线，它们分别称为对数幅频特性曲线和对数相频特性曲线，总称伯德图（Bode图）。图3.3.2所示为一阶系统的伯德图。

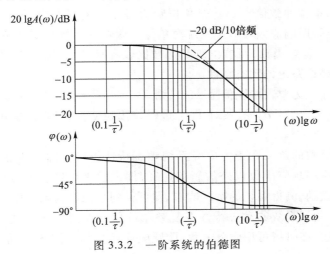

图 3.3.2　一阶系统的伯德图

$P(\omega)$-ω曲线、$Q(\omega)$-ω曲线分别称为实频特性曲线和虚频特性曲线。若以$P(\omega)$和$Q(\omega)$分别作为横、纵坐标作图，在复平面内作一矢量，其长度为$H(j\omega)$的模$A(\omega)$，矢量与正实轴的夹角为幅角$\varphi(\omega)$（逆时针方向为正），当ω在$[0,\infty]$区间变化时，矢量端点的轨迹称为奈奎斯特图（Nyquist图）。显然有

$$\begin{cases} A(\omega) = \sqrt{P^2(\omega) + Q^2(\omega)} \\ \varphi(\omega) = \arctan\dfrac{Q(\omega)}{P(\omega)} \end{cases} \tag{3.3.16}$$

一阶系统的奈奎斯特图如图3.3.3所示。

3. 阶跃响应函数

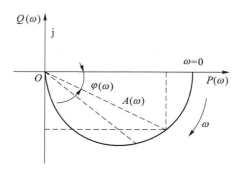

图 3.3.3   一阶系统的奈魁斯特图

若以 $h(t)$ 表示传递函数 $H(s)$ 的拉氏逆变换,即 $h(t) = \mathscr{L}^{-1}[H(s)]$,则 $h(t)$ 是在时域描述系统的传输特性。

在第 2 章中介绍了单位冲激信号 $\delta(t)$ 及频谱,若系统的输入为单位冲激信号,即 $x(t) = \delta(t)$ 时,则 $X(s) = \mathscr{L}[\delta(t)] = 1$,于是有 $H(s) = Y(s)$,经拉氏逆变换可得

$$h(t) = \mathscr{L}^{-1}[H(s)] = \mathscr{L}^{-1}[Y(s)] = y(t) \tag{3.3.17}$$

因此,$h(t)$ 也被称为单位冲激响应函数。

在数学上,单位冲激信号 $\delta(t)$ 是单位阶跃信号 $\varepsilon(t)$ 的导数,对于稳定的线性定常系统,则单位阶跃响应函数等于系统对单位冲激响应函数 $h(t)$ 的积分。由于单位冲激信号 $\delta(t)$ 为理想函数,而单位阶跃信号比较容易产生,因此工程中常用单位阶跃响应函数来描述系统的动态特性。

若系统的输入为单位阶跃信号 $\varepsilon(t)$,则 $X(s) = \mathscr{L}[\varepsilon(t)] = 1/s$,其输出的拉氏变换 $Y(s) = H(s) \cdot X(s) = H(s)/s$,对 $Y(s)$ 进行拉氏逆变换,可得到输出 $y(t)$,即阶跃响应函数。

阶跃响应函数的意义在于为研究系统动态特性提供了除用正弦信号激励实验法求取系统的频率响应函数以外的新的途径,即仍然采用实验的方法,对系统输入阶跃信号进行激励,测得系统的阶跃响应,即可得到系统的动态特性。

综上所述,测试系统的动态特性在复频域可用传递函数来描述,在频域可用频率响应函数描述,在时域可用微分方程、阶跃响应函数等来描述,它们之间的关系是一一对应的。

在实际的工程测试中,常常选用正弦信号、阶跃信号作为输入信号来揭示系统在频域和时域的动态特性。下面分别讨论常见测试系统的频率响应和阶跃响应。

3.3.2   常见测试系统的频率响应

在工程测试领域,常见的测试系统多是零阶、一阶和二阶系统,而且任何高阶系统都可以看作是若干个一阶和二阶系统的串联或并联。这里主要介绍最常见的一阶和二阶系统的频率响应。

1. 一阶系统的频率响应

常见的一阶系统有质量为零的弹簧-阻尼机械系统、RC 电路、液柱式温度计等,

如图 3.3.4 所示。

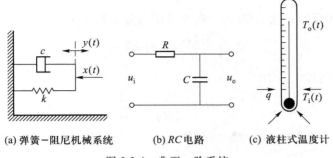

(a) 弹簧–阻尼机械系统　　(b) RC 电路　　(c) 液柱式温度计

图 3.3.4　典型一阶系统

图 3.3.4(a)所示的由弹簧和阻尼器组成的机械系统,根据力学平衡条件,可得其微分方程为

$$c\frac{\mathrm{d}y(t)}{\mathrm{d}t}+ky(t)=x(t) \tag{3.3.18}$$

式中,c——阻尼系数;

　k——弹簧刚度;

　$x(t)$——作用于系统的外力;

　$y(t)$——自由端的位移。

图 3.3.4(b)所示的 RC 低通滤波电路,该系统的输出电压 $u_o(t)$ 与输入电压 $u_i(t)$ 之间的关系为

$$RC\frac{\mathrm{d}u_o(t)}{\mathrm{d}t}+u_o(t)=u_i(t) \tag{3.3.19}$$

图 3.3.4(c)所示的液柱式温度计,若以 $T_i(t)$ 表示温度计的输入信号即被测温度,以 $T_o(t)$ 表示温度计的输出信号即示值温度,则输出与输入的关系为

$$RC\frac{\mathrm{d}T_o(t)}{\mathrm{d}t}+T_o(t)=T_i(t) \tag{3.3.20}$$

式中,R——传导介质的热阻;

　C——温度计的热容量。

可见,这些系统均可用一阶微分方程来表示它们的输入与输出关系,即

$$a_1\frac{\mathrm{d}y(t)}{\mathrm{d}t}+a_0y(t)=b_0x(t) \tag{3.3.21}$$

上式也可以改写为

$$\frac{a_1}{a_0}\frac{\mathrm{d}y(t)}{\mathrm{d}t}+y(t)=\frac{b_0}{a_0}x(t)$$

式中,a_1/a_0 通常具有时间的量纲,称为系统的时间常数,常用符号 τ 来表示;b_0/a_0 表示系统的静态灵敏度 S,具有输出输入的量纲。对于线性系统,静态灵敏度 S 为常数,其值的大小仅表示输出与输入之间的比例关系,并不影响系统的动态特性。在

动态特性分析时,为了讨论问题方便起见,常常约定采用 $S=1$(本书中不特别指明,均认为 $S=1$)。

这样,灵敏度归一化处理后,一阶系统的微分方程改写为

$$\tau \frac{\mathrm{d}y(t)}{\mathrm{d}t}+y(t)=x(t) \tag{3.3.22}$$

则一阶系统的传递函数为

$$H(s)=\frac{Y(s)}{X(s)}=\frac{1}{\tau s+1} \tag{3.3.23}$$

令 $s=\mathrm{j}\omega$,得到一阶系统的频率响应函数

$$H(\mathrm{j}\omega)=\frac{1}{\mathrm{j}\omega\tau+1} \tag{3.3.24}$$

其幅频、相频特性的表达式分别为

$$\begin{cases} A(\omega)=\dfrac{1}{\sqrt{1+(\omega\tau)^2}} \\[2mm] \varphi(\omega)=-\arctan(\omega\tau) \end{cases} \tag{3.3.25}$$

式中,负号表示输出信号滞后于输入信号。

由式(3.3.25)可知,一阶系统在正弦信号激励下,稳态响应的幅值比和相位差取决于输入信号的角频率 ω 和系统的时间常数 τ。一阶系统的幅频特性曲线和相频特性曲线如图 3.3.5 所示。

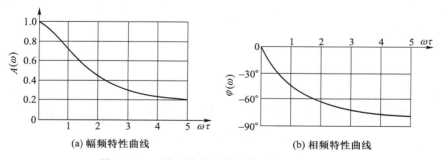

(a) 幅频特性曲线   (b) 相频特性曲线

图 3.3.5   一阶系统的幅频特性和相频特性曲线

一般来讲,理想的测试系统,其输出波形应该是按比例、无滞后地再现输入信号的波形,即 $A(\omega)=1$,$\varphi(\omega)=0$。由图 3.3.5 可知,当 $\omega=0$ 时,幅值比 $A(\omega)=1$,相位差 $\varphi(\omega)=0$。由此可得到一阶系统的幅值误差和相位误差分别为

$$\Delta A(\omega)=\left|\frac{A(\omega)-A(0)}{A(0)}\right|\times100\%=|A(\omega)-1|\times100\% \tag{3.3.26}$$

$$\Delta\varphi(\omega)=\varphi(\omega)-\varphi(0)=\varphi(\omega) \tag{3.3.27}$$

幅值误差和相位误差统称为稳态响应动态误差。

由图 3.3.5 可以看出,一阶系统具有以下特点:

(1)一阶系统是一个低通环节,当 $\omega=0$ 时,其幅值误差与相位误差为零;当

$\omega\tau\ll1$时,幅值误差与相位误差都较小,测试系统接近于理想状态。随着ω的增大,幅值误差与相位误差逐渐增大,当$\omega\to\infty$时,$A(\omega)$几乎与频率成反比,相位滞后$\varphi(\omega)=-\pi/2$。因此一阶系统适用于测量缓变或低频信号。

（2）时间常数τ决定着一阶系统适用的频率范围。当$\omega\tau=1$时,$A(\omega)=1/\sqrt{2}\approx$ 0.707,即$20\lg A(\omega)=-3$ dB,$\varphi(\omega)=-45°$,通常把$\omega=1/\tau$称为一阶系统的转折频率。

一阶系统的伯德图通常用一条折线近似描述,如图3.3.2所示。当$\omega<1/\tau$时,为$A(\omega)=1$的水平线,当$\omega>1/\tau$时,为-20 dB/十倍频斜率的直线（所谓"-20 dB/十倍频"是指频率每增大10倍,$A(\omega)$下降20 dB）,即通过$\omega=1/\tau$和$\omega=10/\tau$两点的直线（纵坐标相差20 dB）。在$\omega=1/\tau$处折线偏离实际曲线的误差最大（为-3 dB）。

可见,只有当$\omega\ll1/\tau$时,幅值误差和相位误差都较小。通常规定系统的幅值误差小于所允许的幅值误差时,由幅频特性曲线所对应的频率范围来确定系统的工作频带,即

$$\varepsilon=|A(\omega)-1|\times100\%\leqslant\text{某个给定值} \qquad (3.3.28)$$

上式中的给定值,常取5%或10%。因此,在幅值误差一定的情况下,时间常数τ越小,系统的工作频带范围越宽;反之,若时间常数τ越大,则系统的工作频带范围越窄。

综上所述,时间常数τ是反映一阶系统动态特性的重要参数,τ的大小决定了一阶系统的工作频率范围。为了减小一阶系统的稳态响应动态误差,增大工作频带范围,应尽可能采用时间常数τ小的测试系统。

例3-1　设有一阶装置其时间常数为$\tau=0.1$ s,输入一简谐信号,若要求输出信号的幅值误差不大于5%,输入信号角频率ω为多大？这时输出信号的相位滞后是多少？

解　由式（3.3.25）可知,$A(\omega)\leqslant1$。根据式（3.3.28）可得,$\varepsilon=1-A(\omega)\leqslant0.05$,即$A(\omega)\geqslant0.95$,将$\tau=0.1$ s代入式（3.3.25）,求得$\omega\leqslant3.29$ rad/s。

此时,输出信号的相位滞后$\varphi(\omega)=-\arctan\omega\tau=-18.21°$。

例3-2　某一阶温度传感器测量容器内的温度,假定温度为频率$1\sim5$ Hz之间的正弦信号,若允许的稳态误差为$\pm2\%$,请根据时间常数选择合适的传感器。

解　由题意可知

$$2\pi\leqslant\omega\leqslant10\pi,\ \varepsilon=1-A(\omega)\leqslant0.02,\ \text{即}\ A(\omega)\geqslant0.98$$

根据式（3.3.25）可得,$\omega\tau\leqslant0.2$。由图3.3.5可知,对于一确定时间常数的系统,$A(\omega)$随频率的增大而减小,因此其最小值发生在输入信号最大频率$f=5$ Hz处,由$\omega=10\pi$解得$\tau\leqslant6.5$ ms。因此,应选择时间常数为6.5 ms或更小的温度传感器。

由上述例题可以看出,给定一个一阶测试装置,若其时间常数τ已知,这时若规定允许的幅值误差ε,则可确定该装置能测量的信号最高频率ω_h,即$\omega=0\sim\omega_h$为该装置的工作频带范围。反之,也可根据测量信号的最高频率f_h或角频率ω_h和允许的幅值误差ε确定时间常数τ,从而合理设计或选择测量装置。

2. 二阶系统的频率响应

图3.3.6所示的弹簧-质量-阻尼系统和RLC电路均为典型的二阶系统。

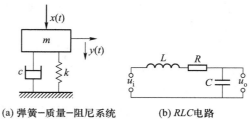

(a) 弹簧-质量-阻尼系统   (b) RLC电路

图 3.3.6   典型二阶系统

对于图 3.3.6(a)所示弹簧-质量-阻尼系统,在外力作用下,根据力学平衡条件,可得其微分方程为

$$m\frac{d^2 y(t)}{dt^2}+c\frac{dy(t)}{dt}+ky(t)=x(t) \tag{3.3.29}$$

式中,m——系统的质量;

c——阻尼系数;

k——弹簧刚度;

$x(t)$——作用于系统的外力;

$y(t)$——质量块中心的位移。

上式也可改写为

$$\frac{d^2 y(t)}{dt^2}+2\zeta\omega_0\frac{dy(t)}{dt}+\omega_0^2 y(t)=S\omega_0^2 x(t) \tag{3.3.30}$$

式中,$\omega_0=\sqrt{k/m}$ 为系统的固有角频率;

$\zeta=\dfrac{c}{2\sqrt{km}}$ 为系统的阻尼比;

$S=1/k$ 为系统的静态灵敏度。

同理,图 3.3.6(b)所示的 RLC 电路,该系统的输出电压 $u_o(t)$ 与输入电压 $u_i(t)$ 之间的关系为

$$LC\frac{d^2 u_o(t)}{dt^2}+RC\frac{du_o(t)}{dt}+u_o(t)=u_i(t) \tag{3.3.31}$$

可见,不论力学、电学、热力学等二阶系统,均可用二阶微分方程的通式描述,即

$$a_2\frac{d^2 y(t)}{dt^2}+a_1\frac{dy(t)}{dt}+a_0 y(t)=b_0 x(t) \tag{3.3.32}$$

令 $\omega_0=\sqrt{\dfrac{a_0}{a_2}}$ 为系统的固有角频率,$\zeta=\dfrac{a_1}{2\sqrt{a_0 a_2}}$ 为系统的阻尼比,$S=\dfrac{b_0}{a_0}$ 为系统的静态灵敏度,则上式可改写为

$$\frac{d^2 y(t)}{dt^2}+2\zeta\omega_0\frac{dy(t)}{dt}+\omega_0^2 y(t)=S\omega_0^2 x(t) \tag{3.3.33}$$

显然,ω_0、ζ 和 S 都是取决于测试系统的结构参数,测试系统一经组成或调试完

毕,其固有角频率 ω_0、阻尼比 ζ 和灵敏度 S 也随之确定。

对于线性系统而言,静态灵敏度 S 是一个常数,与输入信号的频率无关,为了表达方便,通常取 $S=1$(归一化处理),则二阶系统的传递函数为

$$H(s) = \frac{\omega_0^2}{s^2 + 2\zeta\omega_0 s + \omega_0^2} \qquad (3.3.34)$$

相应的频率响应函数可表示为

$$H(\mathrm{j}\omega) = \frac{1}{1 - \left(\dfrac{\omega}{\omega_0}\right)^2 + 2\mathrm{j}\zeta\dfrac{\omega}{\omega_0}} \qquad (3.3.35)$$

于是,二阶系统的幅频特性和相频特性分别为

$$A(\omega) = \frac{1}{\sqrt{\left[1 - \left(\dfrac{\omega}{\omega_0}\right)^2\right]^2 + 4\zeta^2\left(\dfrac{\omega}{\omega_0}\right)^2}} \qquad (3.3.36)$$

$$\varphi(\omega) = \begin{cases} -\arctan \dfrac{2\zeta\left(\dfrac{\omega}{\omega_0}\right)}{1 - \left(\dfrac{\omega}{\omega_0}\right)^2} & \omega \leqslant \omega_0 \\[4mm] -\pi + \arctan \dfrac{2\zeta\left(\dfrac{\omega}{\omega_0}\right)}{\left(\dfrac{\omega}{\omega_0}\right)^2 - 1} & \omega > \omega_0 \end{cases} \qquad (3.3.37)$$

二阶系统的幅频、相频特性曲线如图 3.3.7 所示。

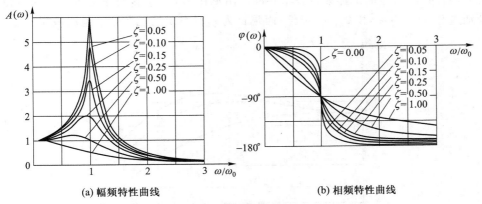

(a) 幅频特性曲线   (b) 相频特性曲线

图 3.3.7 二阶系统的频率响应

由图可知,二阶系统具有以下特点:

(1) 二阶系统是一个低通环节。当 $\omega/\omega_0 = 0$ 时,$A(\omega) = 1$,$\varphi(\omega) = 0°$,其幅值误差与相位误差为零。当 $\omega/\omega_0 \ll 1$ 时,$A(\omega) \approx 1$,$\varphi(\omega) \approx 0$,表明其幅值误差和相位误差都很小。当 $\omega/\omega_0 = 1$ 时,系统产生共振,此时 $A(\omega) = 1/(2\zeta)$,若阻尼比 ζ 较小,则

输出幅值急剧增大,即幅值增大与阻尼比 ζ 成反比;此时,无论阻尼比 ζ 多大,$\varphi(\omega)=$ 90°。当 $\omega/\omega_0 \gg 1$ 时,$A(\omega)\approx 0$,$\varphi(\omega)\to -180°$,即输出信号几乎与输入信号反相,表明测试系统有较大的幅值误差和相位误差。因此,二阶系统也是一个低通环节。

（2）二阶系统的频率响应与阻尼比 ζ 有关。不同的阻尼比 ζ,其幅频和相频特性曲线不同。

二阶系统幅频特性曲线是否出现峰值取决于系统的阻尼比 ζ 的大小,由 $\mathrm{d}A(\omega)/\mathrm{d}\omega=0$,可得峰值对应的角频率为

$$\omega_r = \omega_0\sqrt{1-2\zeta^2} \tag{3.3.38}$$

由上式可知,当阻尼比在 $0\leqslant\zeta<1/\sqrt{2}\approx 0.707$ 时,幅频特性曲线才出现峰值。ω_r 称为系统的谐振角频率,谐振角频率 ω_r 对应的谐振峰值为

$$A_{\max}=A(\omega_r)=\frac{1}{2\zeta\sqrt{1-\zeta^2}} \tag{3.3.39}$$

当 $\zeta=0$ 时,$\omega_r=\omega_0$,$A(\omega_r)\to\infty$,系统出现共振(测试系统不宜在共振区域工作),可见,共振频率即为无阻尼的固有角频率;当 $\zeta\neq 0$ 时,系统出现谐振,且谐振角频率 ω_r 随着阻尼比 ζ 的增大而减小,即峰值点逐渐向纵坐标靠近。当 $\zeta=1/\sqrt{2}\approx 0.707$ 时,峰值点移动到纵坐标轴上,即曲线的峰值消失,幅频特性曲线将呈现单调下降。因此,当 $\zeta\geqslant 1/\sqrt{2}$ 时,幅频特性曲线不会出现峰值,与一阶系统的幅频特性曲线相似。

从相频特性曲线可知,ω 从 $0\to\infty$ 时,相位差 $\varphi(\omega)$ 从 $0\to -2\pi$。$\varphi(\omega)$ 的变化与阻尼比 ζ 有关,但在 $\omega/\omega_0=1$ 处,对于所有的阻尼比 ζ 来讲,$\varphi(\omega)=-\pi/2$。

由此可见,二阶系统的固有角频率 ω_0 不变时,阻尼比 ζ 对其动态特性的影响很大。图 3.3.8 所示为具有相同的固有频率而阻尼比不同的情况下,若允许的幅值误差为 $\pm\varepsilon_F$ 时,所对应的工作频带各不相同。阻尼比为 ζ_1、ζ_2、ζ_3 时系统的工作频带范围分别为 $0\sim\omega_1$、$0\sim\omega_2$ 和 $0\sim\omega_3$,显然,阻尼比为 ζ_2 时系统的工作频带范围最宽。

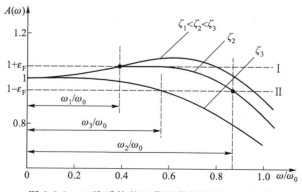

图 3.3.8   二阶系统的工作频带与阻尼比的关系

因此,若规定允许的幅值误差为 ε_F,则必定存在一个使二阶系统获得最大工作频带的阻尼比 ζ,称之为"频域最佳阻尼比 ζ_b"。通过计算可求得在不同的允许幅值误差下频域最佳阻尼比和工作频带范围,如表 3.1.1 所示。

表 3.1.1　二阶系统在不同的允许幅值误差 ε_F 下的最佳阻尼比与工作频带范围

允许的幅值误差 $\pm\varepsilon_F(\%)$	最佳阻尼比 ζ_b	工作频带范围
10	0.54	$0\sim1.039\omega_0$
5	0.59	$0\sim0.873\omega_0$
2	0.63	$0\sim0.695\omega_0$
1	0.66	$0\sim0.584\omega_0$

从表 3.1.1 可以看出,二阶系统的工作频带范围与阻尼比 ζ 和允许的幅值误差 ε_F 有关,允许的幅值误差为 ε_F 越小,最佳阻尼比 ζ_b 越大,工作频带范围越窄;反之,若允许的幅值误差为 ε_F 越大,最佳阻尼比 ζ_b 随之减小,工作频带范围变宽。需要说明的是,最佳阻尼比 ζ_b 的值不大于 0.707,因为阻尼比 $\zeta\geqslant1/\sqrt{2}$ 时,幅频特性曲线呈现单调下降,其幅值误差只有负误差,没有正误差,此时工作频带范围较窄。这也正是通常推荐二阶系统的最佳阻尼比 $\zeta_b=0.6\sim0.7$ 的依据。

（3）二阶系统的频率响应与固有角频率 ω_0 有关。当二阶系统的阻尼比 ζ 不变时,系统的固有频率 ω_0 越大,保持一定动态误差下的工作频带范围越宽（见表 3.1.1）。

二阶系统的伯德图如图 3.3.9 所示,也可以用两条折线来近似。在 $\omega<\omega_0$ 段,$A(\omega)$ 用 0 dB 水平线近似;在 $\omega>\omega_0$ 段,$A(\omega)$ 用斜率为 -40 dB/10 倍频的直线来近似。可以看出,在 $\omega\approx(0.5\sim2)\omega_0$ 区间,由于存在共振现象,近似折线与实际曲线偏差较大。在伯德图中,采用分贝值表示幅值误差,常取 ±0.5 dB（约 6%）或 ±1 dB

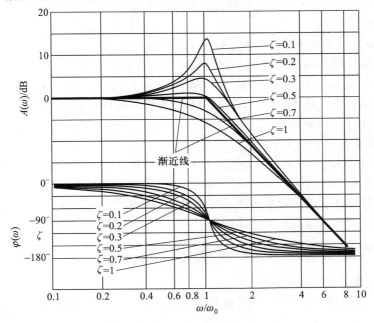

图 3.3.9　二阶系统的伯德图

（约 12%）。

综上所述，二阶系统的动态特性参数为固有角频率 ω_0 和阻尼比 ζ。为了减小测量误差并增大工作频带范围，首先要选择较大的固有频率（若固有频率太高，会影响灵敏度），并采用阻尼比 $\zeta = 0.6 \sim 0.7$ 则工作频率范围为 $0 \sim 0.6\omega_0$，其幅值误差不超过5%，同时相频特性 $\varphi(\omega)$ 接近于线性，即相位误差也较小，从而使测试系统可获得较好的动态特性。

例 3-3   设有两个结构相同的二阶装置，其固有频率相同，但两者阻尼比不同，一个是 0.1，另一个是 0.65，若允许的幅值误差为 10%，试问它们的可用频率范围分别是多少？

解   两个装置的幅频特性曲线如图 3.3.10 所示。根据允许的幅值误差为 10%，分别作出 $A(\omega) = 1.1$ 和 $A(\omega) = 0.9$ 两根平行线。

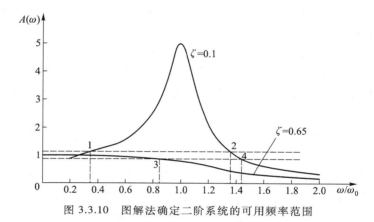

图 3.3.10   图解法确定二阶系统的可用频率范围

将 $A(\omega) = 1.1$ 和 $A(\omega) = 0.9$、$\zeta = 0.1$ 和 $\zeta = 0.65$ 分别带入式（3.3.36），求解代数方程，可得到幅频特性曲线与两个平行线的 4 个交点坐标分别为

$$\omega_1/\omega_0 = 0.304, \quad \omega_2/\omega_0 = 1.366, \quad \omega_3/\omega_0 = 0.815, \quad \omega_4/\omega_0 = 1.44$$

可以看出，平行线 $A(\omega) = 1.1$ 与 $\zeta = 0.1$ 的幅频特性曲线交于 1、2 两点，平行线 $A(\omega) = 0.9$ 与 $\zeta = 0.1$ 的幅频特性曲线交于点 4，而 $\zeta = 0.65$ 的幅频特性曲线只与平行线 $A(\omega) = 0.9$ 有一个交点 3。

因此，对于阻尼比 $\zeta = 0.1$ 的装置，可用频率范围 $\omega = (0 \sim 0.304)\omega_0$；对于 $\zeta = 0.65$ 的装置，可用频率范围 $\omega = (0 \sim 0.815)\omega_0$。

可见，阻尼比 ζ 对二阶系统的工作频带范围影响很大，当阻尼比 ζ 从 0.1 增大到 0.65 时，其可用频率范围扩大了 1.68 倍。

3.3.3   常见测试系统的阶跃响应

1. 一阶系统的阶跃响应

当输入单位阶跃信号时，其传递函数为 $X(s) = 1/s$，则系统的输出为

$$Y(s) = H(s) \cdot X(s) = \frac{1}{\tau s + 1} \cdot \frac{1}{s} \tag{3.3.40}$$

对上式进行拉氏反变换,可得

$$y(t) = 1 - e^{-t/\tau} \tag{3.3.41}$$

式中第一项为常数,表示系统的稳态响应;第二项是时间 t 的指数衰减函数,当 $t \to \infty$ 时其值趋于零,表示系统的瞬态响应。一阶系统的单位阶跃响应曲线如图 3.3.11 所示。

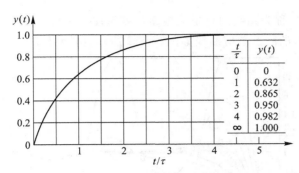

图 3.3.11　一阶系统的单位阶跃响应

由图 3.3.11 可知:

(1) 一阶系统的单位阶跃响应是一条指数曲线。当 $t = 0$ 时,输出为零;随着 t 的增加,输出按指数规律增大,最终趋于稳态值。因此,从 $t = 0$ 到最终值,输出与输入之间总是存在误差,这一误差称为测试系统的动态误差,通常限定动态误差在一定范围内可认为达到稳态,即

$$\sigma = \left| \frac{y(t) - y_s}{y_s} \right| \times 100\% = e^{-t/\tau} \times 100\% \leqslant 某个给定值 \tag{3.3.42}$$

式中,y_s——系统的稳态输出,这里 $y_s = 1$;

某个给定值,常取 2%,5% 或 10%。

(2) 该指数曲线的变化率取决于时间常数 τ。τ 的几何意义为阶跃响应曲线 $y(t)$ 在 $t = 0$ 处斜率的倒数,即起始点的斜率为 $1/\tau$。当 $t = \tau$ 时,$y(t) = 0.632$,即在 τ 时刻的输出仅达到输入的 63.2%。当 $t = 2\tau$、3τ、4τ 时,输出分别为输入的 86.5%,95%,98.2%。通常把输出达到稳态值的 98% 所需的时间 (4τ) 作为一阶系统的响应速度指标,此时动态误差不足 2%,可近似认为系统已经达到稳态。

显然,时间常数 τ 越大,达到稳态的时间就越长,动态误差就越大;反之,时间常数 τ 越小,达到稳态的时间越短,响应速度越快,动态误差也越小。因此,应尽可能采用时间常数 τ 小的系统,以减小系统的动态误差,并提高系统的响应速度。

2. 二阶系统的阶跃响应

对于传递函数为式(3.3.34)的二阶系统,阻尼比 ζ 不同其阶跃响应函数也不同。下面分三种情况讨论:

(1) 当 $\zeta > 1$(过阻尼)时,其单位阶跃响应函数为

$$y(t) = 1 - \frac{(\zeta + \sqrt{\zeta^2 - 1}) e^{(-\zeta + \sqrt{\zeta^2 - 1})\omega_0 t}}{2\sqrt{\zeta^2 - 1}} + \frac{(\zeta - \sqrt{\zeta^2 - 1}) e^{-(\zeta + \sqrt{\zeta^2 - 1})\omega_0 t}}{2\sqrt{\zeta^2 - 1}} \tag{3.3.43}$$

（2）当 $\zeta = 1$（临界阻尼）时，其单位阶跃响应函数为

$$y(t) = 1 - (1 + \omega_0 t)\, \mathrm{e}^{-\omega_0 t} \tag{3.3.44}$$

（3）当 $\zeta < 1$（欠阻尼）时，其单位阶跃响应函数为

$$y(t) = 1 - \frac{\mathrm{e}^{-\zeta \omega_0 t}}{\sqrt{1 - \zeta^2}} \sin(\omega_d t + \phi) \tag{3.3.45}$$

式中，$\omega_d = \omega_0 \sqrt{1 - \zeta^2}$ 称为系统的有阻尼振荡角频率；$\phi = \arctan(\sqrt{1 - \zeta^2}/\zeta)$。

不同阻尼比时的阶跃响应曲线如图 3.3.12 所示，由图可知：

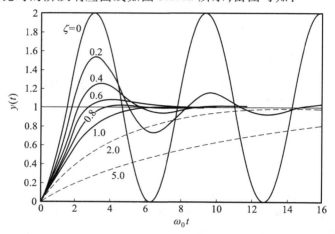

图 3.3.12　二阶系统的单位阶跃响应

（1）阶跃响应速度与阻尼比 ζ 有关，即阻尼比 ζ 的大小决定了阶跃响应趋于稳态值的时间。

当 $\zeta > 1$ 时，$y(t)$ 由稳态响应和两个瞬态响应项构成，两个瞬态响应都为衰减的指数函数，因此系统可以看作为两个一阶系统的串联，此时系统不产生振荡，一般工程上常将 $\zeta > 1$ 的二阶系统近似按一阶系统对待。由图 3.3.12 可以看出，阻尼比 ζ 越大，达到稳态需要的时间越长，动态误差越大；随着阻尼比 ζ 的减小，动态误差逐渐减小，响应速度越快。

当 $\zeta = 1$ 时，$y(t)$ 为两项之和，即稳态响应和单调衰减的瞬态响应构成，系统无振荡。此时 ω_0 越大，动态误差越小，响应速度越快。

当 $\zeta < 1$ 时，$y(t)$ 也是两项之和，即稳态响应和衰减振荡的瞬态响应构成，系统在稳态值附近作衰减的正弦振荡，振荡角频率为 ω_d。当 $\zeta = 0$ 时，系统作无衰减的等幅振荡，振荡角频率为 ω_0。因此，阻尼比 ζ 直接影响系统的超调量和振荡次数。阻尼比 ζ 越小，系统的超调量越大，振荡次数越多，达到稳态需要的时间越长，动态误差越大；随着阻尼比 ζ 的增大，超调量和振荡次数减小，动态误差也逐渐减小，响应速度越快。

无论哪种情况，二阶系统的单位阶跃响应在 $t \to \infty$ 时最终趋于稳态值（$\zeta = 0$ 除外），通常限定动态误差在一定范围内可认为达到稳态。阻尼比 ζ 值过大或过小，趋于最终稳态值的时间都较长。

在实际工程中,多数二阶系统的响应过程都具有振荡特性,即为欠阻尼系统。往往可以根据系统的最大相对超调量 σ_M[由式(3.3.42)确定]为所允许的动态误差的原则来选择系统应具有的阻尼比 ζ,称为"时域最佳阻尼比 ζ_b"。通过计算可求得在不同的允许动态误差 σ 下时域最佳阻尼比 ζ_b 分别为 0.78(2%),0.69(5%),0.59(10%)。可以看出,阻尼比取 $\zeta = 0.6 \sim 0.7$ 之间时,最大的相对超调量在 5% ~ 10% 之间,此时达到稳态的时间也最短,响应速度最快。

(2)阶跃响应速度与固有角频率 ω_0 有关。当 ζ 一定时,ω_0 越大,达到稳态需要的时间越短,则响应速度越快。

由此可见,固有角频率 ω_0 和阻尼比 ζ 是二阶系统的重要特性参数。为了提高响应速度,减小动态误差,通常阻尼比 ζ 值取在 0.6 ~ 0.7 之间,ω_0 尽可能大,从而使系统可获得良好的动态特性。

3. 阶跃响应的时域性能指标

对于系统实际输出的单位阶跃响应曲线,可以用以下几个特性参数作为其时域动态性能指标,如图 3.3.13 所示。

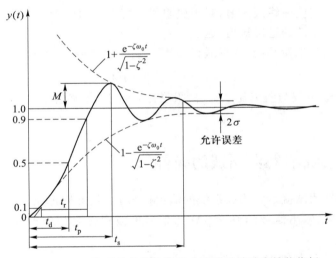

图 3.3.13　二阶系统的单位阶跃响应及时域动态性能指标

(1)响应时间 t_s:输出由零上升达到并保持在稳态值允许的误差范围内所需的时间,该误差范围通常规定为稳态值的 2%、5% 或 10%。

对于一阶系统,若允许的动态误差为 5%,则响应时间 $t_s = 3\tau$。对于二阶系统,可根据允许的动态误差,代入相应的公式计算得到。

(2)延迟时间 t_d:输出由零上升到稳态值的一半所需的时间。例如,一阶系统的延迟时间 $t_d = 0.69\tau$。当二阶系统的最大相对超调量 σ_M 不超过所允许的动态误差时,延迟时间可近似表示为

$$t_d = \frac{1+0.7\zeta}{\omega_0} \tag{3.3.46}$$

（3）上升时间 t_r：输出由稳态值的 10% 上升到稳态值的 90% 所需的时间。例如，一阶系统的上升时间 $t_r = 2.20\tau$。当二阶系统的最大相对超调量 σ_M 不超过所允许的动态误差时，延迟时间可近似表示为

$$t_r = \frac{0.5 + 2.3\zeta}{\omega_0} \tag{3.3.47}$$

（4）峰值时间 t_p：输出由零上升超过其稳态值而达到第一个振荡峰值所需的时间。对于欠阻尼的二阶系统［式（3.3.45）］，按照求极值的通用方法，可以求得第一个振荡峰值所对应的时间为

$$t_p = \frac{\pi}{\omega_d} = \frac{\pi}{\omega_0 \sqrt{1 - \zeta^2}} = \frac{T_d}{2} \tag{3.3.48}$$

式中，T_d——振荡周期，可见峰值时间 t_p 为振荡周期的一半。

（5）超调量 σ_M（%）：输出的最大值与稳态值之差对稳态值之比的百分数，即

$$\sigma_M = \frac{y_M(t) - y_s}{y_s} \times 100\% \tag{3.3.49}$$

式中，$y_M(t)$——响应曲线最大值，对于欠阻尼系统即为第一个振荡峰值；
　　　y_s——系统的稳态输出，这里 $y_s = 1$。

对于欠阻尼的二阶系统，根据式（3.3.45），将 $t = t_p = \pi/\omega_d$ 代入可得

$$\sigma_M = M = e^{-\zeta\pi / \sqrt{1 - \zeta^2}} \times 100\% \tag{3.3.50}$$

可见，超调量 σ_M 仅仅与阻尼比 ζ 有关，阻尼比 ζ 越小，超调量越大。

3.4   实现系统不失真测试的条件

所谓不失真测试就是指测试系统的输出信号真实、准确地反映出被测对象的信息。从时域来看，输出信号的波形与输入信号的波形完全相似即为不失真测试，如图 3.4.1 所示。

如果输出 $y(t)$ 与输入 $x(t)$ 满足

$$y(t) = kx(t) \tag{3.4.1}$$

表明输出信号仅仅是幅值上放大了 k 倍，输出无滞后，波形相似。

如果输出 $y(t)$ 与输入 $x(t)$ 满足

$$y(t) = kx(t - t_0) \tag{3.4.2}$$

表明输出信号除幅值放大 k 倍外，时间上有一定的滞后 t_0，波形仍然相似。

式（3.4.1）表示了理想的不失真测试的输出与输入的关系，在实际测试中很难满足。一般情况下，采用式（3.4.2）表示测试系统不失真测试的时域条件。

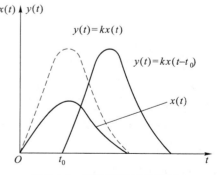

图 3.4.1   不失真测试的波形

根据上述时域条件,可以推导出不失真测试的频率响应特性。

对式(3.4.2)两边取傅里叶变换,并根据傅里叶变换的时延特性,得到

$$Y(j\omega) = kX(j\omega)e^{-j\omega t_0} \tag{3.4.3}$$

则系统的频率响应函数为

$$H(j\omega) = \frac{Y(j\omega)}{X(j\omega)} = ke^{-j\omega t_0} \tag{3.4.4}$$

由上式可得其幅频特性及相频特性,即

$$\begin{cases} A(\omega) = k \\ \varphi(\omega) = -\omega t_0 \end{cases} \tag{3.4.5}$$

式(3.4.5)表示了测试系统频域描述的不失真测试条件,即系统的幅频特性为常数,具有无限宽的通频带,如图 3.4.2(a)所示;系统的相频特性 $\varphi(\omega)$ 是过原点并具有负斜率的直线,如图 3.4.2(b)所示。

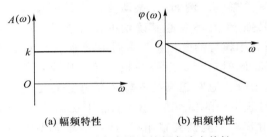

(a) 幅频特性　　　　　　(b) 相频特性

图 3.4.2　不失真测试的频率响应特性

需要指出的是,满足上述不失真测试条件的系统其输出比输入仍滞后时间 t_0。在实际测试中,若测试的目的只是要求精确地测量输入信号的波形,那么上述条件完全可以满足要求。若测试的结果还要用来作为反馈控制信号,那么输出对输入的时间滞后则有可能破坏系统的稳定性,此时需要对输出信号进行适当的处理(满足 $\varphi(\omega) = 0$)才能用作反馈信号。

实际的测试系统往往很难做到在无限带宽上完全符合不失真测试的条件,通常测试系统既有幅值失真(即 $A(\omega) \neq k$ 常数)又有相位失真(即 $\varphi(\omega)$ 为非线性),而且输入信号的频率越高,失真越大。因此,测试系统只能在一定的频带范围内将波形失真限制在允许的误差范围内,即在系统的工作频率范围内按一定的精度要求近似满足不失真测试条件。

从实现不失真测试的条件和其他工作性能综合来看,对于一阶系统而言,在限定的允许误差下,时间常数 τ 越小,则在时域系统的响应速度越快,在频域近似满足不失真测试条件的频带也越宽,因此一阶系统的时间常数 τ 原则上越小越好。若要求幅值误差不超过 5%,则有 $\omega\tau < 0.3$,此时相位滞后不超过 17°。

对于二阶系统,其频率特性曲线(见图 3.3.7)上有两个频段值得注意。在 $\omega < 0.3\omega_0$ 的频率范围内,$A(\omega)$ 在该频率范围内的变化不超过 5%;$\varphi(\omega)$ 的数值较小,且相频特性曲线接近直线,因此该频率范围内输出波形失真较小。在 $\omega > (2.5 \sim 3)\omega_0$ 的频率

范围内,$A(\omega)$趋近于常值,但幅值衰减较大;$\varphi(\omega)$接近 180°,且随频率变化较小,因此在实际测试中可以采用移相器或者通过数据处理减去固定的相位差 180°,则其相频特性可基本满足不失真测试条件,幅值上可通过增益放大等环节以便于信号输出和后续处理。在 $0.3\omega_0 < \omega < 2.5\omega_0$ 频率范围内,系统的频率特性受阻尼比 ζ 的影响较大,需要做具体分析。

前面分析表明,当阻尼比 $\zeta = 0.6 \sim 0.7$,在 $0 \sim 0.6\omega_0$ 频率范围内,幅频特性 $A(\omega)$ 的变化不超过 5%,同时相频特性 $\varphi(\omega)$ 接近于线性,即相位失真也较小,此时系统可获得最佳的综合特性,即近似满足不失真测试条件,这也是设计或选择二阶测试系统的依据。

在实际的测试过程中,为了减小由于波形失真而产生的测量误差,首先要根据被测信号的频带,选择合适的测试系统,使其在工作频率范围内幅频、相频特性尽可能接近不失真测试的条件。在选择测试系统的特性时,有时需要分析并权衡幅频特性和相频特性对测试的影响。例如,在振动测试或故障诊断中,常常只需要了解振动中的频率成分及其强度,并不关心其确切的波形变化,在这种情况只要求其幅频特性或幅值失真,而对相频特性或相位失真没有要求。又如某些测试要求精确测量输出波形的延迟时间,此时对测试系统的相频特性应有严格的要求,以减小相位失真引起的测量误差。其次,通常还需要对输入信号进行必要的前置处理,可采用滤波的方法去除非信号频带内的噪声,减小或消除干扰信号,以提高信噪比。

测试系统通常由若干个测试装置组成,任何一个环节产生的波形失真,必然会导致整个测试系统最终输出波形的失真,因此,只有保证每一个环节都满足不失真测试的条件才能使最终的输出波形不失真。

例 3-4   某一温度传感器的时间常数为 $\tau = 15$ s,若受到一低频信号($f = 0.01$ Hz)的干扰,该传感器的滞后时间是多少?稳态幅值衰减了多少?

解   由已知 $\omega\tau = 2\pi f\tau = 2\pi \times 0.01 \times 15 = 0.942\ 5$

相位滞后 $\varphi(\omega) = -\arctan(\omega\tau) = -43.3° = -0.756$ rad

则滞后时间为

$$t_0 = -\varphi(\omega)/\omega = 0.756\ \text{rad}/2\pi f = 12.03\ \text{s}$$

稳态幅值衰减为

$$A(\omega) = \frac{1}{\sqrt{1 + (\omega\tau)^2}} = 0.727\ 7$$

3.5   测试系统的标定与校准

所谓标定是指在规定的条件下,为确定测试仪器或测试系统所指示的量值,与对应的由标准所复现的量值之间关系的一组操作,也就是用标准量定义被测量的过程,标定也称为定标或定度。

任何新研制或生产的测试仪器或系统都需要利用已知标准或精确度高一级的

标准仪器或设备对其技术性能进行全面的标定,建立测试系统输出量与输入量之间的关系,并确定其性能指标。测试仪器或系统在使用一段时间或修复后,需要重新确认其输出量与输入量之间的关系和性能指标,这一性能复测的过程称为校准。由于标定与校准的本质相同,本节以标定进行叙述。

一般来讲,对测试仪器或系统进行标定,应按照国家和地方计量部门的有关检定规程,选择正确的标定条件和适当的标准仪器或设备,并按照一定的程序进行。对于不同的被测量,标定所采用的标准不同,主要包括两种形式:一种是以高精度设备的输出作为具体的技术标准,称为绝对标定法;另一种是以绝对标定法标定好的标准仪器或标准物质作为参考,称为相对标定法或比较标定法。

通常对标准仪器或设备的要求包括:有足够的精度,至少要比被标定仪器或系统的精确度高一个精度等级,且符合国家计量量值传递的规定,或经计量部门检定合格;量程范围应与被标定的仪器或系统相适应,性能可靠稳定,使用方便,能适用多种环境等。

测试系统的标定分为静态标定和动态标定两种。静态标定的目的是确定测试仪器或系统的输出输入关系及其静态特性指标,如灵敏度、线性度、迟滞、重复性和精度等。动态标定主要是测定系统的动态特性参数,如时间常数、固有频率和阻尼比等。

3.5.1　测试系统的静态标定

测试系统的静态标定是在静态标准条件下进行的。静态标准条件是指标定的环境条件中没有加速度、振动、冲击(除非这些量本身就是被测量),环境温度一般为室温 20 ± 5 ℃,相对湿度不大于 85%,大气压力为 100 ± 7 kPa 的情况。

标定时,由高精度设备给出一组数值准确已知的、不随时间变化的标准输入量,并将这些输入量在满量程范围内均匀地等分为 n 个输入点,$x_i(i=1,2,3,\cdots,n)$,按正反行程进行相同的 m 次重复测量(一次测量包括一个正行程和一个反行程),得到相应的输出量 $y_i(i=1,2,3,\cdots,n)$,从而由 $2m$ 组 (x_i,y_i) 数值列表绘制曲线或得到回归方程,即静态特性曲线(方程),通过必要的数据处理便可确定其静态特性指标。

常用的静态标定标准设备有力标定标准设备(如测力砝码、拉压式测力计)、压力标定标准设备(如活塞式压力计、水银压力计、麦氏真空计等)、位移标定标准设备(如量块、直尺等)、温度标定标准设备(如铂电阻温度计、铂铑-铂热电偶、基准光电高温比较仪等)、应变标定标准设备(如泊松比为 0.285 的合金钢弯矩梁或等强度悬臂梁等一维应力装置)等等。

图 3.5.1 所示为活塞式压力计(标准压力发生器)对压力传感器的静态标定示意图。活塞式压力计是利用活塞和加在活塞上的砝码重量所产生的压力与手摇压力泵所产生的压力相平衡的原理进行标定的。标定时,按所要求的压力间隔,逐点增加砝码质量,使压力计产生所需的压力,同时用压力表记录压力传感器在相应压力下的输出值。通过对传感器进行正、反行程往复循环多次测试,就可得到被标定的压力传感器的输出输入特性曲线,由此可确定其静态特性指标。

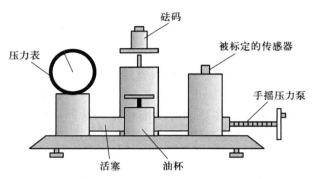

图 3.5.1　活塞式压力计标定压力传感器示意图

例 3-5　某压力传感器的标称量程为 $2.5 \times 10^5 \, \mathrm{Pa}$，标准压力发生器采用活塞式压力计（0.05 级），在满量程范围内标定点数 $n = 6$，正反行程循环次数 $m = 5$，标定数据列于表 3.5.1 中。试确定其灵敏度、线性度、回程误差、重复性误差等静态特性指标。

表 3.5.1　某压力传感器标定数据

输入压力 $(\times 10^5/ \mathrm{Pa})$	输出值 $(\times 10^5/\mathrm{Pa})$									
	第 1 循环		第 2 循环		第 3 循环		第 4 循环		第 5 循环	
	正行程	反行程	正行程	反行程	正行程	反行程	正行程	反行程	正行程	反行程
0	−0.011 4	−0.011 6	−0.011 9	−0.011 9	−0.012 1	−0.012 3	−0.012 3	−0.012 4	−0.012 5	−0.012 6
0.5	0.499 8	0.502 9	0.501 7	0.504 4	0.504 4	0.506 8	0.505 6	0.507 1	0.506 0	0.507 5
1.0	0.995 4	0.996 9	0.995 9	0.997 9	0.998 3	0.999 3	0.998 6	0.999 8	0.999 2	1.001 0
1.5	1.496 2	1.497 4	1.496 0	1.498 1	1.498 1	1.499 3	1.498 5	1.499 2	1.499 0	1.500 2
2.0	1.999 1	1.998 6	2.000 0	1.999 6	2.000 3	2.001 3	2.000 5	2.001 5	2.001 0	2.001 6
2.5	2.503 0		2.504 2		2.504 7		2.504 9		2.504 2	

解

（1）确定拟合直线及灵敏度：首先分别计算正反行程的输出平均值及总平均值（见表 3.5.2），并采用最小二乘法得到拟合直线方程 $y = a + bx$，即用公式（1.3.2）计算系数 a 和 b。拟合直线方程为

$$y = -0.005\ 9 + 1.003\ 75x$$

由此可得，传感器的灵敏度为 $S = 1.003\ 8$；零点为 $S_0 = -0.005\ 9 \, (\times 10^5/\mathrm{Pa})$。

（2）计算线性度 δ_L：根据拟合直线方程计算各标定点（$i = 1, 2, 3, \cdots, 6$）拟合直线的输出值 y_i'，然后计算各标定点的拟合偏差 $\Delta L_i = y_i' - \overline{y}_i$ 列于表 3.5.2 中，其最大值为 $|\Delta L_\mathrm{max}| = 0.006\ 2$，则根据式（3.2.7）计算线性度为

$$\delta_\mathrm{L} = \frac{|\Delta L_\mathrm{max}|}{Y_\mathrm{FS}} = \frac{0.006\ 2}{2.5} \times 100\% = 0.25\%$$

（3）计算回程误差 δ_H：先计算各标定点的迟滞偏差 $|\Delta H|_i = |\overline{y}_{ui} - \overline{y}_{di}|$ 列于表 3.5.2

中,其最大值为 $|\Delta H|_{\max} = 0.002\,24$,则根据式(3.2.8)计算回程误差为

$$\delta_H = \frac{|\Delta H_{\max}|}{Y_{FS}} = \frac{0.002\,24}{2.5} \times 100\% = 0.09\%$$

(4)计算重复性 δ_R:先按贝塞尔公式 1.2.17 分别计算正、反行程各标定点输出量的标准偏差 σ_{ui} 和 σ_{di},列于表 3.5.2 中,由此可得总的标准偏差为

$$\sigma = \sqrt{\frac{1}{2n}\left(\sum_{i=1}^{n}\sigma_{ui}^2 + \sum_{i=1}^{n}\sigma_{di}^2\right)} = 0.001\,68$$

其平均值的标准偏差为 $\sigma(\bar{y}) = \dfrac{\sigma}{\sqrt{m}} = \dfrac{0.001\,68}{\sqrt{5}} = 7.5 \times 10^{-4}$

取置信因子 $k=3$(置信区间 $\pm 3\sigma$),置信概率为 99.73% 时的重复性 δ_R 由式(3.2.10)可得

$$\delta_R = \frac{|\Delta R_{\max}|}{Y_{FS}} = \frac{k\sigma(\bar{y})}{Y_{FS}} = \frac{3 \times 7.5 \times 10^{-4}}{2.5} = 0.09\%$$

(5)计算精度:根据式(3.2.12)计算测量误差,则精度可表示为

$$\delta_A = \sqrt{\delta_L^2 + \delta_H^2 + \delta_R^2} = \sqrt{(0.25\%)^2 + (0.09\%)^2 + (0.09\%)^2} = 0.28\%\,F.S.$$

表 3.5.2　某压力传感器标定数据处理的中间计算结果

计算内容	输入压力($\times 10^5$/Pa)						备注
	0	0.5	1.0	1.5	2.0	2.5	
正行程平均输出 $\bar{y}_{ui}$	−0.012 04	0.503 50	0.997 48	1.497 56	2.000 18		
反行程平均输出 $\bar{y}_{di}$	−0.012 16	0.505 74	0.998 98	1.498 84	2.000 52	2.504 40	
总平均输出 $\bar{y}_i = (\bar{y}_{ui}+\bar{y}_{di})/2$	−0.012 10	0.504 62	0.998 23	1.498 20	2.000 35		
迟滞偏差 $|\Delta H|_i = |\bar{y}_{ui} - \bar{y}_{di}|$	0.000 12	0.002 24	0.001 50	0.001 68	0.000 34		$|\Delta H|_{\max} = 0.002\,24$
拟合直线输出 $y_i' = a + bx_i$	−0.005 9	0.501 88	0.997 85	1.499 72	2.001 60	2.503 47	
拟合偏差 $\Delta L_i = y_i' - \bar{y}_i$	0.006 2	−0.002 7	−0.000 4	0.001 5	0.001 2	−0.000 9	$|\Delta L_{\max}| = 0.006\,2$
正行程标准偏差 σ_{ui}	0.000 45	0.002 63	0.001 71	0.001 37	0.000 83	0	按式(1.2.17)计算
反行程标准偏差 σ_{di}	0.000 40	0.003 98	0.001 61	0.001 01	0.001 36	0	按式(1.2.17)计算

3.5.2　测试系统的动态标定

测试系统的动态特性参数的测定,通常是以标准激励信号(如正弦信号、阶跃信号等)作为输入,采用实验的方法测得输出与输入特性曲线来实现。常用的动态标定标准激励设备有激振器(如电磁振动台、低频回转台、机械振动台等)、激波管、周期与非周期函数压力发生器等,可用于加速度、速度、位移、力、压力等物理量的动态标定。

动态标定方法主要有两种:频率响应法和阶跃响应法,即通过频率响应曲线和阶跃响应曲线,确定测试系统的时间常数 τ、阻尼比 ζ 和固有角频率 ω_0 等动态特性参数。

1. 频率响应法

对测试系统施加正弦激励 $x(t)=A_0\sin(\omega t)$,保持其幅值 A_0 恒定,依次改变激励角频率 ω(频率自接近零的足够低的频率开始,逐渐增加到较高频率,直到输出的幅值减小到最初输出幅值的一半为止),当输出达到稳态后,测量输出和输入的幅值比 $A(\omega)$ 和相位差 $\varphi(\omega)$,从而求得测试系统在一定频率范围内的幅频特性曲线和相频特性曲线,根据这些曲线就可求出其动态特性参数。该方法是通过输出的稳态响应来标定系统的动态特性,因此也称为稳态响应法。

(1) 一阶系统时间常数 τ 的测量

将实验所测得的幅频或相频特性数据代入式(3.3.25)可直接确定时间常数 τ 值。另外,由图 3.3.5 所示的频率响应曲线可以看出,当 $\omega\tau=1$ 时,$A(\omega)=1/\sqrt{2}\approx0.707$,$\varphi(\omega)=-45°$,因此找到横坐标 $\omega\tau=1$ 处所对应的输入信号的角频率 ω 或频率 f,就可得到时间常数 τ,即 $\tau=1/\omega$ 或 $\tau=1/2\pi f$。

将实验数据绘成对数幅频特性曲线或对数相频特性曲线,即伯德图(如图 3.3.2 所示)。由曲线的转折点处可求得时间常数 $\tau=1/\omega$,也可由对数幅频特性曲线下降 3 dB(当 $\omega\tau=1$ 时,$20\lg A(\omega)=-3$ dB)所对应的角频率 $\omega=1/\tau$ 来确定时间常数 τ。

(2) 二阶系统固有角频率 ω_0 和阻尼比 ζ 的测量

由图 3.3.7 所示的相频特性曲线可知,在 $\omega=\omega_0$ 处,相频特性 $\varphi(\omega)=-90°$,曲线上该点的斜率为阻尼比 ζ(即 $\varphi'(\omega)=-1/\zeta$)。这种方法简单易行,但是在工程上要准确地测量相位角比较困难,因此通常利用幅频特性曲线来估计二阶系统的动态特性参数。

一般来讲,二阶系统都设计为 $\zeta=0.6\sim0.7$ 的欠阻尼系统。当 $\zeta<0.707$ 时,其幅频特性曲线的峰值(共振点)在偏离固有角频率 ω_0 的 ω_r 处(如图 3.3.7 所示),$\omega_r=\omega_0\sqrt{1-2\zeta^2}$。此时,其谐振峰值为 $A(\omega_r)=1/(2\zeta\sqrt{1-\zeta^2})$,由此可确定阻尼比 ζ 和固有角频率 ω_0。

当阻尼比 ζ 很小($\zeta\leqslant0.1$)时,$\omega_r\approx\omega_0$,即直接用峰值角频率 ω_r 近似为固有角频率 ω_0。由式(3.3.36)可得,当 $\omega=\omega_0$ 时,$A(\omega_0)\approx1/2\zeta$,因此 ζ 很小时,$A(\omega_0)$ 非常接近峰值,且幅频特性曲线在 ω_0 的两侧可以认为是对称的,对称取两点 ω,即令 $\omega_1=$

$(1-\zeta)\omega_0,\omega_2=(1+\zeta)\omega_0$，分别代入式(3.3.36)，可得 $A(\omega_1)\approx1/(2\sqrt{2}\zeta)\approx A(\omega_2)$。这样，在幅频特性曲线峰值的 $1/\sqrt{2}$ 处(对应伯德图的 -3 dB 处)，作一条水平线与幅频特性曲线交于两点，如图 3.5.2 所示，其对应的频率分别为 ω_1 和 ω_2，称为半功率点(ω_1 和 ω_2 处的功率为最大功率的一半)。于是阻尼比 ζ 的估计值为

$$\zeta=\frac{\omega_2-\omega_1}{2\omega_0} \tag{3.5.1}$$

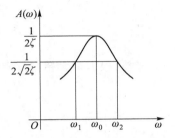

图 3.5.2　半功率点法估计二阶
系统阻尼比 ζ

该方法称为半功率点法，简便易用，工程上应用很广，适用于阻尼比 ζ 很小时($\zeta\leqslant0.1$)二阶系统动态特性参数的估计。

2. 阶跃响应法

用单位阶跃信号去激励测试系统，即 $t<0$ 时 $x(t)=0$，$t\geqslant0$ 时 $x(t)=1$，由实验方法测量阶跃响应曲线，由此可得测试系统的动态特性参数。这种方法是通过输出的瞬态响应(过渡过程)来标定系统的动态特性，因此也称为瞬态响应法。在工程应用中，对测试系统突然加载或突然卸载都属于阶跃输入，这种输入方式既简单易行，又能充分揭示系统的动态特性。

(1) 一阶系统时间常数 τ 的测量

由图 3.3.11 所示的一阶系统的阶跃响应曲线可知，当 $t=\tau$ 时，$y(t)=0.632$，由此取输出值达到最终稳态值的 63.2% 所对应的时间即为时间常数 τ。显然，这种方法未考虑响应的全过程，仅仅通过某个瞬时值来确定时间常数，所得结果不可靠。准确测定 τ 值的方法如下：

一阶系统的单位阶跃响应函数为 $y(t)=1-\mathrm{e}^{-t/\tau}$，移项后得 $1-y(t)=\mathrm{e}^{-t/\tau}$。两边取对数，并令 $z=\ln[1-y(t)]$，则有

$$z=-\frac{t}{\tau} \tag{3.5.2}$$

上式表明，z 与 t 呈线性关系。根据实验测得的输出信号 $y(t)$ 作出 z-t 曲线，如图 3.5.3 所示。于是有

$$\tau=\frac{\Delta t}{\Delta z} \tag{3.5.3}$$

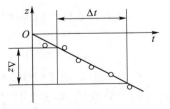

图 3.5.3　一阶系统时间
常数的测定

如果测试系统是一个典型的一阶系统，则 z 与 t 呈线性关系，即各数据点的分布基本在一条直线上，由此可判断测试系统是一阶系统。这种方法考虑了瞬态响应的全过程，因此其结果更可靠。

(2) 二阶系统固有角频率 ω_0 和阻尼比 ζ 的测量

典型的二阶系统(欠阻尼)的阶跃响应曲线如图 3.5.4 所示，其瞬态响应以角频率 $\omega_d=\omega_0\sqrt{1-\zeta^2}$ 作衰减振荡，其振荡周期 $T_d=2\pi/\omega_d$。按照求极值的通用方法，可以

求得各振荡峰值所对应的时间 $t_p = 0, \pi/\omega_d, 2\pi/\omega_d, \cdots$。

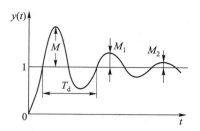

图 3.5.4   欠阻尼二阶系统的阶跃响应

显然,根据最大超调量 M 和阻尼比 ζ 的关系[见式(3.3.50)]可得

$$\zeta = \sqrt{\frac{1}{\left(\dfrac{\pi}{\ln M}\right)^2 + 1}} \tag{3.5.4}$$

因此,从二阶系统的单位阶跃响应曲线(见图 3.5.4)上测得 M 后,通过式(3.5.4)可求得阻尼比 ζ。

如果测得的阶跃响应衰减过程较长,可利用任意两个超调量 M_i 和 M_{i+n} 来求阻尼比 ζ。设相邻周期数为 n 的任意两个超调量 M_i 和 M_{i+n},其对应的时间分别为 t_i 和 t_{i+n},则

$$t_{i+n} = t_i + \frac{2n\pi}{\omega_d} \tag{3.5.5}$$

将 t_i 和 t_{i+n} 分别代入式(3.3.45),则可求得 M_i 和 M_{i+n}。

若令 $\delta_n = \ln \dfrac{M_i}{M_{i+n}}$(即对数衰减率),则有 $\delta_n = \dfrac{2n\pi\zeta}{\sqrt{1-\zeta^2}}$

由此可得阻尼比 ζ 为

$$\zeta = \frac{\delta_n}{\sqrt{\delta_n^2 + 4n^2\pi^2}} \tag{3.5.6}$$

当阻尼比 ζ 很小($\zeta \leqslant 0.1$)时,$\sqrt{1-\zeta^2} \approx 1$,则可用下式估计阻尼比 ζ,即

$$\zeta \approx \frac{\delta_n}{2n\pi} \tag{3.5.7}$$

该方法由于用比值 M_i/M_{i+n},因而消除了信号幅值不理想的影响。若测试系统为典型的二阶系统,则 n 为任意整数时式(3.5.6)严格成立,即 ζ 值与 n 的取值大小无关。如果计算得到的 ζ 值不同,说明该系统不是二阶系统。

根据响应曲线(图 3.5.4),可测得振荡周期 T_d,则系统的固有角频率 ω_0 为

$$\omega_0 = \frac{\omega_d}{\sqrt{1-\zeta^2}} = \frac{2\pi}{T_d\sqrt{1-\zeta^2}} \tag{3.5.8}$$

3. 压力传感器的动态标定实例

压力传感器的动态标定是通过稳态压力源(正弦激励)和瞬态压力源(阶跃激

励、落锤冲击等)得到标准的动态压力作为传感器的输入来实现。激波管是一种能产生前沿很陡接近理想阶跃函数的标准压力信号的装置,其结构简单,使用方便可靠,而且采用激波管标定压力传感器具有压力幅值范围宽、频率范围广、便于分析研究和数据处理等优点,因此激波管标定压力传感器得到广泛应用。

图 3.5.5 所示为激波管标定压力传感器动态特性的系统图。整个实验装置包括激波管、控制台、气源、测速系统和数据采集系统等。激波管由高压腔和低压腔构成,当高、低压腔的压力差达到一定数值时膜片破裂,高压气体迅速膨胀进入低压腔,从而形成激波(即阶跃波)。激波管标定压力传感器动态特性的基本原理是:利用激波管产生的阶跃压力来激励被校的压力传感器,并用数据采集系统记录在阶跃压力激励下被校传感器所产生的阶跃响应,根据阶跃响应曲线即可确定传感器的固有角频率 ω_0 和阻尼比 ζ。

3-3 激波管

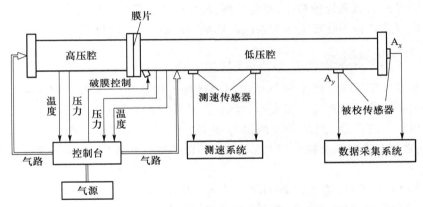

图 3.5.5　激波管标定压力传感器动态特性系统图

例 3-6　利用激波管标定某压力传感器,通过测量仪器记录的阶跃响应曲线测得其振荡周期为 4 ms,第 3 个和第 11 个振荡的峰值分别为 12 mm 和 4 mm,试求压力传感器的固有角频率 ω_0 和阻尼比 ζ。

解　首先根据第 3 个和第 11 个振荡的峰值求得阶跃响应的对数衰减率($n = 8$),即

$$\delta_8 = \ln(12/4) \approx 1.099$$

代入式(3.5.6)可得压力传感器的阻尼比为

$$\zeta = \frac{1.099}{\sqrt{1.099^2 + 4\pi^2 \times 8^2}} \approx 0.022$$

将阻尼比 ζ 和振荡周期 T_d 代入式(3.5.8),可得压力传感器的固有角频率为

$$\omega_0 = \frac{2\pi}{0.004\sqrt{1 - 0.022^2}} \approx 1\,571.18 \text{ rad/s}$$

3.6   组建测试系统应考虑的因素

测试系统通常是由众多环节组成的复杂的测试系统,组建测试系统首先要满足测试的目的和要求,对测试系统的基本要求就是能实现不失真测试,即系统的性能指标应满足静、动态特性的技术要求。其次需要从经济的角度来考虑,不应盲目采用超过测试目的所要求的技术指标的仪器或装置,系统中所有的装置或仪器应该选用同等精度。另外,还需要考虑测量方式(如接触式测量或非接触式测量等)以及测试系统的使用环境,如温度、湿度、电磁场、振动、腐蚀等影响,针对不同的测量方式和工作环境选用合适的装置或仪器,同时也应采取必要的措施对其加以保护。

为了保证测试系统的精度,在组建测试系统时还需要考虑各环节互联所产生的负载效应以及各种干扰或噪声对系统的影响,以提高系统的可靠性。

3.6.1   负载效应

负载效应原指在电路系统中后级与前级相连时由于后级阻抗的影响造成系统阻抗发生变化的一种效应。在实际的测试工作中,测试系统的首要环节——传感器作为被测对象的负载,测试系统内部各环节之间——后级环节作为前面环节的负载,彼此之间存在能量交换和相互影响,必然会产生负载效应,从而对测量结果产生影响。

如图 3.6.1 所示,被测对象用电压为 u_i、阻抗为 Z_i 的信号源来等效,用电压表(测试装置)测量电压时,电压表的实际指示电压 u_o 可表示为

$$u_o = \frac{Z_L}{Z_i + Z_L} u_i \qquad (3.6.1)$$

式中,Z_L 为电压表的内阻。

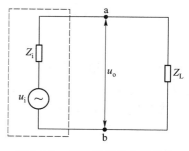

图 3.6.1   测试系统的负载效应

显然,未接电压表(测试装置)时,a、b 两端的开路电压就是被测对象的电压 u_i;接上电压表后,电压表的实际指示电压 $u_o \neq u_i$。这是由于接上电压表后产生了负载效应,引起了测量误差。由式(3.6.1)可知,若要使 $u_o \approx u_i$,则必须使 $Z_L \gg Z_i$,即负载的输入阻抗必须远大于前级系统的输出阻抗。

由此可知,当测试系统连接到被测对象时,由于两个环节互联而发生能量交换,使系统连接处的状态发生变化,从而对整个测试系统的传输特性产生影响。因此,在组建测试系统时,必须考虑整个系统各个环节之间的负载效应,并采取相应的措施减小其影响。下面以一阶系统的互联和二阶系统的互联为例说明减小测试系统负载效应的措施。

1. 一阶系统的互联

图 3.6.2 所示为两个一阶系统(RC 低通滤波器)串联前后的电路。

图 3.6.2(a)和(b)的两个一阶环节的传递函数分别为

$$H_1(s) = \frac{Y_1(s)}{X_1(s)} = \frac{1}{1+\tau_1 s},\ \tau_1 = R_1 C_1$$

$$H_2(s) = \frac{Y_2(s)}{X_2(s)} = \frac{1}{1+\tau_2 s},\ \tau_2 = R_2 C_2$$

两个一阶环节直接串联后,如图 3.6.2(c)所示,其传递函数为

$$H(s) = \frac{Y_2'(s)}{X_1(s)} = \frac{Y_2'(s)}{Y_1'(s)} \cdot \frac{Y_1'(s)}{X_1(s)} = \frac{1}{1+(\tau_1+\tau_2+R_1 C_2)s+\tau_1\tau_2 s^2} \qquad (3.6.2)$$

理想情况下,两个一节环节串联后的传递函数应为

$$H_1(s) \cdot H_2(s) = \frac{1}{(1+\tau_1 s)(1+\tau_2 s)} = \frac{1}{1+(\tau_1+\tau_2)s+\tau_1\tau_2 s^2} \qquad (3.6.3)$$

比较式(3.6.2)和式(3.6.3),显然 $H(s) \neq H_1(s) \cdot H_2(s)$,其原因就是由于两个环节直接串联后存在能量交换。若要避免相互影响,对于电路来讲,最简单的办法就是采取隔离措施,即在两个环节之间插入高输入阻抗、低输出阻抗的运算放大器,这样运算放大器既不从前面环节吸收能量,又不因后接环节的负载效应而减小输出电压。

对于测试系统来讲,图 3.6.2(a)相当于被测对象,图 3.6.2(b)相当于测试系统或装置。为了使测量结果尽可能准确地反映被测对象的动态特性,应使 $H(s) \approx H_1(s)$,即 $H_2(s) \approx 1$。因此,在选择测试系统时,应满足条件 $\tau_2 \ll \tau_1$,即一阶系统的时间常数 τ_2 应远小于被测对象的时间常数 τ_1。另外,测试系统中的储能元件应尽量选择容量小的器件,即 C_2 要尽量小,从而可有效减小负载效应的影响。

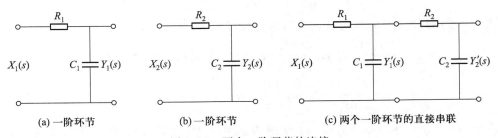

(a) 一阶环节　　　　　(b) 一阶环节　　　　　(c) 两个一阶环节的直接串联

图 3.6.2　两个一阶环节的连接

2. 二阶系统的互联

图 3.6.3 所示为由质量块、弹簧和阻尼器组成的机械系统(二阶系统),用测力仪来测量被测力 F_1,测力计也可简化为质量块、弹簧、阻尼系统(虚线框所示),力的测量值由标尺位移 y 读出。

在静态工作时,系统的速度和加速度均为零,因此有下列两个力平衡方程:

对于机械系统,有 $F_1 = k_1 y + F_2$

对于测力计,有 $F_2 = k_2 y$

于是,测力计所测得的力 F_2 与被测力 F_1 之间的关系为

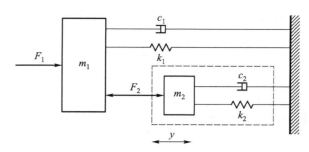

图 3.6.3   两个二阶环节的连接

$$F_2 = \frac{k_2}{k_1+k_2}F_1 \tag{3.6.4}$$

可见,测力计作为被测对象的负载对其产生了影响。为了减小负载效应造成的测量误差,应使 $F_2 \approx F_1$,须满足 $k_2 \gg k_1$,即测力计的弹簧刚度 k_2 远大于被测对象的等效弹簧刚度 k_1。

在动态工作情况下,系统的速度和加速度均不为零,可得下列两个力平衡微分方程:

对于机械系统,有

$$m_1\frac{\mathrm{d}^2y(t)}{\mathrm{d}t^2}+c_1\frac{\mathrm{d}y(t)}{\mathrm{d}t}+k_1y(t)=F_1(t)-F_2(t) \tag{3.6.5}$$

对于测力计,有

$$m_2\frac{\mathrm{d}^2y(t)}{\mathrm{d}t^2}+c_2\frac{\mathrm{d}y(t)}{\mathrm{d}t}+k_2y(t)=F_2(t) \tag{3.6.6}$$

式(3.6.5)和式(3.6.6)也可分别改写为

$$\frac{\mathrm{d}^2y(t)}{\mathrm{d}t^2}+2\zeta_1\omega_1\frac{\mathrm{d}y(t)}{\mathrm{d}t}+\omega_1^2y(t)=S_1\omega_1^2[F_1(t)-F_2(t)] \tag{3.3.7}$$

$$\frac{\mathrm{d}^2y(t)}{\mathrm{d}t^2}+2\zeta_2\omega_2\frac{\mathrm{d}y(t)}{\mathrm{d}t}+\omega_2^2y(t)=S_2\omega_2^2F_2(t) \tag{3.6.8}$$

式中,$\omega_1=\sqrt{k_1/m_1}$,$\omega_2=\sqrt{k_2/m_2}$ 分别为机械系统和测力计的固有角频率;$\zeta_1=\dfrac{c_1}{2\sqrt{k_1m_1}}$,$\zeta_2=\dfrac{c_2}{2\sqrt{k_2m_2}}$ 分别为机械系统和测力计的阻尼比,$S_1=1/k_1$、$S_2=1/k_2$ 分别为机械系统和测力计的静态灵敏度。

若取静态灵敏度 S_1 和 S_2 均为 1,对式(3.6.7)和式(3.6.8)进行拉氏变换,并联立求解,可得测力计接到被测机械系统时的传递函数为

$$H(s)=\frac{Y(s)}{F_1(s)}=\frac{1}{\left[1+\left(\dfrac{s}{\omega_1}\right)^2+2\zeta_1\left(\dfrac{s}{\omega_1}\right)\right]+\left[1+\left(\dfrac{s}{\omega_2}\right)^2+2\zeta_2\left(\dfrac{s}{\omega_2}\right)\right]} \tag{3.6.9}$$

当测力计未接到被测机械系统时,机械系统和测力计的传递函数分别为(设 S_1 和 S_2 均为 1)

$$H_1(s) = \frac{\omega_1^2}{s^2 + 2\zeta_1\omega_1 s + \omega_1^2} = \frac{1}{\left[1 + \left(\dfrac{s}{\omega_1}\right)^2 + 2\zeta_1\left(\dfrac{s}{\omega_1}\right)\right]} \tag{3.6.10}$$

$$H_2(s) = \frac{\omega_2^2}{s^2 + 2\zeta_2\omega_2 s + \omega_2^2} = \frac{1}{\left[1 + \left(\dfrac{s}{\omega_2}\right)^2 + 2\zeta_2\left(\dfrac{s}{\omega_2}\right)\right]} \tag{3.6.11}$$

由此可见,为了减小测试系统(测力计)的负载影响,应使 $H(s) \approx H_1(s)$。因此,在选择二阶测试系统时,不仅要选取 $\omega_2 \gg \omega_1$,即二阶系统的固有角频率 ω_2 要远高于被测对象的固有角频率 ω_1,而且二阶系统的阻尼比应选取 $\zeta = 0.6 \sim 0.7$ 为最佳,同时测试系统的静态灵敏度 S_2 低于被测对象的静态灵敏度 S_1,这样测量结果才能准确地反映被测对象的动态特性。

3.6.2　测试系统的抗干扰技术

在测试过程中,系统不可避免地受到各种外界干扰和内部噪声的影响,从而产生测量误差,严重时会导致测试系统不能正常工作。通常将测试系统中的无用信号统称为干扰,衡量干扰对有用信号的影响常用信噪比 S/N 或 SNR(signal-noise ratio)来表示,它是指信号通道中有用信号功率 P_S 和干扰(噪声)信号功率 P_N 之比或有用信号电压 U_S 与干扰(噪声)信号电压 U_N 之比,信噪比常用对数形式表示(单位为分贝,dB),即

$$\frac{S}{N} = 10\lg\frac{P_S}{P_N} = 20\lg\frac{U_S}{U_N}\text{dB} \tag{3.6.12}$$

式中,P_S、U_S 分别为有用信号的功率和电压的有效值;P_N、U_N 分别为干扰(噪声)信号的功率和电压的有效值。

为了提高测试系统的抗干扰能力,需要认真分析干扰的来源及传播途径,针对性地进行系统的抗干扰设计,从而可有效地提高信噪比。

1. 干扰的来源及传播途径

测试系统的干扰可分为外部干扰和内部干扰(噪声)两类。外部干扰主要是指由使用条件和外界环境因素等造成的干扰,如使用环境中的机械振动、温度、湿度、电磁场、辐射等都可能干扰系统的正常运行。内部干扰主要包括元器件本身的固有噪声、信号回路干扰、电源干扰及数字电路干扰等。

只有认真分析干扰源的形式和种类,才能提出有效的抗干扰措施。例如对于机械振动造成的干扰可采取减震弹簧或减震橡胶垫等减振措施;对于温度造成的干扰可以采取热屏蔽、温度补偿等措施;对于湿度、辐射等造成的干扰可以采取密封防护等措施;对于电磁场造成的干扰可以采取隔离屏蔽等措施等等。

对于测试系统和装置来讲,由于受到复杂的电磁环境(电磁传导、电磁感应和电磁辐射)影响,要完全消除干扰较为困难,因此在测试系统设计时必须考虑电磁兼容(electro magnetic compatibility,EMC)标准和规范要求,采取多种措施来抑制干扰源。这里主要介绍电磁干扰的传播途径及抗电磁干扰的技术方法。

3-4 电磁
兼容性
EMC

一般来讲,电磁干扰的传播途径主要有以下几种:

(1) 静电耦合(静电感应):经杂散电容耦合到电路中;

(2) 电磁耦合(电磁感应):经互感耦合到电路中;

(3) 共阻抗耦合:电流经两个以上的电路之间的公共阻抗耦合到电路中;

(4) 漏电流耦合:因绝缘不良由流经绝缘电阻的电流耦合到电路中;

(5) 辐射电磁干扰:在电能频繁交换的地方和高频换能装置周围存在强的电磁辐射对系统产生干扰。

因此,要消除电磁干扰的影响,首先要抑制干扰源,并切断干扰的传播途径,采取使接收电路对干扰不敏感或使用滤波等手段予以消除。

2. 抗电磁干扰技术

抗电磁干扰技术也称为电磁兼容控制技术,常用的抗电磁干扰措施包括屏蔽、隔离、接地、滤波等。

(1) 屏蔽技术

屏蔽技术是利用金属材料对电磁波具有良好的吸收和反射功能制成屏蔽体,来防止电场或磁场耦合干扰。屏蔽的对象既可以是干扰源,也可以是接收体。屏蔽分为静电屏蔽、磁场屏蔽和电磁屏蔽三种。

1) 静电屏蔽是采用铜或铝等导电性良好的金属材料制成封闭的屏蔽体,将需要屏蔽的装置或电路放置在其中,这样避免外电场的干扰;或者将带电体放入接地的屏蔽体内,则内部电场无法外逸去影响外面的系统。静电屏蔽不仅能防止静电干扰,也可防止交变电场的干扰,屏蔽体接地良好及选择良导体材料是静电屏蔽的关键,且接地电阻越小越好。

静电屏蔽也可以消除两个回路之间由于分布电容的耦合而产生的干扰,例如,电路实际在布线时,两导体之间铺设一条接地线,则两个导体之间的电容耦合将明显减弱。屏蔽线也是基于静电屏蔽的原理,通过屏蔽层接地可有效减小干扰。

2) 磁场屏蔽也称为静磁屏蔽,是针对静磁场和低频交变磁场。屏蔽体采用高磁导率的铁磁材料制成,由于铁磁材料的磁导率比空气的磁导率要大几千倍,其磁阻极小,干扰源产生的磁通大部分被限制在屏蔽体内,从而达到磁场屏蔽的目的。材料的磁导率越高,厚度越大,则屏蔽效果越好。因常用磁导率高的铁磁材料如软铁、硅钢、坡莫合金做屏蔽体,故磁场屏蔽又叫铁磁屏蔽。

磁场屏蔽可以抑制寄生电感的耦合,防止磁感应干扰。为了达到更好的屏蔽效果,可采用多层屏蔽。若将磁屏蔽体接地,可同时起到静电屏蔽和磁场屏蔽的作用。

3) 电磁屏蔽主要用于抑制高频电磁场的干扰,屏蔽体采用低电阻率的良导体材料制成。利用电磁感应原理,一方面,高频电磁波在屏蔽体内形成涡流,从而消耗了高频磁场的能量;另一方面,该电涡流又产生一个反磁场,进一步削弱高频电磁场的能量。一般来讲,高频电磁场在导体中随贯穿深度按指数规律衰减,且贯穿深度与高频电磁波的频率、导体的电导率及磁导率有关,频率越高、电导率和磁导率越大,贯穿深度就越小。因此,当屏蔽体的厚度大于贯穿深度时,就起到良好的电磁屏蔽作用。提高屏蔽体材料的电导率或磁导率,增加厚度,可以提高电磁屏蔽的效果。

屏蔽体也可以接地屏蔽静电干扰。需要注意的是,电磁屏蔽体上不能随意开缝(因为电磁屏蔽利用电涡流效应,缝隙会切断电涡流),否则屏蔽效果会大大降低。

(2)隔离技术

隔离技术是指把干扰源与接收体隔离开来,切断干扰耦合通道,达到抑制干扰的目的。隔离可分为空间隔离和器件隔离两种。空间隔离的实现手段包括:包裹干扰源;功能电路合理布局,如将模拟电路与数字电路、微弱信号电路与高频电路、输入回路与输出回路等相隔一段距离,以减少互扰;信号之间的隔离,如对多路输入信号之间采用地线隔离、不同功能的电路模块(如前置、放大、A/D 转换等)单独设置供电电源,以消除信号的相互耦合造成干扰。

器件隔离的方法有:继电器隔离、隔离变压器、隔离放大器和光电隔离等。继电器线圈和触点仅有机械上形成联系,而没有直接的电联系,因此可利用继电器线圈接受电信号,而利用其触点控制和传输电信号,从而实现强电和弱电的隔离。隔离变压器可以阻断交流信号中的直流干扰并抑制低频干扰信号的强度,在交流信号的传输中常常采用变压器隔离来抑制干扰。隔离放大器是一种特殊的测量放大电路,由仪器放大器(或运算放大器)和隔离电路构成,其输入和输出电路与电源没有直接的电路耦合关系。光电隔离采用光电耦合器,以光为媒介传输电信号,具有较强的隔离和抗干扰能力,同时它具有响应速度快、体积小、可靠性高等优点,因此得到广泛的应用。

(3)接地技术

测试系统中的"地"通常有两种含义:大地和系统基准地。系统基准地是指所有电路的公共基准电位点,即零电平参考点,它可以是接大地的,也可以是与大地浮置的(称为浮地)。

按照接地的目的可将系统的接地方式分为三类:① 安全接地(保护接地),将系统(装置金属外壳)与大地相连,起到安全和保护作用;② 信号接地,将信号回路与公共基准电位点相连,为系统提供参考电压,即系统基准地;③ 屏蔽接地,将屏蔽层与大地相连,抑制电磁干扰。可见,正确的接地不仅能保护人身安全,也是有效抑制干扰、提高系统工作稳定性和可靠性的关键技术,因此在测试系统设计中必须充分加以考虑。这里主要介绍信号接地技术。

理论上讲,地线是信号电流流回信号源的低阻抗路径。由于地线阻抗的存在,当电流流过地线时必然会产生电压,即地线噪声。当多个地线相连时,会产生地线环路电流,形成环路干扰;当几个电路共用一个地线,就可能产生公共地阻抗的耦合干扰。因此,针对不同的信号特点可采取不同的接地方式,下面介绍几种常用的信号接地方式。

1)一点接地,是指将各单元电路的接地点连接在一点(即公共参考电位点),可分为串联一点接地和并联一点接地,如图 3.6.4 所示。串联一点接地的电路简单,但存在公共地阻抗的耦合;并联一点接地各单元相互独立,干扰小,但地线长,阻抗大,因此适合于信号频率低于 1 MHz 的电路。

在实际应用中,可采用串联和并联联合的一点接地方式。将电路按照特性进行

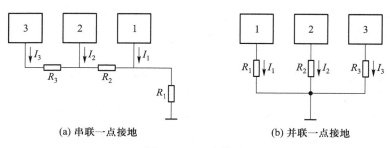

(a) 串联一点接地   (b) 并联一点接地

图 3.6.4   一点接地

分组,相互之间不易发生干扰的电路放在同一组,组内采用串联一点接地;相互之间易发生干扰的电路放在不同的组,不同组的接地采用并联一点接地。这样既解决了公共地阻抗的耦合干扰,又避免了地线过多的问题。

2) 多点接地,是指各单元电路的接地点就近各自连接到接地平面(即大面积地线),如图 3.6.5 所示。多点接地可有效减小地线的等效阻抗,但由于存在环路干扰,因此适合于信号频率高于 10 MHz 以上的电路,而且地线长度要尽量短。对于信号频率在 1~10 MHz 之间的电路,若地线长度不超过波长的 1/20 就采用一点接地,否则应多点接地。

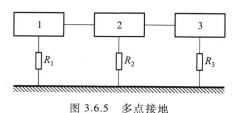

图 3.6.5   多点接地

3) 混合接地,是指在单点接地的基础上通过电容的阻抗特性实现多点接地,既包含了一点接地的特性,又包含了多点接地的特性,适合于信号频率范围很宽的场合。如图 3.6.6 所示,对于直流或低频信号,容抗大,电容是开路的,呈现单点接地结构;在高频时,容抗小电容导通,呈现多点接地结构。

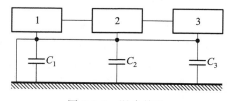

图 3.6.6   混合接地

4) 浮置接地,是指系统基准地与大地不直接连接,处于悬浮状态。其优点是可有效抑制地环路电流的干扰,缺点是易产生静电积累而导致静电放电,而且电路易受到寄生电容的影响。因此,浮置接地的效果不仅取决于浮置接地绝缘电阻的大小,而且取决于浮置接地的寄生电容的大小和信号的频率。

对于测试系统来讲,必须正确地选择合理的接地技术,并将模拟地与数字地、信号地和负载地、直流地和交流地等进行有效隔离;同时尽量加粗地线,增大接地面积,可有效减小地线阻抗从而抑制地线噪声。此外,将接地技术与屏蔽、隔离等电磁兼容技术相结合,可大大提高抗干扰的效果。

(4) 滤波技术

滤波技术是一种选频技术,可以选取信号中有用的频率成分,而抑制或衰减其他不需要的频率成分。由于电磁干扰的频谱很宽(从数百赫到数兆赫以上),采取滤波措施,可以抑制工作频带以外的噪声频谱成分的干扰,提高信噪比。

常用滤波器根据其频率特性可分为低通、高通、带通、带阻等滤波器。低通滤波器适合于信号频率比干扰频率低的场合;高通滤波器适合于干扰频率比信号频率低的场合;带通滤波器用在信号频率仅占较窄带宽的场合;带阻滤波器用在干扰频率的带宽较窄、信号频带较宽的场合。电磁干扰大多属于高频信号,因此低通滤波器应用最广泛,如信号线滤波器和电源滤波器等。

除了上述常用的硬件抗干扰技术外,软件的抗干扰作用也不容忽视。软件抗干扰的主要措施包括数字滤波、软件陷阱、Watchdog(看门狗)技术等,实践证明,软件抗干扰不仅效果好,而且成本低。在实际的工程应用中,将硬件方法和软件方法结合起来,可以达到很好的干扰抑制效果。

习题与思考题

1. 测试系统的基本要求是什么? 如何表征测试系统的传输特性?

2. 线性系统的频率保持性在实际测试中有何作用?

3. 传递函数与频率响应函数之间有何关系? 二者各有何特点?

4. 试说明测试系统的标定和校准的含义,两者有何异同点? 测试系统静态标定的条件是什么? 表征静态特性的主要技术指标有哪些?

5. 一阶系统和二阶系统主要涉及哪些动态特性参数? 这些动态特性参数的取值对系统的性能有何影响? 一般采用怎样的取值原则?

6. 测试系统的工作频带是如何确定的? 应如何扩展一阶和二阶系统的工作频带?

7. 试说明二阶系统的阻尼比通常取 $\zeta \approx 0.6 \sim 0.7$ 的原因。

8. 系统不失真测试的条件是什么? 如何在工程实际中实现不失真测试?

9. 什么是负载效应? 如何减小负载效应对测量结果的影响?

10. 简述测试系统中电磁干扰有哪些传播途径,常用的抗电磁干扰措施包括哪些技术。

11. 进行某动态压力测量时,所采用的压电式力传感器的灵敏度为 90.9 nC/Mpa,将它与增益为 0.005 V/nC 的电荷放大器相连,而电荷放大器的输出接到一台笔式记录仪上,记录仪的灵敏度为 20 mm/V。试计算这个测量系统的总灵敏度。当压力变化为 3.5 MPa 时,记录笔在记录纸上的偏移量是多少?

12. 某压电式加速度计的动态特性可用下列微分方程描述

$$\frac{d^2q}{dt^2}+3.0\times10^3\frac{dq}{dt}+2.25\times10^{10}q=11.0\times10^{10}a$$

式中, q ——输出电荷量(pC) ;

a ——输入加速度(m/s^2)。

试确定该加速度计的静态灵敏度、固有角频率 ω_0 和阻尼比 ζ 。

13. 用时间常数为 0.35 s 的一阶装置去测量周期分别为 1 s、2 s 和 5 s 的正弦信号,问幅值误差分别是多少?

14. 用一阶系统测量 100 Hz 的正弦信号,若要求输出信号的幅值误差不超过 5%,那么时间常数 τ 应取多少? 若用该系统测量 50 Hz 的正弦信号,问此时的幅值误差和相角误差分别是多少?

15. 用传递函数为 $H(s)=\dfrac{1}{0.01s+1}$ 的装置测量信号 $x(t)=0.6\sin10t+0.6\sin(100t-30°)$,试求稳态输出 $y(t)$ 。

16. 用某线性装置 $H(j\omega)=\dfrac{1}{1+0.02j\omega}$ 测得其稳态输出为 $y(t)=10\sin(30t-45°)$,试求它所对应的输入信号 $x(t)$ 。若用该系统进行测量,要求幅值误差在 10% 以内,则被测信号的最高频率应控制在什么范围内?

17. 某测力传感器可视为二阶系统。已知该传感器的固有频率为 800 Hz,阻尼比 $\zeta=0.14$,问使用该传感器测试频率为 400 Hz 的正弦力时,其幅值比 $A(\omega)$ 和相位角 $\varphi(\omega)$ 各为多少? 若该装置的阻尼比可改为 $\zeta=0.7$,问 $A(\omega)$ 和 $\varphi(\omega)$ 又将作何种变化?

18. 已知某二阶传感器系统的固有频率为 $f_0=20$ kHz,阻尼率 $\zeta=0.1$ 。若要求传感器的输出幅值误差不大于 3%,试确定该传感器的工作频率范围。

19. 一温度传感器可看作一阶系统,其时间常数为 $\tau=2$ s,将此温度计突然从 20 ℃ 的空气中投到 80 ℃ 的水中,试问 5 s 后该温度传感器的读数为多少?

20. 某测力系统由压电式力传感器、电荷放大器和记录仪构成,各部分的频率特性如题图 3.1 所示,若被测力为 $x(t)=50\sin(10t+30°)$,试求记录下来的信号 $y(t)$ 以及幅值误差和相位误差大小? 其中 $\tau=0.1$ s, $\zeta=0.2$, $\omega_0=50$ rad/s。

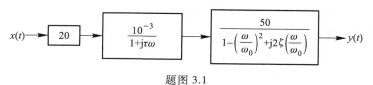

题图 3.1

21. 测定某二阶测试系统的频率特性时发现,谐振发生在频率 300 Hz 处,最大幅值比为 2.5。试计算该系统的阻尼比 ζ 和固有角频率 ω_0 的大小。

22. 某拉压力传感器的标称量程为 10 N,标定数据列于下表。试确定其零点输出、灵敏度、线性度、回程误差、重复性误差等静态特性指标。

拉压力传感器标定数据

输入拉压力 x_i/N			0	2.0	4.0	6.0	8.0	10.0
输出电压 y_i/mV	第 1 循环	加载	−0.752	1.404	3.525	5.643	7.757	9.872
		卸载	−0.755	1.402	3.523	5.643	7.758	
	第 2 循环	加载	−0.755	1.415	3.528	5.654	7.769	9.880
		卸载	−0.757	1.411	3.535	5.643	7.766	
	第 3 循环	加载	−0.757	1.415	3.537	5.655	7.768	9.880
		卸载	−0.758	1.414	3.536	5.654	7.767	

第 4 章 传感器技术概论

【本章要点提示】

1. 传感器的定义、组成及分类
2. 常用弹性敏感元件及力学特性
3. 传感器技术的发展趋势

传感器的概念来自"感觉（sensor）"一词，人们为了研究自然现象，仅仅依靠人的五官获取外界信息是远远不够的，于是人们发明了能代替或补充人五官功能的传感器，工程上也将传感器称为"变换器"。

传感器技术是涉及材料、机械、电子、力学、光学、声学等多学科交叉的综合性技术，传感器种类繁多，应用领域十分广泛。随着科学技术的快速发展，传感器技术的发展日新月异，也在不断推动各个技术领域的发展与进步。

传感器是测试系统的首要环节，是信息的源头，因此传感器的性能将直接影响整个测试系统，对测量精确度起着决定性作用。

4.1 传感器的基本概念

4.1.1 传感器的定义及组成

根据国标（GB/T 7665—2005），传感器（sensor/transducer）的定义为："能感受规定的被测量并按照一定规律转换成可用输出信号的器件或装置，通常由敏感元件和转换元件构成。"按照定义，传感器的基本功能是检测信号和信号转换，这一定义所表述的传感器的主要内涵包括：

1. 从传感器的输入端来看，一个特定的传感器只能感受规定的被测量，即传感器对规定的物理量具有最大的灵敏度和最好的选择性。例如，温度传感器只能用于测温，而不希望同时还受其他物理量的影响。

2. 从传感器的输出端来看，传感器的输出信号为"可用信号"，这里所谓的"可用信号"是指便于处理、传输的信号，最常见的是电信号、光信号。可以预料，未来的"可用信号"或许是更先进更实用的其他信号形式。当传感器的输出为规定的标准信号（如电流信号 4～20 mA，电压信号 1～5 V 等）时，也称为变送器（transmitter）。

3. 从输入与输出的关系来看，输入与输出之间的关系应具有"一定规律"，即传感器的输入与输出不仅是相关的,而且可以用确定的数学模型来描述,也就是具有确定规律的静态特性和动态特性。

4. 从传感器的构成来看,通常由敏感元件和变换元件组成,敏感元件直接感受被测量(一般为非电量)并将其转换为易于转换成电量的其他物理量,变换元件进一步将敏感元件的输出转换为易于传输和处理的电参量(如电压、电流、电阻、电感、电容等)。需要说明的是,一方面,并不是所有的传感器都有敏感、变换元件之分,如压电元件、光电器件、热电偶等,它们可以将感受到的被测量直接转换为电信号输出,即将敏感元件和变换元件两者的功能合二为一;另一方面,由于变换元件的输出信号通常较弱,而且存在非线性和各种误差,为了便于信号的处理,还需配以适当的信号调理电路将变换元件输出的电参量进行放大和处理,进一步转换成易于传输和处理的形式。

传感器的组成框图如图 4.1.1 所示,一般由敏感元件、变换元件、信号调理电路三部分组成,有时还需外加辅助电源提供转换能量。

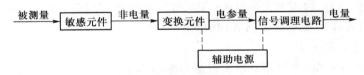

图 4.1.1 传感器组成框图

4.1.2 传感器的分类

传感器的种类繁多,往往同一种被测量可以用不同类型的传感器来测量,而同一原理的传感器又可测量多种物理量,因此传感器有许多种分类方法。常用的分类方法有:

1. 按被测量分类

(1) 机械量:位移、力、速度、加速度……

(2) 热工量:温度、热量、流量(速)、压力(差)、液位……

(3) 物性参量:浓度、黏度、比重、酸碱度……

(4) 状态参量:裂纹、缺陷、泄漏、磨损……

……

这种分类方法也就是按用途进行分类,给使用者提供了方便,容易根据测量对象来选择传感器。

2. 按工作机理分类

传感器的工作机理都是基于物理、化学和生物等各种效应,一般可分为物理型、化学型和生物型三大类。物理型传感器是利用被测量物质的某些物理性质的变化实现信号的转换,如热电效应、压电效应、光电效应、磁电效应等;化学型传感器是利用化学吸附、电化学反应等将化学物质的成分、浓度等化学量转化成电信号输出,如气体传感器、湿度传感器、离子传感器等。生物型传感器是利用生物活性物质的分子识别功能,通过生物学反应并转换成电信号输出,如酶传感器、免疫传感器、细胞传感器等。生物传感器近年来发展很快,在医学诊断、环保监测等方面都有着广泛的应用前景。

3. 按变换原理分类

按传感器的变换原理可分为电阻式、电感式、电容式、压阻式、压电式、光电式、磁敏式、激光、超声波等传感器。这种分类方法便于从原理上认识输入与输出之间的变换关系,有利于专业人员从原理、设计及应用上作归纳性的分析与研究。

4. 按信号变换特征分类

(1)结构型传感器:是通过传感器结构参数(如形状、尺寸等)的变化实现信号变换的。例如,电容式传感器依靠被测量改变极板间距、极板相对面积等引起电容量的变化来实现测量;谐振式传感器利用被测量改变谐振敏感结构的等效刚度,从而引起谐振敏感元件的固有频率的变化来实现测量等。

(2)物性型传感器:是利用敏感元件材料的物理特性及其各种物理、化学效应等来实现信号变换的,如压阻式传感器(压阻效应)、光电式传感器(光电效应)、压电式传感器(压电效应)、热电式传感器(热电效应)等。

5. 按能量关系分类

(1)能量转换型:传感器直接由被测对象输入能量使其工作的。例如热电偶、光电池等,无需外加电源,可直接将一种能量形式转换为另一种能量形式,因此,这种类型传感器也称为有源传感器。

(2)能量控制型:传感器从外部获得能量使其工作,由被测量的变化控制外部供给能量的变化。例如电阻式、电感式等传感器,不能直接转换能量形式,这种类型的传感器必须由外部提供辅助电源,因此也称为无源传感器。

除以上分类方法外,还可按照输出量分为模拟式传感器和数字式传感器,按照测量方式分为接触式传感器和非接触式传感器等。

虽然分类方法各不相同,但了解传感器的分类可加深理解、便于合理选用传感器。在使用传感器时,传感器的名称往往采用将被测量与测量原理结合起来,例如应变式位移传感器、压电式加速度传感器等。因此,本教材选用按变换原理的分类方法,并结合其用途给出传感器的典型应用。

4.1.3   常用的技术指标及性能要求

由于传感器的品种繁多,使用要求千差万别,无法列举全面衡量各种传感器质量优劣的统一技术指标,因此下面只给出一般传感器常用的技术指标。

(1)输入量的技术指标:量程或测量范围、过载能力等;

(2)静态特性指标:线性度、迟滞、重复性、精度、灵敏度、分辨率、稳定度和漂移等;

(3)动态特性指标:固有频率、阻尼比、频率特性、时间常数、上升时间、响应时间、超调量、稳态误差等;

(4)可靠性指标:可靠度、失效率、工作寿命、有效度、疲劳性能、绝缘、耐压、耐

温等;

（5）对环境要求的指标：工作温度范围、温度漂移、灵敏度漂移系数、抗潮湿、抗介质腐蚀、抗电磁干扰能力、抗冲振要求等;

（6）使用及配接要求：供电方式（直流、交流、频率、波形等）、电压幅度与稳定度、功耗、安装方式（外形尺寸、重量、结构特点等）、输入阻抗（对被测对象影响）、输出阻抗（对配接电路要求）等。

无论何种传感器,作为测试系统的首要环节,通常要求其必须具有快速、准确、可靠而又能经济地实现信号转换的性能,即

（1）传感器的工作范围或量程应足够大,且应具有一定的过载能力;

（2）与测试系统良好匹配,即要求输出信号与被测信号成确定的关系（尽量为线性关系）,且灵敏度要高;

（3）精度适当,且稳定性高,即传感器的静态特性与动态特性的不确定度要能满足要求,且长期稳定,工作可靠;

（4）对于动态测量,要求响应速度快,动态范围宽;

（5）适用性强,对被测对象的影响要小,且不易受外界干扰的影响;使用安全,易于维修和校准;寿命长,成本低等。

实际的传感器往往很难同时满足这些性能要求,应根据应用的目的、使用环境、被测对象、精度要求和信号处理等具体条件作全面综合考虑。

4.1.4　传感器的选用

传感器的应用领域十分广泛,被测对象和应用要求千差万别,在设计测试系统时,传感器的选用是一个较复杂的问题,下面给出传感器选用需要考虑的一些注意事项：

（1）首先要仔细研究被测对象,确定测试信号和传感器类型,如机械量测量中,考虑位移、速度、加速度或力的测量,并按被测量选用传感器类型;

（2）确定测试方式,传感器的工作方式有接触式与非接触式测试、在线与非在线测试等,工作方式不同,对传感器的要求不同。例如,运动部件的测试往往要采用非接触式测量,实时在线测试对传感器与测试系统有一定的特殊要求。

（3）分析测试环境和可能存在的干扰因素,如磁场、电场、温度、湿度等,会影响传感器的稳定性和可靠性等。

（4）根据测量范围确定具体的传感器（按工作原理进行选用）,如位移测量时,要分析是大位移还是小位移,测量范围不同选择传感器有差异。

（5）确定合理的传感器的技术指标,如灵敏度和精度并非越高越好,灵敏度越高,越容易受到干扰的影响,也会影响其适用的测量范围;精度越高,价格越昂贵,应考虑其经济性等因素。在动态测量时,要根据被测信号的特点（如稳态、瞬态或随机信号等）选择传感器的动态工作频带范围。

除了以上注意事项,还需要考虑传感器的体积、价格、安装方式等因素,最终确定合理的传感器型式。

4.2　弹性敏感元件

在机械量(如力、力矩、压力、位移、速度等)测量中,常采用弹性元件作为敏感元件。这种弹性元件也叫弹性敏感元件,它是利用其弹性变形来实现测量。

常用的弹性敏感元件有弹性梁、柱、筒、膜片、膜盒、弹簧管、波纹管等,它们可以直接感受被测量并转化为位移、应变、应力等输出,也可以利用其在外界载荷作用下引起的等效质量、等效刚度等变化间接测量。因此,弹性敏感元件是机械量传感器制造及应用中的关键环节。

由于被测量千变万化,因此弹性敏感元件的材料、结构型式非常繁杂,本节主要讨论弹性敏感元件的基本特性、常用材料性能及结构型式等。

4.2.1　弹性敏感元件的基本特性

1. 基本概念

(1) 弹性变形:在外力作用下,物体改变其形状和尺寸的现象称为变形;弹性变形是指当外力去掉后又能恢复其原来的形状和尺寸的变形。因此,理想的弹性变形是可逆变形。

(2) 应力:在外力作用下,物体发生形变时其内部产生了大小相等但方向相反的反作用力抵抗外力,定义单位面积上的这种反作用力为应力。应力可分解为垂直于截面的分量,称为"正应力或法向应力"(用符号 σ 表示);相切于截面的分量称为"剪应力或切应力"(用符号 τ 表示)。应力的单位为 Pa。

(3) 应变:应变又称为"相对变形",是指物体内任一点(单元体)因外力作用引起的形状和尺寸的相对变化。物体某线段单位长度内的形变(伸长或缩短),即线段长度的改变与线段原长之比,称为"正应变或线应变",用符号 ε 表示。两相交线段所夹角度的改变,称为"切应变或角应变",用符号 γ 表示。

物体沿载荷方向产生伸长(或缩短)变形的同时,在垂直于载荷的方向将会缩短(或伸长),即产生泊松效应。在弹性变形范围内,横向应变 ε_x 与纵向应变 ε_y 之间存在下列关系:

$$\varepsilon_x = -\mu\varepsilon_y \qquad (4.2.1)$$

式中,μ 为材料的泊松比,一般为常数。

应变表示的是相对变形,因此无量纲。由于量值通常很小,常采用"微应变 $\mu\varepsilon$"表示($1\ \mu\varepsilon = 1\times10^{-6}\mathrm{mm/mm}$)。

(4) 胡克定律

在弹性变形的范围内,应力与应变之间服从胡克定律。即

$$\begin{cases} \sigma = E\varepsilon \\ \tau = G\gamma \end{cases} \qquad (4.2.2)$$

式中,E 为弹性模量或称杨氏模量;G 为剪切模量或称刚性模量,两者之间具有如下

关系

$$G = \frac{E}{2(1+\mu)} \tag{4.2.3}$$

式中,μ 为泊松比。

将胡克定律推广应用于三向应力和应变状态,则可得到广义胡克定律,即三维正交坐标系下应力与应变的关系可表示为

$$\boldsymbol{\varepsilon} = C\boldsymbol{\sigma}$$

$$C = \frac{1}{E} \begin{bmatrix} 1 & -\mu & -\mu & & & \\ -\mu & 1 & -\mu & & & \\ -\mu & -\mu & 1 & & & \\ & & & 2(1+\mu) & & \\ & & & & 2(1+\mu) & \\ & & & & & 2(1+\mu) \end{bmatrix} \tag{4.2.4}$$

式中,$\boldsymbol{\varepsilon}$ 为应变向量,$\boldsymbol{\varepsilon}^{\mathrm{T}} = [\varepsilon_x, \varepsilon_y, \varepsilon_z, \gamma_{xy}, \gamma_{yz}, \gamma_{zx}]$;$\boldsymbol{\sigma}$ 为应力向量,$\boldsymbol{\sigma}^{\mathrm{T}} = [\sigma_x, \sigma_y, \sigma_z, \tau_{xy}, \tau_{yz}, \tau_{zx}]$;$E \setminus \mu$ 分别为弹性体材料的弹性模量和泊松比。

2. 弹性敏感元件的基本特性

弹性敏感元件的基本特性是指作用在弹性敏感元件上的外力与由它引起的相应变形(应变、位移、转角等)之间的关系,通常用以下特性指标表示。

(1) 弹性特性。弹性特性是指作用在弹性敏感元件的外力与其相应的变形之间的关系,通常用刚度和灵敏度来表示。

① 刚度。刚度是弹性敏感元件在外力作用时抵抗变形的能力,一般用 k 表示,其定义式为

$$k = \lim_{\Delta x \to 0} \left(\frac{\Delta F}{\Delta x} \right) = \frac{\mathrm{d}F}{\mathrm{d}x} \tag{4.2.5}$$

式中,F 为作用在弹性敏感元件上的外力;x 为元件在外力作用下产生的变形。

② 灵敏度。灵敏度表示单位外力作用下产生变形的大小,灵敏度是刚度的倒数(也称为柔度),一般用 S 表示,即

$$S = \frac{1}{k} = \frac{\mathrm{d}x}{\mathrm{d}F} \tag{4.2.6}$$

通常希望弹性敏感元件具有线性特性,则其刚度与灵敏度在线性工作范围内都为常数。

(2) 弹性滞后。弹性滞后是指弹性敏感元件在弹性变形范围内,加载、卸载时正反行程曲线不重合的现象,如图 4.2.1 所示。一般用最大变形滞后与最大载荷下的总变形的百分比表示。产生弹性滞后的原因主要是由于弹性敏感元件在工作时分子间存在内摩擦,这种滞后误差将会使传感器产生迟滞误差,因此必须选择弹性滞后小的弹性敏感元件。

(3) 弹性后效与蠕变。弹性敏感元件的变形不仅随载荷变化,而且与时间有关。当所加载荷突然改变时,相应的变形不能立即完成,而是经一定时间间隔逐渐完成

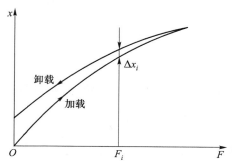

图 4.2.1   弹性滞后现象

变形;在去除载荷后,不能立即恢复而需要经过一段足够时间之后才能逐渐恢复原状,这一现象称为弹性后效。当外加载荷保持恒定时,弹性元件在一个较长的时间范围内仍继续缓慢变形,这种现象称为蠕变,蠕变会随外加载荷和温度的变化而改变。

弹性后效的存在使得弹性敏感元件的变形不能迅速随外力的改变而变化,是造成传感器产生重复性误差的主要原因之一,在动态测试时,还会引起动态误差。而蠕变会影响传感器在测量过程中的稳定性。

在实际的传感器中,弹性后效、蠕变与弹性滞后是同时发生的,物理过程也较为复杂。在设计传感器时,要充分考虑弹性敏感元件的材料和结构等,以减小传感器的测量误差。

(4)温度特性。环境温度的变化会引起弹性敏感元件的热膨胀现象,通常用线膨胀系数 β_l 表示。若用 l_0 表示温度为 $t_0\,℃$ 时的长度,则温度为 $t\,℃$ 时的长度为

$$l = l_0 [1 + \beta_l (t - t_0)] \tag{4.2.7}$$

温度的变化也会引起弹性敏感元件材料的弹性模量 E 的变化,一般来说,弹性模量随温度的升高而降低,用弹性模量温度系数 β_E(为负值)表示。若 E_0 表示温度为 $t_0\,℃$ 时的弹性模量,则温度为 $t\,℃$ 时的弹性模量为

$$E = E_0 [1 + \beta_E (t - t_0)] \tag{4.2.8}$$

弹性敏感元件的几何尺寸和弹性模量随温度的变化,必然会引起测量误差,这在设计传感器时必须加以考虑,甚至采取补偿措施。

(5)固有频率。弹性敏感元件的固有频率决定其动态特性。一般来说,固有频率越高,动态特性越好。弹性敏感元件是一个质量连续分布的多自由度系统,它具有多阶固有频率,通常最关心的是弹性敏感元件的基频,即一阶固有频率。固有频率的理论计算比较复杂,实际中常通过实验来确定,一阶固有频率可用下式估算

$$f = \frac{1}{2\pi} \sqrt{\frac{k_e}{m_e}} \tag{4.2.9}$$

式中, k_e——弹性敏感元件的等效刚度;

m_e——等效振动质量。

由上式可见,为了提高弹性敏感元件的固有频率,可通过增大等效刚度或减小

等效质量。而等效刚度的增大必然会降低弹性敏感元件的灵敏度,显然,固有频率和灵敏度之间存在相互矛盾。若要提高灵敏度,就会降低固有频率,使动态特性变差,因此必须根据具体要求综合考虑。

(6) 机械品质因数。对于作周期振动的弹性敏感元件,由于阻尼的存在,每一个振动周期都伴有能量消耗。显然,对于处于谐振状态的弹性敏感元件,阻尼越小,能量消耗越小,这样很小的激励力就能维持弹性敏感元件的稳定振动状态。

机械品质因数(quality factor)定义为谐振状态下每个振动周期存储的能量与由阻尼等消耗的能量之比,即

$$Q = 2\pi \frac{E_s}{E_c} \tag{4.2.10}$$

式中,E_s——每个振动周期存储的总能量;

E_c——每个振动周期由阻尼等消耗的能量。

对于小阻尼系统($\zeta \ll 1$),机械品质因数可以用其谐振状态下的最大振幅表示,即

$$Q = A_{max} = \frac{1}{2\zeta\sqrt{1-\zeta^2}} \approx \frac{1}{2\zeta} \tag{4.2.11}$$

式中,A_{max}——谐振状态下的振幅;

ζ——阻尼比。

由上述分析可知,弹性敏感元件的机械品质因数 Q 值反映了其消耗能量的程度,也反映了其幅频特性曲线陡峭的程度。弹性敏感元件的阻尼比越小,机械品质因数 Q 值越大,这时弹性敏感元件消耗的能量越少,系统的储能效率就越高;同时系统的幅频特性在谐振频率处越陡峭。这就意味着弹性敏感元件用作谐振元件时其谐振频率稳定,这对设计谐振式传感器具有实际意义。只有选用机械品质因数高的弹性敏感元件,设计制造出高 Q 值的谐振元件,才能构成高性能的谐振式传感器。

4.2.2 弹性敏感元件的材料

设计弹性敏感元件,首先应选择合适的材料。一般来讲,敏感材料应对特定的被测量具有较高的敏感性和良好的选择性,同时应具有良好的可靠性和可加工性等。对弹性敏感元件材料的基本要求有:

(1) 具有良好的机械性能,强度高、抗冲击韧性好、疲劳强度高;具有良好的机械加工和热处理性能;

(2) 具有良好的弹性性能,弹性极限高,弹性滞后和弹性后效小;

(3) 具有良好的温度特性,弹性模量的温度系数要小且稳定,材料的线膨胀系数要小且稳定;

(4) 具有良好的化学性能,抗氧化性和耐腐蚀性要好。

弹性敏感元件的材料以金属及合金材料为主,随着材料科学的发展,石英、半导体材料、陶瓷材料、复合材料等非金属材料也被广泛应用。石英晶体不仅是理想的弹性敏感材料,也是重要的压电材料,常用做弹性谐振敏感元件或压电谐振敏感元

件材料。石英玻璃(熔凝石英)也是理想的弹性敏感材料,常用于形状复杂、灵敏度高、性能稳定的弹性敏感元件中。半导体材料不仅具有敏感特性,而且又有成熟的制作工艺,是实现传感器多功能化、集成化和智能化的理想材料。陶瓷材料具有耐腐蚀、耐磨损、耐高温、稳定性好等优点,种类繁多,应用广泛,还可利用陶瓷材料的传感和执行功能制作既有感知、又能执行(转换)的器件。复合材料利用不同的敏感材料在性能上取长补短,产生协同/互补效应,可大大提高敏感性能。

开发新材料、改善现有材料的性能可为进一步拓宽传感器的应用领域创造条件。近年来,碳纳米管、石墨烯、智能材料等新型敏感材料以其优异的性能备受关注,为研制新型传感器奠定了基础。

4.2.3   常用弹性敏感元件的力学特性

常用的弹性敏感元件有弹性圆柱、弹性梁、弹性圆环、扭转轴、弹性膜片、弹簧管、波纹管和薄壁圆筒等。弹性敏感元件的输入多为力或压力,其输出则多为应变或位移(挠度)。下面主要讨论常用的几种弹性敏感元件的力学特性。

1. 弹性圆柱

弹性圆柱结构简单,可承受较大的载荷。根据截面形状可分为实心圆柱和空心圆柱,如图 4.2.2 所示。

在力的作用下,弹性圆柱产生的位移很小,所以往往以应变作为输出量。在轴向力 F 的作用下,轴向应变(也称为纵向应变)ε_x 为

$$\varepsilon_x = \frac{F}{AE} \tag{4.2.12}$$

与轴向垂直方向上的径向应变(也称为横向应变)ε_y 为

$$\varepsilon_y = -\mu\varepsilon_x = -\frac{\mu F}{AE} \tag{4.2.13}$$

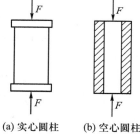

(a) 实心圆柱   (b) 空心圆柱

图 4.2.2   弹性圆柱

式中,F——沿圆柱轴向的作用力(N);

E——材料的弹性模量(Pa);

A——圆柱的横截面积(m^2);

μ——材料的泊松比。

对于空心圆柱,上述表达式也适用。空心圆柱和实心圆柱相比,在相同的截面积下,可以增大圆柱的直径,因此抗弯强度大大提高。另外,由于温度变化而引起的曲率半径相对变化量大大减小,可有效减小偏心载荷或侧向分力引起的弯曲影响,但是空心圆柱的壁不能太薄,否则受力后将产生鼓状变形从而影响测量精度。

弹性圆柱拉伸振动时的固有频率为

$$f_0 = \frac{1}{4l}\sqrt{\frac{E}{\rho}} \tag{4.2.14}$$

式中,ρ、E——分别为材料的密度(kg/m^3)和弹性模量(Pa);

l——柱式弹性元件的长度(m);

由此可见,要提高应变量(灵敏度),应选择弹性模量小的材料,此时虽然固有频率降低了,但 f_0 降低的程度远比应变的增大来得小,总的衡量还是有利的。若不降低固有频率来提高灵敏度,则必须减小弹性元件的截面积;若不降低灵敏度来提高固有频率,则必须减小柱体的长度或选用密度低的材料。

弹性圆柱主要用于电阻应变式拉(压)力等传感器。

2. 弹性梁

弹性梁一般多为悬臂梁,即一端固定一端自由,它的特点是结构简单,加工方便,多用于较小力的测量。根据梁的截面形状,可分为等截面梁和等强度梁,如图 4.2.3 所示。

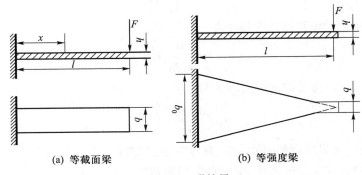

(a) 等截面梁　　　　(b) 等强度梁

图 4.2.3　弹性梁

（1）等截面梁

对于一端固定的矩形等截面梁,如图 4.2.3(a)所示,l、b、h 分别为梁的长度、宽度和厚度(m),E、ρ 分别为材料的弹性模量(Pa)和密度(kg/m³)。当力 F(N)作用于梁的自由端时,在距离梁的固定端 x 处的应变为

$$\varepsilon_x = \pm \frac{6F(l-x)}{Ebh^2} \tag{4.2.15}$$

式中 ε_x 为距梁固定端为 x 处的纵向应变,梁的上下表面应变极性相反(图中,上表面处于拉伸状态为正应变,下表面处于压缩状态为负应变)。

由式(4.2.15)可见,随位置 x 的不同,产生的应变也不同。在梁的根部($x=0$),应变最大,沿着长度方向逐渐减小,在自由端 $x=l$ 处应变为零。

悬臂梁自由端处的位移或挠度(m)最大,为

$$y = \frac{4l^3}{Ebh^3}F \tag{4.2.16}$$

该位移与梁的长厚比 l/h 的三次方成正比。

等截面梁弯曲振动时的固有频率为

$$f_0 = \frac{0.162h}{l^2}\sqrt{\frac{E}{\rho}} \tag{4.2.17}$$

由此可见,适当增大等截面梁的长厚比 l/h 可提高灵敏度,但将会使固有振动频

率降低。

（2）等强度梁

等截面梁在力的作用下不同位置产生的应变不同，这对于应用造成一定困难。而等强度梁在自由端作用力时，梁上各处产生的应变大小相等，这就为应变式传感器的实现提供了方便。等强度梁的外形是三角形，为了保证等应变性，作用力 F 必须加在梁的两斜边的交汇点处，如图 4.2.3（b）所示，l、b_0、h 分别为梁的长度、根部的宽度和厚度（m），E、ρ 分别材料的弹性模量（Pa）和密度（kg/m³）。

等强度梁各点的应变为

$$\varepsilon_x = \frac{6Fl}{Eb_0h^2} \tag{4.2.18}$$

其自由端处的位移或挠度（m）为

$$y = \frac{6l^3}{Eb_0h^3}F \tag{4.2.19}$$

等强度梁弯曲振动时的固有频率为

$$f_0 = \frac{0.316h}{l^2}\sqrt{\frac{E}{\rho}} \tag{4.2.20}$$

应当指出，等强度梁的自由端应具有一定的宽度才能承受作用力，这一宽度必须按切应力的要求来保证强度，梁的自由端的宽度 b 最小为

$$b_{\min} = \frac{3}{2h[\tau]}F \tag{4.2.21}$$

式中，$[\tau]$——材料的许用剪应力。

实际应用时常采用改进结构的弹性梁，如双孔梁、S 形梁等，如图 4.2.4 所示。这些结构克服了力作用点移动或受侧向力作用的影响，有效改善梁的特性，多用于小量程、高精度的测量中（如工业电子秤等）。

4-1 双孔梁
和 S 形梁

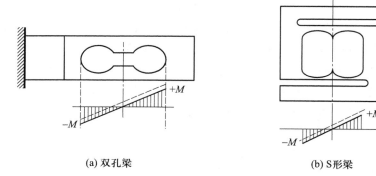

(a) 双孔梁　　　　　　　(b) S 形梁

图 4.2.4　改进结构的弹性梁

3. 弹性圆环

弹性圆环多做成等截面薄壁圆环，如图 4.2.5（a）所示。b、h 分别为圆环的宽度和厚度（m），R 为圆环内外表面的平均半径（m），E、ρ 分别材料的弹性模量（Pa）和密

度(kg/m^3)。

弹性圆环(一般为 $R/h \geqslant 5$ 小曲率圆环)的结构简单,灵敏度高,但其应力分布较复杂。当径向力 F_y 作用在圆环上,圆环外表面上的周向应变分布如图 4.2.5(b)所示。

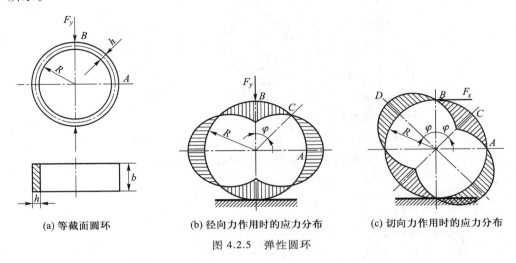

(a) 等截面圆环　　　(b) 径向力作用时的应力分布　　　(c) 切向力作用时的应力分布

图 4.2.5　弹性圆环

A 点处的应变为 $\varepsilon_A = \pm \dfrac{R}{Ebh^2} \times 1.09 F_y$($A$ 点内外表面的应变大小相等,方向相反,外表面为"+",内表面取"−")。B 点处的应变为 $\varepsilon_B = \mp \dfrac{R}{Ebh^2} \times 1.91 F_y$($B$ 点内外表面的应变大小相等,方向相反,外表面为"−",内表面取"+")。在与作用力成一定角度($\varphi = 39.5°$)的 C 点应变为零,称为应变节点,即从该点开始,圆环内外表面的应变符号发生变化。

弹性圆环不仅可以承受径向力,也可以承受切向力的作用,如图 4.2.5(c)所示。当切向力 F_x 作用在圆环上,A、B 两点处的应变为零;与径向成一定角度($\varphi = 39.5°$)对称的两点 C、D 处的应变最大,即 $\varepsilon_C = \mp \dfrac{R}{Ebh^2} \times 2.31 F_x = -\varepsilon_D$($C$ 点内外表面的应变大小相等,方向相反,外表面为"−",内表面取"+";D 点与之相反)。实际应用中常取与径向成45°的两点处的应变,即 $\varepsilon_{45°} = \mp \dfrac{R}{Ebh^2} \times 2.18 F_x$。

弹性圆环弯曲振动时的固有频率由下式确定

$$f_0 = \frac{0.123h}{R^2} \sqrt{\frac{E}{\rho}} \tag{4.2.22}$$

弹性圆环壁较薄,刚性差,受力后较易变形,因而它多用于测量较小的力,实际使用的几种弹性圆环结构如图 4.2.6 所示。

实际应用时,为了提高圆环的刚度和抗过载能力,改善非线性,常采用变截面圆环、扁形圆环,如图 4.2.7 所示。扁形圆环是变形的圆环,为便于加工和固定,扁形圆环外形常采用方形。弹性圆环多用于标准测力环和测力仪中。

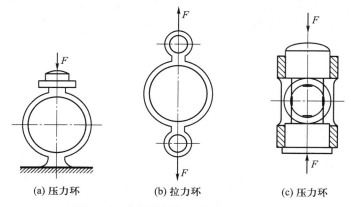

(a) 压力环   (b) 拉力环   (c) 压力环

图 4.2.6   实际使用的几种弹性圆环结构

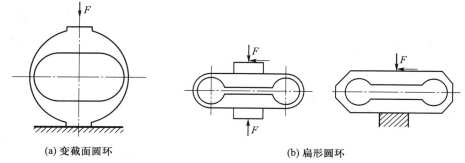

(a) 变截面圆环   (b) 扁形圆环

图 4.2.7   变截面圆环和扁形圆环

4-2 弹性
圆环

4. 扭转轴

扭转轴专门用于测量力矩,如图 4.2.8 所示。l、D 分别为扭转轴的长度和外径(m),E、G、ρ 分别为扭转轴材料的弹性模量、剪切模量(Pa)和密度(kg/m³)。

从材料力学可知,在扭矩 T 的作用下,切应力(剪应力)沿半径线性分布,轴心处应力为零,表面切应力最大,即

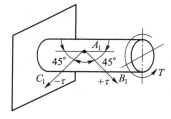

图 4.2.8   扭转轴

$$\tau_{max} = \frac{T}{W_n} \qquad (4.2.23)$$

式中,W_n——抗扭截面模量(m³),对于实心圆轴,$W_n = \frac{\pi}{16}D^3$;对于空心圆轴,$W_n = \frac{\pi D^3}{16}(1-\alpha^4)$,$\alpha = d/D$;

d——空心扭转轴的内径(m)。

在弹性极限内,对应的最大切应变(剪应变)为

$$\gamma_{\max} = \frac{\tau_{\max}}{G} = \frac{T}{GW_n} \tag{4.2.24}$$

切应变是角应变,不能直接测量。但是,由于扭转轴在扭矩 T 的作用下,切应力方向与扭矩转向一致(与半径垂直),最大主应力的方向也是已知的,它们和轴线分别成 $45°$ 和 $135°$(如图 4.2.6 所示, A_1B_1 方向为 $+\sigma_{\max}$, A_1C_1 方向为 $-\sigma_{\max}$),而且数值与最大剪应力 $\tau_{\max}$ 相等,即

$$\sigma_{\max} = \tau_{\max} \tag{4.2.25}$$

根据广义胡克定律,最大应变为

$$\varepsilon_{\max} = \frac{\sigma_{\max}(1+\mu)}{E} = \frac{T(1+\mu)}{EW_n} \tag{4.2.26}$$

扭转轴扭转振动的固有频率为

$$f_0 = \frac{1}{4l}\sqrt{\frac{G}{\rho}} = \frac{1}{4l}\sqrt{\frac{E}{2\rho(1+\mu)}} \tag{4.2.27}$$

扭转轴主要用于扭矩传感器和扭矩扳手等。

4-3 扭矩
传感器和
扭矩扳手

5. 弹性膜片

弹性膜片是一种由金属或非金属薄膜或薄片制成的周边固支的弹性元件,通常用来测量均布载荷(如压力、压差等)。当膜片的上下表面受到均布载荷作用时,膜片将弯向载荷低的一面,膜片表面产生应力,从而将均布载荷变换为膜片的位移(挠度)或应变。

弹性膜片的结构简单,灵敏度高,但应力分布比较复杂,按照膜片的应力性质可分为厚膜和薄膜。一般来讲,膜片受力后产生变形,膜片中心的挠度最大。根据膜片的最大挠度与厚度的比值,当最大挠度与厚度的比值<1/3 时,膜片的变形以弯曲为主,即为厚膜;当最大挠度与厚度的比值>5 时,薄膜的变形以拉压为主,即为薄膜。以下分析中假设弹性膜片为厚膜,属于小挠度的理论范围。

弹性膜片按照断面形状分平面膜片和波纹膜片两种。

(1) 平面膜片

平面膜片有圆形平膜片、矩形平膜片或方形平膜片等。这里主要讨论圆形平膜片的力学特性,如图 4.2.9 所示, R、h 分别为平面膜片的半径和厚度(m); μ、E、ρ 分别为材料的泊松比、弹性模量(Pa)和密度(kg/m³)。

当平面膜片上受到均布压力 p(此压力也可以看成是作用于膜片下表面的压力 p_2 与上表面压力 p_1 的差,即 $p = p_2 - p_1$)作用时,膜片中心的位移(挠度)最大,为

$$w_{\max} = \frac{3(1-\mu^2)}{16E} \cdot \frac{R^4}{h^3} p \tag{4.2.28}$$

在均布压力 p 的作用下,膜片产生的径向应力 σ_r 和切向应力 σ_t 可表示为

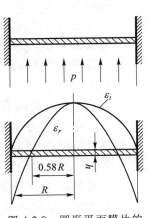

图 4.2.9　圆形平面膜片的
结构及应变分布

$$\begin{cases} \sigma_r = \dfrac{3}{8h^2}[\,(1+\mu)\,R^2-(3+\mu)\,r^2\,]\,p \\[3mm] \sigma_t = \dfrac{3}{8h^2}[\,(1+\mu)\,R^2-(1+3\mu)\,r^2\,]\,p \end{cases} \qquad (4.2.29)$$

其径向应变 ε_r 和切向应变 ε_t 可表示为

$$\begin{cases} \varepsilon_r = \dfrac{1}{E}(\sigma_r-\mu\sigma_t) = \dfrac{3}{8h^2E}(1-\mu^2)(R^2-3r^2)\,p \\[3mm] \varepsilon_t = \dfrac{1}{E}(\sigma_t-\mu\sigma_r) = \dfrac{3}{8h^2E}(1-\mu^2)(R^2-r^2)\,p \end{cases} \qquad (4.2.30)$$

式中，r 为计算点处的半径。

从平面膜片的应变分布可以看出：

① 在膜片中心（$r=0$）处，径向应变 ε_r 和切向应变 ε_t 达到最大，且数值相等，即

$$\varepsilon_r = \varepsilon_t = \frac{3R^2}{8h^2E}(1-\mu^2)\,p \qquad (4.2.31)$$

② 在膜片边缘（$r=R$）处，切向应变 $\varepsilon_t=0$，径向应变 ε_r 为

$$\varepsilon_r = -\frac{3R^2}{4h^2E}(1-\mu^2)\,p \qquad (4.2.32)$$

③ 当 $r=\sqrt{\dfrac{1}{3}}\,R\approx0.58R$ 时，径向应变 $\varepsilon_r=0$，为应变节点。

平面膜片弯曲振动的固有频率为

$$f_0 = \frac{0.470h}{R^2}\sqrt{\frac{E}{\rho(1-\mu^2)}} \qquad (4.2.33)$$

可见，适当增大膜片的半径与厚度比 R/h 可提高灵敏度，但会引起固有振动频率降低。

理论分析表明，方形平膜片的线性、灵敏度都优于圆形平膜片，但其动态特性（固有频率）要略逊一些，因此在实际压力测量中，圆形平膜片多用于小型传感器，方形平膜片多用于尺寸大、输出大的传感器。

需要说明的是，以上分析是以膜片周边固支为前提，实际上当压力增加时，周边因素会引起膜片产生测量误差，因此可采用整体结构的平膜片，来提高测量精度。

（2）波纹膜片

波纹膜片是一种具有同心环状波纹的圆膜片，如图 4.2.10 所示，为了便于膜片和传感元件连接，一般在膜片中心焊接或熔接一块圆形金属片，称为膜片的硬芯。与平面膜片相比，波纹膜片具有良好的线性，灵敏度高，而且通过选取不同的波纹形状可得到不同的输出特性。通常为了进一步提高灵敏度，将两个波纹膜片边缘焊接在一起制成膜盒，也可将数个膜盒串联成膜盒组，从而使灵敏度大大提高。

常见波纹的形状如图 4.2.11（a）所示，有正弦波纹、梯形波纹、锯齿形波纹等。在相同压力下，正弦波纹膜片挠度最大，但线性较差；锯齿形波纹的位移最小，但线性最好；梯形波纹膜片的特性介于二者之间。为了提高膜片的灵敏度，可将膜片的形

4-4 波纹膜
片和膜盒

面做成一定的锥度（或球面度），如图 4.2.11(b)所示。

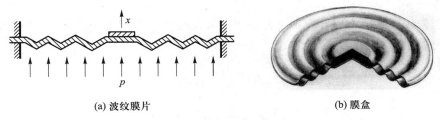

(a) 波纹膜片   (b) 膜盒

图 4.2.10 波纹膜片和膜盒

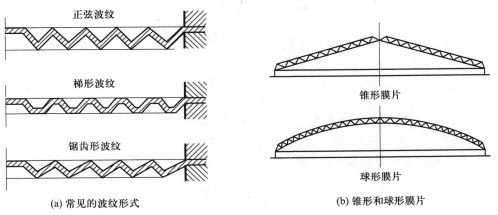

正弦波纹

梯形波纹

锯齿形波纹

锥形膜片

球形膜片

(a) 常见的波纹形式   (b) 锥形和球形膜片

图 4.2.11 波纹膜片的形式

波纹膜片的结构参数主要包括膜片参数和形面参数，膜片参数主要有膜片工作半径 R、膜片厚度 h 和硬芯半径 r（一般取 $r=(0.2\sim0.3)R$）等，型面参数主要有波纹高度 H、波距 l、波纹倾角 θ、波纹锥度 α、边缘波半径 R_0（边缘波是指距离膜片中心最远的波，通常为圆弧波。带有边缘波纹结构可提高灵敏度）、波纹数 n（一般为 4~5个波纹）等，波纹膜片形面简图如图 4.2.12 所示。

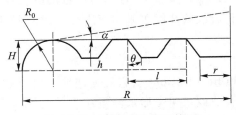

图 4.2.12 波纹膜片形面简图

波纹膜片的特性与材料的性质、波纹形状、膜片结构参数等有关，一般情况下是非线性的。研究发现，合理设计波纹膜片的结构参数，可使其特性呈线性关系。影响波纹膜片特性的两个主要参数是膜片厚度 h 和波纹高度 H。增加膜片厚度，膜片的刚度增大，但会降低灵敏度，同时特性接近于非线性；加大波纹高度，可增大初始变形的刚度,同时可使特性接近线性。下面给出波纹膜片力学特性的经验公式供设计时参考。

当波纹膜片上作用有均布压力 $p(\mathrm{Pa})$ 或在硬中心作用集中力 $F(\mathrm{N})$ 时,膜片中心的挠度最大,分别为

$$w_p = \frac{1}{A_p} \cdot \frac{R^4}{Eh^3} p \qquad (4.2.34)$$

$$w_F = \frac{1}{A_F} \cdot \frac{R^4}{\pi Eh^3} F \qquad (4.2.35)$$

式中,A_p——波纹膜片的弹性系数,$A_p = \dfrac{2(3+q)(1+q)}{3(1-\mu^2/q^2)}$;

A_F——波纹膜片的弯曲力系数,$A_F = \dfrac{(1+q)^2}{3(1-\mu^2/q^2)}$;

q——波纹膜片的形面因子,$q = \sqrt{1+1.5\dfrac{H^2}{h^2}}$;

R、h、H——分别为波纹膜片的工作半径、膜片厚度和波纹高度(m);

μ、E——分别为材料的泊松比和弹性模量(Pa)。

波纹膜片的等效面积(m²)为

$$A_{eq} = \frac{1+q}{2(3+q)} \pi R^2 \qquad (4.2.36)$$

均布压力 p 与作用于硬中心的等效集中力 F_{eq} 之间的关系为

$$F_{eq} = A_{eq} p \qquad (4.2.37)$$

波纹膜片弯曲振动的固有频率为

$$f_0 \approx \frac{0.203h}{R^2} \sqrt{\frac{EA_p}{\rho}} \qquad (4.2.38)$$

式中,ρ——材料的密度(kg/m³)。

波纹膜片形面复杂,影响因素较多,且几何参数的变化往往相互关联,给理论计算带来一定难度,在设计波纹膜片时可采用有限元工具对膜片进行力学特性分析和结构优化。

6. 弹簧管

弹簧管又称波登管(Bourdon tube),它是弯曲成各种形状(大多数弯成 C 形)的空心管子,利用管子的弯曲或扭转变形来测量压力的弹性敏感元件。管子截面形状多为椭圆形、扁圆形、卵形或更复杂的形状,如图 4.2.13 所示。管子一端自由(封闭端),一端固定(开口端,引入压力),在压力作用下,管子截面将趋于圆形,从而使自由端产生与压力大小成一定关系的位移。

椭圆形截面的 C 形弹簧管的结构如图 4.2.13 所示,a、b、h 分别为椭圆形截面的长半轴、短半轴和壁厚(m);R、γ 分别为弹簧管的曲率半径(m)和中心角;μ、E 分别为材料的泊松比和弹性模量(Pa)。

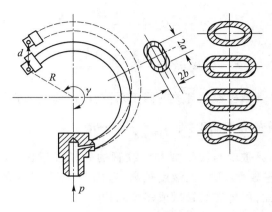

图 4.2.13　C 形弹簧管

对于薄壁弹簧管(壁厚与短半轴之比 $h/b<0.8$),弹簧管自由端的位移 d 与所加压力 p 之间具有如下关系

$$d = C_{\mathrm{B}} \frac{(1-\mu^2)R^3}{Ebh^2}p \qquad (4.2.39)$$

式中,C_{B}——与波登管结构参数有关的修正系数,可由标定试验给出经验值。

C 形弹簧管的刚度较大,灵敏度较小,但过载能力较强,因此常用于较大压力的测量,实际应用中往往与其他弹性元件组合使用。

弹簧管作为压力敏感元件,具有良好的线性特性,测量范围大,测量精度高,但由于其尺寸较大、固有频率低并存在一定的滞后,因此不宜作为动态压力测量的弹性元件。

7. 波纹管

波纹管是一种外圆柱面上有许多同心环状波纹皱褶的薄壁圆管,它的一端开口,与被测压力相通,另一端密封,将开口端固定,密封端处于自由状态,如图 4.2.14 所示。在一定流体压力(或轴向力)作用下,波纹管将伸长(或缩短),从而将压力转换为轴向位移。

波纹管的结构如图 4.2.14 所示,R_{B}、R_{H}、R、h 分别为波纹管的内半径、外半径、波纹圆弧半径和壁厚(m);n、a、α 分别为波纹管的波纹数、两相邻波纹的间距和波纹的斜角(即波纹平面与水平面的夹角);μ、E 分别为材料的泊松比和弹性模量(Pa)。

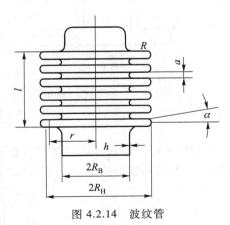

图 4.2.14　波纹管

当波纹管轴向受到集中力 F(N)或管内有均布压力 p(Pa)作用时,波纹管的轴向位移分别为

$$y_F = C_c \frac{n(1-\mu^2)R_H^2}{Eh^3}F \qquad (4.2.40)$$

$$y_p = C_c \frac{nA_{eq}(1-\mu^2)R_H^2}{Eh^3}p \qquad (4.2.41)$$

式中，C_c——与波纹管结构参数有关的修正系数，可由标定试验给出经验值；

A_{eq}——波纹管的有效面积，即 $A_{eq} = \frac{\pi}{4}(R_B + R_H)^2$。

可见，波纹管的灵敏度与波纹数和波纹管的外径成正比，与壁厚的三次方成反比。通常波纹管管壁较薄，因此灵敏度较高，适用于微压、低压的测量。为了提高波纹管的强度和可靠性，可将波纹管做成多层结构。

4-5 波纹管

8. 薄壁圆筒

薄壁圆筒的结构如图 4.2.15(a)所示，它的壁厚一般都小于圆筒直径的 1/20，薄壁圆筒内为盲孔，一端开口并带有法兰，以便固定薄壁圆筒。D、r_0、l、h 分别为薄壁圆筒的外径、内半径、圆筒长度和壁厚(m)；μ、ρ、E 分别为材料的泊松比、密度(kg/m^3)和弹性模量(Pa)。

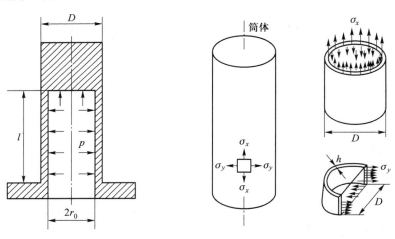

(a) 薄壁圆筒的结构示意图　　　　(b) 均布压力p引起的薄壁圆筒的应力

图 4.2.15　薄壁圆筒及应力分析

如图 4.2.15(b)所示，当被测压力 p 作用其内腔时，筒壁均匀变形，引起轴向拉伸应力 σ_x 和周向拉伸应力 σ_y，可用下式表示为

$$\begin{cases} \sigma_x = \dfrac{r_0}{2h}p \\[2mm] \sigma_y = \dfrac{r_0}{h}p \end{cases} \qquad (4.2.42)$$

筒壁上的轴向应变 ε_x 和周向应变 ε_y 分别为

$$\begin{cases} \varepsilon_x = \dfrac{1}{E}(\sigma_x - \mu\sigma_y) = \dfrac{r_0}{2Eh}(1-2\mu)p \\[3mm] \varepsilon_y = \dfrac{1}{E}(\sigma_y - \mu\sigma_x) = \dfrac{r_0}{2Eh}(2-\mu)p \end{cases} \tag{4.2.43}$$

由上式可知,薄壁圆筒的灵敏度仅仅取决于圆筒的内半径和壁厚,与圆筒长度无关;而且,在压力 p 的作用下,薄壁圆筒的周向应变 ε_y 远大于轴向应变 ε_x(约为 4 倍)。

薄壁圆筒的振动模态较为复杂,很难给出简单的理论计算公式。下面给出一个近似的经验公式,即薄壁圆筒振动的固有频率可表示为

$$f_0 \approx \frac{0.32}{\sqrt{2r_0 l + 2l^2}} \sqrt{\frac{E}{\rho}} \tag{4.2.44}$$

薄壁圆筒结构简单,刚度较好,但它的灵敏度低,适用于较大压力的测量。

以上介绍的是几种最常见的弹性敏感元件的形式,实际应用中,常常根据需要把几种弹性敏感元件组合在一起使用,图 4.2.16 所示为几种弹性敏感元件组合示意图。

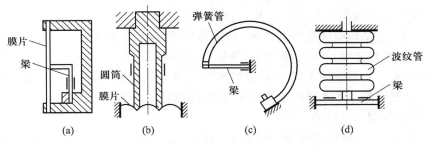

图 4.2.16   几种弹性敏感元件组合示意图

应该注意的是,由两种型式组合的弹性敏感元件具有较高的灵敏度,可以测量较小的力(或压力),但其固有频率低,因此不适宜于动态测量。

4.3   传感器技术的应用及发展趋势

4.3.1   传感器技术的主要应用

人类社会已进入信息时代,信息技术对社会发展、科学进步将起决定性作用。传感器作为信息检测的必要工具,已成为生产自动化、科学测试、监测诊断等系统中不可缺少的基础环节。当今,传感器已经广泛地应用于各个领域,如工业自动化、农业现代化、军事工程、航空航天技术、机器人技术、环境监测、交通运输、安全保卫、医疗诊断等领域,都与传感器有着密切的关系,科学技术的发展离不开传感器技术的

支撑。

在以工业变革为引领的科技潮流之中,传感器将发挥越来越大的作用,并在更多的领域中获得应用与发展。

1. 在工业生产过程中的应用

在现代工业生产尤其是自动化生产过程中,必须使用各种传感器来监测和控制生产过程中的各个参数,如温度、压力、速度、流量、液位等,实时监控设备运行状况,使系统工作在最佳状态,从而提高生产效率,保证产品质量。工业机器人在现代制造业、特别是高温、高压、有毒等恶劣工作环境中扮演着极为重要的角色,传感器为工业机器人高精度智能化的工作提供了技术基础。

2. 在交通安全中的应用

在交通管理中,可以利用传感器实时监控道路状况、车流、车速等信息,并将这些信息与通信、计算机技术等有机结合起来建立智能化交通系统,从根本上缓解困扰现代交通的安全、通畅、节能和环保等问题。在汽车安全系统中,大量的传感器如距离、压力、速度、温度、位置、碰撞等传感器应用于汽车电控系统中,不仅为车辆的安全运行提供必要的信息,也有助于提高汽车的性能和自动化水平,特别是对于无人驾驶车辆,传感器技术的应用与创新必将推动无人驾驶技术的发展。

3. 在生态环境监测中的应用

近年来,生态环境问题日趋严重,采用传感器实现环境监测是大势所趋。传感器不仅可以实时监测空气污染、水污染以及土壤污染,监测海洋、大气和土壤的成分,还可以实时监测森林火灾、山洪暴发和地震等自然灾害,为生态环境监测提供准确信息,以便全面了解地球环境的变化,从而采取科学的方法保护生态环境。

4. 在医疗健康领域的应用

传感器在医疗健康领域的应用十分广泛,医学传感器在图像处理、医学检验、医疗监测、临床诊断与治疗、药物研发等方面发挥着重要的作用。特别是近年来出现的可穿戴传感器、可植入传感器和新型生物传感器等新技术,为医疗应用带来前所未有的便利性和体验,从而促进医疗技术的不断发展,提升全民的健康水平。

5. 在智能家居中的应用

传感器不仅对提升家用电器的智能化水平发挥着至关重要的作用,它也是构建智能家居系统的基础,通过传感器监测室内环境参数、家电设备运行状态等信息,利用远程监控系统及时了解家居内部情况,进行安防监控,实现对家电设备的远程遥控。智能家居结合传感器、物联网技术等为人们提供环保节能、舒适便利和更人性化的居住环境。

4.3.2　传感器技术的发展趋势

目前,随着微电子技术、微细加工技术、网络、计算机等技术的发展,为传感器技术的发展奠定了良好的基础。同时,随着人们生活水平的不断改善、生产自动化程度的不断提高,对传感器的需求也不断增加,形成了传感器技术向新型化、集成化、多功能化、智能化及网络化的发展趋势。当前,传感器技术的发展思路主要是通过不断改善传感器的技术性能和进行传感器的技术创新两个方面展开。

改善传感器性能的技术途径包括补偿与修正技术、抗干扰措施、差动技术、稳定性处理等方法,通过技术改进可进一步提高传感器的性能。传感器技术创新的主要发展动向,一是开展基础研究,发现新现象,探索新理论,开发新材料和新工艺,研制新型传感器;二是实现传感器的集成化、多功能化、智能化和网络化。

1. 研制新型传感器

传感器的工作原理是基于各种物理、化学、生物效应和现象,开展基础研究,发掘新现象与新效应,这是研制新型传感器的重要基础。例如,利用量子力学效应(约瑟夫逊效应)的磁传感器可以检测极其微弱的磁场强度(10^{-13}T),可用于磁成像技术。新型敏感材料也是传感器的技术基础,随着材料科学的发展,除了传统的金属材料、半导体材料,陶瓷材料、光纤材料、超导材料、有机材料、复合材料、纳米材料、智能材料等新型敏感材料在传感器技术中得到应用,极大地扩展了传感器的应用领域和检测极限。微细加工技术的日趋成熟,为传感器的微型化发展提供了重要的技术支撑,近年来 MEMS(micro-electro-mechanical system)传感器研究取得了重要的进展,也出现了与光学、生物学等技术领域交叉融合的新型 MEMS 传感器,如 MOEMS(micro-opto-electro-mechanical system)微光机电传感器、生物化学传感器、纳米传感器等。MEMS 传感器具有体积小、重量轻、能耗低、可靠性高、成本低、易于批量化和集成化等优点,应用前景十分广阔。

4-6 微机械陀螺

2. 传感器的集成化和多功能化

传感器的集成化是半导体集成电路技术和微细加工工艺技术发展的必然趋势。所谓集成化,一方面是将传感器与后续的调理、补偿等电路集成一体化;另一方面是传感器本身的集成化,即将众多同一类型的单个传感器件集成为一维线型、二维或三维阵列型传感器,或者将不同类型的敏感器件集成在一起实现多功能化。前一种集成化使传感器由单一的信号变换功能扩展为兼有放大、运算、干扰补偿等多功能;后一种集成化使传感器的检测方式由点到线到面到体实现多维化、由单参数检测到多参数检测实现多功能化。单芯片集成传感器性能优良,必将是未来传感器发展的趋势。

4-7 单芯片集成传感器

3. 传感器的智能化和网络化

智能化传感器是将传感器与微处理器、人工智能技术相结合,使其不仅具有信号检测、信息处理功能,而且具有逻辑思维与判断等人工智能。一方面利用微处理器的数据处理、存储和通信等实现传感器的自检测、自校正、自补偿、自诊断等功能;另一方面与模糊推理、人工神经网络、专家系统等人工智能技术相结合,形成高度智能化的传感器。传感器的网络化是随着传感器技术、嵌入式计算技术、网络及通信技术和分布式信息处理技术等而发展起来的。网络化传感器由众多随机分布的一组同类或异类传感器节点构成,能够协作地实时监测、感知、采集、处理和传输网络分布区域内的各种信息。无线传感器网络(wireless sensor network,WSN)作为新一代的传感器网络,以其低功耗、低成本、分布式和自组织的特点可广泛应用于国防军事、环境监测、交通管理、医疗卫生等领域。

4. 开发仿生传感器

近年来,仿生学的研究带动了仿生传感器的发展。仿生传感器是通过对自然界中生命有机体的分子和结构等种种行为特性进行模拟,使传感器具有某种生物的独特性能。大自然构造了许多功能奇特、性能高超的生物感官,例如鸟的视觉(复眼结构,视力为人的 8~50 倍);鲨鱼、狗的嗅觉(鲨鱼可分辨水中一百亿分之一的味道、狗的嗅觉是人类的 100 万倍以上);蝙蝠、海豚、飞蛾的听觉(主动型生物雷达——超声波传感器);蛇的触觉(热能灵敏感受器——分辨力达 0.001℃);荷叶的自清洁效应(荷叶表面的纳米结构——超疏水性);蝴蝶翅膀的光学特性(蝴蝶翅膀表面鳞片的微纳结构——超疏水性、光谱特性分析)等,研究它们的机理、开发仿生传感器,是当今传感技术值得关注的发展方向。

综上所述,近年来随着材料科学、电子学、计算机技术、信息处理等技术的发展,极大地推动了传感器技术的发展与进步,发展前景也十分广阔。有理由相信:快速发展的传感器技术必将为信息技术以及其他技术领域的发展带来新的活力与动力。

习题与思考题

1. 如何理解传感器的定义? 传感器主要由哪几部分构成? 各起什么作用?

2. 举例说明物性型传感器与结构型传感器的区别。

3. 对于测量大小不同的力,如何选用测力弹性敏感元件? 对于测量大小不同的压力,如何选用变换压力的弹性敏感元件?

4. 查阅资料简述传感器敏感材料的发展动态。

5. 选用传感器应主要考虑哪些因素?

6. 结合实例说明现代传感技术的主要应用及发展趋势。

第二篇

常用传感器原理及应用

第5章 应变式和压阻式传感器

【本章要点提示】••

    1. 电阻应变片的结构原理及特性

    2. 电阻应变片的测量电路

    3. 电阻应变片的温度误差及其补偿

    4. 电阻应变式传感器和固态压阻式传感器的应用

    电阻应变式传感器由弹性敏感元件和电阻应变片组成。当弹性敏感元件受到被测量作用时,将产生位移、应力和应变;利用电阻应变片将弹性敏感元件上的应变或应力转换成电阻的变化;再通过测量电路,进一步将电阻应变片的电阻变化转换为电压或电流信号,从而达到测量的目的。

    电阻应变式传感器的核心元件是电阻应变片,它是基于金属导体材料的电阻应变效应或半导体材料的压阻效应,将应变转换成电阻的变化。通常将利用金属电阻应变片制作的传感器称为应变式传感器;将利用半导体应变片制作的传感器称为压阻式传感器。早期的电阻应变式传感器以粘贴型应变片为主,随着材料技术发展,出现了薄膜型、扩散型等应变片,将电阻应变片与弹性敏感元件合二为一,极大地提高了传感器的性能。近年来随着大规模集成电路工艺的发展,目前有的已经将测量电路与传感器一体化,传感器的输出可直接与计算机连接进行数据处理。

5.1 电阻应变片

5.1.1 电阻应变片的结构原理

1. 电阻应变片的结构

    电阻应变片(简称应变片)种类繁多,但其基本构造大体相同,都是由敏感栅、基底、覆盖层、引出线和黏合剂等构成,如图 5.1.1 所示。敏感栅是应变片中实现应变–电阻转换的敏感元件,通常由金属或半导体材料制成电阻丝(或箔材、体材、薄膜等)感受应变,敏感栅用黏合剂固定在基底上。图中 l 和 b 为敏感栅的栅长和栅宽,栅长 l 为敏感栅纵向测量应变的有效长度,也称为应变片的基长;栅宽 b 是指最外侧两敏感栅外侧之间的距离,也称为应变片的基宽。基底的作用是保持敏感栅的形状和位置,并将被测试件上的应变准确传递到敏感栅上,其厚度一般在 0.03 mm 左右;此外,基底应具有一定的机械强度和良好的绝缘性能,常用的基底材料有纸、胶膜和玻璃纤维布。引出线将敏感栅电阻丝连接到测量电路中去,通常由直径为0.10~0.16 mm镀银铜丝或铬镍丝等制成。敏感栅上面粘贴有覆盖层,用来保护敏感栅,起着防潮、防尘、防损等作用。在使用应变片时,用黏合剂将应变片粘贴在试件表面的应变场感受被测应变。

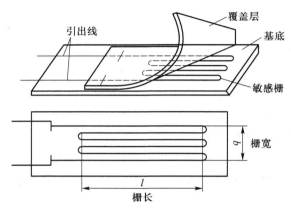

图 5.1.1 电阻应变片的基本结构

2. 电阻应变片的工作原理

电阻应变片的工作原理是基于导体材料的电阻应变效应和半导体材料的压阻效应。电阻应变效应是指导体材料在外力作用下产生机械变形,其电阻值随机械变形而发生变化的物理现象。压阻效应是指半导体材料受到外力作用而产生应力时,其电阻率发生变化的物理现象。

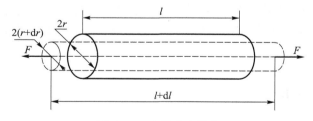

图 5.1.2 电阻应变效应

（1）电阻应变效应

设有一根电阻丝,如图 5.1.2 所示,在未受力时,其初始电阻值为

$$R = \rho \frac{l}{A} \qquad (5.1.1)$$

式中,l、A、ρ——分别为电阻丝的长度、截面积和电阻率。

当电阻丝在外力 F 作用下(拉伸或压缩),其几何尺寸和电阻值同时发生变化,对式(5.1.1)进行全微分可得

$$\frac{\mathrm{d}R}{R} = \frac{\mathrm{d}l}{l} - \frac{\mathrm{d}A}{A} + \frac{\mathrm{d}\rho}{\rho} \qquad (5.1.2)$$

对于圆形截面,有 $A = \pi r^2$(r 为电阻丝的半径),则 $\mathrm{d}A/A = 2\mathrm{d}r/r$,于是

$$\frac{\mathrm{d}R}{R} = \frac{\mathrm{d}l}{l} - 2\frac{\mathrm{d}r}{r} + \frac{\mathrm{d}\rho}{\rho} \qquad (5.1.3)$$

式中,$\mathrm{d}l/l$——电阻丝长度(轴向)的相对变化,即轴向应变(或纵向应变),用 ε 表示;

$\mathrm{d}r/r$——电阻丝半径的相对变化,即径向应变(或横向应变),用 ε_r 表示;

$\mathrm{d}\rho/\rho$——电阻率的相对变化。

由材料力学的泊松效应可知,在弹性范围内电阻丝沿长度方向(纵向)伸长时,其径向(横向)尺寸必然缩小;反之亦然。因此,纵向应变 ε 与横向应变 ε_r 的关系为

$$\varepsilon_r = -\mu\varepsilon \qquad (5.1.4)$$

式中,μ——电阻丝材料的泊松比(或泊松系数)。

勃底特兹明通过实验研究发现,对于金属材料,其电阻率的相对变化与体积的相对变化之间存在以下关系

$$\frac{\mathrm{d}\rho}{\rho} = C\frac{\mathrm{d}V}{V} \qquad (5.1.5)$$

式中,C——与材料性质和加工方式有关的常数,如康铜 $C \approx 1$;

V——体积,即 $V = Al$,则有

$$\frac{\mathrm{d}V}{V} = \frac{\mathrm{d}A}{A} + \frac{\mathrm{d}l}{l} = (1 - 2\mu)\varepsilon \qquad (5.1.6)$$

将以上各关系式带入式(5.1.3)可得

$$\frac{\mathrm{d}R}{R} = \varepsilon + 2\mu\varepsilon + C(1 - 2\mu)\varepsilon = [(1 + 2\mu) + C(1 - 2\mu)]\varepsilon = S_m\varepsilon \qquad (5.1.7)$$

上式中,$S_m = (1 + 2\mu) + C(1 - 2\mu)$,称为金属电阻丝材料的应变灵敏度系数(简称灵敏度系数)。它是由两部分构成:$(1 + 2\mu)$ 是由电阻丝几何尺寸变化引起的;$C(1 - 2\mu)$ 是由材料电阻率随体积的变化而引起的。显然,金属材料的电阻应变效应以结构尺寸的变化为主。

式(5.1.7)表明,金属材料的电阻相对变化与其纵向应变成正比,这就是金属材料的电阻应变效应。

(2)压阻效应

史密斯等学者研究发现,锗、硅等单晶半导体材料具有压阻效应,即半导体材料电阻率的变化与其所受到的轴向(纵向)应力成正比,有

$$\frac{\mathrm{d}\rho}{\rho} = \pi_l\sigma = \pi_l E\varepsilon \qquad (5.1.8)$$

式中,π_l——半导体材料在受力方向的压阻系数(纵向压阻系数),表示单位应力所引起的电阻率的相对变化量;

σ——作用于材料的轴向(纵向)应力;

ε——作用于材料的轴向(纵向)应变;

E——半导体材料的弹性模量(与晶向有关)。

将式(5.1.8)带入式(5.1.3),可得

$$\frac{\mathrm{d}R}{R} = (1+2\mu)\varepsilon + \pi_l E\varepsilon = [(1+2\mu) + \pi_l E]\varepsilon = S_s\varepsilon \qquad (5.1.9)$$

式中,$S_s = (1+2\mu) + \pi_l E$,称为半导体材料的应变灵敏度系数。它由两部分构成:$(1+2\mu)$由半导体材料的几何尺寸变化引起;$\pi_l E$ 是由半导体材料的压阻效应所引起的。由于 $\pi_l E \gg 1+2\mu$,$S_s \approx \pi_l E$,即半导体材料的电阻应变效应以压阻效应为主。

需要说明的是,半导体材料的压阻效应是基于在应力作用下半导体的能带结构发生变化,从而导致载流子密度和载流子迁移率的改变而引起电阻率的变化。因此,半导体材料的压阻系数不仅与掺杂类型(P 型、N 型)、掺杂浓度、温度有关,还与晶向有关,即压阻效应具有各向异性特性,沿不同的方向施加应力和沿不同方向通过电流,其压阻效应不相同。以目前使用最多的单晶硅半导体为例,对于 N 型单晶硅,当沿[100]晶向施加应力,并沿[100]晶向通电流时,其压阻系数最大;对于 P 型单晶硅,当沿[111]晶向施加应力,并沿[111]晶向通电流时,其压阻系数最大。因此,在设计敏感元件时必须注意压阻效应的各向异性特性,敏感元件尽量要选择压阻系数最大的晶向位置(详见 5.3 固态压阻式传感器)。

综合式(5.1.7)和式(5.1.9),电阻的相对变化可用增量来表示为

$$\frac{\Delta R}{R} = S_0\varepsilon \qquad (5.1.10)$$

式中,S_0——电阻丝材料的灵敏度系数,表示单位应变所引起的电阻相对变化量。

一般来讲,金属材料的灵敏度系数为 1.8 ~ 4.8;半导体材料的灵敏度系数通常为 60 ~ 170,是金属材料的灵敏度系数的(50 ~ 80)倍,可见半导体材料的灵敏度远远高于金属材料的灵敏度。

应该指出,电阻丝材料的灵敏度系数 S_0 与同一材料制成的电阻应变片的灵敏度系数 S 不同,这是因为结构、制作工艺和工作状态等因素会影响电阻应变片灵敏度系数的数值。因此,电阻应变片的灵敏度系数 S 一般只能由实验测定,测定时规定:试件受到一维单向应力作用时(通常采用纯弯矩梁或等强度悬臂梁,试件材料为泊松比 $\mu = 0.285$ 的钢材),粘贴应变片的轴线与主应力方向一致,则应变片的电阻变化率 $\Delta R/R$ 与试件主应力方向的应变 ε(即 $\Delta l/l$)之比为电阻应变片的灵敏系数。

实验表明,电阻应变片其电阻的相对变化 $\Delta R/R$ 与作用的纵向应变 ε 的关系在很大范围内具有很好的线性关系,即

$$\frac{\Delta R}{R} = S\varepsilon \qquad (5.1.11)$$

式中,S——电阻应变片的灵敏度系数,又称为标称灵敏度系数。

一般情况下,电阻应变片的灵敏度系数 S 小于相同材料电阻丝的灵敏度系数 S_0,其主要原因是应变片的横向效应和黏合剂带来的应变传递失真。因此,在使用应变片时,一定要注意被测试件的材料以及受力状态。另外,由于应变片粘贴到试件上后不能取下再用,为了确保测试精度,应变片的灵敏度系数要通过抽样法测定,即

在每批产品中提取一定比例(一般为 5%)的应变片,测定灵敏度系数 S 值,取其平均值作为这批产品的灵敏度系数(即标称灵敏度系数)。

3. 电阻应变片的横向效应

电阻应变片的敏感栅如图 5.1.3 所示,将电阻丝绕成敏感栅后,虽然长度不变,但其直线段和圆弧段的应变状态不同。当试件承受单向拉伸时,其表面处于平面应力状态,即纵向拉伸应变 ε_x 和横向收缩应变 ε_y($\varepsilon_y = -\mu\varepsilon_x$,$\mu$ 为试件材料的泊松比)。粘贴在试件表面的应变片,其各直线段的电阻丝将感受沿其轴向的拉伸应变 ε_x,从而导致直线段的电阻增加。而在圆弧段,沿各微段轴向(即微段圆弧的切向)的应变却并非是 ε_x,如图 5.1.3 端部放大所示,由于拉伸时,圆弧段除了沿轴向(水平方向)感受拉应变 ε_x 外,按照泊松效应同时在垂直方向上感受负的压应变 ε_y,因而导致圆弧段的电阻减小。可见,将直的电阻丝绕成敏感栅后,应变片敏感栅的电阻变化较同样长度的直的电阻丝的电阻变化小,因而导致其灵敏度系数下降。应变片这种既敏感纵向应变,又同时受横向应变影响而使灵敏度系数及电阻相对变化都减小的现象,称为应变片的横向效应。

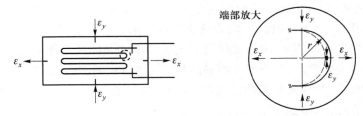

图 5.1.3 应变片的横向效应

考虑横向效应,应变片的电阻变化表示为

$$\frac{\Delta R}{R} = S_x\varepsilon_x + S_y\varepsilon_y \tag{5.1.12}$$

式中,ε_x、ε_y——分别为纵向应变和横向应变;

S_x——应变片对纵向应变的灵敏度系数(表示 $\varepsilon_y = 0$ 时,其电阻相对变化与纵向应变 ε_x 之比);

S_y——应变片对横向应变的灵敏度系数(表示 $\varepsilon_x = 0$ 时,其电阻相对变化与横向应变 ε_y 之比。

令 $H = S_y/S_x$,称为横向效应系数,则

$$\frac{\Delta R}{R} = S_x(\varepsilon_x + H\varepsilon_y) \tag{5.1.13}$$

横向效应系数 H 反映了横向效应对应变片电阻变化的影响程度,可通过实验方法测定 S_x 和 S_y 来确定。一般情况下,要求横向效应系数 $H<2\%$。

由此可见,根据应变片出厂时的标定情况,应变片处于纵向的单向拉伸状态时,$\varepsilon_y = -\mu_0\varepsilon_x$,由式(5.1.13)可得

$$\frac{\Delta R}{R} = S_x(1 - H\mu_0)\varepsilon_x = S\varepsilon_x \tag{5.1.14}$$

$$S = S_x(1 - H\mu_0) \tag{5.1.15}$$

式中，μ_0——标定试件材料的泊松比。

式（5.1.15）表明，由于受横向效应系数 H 的影响，使得应变片的标称灵敏度系数降低。在实际测量中，试件材料与标定材料不同（$\mu \neq \mu_0$），应变场也不是单向应力状态，而是任意的平面应力状态（纵向应变 ε_x 和横向应变 ε_y）。此时电阻的相对变化应按式（5.1.13）计算，而应变片的灵敏系数若仍按照标称灵敏度系数 S 计算，显然此时计算所得的应变值将与真实应变值不等，从而带来一定的误差。设计算所得的应变为 ε_x'，则

$$\varepsilon_x' = \frac{\dfrac{\Delta R}{R}}{S} = \frac{S_x(\varepsilon_x + H\varepsilon_y)}{S_x(1 - H\mu_0)} = \frac{\varepsilon_x + H\varepsilon_y}{1 - H\mu_0} \tag{5.1.16}$$

应变的相对误差 e 为

$$e = \frac{\varepsilon_x' - \varepsilon_x}{\varepsilon_x} = \frac{H}{1 - H\mu_0}\left(\mu_0 + \frac{\varepsilon_y}{\varepsilon_x}\right) \tag{5.1.17}$$

式（5.1.17）表明，应变的相对误差与应变片的横向效应、应变场有关，只有当 $\varepsilon_y/\varepsilon_x = -\mu_0$ 时，相对误差 $e = 0$。因此，当应力状态不同时必然会引起测量误差。例如，某应变片的横向效应系数 $H = 0.05$，试件材料与标定材料相同（泊松比 $\mu_0 = 0.285$ 的钢材），若为单向应力状态，但应变片的轴向与主应力方向垂直时（$\varepsilon_y/\varepsilon_x = -1/\mu_0$），此时误差 $e = 16.2\%$；若为各向均匀的应力场（$\varepsilon_y/\varepsilon_x = 1$），则误差 $e = 6.5\%$。可见，横向效应带来的测量误差不能忽视。

由式（5.1.17）可知，要减少横向效应所造成的误差，有效的方法是减小横向效应系数 H。理论分析和实验表明：对于栅状应变片，纵栅 l 越长，横栅 r（即圆弧段的半径）越小，则横向效应系数 H 越小。因此，通过改进结构，圆弧段采用短接结构或者采用箔式应变片，可有效减小横向效应的影响。

5.1.2　电阻应变片的种类及材料

1. 电阻应变片的种类

按照敏感栅的材料，电阻应变片分为金属电阻应变片和半导体电阻应变片两类。金属电阻应变片包括丝式应变片、箔式应变片和薄膜式应变片三种类型，前两种为粘贴式应变片；半导体电阻应变片包括体型应变片、扩散型应变片、外延型应变片和薄膜型应变片等。

（1）丝式应变片

丝式应变片有两种：丝绕式和短接式，如图 5.1.4 所示。丝绕式应变片是将电阻丝（直径为 0.012～0.05 mm）绕制成栅状黏结在绝缘基底上制成的，制作简便，稳定性好，价格便宜，易于粘贴，但由于横向效应的影响易产生测量误差。短接式应变片是将电阻丝平行放置，两端用直径比金属丝直径大 5～10 倍的镀银丝短接起来，其优点是横向效应小，精度高，但由于短接部分易出现应力集中，在冲击振动条件下影响疲劳寿命，一般可用作温度补偿应变片。

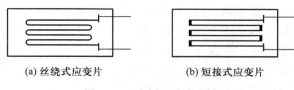

(a) 丝绕式应变片   (b) 短接式应变片

图 5.1.4   金属丝式应变片

（2）箔式应变片

箔式应变片是利用照相制版或光刻腐蚀等工艺方法，将电阻箔材在绝缘基底下制成各种图形而成，箔材厚度一般在 0.001～0.01 mm。箔式应变片可根据测量要求制作成任意形状、尺寸，图 5.1.5 所示为常见的几种箔式应变片。

箔式应变片具有横向效应小，传递应变性能好，散热性能好，允许电流大，蠕变、机械滞后小，疲劳寿命长，柔性好，生产效率高，成本低等优点，因此得到日益广泛的应用，在常温条件下，已逐渐取代了丝式应变片。

5-1 箔式
应变片

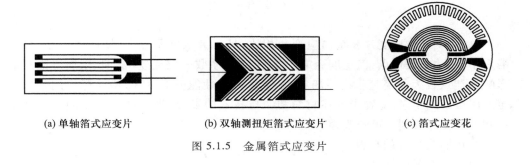

(a) 单轴箔式应变片   (b) 双轴测扭矩箔式应变片   (c) 箔式应变花

图 5.1.5   金属箔式应变片

（3）薄膜应变片

薄膜应变片是薄膜技术发展的产物，它采用真空蒸发、溅射、化学气相淀积等方法，将金属、合金、半导体材料、氧化物等电阻材料淀积在薄的绝缘基片（或弹性体）上制作而成，其厚度一般在 0.1 μm 以下。薄膜应变片厚度极薄，质量轻，对基片（或弹性体）应变部位的变形不会产生附加效应，没有蠕变和滞后，工作温度范围广，长期稳定性好；具有优良的耐热性、耐湿性和耐冲击性；便于制作低成本、高灵敏度、高精度的集成元件，应用前景十分广阔。

（4）半导体应变片

体型半导体应变片是将单晶硅或锗等半导体材料按所需的晶向切割成薄片，经过研磨加工后，再切成细条并经过光刻腐蚀等工序，焊上引线后制作而成，敏感栅的形状可以是条状、U 型或 W 型等，如图 5.1.6（a）所示。体型半导体应变片也是粘贴式应变片，这种结构传递应变不理想，存在较大的滞后和蠕变，且电阻温度系数大，电阻值的分散性较大。随着半导体集成电路工艺的发展，相继出现扩散型、外延型和薄膜型半导体应变片。扩散型半导体应变片是利用半导体扩散技术，将 P 型杂质（如硼元素）扩散到 N 型硅基底上，形成一层极薄的导电 P 型层，焊上引线制作而成，如图 5.1.6（b）所示。它的优点是机械滞后和蠕变小，稳定性好，电阻温度系数也比体型半导体应变片小一个数量级,其缺点是由于存在 P-N 结,当温度升高时,绝缘电阻下降易产生电流泄漏。通过半导体外延工艺在多晶硅或蓝宝石的衬底上外延一层单晶硅而制成外延型半导体应变片,它的优点是取消了 P-N 结隔离,使工作温度大大提高。薄膜型半导体应变片如图 5.1.6(c)所示,通过改变真空沉积时衬底的温度来控制沉积薄膜层电阻率的高低,从而可有效控制其电阻温度系数和灵敏度系数,它汲取了金属应变片和半导体应变片的优点,是一种比较理想的应变片。

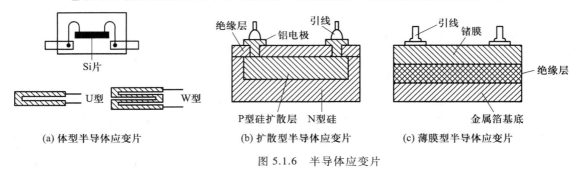

(a) 体型半导体应变片　　　(b) 扩散型半导体应变片　　　(c) 薄膜型半导体应变片

图 5.1.6　半导体应变片

　　总之,半导体应变片和金属应变片相比,具有灵敏度系数大,横向效应小,机械滞后小,尺寸小等优点,但温度稳定性差,灵敏度系数一致性差(晶向、杂质等因素的影响),测量较大应变时非线性严重,批量生产时性能分散度大,给实际应用带来一定的困难。近年来,随着半导体材料和制作技术的发展,半导体应变片的温度稳定性和线性度都得到一定的改善。

　　2. 电阻应变片的材料

　　(1) 敏感栅材料

　　对敏感栅材料的性能要求主要包括:

　　① 灵敏度系数 S 和电阻率 ρ 要尽可能高而稳定,且要求 S 在很大范围内为常数,即电阻变化率 $\Delta R/R$ 与机械应变 ε 之间应具有良好而宽广的线性关系;

　　② 电阻温度系数要小,应具有足够的热稳定性,即电阻-温度间的线性关系稳固、重复性好;

　　③ 机械强度高且碾压及焊接性能好,与其他金属之间接触电势小;

　　④ 抗氧化、耐腐蚀性能强,无明显的机械滞后等。

　　制作应变片敏感栅常用的金属材料有康铜(铜镍合金)、镍铬合金及镍铬改良性合金、铁铬铝合金、铁镍铬合金、铂及铂金等,敏感栅常用合金材料及主要性能列于表 5.1.1。用于制作半导体应变片的材料有硅、锗、锑化铟、磷化铟、砷化镓等,其中最常用的半导体材料是硅和锗。若在硅和锗中掺入硼、镓、铟等杂质构成 P 型半导体,若掺入磷、锑、砷等杂质构成 N 型半导体,且掺入杂质的浓度越大,半导体的电阻率越低,灵敏度系数相应减小。表 5.1.2 为硅和锗在不同晶向的性能参数。

　　由表 5.1.1 和表 5.1.2 可以看出,金属应变片的灵敏度系数 S 在 2~3 左右,半导体应变片若采用 P 型硅[111]、N 型硅[100]或者 P 型锗[111]、N 型锗[111],其灵敏度系数比金属应变片要大几十倍;金属材料应变片的灵敏度系数都为正值,而半导体材料的灵敏度系数的符号随材料的导电类型而异,一般 P 型为正,N 型为负。另外,硅和锗的电阻温度系数大于 $700\times10^{-6}/℃$,比康铜、卡玛等金属大很多,而线膨胀系数大约为 $3.2\times10^{-6}/℃$,比被测试件要小很多,因此半导体材料的温度稳定性较差,必须采取温度补偿措施。

表 5.1.1　敏感栅常用合金材料及主要性能

材料名称	成　分	灵敏度系数 S_0	电阻率 $\rho/$ $10^{-6}(\Omega \cdot m)$	电阻温度系数 $\alpha/$ $10^{-6}(℃)^{-1}$	线膨胀系数 $\beta/$ $10^{-6}(℃)^{-1}$	最高工作温度/℃
康　铜	Ni45Cu55	1.9~2.1	0.45~0.52	±20	15	300(静态) 400(动态)
镍铬合金	Ni80Cr20	2.1~2.3	1.0~1.1	110~130	14	450(静态) 800(动态)
卡玛合金	6J22(Ni74Cr20Al3Fe3)	2.4~2.6	1.24~1.42	±20	13.3	450(静态) 800(动态)
伊文合金	6J23(Ni75Cr20Al3Cu2)					
恒弹性合金	Ni36Cr8Mo0.5 其余 Fe	3.2	1.0	175	7.2	230(动态)
铁铬铝合金	Cr25Al5V2.6Ti0.2Y0.3 其余 Fe	2.6~2.8	1.3~1.5	±30~40	14	700(静态) 1000(动态)
铂钨合金	Pt91.5W8.5	3.2	0.74	192	8.3~9.2	800(静态) 1000(动态)
	Pt90.5W9.5	3.0	0.76	139		

表 5.1.2　硅和锗在不同晶向的性能参数

性能参数 ＼ 材料	晶向	Si($\rho=10\ \Omega \cdot cm$)		Ge($\rho=6\ \Omega \cdot cm$)	
		N	P	N	P
压阻系数 π $10^{-6}(cm^2/N)$	[100]	−102	+6.5	−3	+6
	[110]	−63	+71	−72	+47.5
	[111]	−8	+93	−95	+65
弹性模量 E $10^7(N/cm^2)$	[100]	1.30		1.01	
	[110]	1.67		1.38	
	[111]	1.87		1.55	
灵敏度系数 S_0	[100]	−132	+10	−2	+5
	[110]	−104	+123	−97	+65
	[111]	−13	+177	−147	+103

（2）基底材料（基底和覆盖层）

基底的作用是保持敏感栅的形状和位置,将被测试件上的应变准确传递到敏感栅上并使敏感栅与弹性元件相互绝缘;覆盖层的作用是保护敏感栅使其避免受到机械损伤或防止高温氧化。因此对基底材料的性能要求主要包括:机械性能好、挠性好、易于粘贴；电绝缘性能好；热稳定性能和抗潮湿性能好；滞后和蠕变小等。

常用应变片的基底材料有纸基、胶膜和玻璃纤维布等。纸基具有柔软、易于粘贴、应变极限大、价格低等优点，但耐热耐湿性能差，一般在工作温度低于 80 ℃ 以下使用；胶膜基底一般采用有机聚合物如酚醛树脂、环氧树脂和聚酰亚胺等制成胶膜（厚 0.03 ~ 0.05 mm），各方面的性能优于纸基，使用最高温度可在（100 ~ 300）℃，目前纸基逐渐被胶膜取代；玻璃纤维布能耐（400 ~ 450）℃ 的高温，多用作中温或高温应变片基底。

（3）引线材料

应变片的引线用于连接敏感栅到测量电路中。通常采用直径为 0.10 ~ 0.16 mm 镀银铜丝、铬镍、铁铬铝丝或扁带制成，并与敏感栅点焊相接。引线材料的性能要求为电阻率低、电阻温度系数小、抗氧化性能好、易于焊接。

（4）黏合剂

黏合剂的作用包括两方面：一方面在制作电阻应变片时，用来固定敏感栅在基底上，并将覆盖层与基底粘贴在一起；另一方面，电阻应变片工作时，通常需要粘贴在试件上或传感器的弹性敏感元件上。可见，黏合剂所形成的胶层起着非常重要的作用，它应准确无误地将试件或弹性敏感元件的应变传递到应变片的敏感栅上去，并且应具有良好的稳定性。因此黏合剂的性能与粘贴工艺对于测量结果有直接影响，不可忽视。

对黏合剂的性能要求主要包括：机械强度好，黏合力强，固化内应力小；蠕变和机械滞后小；良好的绝缘性能；耐疲劳性能好，有一定的韧性；对弹性元件和应变片不产生化学、腐蚀作用；有良好的耐潮湿、耐寒、耐热性能等。

常用的黏合剂分为有机和无机两大类，有机黏合剂主要用于中低温场合，常用的有机黏合剂有酚醛树脂、环氧树脂、有机硅树脂及聚酰亚胺等；无机黏合剂用于高温场合，常用的有磷酸盐、硅酸盐、硼酸盐等。要根据不同的使用条件选择适当的黏合剂，在粘贴时，必须遵循严格的粘贴工艺，如对试件粘贴表面进行机械、化学处理、对黏合剂进行加温固化或加压、防护与屏蔽等，以保证粘贴质量。

5.1.3　电阻应变片的主要特性

为了合理选用电阻应变片，需要了解电阻应变片的主要特性及性能参数。

1. 静态特性

表征电阻应变片静态特性的主要指标有电阻值、尺寸参数、灵敏度系数、机械滞后、零漂、蠕变、应变极限、允许电流、绝缘电阻等。

（1）应变片电阻值（R_0）。它是指应变片未粘贴时（不受力），在室温下所测得的电阻值，也称为原始阻值。R_0 值越大，允许的工作电压也越大，从而可提高测量灵敏度。应变片电阻值已趋于标准化，有 60 Ω、120 Ω、250 Ω、350 Ω，600 Ω 和 1000 Ω，其中以 120 Ω 最为常用。一般情况下，室温下应变片电阻值的偏差不超过标称值的 ±5%。

（2）尺寸参数。尺寸参数以敏感栅的栅长 l（基长）和栅宽 b（基宽）表示，表示为

$b \times l$（如图 5.1.1 所示）。栅长有 200 mm、100 mm、1 mm、0.5 mm、0.2 mm 等规格，栅宽一般不超过 10 mm。由于应变片所测出的应变值是敏感栅区域内的纵向平均应变，应变梯度较大时通常选用栅长小的应变片。小栅长的应变片对制造要求高，且应变片的横向效应、蠕变及滞后也大，因此一般情况下应选择栅长大的应变片。

（3）灵敏度系数 S。灵敏度系数是指将应变片粘贴于单向应力作用下的试件（通常为泊松比 $\mu = 0.285$ 的钢材）表面，并使敏感栅纵向轴线与应力方向一致时，应变片电阻值的变化率与沿应力方向的应变之比。由于受到横向效应、黏合剂和基底等影响，应变片的灵敏度系数 S 总是小于敏感栅材料的灵敏度系数 S_0。

S 值的准确性将直接影响测量精度，通常要求 S 值尽量大而稳定。一般情况下，室温时纵向灵敏度系数误差不超过 3%，横向灵敏度系数误差不超过 2%。

（4）机械滞后。在温度保持不变的情况下，对贴有应变片的试件进行循环加载和卸载，应变片对同一机械应变量的指示应变的最大差值，称为应变片的机械滞后。产生机械滞后的主要原因是应变片敏感栅、基底和黏合剂在承受机械应变后产生的残余变形导致的。通常在室温下，要求机械滞后小于 $(3 \sim 10)\mu\varepsilon$。实际应用时，在测试前应反复多次循环加载和卸载，可有效减小机械滞后。

（5）零漂和蠕变。零漂是指试件不受力（无机械应变）且温度保持恒定的情况下，应变片的电阻值（或指示应变）随时间变化的特性。在恒温恒载条件下，即一定温度下，给应变片施加恒定的机械应变（1000 $\mu\varepsilon$ 以内），其指示应变随时间变化的特性称为蠕变。

零漂和蠕变都是用来衡量应变片对时间稳定性的，特别是长时间工作时其意义尤为重要。实际上，应变片工作时零漂和蠕变是同时存在的，即蠕变中包含着零漂，一般要求蠕变小于 15 $\mu\varepsilon$，在极限工作温度下零漂小于 50 $\mu\varepsilon/h$。零漂通常是由于温度变化和老化等因素引起的；引起蠕变的主要原因是应变片在制造过程中内部产生的内应力和工作中出现的剪应力，使敏感栅、基底，尤其是胶层之间产生的"滑移"所致。因此，选择抗剪强度较高的黏合剂和基底材料，适当地减薄胶层和基底，并使之充分固化，有利于改善蠕变性能。

（6）应变极限。一般来讲，应变片的线性特性只有在一定的应变限度范围内才能保持，当试件的真实应变超过某一限值时，应变片的输出特性将出现非线性。在恒温条件下，应变片的指示应变和真实应变的相对误差（非线性误差）不超过规定值（一般为 10%）时的最大真实应变值称为应变极限，如图 5.1.7 所示。

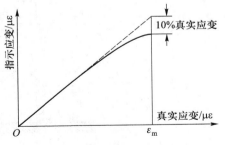

图 5.1.7 应变极限特性

应变极限是衡量应变片测量范围和过载能力的指标，通常要求应变极限不小于 8000 $\mu\varepsilon$。影响应变极限的主要因素与蠕变基本相同，因此也应采取相应的措施以获得较高的应变极限。

（7）允许电流。指应变片接入测量电路后，应变片不因电流产生的热量而影响其工作特性的最大电流,它与应变片本身、试件、黏合剂和环境等有关,要根据应变片的阻值和具体电路来计算。为保证测量精度,静态测量时,允许电流一般为 25 mA;动态测量时,允许电流可达 75～100 mA;箔式应变片的允许电流较大,可达 500 mA。

(8)绝缘电阻。应变片的敏感栅与基底之间的电阻值称为绝缘电阻。它是衡量应变片的粘贴质量、黏合剂固化程度及是否受潮的重要指标,其值越大越好,一般应大于 10^{10} Ω。绝缘电阻下降和不稳定都会造成测量误差。

2. 动态特性

应变测试中,应变片反映的应变是敏感栅栅长范围内所感受应变量的平均值,在静态或变化缓慢的应变测量中,应变片能正确反映它所处受力试件位置的应变。当被测应变的变化频率较高时,需要考虑其动态响应特性。实验表明,在动态测量时,机械应变以相同于声波速度的应变波在材料中传播。应变波由试件表面经黏合剂、基底传播到敏感栅,需要一定的时间。前两者都很薄,可忽略不计;而当应变波在敏感栅长度方向传播时,就会有时间的滞后,从而对动态(尤其是高频)应变测量产生误差。应变片的动态特性就是指应变片感受随时间变化的应变时的响应特性。

(1)对正弦应变波的响应

当受力试件内的应变波按正弦规律变化时,由于应变片反映的应变波形是应变片栅长范围内所感受应变量的平均值,因此应变片所反映的应变波幅将低于真实应变波,从而产生一定的误差。显然,这一误差随着应变片基长的增大而增加。

图 5.1.8 所示为一频率为 f、幅值为 ε_0 的正弦应变波以速度 v 沿着应变片纵向 x 方向传播时某一瞬时 t 的分布图。设应变片的基长为 l_0,则应变片基长中点 x_t 处的瞬时应变为 $\varepsilon_t = \varepsilon_0 \sin(2\pi x_t/\lambda)$,$\lambda$ 为正弦应变波的波长,$\lambda = v/f$。应变波在弹性材料中的传播速度 v 可按 $v = \sqrt{E/\rho}$ 计算,E、ρ 分别为试件材料的弹性模量(Pa)和密度(kg/m³),对于钢材,$v \approx 5000$ m/s。

由图 5.1.8 可知,应变片在基长 l_0 范围 $[x_t \pm (l_0/2)]$ 内的平均应变为

$$\varepsilon_{av} = \frac{1}{l_0} \int_{x_t - \frac{l_0}{2}}^{x_t + \frac{l_0}{2}} \varepsilon_0 \sin \frac{2\pi}{\lambda} x \, dx = \frac{\lambda \varepsilon_t}{\pi l_0} \sin \frac{\pi l_0}{\lambda} \tag{5.1.18}$$

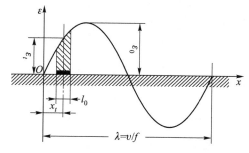

图 5.1.8　应变片对正弦应变波的响应

由此产生的测量误差为

$$e = \left| \frac{\varepsilon_{av} - \varepsilon_t}{\varepsilon_t} \right| = \left| \frac{\lambda}{\pi l_0} \sin \frac{\pi l_0}{\lambda} - 1 \right| \tag{5.1.19}$$

考虑到 $\pi l_0 / \lambda \ll 1$，将上式展开成级数，并略去高阶小量后可得

$$|e| = \frac{1}{6} \left(\sin \frac{\pi l_0}{\lambda} \right)^2 \approx \frac{1}{6} \left(\frac{\pi l_0 f}{v} \right)^2 \tag{5.1.20}$$

由上式可见，粘贴在一定试件（v 为常数）上的应变片对正弦应变波的响应误差 e 随基长 l_0 和应变频率 f 的增加而增大。因此，在设计和应用应变片时，根据要求的精度 $|e|$，可确定应变片允许的最大工作基长 l_0 或最高工作频率 f_{max}，即

$$l_0 \leqslant \frac{v}{\pi f} \sqrt{6|e|} \quad \text{或} \quad f_{max} \leqslant \frac{v}{\pi l_0} \sqrt{6|e|} \tag{5.1.21}$$

例如，应变波在钢材中的传播速度 $v \approx 5000 \text{ m/s}$，若要求误差 $|e| \leqslant 0.5\%$，利用式 (5.1.21) 可计算出不同基长 l_0 时应变片的最高工作频率 f_{max}，如表 5.1.3 所示。

表 5.1.3　不同基长应变片的最高工作频率

基长 l_0/mm	0.5	1	2	3	5	10	15	20
最高工作频率 f/kHz	551	276	138	92	55	27.6	18.4	13.8

由此可见，当应变波的变化频率较低或者应变片的基长较小时，由应变片基长所引入的响应误差可忽略不计。另外，基长 l_0 尽量选取小的，这样可反映所处受力试件位置处的真实应变，以提高测量精度。

（2）对阶跃应变波的响应

若受力试件内的应变波为阶跃变化时，如图 5.1.9(a) 所示，由于只有在应变波通过敏感栅的全长 l_0 后，才能达到最大值。此时，应变波所需的传播时间为 $t = l_0/v$，即应变片所反映的应变波形有一定的时间延迟，图 5.1.9(b) 所示为应变片的理论响应特性，实际波形如图 5.1.9(c) 所示。以输出从稳态值的 10% 上升到稳态值的 90% 的这段时间作为上升时间 t_r，可按下式估算，即

$$t_r = 0.8 \frac{l_0}{v} \tag{5.1.22}$$

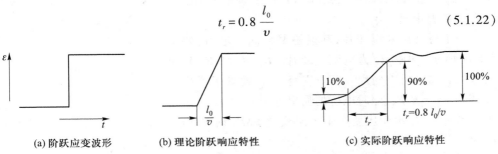

(a) 阶跃应变波形　　　(b) 理论阶跃响应特性　　　(c) 实际阶跃响应特性

图 5.1.9　应变片对阶跃应变波的响应

实际上，上升时间 t_r 值是很小的，如应变片基长 $l_0 = 20 \text{ mm}$，应变波的传播速度 $v \approx 5000 \text{ m/s}$，则 $t_r = 3.2 \times 10^{-6} \text{s}$，可见应变片的响应速度较快。

（3）疲劳寿命

疲劳寿命也是衡量应变片动态特性的一个重要指标，它是指应变片在恒定幅值（一般为 1500 $\mu\varepsilon$）的交变应变作用下（频率为 20~50 Hz），连续工作直至产生疲劳损坏时的循环次数。疲劳寿命与应变片的材料、制作工艺、粘贴质量等因素有关，一般要求为 10^5~10^7 次。

当然，不同用途的应变片，对其工作特性的要求也不同。选用应变片时，应根据测量环境、应变性质、试件状况等使用要求，有针对性地选用具有相应性能的应变片。

5.1.4 电阻应变片的测量电路

电阻应变片将被测试件的应变转换为电阻的变化量，由于应变量及其电阻变化量一般都很微小，既难以精确测量，又不便于直接处理，因此，必须通过测量电路将应变片电阻的变化转换为电压或电流信号，以便进行信号放大等处理。通常采用的测量电路是电桥电路（即惠斯通电桥），根据电桥激励电源的不同，电桥电路分为直流电桥和交流电桥。本章主要介绍直流电桥，交流电桥在第 6 章中介绍。

图 5.1.10 所示为直流电桥的基本电路，R_1、R_2、R_3、R_4 为电桥的四个桥臂。假设电源为电压源，内阻为零，电桥的负载电阻为无穷大，则电桥的输出电压 U_O 可表示为

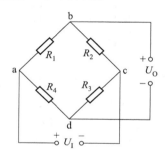

$$U_O = U_{ab} - U_{ad} = \frac{R_1 R_3 - R_2 R_4}{(R_1 + R_2)(R_3 + R_4)} U_I \quad (5.1.23)$$

当电桥平衡时，输出电压 $U_O = 0$，则可得到

$$R_1 R_3 = R_2 R_4 \text{ 或 } \frac{R_2}{R_1} = \frac{R_3}{R_4} \quad (5.1.24)$$

图 5.1.10 直流电桥电路

式（5.1.24）称为电桥平衡条件，即相对桥臂阻值的乘积或者相邻桥臂阻值之比相等。

下面分别针对恒压源电桥（包括单臂电桥和差动电桥）、恒流源电桥的桥路灵敏度、非线性特性等进行讨论。

1. 单臂电桥

一个桥臂接入应变片，其余桥臂为固定电阻，如图 5.1.11 所示，图中 R_1 为电阻应变片，R_2、R_3 和 R_4 为固定电阻。当电阻应变片未承受应变时，电桥处于平衡状态，即 $R_1 R_3 = R_2 R_4$，此时电桥的输出电压 $U_O = 0$。

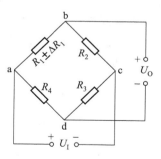

图 5.1.11 单臂电桥

当桥臂 R_1 承受应变产生电阻变化 $\pm\Delta R_1$ 时，电桥失去平衡，此时电桥的输出电压为

$$U_O = \left(\frac{R_1 \pm \Delta R_1}{R_1 \pm \Delta R_1 + R_2} - \frac{R_4}{R_3 + R_4} \right) U_I = \frac{\left(\pm \dfrac{\Delta R_1}{R_1} \right) \dfrac{R_3}{R_4}}{\left(1 \pm \dfrac{\Delta R_1}{R_1} + \dfrac{R_2}{R_1} \right) \left(1 + \dfrac{R_3}{R_4} \right)} U_I \quad (5.1.25)$$

令桥臂电阻比 $\dfrac{R_2}{R_1}=\dfrac{R_3}{R_4}=n$，由于 $\Delta R_1\ll R_1$，略去分母中的微小项 $\dfrac{\Delta R_1}{R_1}$，则有

$$U_0\approx\left(\pm\dfrac{\Delta R_1}{R_1}\right)\cdot\dfrac{n}{(1+n)^2}\cdot U_{\mathrm{I}} \tag{5.1.26}$$

电桥电压灵敏度定义为

$$S_U=\dfrac{U_0}{(\pm\Delta R_1/R_1)}=\dfrac{n}{(1+n)^2}\cdot U_{\mathrm{I}} \tag{5.1.27}$$

分析式(5.1.27)不难发现：

（1）电桥电压灵敏度正比于电桥电源电压 U_{I}。电源电压越高，电压灵敏度越高；但是电源电压的提高，受到应变片允许功耗的限制，因此电源电压应适当选择。

（2）电桥电压灵敏度与桥臂电阻比 n 有关。令 $\dfrac{\mathrm{d}S_U}{\mathrm{d}n}=0$，求得 $n=1$，即 $R_1=R_2$、$R_3=R_4$ 时，电桥的电压灵敏度最大，$S_U=\dfrac{U_{\mathrm{I}}}{4}$，此时电桥输出电压为

$$U_0\approx\dfrac{1}{4}\left(\pm\dfrac{\Delta R_1}{R_1}\right)\cdot U_{\mathrm{I}} \tag{5.1.28}$$

由此可知，当桥臂电阻取 $R_1=R_2$、$R_3=R_4$，且电源电压 U_{I} 和电阻的相对变化量 $\Delta R_1/R_1$ 不变时，电桥的输出电压及其灵敏度为定值，且与各桥臂电阻阻值大小无关。

式(5.1.28)是在假定 $\Delta R_1\ll R_1$ 的情况下得到的理想值，实际值应按式(5.1.25)计算，即实际输出电压为

$$U_0'=\dfrac{\left(\pm\dfrac{\Delta R_1}{R_1}\right)}{2\left(2\pm\dfrac{\Delta R_1}{R_1}\right)}U_{\mathrm{I}}=\dfrac{1}{4}U_{\mathrm{I}}\left(\pm\dfrac{\Delta R_1}{R_1}\right)\dfrac{1}{1\pm\dfrac{\Delta R_1}{2R_1}} \tag{5.1.29}$$

可见，实际输出电压 U_0' 与电阻变化量 $\Delta R_1/R_1$ 是非线性关系，非线性误差为

$$\gamma=\dfrac{U_0'-U_0}{U_0}=\dfrac{\mp\dfrac{\Delta R_1}{R_1}}{2\pm\dfrac{\Delta R_1}{R_1}} \tag{5.1.30}$$

一般情况下，应变片所受应变通常在 5 000 $\mu\varepsilon$ 以下。若对于金属应变片，取灵敏度系数 $S=2$ 时，则 $\Delta R_1/R_1=S\varepsilon=5\ 000\times10^{-6}\times2=0.01$，此时非线性误差约为 $\gamma=0.5\%$，可以忽略不计。若对于半导体应变片，取灵敏度系数 $S=130$ 时，则 $\Delta R_1/R_1=S\varepsilon=0.65$，此时非线性误差约为 $\gamma=24.5\%$。可见，非线性误差随着灵敏度系数 S 和所受应变 ε 的增大而增大，因此必须采取补偿措施。

在实际应用中，通常可采用差分电桥和恒流源电桥电路，以减小和消除非线性误差并提高输出灵敏度。

2. 差分电桥

差动电桥电路包括半桥差分电路和全桥差分电路。半桥差动电路如图 5.1.12（a）所示，在两个相邻桥臂接入电阻应变片 R_1 和 R_2，另外两个桥臂 R_3 和 R_4 为固定电阻，实际应用往往采用等臂电桥，即 $R_1 = R_2 = R_3 = R_4 = R$（下文中若无特殊说明均视为等臂电桥）。电阻应变片未承受应变时，$R_1 R_3 = R_2 R_4$，电桥处于平衡状态。当电阻应变片承受应变时，相邻桥臂电阻应变片 R_1 和 R_2 的应变极性相反，若取 $|\Delta R_1| = |\Delta R_2| = \Delta R$，则电桥的输出电压为

$$U_0 = \left[\frac{(R_1 \pm \Delta R_1)}{(R_1 \pm \Delta R_1) + (R_2 \mp \Delta R_2)} - \frac{R_4}{R_3 + R_4} \right] U_1 = \pm \frac{1}{2} \frac{\Delta R}{R} U_1 \tag{5.1.31}$$

可见，电桥输出电压 U_0 与 $\Delta R / R$ 呈线性关系，即半桥差分电路无非线性误差。而且电压灵敏度 $S_U = \dfrac{U_1}{2}$，比单臂电桥电路提高了一倍。

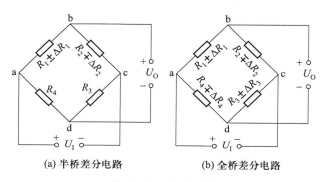

(a) 半桥差分电路　　　　(b) 全桥差分电路

图 5.1.12　差分电桥

若四个桥臂都接入电阻应变片，如图 5.1.12（b）所示，电阻应变片未承受应变时，$R_1 R_3 = R_2 R_4$，电桥处于平衡状态。当电阻应变片承受应变时，相邻桥臂电阻应变片的应变极性相反，相对桥臂电阻应变片的应变极性相同，构成全桥差分电路。若取 $|\Delta R_1| = |\Delta R_2| = |\Delta R_3| = |\Delta R_4| = \Delta R$，则电桥的输出电压为

$$U_0 = \pm \frac{\Delta R}{R} U_1 \tag{5.1.32}$$

可见，全桥差分电路也没有非线性误差，而且电压灵敏度 $S_U = U_1$，比半桥差分电路又提高了一倍。

考虑一般情况，电桥四个臂分别接入 4 个型号相同、初始阻值相等（R）、灵敏度系数均为 S 的电阻应变片，当承受应变时，四个桥臂均有相应的电阻变化分别为 $+\Delta R_1$、$-\Delta R_2$、$+\Delta R_3$、$-\Delta R_4$，则电桥的输出电压为

$$U_0 = \frac{R(\Delta R_1 - \Delta R_2 + \Delta R_3 - \Delta R_4) + \Delta R_1 \Delta R_3 - \Delta R_2 \Delta R_4}{(2R + \Delta R_1 + \Delta R_2)(2R + \Delta R_3 + \Delta R_4)} U_1 \tag{5.1.33}$$

由于 $\Delta R_i \ll R_i (i = 1, 2, 3, 4)$，略去上式中的高阶微量，电桥的输出电压近似为

$$U_0 = \frac{1}{4} \left(\frac{\Delta R_1}{R} - \frac{\Delta R_2}{R} + \frac{\Delta R_3}{R} - \frac{\Delta R_4}{R} \right) U_1 \tag{5.1.34}$$

将 $\dfrac{\Delta R_i}{R} = S\varepsilon_i(i=1,2,3,4)$ 带入上式,可得

$$U_0 = \frac{1}{4}U_1 S(\varepsilon_1 - \varepsilon_2 + \varepsilon_3 - \varepsilon_4) \tag{5.1.35}$$

式(5.1.34)和式(5.1.35)称为电桥的和差特性,它表明:

(1)对于相邻桥臂,若应变极性相同,即同为拉应变或压应变,输出电压与两者之差成正比;若应变极性相反,则输出电压与应变(绝对值)之和成正比。

(2)对于相对桥臂,若应变极性相同,即同为拉应变或压应变,输出电压与两者之和成正比;若应变极性相反,则输出电压与应变之差成正比。

因此,合理地利用电桥的和差特性,不仅可以提高灵敏度,还可以消除非测量载荷的影响并实现温度补偿(温度补偿详见5.1.5节)。

如图5.1.13所示,弹性元件(悬臂梁)受到拉力 P 和弯矩 M 的作用,将两个相同的应变片分别粘贴在梁的上、下表面,则 R_1、R_2 感受的应变分别为

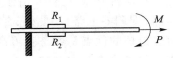

图 5.1.13 复合载荷作用

$$\begin{cases} \varepsilon_1 = \varepsilon_P + \varepsilon_M \\ \varepsilon_2 = \varepsilon_P - \varepsilon_M \end{cases} \tag{5.1.36}$$

若将 R_1、R_2 布置在电桥的相对桥臂,有

$$U_0 = \frac{1}{2}S\varepsilon_P U_1 \tag{5.1.37}$$

从而达到测量拉力而消除弯矩影响的目的。

同理,若将 R_1、R_2 布置在电桥的相邻桥臂,则达到测量弯矩而消除拉力影响的目的。

3. 恒流源电桥

恒压源电桥产生非线性误差的主要原因是通过电桥各桥臂的电流不恒定。为了减小非线性误差,可采用恒流源电桥电路,如图5.1.14所示,供桥电流为 I,通过各臂的电流分别为 I_1 和 I_2,若恒流源的内阻很高,则有

$$\begin{cases} I_1(R_1+R_2) = I_2(R_3+R_4) \\ I = I_1 + I_2 \end{cases} \tag{5.1.38}$$

解方程组可得

$$I_1 = \frac{R_3+R_4}{R_1+R_2+R_3+R_4}I \tag{5.1.39}$$

$$I_2 = \frac{R_1+R_2}{R_1+R_2+R_3+R_4}I \tag{5.1.40}$$

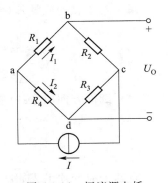

图 5.1.14 恒流源电桥

电桥的输出电压为

$$U_0 = I_1 R_1 - I_2 R_4 = \frac{R_1 R_3 - R_2 R_4}{R_1+R_2+R_3+R_4}I \tag{5.1.41}$$

初始时电桥处于平衡状态（$R_1R_3=R_2R_4$），则电桥输出电压为零。设桥臂 R_1 承受应变产生电阻变化 $\pm\Delta R$，R_2、R_3 和 R_4 为固定电阻，则电桥输出电压为

$$U_0 = \pm\frac{R\Delta R}{4R\pm\Delta R}I = \pm\frac{1}{4}I\Delta R\frac{1}{1\pm\frac{\Delta R}{4R}} \tag{5.1.42}$$

比较式（5.1.29）和式（5.1.42），分母中的 ΔR 分别被 $2R$ 和 $4R$ 所除，因此单臂工作时恒流源电桥电路的非线性误差显著减小。

若采用全桥差分电路，则电桥输出电压为

$$U_0 = \pm I\Delta R \tag{5.1.43}$$

可见，高内阻的恒流源电桥可有效减小非线性误差，且受负载的影响小。若采用全桥差分电路，不仅可提高灵敏度，而且输出电压与温度无关，即温度补偿效果好。

在电桥测量电路中，由于电阻应变片的阻值总有偏差，因此需要设置预调平衡电路（即调零电路）。此外，在实际应用中可以采用直流电桥，也可以采用交流电桥。直流电桥的优点是容易获得高稳定度直流电源，电桥平衡电路调节简单，测量电路中连接导线的分布电容影响小。其缺点是信号后处理较为复杂。由于电桥的输出电压一般较小，需要进行信号放大，直流放大器易产生零点漂移，而采用交流放大器不会产生零点漂移，应用更广泛。因此，应变测量电路多采用交流电桥，虽然调节平衡比直流电桥复杂，但信号调理电路相对简单。

例 5-1 有一应变式传感器，弹性元件为实心圆柱，直径 $D=50$ mm，钢材的弹性模量 $E=2\times10^{11}\text{N/m}^2$，泊松系数 $\mu=0.3$。沿圆柱轴向和圆周方向各贴两片灵敏度系数 $S=2$、阻值为 $120\ \Omega$ 的应变片，组成全桥电路。设力 $F=10$ t，试求轴向和圆周方向应变片电阻的变化量分别为多少？若应变片的工作电流是 15 mA，试求此时电桥输出电压的大小。

解 对于轴向应变片（纵向应变），根据 $\dfrac{\Delta R}{R}=S\varepsilon$，且 $\varepsilon=\dfrac{F}{AE}$，有

$$\frac{\Delta R}{R}=S\varepsilon=S\frac{F}{\pi r^2 E}=\frac{2\times10\times10^3\times9.8}{3.14\times0.025^2\times2\times10^{11}}=0.05\%$$

$$\Delta R=0.05\%R=120\times0.05\%\ \Omega=0.06\ \Omega$$

对于圆周方向应变片（横向应变），有

$$\frac{\Delta R_r}{R}=S\varepsilon_r=-S\mu\varepsilon=-0.015\%$$

$$\Delta R_r=-0.015\%R=-0.018\ \Omega$$

将四个应变片组成如图 5.1.12（b）所示的全桥差分电路，U_1 为激励电源电压，有

$$U_1=2IR=2\times15\times10^{-3}\times120\text{V}=3.6\text{ V}$$

则电桥的输出电压为

$$U_0=\frac{1}{4}\left(\frac{\Delta R_1}{R}-\frac{\Delta R_2}{R}+\frac{\Delta R_3}{R}-\frac{\Delta R_4}{R}\right)U_1$$

$$=\frac{3.6}{4}(0.05\%\times2+0.015\%\times2)\text{V}=1.17(\text{mV})$$

5.1.5 电阻应变片的温度误差及其补偿

电阻应变片在测量过程中,除了感受机械应变而产生电阻变化外,环境温度的变化也会引起电阻的变化,从而产生虚假应变,造成测量误差。因此在应变测量中必须消除温度的影响,才能提高测量精度。

1. 温度误差

引起应变片产生温度误差的原因主要有两个:

(1) 敏感栅的电阻温度系数 α 的影响。若敏感栅材料的电阻温度系数为 α,则敏感栅的电阻值随温度的变化而改变,即产生电阻温度效应,电阻与温度的关系可表示为

$$R_t = R(1+\alpha\Delta t) = R+R\alpha\Delta t = R+\Delta R_\alpha \tag{5.1.44}$$

式中,R_t——温度为 $t\,^{\circ}\!\mathrm{C}$ 时的电阻值;

$\quad R$——温度为 $t_0\,^{\circ}\!\mathrm{C}$ 时的电阻值;

$\quad \alpha$——敏感栅材料的电阻温度系数;

$\quad \Delta t$——温度变化量,即 $\Delta t = t-t_0$。

可见,当温度变化 Δt 时,由于敏感栅的电阻温度效应而产生的电阻变化为

$$\Delta R_\alpha = R\alpha\Delta t \tag{5.1.45}$$

此电阻变化折合成虚假应变(即应变误差)为

$$\varepsilon_\alpha = \frac{\Delta R_\alpha / R}{S} = \frac{\alpha\Delta t}{S} \tag{5.1.46}$$

(2) 敏感栅和试件材料的线膨胀系数 β 的影响。当敏感栅和试件材料的线膨胀系数不同时,环境温度变化会使应变片产生附加变形,从而引起电阻的变化。如图 5.1.15 所示,设在温度为 $t\,^{\circ}\!\mathrm{C}$ 时粘贴在试件上的应变片的敏感栅长度为 l,敏感栅和试件的线膨胀系数分别为 β_s 和 β_g,当温度变化 Δt 时,敏感栅的长度受热膨胀至 l_s,敏感栅长 l 下的试件受热膨胀至 l_g,即有

$$\begin{cases} l_s = l(1+\beta_s\Delta t) = l+l\beta_s\Delta t = l+\Delta l_s \\ l_g = l(1+\beta_g\Delta t) = l+l\beta_g\Delta t = l+\Delta l_g \end{cases} \tag{5.1.47}$$

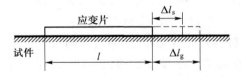

图 5.1.15　线膨胀系数不同引起的温度误差

由于 $\beta_s \ne \beta_g$,则 $\Delta l_s \ne \Delta l_g$。但应变片与试件粘贴在一起,若 $\beta_s < \beta_g$,则敏感栅被迫从 Δl_s 拉长至 Δl_g,从而使应变片产生附加变形 Δl_β,即

$$\Delta l_\beta = \Delta l_g - \Delta l_s = l(\beta_g - \beta_s)\Delta t \tag{5.1.48}$$

其折合成虚假应变为

$$\varepsilon_\beta = \Delta l_\beta / l = (\beta_g - \beta_s)\Delta t \tag{5.1.49}$$

此虚假应变对应的电阻变化为

$$\Delta R_\beta = RS(\beta_g - \beta_s)\Delta t \tag{5.1.50}$$

式中,R——温度为 t_0℃时的应变片电阻值;

S——应变片灵敏度系数。

由式(5.1.45)和式(5.1.50)可得,由于温度变化引起应变片总的电阻变化为

$$\Delta R_t = \Delta R_\alpha + \Delta R_\beta = R[\alpha + S(\beta_g - \beta_s)]\Delta t \tag{5.1.51}$$

相应的虚假应变(即应变误差)为

$$\varepsilon_t = \varepsilon_\alpha + \varepsilon_\beta = \frac{\alpha\Delta t}{S} + (\beta_g - \beta_s)\Delta t \tag{5.1.52}$$

由此可知,温度变化引起的附加电阻变化将会造成虚假应变,除了与环境温度有关外,还与应变片本身的性能参数及试件的材料有关,因此要消除温度误差的影响,必须采取温度补偿措施。

例 5-2 有一阻值 $R = 120\ \Omega$,灵敏系数是 $S = 2$,电阻温度系数 $\alpha = 20\times10^{-6}/℃$,线膨胀系数 $\beta_s = 15\times10^{-6}/℃$ 的电阻应变片贴于线膨胀系数为 $\beta_g = 11\times10^{-6}/℃$ 的工件上。若工件在外力作用下产生的应变量为 $200\ \mu\varepsilon$,试问:当温度改变 4 ℃时,电阻变化量及虚假应变分别为多少?由于温度影响产生的应变相对误差为多大?

解 由式(5.1.51)可得,电阻的变化量为

$$\Delta R_t = R[\alpha + S(\beta_g - \beta_s)]\Delta t = 120\times[20\times10^{-6} + 2\times(11-15)\times10^{-6}]\times4\ \Omega = 0.00576\ \Omega$$

由式(5.1.52)可得,虚假应变为

$$\varepsilon_t = \frac{\alpha\Delta t}{S} + (\beta_g - \beta_s)\Delta t = [20\times10^{-6}/2 + (11-15)\times10^{-6}]\times4\varepsilon = 24\ \mu\varepsilon$$

由此产生的应变相对误差为

$$e = |24/200| = 12\%$$

2. 温度补偿方法

温度补偿方法主要包括应变片自补偿和电路补偿两种。

(1)应变片自补偿

由式(5.1.51)和式(5.1.52)可知,要消除温度的影响,必须使

$$\alpha = -S(\beta_g - \beta_s) \tag{5.1.53}$$

因此,若被测试件材料确定后,通过选择适合的应变片敏感栅材料,使其满足式(5.1.53),即可达到补偿目的。这种方法的优点是结构简单,制造和使用方便;缺点是一种应变片只能在特定的试件材料上使用,因此存在一定的局限性。

(2)电路补偿

电路补偿是目前最常用、最有效的温度补偿方法,电路补偿包括差分电桥补偿、热敏电阻补偿、串并联电阻补偿等。

① 差分电桥补偿法。其原理是基于电桥的和差特性,选取参数相同的两个应变片作为电桥的相邻桥臂,由于两个应变片处于同一温度场,当温度变化时其输出电压相互抵消,从而达到温度补偿的目的。

如图 5.1.16 所示,R_1 为工作应变片,粘贴在试件上;R_2 为补偿应变片,粘贴在材料与试件完全相同但不受力的补偿块上。补偿应变片 R_2 和工作应变片 R_1 完全相同(同一批号生产),且处于同一温度场,将 R_1 和 R_2 作为电桥的两个相邻桥臂,另外两个桥臂 R_3、R_4 为固定电阻。

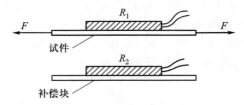

图 5.1.16　差动电桥补偿时应变片的粘贴

当温度变化(升高或降低)时,R_1 和 R_2 因温度引起的电阻变化量相同,即 $\Delta R_{1t} = \Delta R_{2t}$,电桥仍然处于平衡状态,电桥输出为零。若此时被测试件有应变 ε 的作用,则工作应变片 R_1 由应变引起的电阻增量为 $\Delta R_{1\varepsilon} = R_1 S \varepsilon$,而补偿应变片 R_2 不承受应变,不会产生电阻变化。因此,电桥的输出电压只与被测试件的应变 ε 有关,而与环境温度无关。这种方法的优点是简单易行,常温下补偿效果好;其缺点是当温度变化梯度较大时,很难做到使工作应变片 R_1 和补偿应变片 R_2 处于完全相同的温度,因而影响补偿效果。

在实际应用中,可以不另设补偿块,而是利用试件的结构巧妙地布置应变片,既能起到温度补偿作用,又能提高电桥灵敏度。如图 5.1.17(a)所示的弹性悬臂梁,将两个参数相同的应变片 R_1 和 R_2 分别贴于梁的上下两面对称位置,在力 F 的作用下,两个应变片分别承受大小相等极性相反的应变(R_1 为拉应变,R_2 为压应变),且处于同一温度场。因此,将它们接到电桥的两个相邻桥臂,不仅达到了温度补偿的目的,还可使输出电压增加一倍,有效提高了测量灵敏度。

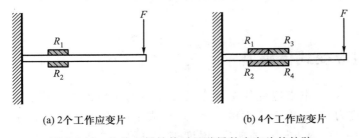

(a) 2个工作应变片　　　　　　(b) 4个工作应变片

图 5.1.17　差分电桥补偿时悬臂梁的应变片的粘贴

差分电桥补偿法的优点是能在较大的温度范围内进行补偿,因而最为常用。但需要说明的是,采用恒压源差分电路并不能完全消除温度变化产生的误差。例如,在图 5.1.17(a)中,设外力作用时应变片 R_1 与 R_2 的电阻变化量为 ΔR,其中 R_1 增加 ΔR,R_2 减小 ΔR;温度变化时,R_1 和 R_2 因温度引起的电阻变化量均为 ΔR_t。将 R_1 与 R_2 接到电桥的两个相邻桥臂,另外两个桥臂 R_3 和 R_4 为固定电阻,根据式(5.1.31),

则电桥的输出为

$$U_0 = \left[\frac{(R+\Delta R + \Delta R_t)}{(R+\Delta R + \Delta R_t)+(R-\Delta R + \Delta R_t)} - \frac{R}{R+R} \right] U_1 = \frac{1}{2} \frac{\Delta R}{R+\Delta R_t} U_1 \qquad (5.1.54)$$

可见,恒压源差分半桥电路输出仍然有温度误差存在。为了提高温度补偿的效果,最好采用四个电阻应变片组成全桥差分电路,如图 5.1.17(b)所示,外力作用时四个应变片的电阻变化量均为 ΔR,其中 R_1 和 R_3 增加 ΔR,R_2 和 R_4 减小 ΔR;温度变化时,四个应变片因温度引起的电阻变化量均为 ΔR_t,则电桥的输出为

$$U_0 = \frac{\Delta R}{R+\Delta R_t} U_1 \qquad (5.1.55)$$

显然,全桥差分电路灵敏度增加一倍,进一步提高了温度补偿效果。

为了完全消除温度误差的影响,可采用恒流源全桥差分电路(参见图 5.1.14),电桥的输出电压(式 5.1.43)中仅仅包含了外力作用时应变片的电阻变化量 ΔR,而不包含由于温度变化引起的电阻变化量 ΔR_t,因此从原理上可完全消除温度误差的影响。

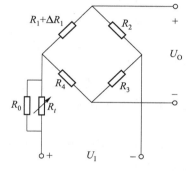

图 5.1.18   热敏电阻补偿法

② 热敏电阻补偿法。如图 5.1.18 所示,图中的热敏电阻 R_t 与工作应变片 R_1 处于相同的温度条件下。当温度升高时,由于应变片的灵敏度下降,使得电桥的输出减小;而热敏电阻的阻值随温度升高而减小(负温度系数的热敏电阻),于是电桥的供桥电压增加,导致电桥的输出电压增大,从而可补偿由于应变片受温度影响引起的输出电压的下降。适当选择分流电阻 R_0 的值,可以达到良好的温度补偿效果。

5.2   电阻应变式传感器

在测试技术中,电阻应变片主要有两个方面的应用:一是直接用于测量被测试件的应变和应力;二是用于弹性敏感元件,构成不同的电阻应变式传感器来测量各种物理量,如位移、力、压力、加速度、温度等。电阻应变测试技术历史悠久,是实验应力分析中应用最广的一种方法,电阻应变式传感器也是应用最广泛的传感器之一,与其他传感器相比,电阻应变式传感器具有以下优点:

① 结构简单,使用方便,性能稳定,工作可靠;

② 灵敏度高,输出特性的线性好;

③ 精度高,高精度传感器的满量程误差可小于 0.1%或更小;

④ 响应速度快,适用于静态和动态测量;

⑤ 测量范围广,如测力传感器的量程为 $10^{-2} \sim 10^7 \mathrm{N}$,压力传感器的量程为 $10^{-1} \sim 10^6 \mathrm{Pa}$;

⑥ 对工作环境的适应能力强,可在高(低)温、超低压、高压、水下、强磁场以及辐射和化学腐蚀等恶劣环境下使用。

其缺点是输出信号微弱,在大应变状态下具有较明显的非线性,还必须考虑应变片横向效应引起的横向灵敏度与温度补偿问题等。

应用电阻应变式传感器的关键是选择合适的弹性元件将被测物理量转换为应变,其次必须合理地选择应变片在弹性元件上的布置和相应的接桥方式,才能利用电桥的和差特性达到测量目的,同时应能进行温度补偿和排除非测量载荷的影响。

下面首先给出不同载荷作用下应变片在弹性元件上的布置和相应的接桥方式,再结合典型弹性元件给出几种应变式传感器的应用。

5.2.1 电阻应变片的布置和接桥方式

电阻应变片的布置和接桥方式应根据弹性元件的受力分析(参见第 4 章 4.2.3 节)来确定,通常应遵循以下原则:

① 根据弹性元件受力后应力应变分布情况,应变片应布置在弹性元件产生应变最大的位置,并沿主应力方向贴片;贴片处的应变尽量与外载荷呈线性关系(避开非线性区),同时应尽量使该处不受非测量载荷的干扰影响。

② 根据电桥的和差特性,将应变片布置在弹性元件具有正负极性的应变区,并选择适当的接桥方式(半桥差分和全桥差分电路),进行温度补偿并排除非测量载荷的影响。

表 5.2.1 列举了不同载荷作用下电阻应变片的布置和接桥方式。从表中可以看出,不同的布置和接桥方式对灵敏度、温度补偿和消除非测量载荷影响是不同的。在实际应用中,最好使用四个相同的应变片组成全桥差分电路,可使输出的灵敏度最大,同时能进行温度补偿并消除非测量载荷的影响。

5.2.2 电阻应变式传感器的应用

常见的电阻应变式传感器包括应变式力传感器、应变式压力传感器、应变式加速度传感器等。电阻应变式传感器的性能很大程度上取决于弹性元件的设计(参见第四章 4.2.3 节),弹性元件的结构根据测量对象的不同而不同。

1. 应变式力传感器

应变式力传感器具有结构简单、制造方便、精度高等优点,在静态和动态测量中得到广泛应用。应变式力传感器主要用作各种电子秤和材料试验机的测力元件,或用于飞机和发动机的推力测试等。根据弹性元件的不同形状,可以制成柱式、悬臂梁式、环式和轮辐式等应变式荷重或力传感器。

表 5.2.1 不同载荷作用下电阻应变片的布置和接桥方式

受力情况	测试项目	应变片的布置	电桥型式 接桥方式	电桥简图	电桥输出电压	温度补偿	特点
拉（压）	拉（压）应变	F—R_1/R_2—F ；温度补偿片 R_1' R_2'	半桥		$\dfrac{1}{4}U_1 S\varepsilon_F$	R_1R_2 $R_1'R_2'$ 必须同一温度场	可消除弯矩的影响
			全桥		$\dfrac{1}{2}U_1 S\varepsilon_F$		灵敏度提高一倍，可消除弯矩的影响
		R_2 R_1 ／ R_4 R_3 ；$R_2(R_4)$ $R_1(R_3)$	半桥		$\dfrac{1}{4}U_1 S\varepsilon_F(1+\mu)$	互为补偿	灵敏度提高到 $(1+\mu)$ 倍，且可消除弯矩的影响
			全桥		$\dfrac{1}{2}U_1 S\varepsilon_F(1+\mu)$		灵敏度提高到 $2(1+\mu)$ 倍，且可消除弯矩的影响
弯矩	弯曲应变	M R_1／R_2 M ；$R_1(R_2)$	半桥		$\dfrac{1}{2}U_1 S\varepsilon_M$	互为补偿	可消除拉（压）作用的影响
		M R_2 R_1／R_4 R_3 M ；$R_2(R_4)$ $R_1(R_3)$	全桥		$\dfrac{1}{2}U_1 S\varepsilon_M(1+\mu)$		灵敏度提高到 $(1+\mu)$ 倍，且可消除拉（压）作用的影响
扭矩	扭转应变	T_m R_2 R_1 $45°$ T_m	半桥		$\dfrac{1}{2}U_1 S\varepsilon_T$	互为补偿	可消除拉（压）、弯矩作用的影响
		T_m R_2 R_3 R_4 R_1 $45°$ T_m	全桥		$U_1 S\varepsilon_T$		灵敏度提高一倍，可消除拉（压）、弯矩作用的影响
		T_m $(R_4)R_2$ $(R_3)R_1$ $45°$ T_m ；(R_3)、(R_4) 表示贴在背面对应 R_1、R_2 的位置	全桥		$U_1 S\varepsilon_T$		灵敏度提高一倍，可消除拉（压）、弯矩（梯度变化）的影响

注：U_1 为供桥电压；S 为应变片的灵敏度系数；ε_F、ε_M、ε_T 为被测试件的应变；μ 为试件材料的泊松系数。

（1）柱式力传感器

柱式力传感器的弹性元件为实心或空心圆柱,其特点是结构紧凑、简单、承载能力大,主要用于中等载荷的拉压力测量。当弹性圆柱受轴向载荷作用时,在同一截面上产生轴向应变和横向应变(拉应变和压应变),应变分布均匀,因此通常将多片电阻应变片粘贴在圆柱中部的外侧面上,并连接成差分电桥进行测量,如图 5.2.1 所示。

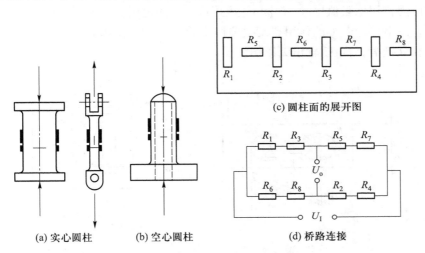

图 5.2.1　圆柱式力传感器

在实际测量中,由于被测力不可能正好沿着圆柱体的轴线作用,从而可能造成载荷偏心(横向力)和弯矩的影响。为了消除测量误差,可采用增加应变片的数目的方式,贴片在圆柱面的展开位置及其在桥路中的连接如图 5.2.1(c)和(d)所示,共采用八个相同的应变片,其中四个沿着圆柱体的轴向粘贴,四个沿着周向粘贴。R_1、R_3 串接,R_2、R_4 串接并置于相对桥臂;R_5、R_7 串接,R_6、R_8 串接并置于另一相对桥臂,这样既可消除偏心和弯矩的影响,也可提高灵敏度并进行温度补偿。

（2）悬臂梁式力传感器

悬臂梁式力传感器的弹性元件主要包括等截面悬臂梁和等强度悬臂梁,其特点是结构简单、易于加工、贴片方便,灵敏度较高,主要用于小载荷和高精度的拉压力测量。通常力作用于自由端,应变片应粘贴在梁的最大弯矩截面位置处,一般在靠近梁根部的上、下表面各粘贴两片应变片,如图 5.2.2 所示,此时应变大小相等而符

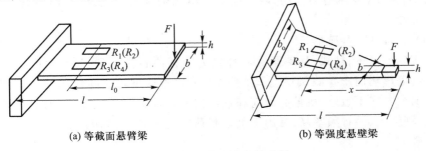

图 5.2.2　悬臂梁式力传感器

号相反,将四个应变片接成全桥差分电路可获得最大输出电压。

为了克服力作用点变化和受侧向力作用等对传感器输出的影响,常采用改进结构的弹性梁,如双孔梁、S 形梁等,由于其具有良好的线性、很强的抗偏载和抗侧向力的能力、小的弹性滞后等,因而广泛应用于小量程的测力和称重传感器中。将四个应变片对称粘贴在开孔的位置,如图 5.2.3 所示,当受到力 F 作用时,应变片 R_1 和 R_3 因受拉应力作用电阻值增大,R_2 和 R_4 因压应力作用电阻值减小,将四个应变片连接成全桥差分电路。若力的作用点发生偏移或受到侧向力作用时,四个应变片电阻值的变化相互抵消,对电桥输出无影响。

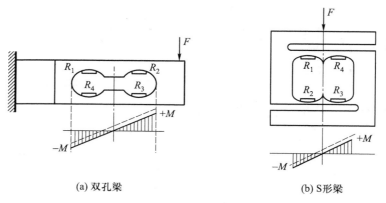

(a) 双孔梁   (b) S形梁

图 5.2.3   特殊梁式力传感器

（3）环式力传感器

环式力传感器的弹性元件包括等截面圆环和变截面圆环,其特点是刚度大,稳定性好,固有频率高,主要用于中、小载荷的测力传感器中,等截面圆环适用于测量较小的力,变截面圆环适用于测量较大的力。

由于圆环的应力分布不均匀,应力状态比较复杂,既有正应变(拉应变)区和负应变(压应变)区,还有应变几乎为零的部位(即应变节点),为了使传感器得到较高的灵敏度,应灵活选择应变片的粘贴位置。对于等截面圆环,应变片常粘贴在环内侧正、负应变最大处,如图 5.2.4(a)所示;对于变截面圆环,应变片常粘贴在圆环水平轴的内外两侧面上,如图 5.2.4(b)所示。当受到力 F 作用时,应变片 R_1 和 R_3 受拉应力作用,R_2 和 R_4 受压应力作用,四个应变片组成全桥差分电路,可提高灵敏度并进行温度补偿。

（4）轮辐式力传感器

在实际测量中,柱式、悬臂梁式和环式力传感器容易受到安装条件变化和力作用点移动等影响而产生测量误差,轮辐式力传感器通过轮辐弹性元件的剪切受力,具有对加载方式不敏感、抗偏心载荷和抗侧向载荷能力强等优点,同时它的外形低、量程大、刚度大、固有频率高,常用于重型载荷的电子秤中,如电子汽车衡、轨道衡等应用普遍。

轮辐式力传感器由轮圈、轮毂、轮辐和应变片组成,轮辐成对且对称地连接轮圈

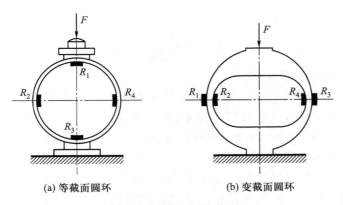

(a) 等截面圆环　　　　(b) 变截面圆环

图 5.2.4　环式力传感器

和轮毂,如图 5.2.5(a)所示。当外力作用在轮毂时,矩形轮辐就会产生平行四边形变形,形成与外力成正比的切应变。八片应变片分别对称粘贴在四根轮辐的侧面,并与轮辐水平中心线成 45°角斜线交叉成直角。在外力作用下,沿轮辐对角线缩短方向粘贴的应变片受压,电阻值减小;沿轮辐对角线伸长方向粘贴的应变片受拉,电阻值增大。

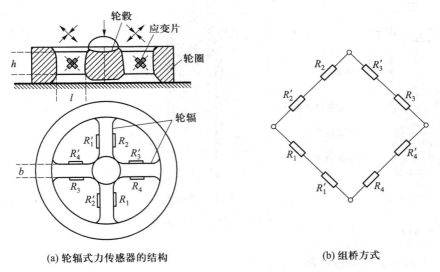

(a) 轮辐式力传感器的结构　　　　　(b) 组桥方式

图 5.2.5　轮辐式力传感器

由材料力学可知,在力 F 的作用下,轮辐式弹性元件上轮辐的最大应变为

$$\varepsilon = \frac{3F}{16bhG} = \frac{3(1+\mu)F}{8bhE} \tag{5.2.1}$$

式中,b、h——分别为轮辐的宽度和高度;

　E、G、μ——分别为弹性材料的弹性模量、剪切弹性模量和泊松系数。

将八片应变片连接成如图 5.2.5(b)所示的全桥差分电路,则电桥的输出电压与

外力成正比,即

$$U_0 = \frac{3U_1 S(1+\mu)}{8bhE} F \qquad (5.2.2)$$

2. 应变式压力传感器

应变式压力传感器主要用于气体、流体的静态和动态压力测量,如内燃机管道和动力设备管道的进出气口的压力测量、发动机喷口压力、枪和炮管内部压力测量等。根据弹性元件的不同,可以制成筒式、膜片式、组合式等压力传感器。

(1) 筒式压力传感器

筒式应变压力传感器的弹性元件采用薄壁圆筒,其特点是结构简单,制造方便,适用于高压的测量。当被测压力作用于圆筒的内腔时,圆筒发生变形,且圆筒的周向应变远大于轴向应变,因此通常在圆筒的外表面沿圆周方向粘贴两片应变片,感受拉应变;在圆筒的实心底部外表面或沿圆筒轴向粘贴两片应变片,起到温度补偿作用,如图 5.2.6 所示,四个应变片即可组成全桥差分电路,这样不仅可提高输出的灵敏度和线性度,而且能进行温度补偿。

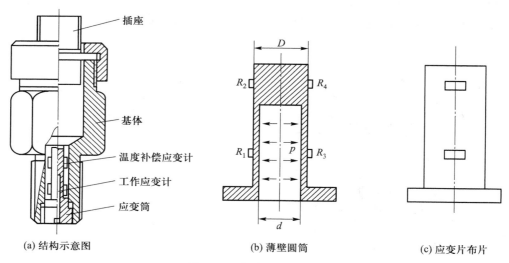

(a) 结构示意图　　　　　　(b) 薄壁圆筒　　　　　　(c) 应变片布片

图 5.2.6　筒式压力传感器

(2) 膜片式压力传感器

膜片式压力传感器的弹性元件采用平膜片或波纹膜片,其特点是结构简单、使用可靠,尤其是圆形箔式应变片可做成小尺寸高精度的压力传感器。以平膜片式压力传感器为例,平膜片周边固支,将两种不同压力的介质隔开,压力差使得膜片产生变形。根据平膜片的应力应变分布,将应变片粘贴在平膜片上感受其径向应变和切向应变,如图 5.2.7(a) 所示,一般在膜片中心正应变区沿切向贴两片(如图 5.2.7(b) 中的 R_1 和 R_3),在边缘负应变区沿径向贴两片(如图 5.2.7(b) 中的 R_2 和 R_4),并组成全桥差分电路,这样可获得最大的灵敏度,同时具有良好的线性及温度补偿性能。

采用特制的圆形箔式应变片(也称为箔式应变花)能够最大限度地利用膜片的

应变状态,如图 5.2.7(c)所示。它以 $r_e = 0.58R$(应变节点)为界,在 r_e 以内呈圆形丝栅,感受切向正应变;r_e 以外呈径向丝栅,感受径向负应变。丝栅转折处均加粗,以减小横向效应的影响,引出线尽量接近 $0.58R$ 处。

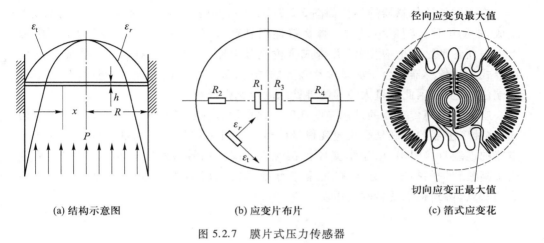

(a) 结构示意图   (b) 应变片布片   (c) 箔式应变花

图 5.2.7　膜片式压力传感器

(3) 组合式压力传感器

这类压力传感器的应变片不直接粘贴在压力弹性元件上,而是由压力弹性元件(如膜片或膜盒、波纹管、弹簧管等)将感受压力产生的位移传递到贴有应变片的其他弹性元件上(如弹性梁、薄壁圆筒等,参见图 4.2.16)。组合式压力传感器的特点是灵敏度高,适用于测量低压,但由于其固有频率低,因此不适宜于动态测量。

3. 其他应变式传感器

除了应变式力和压力传感器外,应变式传感器还可以利用不同的弹性元件构成应变式加速度传感器、应变式位移传感器和应变式扭矩传感器等,如图 5.2.8 所示。

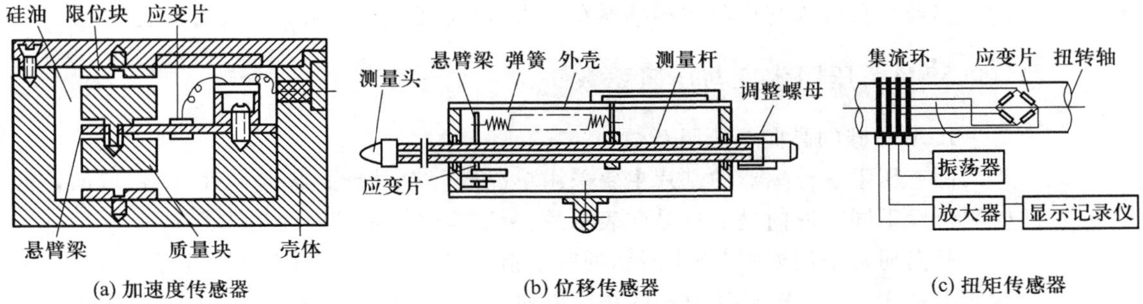

(a) 加速度传感器   (b) 位移传感器   (c) 扭矩传感器

图 5.2.8　应变式传感器

应变式加速度传感器的结构如图 5.2.8(a)所示,由质量块、支撑质量块的悬臂梁以及硅油(产生阻尼的作用)组成。梁的根部附近上下表面各粘贴两个应变片,限位块防止传感器发生过载。测量时,传感器壳体与被测对象刚性连接。当有加速度作用在壳体上时,质量块由于惯性将产生与加速度成正比的惯性力,惯性力使悬臂梁变形产生应变,通过四个应变片组成全桥差分电路,从而测出加速度的大小。这种应变式加速度传感器结构简单,设计灵活,具有良好的低频响应,在低频振动测量中得到广泛应用。

应变式位移传感器的结构如图 5.2.8(b)所示,由悬臂梁、弹簧、测量杆(导杆)等组成,被测位移由测量头、导杆、弹簧传递到悬臂梁,使之弯曲变形。梁的根部附近上下表面各粘贴两个应变片,并构成全桥差分电路,即可实现对位移的测量。这种组合式位移传感器适合于测量位移较大的场合,被测位移是弹簧伸长量和悬臂梁自由端位移之和,因此测量大位移时弹簧刚度应选得很小。

应变式扭矩传感器的结构如图 5.2.8(c)所示,由扭转轴、应变片和集电装置等构成,这种传感器的关键是解决应变信号的传输。可采用集流环将电阻应变片与测量电路的连线直接引出,由于集流环存在触点磨损和信号不稳定等问题,因此不适合测量高速转轴的扭矩。近年来,随着蓝牙技术的应用,无线传输方式可克服有线传输的缺点,得到越来越多的应用。

5.3   固态压阻式传感器

早期的压阻式传感器是利用体型半导体应变片制成的粘贴型压阻式传感器,由于存在滞后和蠕变较大、测量精度低等问题,影响了其使用和发展。20 世纪 70 年代以后,利用半导体工艺的扩散技术,在单晶硅片上将扩散型半导体应变片与基底(弹性元件)合二为一,制成集应力敏感与力电转换于一体的固态压阻式传感器(也称为扩散型压阻式传感器)。它不同于粘贴式应变片需通过弹性元件间接感受外力,而是直接通过硅膜片感受被测外力,因此具有灵敏度高、测量精度高、动态响应速度快、稳定性好、工作温度范围宽、易于微型化、集成化等特点,是一种非常理想的压阻式传感器。目前固态压阻式传感器在压力、加速度等参量测量中应用普遍。

5.3.1   压阻效应与压阻系数

1. 单晶硅的晶向与压阻系数

固态压阻式传感器的基片主要采用单晶硅。单晶硅是各向异性材料,取向不同时则特性不同。取向是通过晶向表示的,所谓晶向就是晶面的法线方向。

晶向通常采用如图 5.3.1 所示的密勒指数法。以平面 ABC 为例,它在 x、y、z 轴的截距分别为 r、s、t;若平面 ABC 的法线方向与 x、y、z 轴的夹角分别为 α、β、γ,它们之间的关系为

$$\cos\alpha : \cos\beta : \cos\gamma = \frac{1}{r} : \frac{1}{s} : \frac{1}{t} = h : k : l \tag{5.3.1}$$

式中,$\cos\alpha$、$\cos\beta$、$\cos\gamma$——法线的方向余弦;

h、k、l——密勒指数,为无公约数的最大整数。

通常规定晶面用$(h\,k\,l)$表示,晶向用$[h\,k\,l]$表示。单晶硅是正立方晶体,其晶

向如图 5.3.1 所示。

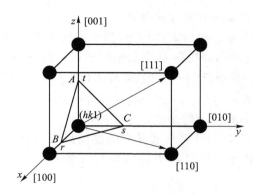

图 5.3.1 单晶硅的晶向

由 5.1.1 节的压阻效应可知,半导体材料的电阻变化率 $\Delta R/R$ 近似等于电阻率的变化率 $\Delta\rho/\rho$,而电阻率的变化率与轴向应力 σ 成正比,比例系数就是纵向压阻系数 π_l,即 $\Delta\rho/\rho = \pi_l\sigma$。由于单晶硅是各向异性材料,若沿三个晶轴 1、2、3(即 x、y、z 轴)方向取出一单元微立方体,在受到多向应力作用时,考虑到正立方晶体的对称性,则单晶硅的压阻系数矩阵为

$$\begin{bmatrix} \pi_{11} & \pi_{12} & \pi_{12} & 0 & 0 & 0 \\ \pi_{12} & \pi_{11} & \pi_{12} & 0 & 0 & 0 \\ \pi_{12} & \pi_{12} & \pi_{11} & 0 & 0 & 0 \\ 0 & 0 & 0 & \pi_{44} & 0 & 0 \\ 0 & 0 & 0 & 0 & \pi_{44} & 0 \\ 0 & 0 & 0 & 0 & 0 & \pi_{44} \end{bmatrix} \qquad (5.3.2)$$

由此可知,单晶硅只有三个独立的压阻系数,即 π_{11} 称为纵向压阻系数,π_{12} 称为横向压阻系数,π_{44} 称为剪切压阻系数。压阻系数的前下标代表电阻率变化率分量的方向,后下标代表应力分量的方向。

需要说明的是,上述压阻系数矩阵是相对晶轴坐标系推导得到的,因此 π_{11}、π_{12}、π_{44} 是相对三个晶轴方向而言的三个独立分量,也称为基本压阻系数分量。

若在晶轴坐标系中欲求任意晶向的压阻系数,如图 5.3.2 所示,设电流 I 通过单晶硅的方向为 P(任意晶向),则电阻也沿此方向变化,该方向称为纵向。当有纵向应力 σ_l 沿此方向作用时,此纵向应力 σ_l 在单晶硅纵向 P 引起纵向压阻系数 π_l,因此必须将压阻系数矩阵中各压阻系数分量投影到 P 方向,即可求得晶向 P 的纵向压阻系数 π_l,即

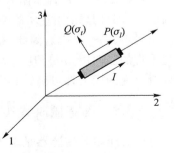

图 5.3.2 求任意晶向的压阻系数图

$$\pi_l = \pi_{11} - 2(\pi_{11} - \pi_{12} - \pi_{44})(l_1^2 m_1^2 + m_1^2 n_1^2 + l_1^2 n_1^2) \qquad (5.3.3)$$

式中，l_1、m_1、n_1——任意晶向 P 的方向余弦。

与 P 方向垂直的方向 Q 称为 P 的横向，当有横向应力 σ_t 沿 Q 方向作用在单晶硅上，此横向应力 σ_t 在单晶硅横向 Q 引起横向压阻系数 π_t，同理，也必须将压阻系数矩阵中各压阻系数分量投影到 Q 方向，即可求得晶向 P 的横向压阻系数 π_t，即

$$\pi_t = \pi_{12} + (\pi_{11} - \pi_{12} - \pi_{44})(l_1^2 l_2^2 + m_1^2 m_2^2 + n_1^2 n_2^2) \qquad (5.3.4)$$

式中，l_2、m_2、n_2——横向 Q 的方向余弦。

式（5.3.3）和式（5.3.4）为计算任意晶向的纵向压阻系数 π_l 和横向压阻系数 π_t 的公式。例如，若压阻元件所受应力的方向与 x 轴重合，则 $l_1 = 1$、$m_1 = n_1 = 0$，得 $\pi_l = \pi_{11}$。

在室温下，单晶硅的 π_{11}、π_{12}、π_{44} 由实测获得的数值见表 5.3.1，可以看出：在室温下，对于 P 型硅，π_{11}、π_{12} 较小可忽略，只取 π_{44} 计算即可；对于 N 型硅，π_{44} 较小可忽略，可只取 π_{11} 和 π_{12} 计算。

表 5.3.1　单晶硅的 π_{11}、π_{12}、π_{44} 的数值（$\times 10^{-11} \mathrm{m}^2/\mathrm{N}$）

晶体	电阻率（$\Omega \cdot \mathrm{m}$）	π_{11}	π_{12}	π_{44}
P 型硅	7.8	+6.6	−1.1	+138.1
N 型硅	11.7	−102.2	+53.4	−13.6

2. 单晶硅的压阻效应

任意晶向的纵向压阻系数 π_l 和横向压阻系数 π_t 求出后，若单晶硅在此晶向上同时受到纵向应力 σ_l 和横向应力 σ_t 的作用，则在此晶向上（注意：必须是电流流过的方向）的电阻率的变化率，也是电阻的变化率，可表示为

$$\frac{\Delta R}{R} = \pi_l \sigma_l + \pi_t \sigma_t \qquad (5.3.5)$$

式中，纵向压阻系数 π_l 为应力作用方向与电流方向一致时的压阻系数；横向压阻系数 π_t 为应力作用方向与电流方向垂直时的压阻系数。

式（5.3.5）是设计压阻式传感器的基本公式，表示在同一晶向上 $\Delta R/R$ 由两部分构成，一部分是纵向应力 σ_l 和纵向压阻系数 π_l 引起，另一部分是横向应力 σ_t 和横向压阻系数 π_t 引起。因此，在制作压阻式传感器时，总是在某一晶面内选择两个相互垂直的晶向 $[h\,k\,l]$ 和 $[r\,s\,t]$ 作为坐标轴，即扩散电阻或垂直于 x 轴或垂直于 y 轴，分析所受的应力即可确定其电阻变化。

5.3.2　固态压阻式传感器的应用

固态压阻式传感器是基于半导体材料的压阻效应，在半导体材料（一般为 N 型单晶硅）的基片上选择一定的晶向位置，利用集成电路工艺制成扩散电阻，作为测量变换元件，基片可直接作为测量敏感元件（甚至有的可包括信号调理电路）。扩散电阻在基片上组成测量电桥电路，当基片受到应力作用产生变形时，各扩散电阻阻值发生变化，从而使电桥产生输出电压。

典型的固态压阻式传感器包括压阻式压力传感器和压阻式加速度传感器。

1. 压阻式压力传感器

压阻式压力传感器的结构如图 5.3.3(a)所示,其核心是圆形的硅膜片,它采用周边固支的圆形硅杯结构,有利于提高传感器的灵敏度、线性并减小滞后。硅膜片常选用 N 型硅,在膜片上扩散四个阻值相等的 P 型电阻,构成差分电桥电路。硅膜片的两边有两个压力腔,一个是与被测系统相连的高压腔,另一个是低压腔,通常与大气相通,也可与另一压力源相连,当膜片两边存在压力差时,膜片产生应力和应变,扩散电阻在应力作用下阻值发生变化,则电桥输出电压与膜片两边的压力差成正比。

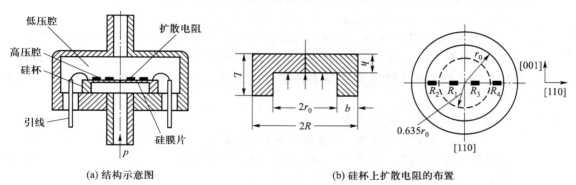

(a) 结构示意图　　　　　　　(b) 硅杯上扩散电阻的布置

图 5.3.3　压阻式压力传感器

在均布压力 p 的作用下,圆形硅膜片上产生的径向应力 σ_r 和切向应力 σ_t 由式(4.2.29)得到,从其应力分布可以看出:当 $r = 0.635r_0$ 时,$\sigma_r = 0$;$r < 0.635r_0$ 时,$\sigma_r > 0$;$r > 0.635r_0$ 时,$\sigma_r < 0$;当 $r = 0.812r_0$ 时,$\sigma_t = 0$,此处仅有 σ_r 存在,且 $\sigma_r < 0$。

压阻式传感器的设计关键是根据膜片的晶向确定扩散电阻的位置。常用的 N 型硅膜片的晶向有 [001]、[110] 和 [1̄10] 晶向等。根据压阻效应,为了获得大的电阻变化率,扩散电阻应选择在压阻效应较大的晶向和应力较大的位置。一般来讲,若只利用纵向压阻效应,扩散电阻需要分别布置在正负应力区;若既利用纵向压阻效应又利用横向压阻效应,扩散电阻可布置在同一应力区。这样,将四个扩散电阻连接成差分电桥,从而提高传感器的灵敏度。

下面结合图 5.3.3(b)讨论在压力 p 作用下扩散电阻的配置及电阻变化。在 [1̄10] 晶向的 N 型硅膜片上,沿 [110] 晶向,在 $0.635r_0$ 半径的内外各扩散两个电阻。由于 [110] 晶向的横向为 [001],则根据式(5.3.3)和式(5.3.4)可得,[110] 晶向的 π_l 和 π_t 分别为

$$\pi_l \approx \pi_{44}/2, \quad \pi_t \approx 0 \tag{5.3.6}$$

因此,内外电阻阻值的变化率均为

$$\frac{\Delta R}{R} = \pi_l \sigma_l + \pi_t \sigma_t = \pi_l \sigma_r = \frac{1}{2}\pi_{44}\sigma_r \tag{5.3.7}$$

由于在 $0.635r_0$ 半径以内 σ_r 为正值(即拉应力),$0.635r_0$ 半径以外 σ_r 为负值(即压应力),则内外电阻阻值的变化率分别为

$$\begin{cases} \left(\dfrac{\Delta R}{R}\right)_i = \dfrac{1}{2}\pi_{44}\overline{\sigma}_{ri} \\[2mm] \left(\dfrac{\Delta R}{R}\right)_o = -\dfrac{1}{2}\pi_{44}\overline{\sigma}_{ro} \end{cases} \qquad (5.3.8)$$

式中，$\overline{\sigma}_{ri}$、$\overline{\sigma}_{ro}$ 分别为内外电阻上所受的径向应力的平均值。

若适当选取扩散电阻的位置，使得 $\overline{\sigma}_{ri}=\overline{\sigma}_{ro}$，于是有

$$\left(\frac{\Delta R}{R}\right)_i = -\left(\frac{\Delta R}{R}\right)_o \qquad (5.3.9)$$

即可组成差分电桥，从而测出压力 p 的变化。

固态压阻式压力传感器的优点是尺寸小、固有频率高，因此广泛应用于频率很高的流体压力、压差测量中。随着半导体材料和集成电路工艺的发展，采用多晶硅、蓝宝石等基底制成的压阻式压力传感器在耐腐蚀、耐高温、高精度等测量中得到应用。

2. 压阻式加速度传感器

压阻式加速度传感器的结构如图 5.3.4 所示，它直接利用单晶硅做悬臂梁，梁的根部扩散四个电阻，当悬臂梁自由端的质量块作用加速度时，悬臂梁受到弯矩作用产生应力，四个扩散电阻的阻值发生变化。

在图 5.3.4 中，作为悬臂梁的单晶硅采用 [001] 晶向，悬臂梁的长度方向为 [$1\overline{1}0$] 晶向，则悬臂梁的宽度方向为 [110] 晶向，沿 [$1\overline{1}0$] 与 [110] 晶向各扩散两个电阻。设悬臂梁根部所受的应力为 σ，[$1\overline{1}0$] 晶向的 π_l 和 π_t 分别为 $\pi_l \approx \pi_{44}/2$，$\pi_t \approx -\pi_{44}/2$，因此沿 [$1\overline{1}0$] 晶向的两个电阻阻值的变化率为

$$\left(\frac{\Delta R}{R}\right)_{[1\overline{1}0]} = \pi_l\sigma_l + \pi_t\sigma_t = \pi_l\sigma = \frac{1}{2}\pi_{44}\sigma \qquad (5.3.10)$$

沿 [110] 晶向的两个电阻阻值的变化率为

$$\left(\frac{\Delta R}{R}\right)_{[110]} = \pi_l\sigma_l + \pi_t\sigma_t = \pi_t\sigma = -\frac{1}{2}\pi_{44}\sigma \qquad (5.3.11)$$

因此，将四个扩散电阻接成差分电桥，其输出电压与应力成正比，即可测出加速度。

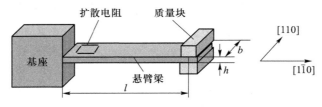

图 5.3.4　压阻式加速度传感器

需要注意的是，压阻式传感器的缺点是温度系数大，在受到温度影响时，易产生零点漂移和灵敏度漂移（压阻系数随温度变化而改变），从而引起温度误差。为了减

小温度的影响,压阻式传感器通常采用恒流源差分电桥电路,并通过串并联电阻、热敏电阻等进行温度补偿。

5.4　工程应用实例——飞机重量和重心测量系统

　　飞机重心位置直接影响着飞机的稳定性和操纵特性,一方面飞机的重量和重心会因其燃油系统、水系统、客舱以及隔音棉等设备而积累或吸附一些杂质,并随着时间的推移发生变化;另一方面因其进行修理或改装某些部件、结构的重量以及布局等的变化,也会改变飞机的重量和重心,因此在飞机设计、校验、维修和飞行中对飞机重量和重心位置进行严格检测和控制具有重要的意义。飞机必须通过定期或不定期称重,将飞机的重量和重心控制在合适的范围内,以确保飞机安全、可靠、高效地飞行。

　　飞机重量和重心测量系统通常由多套测力传感器及信号调理电路等模块组成,目前普遍采用力矩平衡原理对飞机重量和重心进行测量。

　　1. 飞机重量和重心测量的原理

　　飞机重量和重心测量是基于力矩平衡的原理,如图 5.4.1 所示。设 O 点为某物体的重心,当物体处于平衡状态时,作用在物体上的所有力和力矩在直角坐标系各轴上的投影代数和都等于零,于是有

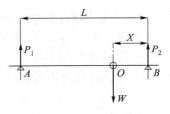

$$\begin{cases} W = P_1 + P_2 \\ W \cdot X = P_1 \cdot L \end{cases} \quad (5.4.1)$$

图 5.4.1　力矩平衡原理

　　根据这一原理,通过多个测力传感器支撑飞机处于平衡状态,以确定各支撑点力的大小 $P_i (i=1,2,3,\cdots)$,即可确定飞机的总重量 W。通过飞机的基准面确定各支撑点的力臂 $L_i (i=1,2,3,\cdots)$,并根据力矩的方向(一般规定逆时针为正,顺时针为负)确定力的方向,则根据力矩的平衡原理即可确定飞机重心坐标 X。

　　常用的飞机重量和重心测量方法有平台式、悬挂式和千斤顶式等三种,如图 5.4.2所示。平台式是在飞机每一测力的支撑点下放置一台称重平台(测力传感器),通过称重平台感受飞机重量在各支撑点作用的力,如图 5.4.2(a)所示。悬挂式是通过多套拉式测力传感器将飞机以一定的要求悬挂起来,由拉式测力传感器感知飞机重量,如图 5.4.2(b)所示。千斤顶式是在飞机每一支撑点下的千斤顶头部配装一压式测力传感器,通过千斤顶顶推测力传感器进行测力,如图 5.4.2(c)所示。

　　悬挂式飞机重量和重心测量系统主要用于小型飞机的重量和重心精确测量,平台式和千斤顶式飞机重量和重心测量系统用于所有机型的重量和重心精确测量。千斤顶式飞机重量和重心测量系统因符合飞机重量和重心测量系统向多机型、智能化、便携化和高精度发展的要求,因而应用较为广泛。

5-2 常用的飞机重量和重心测量系统

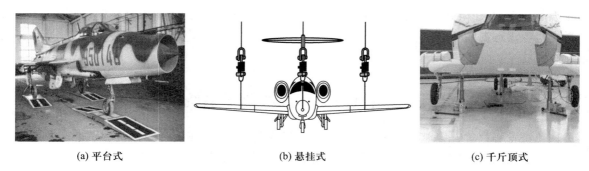

(a) 平台式   (b) 悬挂式   (c) 千斤顶式

图 5.4.2   常见的飞机重量和重心测量系统

2. 千斤顶式飞机重量和重心的计算

千斤顶式飞机重量和重心测量系统多采用三点支撑(机头和两机翼),以机翼支撑点 B、C 连线的中点 O 为坐标原点,连接 O 点与机头支撑点 A 为 X 轴(飞机水平基准线),建立如图 5.4.3 所示坐标系。

飞机的重量为 W,W 即为三个支撑点测力传感器的示值之和。设飞机的重心为 $G(x,y,z)$,重心 G 在二维平面坐标系 XOY 内的坐标(x、y)可根据力矩平衡原理得到,坐标 z 则需通过调整飞机姿态的不同位置来计算。

保持 B、C 支撑点不变,抬升 A 点支撑,设飞机因 A 点支撑抬升产生的俯仰角为 α,飞机抬升后 XOZ 坐标系变化如图 5.4.4 所示。假设飞机总重量 W 保持不变,A、B、C 各支撑点测力传感器示值分别表示为 P_A、P_B、P_C。

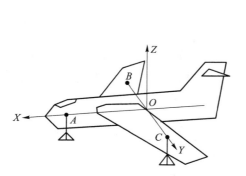

图 5.4.3   千斤顶式飞机重量和重心
测量系统的坐标系

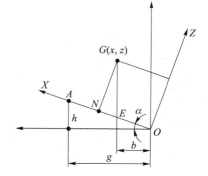

图 5.4.4   飞机姿态调整时的坐标变化

设 $OA=l$,OA 在水平方向的投影长度为 g,重心 G 在水平方向的投影距离原点 O 的长度为 b,根据图 5.4.4 的几何关系得

$$\frac{b}{g} = \frac{OE}{l} = \frac{x-z\tan\alpha}{l} \tag{5.4.2}$$

$$\sin\alpha = \frac{h}{l} \tag{5.4.3}$$

式中,h——机头与机翼千斤顶的高度差。

分别将 A、G 两点投影到水平线,根据力矩平衡原理有

$$P_A \cdot g = W \cdot b \tag{5.4.4}$$

即

$$P_A = \frac{b}{g} \cdot W = \frac{x - z\tan\alpha}{l} \cdot W \tag{5.4.5}$$

飞机在水平状态时,$\alpha = 0°$,则

$$x = \frac{P_A}{W} \cdot l \tag{5.4.6}$$

同理,在平面坐标系 XOY 中,根据力矩平衡原理有

$$P_C \cdot OC = P_B \cdot OB - W \cdot y \tag{5.4.7}$$

设 $OB = OC = k$,则有

$$y = (P_B - P_C) \cdot \frac{k}{W} \tag{5.4.8}$$

为了求得坐标 z,通常将飞机在三种不同姿态下进行称重,设机头 A 支撑点测力传感器的示值分别为 $P_{An}(n=1、2、3)$,根据式(5.4.3)求得不同姿态下的俯仰角 α_n,带入式(5.4.5)可求得不同姿态时的坐标 z。理论上三种姿态下坐标 z 应相等,但由于存在测量和计算误差,所得的三个坐标 z 值不完全相同,通常取平均值作为坐标 z。

千斤顶式飞机重量和重心测量系统如图 5.4.5 所示,通过数据采集模块接收测力传感器读数,并可实时显示各支撑点的重量以及飞机的总重量和重心坐标等。

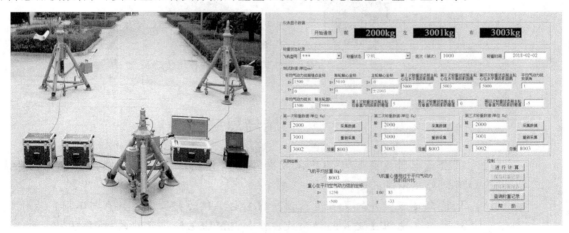

图 5.4.5 千斤顶式飞机重量和重心测量系统

需要说明的是,在实际应用中飞机设计均采用机体坐标系确定飞机的重心位置,因此通过以上测量得到的飞机重心坐标 $G(x, y, z)$,还须通过几何关系对支撑点和机体坐标系进行转换,最终表示为飞机机体坐标系上的飞机重心坐标。

3. 飞机重量和重心测量系统中的测力传感器及侧向力的影响

飞机称重系统中的测力传感器一般多采用梁式(悬臂梁、S 形梁等)、柱式、轮辐

式等应变式传感器,具有结构简单,灵敏度和精度高,性能稳定、可靠等特点。

影响飞机重量和重心测量准确度的主要因素是测力传感器所受的侧向力。在千斤顶式飞机重量和重心测量系统中,需要在不同位置安装测力传感器并进行飞机姿态调整,因飞机机翼及机身的支撑受力产生的弯曲变形和飞机姿态改变导致支撑点产生的相对位移,使得测力传感器受到横向侧向力的作用,从而影响测量的准确度和稳定性。当侧向力超过一定数值时,不仅会损坏传感器使得测量系统无法正常工作,严重时也可能造成安全事故。

因此,为了减小侧向力对飞机重量和重心测量的影响,测力传感器的弹性体材料尽量选用优质合金钢 40CrNiMoA 或不锈钢 Cr17Ni4Cu4Nb,并经过必要的老化、去应力等处理;弹性体结构设计采用对称结构,提高传感器的旋转精度;同时传感器压头采用活动压头的结构形式,可有效减小侧向力对传感器测量精度的影响。图 5.4.6 所示为四柱式对称结构的称重传感器,采用对侧向力不敏感的高精度传感器可有效提高千斤顶式飞机重量和重心测量系统的测量准确度。

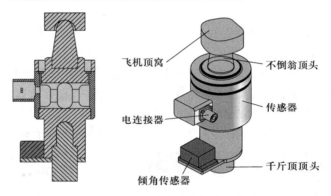

图 5.4.6   四柱式对称结构的称重传感器

习题与思考题

1. 金属电阻应变片与半导体应变片在工作原理上有何区别? 各有何优缺点? 应如何针对具体情况选用?

2. 什么是应变片的灵敏度系数? 它与电阻丝的灵敏度系数有何不同? 为什么?

3. 什么是电阻应变片的横向效应? 如何消除电阻应变片的横向效应?

4. 电阻应变片产生温度误差的原因有哪些? 怎样消除误差?

5. 如何提高应变片测量电桥的输出电压灵敏度及线性度?

6. 有人在使用电阻应变仪时,发现灵敏度不够,于是试图在工作电桥上增加电阻应变片以提高灵敏度。试问,在下列情况下,是否可提高灵敏度? 说明为什么?

(1) 半桥双臂各串联一片;

(2) 半桥双臂各并联一片。

7. 有一电阻应变片,其灵敏度 $S = 2$、$R = 120 \ \Omega$,设工作时其应变为 $1000 \ \mu\varepsilon$,问

ΔR 是多少？设将此应变片接成如题图 5.1 所示的电路,试求:(1) 无应变时电流表示值;(2) 有应变时电流表示值;(3) 电流表指示值相对变化量;(4) 试分析这个变量能否从表中读出。

8. 以阻值 $R=120\ \Omega$、灵敏度 $S=2$ 的电阻丝应变片与阻值为 120 Ω 的固定电阻组成电桥,供桥电压为 3 V,并假定负载电阻为无穷大,当应变片的应变为 2 $\mu\varepsilon$ 和 2000 $\mu\varepsilon$ 时,分别求出单臂、双臂电桥的输出电压,并比较两种情况下的电桥灵敏度。

9. 如题图 5.2 所示两直流电桥,其中图(a)电桥以输出对称,称为卧式电桥,图(b)电桥以电源对称,称为立式电桥。已知 R_1 和 R_2 为应变片,R_3 和 R_4 为固定电阻,且 $R_1=R_2=R_3=R_4=R_0$。试求电阻应变片阻值变化 ΔR 时,两电桥的输出电压表达式并加以比较。

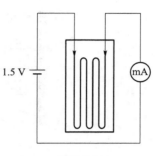

题图 5.1

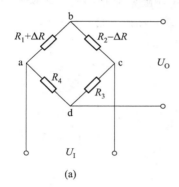 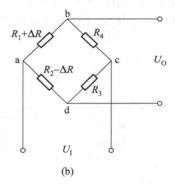

题图 5.2

10. 有一应变式力传感器,弹性元件为实心圆柱,直径为 $D=40$ mm,在其上沿轴向和周向各贴两片应变片(灵敏度系数 $S=2$),组成全桥电路,激励电源电压为 10 V,已知材料的弹性模量 $E=2.0\times10^{11}$ Pa,泊松比 $\mu=0.3$,试求该力传感器的灵敏度,单位用 $\mu V/kN$ 表示。

11. 一等强度梁的上、下表面贴有若干参数相同的应变片,如题图 5.3 所示。弹性梁材料的泊松比为 μ,在力 F 的作用下,梁的轴向应变为 ε,如何组桥才能实现以下电桥输出应变值?

(1) ε;(2) $(1+\mu)\varepsilon$;(3) 2ε;(4) $2(1+\mu)\varepsilon$;(5) 4ε

12. 如题图 5.4 所示,在距离悬臂梁端部为 b 的位置上、下表面各粘贴两片应变片,4 个应变片 R_1、R_2、R_3 和 R_4 性能完全相同,灵敏度系数 $S=2$。设力 $P=100$ N,悬臂梁宽度为 $w=20$ mm,厚度 $t=5$ mm,弹性模量为 $E=2\times10^{11}$ Pa。已知距离悬臂梁端部为 b 的位置上应变为 $\varepsilon=\dfrac{6Pb}{Ewt^2}$,当 $b=100$ mm 时,试求:

(1) 标注四个应变片并给出相应的测量桥路图;

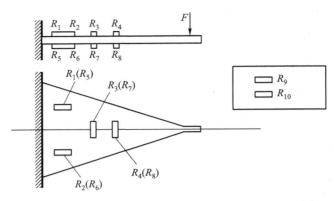

题图 5.3

（2）各应变片的电阻相对变化量；

（3）当电桥供电电压为 $U_1 = 10$ V（设负载电阻无穷大）时,求桥路输出电压 U_0。

（4）这种测量方法对环境温度的变化是否有补偿作用,为什么？

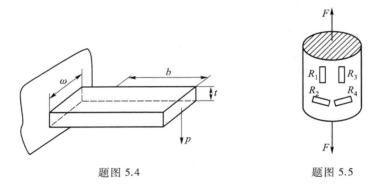

题图 5.4   题图 5.5

13. 一个测量吊车起吊重物的电子秤的拉力传感器如题图 5.5 所示,4 个应变片 R_1、R_2、R_3 和 R_4 贴在等截面轴上。已知等截面轴的横截面面积 $A = 20$ cm^2,材料的弹性模量 $E = 2 \times 10^{11}$ Pa,泊松系数 $\mu = 0.285$。四个电阻应变片 $R_1 = R_2 = R_3 = R_4 = 120$ Ω,灵敏度系数 $S = 2$,组成全桥电路,电桥供桥电源电压为 $U_1 = 2$ V。现测得输出电压 $U_0 = 25.7$ mV。

（1）画出全桥测量电路并标明相应的电阻应变片；

（2）等截面轴的纵向应变和横向应变为多大？

（3）求力 F 的大小。

14. 四个性能完全相同的电阻应变片分别沿 45°和 135°方向粘贴在扭转轴上并组成全桥电路,已知应变片的阻值均为 120 Ω,灵敏度系数为 2.04。当采用 750 kΩ 的精密电阻并联在一个应变片上进行标定时,电桥输出引起示波器偏移量为 2.2 cm。若轴扭转时引起示波器偏移量为 3.2 cm,试求应变片的应变为多少？设扭转轴是实心钢制的,直径为 40 mm,弹性模量为 $E = 2.0 \times 10^{11}$ Pa,泊松比为 0.3,求扭矩的大小为多少？

15. 题图 5.6 所示为自补偿半导体应变片，R_1 为 P-Si 电阻条，R_2 为 N-Si 电阻条，无应变时，$R_1 = R_2$。假设 R_1 和 R_2 的温度系数相同，现将其接入直流电桥电路中，要求桥路输出有较高的电压灵敏度，并能补偿环境温度的影响。试画出测量桥路图，并解释满足上述要求的理由。

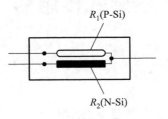

题图 5.6

16. 利用弹性模量 $E = 187 \times 10^9 \, \text{N/m}^2$ 的 P-Si 半导体材料，沿着 [100] 晶向和 [111] 晶向制作半导体应变片，求其灵敏度系数。

17. 在由硅 (100) 晶面组成的压阻式压力传感器的硅膜片的 [011] 和 [0$\bar{1}$1] 晶向上各扩散一个电阻条，如题图 5.7 所示。扩散电阻到膜片中心的距离 $x = 4.17 \times 10^{-3} \, \text{m}$。圆形硅膜片中心半径 $r = 5 \times 10^{-3} \, \text{m}$，厚度 $h = 0.15 \times 10^{-3} \, \text{m}$，泊松系数 $\mu = 0.28$。试求：

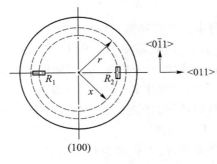

题图 5.7

(1) 在 0.1 MPa 压力作用下电阻条径向应力 σ_r 和切向应力 σ_t 的值；（参阅第 4 章平面膜片的力学特性）

(2) 两电阻条分别为 P-Si 与 N-Si 时的 $\Delta R / R$。

18. 在一个由 P-Si 的 (100) 晶面形成的圆形压阻器件膜片上，要求沿 [001] 晶向扩散径向、切向 N-Si 电阻条各两个，并组成全桥电路，膜片的泊松系数 $\mu = 0.35$。试求：

(1) 径向电阻和切向电阻的相对变化量；

(2) 设计四个电阻条在膜片上的位置。

第6章 电感式传感器

【 本章要点提示 】···

1. 自感式电感传感器的原理、测量电路及应用
2. 互感式电感传感器的原理、测量电路及应用
3. 电涡流式传感器的原理、特性、测量电路及应用
4. 工程应用案例——电感式滚柱直径自动检测分选装置

电感式传感器是利用电磁感应原理,将被测非电量转换成线圈自感量或互感量变化的一种装置,常用来测量位移、振动、力、压力、流量、比重等物理量。它具有结构简单,工作可靠、寿命长、灵敏度和分辨率高、线性度和重复性好等优点;其缺点是存在零点残余电压,且自身响应频率较低,不宜于快速动态测量等。电感式传感器能实现信息的远距离传输和控制,并能在恶劣的工作环境中工作,因此在工业生产和自动控制系统中得到了广泛应用。

电感式传感器的种类很多,按工作原理可分为自感式、互感式和电涡流式等三种。其中自感式和互感式为接触式测量,电涡流式传感器可实现非接触式测量。

6.1 自感式电感传感器

6.1.1 工作原理、类型及特性

自感式电感传感器的结构原理如图 6.1.1 所示,它主要由线圈、铁心和衔铁三部分组成。铁心和衔铁由导磁材料(如硅钢片或坡莫合金等)制成,线圈套在铁心上,铁心与衔铁之间留有空气隙,气隙厚度为 δ,衔铁与运动部件相连。当衔铁移动时,由于气隙 δ 的变化使磁路的磁阻发生变化,从而引起线圈电感量的变化。当传感器与测量电路连接后,可将电感量的变化转化成电压、电流或频率的变化,从而实现由非电量到电量的转换。

如图 6.1.1 所示,设线圈的匝数为 W,磁路的总磁阻为 R_m,则线圈的电感量可表示为

$$L = \frac{W^2}{R_m} \tag{6.1.1}$$

如果气隙 δ 较小,而且不考虑磁路的铁损时,总磁阻 R_m 由铁心、衔铁的磁阻 R_F

和空气隙的磁阻 R_δ 组成,即

$$R_m = R_F + R_\delta = \frac{L_F}{\mu_F A_F} + \frac{2\delta}{\mu_0 A} \qquad (6.1.2)$$

式中,L_F、A_F、μ_F——铁心和衔铁的磁路长度(m)、截面积(m^2)和磁导率(H/m);

δ、A、μ_0——空气隙的厚度(m)、等效截面积(m^2)和空气的磁导率($\mu_0 = 4\pi \times 10^{-7}$ H/m)。

由于铁心和衔铁通常是用磁导率较好的硅钢片或坡莫合金制成,而且一般工作在非饱和状态下,其磁导率 μ_F 远大于空气磁导率 μ_0,因此铁心、衔铁的磁阻 R_F 远小于空气隙的磁阻 R_δ,R_F 可忽略不计。将式(6.1.2)代入式(6.1.1)得

$$L = \frac{W^2 \mu_0 A}{2\delta} \qquad (6.1.3)$$

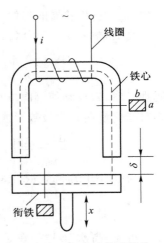

图 6.1.1　自感式传感器的
结构原理

由上式可知,当线圈匝数 W 确定后,只要空气隙的厚度 δ 或者等效截面积 A 发生变化,线圈电感 L 也会产生相应的改变,这就是自感式电感传感器的工作原理。

自感式电感传感器实质上是一个带气隙的铁心线圈,根据磁路中几何参数变化形式的不同,常用的自感式电感传感器有变气隙型、变面积型和螺管型三种。下面分别讨论其特性。

1. 变气隙型自感式传感器

由式(6.1.3)可知,若等效截面积 A 保持不变,则电感 L 与气隙 δ 成反比,即变气隙型自感式传感器的输出特性是非线性的,如图 6.1.2 所示。

变气隙型自感式传感器的灵敏度为

$$S = \frac{dL}{d\delta} = -\frac{W^2 \mu_0 A}{2\delta^2} \qquad (6.1.4)$$

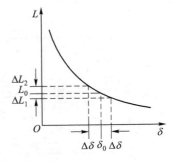

图 6.1.2　变气隙型自感式传
感器的 L-δ 特性

为了提高传感器的灵敏度,初始气隙 δ_0 不宜过大,否则工作区处于特性曲线的平直部分,气隙变化 $\Delta\delta$ 引起电感的变化 ΔL 很小,使灵敏度降低。但受工艺和结构的限制,δ_0 也不能过小,否则装配调整困难,对振动冲击等敏感,使稳定性降低。一般取 $\delta_0 = 0.1 \sim 0.5$ mm。

同时,由于其灵敏度 S 不是常数,因此将会产生非线性误差。假设衔铁运动使气隙增大 $\Delta\delta$,则此时线圈的电感量为

$$L_1 = \frac{W^2 \mu_0 A}{2(\delta_0 + \Delta\delta)} \qquad (6.1.5)$$

电感的相对变化量为

$$\frac{\Delta L_1}{L_0} = \frac{L_0 - L_1}{L_0} = \frac{\Delta\delta}{\delta_0 + \Delta\delta} = \frac{\Delta\delta}{\delta_0}\left(\frac{1}{1 + \Delta\delta/\delta_0}\right) \qquad (6.1.6)$$

式中，L_0——传感器的初始气隙为 δ_0 时的初始电感。

当 $\Delta\delta/\delta_0 \ll 1$ 时，可将式（6.1.6）展开为级数形式

$$\frac{\Delta L_1}{L_0} = \frac{\Delta\delta}{\delta_0}\left[1 - \frac{\Delta\delta}{\delta_0} + \left(\frac{\Delta\delta}{\delta_0}\right)^2 - \cdots\right] = \frac{\Delta\delta}{\delta_0} - \left(\frac{\Delta\delta}{\delta_0}\right)^2 + \left(\frac{\Delta\delta}{\delta_0}\right)^3 - \cdots \tag{6.1.7}$$

同理，当衔铁运动使气隙减小 $\Delta\delta$，线圈的电感量将增大 ΔL_2。当 $\Delta\delta/\delta_0 \ll 1$ 时，电感的相对变化量展开为级数形式有

$$\frac{\Delta L_2}{L_0} = \frac{\Delta\delta}{\delta_0}\left[1 + \frac{\Delta\delta}{\delta_0} + \left(\frac{\Delta\delta}{\delta_0}\right)^2 + \cdots\right] = \frac{\Delta\delta}{\delta_0} + \left(\frac{\Delta\delta}{\delta_0}\right)^2 + \left(\frac{\Delta\delta}{\delta_0}\right)^3 + \cdots \tag{6.1.8}$$

由式（6.1.7）和式（6.1.8）可知，若忽略包括 2 次项以上的高次项，则有

$$\frac{\Delta L}{L_0} = \frac{\Delta\delta}{\delta_0} \tag{6.1.9}$$

可见，高次项的存在是造成非线性的原因，而且 ΔL_1 和 ΔL_2 是不相等的。当 $\Delta\delta/\delta_0$ 越小时，则高次项迅速减小，非线性得到改善。因此，变气隙型自感式传感器通常在较小的气隙变化范围内工作，此时灵敏度 S 可视为常数，即输出与输入近似成线性关系。

由此可知，变气隙型自感式传感器的测量范围与灵敏度及线性度相矛盾，因此它适合于测量微小位移的场合。为了提高灵敏度，改善非线性，实际应用中广泛采用差动结构形式，由两个结构完全相同的电感线圈（即结构尺寸、材料和电气参数完全一致）共用一个衔铁组成差动式自感传感器，如图 6.1.3 所示。

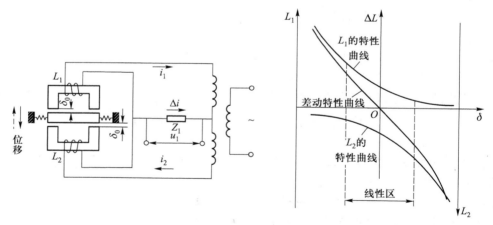

图 6.1.3   差动式自感传感器工作原理及输出特性

如图 6.1.3 所示，当衔铁位于初始位置时，即两个初始气隙均为 δ_0，则两个线圈的初始电感量 L_0 相同。测量时，衔铁与被测件相连，被测件带动衔铁上下移动，导致一个线圈电感增加，而另一个线圈电感减小，形成差动形式。使用时，将两个差动线圈分别接入测量电桥的相邻桥臂，另外两个桥臂可以是电阻，也可以是变压器的两个次级线圈。

假设衔铁向上移动 $\Delta\delta$ 时，则线圈 L_1 的电感增大，线圈 L_2 的电感减小，当

$\Delta\delta/\delta_0\ll1$时,两个差动线圈电感的相对变化为

$$\frac{\Delta L}{L_0}=2\frac{\Delta\delta}{\delta_0}\left[1+\left(\frac{\Delta\delta}{\delta_0}\right)^2+\left(\frac{\Delta\delta}{\delta_0}\right)^4+\cdots\right] \tag{6.1.10}$$

忽略高次项,则两个差动线圈电感的相对变化为

$$\frac{\Delta L}{L_0}=2\frac{\Delta\delta}{\delta_0} \tag{6.1.11}$$

可见,差动式比单线圈自感式电感传感器的灵敏度提高 1 倍。同时,由式(6.1.10)可以看出,它不存在偶次项,因此非线性误差明显减小,传感器的线性特性进一步改善。

采用差动式结构,除了可以改善非线性、提高灵敏度,对电源电压、频率的波动及温度变化等外界影响也有补偿作用;作用在衔铁上的电磁吸力,由于是两个线圈磁通产生的电磁吸力之差,所以电磁吸力的影响也能互相抵消而减小,从而提高了测量的准确性。

2. 变面积型自感式传感器

变面积型自感式传感器的结构如图 6.1.4 所示,气隙厚度 δ 保持不变,铁心与衔铁之间的相对覆盖面积随被测量的变化而改变,从而引起线圈的电感量发生变化。由式(6.1.3)可知,线圈电感 L 与 A 呈线性关系,即灵敏度为常数。

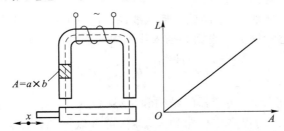

图 6.1.4　变面积型自感式传感器的结构及特性

设初始磁通截面(即铁心横截面)的面积为 $A=a\times b$,a 为铁心截面长,b 为铁心截面宽,当衔铁随外力作用沿铁心截面长度方向移动 x 时($x<a$),线圈的电感量可表示为

$$L=\frac{W^2\mu_0 b}{2\delta}(a-x) \tag{6.1.12}$$

对式(6.1.12)进行微分可得到该传感器的灵敏度为

$$S=\frac{\mathrm{d}L}{\mathrm{d}x}=-\frac{W^2\mu_0 b}{2\delta} \tag{6.1.13}$$

它为一常数,即该传感器的输出特性为线性。实际上,该线性范围也是有限的,一旦 $x>a$ 不再满足线性关系,同时由于漏磁阻的存在,会对线性范围产生一定影响。

变面积型自感式传感器与变气隙型自感式传感器相比,线性好,量程范围大,制造装配比较方便,应用较广;其不足之处是灵敏度较低。在实际应用中也可采用差动结构改善性能。

3. 螺管型自感式传感器

图 6.1.5 是螺管型自感式传感器结构原理图,它主要由螺管线圈和圆柱形铁心构成。传感器工作时,铁心随着被测量在线圈中运动,将使线圈磁力线路径上的磁阻改变,从而引起线圈的电感量发生变化,线圈的电感量与铁心插入线圈的深度有关。

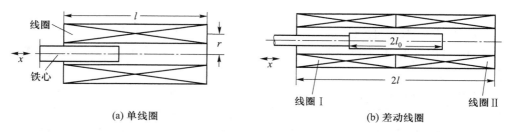

(a) 单线圈   (b) 差动线圈

图 6.1.5   螺管型自感式传感器的结构

如图 6.1.5(a) 所示,螺管线圈的长度为 l,半径为 r,匝数为 W,设 $r \ll l$,则可认为线圈内磁场强度均匀分布。当线圈空心时,其电感量为

$$L = \frac{\pi W^2 \mu_0 r^2}{l} \qquad (6.1.14)$$

当半径为 r_c、磁导率为 μ_m 的铁心插入线圈内时,插入部分的磁阻下降,磁感应强度增大,从而使电感量增加。设铁心插入线圈内的长度为 $l_c (l_c < l)$,则其电感量为

$$L = \frac{\pi W^2 \mu_0}{l^2} (lr^2 + \mu_m l_c r_c^2) \qquad (6.1.15)$$

由式(6.1.15)可知,当传感器的结构和材料确定以后,线圈的电感 L 与铁心插入长度 l_c 呈线性关系。为提高传感器的灵敏度,可采取增加线圈匝数 W、增大铁心半径 r_c 和磁导率 μ_m(采用高磁导率的材料)等措施。

实际上由于线圈内磁场强度沿轴向分布不均匀,传感器的输出特性为非线性。而且,由于线圈电流的存在,铁心受到单向电磁力的作用,且线圈电感易受电源电压、频率和温度变化等因素的影响,测量精度较低。因此,为了改善线性,提高灵敏度与测量精度,常采用差动技术构成螺管型差动自感式传感器,如图 6.1.5(b) 所示。

螺管型差动自感式传感器具有以下特点:

(1)结构简单,制造装配方便,批量生产的互换性强;

(2)由于空气隙大,磁路的磁阻大,因此灵敏度比较低,易受外部磁场的干扰,但线性好,量程范围大;

(3)由于磁阻大,为了达到一定的电感量,线圈的匝数要多,因此线圈的分布电容较大,同时线圈的铜损电阻也大,温度稳定性差;

(4)由于铁心通常比较细,一般情况下采用软钢或坡莫合金制成,特殊情况下也用铁淦氧磁性材料,因此铁心的损耗较大,线圈的品质因素较低。

6.1.2 测量电路

自感式电感传感器将被测量转换成线圈电感的变化,通过测量电路可将电感变化转换成电压或电流等,以便进行放大。差动式自感传感器的测量电路常采用交流电桥。

1. 自感式电感传感器的等效电路

前面分析传感器的工作原理时,将电感线圈视为一个理想的纯电感。但实际的传感器中,除了线圈自感 L,还包括线圈的铜损电阻 R_e、铁心的涡流损耗电阻 R_e 及磁滞损耗电阻 R_h,这些电阻可以用总电阻 R 来表示;此外还存在线圈的固有电容和电缆的分布电容,用并联电容 C 表示。于是得到自感式电感传感器的等效电路,如图 6.1.6 所示。

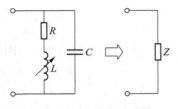

图 6.1.6 自感式电感传感器的等效电路

自感式电感传感器可以用一个复阻抗 Z 来等效,根据图 6.1.6 可得

$$Z = \frac{(R+j\omega L)\left(-j\dfrac{1}{\omega C}\right)}{R+j\omega L-j\dfrac{1}{\omega C}} \qquad (6.1.16)$$

线圈的品质因数(即 Q 值,表示线圈在一定频率的交流电压下工作时,其感抗和等效损耗电阻之比)为 $Q=\omega L/R$,对式(6.1.16)进行变换,可得

$$Z = \frac{R}{(1-\omega^2 LC)^2+\left(\dfrac{\omega^2 LC}{Q}\right)^2}+\frac{j\omega L\left(1-\omega^2 LC-\dfrac{\omega^2 LC}{Q}\right)}{(1-\omega^2 LC)^2+\left(\dfrac{\omega^2 LC}{Q}\right)^2} \qquad (6.1.17)$$

一般情况下,线圈的品质因数 Q 较高,当 $Q \gg 1$ 时,则上式可简化为

$$Z = \frac{R}{(1-\omega^2 LC)^2}+j\omega\,\frac{L}{(1-\omega^2 LC)} = R_s+j\omega L_s \qquad (6.1.18)$$

式中,$R_s = \dfrac{R}{(1-\omega^2 LC)^2}$,$L_s = \dfrac{L}{1-\omega^2 LC}$。

由式(6.1.18)可知,并联电容 C 的存在,使得有效损耗电阻 R_s 及有效电感 L_s 增加,从而线圈的有效品质因数 $Q_s = \omega L_s/R_s = (1-\omega^2 LC)Q$ 减小 。此时,传感器的有效灵敏度为

$$\frac{\mathrm{d}L_s}{L_s} = \frac{1}{1-\omega^2 LC}\cdot\frac{\mathrm{d}L}{L} \qquad (6.1.19)$$

由此可知,并联电容 C 的存在会使传感器的灵敏度有所提高,从而引起传感器性能的变化。因此,在实际测量中若更换了连接电缆的长度,在高精度测量时应对传感器的灵敏度重新进行校准。

例 6-1   如图 6.1.1 所示的变气隙型自感式传感器,铁心截面积 $A = 4 \times 4 \text{ mm}^2$,气隙厚度 $\delta = 0.4 \text{ mm}$,衔铁最大位移 $\Delta\delta = \pm 0.08 \text{ mm}$,线圈匝数 $W = 2500$ 匝,导线直径 $d = 0.06 \text{ mm}$,电阻率 $\rho = 1.75 \times 10^{-6} \Omega \cdot \text{cm}$。当激励电源频率 $f = 4000 \text{ Hz}$ 时,空气的磁导率 $\mu_0 = 4\pi \times 10^{-7} \text{H/m}$。若忽略铁心的漏磁及铁损,试求:(1) 线圈的电感 L;(2) 电感的最大变化量;(3) 当线圈外断面积为 $12 \times 12 \text{ mm}^2$ 时,求其直流电阻值;(4) 线圈的品质因数 Q;(5) 当线圈存在 200 pF 分布电容,求并联电容后线圈的等效电感值变化?

解

(1) 根据式(6.1.3),线圈的电感 L 为

$$L = \frac{W^2 \mu_0 A}{2\delta} = \frac{2500^2 \times (4\pi \times 10^{-7}) \times (4 \times 4 \times 10^{-6})}{2 \times (0.4 \times 10^{-3})} \text{H} = 157 \text{ mH}$$

(2) 分别计算衔铁最大位移 $\Delta\delta = \pm 0.08 \text{ mm}$ 时线圈的电感

$$L_1 = \frac{W^2 \mu_0 A}{2(\delta + \Delta\delta)} = \frac{2500^2 \times (4\pi \times 10^{-7}) \times (4 \times 4 \times 10^{-6})}{2 \times (0.4 + 0.08) \times 10^{-3}} \text{H} = 131 \text{ mH}$$

$$L_2 = \frac{W^2 \mu_0 A}{2(\delta - \Delta\delta)} = \frac{2500^2 \times (4\pi \times 10^{-7}) \times (4 \times 4 \times 10^{-6})}{2 \times (0.4 - 0.08) \times 10^{-3}} \text{H} = 196 \text{ mH}$$

因此,当衔铁最大位移变化 $\Delta\delta = \pm 0.08 \text{ mm}$ 时,相应的电感变化量为

$$\Delta L = L_2 - L_1 = 65 \text{ mH}$$

(3) 线圈的直流电阻值为

$$R = \frac{\rho W l_{\text{cp}}}{\pi d^2 / 4} = \frac{1.75 \times 10^{-6} \times 2500 \times 32 \times 10^{-1}}{\pi \times (0.06 \times 10^{-1})^2 / 4} \Omega = 495 \ \Omega$$

式中,l_{cp} 为线圈每匝平均长度。根据铁心截面积 $A = 4 \times 4 \text{ mm}^2$ 及线圈外断面积 $12 \times 12 \text{ mm}^2$ 取平均值,可按断面 $8 \times 8 \text{ mm}^2$ 计算每匝平均长度 $l_{\text{cp}} = 4 \times 8 \text{ mm} = 32 \text{ mm}$。

(4) 线圈的品质因数为

$$Q = \frac{\omega L}{R} = \frac{2\pi f L}{R} = \frac{2\pi \times 4000 \times 157 \times 10^{-3}}{495} = 7.97$$

(5) 当线圈存在 200 pF 分布电容,引起有效电感 L_s(式 6.1.18)变化,则有

$$\Delta L = L_s - L = \frac{L}{1 - \omega^2 LC} - L$$

$$= \left[\frac{157 \times 10^{-3}}{1 - (2\pi \times 4000)^2 \times 157 \times 10^{-3} \times 2 \times 10^{-10}} - 157 \times 10^{-3} \right] \text{H} = 3 \text{ mH}$$

由此可见,分布电容 C 的存在,使得传感器的等效电感增大。

2. 交流电桥

(1) 交流电桥的工作原理

交流电桥的电路结构与直流电桥完全相同,所不同的是交流电桥采用交流电压激励,如图 6.1.7 所示,四个桥臂可以是电阻、电容或电感。由于交流电桥的输出可以直接与无零漂的交流放大器相接,因此常作为电阻式、电感式和电容式等传感器的测量电路。

若桥臂用复阻抗表示,则关于直流电桥的平衡关系式也适用于交流电桥,即电桥平衡时须满足

$$Z_1 Z_3 = Z_2 Z_4 \qquad (6.1.20)$$

若复阻抗用指数式 $Z = z \mathrm{e}^{j\varphi}$ 表示,代入上式得

$$z_1 z_3 \mathrm{e}^{j(\varphi_1 + \varphi_3)} = z_2 z_4 \mathrm{e}^{j(\varphi_2 + \varphi_4)} \qquad (6.1.21)$$

要使式(6.1.21)成立,必须同时满足下列两个等式

$$\begin{cases} z_1 z_3 = z_2 z_4 \\ \varphi_1 + \varphi_3 = \varphi_2 + \varphi_4 \end{cases} \qquad (6.1.22)$$

式中, $z_1 、z_2 、z_3 、z_4$ ——分别为各复阻抗的模;

　　$\varphi_1 、\varphi_2 、\varphi_3 、\varphi_4$ ——分别为各阻抗角。

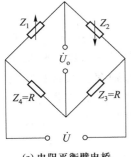

图 6.1.7　交流电桥

式(6.1.22)表明,交流电桥平衡必须满足两个条件:相对桥臂阻抗之模的乘积相等,并且它们的阻抗角之和也相等。

为满足上述平衡条件,交流电桥各臂可有不同的组合。例如当两个相邻桥臂是相同性质的阻抗时,则另外两个桥臂的性质也必须相同。实际应用中,即使对于四个桥臂为纯电阻的交流电桥,由于引线产生的分布电容会影响桥臂阻抗值,因此,交流电桥的平衡需要通过可变电阻或可变电容反复调节,使得幅值和幅角关系同时满足。

根据电桥的和差特性,为了提高灵敏度,改善非线性,交流电桥通常与差动式电感传感器配用。交流电桥采用半桥双臂工作方式,传感器的两个电感线圈作为电桥的两个工作臂(差动工作臂),电桥的平衡可以是纯电阻,也可以是变压器的两个次级线圈或者紧耦合电感线圈,如图 6.1.8 所示。电阻平衡臂电桥结构简单,调零方便;紧耦合电感臂电桥零点稳定,分布电容对输出信号的影响小。由于变压器式电桥使用元件少,输出阻抗小,因此获得广泛应用。下面主要介绍变压器式电桥电路。

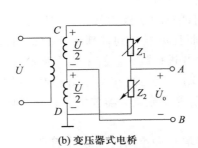

(a) 电阻平衡臂电桥　　　　　(b) 变压器式电桥

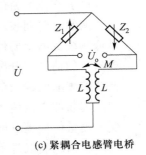

(c) 紧耦合电感臂电桥

图 6.1.8　交流电桥的形式

变压器式电桥电路如图 6.1.8(b)所示,相邻两个桥臂 $Z_1 、Z_2$ 是差动电感传感器的两个线圈阻抗,另外两臂为交流变压器的两个次级绕组(电压均为 $\dot{U}/2$)。若负载

电阻为无穷大,则输出电压为

$$\dot{U}_\circ = \frac{Z_2}{Z_1+Z_2}\dot{U} - \frac{\dot{U}}{2} = \frac{Z_2-Z_1}{Z_1+Z_2}\frac{\dot{U}}{2} \tag{6.1.23}$$

若差动式电感传感器的两个线圈为理想对称,即 $Z_1 = Z_2 = Z$,初始时 $\dot{U}_\circ = 0$,电桥平衡。工作时,传感器的衔铁由初始平衡零点产生位移,传感器的两个线圈的阻抗将发生变化,设 $Z_1 = Z-\Delta Z$、$Z_2 = Z+\Delta Z$,则开路输出电压为

$$\dot{U}_\circ = \frac{\dot{U}}{2}\frac{\Delta Z}{Z} \tag{6.1.24}$$

传感器线圈的阻抗 Z 包括损耗电阻 R 和感抗 L 两部分,即 $Z = R+j\omega L$。对于高 Q 值的电感线圈,忽略其损耗电阻,此时有

$$\dot{U}_\circ = \frac{\dot{U}}{2}\frac{\Delta R+j\omega\Delta L}{R+j\omega L} \approx \frac{\dot{U}}{2}\frac{\Delta L}{L} \tag{6.1.25}$$

同理,当传感器衔铁的移动方向相反时,即 $Z_1 = Z+\Delta Z$,$Z_2 = Z-\Delta Z$,则开路输出电压为

$$\dot{U}_\circ = -\frac{\dot{U}}{2}\frac{\Delta L}{L} \tag{6.1.26}$$

由式(6.1.25)和式(6.1.26)可知,衔铁向不同方向移动相同位移时,电桥输出电压的大小相等,但相位相反。由于 $\dot{U}_\circ$ 是交流电压,输出指示无法判别出相位和衔铁位移方向,必须采用专门的电路(如相敏检波电路等)来鉴别输出电压的极性和确定衔铁位移方向。

需要指出,交流电桥的供桥电源必须具有良好的电压波形与频率稳定度,一般采用音频交流电源(5~10 kHz)作为电桥电源。这样,电桥输出将为调制波,外界工频干扰不易从线路引入,并且后接交流放大电路简单且无零漂。下面讨论交流电桥的调制及其解调技术。

(2) 交流电桥的调制及其解调

调制与解调技术在测试技术中极为常用,一些被测量经传感器变换以后,常常是低频缓变的微弱信号,而且可能受到外部干扰的影响,因此需要将测量信号从包含噪声的信号中分离出来并进行放大。若采用直流放大器放大,则存在漂移和级间耦合的衰减问题,有一定难度。因此,在实际测量中,往往将低频缓变的微弱信号调制成高频的交流信号,然后经交流放大器放大后再通过解调电路从高频信号中将缓变的测量信号提取出来。

所谓调制就是用测量信号去控制高频载波信号的参数(幅值、频率和相位等),使这些参数随着测量信号的变化而改变。测量信号也称为调制信号,可以将被测信息承载在高频载波信号上形成已调制信号进行传输。而解调是调制的反过程,是从已调制波中提取出原来的低频调制信号的过程。调制和解调是一对信号变换的过程,如图 6.1.9 所示。根据所控制高频载波信号的参数不同,调制可分为调幅(AM)、调频(FM)和调相(PM)。高频载波信号有谐波信号、方波信号等,这里主要介绍简

谐信号的调幅及解调技术。

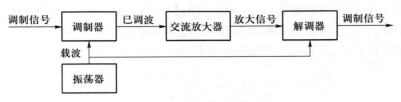

图 6.1.9 调制与解调过程框图

① 调幅与解调原理

调幅是将高频载波信号 $f(t)$ 与调制信号 $x(t)$ 相乘,使载波信号的幅值随低频调制信号的变化而变化。现以频率为 f_0 的高频余弦信号作为载波进行讨论。

由傅里叶变换的性质[式(2.3.32)]可知,在时域载波信号 $f(t)$ 和调制信号 $x(t)$ 相乘,则对应在频域其频谱就相当于把原调制信号频谱图形由原点平移至载波频率 f_0 处,其幅值减半,如图 6.1.10 所示,因此调幅过程就相当于频谱"搬移"过程。

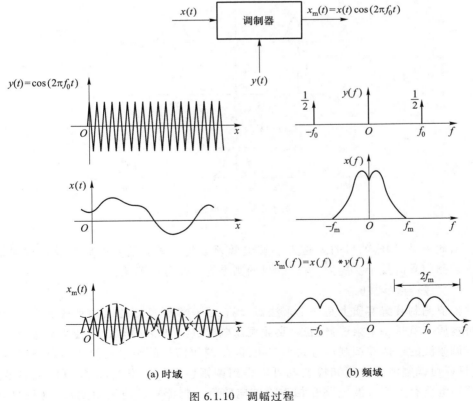

图 6.1.10 调幅过程

为了使已调制波仍保持原调制信号的频谱图形,载波频率 f_0 必须高于调制信号

$x(t)$ 中的最高频率 f_m，才能避免波形重叠失真。而且为了减小后续放大电路可能引起的失真，已调制信号的频宽（$2f_m$）相对中心频率（载波频率 f_0）也应越小越好。因此实际应用中，载波频率至少数倍甚至十倍于调制信号的最高频率。

若把调幅波 $x_m(t)$ 再次与原载波信号相乘，则有

$$x_m(t)\cos 2\pi f_0 t \Leftrightarrow \frac{1}{2}X(f)+\frac{1}{4}X(f-2f_0)+\frac{1}{4}X(f+2f_0) \tag{6.1.27}$$

即频域中频谱图将再一次进行"搬移"，如图 6.1.11 所示。若用一个低通滤波器滤除中心频率为 $2f_0$ 的高频成分，那么将可以复现原信号的频谱（只是其幅值减小了一半，可用放大处理来补偿），这一过程称为同步解调。"同步"指解调时所乘的信号与调制时的载波信号具有相同的频率和相位。

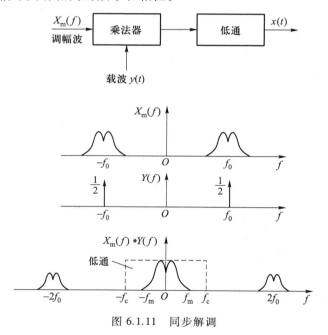

图 6.1.11   同步解调

由此可见，调幅的目的就是为了解决低频缓变的微弱信号的放大及传输问题，提高被测信号的抗干扰能力；解调的目的则是为了恢复原测量信号。

② 调幅与解调电路

幅值调制装置实质上是一个乘法器，现在已有性能良好的线性乘法器件。交流电桥本质上就是一个乘法器，若以高频振荡电源供给电桥，则输出电压为调幅波。

调幅波的幅值随调制信号大小变化，因此调幅信号的包络线形状与调制信号一致，只要对调幅波作整流和检波就可以得到调幅信号的包络线，即实现解调。常用的解调电路有整流检波电路和相敏检波电路等。整流检波电路由整流电路和低通滤波电路构成，其中整流电路通过叠加偏置电压将双向交变信号转换为单向脉动信号，低通滤波电路则可以将低频测量信号从高频载波中分离出来。

相敏检波电路的形式很多，图 6.1.12 所示为环形相敏检波电路原理图。其中，

D_1、D_2、D_3、D_4是 4 个性能完全一致的二极管,以同一方向串联成闭合回路,组成环形电桥,电阻 R 起到限流作用。桥路的 4 个对角线端口通过两个耦合变压器 T_1 和 T_2 分别输入调幅波 $\dot{U}_1$ 和参考信号 $\dot{U}_2$,$\dot{U}_2$ 的幅值要远大于调幅波 $\dot{U}_1$ 的幅值,以便有效控制 4 个二极管的导通状态,且参考信号 $\dot{U}_2$ 与调制电路中的高频载波信号由同一振荡器供电,保证两者同频、同相(或反相)。输出信号从变压器 T_1 和 T_2 的中心抽头引出的负载电阻上取出。

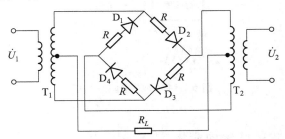

图 6.1.12 环形相敏检波电路原理图

随着电子技术的发展,相继出现各种性能的集成式相敏检波电路。例如,单片集成 LZX_1 全波相敏检波放大器能够把输入的交流信号经全波整流后变为直流信号,并同时放大信号。图 6.1.13 为 LZX_1 全波相敏检波放大器与调幅信号的连接电路。由于相敏检波电路要求参考电压和调幅信号频率相同、相位相同或相反,因此电路中需接入移相电路。通过 LZX_1 全波相敏检波输出的信号,还须经过低通滤波器滤除高频信号,即可得到原被测信号。

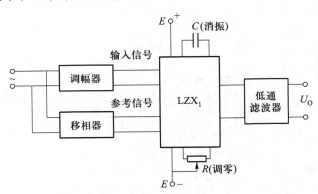

图 6.1.13 LZX_1 全波相敏检波放大器的连接电路

动态电阻应变仪是调幅和解调的典型应用实例,图 6.1.14 为动态电阻应变仪的组成框图和各点对应的波形,它包括交流电桥、交流放大器、相敏检波器、低通滤波器、振荡器和显示器等。交流电桥由振荡器供给等幅高频振荡电压,被测量(应变、电感或电容)接入电桥桥臂输出为调幅波,经放大、相敏检波及低通滤波得到被测信号。

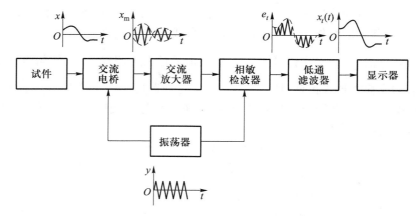

图 6.1.14　动态电阻应变仪

6.1.3　自感式传感器的应用

　　自感式传感器主要用于测量位移,也可以测量转换为位移的其他参量,如力、压力、速度、加速度、流量、液位等,一般用于接触测量,可以进行静态和动态测量。

　　电感测微仪是一种由差动式自感传感器构成的用于精密测量微小位移的装置,如图 6.1.15 所示。除了螺管型电感传感器外,还包括交流电桥、交流放大器、相敏检波器、低通滤波器、振荡器、稳压电源及显示器等。

6－1 电感测微仪

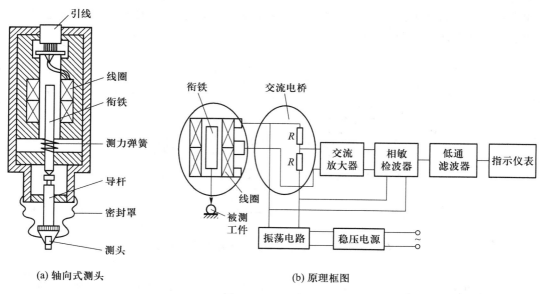

(a) 轴向式测头　　　　　　　　　(b) 原理框图

图 6.1.15　电感测微仪

　　图 6.1.16 所示为变气隙型差动式电感压力传感器,它由 C 形弹簧管、衔铁、铁心和线圈等构成。当被测压力进入 C 形弹簧管时,C 形弹簧管产生变形,其自由端发生

位移,带动与自由端连接在一起的衔铁运动,使得线圈1和线圈2中的电感发生大小相等、符号相反的变化,即一个电感量增大,另一个电感量减小。通过两个电感线圈接入交流电桥的相邻桥臂转换为电压输出,从而将被测压力转换成电压信号。

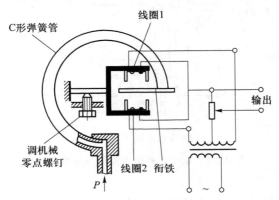

图 6.1.16 变气隙型差动式电感压力传感器

6.2 互感式传感器

互感式传感器是将被测的非电量转换为线圈互感的变化,它是根据变压器的原理制成,变压器一次绕组接入交流电源时,二次绕组因互感作用产生感应电势,当互感受到被测量作用变化时,输出电势亦发生变化。由于它的两个二次绕组常接成差动的形式,故又称为差动变压器式电感传感器,简称差动变压器。差动变压器的结构形式较多,有变气隙式、变面积式和螺管式等。目前在非电量测量中,应用最多的是螺管式差动变压器。

◢ 6.2.1 工作原理 ◣

螺管式差动变压器的结构原理如图 6.2.1 所示。它主要由一次绕组 W 和两个完全相同的二次绕组 W_1、W_2 及插入线圈中心的圆柱形衔铁组成,如图 6.2.1(a)所示。螺管式差动变压器的两个二次绕组 W_1 和 W_2 反极性串联,在理想情况下(忽略铁损、导磁体磁阻和绕线分布电容等影响),其等效电路如图 6.2.1(b)所示。当一次绕组 W加上一定的交流电压时,二次绕组 W_1 和 W_2 由于电磁感应分别产生感应电势 e_1 和e_2,其大小与衔铁在线圈中的位置有关。由于两个二次绕组 W_1 和 W_2 反极性串联,则输出电势为

$$e_0 = e_1 - e_2 \qquad (6.2.1)$$

二次绕组产生的感应电势为

$$e = -M \frac{\mathrm{d}I_\mathrm{i}}{\mathrm{d}t} \qquad (6.2.2)$$

6-2 差动
变压器

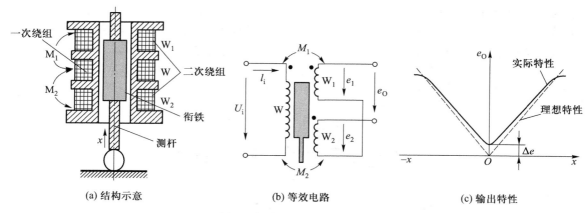

图 6.2.1   螺管式差动变压器的结构原理

式中, M ——一次绕组与二次绕组之间的互感;

I_i ——流过初级线圈的激磁电流。

当衔铁位于线圈中间位置时,由于两线圈互感相等 $M_1 = M_2$,感应电势 $e_1 = e_2$,故输出电势 $e_0 = 0$;当活动衔铁向上移动时,由于磁通变化使互感系数变化,导致 $M_1 > M_2$,则 $e_1 > e_2$,差动输出电势 $e_0 \neq 0$。同理,当活动衔铁向下移动时,由于 $M_1 < M_2$,使得 $e_1 < e_2$,即差动输出电势 $e_0 \neq 0$,但由于移动方向改变,所以输出电势反相。当衔铁位移改变时,差动输出电势也将随之变化。

图 6.2.1(c)给出了螺管式差动变压器的输出电势与衔铁位移的关系曲线。可以看出,当衔铁位于中间位置时,差动变压器输出电势 $e_0 \neq 0$,把差动变压器在零位移时的输出电压称为零点残余电压。零点残余电压产生的原因主要是传感器的两个二次绕组的电气参数与几何尺寸不对称,以及磁性材料的非线性等问题引起的,零点残余电压一般在几十毫伏以下。

零点残余电压的存在使得传感器的输出特性不经过零点,造成实际特性与理论特性不完全一致,给测量带来误差。在实际应用时,应采取措施尽量减小零点残余电压,如尽可能保证传感器几何尺寸、线圈电气参数和磁路的对称;采用补偿电路等。

6.2.2   测量电路

差动变压器的输出是一个调幅波,为了判别衔铁移动的大小和方向并消除零点残余电压,在实际测量中,差动变压器的测量电路常采用相敏检波电路(见 6.1.2 节)和差动整流电路。

差动整流电路将差动变压器的两个二次绕组的感应电势分别整流,以它们的差值作为输出。全波差动整流电路如图 6.2.2 所示。

由图 6.2.2(a)可见,无论两个二次绕组的输出瞬时电压极性如何,流过两个电阻 R 的电流总是从 a 到 b,从 d 到 c,故整流电路的输出电压

$$u_0 = u_{ab} + u_{cd} = u_{ab} - u_{dc} \tag{6.2.3}$$

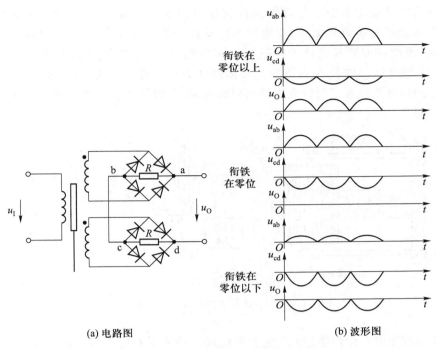

(a) 电路图　　　　　　　　　　　　(b) 波形图

图 6.2.2　全波差动整流电路

其波形图见图 6.2.2(b),当衔铁在零位时,$u_0 = 0$,衔铁在零位以上或零位以下时,输出电压的极性相反,于是零点残余电压会自动抵消。

差动整流电路结构简单,一般不需要调整相位,也不必考虑零点残余电压的影响,分布电容的影响小,适合于远距离传输,因此应用广泛。

6.2.3　差动变压器的应用

差动变压器具有结构简单、测量精度高、线性范围大(± 100 mm)、灵敏度高、稳定性好等优点,被广泛用于位移的测量,也可用于测量与位移有关的其他物理量,如力、压力、速度、加速度、比重、张力、厚度等。

差动变压器式位移传感器(linear variable differential transformer,简称 LVDT)具有优越的性能,传感器的可动衔铁与线圈通常无实体接触,因而可以实现无摩擦测量,可靠性高,工作寿命长,如图 6.2.3 所示。它可工作在强磁场、高压、高温、辐射、潮湿、粉尘等恶劣环境下,具有测量精度高、分辨率高、灵敏度高、线性范围大、响应速度快、频响范围宽等特点,因此它在各个领域的位移测量中得到广泛应用。

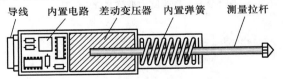

图 6.2.3　LVDT 传感器的结构图

6-3 差动变压器式位移传感器

　　利用差动变压器加上悬臂梁弹性支撑可构成加速度计,如图 6.2.4 所示。由于运动系统质量不可能太小,而增加弹性支撑的刚度又会使加速度计的灵敏度受到影响,因此这种加速度计的固有频率不可能很高,它能测量的振动频率上限受到限制(加速度计的固有频率应比被测振动的频率高 3~5 倍),一般在 150 Hz 以下。这种传感器适合于测量低频振动和加速度,高频振动和加速度测量可选用压电式传感器。

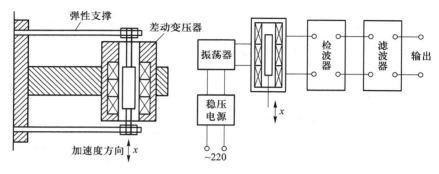

图 6.2.4　差动变压器式加速度计测量系统框图

6-4 差动压
力变送器

　　差动变压器和弹性敏感元件组合可构成差动变压器压力传感器,通常差动变压器的输出为标准信号(4~20 mA 或 0~5 V、0~10 V 等),因此常称为差动压力变送器。图 6.2.5 所示为差动压力变送器的结构原理,它主要由膜盒、差动变压器和测量电路等组成,适用于测量各种液体、气体的压力。

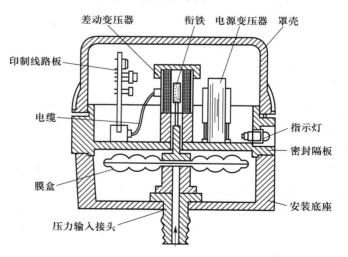

图 6.2.5　差动压力变送器的结构原理

6.3 电涡流式传感器

根据电磁感应原理,当金属导体置于变化着的磁场中或在磁场中做切割磁力线运动时,导体内就会产生呈涡旋状的感应电流,这一现象称为电涡流效应。电涡流式传感器(线圈-金属导体系统)就是利用电涡流效应工作的。

电涡流式传感器能对位移、厚度、表面温度、速度、应力、材料损伤等进行非接触式连续测量,另外还具有体积小、灵敏度高、频响范围宽等特点,因此应用极其广泛。

6.3.1 工作原理、特性及类型

1. 工作原理

电涡流式传感器的工作原理如图 6.3.1 所示,它可以看成是由传感器线圈和被测导体构成的线圈-金属导体系统。根据电磁感应原理,当传感器线圈通以频率为 f 的正弦交变电流 $\dot{I}_1$ 时,在线圈的周围空间必然产生正弦交变磁场 $\dot{H}_1$,使得置于磁场中的金属导体感应产生电涡流 $\dot{I}_2$,此涡流也将产生交变磁场 $\dot{H}_2$,$\dot{H}_2$ 的方向与 $\dot{H}_1$ 的方向相反。由于磁场 $\dot{H}_2$ 对线圈的反作用必然削弱线圈原磁场 $\dot{H}_1$,从而导致传感器线圈的等效阻抗发生变化。

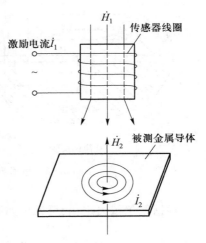

图 6.3.1 电涡流式传感器的工作原理

显然,传感器线圈等效阻抗的变化完全取决于被测金属导体的电涡流效应,即与金属导体的电阻率 ρ、磁导率 μ、几何形状,以及线圈的几何参数、激励电流的大小 I 和频率 f、线圈与导体之间的距离 x 等参数有关。因此,传感器线圈的等效阻抗 Z 可以用一个函数关系式来描述,即

$$Z = F(\rho, \mu, r, f, I, x) \tag{6.3.1}$$

式中,r——线圈与被测导体的尺寸因子。

若保持上式中其他参数不变,只改变其中一个参数,传感器线圈的等效阻抗 Z 仅仅是这个参数的单值函数,通过测量电路就可实现对该参数的测量,从而构成测量该参数的传感器。例如,改变线圈与导体之间的距离 x,可构成测量位移、厚度、振动等参量的传感器;改变导体的电阻率 ρ,可以构成测量表面温度、检测材质的传感器;改变导体的磁导率 μ,可以做成测量应力、硬度等参数的传感器;若同时改变导体的电阻率 ρ 和磁导率 μ,就可以实现对导体的探伤。

电涡流式传感器的电磁过程十分复杂,为了分析方便,通常采用如图 6.3.2 所示的电涡流式传感器的简化模型。在该模型中,把在被测金属导体上形成的电涡流等效成一个短路环,假设电涡流仅分布在环体之内。图 6.3.2(a)中,d 为传感器线圈的外径,D_1 和 D_2 分别为短路环的内径和外径,电涡流在导体中的贯穿深度 h 可用下式表示

$$h = \sqrt{\frac{\rho}{\pi \mu f}} \tag{6.3.2}$$

式中,ρ、μ——导体的电阻率、磁导率;

   f——线圈激励电流频率。

这样,传感器线圈和被测导体便可等效为相互耦合的两个线圈,如图 6.3.2(b)所示。图中 R_1、L_1 分别为传感器线圈的电阻和电感;R_2、L_2 分别为短路环的等效电阻和等效电感;M 为线圈和短路环之间的互感。

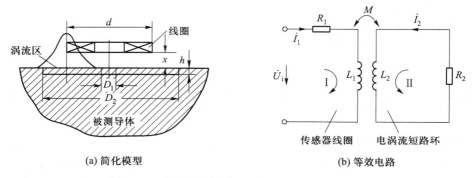

(a) 简化模型　　　　　　　　　(b) 等效电路

图 6.3.2　电涡流式传感器的简化模型及等效电路

根据基尔霍夫定律,可列出如下方程组

$$\begin{cases} R_1 \dot{I}_1 + j\omega L_1 \dot{I}_1 - j\omega M \dot{I}_2 = \dot{U}_i \\ R_2 \dot{I}_2 + j\omega L_2 \dot{I}_2 - j\omega M \dot{I}_1 = 0 \end{cases} \tag{6.3.3}$$

式中,$\dot{U}_i$、ω——传感器线圈的激励电压、角频率。

由式(6.3.3)解得传感器线圈的等效阻抗为

$$Z = \frac{\dot{U}_i}{\dot{I}_1} = R_1 + \frac{\omega^2 M^2}{R_2^2 + \omega^2 L_2^2} R_2 + j\omega \left[L_1 - \frac{\omega^2 M^2}{R_2^2 + \omega^2 L_2^2} L_2 \right] \tag{6.3.4}$$

$$= R_{eq} + j\omega L_{eq}$$

式中,R_{eq}、L_{eq}——传感器线圈受电涡流影响后的等效电阻、等效电感,即

$$R_{eq} = R_1 + \frac{\omega^2 M^2}{R_2^2 + \omega^2 L_2^2} R_2 \tag{6.3.5}$$

$$L_{eq} = L_1 - \frac{\omega^2 M^2}{R_2^2 + \omega^2 L_2^2} L_2 \tag{6.3.6}$$

则传感器线圈受到电涡流影响后的品质因数为

$$Q = \frac{\omega L_{eq}}{R_{eq}} = Q_0 \frac{1 - \dfrac{L_2}{L_1} \cdot \dfrac{\omega^2 M^2}{R_2^2 + \omega^2 L_2^2}}{1 + \dfrac{R_2}{R_1} \cdot \dfrac{\omega^2 M^2}{R_2^2 + \omega^2 L_2^2}} \qquad (6.3.7)$$

式中,Q_0——无涡流时传感器线圈的品质因数,$Q_0 = \omega L_1 / R_1$。

由以上分析可知,传感器线圈受到电涡流影响后,引起线圈的等效阻抗、等效电感和品质因数发生改变。通过测量电路检测线圈的 Z、L 或 Q 的变化,并将其转换为电量,即可达到测量的目的。

2. 工作特性

根据电涡流式传感器的简化模型,电涡流式传感器具有以下特性:

(1) 电涡流密度 J 和径向范围与线圈外径 d、线圈与导体间的距离 x 有关。当 x 一定时,电涡流密度 J 随着线圈外径 d 的大小而变化,如图 6.3.3 所示(图中 J_0 为金属导体表面的电涡流密度,即电涡流密度的最大值;J_D 为外径为 D 处的金属导体表面的电涡流密度)。

由图可知,在线圈中心处,电涡流密度为零;在距离为线圈外径 d 处,电涡流密度最大;电涡流的径向形成范围在传感器线圈外径的 $1.8 \sim 2.5$ 倍范围内,且分布不均匀。因此为了充分地利用涡流效应,被测导体的平面尺寸不应小于传感器线圈外径 d 的 2 倍,否则灵敏度将下降。若被测导体为圆柱体时,当其直径 D 为线圈外径 d 的 3.5 倍以上时,则传感器的灵敏度 S 近似为常数,当 $D = d$ 时,灵敏度仅为最大值的 60% 左右,其关系如图 6.3.4 所示。

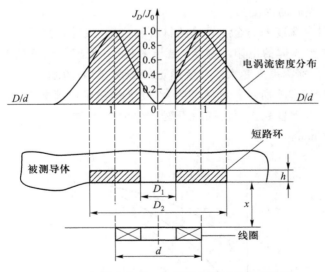

图 6.3.3 电涡流密度 J 与线圈外径 d 的关系曲线

(2) 电涡流强度随着线圈与导体间的距离 x 的变化而改变,如图 6.3.5 所示,图中 I_1 为线圈激励电流;I_2 为金属导体中的等效电流;r 为线圈外半径。由图可知,电

涡流强度与距离 x 呈非线性关系,且随着 x/r 的增大而迅速减小。为了获得较好的线性和较高的灵敏度,应使 $x/r \ll 1$,一般取 $x/r = 0.05 \sim 0.15$。

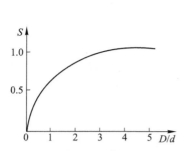

图 6.3.4   被测导体直径与灵敏度的关系   图 6.3.5   电涡流强度与距离 x 的归一化曲线

(3)由于存在集肤效应(当导体置于交变磁场时,导体内部的产生的电涡流分布不均匀,电涡流集中在导体外表的薄层和一定的径向范围内,此现象也称为趋肤效应),电涡流贯穿金属导体的深度有限。电涡流密度随距离导体表面的深度 H 的增大按指数规律衰减,即

$$J_H = J_m e^{-H/h} \tag{6.3.8}$$

式中,H——金属导体中某一点与表面的距离;

J_H——沿轴向 H 处的电涡流密度;

J_m——导体表面的电涡流密度,即电涡流密度的最大值;

h——电涡流轴向的贯穿深度(定义为电涡流密度减小到表面电涡流密度的 $1/e$ 时距离导体表面的深度)。

电涡流的贯穿深度 h 与金属导体的材料和传感器线圈的激励电流频率有关[见式(6.3.2)]。被测导体的电阻率越大,磁导率越小,传感器线圈的激励电流频率越低,则电涡流的贯穿深度 h 越大。对于确定的被测材料,激励电流频率不同,其贯穿深度 h 各异,如图 6.3.6 所示。可见,贯穿深度 h 随激励电流频率 f 的升高而逐渐减小,频率越低、贯穿深度越大。例如对于钢,当 $f = 50$ Hz 时,$h = 1 \sim 2$ mm;当 $f = 5$ kHz 时,$h = 0.1 \sim 0.2$ mm。

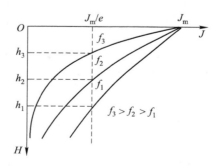

图 6.3.6   涡流贯穿深度 h 与激励频率 f 的关系

3. 电涡流式传感器的类型

按照电涡流在导体内的贯穿情况,电涡流式传感器可分为高频反射式和低频透射式两类,其中高频反射式应用较为广泛。

高频反射式电涡流传感器的结构简单,如图 6.3.7 所示。它主要由一个固定在框架上的扁平线圈组成。线圈可以粘贴在框架的端部,也可以绕制在框架端部的槽中。

6-5 高频反射式电涡流传感器

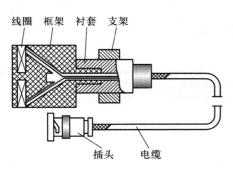

图 6.3.7 高频反射式电涡流传感器的结构

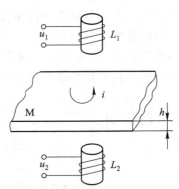

图 6.3.8 低频透射式电涡流传感器的原理

低频透射式电涡流传感器采用低频激励,因而有较大的贯穿深度,适合于测量金属材料的厚度,其原理如图 6.3.8 所示。传感器包括发射线圈 L_1 和接收线圈 L_2,分别位于被测物体的上、下侧。若在 L_1 上施加低频电压 u_1,由于电涡流效应,在 L_2 的两端就会产生感应电压 u_2,u_2 的大小与 u_1 的幅值和频率、L_1 和 L_2 的匝数和结构以及两线圈的相对位置有关。若两线圈间无金属导体,则 L_1 的磁力线能够较多地穿过 L_2,在 L_2 上产生的感应电压 u_2 最大。如果在两线圈之间放置金属板 M,由于在金属板内产生电涡流,该电涡流损耗了部分磁场能量,使得到达 L_2 上的磁力线减少,从而引起 u_2 的下降。金属板 M 的厚度越大,电涡流产生的损耗就越大,感应电压 u_2 就越小。可见,u_2 的大小间接反映了 M 的厚度,这就是利用电涡流测厚的原理。

6.3.2 测量电路

根据电涡流式传感器的工作原理,被测量可以转换为传感器线圈的等效阻抗 Z、等效电感 L 和品质因数 Q 等参数的变化,测量电路的作用就是将 Z、L 或 Q 转换为电压或电流信号输出。一般来讲,Q 的测量电路应用较少,Z 的测量电路可采用交流电桥(见 6.1.2 节),L 的测量电路一般用谐振电路。

谐振电路的原理是将传感器线圈 L 与固定电容并联组成 LC 并联谐振回路,其谐振频率为

$$f = \frac{1}{2\pi\sqrt{LC}} \tag{6.3.9}$$

谐振时电路的等效阻抗最大,且呈纯电阻特性,即 $Z = L/RC$(R 为线圈的损耗

电阻）。

当线圈等效电感 L 变化时,回路的谐振频率和等效阻抗随之发生变化,因此可以利用测量谐振频率或等效阻抗的方法间接测出被测参数。根据电路的输出(幅值或频率),谐振电路主要有调幅电路和调频电路两种。

1. 调幅电路

调幅电路的原理如图 6.3.9 所示,由振荡器、并联谐振回路、放大器、检波器及滤波器等组成。由频率稳定的振荡器(如石英振荡器)提供一个频率及幅值稳定的高频信号激励并联谐振回路 LC。图中耦合电阻可视为激励电源的内阻,以降低传感器对振荡器的影响,其大小将影响测量电路的灵敏度,因此耦合电阻的选择应考虑振荡器的输出阻抗和传感器线圈的品质因数。

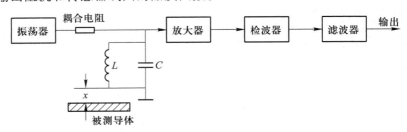

图 6.3.9   调幅电路的原理框图

无被测导体时,使 LC 振荡回路的谐振频率 f_0 等于振荡器的激励频率,这时 LC 回路的阻抗最大,激励电流在 LC 回路上产生的压降最大,即回路的输出电压的幅值也最大,如图 6.3.10 中谐振曲线 I 所示。当传感器线圈接近被测导体时,线圈的等效电感发生变化,LC 回路的谐振频率和等效阻抗也跟着发生变化,使回路失谐而偏离激励频率,即谐振峰值偏离原来的位置向左或向右移动,输出电压的幅值亦发生相应变化。传感器离被测导体愈近,回路的等效阻抗愈小,输出电压的幅值也越低。谐振峰值移动的方向与被测导体的材料有关,若被测导体为非磁性材料或硬磁材料,当距离减小时,线圈的等效电感减小,回路的谐振频率增大,谐振峰值向右移动,同时由于回路阻抗减小,激励电流在 LC 回路产生的压降也由原来的 u_0 降为 u_A,如图 6.3.10 曲线 A 所示。若被测导体为软磁材料,线圈的等效电感增大,回路的谐振频率减小,谐振峰值向左移动,其谐振曲线如图 6.3.10 曲线 B 所示。

调幅电路的输出特性如图 6.3.11 所示。由于 LC 谐振回路的激励频率保持不变,所以谐振回路输出电压的频率始终不变,但幅值随位移 x 变化,它相当于一个调幅波,经放大、检波、滤波后,可以得到一个与被测信号对应的电压信号。

2. 调频电路

调频电路的原理如图 6.3.12 所示。它是把传感器线圈直接接入 LC 谐振回路,当线圈电感发生变化时,将导致振荡器的振荡频率改变,从而实现频率调制。该频率信号可以用数字频率计直接测量,也可以通过鉴频器进行频率-电压转换变成电压输出。为了消除寄生调幅,在鉴频器前加限幅器。

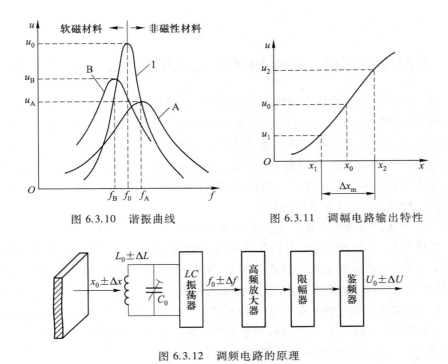

图 6.3.10 谐振曲线   图 6.3.11 调幅电路输出特性

图 6.3.12 调频电路的原理

6.3.3 电涡流式传感器的应用

电涡流式传感器具有结构简单、使用方便、灵敏度高、不受油液介质影响等优点;而且频响范围宽,尤其是可以实现非接触测量,其测量的范围和精度随传感器的结构尺寸、线圈匝数以及激励频率而异,最高分辨率可达 0.05 μm,因此在工程测试中用途广泛。

图 6.3.13 给出电涡流式传感器的应用示例。

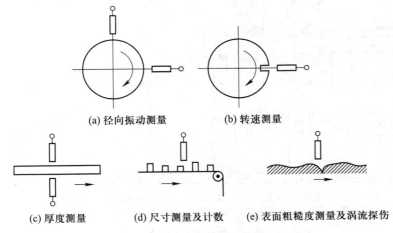

(a) 径向振动测量   (b) 转速测量

(c) 厚度测量   (d) 尺寸测量及计数   (e) 表面粗糙度测量及涡流探伤

图 6.3.13 电涡流式传感器的应用示例

6.4　工程应用案例——电感式滚柱直径自动检测分选装置

　　在机械行业中,轴承是常用的标准零件之一,其产品的质量在一定程度上会影响整个机械系统的性能。作为轴承的重要部件——滚柱的直径和长度要求均匀一致,通常允许的公差范围在正负几微米以内,否则将造成轴承的振动和噪声。传统的人工测量和分选滚柱,精度低,分选效率低,检测结果不稳定,且易出现误测、误选,不能满足高精度测量的要求。因此,利用传感器实现高精度、自动化的滚柱检测及分选将大大提高检测效率和质量。

　　图 6.4.1 所示为电感式滚柱直径自动检测分选装置的示意图。该系统主要由落料管、推料气缸、电感测微器、限位挡板和多个电磁翻板等组成。由机械排序装置(振动料斗)送来的滚柱按顺序进入落料管,落料管下端的接近开关(图中未显示)发出有料信号。推料气缸为双作用气缸,由电磁阀 T_A 和 T_B 分别控制气缸带动推杆伸出和退回。电感测微器的测杆在衔铁的控制下,首先提升到一定高度,推杆快速将滚柱推入电感测微器测头下方的限位挡板位置(电磁限位挡板装有位置传感器,控制挡板的位置)。为了延长电感测微器测头的寿命并保证测杆压在滚柱的最高点上,在测杆的末端加装一个钨钢测头。钨钢测头在弹簧的带动下向下压住滚柱,滚柱的直径决定了衔铁的位移量。电感测微器的输出信号经相敏检波、信号放大后送到计算机,计算出直径的偏差值。

　　测量完成后,电感测微器的测杆上升,限位挡板在电磁阀驱动器的控制下复位,

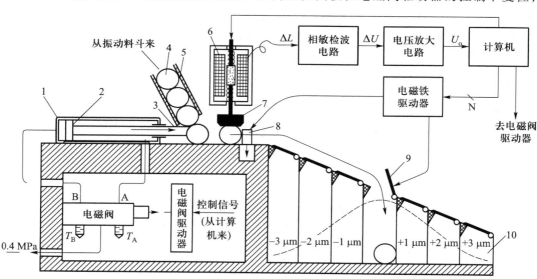

1—气缸；2—活塞；3—推杆；4—被测滚柱；5—落料管；6—电感测微器；
7—钨钢测头；8—限位挡板；9—电磁翻板；10—容器(料斗)

图 6.4.1　电感式滚柱直径自动检测分选装置

测量好的滚柱在推杆的再次推动下进入相应的料斗（废品料斗图中未画出）。每个料斗入口装有一个光电传感器和一个电磁翻板，当计算机计算出测量结果的偏差后，对应的电磁翻板驱动电路导通，翻板打开；每落下一个滚柱，光电传感器便产生一个脉冲信号进行记数。从图 6.4.1 中的虚线可以看出，批量生产的滚柱直径偏差概率符合随机误差的正态分布。

随着传感器技术的发展，采用激光等光学测量方式实现滚柱直径的自动检测和分选，具有非接触、精度高、灵敏度高、测量速度快以及不受电磁干扰等优点，未来应用潜力巨大。

习题与思考题

1. 变气隙型自感式传感器的输出特性与哪些因素有关？如何改善其性能？

2. 自感式电感传感器有哪几种结构形式？各有何特点？

3. 为什么电感式传感器一般都采用差动形式？

4. 差动螺管型自感式传感器与差动变压器电感式传感器有哪些主要区别？

5. 差动变压器电感式传感器的零点残余电压产生的原因是什么？怎样减小和消除它的影响？

6. 什么是电涡流效应？涡流的形成范围和贯穿深度与哪些因素有关？被测体对电涡流式传感器的灵敏度有何影响？

7. 如何理解交流电桥的平衡条件？求题图 6.1 所示交流电桥的平衡条件。

8. 常见的交流电桥有哪几种形式？变压器式电桥有何特点？

9. 调制与解调的作用是什么？

10. 用一缓变信号 $u(t) = A\cos 10\pi t + B\cos 100\pi t$ 调制一载波 $u_c(t) = E\sin 2000\pi t$，试计算经过调制后得到的调幅波的频带宽度。

11. 为什么交流电桥输出的调幅波不能简单地用二极管检波来解调，而必须用相敏检波器来解调？相敏检波电路和差动整流电路各有何特点？

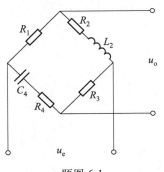

题图 6.1

12. 电涡流式传感器常用的测量电路有哪几种？其变换原理是什么？各有何特点？

13. 电涡流式传感器的主要优点是什么？它适合于测量哪些物理量？

14. 一个铁氧体环形铁心，设长度为 12 cm，横截面面积为 1.5 cm^2，相对磁导率为 $\mu_r = 2000$。求：(1) 求均匀绕线 500 匝时的电感；(2) 当匝数增加一倍时的电感。

15. 有一变气隙型自感式传感器，铁心横截面积 $A = 1.5$ cm^2，磁路长度 $l = 20$ cm，相对磁导率为 $\mu_r = 5000$。气隙厚度 $\delta_0 = 0.5$ cm，空气的磁导率 $\mu_0 = 4\pi \times 10^{-7}$ H/m，线圈匝数 $W = 2500$ 匝，若衔铁位移 $\Delta\delta = 0.1$ mm，试求该变气隙型自感式传感器的灵敏度 $\Delta L / \Delta\delta$。若采用差动方式时其灵敏度为多少？

16. 有一只螺管型差动式电感传感器,已知电源电压 $U = 4$ V,频率 $f = 400$ Hz,传感器线圈的铜电阻 $R = 40$ Ω,电感量 $L = 30$ mH,用两只匹配电阻设计成四臂等阻抗电桥,如题图 6.2 所示。试求:

(1) 电桥匹配电阻 R_1 和 R_2 的值为多大时可使电压灵敏度达到最大?

(2) 当 $\triangle Z = 15$ Ω 时,分别接成单臂和双臂差分电桥后输出电压的大小。

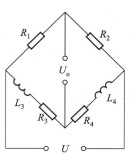

题图 6.2

17. 利用电涡流法测板材厚度,已知激励电源频率 $f = 1$ MHz,被测材料相对磁导率为 $\mu_r = 1$,电阻率 $\rho = 2.9 \times 10^{-6}$ Ω·cm,被测板厚为 $(1 + 0.2)$ mm。试问:

(1) 采用高频反射式测量时,涡流贯穿深度 h 为多少?

(2) 能否采用低频透射法测量板厚? 若可以,需要采取哪些措施? 画出检测原理示意图。

18. 现有一电涡流式位移传感器,其输出为频率,特性方程为 $f = e^{bx+a} + f_0$,已知 $f_0 = 2.333$ MHz 及一组标定数据如下:

位移 x/mm	0.3	0.5	1.0	1.5	2.0	3.0	4.0	5.0	6.0
输出 f/MHz	2.523	2.502	2.461	2.432	2.410	2.380	2.362	2.351	2.343

试求该传感器的工作特性方程(利用曲线拟合方法,并用最小二乘法作直线拟合)。

第7章 电容式传感器

【本章要点提示】···

1. 电容式传感器的工作原理、类型和特性
2. 电容式传感器的测量电路
3. 电容式传感器的特点及应用
4. 工程应用案例——电容式测厚仪在轧机中的应用

　　电容式传感器是将被测非电量转换为电容量变化的传感器,它具有结构简单、灵敏度高、测量范围大、动态响应快、非接触测量等特点,并能在高温、辐射和强烈振动等恶劣环境下工作,广泛应用于位移、加速度、压力、压差、液位/料位、成分含量等参数的测量。随着电子技术的迅速发展,进一步促进了电容式传感器在非电量测量和自动检测中的应用。

7.1 工作原理、类型及特性

　　电容式传感器实际上是一个具有可变参数的电容器。由两个平行极板组成的电容器若忽略边缘效应,其电容量 C 为

$$C = \frac{\varepsilon_0 \varepsilon_r A}{\delta} = \frac{\varepsilon A}{\delta} \tag{7.1.1}$$

式中,A——两极板所覆盖的面积;

　　　δ——两极板间的距离;

　　　ε——极板间介质的介电常数;

　　　ε_r——极板间介质的相对介电常数;

　　　ε_0——真空的介电常数,$\varepsilon_0 = 8.85 \times 10^{-12} F/m$。

　　式(7.1.1)表明,当被测量 δ、A 或 ε 发生变化时,都会引起电容 C 的变化。如果保持其中的两个参数不变,而仅改变另一个参数,就可把该参数的变化变换为电容量的变化,再通过测量电路就可将其转换为电量输出,这就是电容式传感器的工作原理。按照电容参数的变化,电容式传感器可分为变极距或变间隙型、变面积型和变介电常数型三种。

7.1.1　变极距型电容式传感器

变极距型电容式传感器的结构原理如图 7.1.1 所示,通常可用一固定极板(定极板)和一可动极板(动极板)表示,当动极板随被测量变化而移动或改变时,使两极板间的间距 δ 变化,从而引起电容量发生变化。

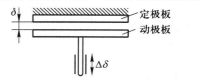

图 7.1.1　变极距型电容式传感器

当两极板间的间距减小 $\Delta\delta$ 时,电容量将增大 ΔC,即

$$\Delta C = \frac{\varepsilon A}{\delta_0 - \Delta\delta} - \frac{\varepsilon A}{\delta_0} = \frac{\varepsilon A}{\delta_0} \cdot \frac{\Delta\delta}{\delta_0 - \Delta\delta} = C_0 \cdot \frac{\Delta\delta}{\delta_0 - \Delta\delta} \qquad (7.1.2)$$

式中,C_0——间距为 δ_0 时的初始电容量,$C_0 = \dfrac{\varepsilon A}{\delta_0}$。

由上式可知,ΔC 与 $\Delta\delta$ 不是线性关系,如图 7.1.2 所示。对式(7.1.2)进行变换可得

$$\frac{\Delta C}{C_0} = \frac{\Delta\delta}{\delta_0} \left(\frac{1}{1 - \Delta\delta/\delta_0} \right) \qquad (7.1.3)$$

当 $\Delta\delta/\delta_0 \ll 1$ 时,式(7.1.3)可展开为级数形式,即

$$\frac{\Delta C}{C_0} = \frac{\Delta\delta}{\delta_0} \left[1 + \frac{\Delta\delta}{\delta_0} + \left(\frac{\Delta\delta}{\delta_0}\right)^2 + \left(\frac{\Delta\delta}{\delta_0}\right)^3 + \cdots \right]$$

$$\qquad (7.1.4)$$

若忽略式(7.1.4)中的高次项,得

$$\frac{\Delta C}{C_0} \approx \frac{\Delta\delta}{\delta_0} \qquad (7.1.5)$$

式(7.1.5)表明,当 $\Delta\delta/\delta_0 \ll 1$ 时,电容变化量 ΔC 与极板间距变化量 $\Delta\delta$ 呈近似线性关系。因此,变极距型电容式传感器通常用来测量微小变化量,为了减小非线性误差,一般取 $\Delta\delta/\delta_0 = 0.02 \sim 0.1$。变极距型电容式传感器的灵敏度为

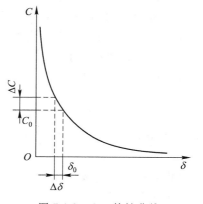

图 7.1.2　C-δ 特性曲线

$$S = \frac{\mathrm{d}C}{\mathrm{d}\delta} = -\frac{\varepsilon A}{\delta^2} \qquad (7.1.6)$$

由式(7.1.6)可知,灵敏度 S 与间距 δ 的平方成反比,为了提高灵敏度 S,应减小初始间隙 δ_0。但 δ_0 过小时,一方面使测量范围减小,另一方面容易使电容击穿,同时加工难度增加,为此可采用在极板间放置云母、塑料膜等介电常数高的材料作为介质。在实际应用中,为了提高灵敏度,减小非线性误差,同时克服外界条件(如电源电压、环境温度等)变化的影响,常采用差动型结构,如图 7.1.3 所示。

在变极距差动型电容式传感器结构中,初始时动极板处于中间位置,两边间距(δ_0)和电容(C_0)都相等。设动极板上移 $\Delta\delta$,则上面电容 C_1 增大,下面电容 C_2 减小,则有

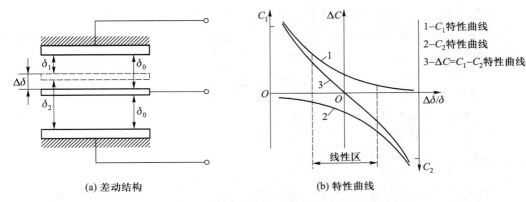

(a) 差动结构   (b) 特性曲线

图 7.1.3   变极距差动型电容式传感器的结构及特性曲线

$$C_1 = C_0 \left[1 + \frac{\Delta\delta}{\delta_0} + \left(\frac{\Delta\delta}{\delta_0}\right)^2 + \left(\frac{\Delta\delta}{\delta_0}\right)^3 + \cdots \right]$$

$$C_2 = C_0 \left[1 - \frac{\Delta\delta}{\delta_0} + \left(\frac{\Delta\delta}{\delta_0}\right)^2 - \left(\frac{\Delta\delta}{\delta_0}\right)^3 + \cdots \right]$$

则差动电容输出为

$$\Delta C = C_1 - C_2 = 2C_0 \left[\frac{\Delta\delta}{\delta_0} + \left(\frac{\Delta\delta}{\delta_0}\right)^3 + \left(\frac{\Delta\delta}{\delta_0}\right)^5 + \cdots \right] \tag{7.1.7}$$

忽略高次项,则差动电容的相对变化为

$$\frac{\Delta C}{C_0} \approx 2\frac{\Delta\delta}{\delta_0} \tag{7.1.8}$$

变极距差动型电容式传感器的特性曲线如图 7.1.3(b) 所示,其灵敏度不仅提高一倍,而且非线性误差大大降低。与此同时,差动结构也可有效减小外界条件(如电源电压、环境温度等)变化的影响。

变极距型电容式传感器的优点是灵敏度高,可进行非接触式测量,对被测量影响小。由于其具有非线性特性,因此测量范围受到一定限制,适用于微小位移的测量。

7.1.2   变面积型电容式传感器

变面积型电容式传感器的结构如图 7.1.4 所示。

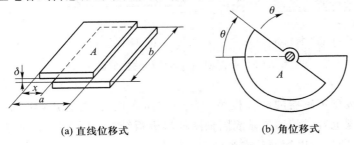

(a) 直线位移式   (b) 角位移式

图 7.1.4   变面积型电容式传感器的结构

图 7.1.4(a)为直线位移式电容传感器结构示意图。当动极板发生直线位移 x 时,两极板间覆盖的面积将发生变化,其电容量也随之变化。若忽略边缘效应,则电容变化量为

$$\Delta C = \left| C - C_0 \right| = \left| \frac{\varepsilon b(a-x)}{\delta} - \frac{\varepsilon ba}{\delta} \right| = C_0 \frac{x}{a} \qquad (7.1.9)$$

式中, a——极板长度;

　　　　b——极板宽度;

$C_0 = \dfrac{\varepsilon ba}{\delta}$——初始电容。

由式(7.1.9)可知,电容变化量与直线位移呈线性关系。

图 7.1.4(b)为角位移式电容传感器示意图,当动极板发生角位移 θ 时,电容变化量为(忽略边缘效应)

$$\Delta C = \left| \frac{\varepsilon r^2(\pi-\theta)}{2\delta} - \frac{\varepsilon r^2\pi}{2\delta} \right| = \frac{\varepsilon r^2\theta}{2\delta} = C_0 \frac{\theta}{\pi} \qquad (7.1.10)$$

式中,r——极板半径;

　　　θ——极板角位移;

$C_0 = \dfrac{\varepsilon r^2\pi}{2\delta}$——初始电容。

由式(7.1.9)和式(7.1.10)可知,变面积型电容式传感器的输出特性呈线性,其灵敏度为常数,且增大初始电容 C_0 可提高传感器的灵敏度。为此,将多个直线位移式电容传感器串接在一起,制作成齿形极板电容以增加覆盖面积,从而提高灵敏度,如图 7.1.5(a)所示。

当齿形极板的齿数为 n,移动 Δx 后,其电容变化量为

$$\Delta C = \left| C - nC_0 \right| = \left| \frac{n\varepsilon b(a-\Delta x)}{\delta} - \frac{n\varepsilon ba}{\delta} \right| = nC_0 \frac{\Delta x}{a} \qquad (7.1.11)$$

比较式(7.1.9)和式(7.1.11)可知,齿形极板型电容式传感器的灵敏度提高了 n 倍。

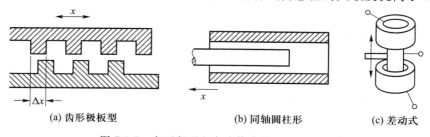

(a) 齿形极板型   (b) 同轴圆柱形   (c) 差动式

图 7.1.5   变面积型电容式传感器的派生结构

由于平板型传感器的动极板稍向间距方向变化时,将会影响测量精度。因此,可将变面积型电容式传感器做成同轴圆柱形极板结构,如图 7.1.5(b)所示。由物理学可知,同轴圆柱形电容器的电容为

$$C = \frac{2\pi\varepsilon l}{\ln(R/r)} \tag{7.1.12}$$

式中，l——外圆筒与内圆柱（或圆筒）遮盖部分的长度；

R、r——分别为外圆筒的内半径、内圆柱的半径。

当动极板移动 x 时，电容变化量为（忽略边缘效应）

$$\Delta C = \left| \frac{2\pi\varepsilon(l-x)}{\ln(R/r)} - \frac{2\pi\varepsilon l}{\ln(R/r)} \right| = \frac{2\pi\varepsilon x}{\ln(R/r)} = C_0 \frac{x}{l} \tag{7.1.13}$$

可见，同轴圆柱形电容式传感器的电容变化量与直线位移呈线性关系。

变面积型电容式传感器的优点是输出与输入呈线性关系，与变极距型电容式传感器相比，其灵敏度较低，适用于较大的直线位移和角位移测量。变面积型电容式传感器也可采用差动结构，如图 7.1.5(c) 所示，其输出和灵敏度可提高 1 倍。

7.1.3 变介电常数型电容式传感器

当电容式传感器两极板之间的电介质改变时，其介电常数变化，从而引起电容量的变化。变介电常数型电容式传感器的结构形式有很多种，可用于测量电介质的厚度、位移、液位/料位，以及温度和湿度等。

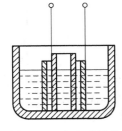

图 7.1.6 所示为电容式液位计的结构原理图。设容器内液体介质的介电常数为 ε_1，液体介质上方气体（即空气）的介电常数为 ε_0，当被测液体的液面在同轴圆柱形极板间发生变化时，极板间电容将发生变化。此时，相当于两个同轴圆柱形电容并联，极板间总电容 C 等于气体介质部分的电容 C_1 和液体介质部分的电容 C_2 之和。

7-1 电容式液位计

图 7.1.6 电容式液位计的结构原理

由式（7.1.12）可知，气体介质部分的电容 C_1 为

$$C_1 = \frac{2\pi\varepsilon_0(H-h)}{\ln(R/r)} \tag{7.1.14}$$

液体介质部分的电容 C_2 为

$$C_2 = \frac{2\pi\varepsilon_1 h}{\ln(R/r)} \tag{7.1.15}$$

于是，总电容 C 为

$$C = \frac{2\pi\varepsilon_0(H-h)}{\ln(R/r)} + \frac{2\pi\varepsilon_1 h}{\ln(R/r)} = \frac{2\pi\varepsilon_0 H}{\ln(R/r)} + \frac{2\pi(\varepsilon_1-\varepsilon_0)h}{\ln(R/r)} = C_0 + \frac{2\pi(\varepsilon_1-\varepsilon_0)h}{\ln(R/r)}$$

$$\tag{7.1.16}$$

式中，H——极板的高度；

R——外圆筒的内半径；

r——内圆筒的外半径；

h——液面高度；

C_0——由液位计结构尺寸决定的初始电容值，即

$$C_0 = \frac{2\pi\varepsilon_0 H}{\ln(R/r)} \tag{7.1.17}$$

由式(7.1.16)可知,电容式液位计的电容增量与被测液面高度 h 成线性关系。

应当注意的是,若被测液体介质导电时,则极板表面应涂覆绝缘层,以防止电极间短路。

7.2　测量电路

电容式传感器将被测量转换成电容量的变化,但由于电容及其变化量均很小(pF 级),因此必须借助测量电路检测出这一微小电容及其增量,并将其转换成电压、电流或频率,以便于显示、记录或传输。

7.2.1　电容式传感器的等效电路

电容式传感器在绝大多数情况下可用一个纯电容来表示。但当供电电源频率较低或在高温高湿环境下使用时,传感器电极间的等效漏电阻就不能忽略。随着电源频率的提高,传感器容抗减小,等效漏电阻的影响减弱;但由于电流的集肤效应使得导体电阻增加,必须考虑传输线的电感和电阻。因此,实际的电容式传感器的等效电路如图 7.2.1 所示。图中 R_e 为并联损耗电阻,包括极板间的泄漏电阻和介质损耗电阻等;R_s 为串联损耗电阻,包括引线电阻、极板电阻和电容器支架电阻等;L 为电容器本身的电感和传输线电感之和;C 为传感器电容(包括寄生电容等)。

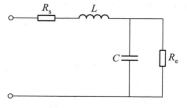

图 7.2.1　电容式传感器
的等效电路

根据图 7.2.1 所示的等效电路,可以得到其等效阻抗为

$$Z_C = \left(R_s + \frac{R_e}{1+\omega^2 R_e^2 C^2}\right) - j\left(\frac{\omega R_e^2 C}{1+\omega^2 R_e^2 C^2} - \omega L\right) \tag{7.2.1}$$

式中,ω——激励电源角频率,$\omega = 2\pi f$。

由于通常传感器的并联电阻 R_e 很大,串联电阻 R_s 很小,为方便计算,在电路中忽略 R_e、R_s,则等效阻抗可表示为

$$Z_C = \frac{1}{j\omega C_e} = \frac{1}{j\omega C} + j\omega L \tag{7.2.2}$$

则传感器的等效电容 C_e 为

$$C_e = \frac{C}{1-\omega^2 LC} = \frac{C}{1-(f/f_0)^2} \tag{7.2.3}$$

式中,f_0——等效电路谐振频率,$f_0 = 1/(2\pi\sqrt{LC})$。

通常等效电路的谐振频率为几十兆赫,激励电源频率必须低于谐振频率,一般

为谐振频率的 $1/3\sim1/2$，传感器才能正常工作。

由式（7.2.3）可知，传感器的等效电容与传感器的固有电感 L（包括引线电感）和激励电源频率有关。因此，在实际应用中电容式传感器的测量必须与标定时的条件相同，若改变激励电源频率和传输电缆，必须对其进行重新标定。

7.2.2 测量电路

电容式传感器的测量电路种类很多，除前面介绍的交流电桥、谐振电路外，还可采用调频电路、运算放大器电路和差动脉冲宽度调制电路等。

1. 调频电路

调频电路工作原理如图 7.2.2 所示。电容式传感器作为振荡器谐振回路的一部分，当被测量使传感器电容量发生变化时，振荡器的振荡频率也随之变化。图中 C 是振荡回路的总电容，包括传感器电容、振荡回路的固有电容以及传感器的引线分布电容；L 是振荡回路的电感。

图 7.2.2 调频电路

为了防止干扰引起振荡器输出的调频信号产生寄生调幅，在鉴频器前常加一个限幅器将干扰和寄生调幅削平，使进入鉴频器的调频信号是等幅的。鉴频器的作用是将调频信号的频率变化转换成振幅的变化，它是调频信号的解调器；最后经放大器放大后输出或显示。

调频电路的灵敏度高，可获得高电平的直流信号，也可以输出数字信号，抗干扰能力强。其缺点是振荡频率受温度和寄生电容的影响较大，因此必须采取适当的措施来减小或消除寄生电容的影响。

2. 运算放大器电路

运算放大器电路如图 7.2.3 所示，C_x 是传感器电容，跨接在高增益运算放大器的输入端和输出端之间，C_i 为固定电容。运算放大器的输入阻抗很高，因此可视为理想运算放大器，其输出电压为

$$u_o = -u_i \frac{C_i}{C_x} \qquad (7.2.4)$$

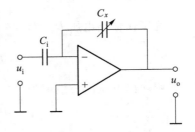

图 7.2.3 运算放大器电路

将 $C_x = \dfrac{\varepsilon A}{\delta}$ 带入式（7.2.4），则有

$$u_o = -u_i \frac{C_i}{\varepsilon A} \delta \qquad (7.2.5)$$

式（7.2.5）说明运算放大器的输出电压与极板间距 δ 呈线性关系。运算放大器电路从原理上解决了变极距型电容式传感器输出特性的非线性问题。但式（7.2.5）

是在假设运算放大器增益 $A \to \infty$、输入阻抗 $Z_i \to \infty$ 的条件下得到的,因此该电路要求放大器增益及输入阻抗足够大;同时为保证测量精度,还要求电源电压 u_i 的幅值和固定电容 C_i 必须稳定。

例 7-1 现有一电容式位移传感器,其结构如图 7.2.4(a)所示。其中圆柱 C 为内电极,圆筒 A、B 为两个外电极,D 为屏蔽套筒,CB 构成一个固定电容 C_F,CA 是随活动屏蔽套筒伸入位移量 x 而变的可变电容 C_x。已知 $L = 25\text{mm}$、$R = 6\text{mm}$、$r = 2\text{mm}$,采用理想运算放大器电路如图 7.2.4(b)所示,其信号源电压有效值为 $U_i = 6\text{V}$,试求:(1)该电容式位移传感器的灵敏度;(2)为了使运算放大器输出电压 U_o 与位移 x 呈线性关系,请说明固定电容 C_F 与可变电容 C_x 在图 7.2.4(b)中应连接的位置,并求输出电压的灵敏度。

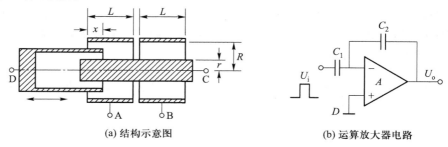

(a) 结构示意图   (b) 运算放大器电路

图 7.2.4 电容式位移传感器

解

(1)由于 $C_x = \dfrac{2\pi\varepsilon_0(L-x)}{\ln(R/r)}$,则传感器的灵敏度为

$$S_x = \left| \frac{\mathrm{d}C_x}{\mathrm{d}x} \right| = \frac{2\pi\varepsilon_0}{\ln(R/r)} = \frac{2\times3.14\times8.85\times10^{-12}}{\ln(6\times10^{-3}/2\times10^{-3})} \approx 0.05\times10^{-9}(\text{F/m})$$

(2)由于 $U_o = -U_i\dfrac{C_1}{C_2}$,$C_x = \dfrac{2\pi\varepsilon_0(L-x)}{\ln(R/r)}$,$C_F = \dfrac{2\pi\varepsilon_0 L}{\ln(R/r)}$

为了使输出电压 U_o 与位移 x 呈线性关系,则有 $C_1 = C_x$,$C_2 = C_F$,于是

$$U_o = -U_i\frac{C_x}{C_F} = -U_i\frac{L-x}{L}$$

则输出电压的灵敏度为

$$S_V = \left| \frac{\mathrm{d}U_o}{\mathrm{d}x} \right| = \frac{U_i}{L} = \frac{6}{25} = 0.24(\text{V/mm})$$

3. 脉冲宽度调制电路

脉冲宽度调制电路如图 7.2.5(a)所示。它由比较器 I 和 II、双稳态触发器及电容充放电回路组成。C_1、C_2 为传感器的差动电容,双稳态触发器的两个输出端 Q、$\overline{Q}$ 为电路的输出端。

当双稳态触发器的输出端 Q 为高电位时,通过 R_1 对 C_1 充电;$\overline{Q}$ 端的输出为低电

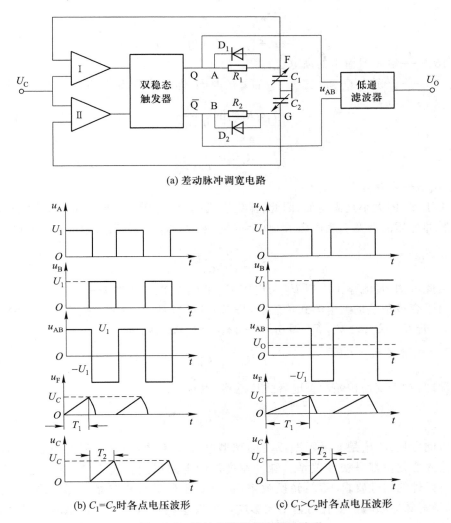

(a) 差动脉冲调宽电路

(b) $C_1=C_2$时各点电压波形　　　　(c) $C_1>C_2$时各点电压波形

图 7.2.5　脉冲宽度调制电路及波形

位,电容 C_2 通过二极管 D_2 迅速放电,G 点被钳制在低电位。当 F 点的电位高于参考电位 U_C 时,比较器 I 的输出极性改变,产生脉冲,触发双稳态触发器翻转,Q 端输出变为低电位,而 $\overline{Q}$ 端变为高电位。这时 C_2 充电 C_1 放电,当 G 点电位高于 U_C 时,比较器 Ⅱ 的输出使触发器再一次翻转,如此重复,周而复始,使双稳态触发器的两个输出端各自产生一宽度受 C_1 和 C_2 调制的方波信号。当 $C_1=C_2=C_0$ 时,各点的电压波形如图 7.2.5(b) 所示,输出电压 U_{AB} 的平均值为零。但在工作状态时 $C_1\neq C_2$,C_1、C_2 充电时间常数发生变化,若 $C_1>C_2$,则各点电压波形如图 7.2.5(c) 所示,输出电压 u_{AB} 的平均值不再是零。

　　输出电压 u_{AB} 经低通滤波后,便可得到一直流输出电压 U_0,其值为 A、B 两点电压平均值 U_A 与 U_B 之差,即

$$U_O = U_{AB} = \frac{T_1}{T_1 + T_2} U_1 - \frac{T_2}{T_1 + T_2} U_1 = \frac{T_1 - T_2}{T_1 + T_2} U_1 \qquad (7.2.6)$$

式中，U_1——触发器输出的高电位；

T_1、T_2——分别为 C_1、C_2 充至 U_C 需要的时间，即 A 点和 B 点的脉冲宽度分别为

$$T_1 = R_1 C_1 \ln \frac{U_1}{U_1 - U_C} \qquad (7.2.7)$$

$$T_2 = R_2 C_2 \ln \frac{U_1}{U_1 - U_C} \qquad (7.2.8)$$

式中，U_C——参考电压。

由于 U_1 的大小是固定的，因此，输出直流电压 U_O 随 T_1 和 T_2 而变，从而实现了输出脉冲电压的调宽。当电阻 $R_1 = R_2 = R$ 时，将 T_1、T_2 两式带入式（7.2.6）可得

$$U_O = \frac{C_1 - C_2}{C_1 + C_2} U_1 \qquad (7.2.9)$$

由此可知，直流输出电压 U_O 与电容 C_1 和 C_2 之差呈线性关系。

对于变极距差动型电容式传感器（图 7.1.3），当 $C_1 = C_2 = C_0$ 时，即 $\delta_1 = \delta_2 = \delta_0$ 时，$U_O = 0$。若 $C_1 \neq C_2$，设 $C_1 > C_2$，即 $\delta_1 = \delta_0 - \Delta\delta, \delta_2 = \delta_0 + \Delta\delta$，则有

$$U_O = \frac{\Delta\delta}{\delta_0} U_1 \qquad (7.2.10)$$

同理，对于变面积差动型电容式传感器，也有

$$U_O = \frac{\Delta A}{A} U_1 \qquad (7.2.11)$$

由此可见，不论是变极距型或变面积型电容式传感器，脉冲宽度调制电路的输出与输入变化量都呈线性关系。脉冲宽度调制电路采用直流电源，电源稳定性高；对传感元件的线性要求不高；转换效率高，只要经过低通滤波器就可以得到直流输出；且调宽脉冲频率的变化对输出无影响。所有这些特点都是其他电容测量电路无法比拟的。

7.3 电容式传感器的特点及应用

7.3.1 电容式传感器的特点

电容式传感器具有结构简单、灵敏度高、量程范围大、动态响应快、能实现非接触测量、可在恶劣环境下工作等优点。近年来随着新材料、新工艺的出现，其应用范围越来越广泛。

电容式传感器的特点如下：

（1）结构简单，温度稳定性好，适应性强

电容式传感器结构简单，易于制造并能保证较高的精度；传感器的电容值仅取

决于电极的几何尺寸,一般选用温度膨胀系数小、几何尺寸稳定的材料制作电极,且本身发热很小,温度稳定性好;能在高/低温、高压力、强冲击、强辐射及强磁场等各种恶劣环境下工作,适应能力强。

（2）灵敏度高,动态响应快,量程范围大

由于两极板之间静电引力很小,所需的输入能量小,因此可测量极低的力、压力和微小的加速度、位移等,且采用差动结构进一步提高灵敏度;传感器的尺寸小,固有频率高,动态响应速度快,其工作频率可达数兆赫兹。

（3）能实现非接触测量,对被测对象无影响

当被测对象不允许接触测量时,如测量回转轴的振动、偏心率等,可采用电容式传感器实现非接触测量,无摩擦,不会干扰被测对象的运动状态。

（4）输出阻抗高,功率小,负载能力差

电容式传感器的电容量很小,一般只有几到几百皮法,因此输出阻抗很高,输出信号的功率很小,负载能力差,对传感器的绝缘要求高。为了降低输出阻抗和增大输出功率,应尽量提高传感器的电容,并采用高频激励电源和高增益放大器。

（5）寄生电容影响大,抗干扰能力差

由于传感器电容量很小,电缆的分布电容（1～2m 导线可达 800pF）不容忽视,且工作在高频状态下易产生寄生电容,同时外界干扰（如电磁场等）都会影响传感器工作的稳定性。为克服寄生电容及外界干扰的影响,常采用的方法有:对传感器及其引出线采取屏蔽措施,并可靠接地;将传感器与测量电路集成化等。

（6）具有边缘效应,输出特性非线性

理想条件下,平板电容器的电场均匀分布于两极板相互覆盖的空间。但实际上,在极板的边缘附近,电场分布不均匀,这种现象称为电场的边缘效应,如图 7.3.1（a）所示。

边缘效应不仅使传感器的设计计算复杂化、输出特性非线性,而且会降低传感器的灵敏度,因此应尽量消除和减小边缘效应。采用的方法有:减小极板厚度,并使其远小于极间距来减小边缘效应;或者在结构上增设等位环来消除边缘效应,如图7.3.1（b）所示。等位环与定极板等电位,且电气上相互绝缘,这样两电极间的电场基本均匀,而发散的边缘电场在等位环的外周,从而可有效消除边缘效应的影响。

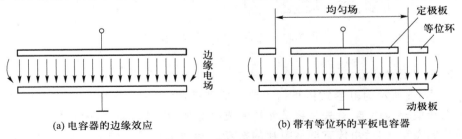

图 7.3.1　采用等位环消除边缘效应的原理图

综上所述,在设计和应用电容式传感器时需要根据传感器与被测量之间的关

系、所采用的介质以及工作条件等,确定元件材料、结构形式、工作方式以及传感器输出信号的变换电路等。随着材料、工艺和电子技术的发展,电容式传感器正逐渐成为一种高灵敏度、高精度,具有广阔应用前景的传感器。

7.3.2   电容式传感器的应用

电容式传感器的应用广泛,根据电容式传感器的工作原理,利用极板间距 δ 和极板覆盖面积 A 的变化,可以测量直线位移或角位移;通过弹性元件也可以测量力、压力、振动或加速度等;利用介电常数 ε 的变化可以进行液位、浓度、厚度、温/湿度等测量等等。

1. 电容式压力/压差传感器

电容式压力/压差传感器的结构如图 7.3.2 所示,被测压力 p_1、p_2 分别作用于两个隔离膜片上,通过硅油将压力传递给测量膜片(金属弹性膜片)。测量膜片作为差动可变电容的活动电极,两个固定电极是在凹形玻璃(或绝缘陶瓷)上真空蒸发金属形成。在压差的作用下,两个电容器的电容量一个增大一个减小,测量两个电容的变化量即可知道差压的大小。若将一侧密封并抽真空,则可用来测量绝对压力。这种传感器结构简单、灵敏度高,可以测量 $0 \sim 0.75\text{Pa}$ 的微小差压,其动态响应取决于弹性膜片的固有频率,响应速度较快(约 100ms)。

7-2 电容式压力/差压变送器

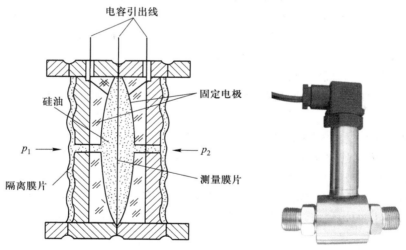

图 7.3.2   电容式压力/压差传感器

2. 电容式传声器

图 7.3.3 所示为电容式传声器。传声器即话筒,用来把声压转换成电信号。完成声电转换分为两步,首先是将声能转换成机械能,由膜片完成,膜片感受声压后变成膜片的振动;然后由传感器将膜片的振动转换成电信号。传声器是由很薄的($4 \sim 6$ μm)金属膜片和紧靠着它的固定极板组成,膜片与固定极板之间留有空气薄层,构成空气介质电容器。当声压作用在膜片上时,膜片内外产生压差,使膜片产生与外界声波信号一致的振动,从而使膜片与固定极板之间的距离改变,引起电容量的变

化,通过测量电路变成电压输出。极板上阻尼孔的作用是抑制振膜的振幅,壳体上的减压孔用来平衡振膜两侧的静压力,以防振膜破裂。

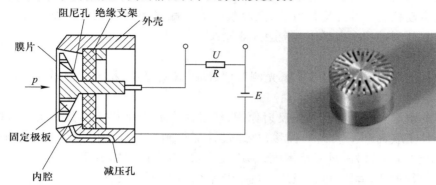

图 7.3.3　电容式传声器

3. 电容式加速度传感器

电容式加速度传感器的结构如图 7.3.4 所示。质量块由两根弹簧片(通常弹簧刚度较大从而使系统获得较大的固有频率)支撑于充满空气的壳体内,质量块的两个端面经抛光可直接作为可动极板,与两个固定极板组成差动电容。

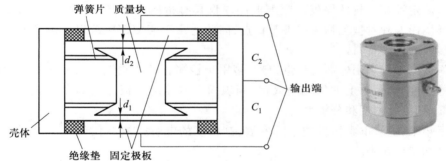

图 7.3.4　电容式加速度传感器

当传感器壳体随被测对象受到垂直方向的直线加速度作用时,使得壳体相对质量块运动,因而与壳体固定在一起的两个固定极板相对于质量块在垂直方向上产生大小正比于被测加速度的位移,此位移使两电容的间隙发生变化,一个增大,一个减小,两者的差值正比于被测加速度。

电容式加速度传感器大多采用空气或其他气体阻尼,由于气体的阻尼系数比液体小很多,因此这种加速度传感器具有精度高、频率响应范围宽、量程范围大等特点,应用广泛。

7.4　工程应用案例——电容式测厚仪在轧机中的应用

在金属板材、带材的轧制过程中,常常由于轧制速度、压力、工艺等因素影响导致金属板带材厚度的波动变化,因此轧机的厚度监控对产品的质量和性能至关重要。测厚仪是用于轧机中在线测量金属板材、带材厚度的精密仪器,以实现板带材厚度的自动控制。按照测量方式,测厚仪分为接触式和非接触式两类。目前,在金属板带材轧制过程中多采用非接触式测厚仪。

1. 测厚仪的类型

常用的非接触式测厚仪有激光测厚仪、X 射线测厚仪、超声波测厚仪、涡流测厚仪、电容式测厚仪等。

激光测厚仪是利用激光的反射原理,通过两个激光位移传感器的激光对射,测量被测体上表面和下表面的位移,再通过计算得到被测体的厚度。其特点是精度高、无辐射、安全性好,量程范围大,响应速度快,不受被测物材质的影响,可用于钢板、金属板/薄片、薄膜、电池极片、木板、卡片/纸张等厚度测量。

X 射线测厚仪利用 X 射线穿透被测材料时,X 射线的强度的变化与材料的厚度相关的特性,从而测定材料的厚度。其特点是精度高、稳定性好,但需要采取适当的保护措施防止电磁辐射的污染,多应用于冶金行业的板带箔材加工中。

超声波测厚仪是根据超声波脉冲反射原理,当探头发射的超声波脉冲通过被测物体到达材料分界面时,脉冲被反射回探头,通过精确测量超声波在材料中传播的时间来确定被测材料的厚度。超声波测厚仪具有指向性好、传播距离较远、不易受外界环境影响和对被测物无损害等特点,因此适用于能使超声波以一恒定速度在其内部传播的各种材料。

涡流测厚仪采用电涡流测量原理,多用于检测各种非磁性金属基体上非导电覆盖层的厚度,如铝材上的氧化膜或铝、铜表面上其他绝缘覆盖层的厚度。其特点是结构简单、测量精度和分辨率高。

近年来,随着电容测量技术的发展,高精度的电容式测厚仪已广泛应用于科研和生产加工行业中。

2. 电容式测厚仪

电容式测厚仪的结构原理如图 7.4.1 所示。它采用独立双电容差动传感器来检测,在被测带材的上、下两侧各设置一块面积相等、与带材距离相等的极板,这样极板与带材就构成了两个电容器 C_1 和 C_2。两块极板用导线连接成传感器的一个电极,带材是传感器的另一个电极,其总电容为 $C_x = C_1 + C_2$。如果带材只是上下波动,则两个电容 C_1 和 C_2 一个增大一个减小,总的电容量 $C_x = C_1 + C_2$ 不变,如果带材的厚度改变则使电容 C_x 发生变化。

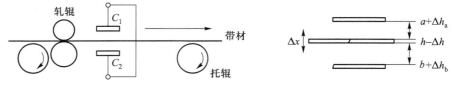

图 7.4.1　电容式测厚仪的结构原理

　　电容式测厚仪的测量电路如图 7.4.2 所示。传感器电容 C_x 与固定电容 C_0、变压器的次级线圈 L_1 和 L_2 构成交流电桥，信号发生器提供变压器初级信号，经耦合作为交流电桥的供桥电源。若带材厚度改变使电容 C_x 发生变化，则电桥的输出信号也将发生变化，此变化量经耦合电容 C 输出给运算放大器放大、整流滤波为直流，再经差动放大器放大后，即可由仪表显示带材厚度的变化。同时通过反馈回路将偏差信号传送给压力调节器，调节轧辊与带材间的距离，从而使带材厚度控制在一定误差范围内。

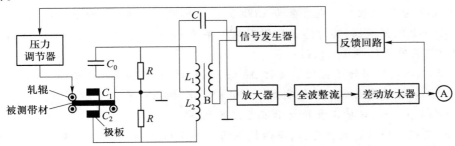

图 7.4.2　电容式测厚仪的测量电路

　　电容式测厚仪采用差动测量原理，可有效解决在线测量过程中带材振动的影响。如图 7.4.1 所示，设板材设定的厚度为 h；带材上侧电容 C_1 的间距为 a，带材下侧电容 C_2 的间距为 b，初始时 $a=b$；若板材厚度变化引起上、下两侧电容的间距发生改变，即 $\Delta h = \Delta h_a + \Delta h_b$，$\Delta h_a$、$\Delta h_b$ 分别为电容 C_1 和 C_2 的间距变化量。若轧制过程中带材存在振幅为 Δx 的振动，则传感器引起的电压变化分别为

$$\Delta U_1 = U_\circ \frac{C_0}{\varepsilon A} \Delta a \tag{7.4.1}$$

$$\Delta U_2 = U_\circ \frac{C_0}{\varepsilon A} \Delta b \tag{7.4.2}$$

式中，A——两极板所覆盖的面积；

　　　ε——极板间空气的介电常数；

　　　C_0——固定电容；

　　　$U_\circ$——电桥输出电压；

$$\Delta a = \Delta h_a + \Delta x ; \Delta b = \Delta h_b - \Delta x 。$$

　　于是，总的电压变化为

$$\Delta U = \Delta U_1 + \Delta U_2 = U_\circ \frac{C_0}{\varepsilon A} \Delta h \tag{7.4.3}$$

因此，差动测量方法有效解决了带材轧制过程中振动的影响。

　　电容式测厚仪具有灵敏度高、测量精度高、响应速度快、测量范围宽、非接触测量等特点，因此应用前景十分广泛。

习题与思考题

1. 电容式传感器有哪些类型？各有何特点？各适用于哪些场合？

2. 为什么变极距型电容式传感器的灵敏度和非线性是矛盾的？实际应用中怎样解决这一问题？

3. 有一只变极距型电容式传感器，两极板的重合面积为 $8\ cm^2$，两极板间距为 $1\ mm$，已知空气的相对介电常数为 1.0006，试计算该传感器的位移灵敏度。

4. 一电容测微仪，其传感器的圆形极板半径 $r=4\ mm$，初始间距 $\delta_0=0.3\ mm$，极板间介质为空气 $(\varepsilon_r=1)$，试问：

（1）工作时，若传感器间距变化 $\Delta\delta=\pm1\ \mu m$ 时，其电容变化量是多少？

（2）如果测量电路的灵敏度 $S_1=100\ mV/pF$，读数仪表的灵敏度 $S_2=5\ 格/mV$，在 $\Delta\delta=\pm1\ \mu m$ 时，读数仪表的指示值变化多少格？

5. 变极距型电容式传感器，当两极板间距为 $1\ mm$，若要求线性度为 0.1%，试问允许间距测量最大变化量是多少？

6. 一个以空气为介质的平板电容式位移传感器的结构如题图 7.1 所示，已知极板尺寸 $a=b=5\ mm$，间隙 $d=0.5\ mm$。测量时，若上极板沿 x 方向向左平移 $3\ mm$，求该传感器的电容变化量、电容相对变化量和位移相对灵敏度（空气 $\varepsilon_r=1$）。

7. 设变极距型差动式电容传感器的初始电容量 $C_1=C_2=80\ pF$，初始间距 $\delta_0=4\ mm$，若间距变化 $\Delta\delta=0.75\ mm$，试计算其非线性误差。

8. 已知圆形电容极板半径 $r=25\ mm$，初始间距 $\delta_0=0.2\ mm$，在两极板间放置一块厚 $0.1\ mm$ 的云母片 $(\varepsilon_r=7)$，空气 $\varepsilon_r=1$，试问：

（1）无云母片和有云母片两种情况下，电容值 C_1 和 C_2 各为多少？

（2）若间距变化 $\Delta\delta=0.025\ mm$ 时，电容相对变化量 $\Delta C_1/C_1$ 和 $\Delta C_2/C_2$ 各为多少？

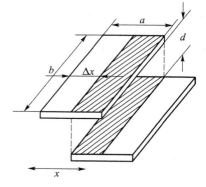

题图 7.1

9. 题图 7.2 所示为变介电常数型电容式传感器，设极板长度为 l，宽度为 w，两极板间距为 δ，极板间介质为 ε_1。若两极板间放置一厚度为 d 的介质（其长度、宽度与电容极板相同），该介质的介电常数为 $\varepsilon_2(\varepsilon_2>\varepsilon_1)$，且该介质可在两极板间自由滑动。若用该电容式传感器测量位移，试求：

（1）当介质极板移动 x 时，该传感器的特性方程 $C=f(x)$。

（2）设极板为正方形（边长为 $50\ mm$），$\delta=d=1\ mm$，$\varepsilon_1=1$，$\varepsilon_2=4$，试在 $x=0\sim50\ mm$ 范围内，画出此位移传感器的特性曲线，并给以适当说明。

10. 题图 7.3 所示为置于某储存罐的电容式液位传感器，传感器由半径为 $20\ mm$ 和 $40\ mm$ 的两个同心圆柱体组成，并与储存罐等高。储存罐也是圆柱形，直径为 $50\ cm$，高为 $1.2\ m$，被存储液体相对介电常数为 $\varepsilon_1=1.2$。计算传感器的最小电容和最大电容以及传感器用在该储存罐时的灵敏度。

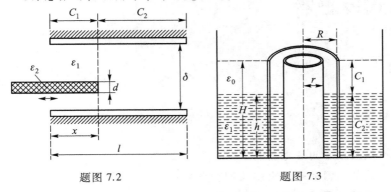

题图 7.2　　　　　　　　　　题图 7.3

11. 电容式传感器的测量电路有哪些? 脉冲宽度调制电路有哪些特点?

12. 有一平面直线位移差动电容式传感器,测量电路采用变压器电桥电路,如题图 7.4 所示。工作初始时,$a_1 = a_2 = 10$ mm,$b_1 = b_2 = 20$ mm,间距 $\delta = 2$ mm,极板间介质为空气。测量电路中,$u_i = 3\sin \omega t$ V,且 $u = u_i$。试求当动极板有一位移量 $\Delta x = 5$ mm 时,电桥的输出电压 u_o。

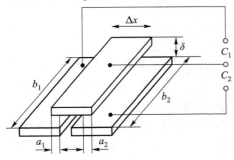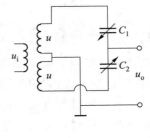

题图 7.4

13. 电容式传感器有哪些特点? 实际应用中应注意哪些问题? 分别采用哪些方法加以解决?

14. 比较电容式接近开关和电感式接近开关的检测原理及适用范围。

15. 试设计一电容式压力传感器测量方案,并简述其工作原理。

第 8 章　压电式传感器

【本章要点提示】 ··

1. 压电效应及常用压电材料
2. 压电式传感器的等效电路及测量电路
3. 压电式传感器的应用
4. 工程应用案例——结构件阻尼特性分析

8.1　压电效应

8.1.1　压电效应

压电式传感器的工作原理是基于某些电介质材料的压电效应,它是一种有源传感器,又称为自发电式传感器。压电效应具有可逆性,包括正压电效应和逆压电效应,因此,压电式传感器也是一种"双向传感器"。

当某些电介质材料受到一定方向外力的作用时,不仅会导致机械变形,而且内部也会产生极化现象,相应地在其表面上产生电荷,形成电场,其受力所产生的电荷量与外力的大小成正比。当外力作用方向改变时,电荷的极性也随之改变;当外力作用去除后,其表面的电荷也随之消失。这种将机械能转化为电能的现象称为正压电效应,工程中用到的压电式传感器大多是利用正压电效应制成的。

相反地,若对这些电介质材料在极化方向上施加交变电场,将产生机械变形或机械应力;当电场去除后,变形或应力也随之消失。这种将电能转化为机械能的现象称为逆压电效应,又称电致伸缩效应。利用逆压电效应可制作微位移驱动器、超声或电声设备、晶体振荡器(晶振)等。

具有压电效应的电介质称为压电材料,常见的压电材料有石英(SiO_2)晶体、压电陶瓷(如钛酸钡、锆钛酸铅)等。压电材料通常都是各向异性的,其压电性能随材料取向不同也各不相同,常用压电常数(或称压电系数)来表征不同的受力方向及不同表面上电荷积累的程度。

设有一正六面体压电材料,在三维直角坐标系内的力、电作用状态如图 8.1.1 所示。图中 T_1、T_2、T_3 分别为沿 x、y、z 轴方向的正应力分量(拉应力为正应力);T_4、T_5、T_6 分别为绕 x、y、z 轴的切应力分量(逆时针方向为正);σ_1、σ_2、σ_3 分别为在 x、y、z 面上产生的总电荷密度。

对于各向异性材料,单一应力作用下的压电效应可表示为

$$\sigma_i = d_{ij} T_j \qquad (8.1.1)$$

式中,i——极化方向的下标,$i = 1、2、3$;

　　　j——力效应(应力、应变)方向的下标,$j = 1、2、3、4、5、6$;

　　　T_j——沿方向 j 施加的应力分量(Pa);

　　　σ_i——i 方向的极化强度或 i 表面的电荷密度 (C/m^2);

　　　d_{ij}——压电常数(C/N)。

根据图 8.1.1 所示,推广到一般受力情况,若压电材料在任意多方向同时受力时,所产生的表面电荷密度可由下式来表示

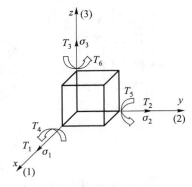

图 8.1.1　正六面体压电材料的力-电作用分布图

$$\boldsymbol{\sigma} = \boldsymbol{D} \boldsymbol{T} \qquad (8.1.2)$$

其中,$\boldsymbol{\sigma} = \begin{bmatrix} \sigma_1 \\ \sigma_2 \\ \sigma_3 \end{bmatrix}$,$\boldsymbol{D} = \begin{bmatrix} d_{11} & d_{12} & d_{13} & d_{14} & d_{15} & d_{16} \\ d_{21} & d_{22} & d_{23} & d_{24} & d_{25} & d_{26} \\ d_{31} & d_{32} & d_{33} & d_{34} & d_{35} & d_{36} \end{bmatrix}$,$\boldsymbol{T} = \begin{bmatrix} T_1 \\ T_2 \\ T_3 \\ T_4 \\ T_5 \\ T_6 \end{bmatrix}$。

式(8.1.2)中,$\boldsymbol{D}$ 称为压电材料的压电常数矩阵。由于不同压电材料的各向异性特性不同,压电常数矩阵中独立存在的压电常数个数也各不相同,可通过实际测试获得。

1. 石英晶体的压电效应

石英晶体是单晶体,由于晶体内部结构具有对称性,其几何形状呈六角棱柱体,如图 8.1.2(a)所示,可以用空间直角坐标系来表示。其中晶体的对称轴为纵轴 z 轴,又称为光轴或中性轴;经过六棱柱棱线并垂直于光轴的 x 轴称为电轴或极化轴;垂直于棱面的轴线 y 轴称为机械轴。

通常情况下,石英晶体主要以薄晶片的形式使用,将压电晶片按照相对于晶轴的特定角度的切割称为切型,由于石英晶体具有各向异性,因此不同的切型其压电特性各异。

如图 8.1.2(b)所示,从石英晶体上分别沿 x、y 和 z 轴线方向切下一平行六面体(X0°切型),压电晶片的晶面分别平行于 x、y 和 z 轴,如图 8.1.2(c)所示。当沿 x 轴方向施加应力 T_1(N/m^2)或力 F_x(N)时,如图 8.1.3 所示,则晶片将产生厚度变形,并发生极化现象。由式(8.1.1)可知,在垂直于 x 轴的表面上产生的电荷密度 σ_1 与应力 T_1 或力 F_x 成正比,即

$$\sigma_1 = d_{11} T_1 = d_{11} \frac{F_x}{ac} \qquad (8.1.3)$$

8-1 石英晶体和压电陶瓷的压电常数矩阵）

8-2 石英晶体的几何切型

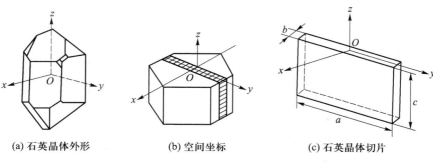

(a) 石英晶体外形　　　　(b) 空间坐标　　　　(c) 石英晶体切片

图 8.1.2　石英晶体

式中, d_{11}——石英晶片在 x 轴方向承受机械应力时的压电常数(C/N);

　　a、c——晶片的长度和宽度(m);

　　T_1——沿 x 轴方向的应力(N/m²);

　　F_x——沿 x 轴方向施加的力(N)。

　　显然,式(8.1.3)还可以写为

$$q_1 = d_{11}F_x \tag{8.1.4}$$

式中, q_1——垂直于 x 轴的表面上产生的电荷,压电常数 d_{11} 的正负代表产生电荷的极性;

　　F_x——沿 x 轴方向施加作用力,其方向(拉力或压力)决定所产生电荷的极性。

　　由式(8.1.4)可见,当石英晶片沿 x 轴方向受力时,产生的电荷与所受外力大小成正比,与晶片的几何尺寸无关。这种沿 x 轴方向受力时,在垂直于 x 轴的表面上产生电荷的现象,称为纵向压电效应。

　　当晶片受到沿 y 轴方向的应力 T_2(N/m²)或作用力 F_y(N)时,其产生的电荷仍然出现在与 x 轴垂直的表面上,如图 8.1.3 所示。由式(8.1.1)可知,其电荷密度 σ_{12} 与施加的应力 T_2 成正比,即

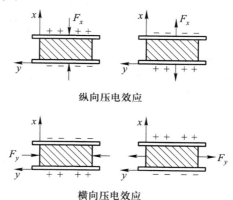

纵向压电效应

横向压电效应

图 8.1.3　石英晶片上电荷极性与受力方向的关系

$$\sigma_{12} = d_{12} T_2 = d_{12} \frac{F_y}{bc} \tag{8.1.5}$$

式中，d_{12}——石英晶片在 y 方向承受机械应力时压电常数（C/N）；

　　　b——晶片的厚度（m）。

显然，由此得到的电荷量为

$$q_1 = d_{12} \frac{a}{b} F_y \tag{8.1.6}$$

式中，q_1——在应力 T_2 或力 F_y 作用下，在垂直于 x 轴的表面上产生的电荷，力方向（拉力或压力）改变时产生电荷的极性不同；

　　　a、b——晶片的长度和厚度。

由式（8.1.6）可见，当沿 y 轴（机械轴）方向对石英晶片施加作用力时，产生的电荷与晶片的几何尺寸有关。因此，适当选择晶片的尺寸（长度和厚度），可以增加电荷量。这种沿 y 轴方向受力时，而在垂直于 x 轴的表面上产生电荷的现象，称为横向压电效应。

根据石英晶体的压电常数矩阵可知，只有 d_{11}、d_{12}、d_{14}、d_{25} 和 d_{26} 五个压电常数存在。因此除了纵向压电效应（d_{11}）和横向压电效应（d_{12}）外，当晶片受到切向应力 τ_{xy}、τ_{yz} 或 τ_{zx} 作用时，还会产生剪切压电效应，相应表面产生的电荷密度可分别表示为

$$\begin{cases} \sigma_1 = d_{14} \tau_{yz} \\ \sigma_2 = d_{25} \tau_{zx} \\ \sigma_3 = d_{26} \tau_{xy} \end{cases} \tag{8.1.7}$$

石英晶体的压电效应与其内部结构有关，为了直观地了解其压电效应，将组成石英（SiO_2）晶体的硅离子和氧离子的排列在垂直于晶体 z 轴的 xy 平面上的投影，等效为正六边形，如图 8.1.4 所示。由于硅离子带有 4 个正电荷，氧离子带有 2 个负电荷，在没有外力的作用时，正负电荷互相平衡，外部没有带电现象。如果沿 x 轴方向或 y 轴方向受压，晶体将产生压缩变形，正负离子的相对位置发生错位，电荷的平衡关系受到破坏，产生极化现象，使表面产生电荷。当作用力的方向改变时，电荷的极性将随之改变。当沿 z 轴方向受力时，由于硅离子和氧离子对称平移，表面不呈现电荷，因此石英晶体沿 z 轴（光轴）方向没有压电效应。

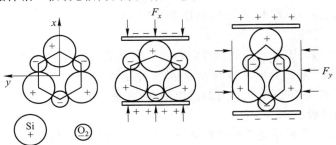

图 8.1.4　石英晶体的压电效应机理示意图

2. 压电陶瓷的压电效应

压电陶瓷是人工合成的多晶压电材料,其压电效应机理与石英晶体不同。压电陶瓷材料是由无数微细的电畴组成,这些电畴实际上是自发极化的小区域,自发极化的方向完全是任意排列的,如图 8.1.5(a)所示,在无外电场作用时,各电畴的极化效应相互抵消,因此原始的压电陶瓷不具有压电性。要使之具有压电性,必须进行极化处理,即在一定的温度下(100~150)℃对其施加强电场(例如 30~50kV/cm 直流电场)作用,迫使其内部电畴的极化方向都趋向于电场的方向呈规则排列。极化电场去除后,各电畴的极化方向基本保持不变,形成很强的剩余极化强度,如图 8.1.5(b)所示。当极化后的压电陶瓷受到外力(或电场)的作用时,原来趋向极化方向的电畴发生偏转,致使剩余极化强度随之改变,从而呈现出压电性。

通常将压电陶瓷的极化方向定义为 z 轴,垂直于 z 轴的平面内具有各向同性,因此在垂直于 z 轴的平面上的任何方向都可以取作 x 轴或 y 轴。对于 x 轴和 y 轴,其压电特性是等效的,这是与石英晶体的不同之处。

(a) 极化前　　　　　　　　　　　　(b) 极化后

图 8.1.5　压电陶瓷的极化处理

8.1.2　压电材料

1. 压电材料的主要特性参数

压电材料是压电式传感器的敏感材料,因此,选择合适的压电材料是设计高性能传感器的关键,一般应考虑如下一些因素:

(1)压电常数:压电常数越大表明压电效应越强,直接关系到压电式传感器的输出灵敏度;

(2)弹性模量:反映材料的机械性能(刚度),刚度越大,传感器的固有频率越高,其动态特性越好;

(3)介电常数:压电元件的固有电容与介电常数有关,也影响着压电式传感器的动态范围(频率下限),介电常数越大,低频特性越好;

(4)电阻率:压电材料应具有高的电阻率,其绝缘电阻越大可减小电荷泄漏并获得良好的低频特性;

(5)居里点:居里点是指压电材料开始丧失压电性的温度,较高的居里点可以得到宽的工作温度范围;

(6)机电耦合系数:是表示压电材料机械能与电能耦合程度的参数,也反映了机械能与电能的相互转换效率。机电耦合系数通常是压电常数、弹性常数和介电常数的函数,因此它也能全面地表征压电材料的特性。

2. 压电材料的分类

压电材料主要包括四类:压电晶体(单晶)、压电陶瓷(多晶)、压电半导体和高分子压电材料等。

(1)压电晶体

石英晶体是典型的压电晶体,其化学成分是二氧化硅(SiO_2),有天然和人工之分。其主要的性能特点是:① 压电常数的时间和温度稳定性好,在 20 ℃~200 ℃ 范围内,其压电常数几乎不变;② 机械强度高,刚度大,可以测量较大的力,且动态性能好;③ 居里点为 573 ℃,无热释电性,且绝缘性、重复性均好。天然石英的上述性能尤佳,因此常用于精度和稳定性要求高的场合和制作标准传感器。

8-3 常用
压电材料
的性能参
数

除了石英晶体外,其他的压电单晶如铌酸锂($LiNbO_3$)、钽酸锂($LiTaO_3$)、锗酸锂($LiGeO_3$)、镓酸锂($LiGaO_3$)、锗酸铋($Bi_{12}GeO_{20}$)等材料在传感器中也获得了日益广泛的应用,其中以铌酸锂最具代表性。

铌酸锂是一种铁电晶体(多畴单晶),经过极化处理的铌酸锂晶体具有良好的压电、铁电、光电、声光等性能,居里点高达 1200 ℃,它的时间稳定性很好,表面硬度高,可进行高质量的表面加工,造价低廉,因此它被广泛应用于压电、光电、波导、全息存储等设备中。

(2)压电陶瓷

压电陶瓷是一种经人工极化处理的多晶铁电体,常用的压电陶瓷有钛酸钡($BaTiO_3$)、锆钛酸铅系(PZT)、铌镁酸铅(PMN)等。压电陶瓷的主要特点是:① 压电常数和介电常数大,灵敏度高;② 制造工艺成熟,可通过合理的配方和掺杂等控制其性能,以满足不同的使用要求;③ 成型工艺好,成本低廉,可制成各种形状的压电元件,常见的有片状和管状。但其机械强度和居里点较低,还具有热释电性,因此在高稳定性的传感器中应用受到一定限制。

(3)压电半导体

压电半导体材料,既有压电特性又具有半导体特性,如硫化锌(ZnS)、碲化镉(CdTe)、氧化锌(ZnO)、硫化镉(CdS)、碲化锌(ZnTe)和砷化镓(GaAs)等,因此既可用其压电特性研制传感器,又可利用其半导体特性制作电子器件,或将二者结合研制新型压电集成传感器测试系统。

(4)高分子压电材料

高分子压电材料包括两类:一类是某些合成高分子聚合物经延展拉伸和电极化后具有压电性的高分子压电薄膜,如聚氟乙烯(PVF)、聚偏氟乙烯(PVF_2)、聚氯乙烯(PVC)等,这类材料质地柔软、不易破碎、抗拉强度高,在很宽的频率范围内有平坦的响应,性能稳定,能和空气的声阻抗自然匹配;另一类是在高分子化合物中掺杂压电陶瓷粉末(如 PZT 或 $BaTiO_3$)制成的高分子压电薄膜,这种复合压电材料同样质轻柔软,又具有较高的压电常数和机电耦合系数。高分子压电材料便于批量生产和大面积使用,可制作大面积阵列传感器乃至人工皮肤等。

8.2   测量电路

8.2.1   等效电路

压电晶片在外力作用下两个表面产生数量相等、极性相反的电荷,相当于一个以压电材料为介质的电容器,其电容量 C_a 为

$$C_a = \frac{\varepsilon_r \varepsilon_0 A}{\delta} \tag{8.2.1}$$

式中,ε_r——压电材料的相对介电常数;

ε_0——真空介电常数,$\varepsilon_0 = 8.85 \times 10^{-12}$ F/m;

A——压电晶片电极面的面积 m^2;

δ——压电晶片的厚度 m。

由于电容器上的开路电压 U_a、电荷量 q 与电容 C_a 三者之间存在以下关系

$$U_a = \frac{q}{C_a} \tag{8.2.2}$$

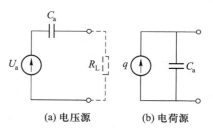

在压电晶片的两个面上做上电极,从而可测量其形成的电场。所以压电式传感器可以等效为一个电压 U_a 和电容 C_a 串联的电压源,如图 8.2.1(a)。有时也可以把它看作一个电荷源与 C_a 并联的等效电路,如图 8.2.1(b)。

(a) 电压源   (b) 电荷源

图 8.2.1   压电式传感器的等效电路

当压电式传感器接入测量电路后,必须考虑后续测量电路的输入电容 C_i 和连接电缆产生的寄生电容 C_c,以及后续电路的输入电阻 R_i 和传感器本身的漏电阻 R_a,实际的等效电路如图 8.2.2 所示。

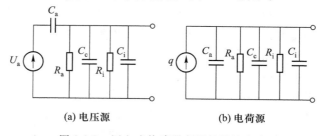

(a) 电压源   (b) 电荷源

图 8.2.2   压电式传感器实际的等效电路

由图可见,压电式传感器只有在负载阻抗无穷大、内部也无漏电时,受力后产生的电压(电荷)才能长期保存下来,如果负载阻抗不是无穷大,则电路就要以时间常数 $(R_a /\!/ R_i)(C_a + C_c + C_i)$ 按指数规律放电,从而造成测量误差。因此要进行精确测试,

必须采用不消耗极板上电荷量的方法,即所采用的测量手段不应从信号源吸收能量,这在实现上是困难的。例如利用压电式传感器测量静态量时,必须采取措施(如极高阻抗负载等)防止电荷经测量电路的漏失或使之减小到最低程度,而在动态测量时,电荷量可以不断得到补充,故压电式传感器适宜于动态测量。

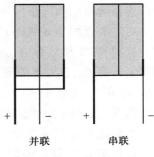

由此可见,动态测量时,为了保持一定的输出电压和扩展频带的低频段,就必须提高回路的时间常数。如果依靠增大电容 C_i 的办法来达到这一目的,则会使输出电压降低,影响传感器的灵敏度。因此,常采用提高输入阻抗 R_i 的方法来增大时间常数,使漏电造成的电压降很小,不致造成明显的测量误差。

图 8.2.3　压电晶片的
连接方式

在实际的压电式传感器中,往往将两个或两个以上压电晶片组合在一起使用。由于压电晶片是有极性的,因此连接方式有两种:并联连接和串联连接,如图8.2.3 所示。

并联时,输出电压 $U_并$、输出电容 $C_并$ 与极板上的电荷量 $q_并$ 与单片各值的关系为

$$U_并 = U, \qquad C_并 = 2C, \qquad q_并 = 2q \tag{8.2.3}$$

串联时,输出电压 $U_串$、输出电容 $C_串$ 与极板上的电荷量 $q_串$ 与单片各值的关系为

$$U_串 = 2U, \qquad C_串 = C/2, \qquad q_串 = q \tag{8.2.4}$$

式中,U、C、q——分别为单个压电晶片的电压、电容和电荷。

这两种接法中,并联时输出的电荷量大、电容量大、时间常数亦大,适用于测量缓变信号和以电荷为输出量的场合;串联时输出的电压大、电容小、时间常数亦小,故适合于要求以电压为输出量的场合,并要求测量电路有高的输入阻抗。

例 8-1　一压电晶体的电容为 $C_a = 1000$ pF,电荷灵敏度为 $S_q = 2.5$ pC/N;电缆电容为 $C_c = 3000$ pF;放大器的输入阻抗为 1 MΩ,输入电容为 $C_i = 50$ pF。试求压电晶体的电压灵敏度及测量系统的电压灵敏度。

解　压电晶体的电压灵敏度 S_u 与电荷灵敏度 S_q、C_a 三者之间的关系为

$$S_u = \frac{S_q}{C_a}$$

则压电晶体的电压灵敏度为

$$S_u = \frac{2.5 \times 10^{-12}}{1000 \times 10^{-12}} \text{ V/N} = 2.5 \times 10^{-3} \text{ V/N} = 2.5 \text{ mV/N}$$

当压电晶体通过电缆与放大器连接组成测量系统时,电缆电容 C_c、放大器的输入电容 C_i 等都会对电压灵敏度产生影响。因此,实际测量系统的电压灵敏度变为

$$S'_u = \frac{S_q}{C_a + C_c + C_i} = \frac{2.5 \times 10^{-12}}{(1000 + 3000 + 50) \times 10^{-12}} \text{ V/N} = 0.617 \text{ mV/N}$$

8.2.2　测量电路

压电式传感器输出信号很小,本身内阻很大,输出阻抗很高,给后续测量电路

(放大电路等)提出了很高的要求。为了解决这一问题,通常把传感器输出的信号先送到一个高输入阻抗放大器,经过阻抗变换以后再接入一般的放大、检波电路处理,才可以将输出信号提供给显示和记录仪表。与传感器配接的高阻抗输入放大器称为前置放大器,它有两个作用,一是把从传感器输入的高阻抗变为低阻抗输出,二是把传感器输出的微弱信号进行放大。

对应前面的等效电路,前置放大器也有电压放大器和电荷放大器两种形式。

从图 8.2.2 可以看出,如果使用电压放大器,其输出电压与电容 C(包括连接电缆的寄生电容 C_e、放大器的输入电容 C_i 和压电式传感器的等效电容 C_a)密切相关,而电容 C_a 和 C_i 均较小,电容 C_e 是会随其长度和形状而变化的,因而会给测量带来不稳定因素,从而影响传感器的灵敏度,故目前多采用性能稳定的电荷放大器。

电荷放大器是一个带有反馈电容 C_f 的高增益运算放大器。因传感器的漏电阻 R_a 和电荷放大器的输入电阻 R_i 很大,可视为开路,传感器与电荷放大器连接时的等效电路如图 8.2.4 所示。

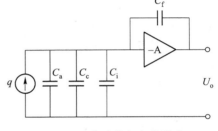

图 8.2.4   传感器与电荷放大器连接等效电路图

根据图 8.2.4,则有

$$q \approx U_i(C_a + C_c + C_i) + (U_i - U_0)C_f$$
$$= U_i C + (U_i - U_0)C_f \qquad (8.2.5)$$

式中,U_i——放大器输入端电压;

$\quad U_0$——放大器输出端电压;

$\quad C_f$——放大器反馈电容。

根据 $U_0 = -K U_i$,K 为电荷放大器开环增益,可以得到

$$U_0 = \frac{-Kq}{(C_a + C_c + C_i) + (1+K)C_f} \qquad (8.2.6)$$

当放大器的开环增益 K 足够大(一般约为 10^4 以上),$(1+K)C_f \gg (C_a + C_c + C_i)$,则式(8.2.6)可简化为

$$U_0 \approx -\frac{q}{C_f} \qquad (8.2.7)$$

由上式可见,电荷放大器的输出电压仅与输入电荷 q 和反馈电容 C_f 有关,因此只要保持 C_f 的数值稳定,输出电压与电荷量 q 成正比,即输出电压与电缆分布电容无关,这是电荷放大器的最大优点。但与电压放大器比较,其电路复杂,造价较高。

在实际电路中,反馈电容 C_f 的容量做成可选择的,一般在 $100 \sim 10000$ pF 之间,选择不同容量的反馈电容,可以改变前置电路的输出电压。另外,考虑到电容反馈在直流工作时相当于开路状态,因此对电缆噪声比较敏感,放大器的零漂也比较大。为了减小零漂,提高放大器工作稳定性,一般在反馈电容的两端并联一个大电阻 R_f($10^{10} \sim 10^{14}\,\Omega$)以提供直流反馈。

由此可见,电荷放大器的时间常数 $R_f C_f$ 相当大(10^5 s 以上),其低频响应的下限

截止频率 $f_L\left(f_L=\dfrac{1}{2\pi R_f C_f}\right)$ 低达 3×10^{-6} Hz，从而可实现对准静态物理量的有效测量。

　　在实际应用中，为了提高传感器的测量精度，尽量减小干扰，许多压电式传感器的前置测量电路都做在传感器内部，大大方便了使用。

　　例 8-2　某压电元件用于测量振动，压电系数为 $d_{11}=100\times10^{-12}$ C/N，电荷放大器的反馈电容 $C_f=1000$ pF，反馈电阻 $R_f=10^9$ Ω，测得输出电压 $U_0=0.2$ V，求：

　　（1）压电元件的输出电荷量 q 的有效值。

　　（2）被测振动力 F 的有效值。

　　（3）电荷放大器的灵敏度 S_q。

　　（4）该电荷放大器的下限截止频率。

　　解　（1）$q=C_f U_0=1000\times0.2$ pC $=200$ pC

　　（2）$F=\dfrac{q}{d_{11}}=\dfrac{200\times10^{-12}}{100\times10^{-12}}$ N $=2$ N

　　（3）$S_q=\dfrac{U}{q}=\dfrac{200\text{ mV}}{200\times10^{-12}\text{ C}}=1$ mV/pC

　　（4）$f_L=\dfrac{1}{2\pi R_f C_f}=\dfrac{1}{2\times3.14\times10^9\times1000\times10^{-12}}$ Hz $=0.16$ Hz

8.3　压电式传感器的应用

　　压电式传感器常用来测量力、压力、加速度，也用于声学（包括超声）和声发射等测量。在制作和使用压电式传感器时，必须使压电元件有一定的预应力，以保证在作用力变化时，压电元件始终受到压力。另外还要保证压电元件与作用力之间的均匀接触，获得输出电压（电荷）与作用力的线性关系，但作用力太大将会影响压电式传感器的灵敏度。

8.3.1　加速度传感器

　　压电式加速度传感器由于体积小，质量小，频带宽（从几赫至几十千赫），测量范围宽（从 10^{-6} g 到 10^3 g），使用温度可达 400℃ 以上，因此工程上普遍采用压电式传感器测量加速度。

　　常用的压电式加速度传感器的结构类型主要有基于厚度变形的压缩型和基于剪切变形的剪切型两种，下面以压缩型压电式加速度传感器为例介绍其应用。

　　压缩型压电式加速度传感器的典型结构如图 8.3.1 所示。压电元件一般由两片压电晶片组成，在压电晶片的两个表面上镀银层，并在银层上焊接输出引线，或在两个压电晶片之间夹一片金属，引线就焊接在金属片上，输出端的另一根引线直接与传感器底座相连。在压电晶片上放置惯性质量块，然后用硬弹簧或螺栓、螺帽对质量块预加载荷。整个组件装在一个厚底座的金属壳体中。为了隔离试件的任何应

8-4 压电式加速度传感器

变传递到压电元件上,避免产生假信号,一般要加厚底座或选用刚度较大的材料制造底座。

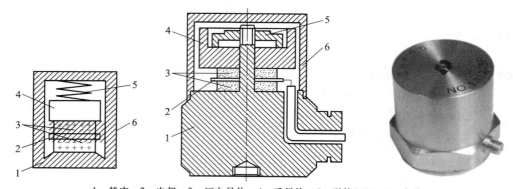

1—基座；2—电极；3—压电晶片；4—质量块；5—弹簧螺帽；6—壳体

图 8.3.1　压电式加速度传感器

测量时,将传感器底座与试件刚性固结在一起,传感器感受与试件同样的振动,此时惯性质量产生一个与加速度成正比的惯性力 F 作用在压电晶片上,由于压电效应而在压电晶片的表面上产生了电荷(电压)。因为有 $F=ma$,m 是惯性质量,在传感器中是一个常数,所以力 F 与所测加速度 a 成正比,于是压电晶片产生的电荷(电压)与所测加速度成正比。通过后续的测量放大电路测量电荷(电压)就可以测出试件的振动加速度。如果在放大电路中加入适当的积分电路,就可以测出相应的振动速度或位移。下面分析在应用压电式加速度传感器时其灵敏度、频率响应特性的主要影响因素。

1. 灵敏度及产生误差的影响因素

压电式加速度传感器的灵敏度有两种表示方法:即电荷灵敏度 S_q 和电压灵敏度 S_u。假定压电晶片(石英晶体)受到惯性力($F=ma$)作用时,其产生的电荷可表示为

$$q=d_{11}F=d_{11}ma \tag{8.3.1}$$

式中,q——压电式加速度传感器输出电荷量;

　　a——被测振动加速度;

　　m——惯性质量块的质量;

　　d_{11}——石英晶片的压电常数。

则电荷灵敏度 S_q 和电压灵敏度 S_u 可表示为

$$S_q=\frac{q}{a}=d_{11}m \tag{8.3.2}$$

$$S_u=\frac{U_a}{a}=\frac{d_{11}m}{C_a} \tag{8.3.3}$$

式中,U_a——传感器的开路电压;

　　C_a——压电晶片的电容。

可见,压电式加速度传感器的灵敏度主要取决于压电元件的压电常数和惯性质

量块的质量,可通过选用较大的质量 m 和压电常数 d 来提高灵敏度。但质量的增大将引起传感器固有频率的下降、频宽减小,而且随之带来体积、质量的增加,构成对被测对象的影响,实际测量中应根据具体要求适当选取。

传感器本身的质量对试件加速度的影响可用下式进行估计

$$a_1 = \frac{m}{m+m_\mathrm{T}}a \tag{8.3.4}$$

式中,a_1——加上传感器后系统的加速度;

　　a——试件原有的加速度;

　　m——试件的振动质量;

　　m_T——传感器的质量。

传感器质量对试件固有频率的影响可用下式进行估计

$$f_{01} = \sqrt{\frac{m}{m+m_\mathrm{T}}}f_0 \tag{8.3.5}$$

式中,f_{01}——附加传感器之后系统的固有频率;

　　f_0——试件原有的固有频率。

显然,只有当 $m_\mathrm{T} \ll m$ 时,f_{01} 和 a_1 才能分别比较准确地接近于 f_0 和 a。当质量增加 10% 时,固有频率将下降 5%,而加速度则下降约 10%,因此必须根据测量要求来选择传感器质量的大小,一般应使传感器的质量小于试件振动质量的 1/10。

因此,提高传感器的灵敏度通常采用较大压电常数的材料和多片压电晶片组合方法。

对于理想的加速度传感器,只有沿主轴方向的加速度作用时才有信号输出,而在与主轴方向正交的加速度作用时不应当有输出。然而,实际的压电式加速度传感器都不可能完全做到,即在横向加速度的作用下都会有一定的输出。通常将传感器在主轴(纵轴)方向的灵敏度称为主轴灵敏度或纵向灵敏度;将横向加速度作用时的输出信号与横向加速度之比称为横向灵敏度。横向灵敏度以主轴灵敏度的百分数表示,一般要求最大横向灵敏度应小于主轴灵敏度的 5%。

横向灵敏度产生的主要原因包括:晶片切割或极化方向有偏差;晶片表面粗糙或作用面不平行;基座平面或安装平面与主轴方向(压电元件的最大灵敏度轴线)不垂直;压电元件上作用的静态预压缩应力稍微偏离极化方向;装配或安装质量不好等。这些偏差使传感器灵敏度最大的方向与传感器几何主轴方向不一致,即传感器最大灵敏度向量与传感器几何主轴的正交平面不正交,使得传感器横向作用的加速度在传感器最大灵敏度方向上的分量不为零,从而引起传感器的输出,图 8.3.2(a)所示为最大灵敏度在垂直于几何主轴的平面上的投影和横向灵敏度在正交平面内的分布情况,其中 $\vec{S}_\mathrm{m}$ 为最大灵敏度向量,$\vec{S}_\mathrm{L}$ 为纵向灵敏度向量,$\vec{S}_\mathrm{T}$ 为横向灵敏度最大值且将此方向确定为正交平面内的 0°。

横向灵敏度与加速度的方向有关,如图 8.3.2(b)所示。当沿 0° 方向或 180° 方向

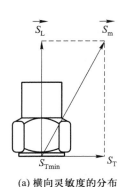
(a) 横向灵敏度的分布

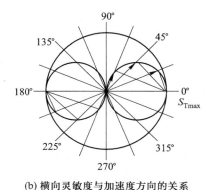
(b) 横向灵敏度与加速度方向的关系

图 8.3.2   压电式加速度传感器的横向灵敏度

作用有横向加速度时,横向灵敏度最大;当沿 90°方向或 270°方向作用有横向加速度时,横向灵敏度最小;当在其他方向作用横向加速度时,横向灵敏度为 $\vec{S}_T$ 在此方向的投影值。因此,从 0°~360°横向灵敏度的分布是对称的两个圆环。

横向加速度干扰通过传感器横向灵敏度引起的误差可用下式计算:

$$\gamma_T = \frac{a_T S_T}{a_L S_L} \tag{8.3.6}$$

式中,a_T——横向干扰加速度;

S_T——a_T 作用方向的横向灵敏度;

a_L——被测加速度,即沿传感器主轴方向作用的加速度;

S_L——传感器的主轴灵敏度。

为减小横向灵敏度的影响,在实际使用中合理的安装方法是将传感器的最小横向灵敏度 S_{Tmin} 对准存在最大横向加速度干扰的方向。其次,从设计、工艺、使用等方面保证力轴与电轴一致,也可采用剪切型力-电转换方式。

在实际使用中,环境温度、湿度、磁场、声场、电缆、接地回路等干扰也会对传感器的灵敏度产生影响,必须采取相应的措施减小可能引起的测量误差。环境温度、湿度的变化会引起压电元件的压电系数、介电系数以及电阻率的变化,从而使传感器的灵敏度也随着发生变化;周围存在的磁场和声场也会使传感器产生误差输出,因此在使用中应根据传感器具体的工作环境及对测量误差提出的要求选择传感器类型以及采取相应的隔离、屏蔽等保护措施。

另外,普通的同轴电缆在受到突然的弯曲、振动、缠绕和大幅度的晃动时,会由于其屏蔽层、绝缘保护套(通常为聚乙烯或聚四氟乙烯材料)与电缆芯线间的相互摩擦而产生静电感应电荷,此静电荷将直接与压电晶片的输出互相迭加,形成电缆噪声。为了减小电缆噪声,压电式传感器的输出电缆应使用特制的低噪声电缆(电缆的芯线与绝缘套间以及绝缘套与屏蔽层间加入石墨层以减小相互摩擦)。此外,输出电缆应予以固紧,通常用夹子、胶布、蜡等固定电缆以避免振摇,且电缆离开试件的点也应选在振动最小处,如图 8.3.3 所示。

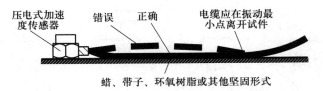

压电式加速度传感器　错误　正确　电缆应在振动最小点离开试件

蜡、带子、环氧树脂或其他坚固形式

图 8.3.3　压电式传感器输出电缆的固定方法

在振动测量中,一般使用的测试仪器较多,如果各仪器和传感器各自接地,将在接地回路中形成回路电流的噪声干扰。防止接地回路噪声干扰的措施就是采用一点接地,通常选择接地点在指示仪器的输入端,同时将传感器与被测试件绝缘连接实现对地隔离。

2. 频率响应特性

压电式加速度传感器可以简化成由集中质量 m、集中弹簧 k 和集中阻尼 c 组成的二阶单自由度系统。因此,当传感器承受振动加速度的作用时,压电式加速度传感器的灵敏度与频率的关系可用第三章二阶系统的频率响应函数来表示。

由此可知,传感器的使用上限频率取决于传感器的固有频率和阻尼比,由于压电式加速度传感器具有很高的固有频率(一般可达 40~60 kHz,最高可达 180 kHz),而在传感器中没有特别的阻尼装置,其阻尼比很小,一般在 0.1 以下,所以其使用频率上限很高(一般取传感器幅频特性曲线的谐振频率的 1/5 左右),这正是压电式加速度传感器的优点。其使用频率下限取决于测量回路的时间常数,时间常数越大,低频响应越好。尤其是配用电荷放大器时,时间常数长达 10^5s,从而可用于测量接近静态的缓变物理量,目前最低频率可达 0.1 Hz。

实际使用中,加速度计的安装对其谐振频率有很大影响,理论上要求加速度计与被测试件刚性连接,以反映被测试件的真实振动,若安装不当其谐振频率和使用上限频率都会有所下降。如图 8.3.4 所示为常用的几种安装方法,其中图(a)所示方法用钢制螺栓将加速度计固定在试件上,必要时可在安装面上涂上硅脂增加不平整平面安装的可靠性,该安装方法能达到理想的谐振频率,可测量的频率上限高;需要绝缘时可采用图(b)所示方法用绝缘螺栓和云母垫圈来固定加速度计,但垫片应尽量薄,该方法测量频率上限较图(a)所示方法略低些;图(c)所示方法用专用永久磁铁固定加速度计,也可使加速度计与试件绝缘,使用方便,但测量频率上限低,多在低频测量中使用;图(d)和(e)所示方法分别采用硬性黏结剂(或黏结螺栓)和薄蜡层固定,可用于低温场合,这两种方法可测量的频率上限较方法(a)略低;方法(f)是手持带有可更换的圆头或尖头探针,此方法在多点测试时使用方便,但测量误差大,重复性差,测量频率上限很低,不宜用来测量高于 1000 Hz 的振动。某型号加速度计采用上述固定方法的谐振频率分别为:钢螺栓固定法 31 kHz,薄层涂蜡法 29 kHz,云母垫片法 28 kHz,磁铁固定法 7 kHz,手持探针法 1 kHz。在振动测量中,最好将传感器直接固接于被测振动体上,仅在必要时可设置固定件,以减少对振动测量的影响。

例 8-3　已知压电式加速度传感器阻尼比 $\zeta = 0.1$,无阻尼固有频率 $f_0 = 32$ kHz,

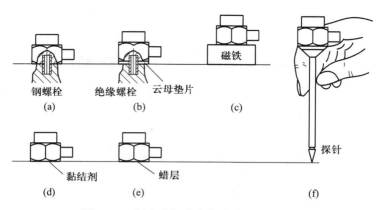

图 8.3.4　压电式加速度传感器的安装方法

若传感器输出幅值误差在 5% 以内,试确定该压电式加速度传感器的最高响应频率。

解　根据式(3.3.36),要求传感器的幅值误差在 5% 以内,则幅频特性

$$|A(\omega)-1| = 0.05$$

考虑到幅频特性曲线谐振峰值右侧频段的相频特性较差,因此只需求解

$$
|A(\omega)| = \cfrac{1}{\sqrt{\left[1-\left(\cfrac{\omega}{\omega_0}\right)^2\right]^2 + \left[2\zeta\cfrac{\omega}{\omega_0}\right]^2}}
$$

$$
= \cfrac{1}{\sqrt{\left[1-\left(\cfrac{f}{32}\right)^2\right]^2 + \left[2\times0.1\times\cfrac{f}{32}\right]^2}} = 1.05
$$

求解上式,得 $f_1 = 0.21f_0$, $f_2 = 1.38f_0$(舍去)。因此最高响应频率为

$$f = 0.21f_0 = 6.72 \text{ kHz}$$

8.3.2　力传感器

压电式力传感器按测力状态分为单向力和多向力传感器两大类。单向力传感器只能测量一个方向的力,而多向力传感器则利用不同方向的压电效应可同时测量几个方向的力。压电式力传感器的测量范围从 10^{-3} N 到 10^4 kN,动态范围一般为 60 dB,测量频率上限高达数十千赫兹,故适合于动态力,尤其是冲击力的测量。

如图 8.3.5 所示为压电式单向力传感器的结构原理图。其中上盖为传力元件,其厚度由测力范围决定;压电晶片采用 X0° 切型石英晶体,利用其纵向压电效应实现力-电转换;绝缘套用来绝缘和定位;基座内外底面对其中心线的垂直度、上盖以及晶片、电极的上下底面的平行度与表面粗糙度等都有严格的要求,否则会使横向灵敏度增加,或使晶片因应力集中而过早破碎。这种结构的单向力传感器体积小、重量轻(仅 10 g),固有频率高(约 50~60 kHz),最大可测 5000 N 的动态力,分辨力可达 10^{-3} N。

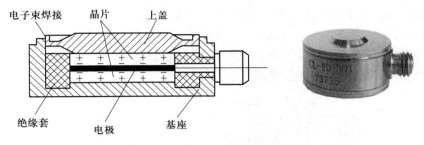

8-5 压电式力传感器

图 8.3.5 压电式单向力传感器

图 8.3.6(a)所示为压电式三向力传感器的结构,它可以对作用在其上的 x、y、z 三个方向的分力同时进行测量。压电元件由三组不同切型的石英晶片采用并联方式组成,如图 8.3.6(b)所示,其中一组为 X_0 切型晶片,利用厚度变形的纵向压电效应(d_{11})来测量 z 向分力;另外两组为 Y_0 切型晶片,利用厚度剪切变形的压电效应(d_{26})分别测量 x 向分力和 y 向分力。为了使两组相同切型的石英晶片分别感受 x 向分力和 y 向分力(正交),在安装两组晶片时应使其最大灵敏度轴相互垂直分别取向 x 轴和 y 轴。

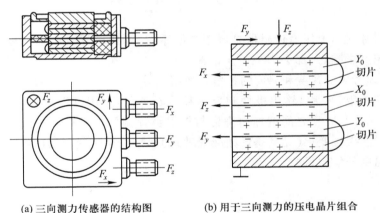

(a) 三向测力传感器的结构图　　　　(b) 用于三向测力的压电晶片组合

图 8.3.6 压电式三向力传感器

8.3.3 压力传感器

压电式压力传感器的基本结构和工作原理与前述的压电式加速度传感器和力传感器基本一样,所不同的是弹性敏感元件的形式。压电式压力传感器结构简单,体积小,重量轻,工作可靠,具有灵敏度高、线性度好、频响特性好、量程范围大等优点,广泛应用于内燃机的气缸、油管、进排气管的压力、枪炮的膛压等测量。

压电式压力传感器的种类很多,图 8.3.7 所示为膜片式压电压力传感器的结构。为了保证传感器具有良好的长期稳定性和线性度,通常采用多片 X_0 切型石英晶片并联,被测压力通过膜片和预紧筒传递给石英晶片。为确保被测压力能够尽可能地传递到压电元件上,传感器的壳体和芯体要有足够的刚度。预紧筒是一个薄壁厚底的金属圆筒,通过压紧预紧筒对石英晶片组施加预压缩应力,预紧筒的刚度越小,灵敏度越高。若在预紧筒外围的空腔中注入冷却水,可以降低晶片的温度,以保证传感器在较高的环境温度下正常工作。膜片是在预加载后焊接到壳体上的,因此不会在压电元件的预加载过程中发生变形。

8-6 压电式压力传感器

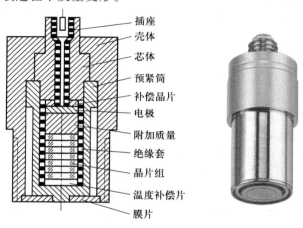

插座
壳体
芯体
预紧筒
补偿晶片
电极
附加质量
绝缘套
晶片组
温度补偿片
膜片

图 8.3.7 膜片式压电压力传感器

由于膜片式压电压力传感器是属于二阶系统,当传感器受到加速度干扰、膜片受到环境温度影响时,都会产生一定的测量误差。特别是小压力测量时,为确保测量精度,必须考虑加速度和温度的补偿。如图 8.3.7 所示,在压电晶片上方安装一附加质量块和一组(两片)输出极性相反的补偿石英晶片,用以消除加速度干扰的影响;在压电晶片和膜片之间增加由陶瓷与铁镍铍青铜两种材料制成的温度补偿片,以减小长时间缓慢变化(尤其是低频测量时)的热干扰对预紧筒预压缩应力的影响,从而达到温度补偿的目的。

8.4 工程应用案例——结构件阻尼特性分析

高层建筑在遭遇到强烈地震、爆炸冲击时,建筑结构会承受较大的塑性变形,在特别严重的情况下可能出现倒塌,造成重大人员伤亡和财产损失。为了有效提高结构抗冲击能力,减轻振动对建筑物的损坏,必须将传入到结构内部的振动能量转化成其他形式的能量释放。阻尼是振动结构能量耗散的各种因素的总称,它是重要的动力特性指标之一。阻尼越大,结构耗能能力就越强,系统就越稳定,所以材料高阻尼化将是未来结构抵御地震、爆炸等外部冲击的重要途径。水泥混凝土是目前大量使用的工程材料,自身阻尼性能对结构的抗震减灾有着不可低估的作用,若能充分了解水泥混凝土的阻尼特性,可有效利用其结构特性进行结构设计。

1. 阻尼系数测量原理

阻尼系数测量系统可简化为单自由度二阶系统,利用瞬态激振法来获得系统的传递函数,从而可获得系统的阻尼系数。瞬态激振法是一种比较方便的激振方法,常用的激振法有两种:快速正弦扫描激振法和锤击法,对应的测量系统组成如图8.4.1所示。与锤击法相比,采用快速正弦扫描激振法需要激振器,测试系统复杂,成本大,为此选用锤击法来测量和分析水泥混凝土结构件的阻尼特性。

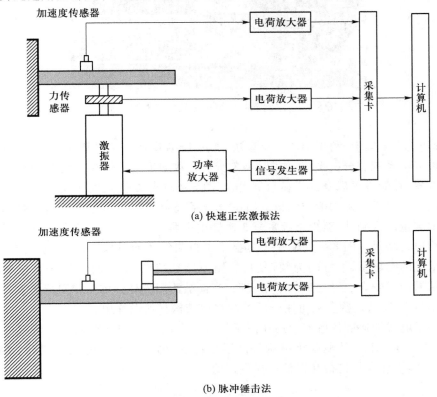

(a) 快速正弦激振法

(b) 脉冲锤击法

图 8.4.1 阻尼系数测量系统

阻尼振动系统的动态特性、测量原理如图 8.4.1 所示,在振动激发后,通过采集加速度传感器响应来获得系统的脉冲响应曲线或幅频特性曲线,利用时域分析法或频域分析法可求解系统的阻尼系数。考虑到时域法的求解精度易受信号干扰影响,因此本文采用半功率点法来计算水泥混凝土的结构阻尼系数。

8-7 结构件阻尼特性分析

2. 阻尼特性测量实验

按照锤击法测量原理,水泥混凝土结构件的测试系统如图 8.4.2 所示。水泥试件用老虎钳进行悬臂固定,悬臂顶端正上方安装测试传感器。传感器采用上海北智B&W14100 型压电式加速度传感器,用蜡层粘结固定在被测试件上。为了确保传感器的测量精度,需要对传感器输出电缆进行紧固,通常采用夹子、胶布、蜡等固定电缆避免振摇。

半功率点法求阻尼系数时可在不求出水泥试件的传递函数下计算,因此未采用带信号反馈的力锤进行激励,而用普通橡胶锤进行激励。数据采集系统选用 NI 公司

图 8.4.2   水泥混凝土结构件阻尼特性测量系统

的 DAQ9171 采集卡,利用半功率点算法,通过 LabVIEW 平台来构建水泥试件的阻尼特性的采集系统和分析系统,如图 8.4.3 所示。数据采集系统包括测量通道选择、采样率设置、存储设置以及波形显示等内容,图 8.4.3(a)是锤击时采集的时域信号,符合标准的二阶系统锤击响应结果。阻尼分析系统主要用于信号分析,在测试时为确保阻尼测量的准确性,至少连续重复 3 次锤击采集,因此分别对锤击结果进行分析,再取均值为结果。图 8.4.3(b)中上方显示了被测信号的时域图,其中左上方为当前分析信号的时域图,下方图为频谱图,右侧为计算结果,由于时域信号存在干扰,其计算结果误差较大。半功率法结果表明,当前被测阻尼试件的结构阻尼为 6.73%,固有频率为 138Hz,这些参数可用于后续的水泥结构材料设计用。

将压电式加速度传感器应用在高阻尼水泥混凝土结构件阻尼特性研究中,可以快速、准确地获取水泥混凝土结构件的阻尼特性,为配制新型的减振混凝土提供依据,为工程设计人员进行减振设计提供帮助。

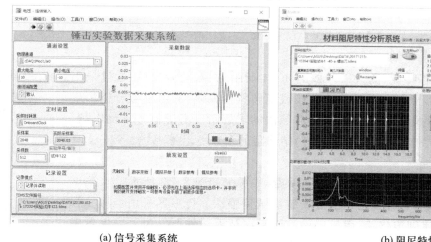

(a) 信号采集系统   (b) 阻尼特性分析

图 8.4.3   阻尼特性信号分析系统

习题与思考题

1. 什么是压电效应？什么是纵向压电效应和横向压电效应？

2. 石英晶体和压电陶瓷的压电效应机理有何不同？

3. 常用的压电材料有哪些？各有何特点？

4. 压电晶体的居里点是指什么？为什么压电陶瓷要进行极化处理？

5. 将超声波转换成电信号是利用压电材料的什么特性？蜂鸣器中的"嘀嘀"声的压电片发声原理是利用压电材料的什么特性？

6. 压电元件在传感器中为什么要有一定的预压力？为什么说压电式传感器只适用于动态测量而不能用于静态测量？

7. 压电式传感器的测量电路中为什么要接入前置放大器？电荷放大器有何特点？如何减小电缆噪声对压电式传感器测量信号的影响？

8. 压电元件常采用多片串联或并联使用。动态力传感器中，两片压电片采用何种接法可增大输出电荷量？在电子打火机和煤气灶点火装置中，多片压电片采用什么接法可使输出电压达上万伏，从而产生电火花？

9. 如何提高压电式加速度传感器的灵敏度？压电式加速度传感器横向灵敏度产生的原因主要有哪些？

10. 有一 X_0 切型石英压电晶体，其面积 $A = 3\ \mathrm{cm^2}$，厚度 $\delta = 0.3\ \mathrm{mm}$。（1）试求：若沿厚度方向受到压力 $P = 10\ \mathrm{MPa}$ 作用时，压电晶体产生的电荷及开路电压。（石英晶体的相对介电常数 $\varepsilon_r = 4.5$；纵向压电系数 $d_{11} = 2.31 \times 10^{-12}\ \mathrm{C/N}$）

（2）若将压电元件与高阻抗运算放大器连接组成测量系统，连接电缆的电容为 $C_c = 40\ \mathrm{pF}$，此时测量系统的输出电压为多少？

11. 用加速度计和电荷放大器测量振动，若传感器的灵敏度为 7 pC/g，电荷放大器的灵敏度为 100 mV/pC，试确定输入 3 g 加速度时系统的输出电压。

12. 某压电式压力传感器的电荷灵敏度为 80 pC/Pa，已知它的电容量为 1 nF，试确定传感器在输入压力为 2 Pa 时的输出电压。

13. 一压电式加速度计，供它专用的电缆的长度为 1.2 m，电缆电容为 100 pF，压电片本身的电容为 1000 pF。出厂时标定的电压灵敏度为 100 V/g（$g = 9.8\ \mathrm{m/s^2}$ 为重力加速度），若使用中改用另一根长为 3.0 m 的电缆，其电容量为 300 pF，问电压灵敏度如何改变？

14. 如图 8.2.4 所示电荷放大器电路，已知 $C_a = 100\ \mathrm{pF}$，$C_f = 10\ \mathrm{pF}$，放大器的输入电容 C_i 可忽略不计。若考虑引线 C_c 的影响，当放大器的开环增益 $K = 10^4$，要求输出信号衰减小于 1%。问使用标称电容量为 90 pF/m 的电缆时，其最大允许长度为多少？

第9章 磁电式传感器

【本章要点提示】

    1. 磁电感应式传感器的工作原理及应用

    2. 霍尔效应与霍尔元件的特性及应用

    3. 工程应用案例——钢丝绳损伤的无损检测

9.1 磁电感应式传感器

根据电磁感应定律,当 W 匝线圈在恒定磁场内运动时,设穿过线圈的磁通为 Φ,则线圈内会产生感应电动势 e 为

$$e = -W\frac{\mathrm{d}\Phi}{\mathrm{d}t} \tag{9.1.1}$$

线圈中感应电动势的大小与线圈的匝数和穿过线圈的磁通变化率有关,负号表示感应电动势的方向与磁通变化的方向相反。一般情况下,线圈的匝数是确定的,而磁通变化率与磁感应强度、磁路磁阻、线圈的运动速度有关,故只要改变其中一个参数,都会改变线圈中的感应电动势。

根据工作原理不同,磁电感应式传感器可分为动圈式和磁阻式两大类。

9.1.1 动圈式磁电传感器

动圈式磁电传感器的工作原理是,处在恒定磁场中的线圈做直线运动或转动时切割磁力线而产生感应电动势,该感应电动势的大小与线圈的运动速度或转动角速度成正比。因此,动圈式磁电传感器可直接测量线速度或角速度,有时也称为速度传感器。

动圈式磁电传感器按照其结构可分为线速度型和角速度型两类。

图 9.1.1(a)为线速度型传感器。当弹簧片敏感某一速度时,线圈就在磁场中做直线运动,切割磁力线,它所产生的感应电动势为

$$e = WBlv\sin\theta \tag{9.1.2}$$

式中,W——有效线圈匝数,指在均匀磁场内参与切割磁力线的线圈匝数;

    B——磁场的磁感应强度;

    l——单匝线圈有效长度;

    v——线圈与磁场的相对运动速度;

    θ——线圈运动方向与磁场方向的夹角。

当线圈运动方向与磁场方向垂直,即 $\theta = 90°$ 时,式(9.1.2)可写为

$$e = WBlv \tag{9.1.3}$$

由此可见,若传感器的结构参数(W,B,l)选定,则感应电动势 e 的大小正比于线圈的运动速度 v。将被测到的速度经微分或积分运算,可得到运动物体的加速度或位移,因此动圈式磁电传感器也可用来测量运动物体的加速度和位移。

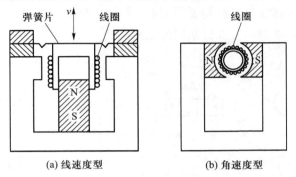

图 9.1.1　动圈式磁电传感器工作原理

图 9.1.1(b)为角速度型传感器。线圈在磁场中产生的电动势为

$$e = kWBA\omega \tag{9.1.4}$$

式中,k——与结构有关的系数,$k < 1$;

　　A——单匝线圈的截面积;

　　ω——线圈的角速度。

因此,当传感器结构参数确定时,感应电动势与线圈相对于磁场的角速度成正比。

将传感器线圈中产生的感应电动势用电缆与电压放大器相连接时,其等效电路如图 9.1.2 所示。图中 e 为感应电动势,Z 为线圈的等效阻抗,R_L 为包括放大电路输入电阻的负载电阻,C_c 为电缆的分布电容,R_c 为电缆电阻。实际应用中,因为 R_c 相对较小,可以忽略不计。此时,该等效电路的输出电压为

$$e_o = e\,\dfrac{1}{1 + \dfrac{Z}{R_L} + j\omega C_c Z} \tag{9.1.5}$$

若电缆不长,则 C_c 可以忽略;又若使 $R_L \gg Z$,则上式可化简为 $e_o \approx e$。

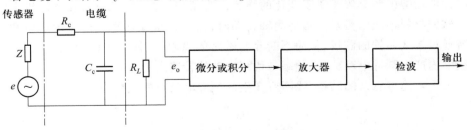

图 9.1.2　动圈式磁电传感器等效电路

9.1.2   磁阻式磁电传感器

磁阻式传感器的工作原理是使线圈与磁铁固定不动,由运动物体(导磁材料)的运动来影响磁路气隙而改变磁路的磁阻,从而引起磁场的强弱变化,使线圈中产生交变的感应电动势。

磁阻式磁电传感器具有结构简单、使用方便等特点,可用于测量频数、转速、偏心、振动等。图 9.1.3 示出了几种不同的应用实例。

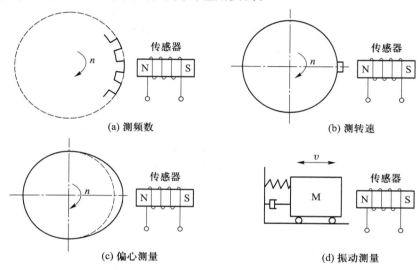

图 9.1.3   磁阻式磁电传感器的应用实例

9.1.3   磁电感应式传感器的应用

磁电感应式传感器是一种直接将被测量转换为感应电动势的有源传感器,也称为电动式传感器或发电型传感器,适用于动态测量,广泛应用在机电系统的转速测量中。图 9.1.4 所示为磁电式转速传感器的结构原理,它由永久磁铁、线圈、齿盘等组成。在永久磁铁组成的磁路中,若改变磁阻(如空隙)的大小,则磁通量随之改变。磁路通过感应线圈,当磁通量发生突然改变时,就会感应出一定幅度的脉冲电动势,该脉冲电动势的频率等于磁阻变化的频率。为了使气隙发生变化,在待测轴上装一个由软磁材料做成的齿盘。当待测轴转动时,齿盘也跟随转动。齿盘中的齿和齿隙交替通过永久磁铁的磁场,从而不断改变磁路的磁阻,使铁心中的磁通量发生突变,在线圈内产生脉冲电动势,其频率与待测转轴的转速成正比。

根据转速传感器的结构,线圈所产生的感应电动势的频率为

$$f = \frac{nz}{60} \tag{9.1.6}$$

式中,f——感应电动势的频率(Hz);

n——被测轴转速(r/min);

z——齿盘齿数。

当齿盘的齿数 $z=60$ 时，$f=n$，即只要测量感应电动势的频率 f 就可得到被测轴的转速。实际测量中，将线圈尽量靠近齿盘外缘，线圈产生的感应电动势即为正弦波形。

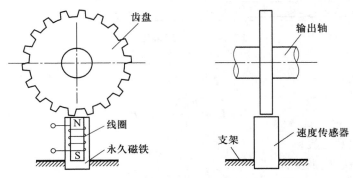

图 9.1.4　磁电式转速传感器结构原理图

例 9-1　用一磁电式速度传感器测量 50 Hz 的振动频率，振幅的测量误差小于 5%，阻尼比为 0.6，问传感器的固有频率为多少？

解　若被测物体做简谐运动，振动速度传感器的数学模型可采用二阶系统表征。根据二阶系统的幅频特性[见式(3.3.36)]，可得

$$0.95 = \frac{1}{\sqrt{[1-(\omega/\omega_0)^2]^2 + [2\zeta(\omega/\omega_0)]^2}}$$

令 $(\omega/\omega_0)^2 = x$，求解方程，则得 $x = 0.7$，即 $(\omega/\omega_0) = 0.84$。

于是，$f_0 = f/0.84 = (50/0.84)\,\text{Hz} = 59.5\,\text{Hz}$，即为传感器固有频率。

9.2　霍尔传感器

9.2.1　霍尔效应与霍尔元件

1. 霍尔效应

将一薄片半导体材料放于磁感应强度为 B 的磁场中，使表面与磁力线垂直，如图 9.2.1 所示，若在它的两侧面加激励电流 I，那么在薄片的另两侧将会产生一个大小与激励电流 I 和磁感应强度 B 的乘积成比例的电动势 U_H，该电动势称为霍尔电势，这一现象称为霍尔效应，它是由美国物理学家霍尔于 1879 年发现的。

霍尔效应的产生是由于运动的载流子(电子)受磁场洛仑兹力作用的结果。半导体中的载流子(电子)受到洛仑兹力(F)的作用发生偏转，于是一边形成电子积累，另一边形成正电荷积累，在半导体两侧形成电场，该电场将阻止电子的继续偏转，当电场力与洛仑兹力相等时，电子积累达到动态平衡，此时形成的电位差就是霍尔电

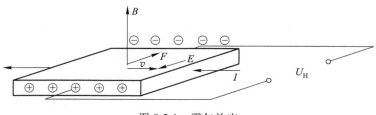

图 9.2.1　霍尔效应

势 U_H，表示为

$$U_H = \frac{R_H I B}{d} = K_H I B \tag{9.2.1}$$

式中，I——激励电流；

　　　B——磁感应强度；

　　　d——霍尔元件厚度；

　　　R_H——霍尔系数，$R_H = \rho\mu$，其中 ρ 为载流体的电阻率，μ 为载流子的迁移率，半导体材料（尤其是 N 型半导体）电阻率较大，载流子迁移率很高，因而可以获得很大的霍尔系数；

　　　K_H——灵敏度系数，$K_H = R_H/d$，元件厚度越小，K_H 越大。

如果磁感应强度 B 和元件平面的法线方向成一角度 θ 时，则作用在元件上的有效磁场是其在法线方向的分量，此时

$$U_H = K_H I B \cos\theta \tag{9.2.2}$$

若改变 B、I、θ 中的任何一个参数，都会使霍尔电势发生变化。当激励电流方向或磁场方向改变时，输出电势的方向也将改变。

例 9-2　霍尔元件灵敏度 $K_H = 4$ V/(A·T)，控制电流 $I = 30$ mA，将它置于变化范围为 $1×10^{-4} \sim 5×10^{-4}$ T 的线性变化的磁场中，它的输出霍尔电动势范围为多大？

解　根据霍尔效应 $U_H = K_H I B \cos\theta$，此处 $\theta = 0$。

当 $B = 1×10^{-4}$ T 时，$U_H = 1.2×10^{-5}$ V $= 12$ μV

当 $B = 5×10^{-4}$ T 时，$U_H = 6×10^{-5}$ V $= 60$ μV

即输出霍尔电动势范围为 $12 \sim 60$ μV。

2. 霍尔元件

（1）霍尔元件的结构

霍尔元件是根据霍尔效应原理制作的磁电转换器件，多采用 N 型半导体材料。霍尔元件越薄（d 越小），灵敏度系数 K_H 越大，因此，通常薄膜霍尔元件的厚度只有 1 μm 左右。霍尔元件由霍尔片、四根引线和壳体构成，如图 9.2.2 所示。霍尔片为一长方形薄片，在垂直于 x 轴的两个侧面的正中贴两个金属电极用以引出霍尔电势，称为霍尔电极。这个电极沿 b 向的长度力求小，且要求在中点，这对霍尔元件的性能有直接影响。在垂直于 y 轴的两个侧面上，对应地附着两个电极，用以导入激励电流，称其为激励电极或控制电极。垂直于 z 的表面要求光滑即可，壳体用陶瓷、金属或环

氧树脂封装即成霍尔元件。目前常用的霍尔元件材料有锗（Ge）、硅（Si）、砷化镓（GaAs）、砷化铟（InAs）和锑化铟（InSb）等。其中 N 型硅具有良好的温度特性和线性度,灵敏度高,应用较多。

(a) 结构原理　　　　　　　　　　　　　(b) 实物外形

图 9.2.2　霍尔元件的结构原理和实物外形

（2）霍尔元件的基本电路

霍尔元件在测量电路中一般有两种表示方法,如图 9.2.3 所示。霍尔元件的基本电路如图 9.2.4 所示,R 为调节电阻,调节激励电流的大小。霍尔元件输出端接负载电阻 R_L,它也可以是放大器的输入电阻或测量仪表的内阻等。

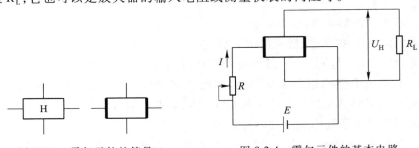

图 9.2.3　霍尔元件的符号　　　　　图 9.2.4　霍尔元件的基本电路

在实际使用中,可以把激励电流 I 或外磁场感应强度 B 作为输入信号,或同时将两者作为输入信号,而输出信号则正比于 I 或 B,或两者的乘积。由于建立霍尔效应的时间很短,因此激励电流用交流时,频率可高达 10^9 Hz 以上。

霍尔元件的转换效率较低,实际应用中,为了获得较大的霍尔电压,可将几个霍尔元件的输出串联起来,如图 9.2.5 所示。在这种连接方法中,激励电极应该是并联的,如果将其接成串联,霍尔元件将不能正常工作。虽然霍尔元件的串联可以增加输出电压,但其输出电阻也将增大。

当霍尔元件的输出信号不够大时,也可采用运算放大器加以放大,如图 9.2.6 所示。但目前最常用的还是将霍尔元件和放大电路做成一起的集成电路,显然它有较高的性价比。

3. 霍尔元件的主要特性参数

（1）额定激励电流 I_H

使霍尔元件温升 10℃ 所施加的激励电流称为额定激励电流。因为增大激励电流可以增大输出的霍尔电势,所以在实际应用中尽量增大激励电流,但它显然要受霍尔元件温升的限制,通过改善其散热条件可以增大最大允许的激励电流。

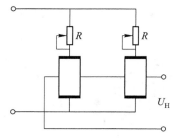

图 9.2.5　霍尔元件的串联

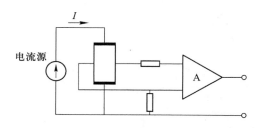

图 9.2.6　霍尔电势的放大电路

（2）灵敏度 K_H

霍尔元件在单位磁感应强度和单位激励电流作用下的空载霍尔电势值称为霍尔元件的灵敏度。

（3）输入电阻 R_i 与输出电阻 R_o

输入电阻 R_i 是指霍尔元件激励电极之间的电阻,规定要在无外磁场和室温（20±5℃）的环境温度中测量。输出电阻 R_o 是指霍尔电极间的电阻,同样要求在无外磁场和室温下测量。

（4）不等位电势 U_0 和不等位电阻 r_0

当磁感应强度 B 为零、激励电流为额定值 I_H 时,霍尔电极间的空载电势称为不等位电势（或零位电势）U_0。用直流电位差计可测得空载霍尔电势。

产生不等位电势的原因主要有:霍尔电极安装位置不正确（不对称或不在同一等电位面上）;半导体材料的不均匀造成了电阻率不均匀或是几何尺寸不均匀;激励电极接触不良造成激励电流不均匀分布等。

不等位电势 U_0 与额定激励电流 I_H 之比称为不等位电阻（零位电阻）r_0,即 $r_0 = U_0/I_H$。

（5）霍尔电势温度系数 α

在一定的磁感应强度和激励电流下,温度每改变 1℃ 时,霍尔电势值变化的百分率,称为霍尔电势温度系数。它与霍尔元件的材料有关,一般约为 0.1%/℃ 左右。

（6）内阻温度系数 β

霍尔元件在无外磁场作用时,在工作温度范围内,温度每变化 1℃,输入电阻 R_i 和输出电阻 R_o 变化的百分率称为内阻温度系数,一般取平均值。

9.2.2　测量误差及其补偿

霍尔元件在实际应用中,由于其本身制造工艺的缺陷和半导体本身固有的特性,总会存在一定的测量误差,这里分析一下不等位电势和温度两个影响因素的误差及其补偿措施。

1. 不等位电势误差及其补偿

不等位电势 U_0 主要是因为两个霍尔电极没有安装在同一电位面上,当激励电流 I 流经不等位电阻 r_0 时产生压降,如图 9.2.7（a）所示。一个霍尔元件有两对电极,各相邻电极之间的电阻若为 r_1、r_2、r_3、r_4，在分析不等位电势时，可以把霍尔元件等效为一个四臂电阻电桥，如图 9.2.7(b)所示。

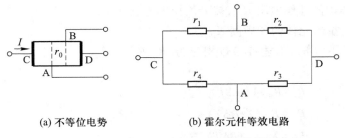

(a) 不等位电势 (b) 霍尔元件等效电路

图 9.2.7 不等位电势及霍尔元件的等效电路

当霍尔电极 A 和 B 处于同一电位面时，$r_1 = r_2 = r_3 = r_4$，电桥处于平衡状态，不等位电势 U_0 为零；反之，则存在不等位电势，U_0 为电桥初始不平衡输出电压。因此，能够使电桥达到平衡的措施均可以用于补偿不等位电势。由于霍尔元件的不等位电势也是温度的函数，所以同时要考虑温度补偿问题。图 9.2.8(a)为不对称电路，补偿电阻 R 与等效桥臂的电阻温度系数一般都不同，因此工作温度变化后原补偿关系即遭破坏，但其电路结构简单，调整方便，能量损失小。图 9.2.8(b)为对称补偿电路，温度变化时补偿稳定性好，但会使霍尔元件的输入电阻减小，输入功率增大，霍尔输出电压降低。

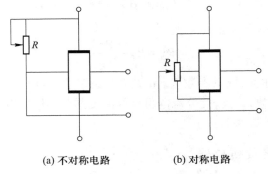

(a) 不对称电路   (b) 对称电路

图 9.2.8 不等位电势补偿电路

2. 温度误差及其补偿

霍尔元件是采用半导体材料制造的，而半导体材料的许多特性参数都具有较大的温度系数，因此造成了霍尔元件的温度误差。为了减小温度的影响，除选用温度系数小的材料(如砷化铟等)或采用恒温等方法外，还可采用适当的补偿电路。常用的补偿电路包括：恒流源激励并联分流电阻补偿电路；恒压源激励输入回路串联电阻补偿电路；电桥补偿电路；以及采用正、负不同温度系数的电阻或合理选取负载电阻的阻值补偿电路等等。下面对恒流源激励并联分流电阻的补偿电路进行分析。

对于恒流源供给激励电流的情况，可以采用分压电阻法来进行温度补偿，其电路如图 9.2.9 所示。

　　假设初始温度为 T_0 时有如下参数:霍尔元件的输入电阻为 R_{i0},选用的补偿电阻 R_{P0},被分流掉的电流为 I_{p0},激励电流 I_{C0},霍尔元件的灵敏度 K_{H0}。

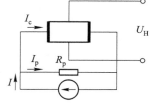

图 9.2.9　温度补偿电路

　　当温度升为 T 时,上述各参数相应为:R_i、R_P、I_p、I_C、K_H,且有关系

$$R_i = R_{i0}(1+\alpha\Delta T)$$
$$R_P = R_{P0}(1+\beta\Delta T) \qquad (9.2.3)$$
$$K_H = K_{H0}(1+\delta\Delta T)$$

其中 $\Delta T = T - T_0$,α、β、δ 分别为输入电阻、分流电阻及灵敏度的温度系数,根据电路可知:

$$I_{C0} = I\frac{R_{P0}}{R_{P0}+R_{i0}} \qquad (9.2.4)$$

$$I_C = I\frac{R_{P0}(1+\beta\Delta T)}{R_{P0}(1+\beta\Delta T)+R_{i0}(1+\alpha\Delta T)} \qquad (9.2.5)$$

当温度变化 ΔT 时,为使霍尔电势不变则必须有如下关系:

$$U_{H0} = K_{H0}I_{C0}B = K_H I_C B = U_H$$
$$= K_{H0}(1+\delta\Delta T)BI\frac{R_{P0}(1+\beta\Delta T)}{R_{P0}(1+\beta\Delta T)+R_{i0}(1+\alpha\Delta T)}$$

整理上式得:

$$R_{P0} = R_{i0}\frac{\alpha-\beta-\delta}{\delta} \qquad (9.2.6)$$

　　对于确定的霍尔元件,其参数 R_{i0}、α、β、δ 是确定值,可由(9.2.6)式求得分流电阻 R_{P0} 及要求的温度系数,为此,此分流电阻可取温度系数不同的两种电阻进行串并联,这样虽然显得麻烦但效果很好。

9.2.3　霍尔集成传感器

　　随着微电子技术的发展,目前大多霍尔元件已集成化,即将霍尔元件与放大、整形等电路集成在同一芯片上,它具有体积小、灵敏度高、价格便宜、性能稳定等优点。霍尔集成传感器有线性型和开关型两种。

　　1. 线性型霍尔集成传感器

　　线性型霍尔集成传感器是将霍尔元件、恒流源和线性放大器等集成在一块芯片上,输出电压较高(伏级),使用非常方便。

　　UGN3501M 是具有双端差动输出的线性霍尔器件,其外形、内部电路框图如图 9.2.10 所示,图 9.2.11 为其输出的特性曲线。当感受的磁场为零时,输出电压等于零;当感受的磁场为正向(磁钢的 S 极对准 UGN3501M 的正面)时,输出为正;磁场反向时,输出为负,因此使用起来非常方便。它的第 5、6、7 脚外接一微调电位器,可以进行微调并消除不等位电势引起的差动输出零点漂移。

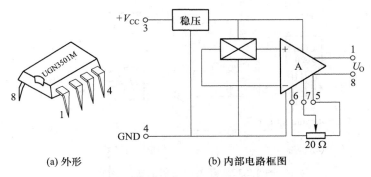

(a) 外形　　　　(b) 内部电路框图

图 9.2.10　差动输出线性霍尔集成传感器

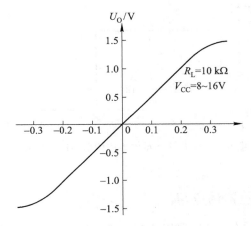

图 9.2.11　UGN3501M 的输出特性

2. 开关型霍尔集成传感器

开关型霍尔集成传感器由霍尔元件、稳压器、差分放大器、施密特触发器、OC 门（集电极开路输出门）等电路做在同一芯片上组成。当外加磁感应强度达到或超过规定的工作点时,OC 门由高阻态变为导通状态,输出为低电平;当外加磁感应强度低于释放点时,OC 门重新变为高阻态,输出变为高电平。

开关型霍尔集成传感器有单稳态和双稳态两种,如 UGN(S)3019T 和 UGN(S)3020T 均属于单稳开关型霍尔器件,而 UGN(S)3030T 和 UGN(S) 3075T 为双稳开关型霍尔器件。双稳开关型霍尔器件内部包含双稳态电路,其特点是当外加磁感应强度达到规定的工作点时,霍尔器件导通,磁场消失后器件仍保持导通状态。只有施加反向极性的磁场,而且磁感应强度达到规定的工作点时,器件才能回到关闭状态。也就是说,具有"锁键"功能,因此这类器件又称为锁键型霍尔集成传感器。

UGN3020 的外形和内部电路框图如图 9.2.12 所示,图 9.2.13 为其输出特性曲线。

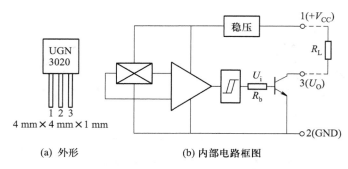

(a) 外形　　　　　　　　　(b) 内部电路框图

图 9.2.12　开关型霍尔集成传感器

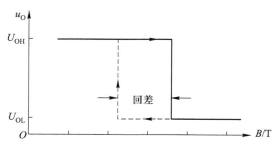

图 9.2.13　开关型霍尔集成传感器的输出特性

9.2.4　霍尔传感器的应用

　　根据霍尔传感器工作原理,利用式(9.2.2)这一关系可以方便地测量多种物理量,应用领域非常广阔。归纳起来,霍尔传感器的应用可以分为三类:

　　(1) 维持激励电流 I 不变而使传感器感受的磁场强度 B 变化,从而引起霍尔电势的改变。可以用于直接测量磁感应强度(高斯计)、微位移(包括角位移),以及转速、加速度、压力等;

　　(2) 磁感应强度 B 不变而使激励电流 I 随被测量变化,可以用于电流、电压的测量或控制;

　　(3) 当磁感应强度 B 和激励电流 I 都发生变化时,传感器的输出与两者的乘积成正比,这方面的应用有乘法器、功率测量等。

　　霍尔传感器具有结构简单、体积小、灵敏度高、频率响应范围宽,无触点,使用寿命长等优点,因而应用十分广泛。下面介绍几种霍尔传感器的应用实例。

　　1. 霍尔式转速测量传感器

　　如图 9.2.14 所示为利用霍尔元件测量转速的应用实例,它是美国 GM 公司生产的霍尔式发动机曲轴转速测量传感器,通常安装在曲轴前端或后端。图 9.2.14(a) 为传感器的结构示意图,传感器由信号轮的触发叶片、霍尔元件、永久磁铁、底板和导磁板等部件构成。霍尔元件上通有恒定电流 I,固定在底板上,信号轮由内外两个带触发叶片的信号轮组成,并随旋转轴一起旋转。外信号轮外缘上均布着 18 个触发叶片和触发窗口,每个触发叶片和窗口的宽度为 $10°$ 弧长,内信号轮外缘上,设有三个触发叶片和三个窗口,触发叶片和窗口的宽度均不相同。

信号轮随旋转曲轴转动,当触发叶片进入永久磁铁和霍尔元件之间的空气隙时,如图 9.2.14(b)所示,霍尔元件上的磁场被触发叶片旁路(或称隔磁),这时由于霍尔元件上磁感应强度 B 减小,故不产生霍尔电压 U_H;当触发叶片离开空气隙时,如图 9.2.14(c),永久磁铁的磁通便通过导磁板间隙穿过霍尔元件,此时由于霍尔元件上同时通过电流 I 和磁感应强度 B,所以产生霍尔电压 U_H。因此,每当信号轮的触发叶片转至图 9.2.14(c)位置时,霍尔元件便输出一个脉冲,根据单位时间的脉冲数便可以计算出被测旋转曲轴的转速。

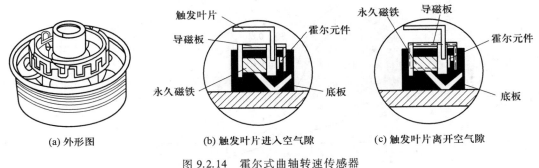

(a) 外形图　　　　　(b) 触发叶片进入空气隙　　　　　(c) 触发叶片离开空气隙

图 9.2.14　霍尔式曲轴转速传感器

2. 霍尔位移传感器

保持霍尔元件的控制电流 I 恒定,使其在一个有均匀梯度的磁场中移动,则霍尔电势与位移量成正比,可表示为 $U_H = K_x \cdot x$,其中 x 为沿磁场 x 方向的位移量;K_x 为位移传感器的灵敏系数。磁场梯度越大,灵敏度越高;磁场梯度越均匀,输出电势线性度越好。这种传感器可测 ± 0.5 mm 的小位移,其特点是惯性小,响应速度快,无触点测量。在此基础上,也可以测量与位移有关的机械量,如力、压力、振动、应变、加速度等。

图 9.2.15 是三种霍尔位移传感器的工作原理,图 9.2.16 是相应的输出静态特性曲线。图 9.2.15(a)中产生梯度磁场的磁系统简单,但线性范围窄,特性曲线 1 对应于这种磁路结构,在位移 $\Delta z = 0$ 时,有霍尔电势输出,即 $U_H \neq 0$;图 9.2.15(b)中磁系统由两块场强相同,同极相对放置的磁铁组成,两磁铁正中间处作为位移参考原点,即 $z = 0$,此处磁感应强度 $B = 0$,霍尔电势 $U_H = 0$,在位移量 $\Delta z < 2$ mm 范围内,U_H 与 x 间有良好的线性关系(见特性曲线 2),其磁场梯度一般大于 0.03 T/mm,分辨率可达 10^{-6} m;图 9.2.15(c)中是两个直流磁系统共同形成一个高梯度磁场,磁场梯度可达 1 T/mm,其灵敏度最高,因此最适合于测量振动等微小位移,如特性曲线 3 所示,在 $\pm$ 0.5 mm 位移范围内线性度好。

3. 霍尔电流传感器

霍尔电流传感器应用比较广泛,可以测量直流和脉动电流,具有弱电回路与主回路隔离、容易与计算机及二次仪表接口、测量精度高、线性好、响应快、频带宽、测

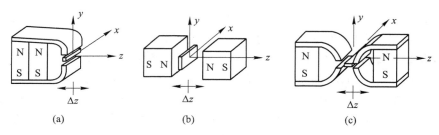

图 9.2.15　霍尔位移传感器工作原理

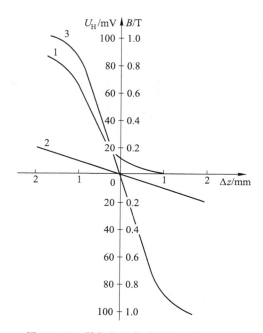

图 9.2.16　霍尔位移传感器静态特性曲线

量范围大、过载能力强、可靠性高、使用方便等优点,广泛应用于电网监控系统、变频器、UPS 电源等。

　　用环形(或方形)导磁材料制作铁心,如图 9.2.17所示,套在被测电流流过的导线上,将导线中电流产生的磁场聚集在铁心中。在铁心上切割出与传感器厚度相等的气隙,将霍尔线性集成元件夹在气隙中间。有电流通过后,产生的磁力线集中通过这个霍尔元件,霍尔元件就输出与被测电流成正比的输出电压。

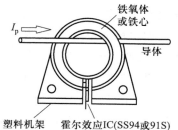

图 9.2.17　霍尔电流传感器

　　霍尔电流传感器可以测量高达 20 kA 的电流,电流波形可以是高达 100 kHz 的正弦波和电工技术较难测量的高频窄脉冲,响应时间可达 1 μs,电流跟踪速度大于 20 A/μs。

9-1 霍尔电流传感器

工程中,霍尔电流传感器的技术指标套用交流互感器的技术指标。通常将被测电流称为一次电流 I_P,霍尔电流传感器的输出电流称为二次电流 I_S(有时简单的霍尔电流传感器中并不存在二次绕组)。霍尔电流传感器中,I_S 一般被设置为较小的数值,为 4~20 mA、10 mA 或 500 mA 以下的电流,套用电流互感器的"匝数比"和"电流比"的概念来定义 W_P/W_S 和 I_S/I_P。其中 W_P 被定义为"一次绕组"的匝数,一般 $W_P = 1$ 匝;W_S 为厂商所设定的二次绕组的匝数,匝数比 $i = W_P/W_S$,额定电流比为 $K_N = I_{PN}/I_{SN}$。

根据能量守恒定律,同一个铁心中的一次绕组与二次绕组必须具有相等的安匝数,即 $I_P W_P = I_S W_S$。根据霍尔电流传感器的额定技术参数和输出电流 I_S、匝数比、额定电流即可计算出被测电流 I_P。

霍尔传感器在自动检测技术中得到广泛应用,利用霍尔效应还研制出霍尔无刷电动机、霍尔式脉冲电子点火器、霍尔开关等。霍尔无刷电动机具有可靠性高、无换向火花、机械噪声低、寿命长等优点,因而在记录仪、录像机、电子仪器及自动化办公设备中广泛应用。霍尔式脉冲电子点火器具有无触点、节油、能适用于各种工作环境和车速、冷启动性能良好等特点,目前已广泛应用于汽车的点火系统。霍尔开关是一种非接触式开关装置,具有无触点、低功耗、寿命长、响应频率高、环境适应性好等特点,可应用于接近开关、限位开关、方向开关、压力开关、里程表等。

除了磁电感应式传感器、霍尔传感器外,磁电式传感器还有磁敏电阻、磁敏二极管、磁敏晶体管等多种类型。

9.3 工程应用案例——钢丝绳损伤的无损检测

钢丝绳是工程中应用极为广泛的一种挠性构件。由于它具有强度高、自重轻、弹性好、工作平稳可靠、承受动载和过载能力强以及在高速工作条件下运行和卷绕无噪声等优点,在煤炭、冶金、交通、运输、建筑、旅游等行业得到广泛应用,在矿井提升机、货运客运索道、电梯、斜拉桥、悬索桥、悬吊屋顶、船舶的固定缆绳、吊车、起重机等作业中发挥着重要的作用,如图 9.3.1 所示。

在实际应用中,钢丝绳会发生疲劳、锈蚀、磨损、变形、断丝甚至断裂等现象,从而导致其强度下降,造成安全隐患。断丝是钢丝绳损伤的典型形式,如图 9.3.2 所示,一旦引起整绳的损伤或断裂,将造成严重事故和经济损失。因此,为了有效预防事故的发生,确保钢丝绳安全、可靠、高效地工作,必须实时监测钢丝绳的运行状况,如断丝、磨损、锈蚀缺陷以及疲劳、承载能力、安全系数等。

1. 钢丝绳无损检测方法

钢丝绳无损检测包括光学测量法、电涡流检测法和漏磁检测法等。

光学测量法利用光学原理及现代光学器件,如 CCD 器件,实现钢丝绳均匀磨损的无损检测,不受现场检测时钢丝绳振动、扭转等干扰影响。采用电涡流检测法对钢丝绳进行检测时,一旦钢丝绳上存在断丝,绳中电涡流将发生改变,从而引起反射

图 9.3.1　悬索桥钢丝绳图

图 9.3.2　钢丝绳断丝损伤

能量变化,根据反射能量便可对钢丝绳损伤程度进行测量。漏磁检测法利用钢丝绳的材料具有导电性、导磁性的特点,采用霍尔元件检测漏磁变化,通过磁图可判断钢丝绳的表面腐蚀、内部腐烛、断丝程度、损伤程度。

钢丝绳的无损检测方法中成熟的检测方法是漏磁检测方法。

（1）漏磁检测原理

漏磁检测是基于钢丝绳(铁磁性材料)的高磁导率的特性,如图 9.3.3(b)所示,当钢丝绳表面或近表面存在缺陷(如断丝、磨损或腐蚀等缺陷)时,会使磁导率发生变化。缺陷导致磁导率减小,使磁力线发生弯曲,引起磁路中的磁通发生畸变,在钢丝绳表面缺陷处形成漏磁场,且有一部分磁力线泄漏出材料表面。采用霍尔元件检测该泄漏磁场的信号变化,就能有效地检测缺陷的存在,分析和处理漏磁场信号,就可以得到缺陷的特征,如孔或裂纹的大小、深度、宽度等信息。

（2）传感器的设计

根据漏磁检测原理,要获取缺陷信息,首先要对钢丝绳进行磁化。常用的磁化方法有交流磁化法、直流磁化法和永久磁铁磁化法。交流磁化法和直流磁化法需要现场安装线圈,同时由于趋肤效应,对于像钢丝绳这样表面极不规则的构件采用上述两种方法不可能获得很好的磁化效果。在实际工程中,常采用永久磁铁磁化法,合理设计磁路,防止磁力线之间的相互干涉,以达到增强磁化强度的目的。

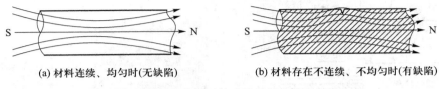

   (a) 材料连续、均匀时(无缺陷)   (b) 材料存在不连续、不均匀时(有缺陷)

图 9.3.3   外加磁场作用下铁磁性材料内部磁力线分布

    钢丝绳中漏磁场信号的获取采用霍尔元件,设计传感器时考虑检测钢丝绳的断丝、磨损等缺陷。传感器结构如图 9.3.4 所示,霍尔元件组沿着钢丝绳圆周方向均匀分布,用来检测钢丝绳损伤,由于检测元件覆盖范围有限,一般间隙设为 8 mm左右。

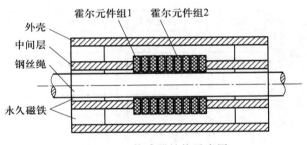

图 9.3.4   传感器结构示意图

2. 钢丝绳损伤的无损检测系统

（1）检测系统的构成

    钢丝绳损伤的无损检测系统主要有霍尔传感器、信号预处理器、A/D 转换器、编码器、励磁电源、缺陷定量分析软件等部分组成,如图 9.3.5 所示。对于不同直径的钢丝绳,传感器安装的检测元件数目不同,输出信号的通道数不同,传感器后接信号处理器与采集卡,通过编码器触发实现等距离采样。

    根据不同检测信号特征的分析,设计了不同的信号预处理电路,如图 9.3.6 所示。交流信号用于放大断丝信号,直流信号用于放大直径信号和磨损信号。

（2）漏磁检测的软件设计

    采用 LabVIEW 构建在线诊断系统和信号分析系统,界面如图 9.3.7 所示,该系统可同时实现钢丝绳的断丝、磨损和直径测量。工作时将漏磁检测装置安装在钢丝绳上,匀速移动钢丝绳,使其缓慢通过检测装置,实现钢丝绳的在线检测和诊断。

    图 9.3.8 所示为霍尔元件在钢丝绳上获取的缺陷信号曲线。

    曲线①:a、b、c 处分别表示有 2 根、1 根、4 根断丝的信号波形;曲线②:d 处为随机干扰信号,e 处表示钢丝绳的磨损,其量值为整个截面积值的 1 %;曲线③:f 处钢

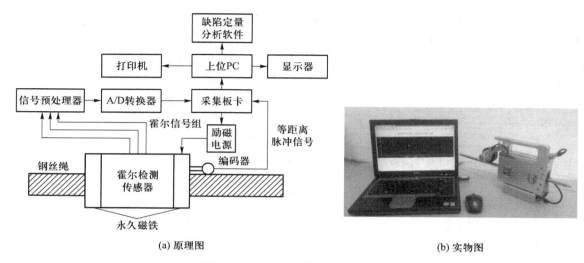

(a) 原理图　　　　　　　　　　　　　　　　(b) 实物图

图 9.3.5   钢丝绳损伤的无损检测系统

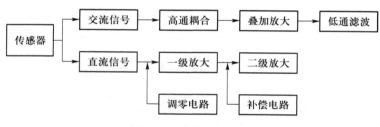

图 9.3.6   信号调理原理

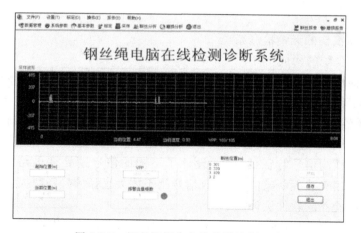

图 9.3.7   钢丝绳损伤在线检测诊断系统

丝绳直径有 1 mm 的变化量,g 处是由于钢丝绳晃动引起的干扰信号。通过上述漏磁信号可以很容易判断钢丝绳损伤类型,进而达到实时无损检测钢丝绳的目的。

该系统实现了钢丝绳断丝、磨损、直径的一体化定量检测,对于提高钢丝绳损伤

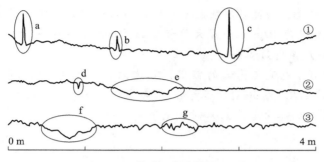

图 9.3.8　传感器输出信号波形

的检测效率具有十分重要的意义,同时也可为钢丝绳安全、可靠的使用提供科学依据。

习题与思考题

1. 为提高磁电式转速传感器的灵敏度,可以采用什么技术措施?

2. 磁电式传感器与电感式传感器有何不同? 磁电式传感器可以测量哪些物理量?

3. 试述磁电感应式传感器产生误差的原因及补偿方法。

4. 采用磁电式传感器测速时,一般被测轴上所安装齿轮的齿数为 60,这样做的目的是什么?

5. 某磁电感应式速度传感器的刚度为 3200 N/m 时,测得其固有频率为 20 Hz,今欲将其固有频率减小为 10 Hz,问刚度应多大? 已知磁感应强度为 1T,单匝线圈长度为 4 mm,线圈匝数为 1500 匝,设线圈运动方向与磁场方向垂直,问该磁电感应式速度传感器电压灵敏度是多少?

6. 什么是霍尔效应? 霍尔电势与哪些因素有关? 为什么半导体材料适合于作霍尔元件?

7. 霍尔元件产生不等位电势的主要原因有哪些? 如何进行补偿?

8. 霍尔元件的温度补偿方法有哪些? 常用恒流源激励的主要原因是什么?

9. 试分析题图 9.1 所示的霍尔元件测量电路中,要使负载电阻 R_L 上的压降不随环境温度变化,R_L 应取多大。图中 I 为恒流源电流,并可认为 R_L 不随环境温度变化。(假设初始温度为 T_0 时,霍尔元件的输出电阻为 R_{out0},霍尔元件的灵敏度为 K_{H0};并设霍尔元件的灵敏度温度系数、内阻温度系数分别为 α、β)

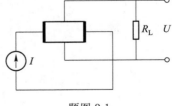

题图 9.1

10. 已知霍尔元件的厚度 d 为 2 mm,霍尔系数 R_H 为 0.5,当激励电流 I 为 3A,磁场的磁感应强度 B 为 5×10^{-3} T 时,试求霍尔元件产生的霍尔电势。

11. 已知霍尔元件的灵敏度系数为 $1.2\ \mathrm{mV/(mA \cdot T)}$，将它放置在一个线性梯度磁场中，控制电流 I 为 $10\ \mathrm{mA}$，当最大位移为 $\pm 1.5\ \mathrm{mm}$ 时，要求输出电压为 $\pm 20\ \mathrm{mV}$，试问该线性磁场梯度至少为多大？

12. 某型号霍尔电流传感器的额定匝数比为 $W_{\mathrm{P}}/W_{\mathrm{S}} = 1/100$，额定电流为 $I_{\mathrm{PN}} = 30\ \mathrm{A}$，"二次负载电阻"为 $30\ \Omega$。通电后，用数字电压表测得二次输出电压有效值为 $4.5\ \mathrm{V}$，求流过负载的二次电流 I_{S} 和被测电流 I_{P}。

第10章 光电式传感器

【本章要点提示】••

1. 光电效应及光电特性的表征
2. 常用光电器件的原理及光电特性
3. CCD 和 CMOS 图像传感器的原理及特性
4. 光纤传感器的结构原理及光调制技术
5. 工程应用案例——果实分拣系统

10.1　光电检测基础

10.1.1　光谱及光的度量

光是物体发出的一种电磁波,具有波动性和粒子性。一方面,光以电磁波的形式传播,具有一定的频率和波长,光的波长 λ 与频率 ν 的关系由光速确定,即

$$\nu\lambda = c \tag{10.1.1}$$

式中,c——真空中的光速,$c = 2.997\,93\times10^{8}$ m/s $\approx 3\times10^{8}$ m/s;ν 的单位为 Hz;λ 的单位为 m。

电磁波谱的范围很宽,按照频率由低至高排列,依次分别为无线电波、微波、红外线、可见光、紫外线、X 射线及 γ 射线等。光谱通常是指频率为 10^{11} Hz(远红外线)~10^{16} Hz(远紫外线)的电磁波谱,如图 10.1.1 所示。可见光是电磁波谱中人眼可以感知的部分(波长为 380~780nm),光的波长不同颜色也不一样。

另一方面,光是一种带有能量的粒子(称为光子)所形成的粒子流,单个光子的能量为

$$E = h\nu \tag{10.1.2}$$

式中,h——普朗克常数,$h = 6.63\times10^{-34}$J·s;

ν——光的频率(Hz)。

为了定量分析光谱及光电传感器的光电特性,常采用两种方法对光辐射进行度量:一种是从辐射度学的角度对辐射量进行物理的计量,适用于整个电磁辐射谱区域,与之对应的是辐射度量参数;另一种是从人眼所能见到的辐射对可见光区域的光波进行度量,包含了人眼的生理因素,与之对应的是光度量参数。辐射度量参数与光度量参数虽然概念上不同,但是各物理量的含义相同,因此常采用相同的符号

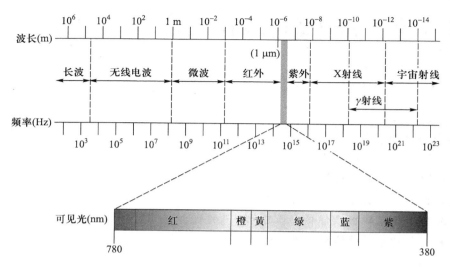

图 10.1.1   光谱分布图(波长、频率)

表示辐射度量与光度量。为了便于区分,常在对应符号的下标以"e"表示辐射度量参数、以"v"表示光度量参数。表 10.1.1 列出了常用的辐射度量参数与光度量参数的名称、符号、定义及单位。

表 10.1.1   常用辐射度量参数与光度量参数

辐射度量参数				光度量参数			
名称	符号	定义	单位	名称	符号	定义	单位
辐射能	Q_e		J(焦[耳])	光能	Q_v		lm·s(流[明]·秒)
辐射通量	Φ_e	$\Phi_e = \dfrac{\mathrm{d}Q_e}{\mathrm{d}t}$	W(瓦[特])	光通量	Φ_v	$\Phi_v = \dfrac{\mathrm{d}Q_v}{\mathrm{d}t}$	lm(流[明])
辐射强度	I_e	$I_e = \dfrac{\mathrm{d}\Phi_e}{\mathrm{d}\Omega}$	W/Sr(瓦[特]/球面度)	发光强度	I_v	$I_v = \dfrac{\mathrm{d}\Phi_v}{\mathrm{d}\Omega}$	cd(坎[德拉])
辐射亮度	L_e	$I_e = \dfrac{\mathrm{d}I_e}{\mathrm{d}A\cos\theta}$	W/Sr·m²(瓦[特]/球面度平方米)	光亮度	L_v	$L_v = \dfrac{\mathrm{d}I_v}{\mathrm{d}A\cos\theta}$	cd/m²(坎[德拉]/平方米)
辐射照度	E_e	$E_e = \dfrac{\mathrm{d}\Phi_e}{\mathrm{d}A}$	W/m²(瓦[特]/平方米)	光照度	E_v	$E_v = \dfrac{\mathrm{d}\Phi_v}{\mathrm{d}A}$	lx(勒[克斯])

表 10.1.1 中各参数的定义如下:

(1)辐射能与光能

辐射能是指以辐射形式发射、传播或接收的能量,单位为焦[耳](J);光能是指可见光范围内发射、传播或接收的能量,单位为流[明]·秒(lm·s)。

(2)辐射通量与光通量

辐射通量是指在单位时间内辐射体所辐射的总能量,单位为瓦[特](W),也称为辐射功率;光通量是以人眼视觉强度来度量辐射通量,也就是光源在单位时间内辐射的、能引起视觉反应的能量(即可见光的能量),量纲为流[明](lm)。显然,辐射通量对时间的积分为辐射能,光通量对时间的积分为光能。

(3)辐射强度与发光强度

辐射强度是指辐射体在给定方向上单位立体角内的辐射通量,单位是瓦[特]/球面度(W/Sr);对于可见光,在指定方向上光源发光的强弱用发光强度表示,单位是坎[德拉](cd)。坎[德拉](cd)是国际单位制中七个基本单位之一,1 cd 是指在给定方向上能发射 $540×10^{12}$ Hz 的单色辐射源(波长为 555nm)的发光强度,且在此方向上的辐射强度为(1/683)W/Sr。

(4)辐射亮度与光亮度

辐射亮度与光亮度是用来表示辐射体或光源表面不同位置和不同方向的辐射特性或发光特性。在辐射体表面某指定点处取微小面积,在指定方向上的辐射强度与该微小面积在指定方向上的正投影面积之比称为辐射亮度,单位是瓦[特]每球面度平方米 W/(Sr·m²)。单位发光面积在单位立体角内的光通量称为光亮度,单位坎[德拉]/平方米(cd/m²)。

(5)辐射照度与光照度

辐射照度是指单位面积内接收的辐射通量,单位是瓦[特]每平方米(W/m²);被照明的物体表面单位面积上所接收的光通量称为光照度,单位是勒[克斯](lx),1lx = 1lm/m²。

10.1.2 光电效应

光电式传感器通常是指能敏感到由紫外线到红外线光的光量,并将其转换成电信号的器件。光电式传感器工作的理论基础是光电效应。

如前文所述,光可以被看成是由具有一定能量的光子所组成,而每个光子所具有的能量 E 正比于其频率,光照射到物体上就可看成是一连串具有能量 E 的光子轰击在物体上。所谓光电效应是指由于物体吸收了能量为 E 的光子后产生的电效应。光电效应分为外光电效应、光电导效应和光生伏特效应,后两种现象发生在物体内部,也称为内光电效应。

1. 外光电效应

在光的作用下,使电子逸出物体表面的现象称为外光电效应,或称为光电发射效应。基于外光电效应的光电器件有光电管、光电倍增管等。

根据爱因斯坦假说:一个光子的能量只能给一个电子。因此,如果一个电子要从物体中逸出表面,必须使光子能量 $E = h\nu$ 大于电子的表面逸出功 E_0,这时,逸出表面的电子就具有动能 E_k,即用爱因斯坦光电效应方程表示为

$$E_k = \frac{1}{2}mv^2 = h\nu - E_0 \qquad (10.1.3)$$

式中,m——电子质量;

v——电子逸出初速度。

光电子逸出物体表面时,具有初始动能,它与光的频率有关,频率越高则动能越

大;而不同的材料具有不同的逸出功,因此对某种特定的材料而言将有一个频率限,当入射光的频率低于此频率限时,不论它有多强,也不能激发电子;当入射光的频率高于此频率限时,不论它有多微弱,也会使被照射的物质激发出电子。此频率限称为"红限",红限的波长用下式表示

$$\lambda_k = \frac{hc}{E_0} \tag{10.1.4}$$

在入射光的频谱成分不变时,发射的光电子数正比于光强。即光强愈大,意味着入射光子数目越多,逸出的电子数也就越多。

2. 光电导效应

在光的照射下材料的电阻率发生改变的现象称为光电导效应。基于这种效应的光电元件有光敏电阻等。

光电导效应的物理过程是:光照射到半导体材料上时,价带(价电子所占能带)中的电子受到能量大于或等于禁带(不存在电子所占能带)宽度的光子轰击,使其由价带越过禁带跃入导带(自由电子所占能带),材料中导带内的电子和价带内的空穴浓度增大,从而使电导率增大。

显然,材料的光电导性能决定于禁带宽度,光子能量 $h\nu$ 应大于禁带宽度 E_g。由此可得产生光电导效应的临界波长 λ_0,即

$$\lambda_0 = \frac{hc}{E_g} = \frac{12\ 390}{E_g} \tag{10.1.5}$$

式中,禁带宽度 E_g 的单位为电子伏特($1\text{eV} = 1.6 \times 10^{-19}\text{J}$)。

3. 光生伏特效应

光照射半导体 PN 结后,能使 PN 结产生电动势,或使 PN 结的光电流增加的现象称为光生伏特效应,或称为 PN 结的光电效应。基于光生伏特效应的元件有光电池、光敏二极管和光敏三极管等。

光生伏特效应是由于在光的照射下,PN 结附近被束缚的价电子吸收光子能量,受激发产生电子-空穴对,在内电场的作用下,空穴移向 P 区,电子移向 N 区,从而使 P 区带正电,N 区带负电,于是在 P 区和 N 区之间产生电动势。

10.1.3　光电传感器件的基本特性

在设计和选用光电传感器时,需要考虑光电器件的特性及相关参数。光电器件的基本特性主要包括以下几方面。

1. 灵敏度

光电器件在单色(单一波长)光源作用下,输出的光电流与光通量或光照度之比称为灵敏度。光谱灵敏度反映了光电器件对不同波长入射光的响应能力。通常将任意波长下的光谱灵敏度与最大光谱灵敏度之比称为相对光谱灵敏度,由于相对光谱灵敏度比较容易测量,常用相对光谱灵敏度来表示。

2. 光电流与暗电流

光电器件在一定偏置电压作用下,在某种光源的特定照度下产生或增加的电流

称为光电流。当光电器件无光照时,两端加电压后产生的电流称为暗电流。暗电流在电路设计中被认为是一种噪声电流,因此在测量微弱光强或精密测量中影响较大,应选择暗电流小的光电器件。

3. 光照特性

光照特性是指光电器件在一定电压作用下,作用到光电器件的光照度(或者光通量)与光电流之间的关系。通常光电器件在一定的照度范围内光照特性曲线为线性。

4. 光谱特性

光电器件在一定电压作用下,如果照射在光电器件上的是单色光,且入射光功率不变,光电流随入射光波长的改变而变化,通常将相对光谱灵敏度与入射光波长的关系称为光谱特性。光谱特性反映了一定波长的光源只适应特定的光电器件,即光电器件的光谱特性与光源的光谱分布一致时,光电器件的灵敏度最高,效率也高。

5. 伏安特性

在一定照度下,光电流与光电器件所施加电压的关系称为伏安特性。光电器件的伏安特性在设计电路时用于确定光电器件的负载电阻,并确保光电器件的工作电压或电流在额定功耗范围内。

6. 频率特性

在同样的极间电压和同样幅值的光强度下,当入射光强度以不同的正弦交变频率调制时,光电器件输出的光电流 I(或相对光谱灵敏度)与频率 f 的关系,称为频率特性。

由于光电器件存在一定的惰性,在一定幅度的正弦调制光照射下,当频率较低时,灵敏度与频率无关;而当频率增高到一定数值,灵敏度会出现逐渐下降趋势。

7. 脉冲响应特性

在阶跃脉冲光照射下,光电器件的光电流要经历一段时间才能达到最大饱和值,光照停止后,光电流也要经历一段时间才能下降为零。光电器件的脉冲响应特性通常用响应时间(上升时间和下降时间)来描述,其定义为:从稳态值的10%上升到其90%所需要的时间称为上升时间,从稳态值的90%下降到其10%所需要的时间为下降时间。脉冲响应特性反映了光电器件的响应速度,调制频率的上限也受响应时间的限制。

8. 温度特性

温度特性是指在一定的温度范围内,环境温度变化对光电器件的性能(灵敏度、光电流及暗电流等)产生影响,通常用温度系数表示。温度变化不仅影响光电器件的灵敏度,而且对光谱特性也有较大的影响,因此在高精度检测时,要进行温度补偿或在恒温条件下工作。

10.1.4   光源

1. 光电传感器对光源的要求

光是光电传感器的测量媒介,光的质量对测量结果具有决定性的影响。

首先,光源必须具有足够的照度,保证被测目标具有足够的亮度和光通路具有足够的光通量,以利于获得高的灵敏度和信噪比,提高测量精度和可靠性。光源照度不足将影响测量的稳定性,甚至导致测量失败。另外光源照度还应稳定,尽可能减小能量变化和方向漂移。

其次,光源应保证均匀、无遮挡或阴影,否则会产生额外的系统误差或随机误差。光源的均匀性是一个比较重要的指标。

另外,光源的照射方式应符合传感器的测量要求。为了实现对特定被测量的测量,传感器一般会要求光源发出的光具有一定的方向和角度,从而构成反射光、投射光、透射光、漫反射光、散射光等。此时光源系统的设计显得尤其重要,对测量结果的影响较大。

最后,光源的发热量应尽可能小。一般情况下光源都存在不同程度的发热,因而对测量结果可能产生不同程度的影响。实际应用中应尽可能采用发热量较小的冷光源,如发光二极管、光纤传输光源等,或者将发热较大的光源进行散热处理,并远离敏感单元。

2. 光源种类

(1)热辐射光源

热辐射光源是通过将一些物体加热后产生热辐射来实现照明的,温度越高光越亮。这种光源能产生连续光谱,谱线丰富,涵盖可见光和红外光,适用于大部分光电传感器。其缺点是发光效率低(只有 15% 的光谱处在可见光区)、发热大(超过 80% 的能量转化为热量,属于典型的热光源)、寿命短、易碎且通常电压较高,使用有一定危险。

热辐射光源如白炽灯、卤钨灯等,一般用作可见光源。有较宽的光谱。若需要窄光带光谱时,可以使用滤色片来实现,并可同时避免杂光干扰,尤其适合各种光电仪器。

(2)气体放电光源

气体放电光源是通过气体分子受激发后,产生放电而发光的。气体放电光源光辐射的持续性,不仅需要维持其温度,而且有赖于气体的原子或分子的激发过程。原子辐射光谱呈现许多分离的明线条(即线光谱),分子辐射光谱由分开的谱带构成(即带光谱)。线光谱和带光谱的结构与气体成分有关。

气体放电光源包括金属气体放电光源、惰性气体放电光源和金属卤化物灯等。金属气体放电光源,如荧光灯、高压汞灯、高压钠灯等,其特点是发光强度大、效率高、寿命长;惰性气体放电光源,如氙灯、汞氙灯,其特点是亮度高、显色性好,发光区域小且光色稳定;金属卤化物灯,如钠铊铟灯、金属卤素灯等,其特点是发光效率高、显色性好,但平均寿命较短。

(3)发光二极管

发光二极管(LED)是一种电致发光的半导体器件,其种类很多,应用广泛。与热辐射光源和气体放电光源相比,发光二极管体积小、可平面封装,属于固体光源,耐振动;无辐射、无污染,是真正的"绿色"光源;功耗很低、发热少,是典型的冷光源;

寿命长,一般可达 100 000 h;响应快,一般点亮只需 1ms,适于快速通断或光开关;供电电压低,易于实现数字控制,与电路和计算机系统连接方便;相同照度情况下,相比白炽灯,发光二极管价格较贵,单只功率低、亮度小。随着白色 LED 的出现和价格的不断下降,发光二极管的应用越来越广泛。

（4）激光器

激光是受激辐射放大产生的光,具有极为特殊与卓越的性能。激光的方向性很好,一般激光的发散角很小(0.18°),比普通光小 2~3 个数量级;亮度高,能量高度集中,其亮度比普通光高几百万倍;单色性好,光谱范围极小,频率几乎可以认为是单一的;相干性好,受激辐射后光的传播方向、振动方向、频率、相位等参数的一致性极好,因而具有极佳的时间相干性和空间相干性,是干涉测量的最佳光源。

激光器主要包括气体激光器、半导体激光器和固体激光器等。气体激光器由于结构简单、亮度高、波长稳定而广泛使用,氦氖激光器是其中最常用的一种。半导体激光器也称为激光二极管,具有体积小、易集成、寿命长等特点,广泛用于各种小型测量系统和传感器中。固体激光器具有体积小、使用方便、输出功率大等特点,但制备复杂,价格昂贵,多用于军事、医疗和科学研究中。

10.2　光电器件

10.2.1　光电管及光电倍增管

1. 光电管

光电管有真空光电管和充气光电管。真空光电管的典型结构如图 10.2.1 所示,它由光阴极和光阳极组成,被一起装在一个抽成真空的玻璃管内。光阴极可以做成多种形式,最简单的是在玻璃管内壁上涂以阴极材料,或在玻璃管内装入涂有阴极材料的柱面形金属板。光阳极为置于光电管中心的环形金属丝或是置于柱面中心轴位置上的金属丝柱。

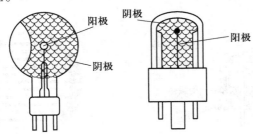

10-1 光电管

图 10.2.1　真空光电管的结构

当光电管的阴极受到适当的光线照射后便发射电子,这些电子被具有一定电位的阳极吸引,在光电管内形成空间电子流。如果在外电路中串入一适当阻值的电阻,则在此电阻上将有正比于光电管中空间电流的电压降,其值与阴极上的光照强

10-2 光电管的基本特性

度成一定的关系。

　　充气式光电管的结构与真空光电管相同,只是管内充以少量的惰性气体,如氩、氖气等。当光阴极被光照射产生电子后,在向阳极运动过程中,由于电子对气体分子的撞击,使惰性气体分子电离,从而得到正离子和更多的自由电子,使电流增加,提高了光电管的灵敏度。但充气光电管的频率特性较差,伏安特性为非线性,温度影响大等,不适宜作精密测量。

　　2. 光电倍增管

　　在光照很弱时,光电管所产生的光电流很小,为了提高灵敏度,常应用光电倍增管。光电倍增管的工作原理建立在光电发射和二次发射的基础上,如图 10.2.2 所示为光电倍增管的结构原理图。

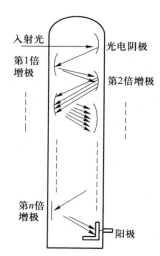

图 10.2.2　光电倍增管的结构原理

10-3 光电倍增管

　　光电倍增极上涂有在电子轰击下可发射更多次级电子的材料,倍增极的形状和位置正好能使轰击进行下去,在每个倍增极间均应依次增大电压。光电倍增管的倍增极有许多形式,它的基本结构应把光电阴极和各光电倍增极及阳极隔开,防止光电子散射和在阳极附近形成的正离子向阴极返回,产生不稳定现象;另外,应使电子从一个倍增极发射出来无损失地到达下一级倍增极。设每极的倍增率为 δ,若有 n 级,则光电倍增管的光电流倍增率将为 δ^n。可见,光电倍增管具有很高的灵敏度,能将微小的光电流进行放大,常用于高精度分析仪器中。

10-4 光电倍增管的基本特性

10.2.2　光敏电阻

　　光敏电阻又称为光导管,其工作原理是基于内光电效应。由于内光电效应仅限于光线照射的表面层,所以光电半导体材料一般都做成薄片并封装在带有透明窗的外壳中。光敏电阻的典型结构如图 10.2.3 所示,电极一般做成梳状,以增加其灵敏度。

10-5 光敏电阻

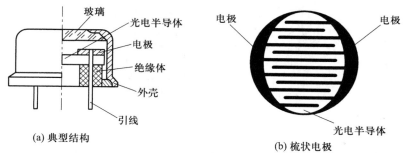

(a) 典型结构　　　　　　　　(b) 梳状电极

图 10.2.3　光敏电阻的结构

　　光敏电阻没有极性,使用时在电阻两端加直流或交流电压,在光线的照射下可改变电路中电流的大小,电流随着光强的增大而变大,从而实现光电转换。

光敏电阻一般由金属的硫化物、硒化物和碲化物等制成,材料不同,相应的光敏电阻的性能差异很大。常用于制作光敏电阻的半导体材料有硫化镉、硫化铅、硒化铟、碲化铅等。

光敏电阻具有灵敏度高、体积小、性能稳定、光谱响应范围宽(可从紫外区到红外区)、耐冲击和振动、价格便宜等优点,其缺点是响应速度较慢和光照特性为非线性,因此不宜用于高频和要求线性的测量场合,常用做开关式光电控制装置中。

10-6 光敏电阻的基本特性

10.2.3 光电池

光电池是基于光生伏特效应制成的,是一种可直接将光能转换为电能的光电元件。制造光电池的材料很多,主要有硅、锗、硒、硫化镉、砷化镓和氧化亚铜等,其中硅光电池(也称为硅太阳能电池)应用最为广泛。

硅光电池是在一块 N 型硅片上,用扩散的方法掺入一些 P 型杂质,形成一个大面积的 PN 结(P 层很薄,以便光线可穿透到 PN 结上);再在硅片的上下两面制成两个电极,然后在受光照的表面上蒸发一层抗反射层,构成一个电池单体。如图 10.2.4 所示,光敏面采用梳状电极以减少光生载流子的复合,从而提高转换效率,减小表面接触电阻。

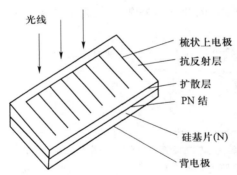

图 10.2.4 硅光电池结构

10-7 光电池

当光照射到电池上时,一部分被反射,另一部分被光电池吸收。被吸收的光能一部分变成热能,另一部分以光子形式与半导体中的电子相碰撞,在 PN 结处产生电子空穴对,在 PN 结内电场的作用下,空穴移向 P 区,电子移向 N 区,从而使 P 区带正电,N 区带负电,于是 P 区和 N 区之间产生光电流或光生电动势。受光面积越大,接收的光能越多,输出的光电流越大。

光电池具有结构简单、体积小、重量轻、光电转换效率高、性能稳定、光谱范围宽、频率特性好、能耐高温辐射等优点,应用十分广泛,常用于光度、色度、光学精密计量和测试设备中,同时作为有源器件成为航空航天、人造卫星等的重要电源。

10-8 光电池的基本特性

10.2.4 光电二极管和光电三极管

光电二极管也叫光敏二极管,其结构与普通二极管相似,但其 PN 结位于管子顶部,可以直接受到光照射。使用时光电二极管一般处于反向工作状态,如图 10.2.5 所示。在没有光照射时,光电二极管的反向电阻很大,反向电流即暗电流很小。当光线照射 PN 结时,在 PN 结附近激发出光生电子空穴对,它们在外加反向偏压和内电场的作用下作定向运动,形成光电流。光的照度越大,光电流越大。

光电二极管有四种类型,即普通 PN 结型光电二极管(PD)、PIN 结型光电二极管(PIN)、雪崩型光电二极管(APD)和肖特基结型光电二极管。相比之下,PIN 二极管具有很高的频率响应速度和灵敏度,而 APD 二极管除了响应时间短、灵敏度高外,还具有电流增益作用。关于这几种光电二极管的具体结构与工作原理可参考有关资料。

光电三极管的工作原理与反向偏置的光电二极管类似,不过它有两个 PN 结,像普通三极管一样能得到电流增益。与普通三极管不同之处是它的基区做得很大,以扩大光的照射面积。基极一般不接引线,但也可以同时加上电信号用于温度补偿。光电三极管有 NPN 和 PNP 两种类型,如图 10.2.6 所示为 NPN 型光电三极管的电路连接图。当集电极加上相对于发射极为正的电压而基极开路时,集电结处于反向偏置状态。当光线照射到集电结的基区,会产生光生电子空穴对,光生电子被拉到集电极,基区留下了带正电的空穴,使基极与发射极间的电压升高。这样,发射极(N型材料)便有大量电子经基极流向集电极,形成光电三极管的输出电流,从而使光电三极管具有电流放大作用,因此光电三极管比光电二极管具有更高的灵敏度,应用范围也更广。

10-9 光电二极管和光电三极管

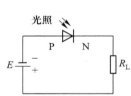

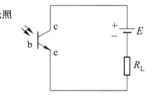

图 10.2.5　光电二极管
的电路连接图

图 10.2.6　光电三极管的
电路连接图

10-10 光电二极管和光电三极管的基本特性

光电二极管和光电三极管常用的材料是硅和锗,前者的暗电流及温度系数较后者小,因此用得较多。

光电二极管和光电三极管具有体积小、重量轻、寿命长、灵敏度高、工作电压低、易于集成化等优点,广泛应用于光纤通信、光信息存储、光学检测及自动控制等方面。

例 10-1　某光电管与一个 4.7 kΩ 的电阻串联,若该光电管的灵敏度为 30 μA/lm。试计算需要多大的入射光通量才能得到 2 V 的输出电压?

解　光电管所产生的电压与入射光的光通量成正比例关系,即

$$U_o = IR_L = K\phi R_L,$$

式中,I 为光电流,ϕ 为入射光的光通量,R_L 为负载电阻,K 为光电管的灵敏度。

所以入射光的光通量应为

$$\phi = \frac{U_o}{KR_L} = 14.18 \text{ lm}$$

10.2.5 光电器件的应用

1. 光电式传感器的工作方式

利用光电器件制作的光电传感器属于非接触式传感器,在非电量测量中应用十分广泛,根据输出量的性质分为两类:模拟式光电传感器和开关式光电传感器。

(1)模拟式光电传感器 模拟式光电传感器可将被测量转换为连续变化的光电流,通常要求光电器件的光照特性为线性。这一类传感器有下列几种工作方式:

1)辐射式:用光电元件测量物体温度,如光电比色高温计就是采用光电元件作为敏感元件,将被测物在高温下辐射的能量转换为光电流。

2)吸收式:用光电元件测量物体的透光能力,如测量液体、气体的透明度、混浊度的光电比色计,预防火警的光电报警器、无损检测中的黑度计等。

3)反射式:用光电元件测量物体表面的反射能力,光线投射到被测物体上后又反射到光电元件上,而反射光的强度取决于被测物体表面的性质和状态,如测量表面粗糙度、表面缺陷等。

4)遮光式:用光电元件检测位移。光源发出的光线被被测物体遮挡了一部分,使照射到光电元件上光的强度变化,光电流的大小与遮光多少有关。如检测加工零件的直径、长度、宽度、椭圆度等尺寸。

(2)开关式光电传感器 开关式光电传感器是利用光电元件在有光照和无光照时的输出特性,将被测量转换为断续变化的开关信号,即"通""断"的开关状态。这一类传感器要求光电器件的灵敏度高,对光照特性的线性要求不高,主要用于零件或产品的自动记数、光电开关、光电编码器、电子计算机中的光电输入装置及光电测速装置等方面。

2. 应用实例

(1)光电比色计

光电比色计是用于化学分析的仪器,其工作原理如图 10.2.7 所示。光束分为两束强度相等的光线,其中一路光线通过标准样品,另一路光线通过被分析的样品溶液,左右两路光程的终点分别装有两个相同的光电元件,例如光电池等。光电元件

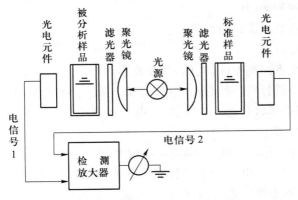

图 10.2.7 光电比色计的工作原理

给出的电信号同时送给检测放大器,放大器后边接指示仪表,指示值正比于被分析
样品的某个指标,例如颜色、浓度或浊度等。

（2）光电转速计

光电转速计包括反射式和透射式两种,它们都是由光源、光路系统、调制器和光
电元件组成,如图 10.2.8 所示。光电元件多采用光电池、光敏二极管或光敏三极管,
以提高寿命、减小体积、降低功耗和提高可靠性。调制器的作用是把连续光调制成
光脉冲信号,它可以是一个带有均匀分布的多个小孔(缝隙)的圆盘,如图 10.2.8(a)
所示透射式光电转速计;也可以是一个涂上黑白相间条纹的圆盘,如图 10.2.8(b)所
示反射式光电转速计。当安装在被测轴上的调制器随被测轴一起旋转时,利用圆盘
的透光性或反射性把被测转速调制成相应的光脉冲。光脉冲照射到光电元件上时,
即产生相应的电脉冲信号,从而把转速转换成电脉冲信号,脉冲信号的频率可用一
般的频率表或数字频率计测量。

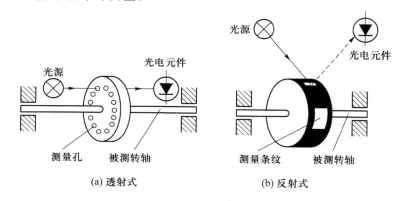

图 10.2.8　光电转速计的工作原理

被测转轴转速与脉冲频率的关系如下:

$$n = \frac{60f}{N} \tag{10.2.1}$$

式中,n——被测转轴转速(rpm);

　　　　f——电脉冲频率(Hz);

　　　　N——测量孔数或黑白条纹数。

（3）光电耦合器

光电耦合器是将发光器件(光源)和受光器件(光电器件)集成在一起的器件,一
般有金属封装和塑料封装两种形式,如图 10.2.9 所示。发光器件一般采用砷化镓发
光二极管,受光器件可以是光电二极管、光电三极管或光敏晶闸管等,从而组合成不
同类型的光电耦合器。

光电耦合器件工作时,在输入端输入电信号,使发光器件发光,光电器件受光照
而产生光电流,从而实现电-光-电的传输和转换。光电耦合器具有体积小、寿命长、
工作温度范围宽、抗干扰性强、无触点且输入端与输出端在电气上完全隔离等特点,
主要用于光电隔离来实现电路间的电气隔离和消除噪声影响等,也可用于光电开关

10-11 光
电耦合器

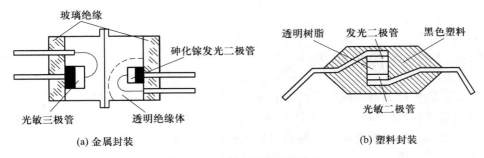

(a) 金属封装　　　　　　　　　　　　　　(b) 塑料封装

图 10.2.9　光电耦合器的结构

实现"开关"电路和物体位置的检测等。

　　图 10.2.10 所示为使用光电耦合器的触发电路。当有脉冲信号输入时,光电耦合器的发光二极管导通,通过光电耦合,由输出端控制可控硅触发,从而使负载电路和控制电路有良好的隔离。

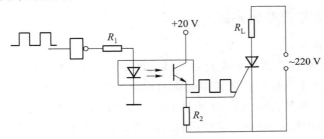

图 10.2.10　光电耦合器控制可控硅触发电路

　　光电耦合器也可以用作光电开关,典型的光电开关如图 10.2.11 所示。光电开关即光电接近开关,它是利用被测物对光束的遮挡或反射检测物体的有无,物体不限于金属,所有能反射光线的物体均可被检测。光电开关的特点是小型、高速、非接触,而且易与 TTL、MOS 等电路相匹配,使用方便。光电开关广泛应用于自动控制系统、生产流水线、机电一体化设备等。例如在装载机的自动换挡系统中,常使用光电开关来检测换挡杆的位置;在电子元件生产流水线上,检测印刷电路板元件是否漏装等等。由于光电开关的非接触性,大大提高了检测系统的使用寿命。

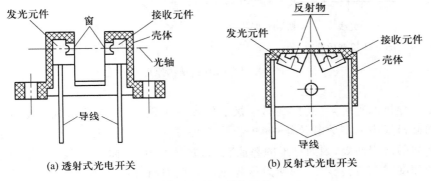

(a) 透射式光电开关　　　　　　　　　　(b) 反射式光电开关

图 10.2.11　光电开关

10-12 光电开关

10.3   固态图像传感器

固态图像传感器是高度集成的半导体光电传感器,在一个器件上可以完成光电信号转换、传输和处理。它具有体积小、重量轻、功耗低、分辨率高、寿命长、价格低、荧光屏上的图像残留现象小等特点,因此在物体振动、位置、位移、尺寸测量等方面得到了广泛应用。

固态图像传感器的核心是电荷转移器件,有五种类型:电荷耦合器件 CCD (charge coupled device)、电荷注入器件 CID(charge injection device)、互补式金属-氧化物-半导体 CMOS(complementary metal-oxide semiconductor)、电荷引发器件 CPD (charge priming device)和叠层型成像器件,其中以 CCD 和 CMOS 应用最为普遍。

10.3.1   CCD 图像传感器

1. 工作原理

CCD 是由以阵列形式排列在衬底材料上的金属-氧化物-半导体(MOS)电容器件组成的,具有光生电荷积蓄和转移电荷的功能,如图 10.3.1 所示。

图 10.3.1(a)所示为构成 CCD 的基本单元 MOS 光敏元的结构。它是在 P 型(或 N 型)单晶硅的基体上,生长一层很薄的 SiO_2 绝缘层,再在其上沉积一层金属电极,这样就形成了一个 MOS 光敏元,MOS 光敏元也称为像素。CCD 器件是在半导体硅片上制有几百或几千个相互独立排列规则的 MOS 光敏元,称为光敏元阵列,如图 10.3.1(b)所示。

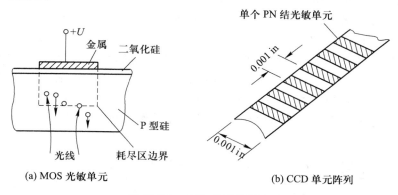

(a) MOS 光敏单元   (b) CCD 单元阵列

图 10.3.1   CCD 的结构原理

由半导体原理可知,当在金属电极上施加一正偏压时,它所形成的电场排斥电极下面硅衬底中的多数载流子—空穴,形成耗尽区,少数载流子—电子就被聚集到电极下面的硅表面处,因为这里的势能较低,故又称为"势阱"。随着正偏压升高,耗尽区的深度增大,捕获电子的能力就越强。若此时有光线入射到硅片上,在光子的激发下硅片上就会产生电子—空穴对,其中的空穴被排斥到硅基体,而光生电子将被势阱所收集。势阱所捕获的光生电子数量与入射到势阱附近的光强成正比,一个势阱所收集的若干光生电荷称为一个"电荷包",这样,MOS 光敏元基于光电效应收集光生电荷并进行累积(此段时间称为光积分时间)。CCD 上光敏元阵列的金属电极在正偏压的作用下,半导体硅片上就形成众多相互独立的势阱,由于 MOS 光敏元相邻电极之间的间隔极小,相邻势阱发生耦合从而实现电荷的转移。电荷的转移或传输实际上是电荷耦合的过程,因此这种器件称为电荷耦合器件。可见,CCD 图像传感器利用光敏元的光电转换功能将照射在光敏元阵列上的光学图像转换成与光强相对应的光生电荷,并通过电荷耦合将电信号"图像"传送并输出。

2. 分类

CCD 图像传感器按其像素的空间排列可分为两大类:(1)线阵 CCD,主要用于一维尺寸的自动检测,如测量精确的位移量、空间尺寸等,也可以由线阵 CCD 通过附加的机械扫描,得到二维图像,用以实现字符、图像的识别;(2)面阵 CCD,主要用于实时摄像,如生产线上工件的装配控制、可视电话以及空间遥感遥测,航空摄影等。CCD 图像传感器还有单色和彩色之分,彩色 CCD 可拍摄色彩逼真的图像。

(1)线阵 CCD 图像传感器

线阵 CCD 图像传感器包括单读出寄存器结构和双读出寄存器结构两种,如图 10.3.2 所示。单读出寄存器结构的线阵 CCD 图像传感器由一行 MOS 光敏单元、一行移位寄存器和转移栅等部分组成,如图 10.3.2(a)所示,转移栅控制光生电荷信号向移位寄存器转移。MOS 光敏单元将光学图像信号转变为与光强成正比(也与光积分时间成正比)的电荷信号并存储于光敏单元中。光敏单元中的光生电荷经转移栅控制转移到每一光敏单元对应的移位寄存器中,并在驱动脉冲的作用下顺序移出至信号输出电路中,从而在输出端得到与光学图像对应的视频信号。由于光是一直照

10－13 线阵 CCD 和面阵 CCD

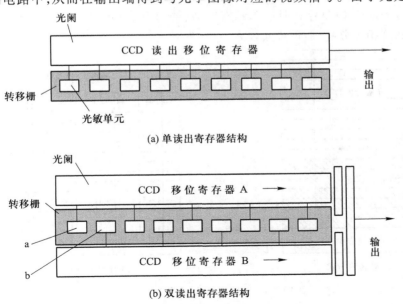

(a)单读出寄存器结构

(b)双读出寄存器结构

图 10.3.2　线阵 CCD 图像传感器

在器件上的,为了不至于引起图像的过载和模糊,设有遮挡快门(光阑),在光生电荷读出期间切断光电荷的积分并迅速移出一帧图像信号。

双读出寄存器结构的线阵 CCD 图像传感器如图 10.3.2(b)所示,双读出寄存器即两行 CCD 移位寄存器 A 和 B,分列在光敏阵列两边,在光积分周期结束后,转移栅控制光敏单元 a 和 b(即对应单双数)的光生电荷分别转移到对应的移位寄存器 A 和 B,然后在驱动脉冲的作用下,分别自左向右移动,并在输出端交替合并输出,这样就形成了与原来光敏信号电荷相对应的顺序。与单读出寄存器结构相比,双读出寄存器结构的转移次数减少一半,电荷转移效率提高一倍,同时由于转移损失小可获得高的图像分辨率,因此成为线阵 CCD 图像传感器的主要结构形式。

(2)面阵 CCD 图像传感器

面阵 CCD 图像传感器是将光敏单元按二维矩阵排列组成光敏区,按照传输结构或排列方式主要有帧传输面阵 CCD(frame transfer CCD)和行间传输面阵 CCD(inter line transfer CCD)两种。

帧传输面阵 CCD 结构如图 10.3.3(a)所示,它由光敏元面阵、存储器面阵和读出移位寄存器三部分组成。存储器面阵的存储单元与光敏元面阵的像素一一对应,在存储器面阵上覆盖了一层遮光层,防止外来光线的干扰,从而消除光学拖影,提高图像的清晰度。

当光敏元面阵的光生电荷积累到一定数量在转移脉冲作用下会迅速地转移到对应的存储区暂存。这时光敏元面阵开始第二次光积分,与此同时存储器面阵里的光生电荷信息从储存器底部开始向下逐行转移到读出移位寄存器并依次输出。当存储器面阵的电荷全部转移完后,在驱动脉冲控制下又开始进行下一场光生电荷的转移和输出,如此重复上述过程,从而完成二维图像信息向二维电信息的转换。

帧传输面阵 CCD 结构具有单元密度高、结构简单等优点,但由于光敏元面阵与存储器面阵相互分离,器件尺寸较大。

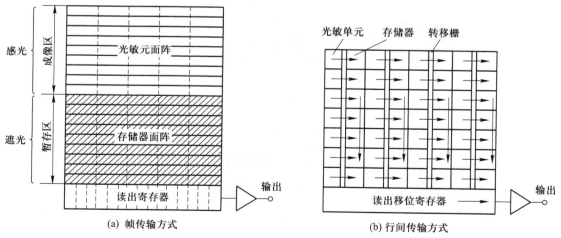

图 10.3.3　面阵 CCD 图像传感器

图 10.3.3(b)所示为行间传输面阵 CCD,它是由光敏单元阵列、存储单元阵列、转移栅和读出移位寄存器组成。光敏单元与存储单元相隔排列,转移栅位于光敏单元与存储单元之间,存储器和移位寄存器均为光屏蔽结构。

光敏单元在光积分结束时,在转移栅控制下,电荷包并行转移至存储器中暂存;然后在驱动脉冲作用下每行信号以类似于帧传输的转移方式依次移动到读出移位寄存器并输出。这种面阵 CCD 的结构尺寸小、电荷转移距离短、工作效率高,并且能较好地消除图像上的光学拖影的影响,但是单元结构复杂,且只能正面投影图像。

10.3.2　CMOS 图像传感器

与 CCD 传感器类似,CMOS 图像传感器在光电检测方面也是利用光电效应原理,不同之处在于光电转换后信息传送的方式不同,每个像素都有各自的信号放大器,各像素可以单独读取。CMOS 具有信息读取方式简单、输出信息速率快、耗电少、体积小、重量轻、集成度高、价格低等特点。CMOS 图像传感器按照像素结构分为无源像素 PPS(passive pixel sensor)与有源像素 APS(active pixel sensor)两种,其中有源像素 APS 又可分为光敏二极管型 APS 和光栅型 APS。

10-14 CMOS
图像传感器

光敏二极管型 CMOS 图像传感器的像素单元有两种:无源像素单元和有源像素单元。图 10.3.4(a)所示的像素单元结构为无源结构,当光敏二极管受光照将光子变为电子,通过行选择开关将电荷读到列输出线上。无源像素单元 PPS 结构简单,像素填充率高,其缺点是图像噪声大,信噪比低,因此这种结构已经被淘汰。有源像素单元 APS 是目前常用的结构形式,如图 10.3.4(b)所示,它与无源像素单元的主要区别在于每个像素内部都包含一个有源单元,即包含由一个或多个晶体管组成的放大电路,在像素内部先进行电荷放大再被读出到外部电路,使得图像噪声大为降低,信噪比显著提高。

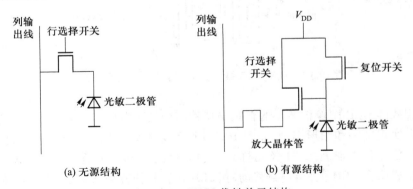

(a) 无源结构　　　　　　　(b) 有源结构

图 10.3.4　CMOS 像敏单元结构

实际应用中,CCD 图像传感器与 CMOS 图像传感器都得到了广泛应用,表 10.3.1对比了两种图像传感器的主要性能。

表 10.3.1　CCD 图像传感器与 CMOS 图像传感器的性能对比

	成本	功耗	灵敏度	分辨率	图像品质	体积
CCD	高	高	高	高	好	大
CMOS	低	低	低	低	差	小

10.3.3　固态图像传感器的应用

图 10.3.5 所示为线阵 CCD 摄像机进行零件尺寸的在线检测。当流水线上的零件经过 CCD 传感器时,CCD 传感器将零件轮廓形状转换成逐行数据(电平信号)进行存储,再经过数据处理可重构零件的轮廓形状并计算零件的各部分尺寸。根据这一原理,还可测量孔径、狭缝、面积和液位等。

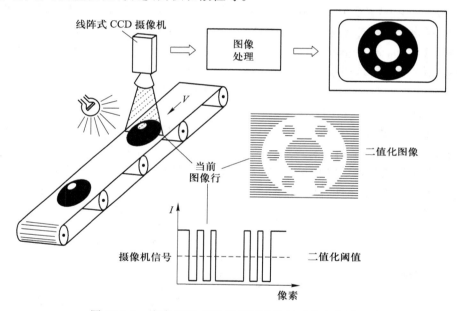

图 10.3.5　线阵 CCD 摄像机用于零件尺寸的在线检测

利用线阵 CCD 图像传感器的自扫描特性与微处理器的信号处理能力,二者结合起来可以实现文字和图形识别,如图 10.3.6 所示为邮政编码识别系统。写有邮政编码的信封放在传送带上,CCD 像元排列方向与信封运动方向垂直,光学镜头把邮政编码数字成像在 CCD 上,当信封移动时,CCD 逐行扫描并依次读出数字,经细化处理后与计算机中存贮的数字特征进行比较并识别出数字。

面阵 CCD 图像传感器用于钢板尺寸在线测量的系统结构如图 10.3.7 所示。图中的可编程视频切换器在计算机控制下根据需要可将任一路面阵 CCD 的视频信号接入图像采集卡,通过对钢板图像进行抽样和数据处理,为工业控制机提供控制和计算数据。

面阵 CCD 图像传感器安装在钢板裁剪机前滚道的上方,传感器的数量根据测量

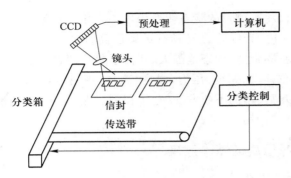

图 10.3.6　CCD 邮政编码识别系统

范围与测量精度的要求确定。以裁剪机的剪刀口为基准线,确定每个传感器的空间方位,在钢板运动中图像传感器可进行动态跟踪测量,实时显示规划的几何尺寸距离剪刀口的距离,并控制剪切机构进行裁剪,最后将剪切时刻的尺寸送至钢板尺寸标定现场。

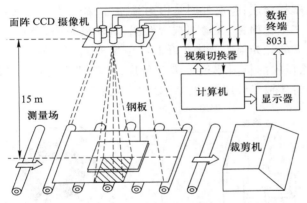

图 10.3.7　面阵 CCD 摄像机用于钢板尺寸的在线检测

随着 CMOS 成像器件性能的提高,CMOS 图像传感器也获得广泛的应用。CMOS 摄像机具有尺寸小、速度快等优点,可以实现局部取景和快速拍照等功能。例如 MC1300 高速 CMOS 摄像机,它是德国 Mikrotron 公司的产品,它的数据率高达 130M/s,适用于摄取运动目标的图像。此外,摄像机的光谱响应在近红外(835nm)处仍有较高的响应度,快门为电子自动快门,可确保图像的照度适中,保证图像清晰,还可以随机取景。这种摄像机的硬件采用高性能 CMOS 图像传感器、数据存储器、移位寄存器和串行接口等电路,可实现多种控制功能和运行模式。

10.4　光纤传感器

光纤传感器是 20 世纪 70 年代随着光导纤维技术发展起来的新型传感器,它是以光学测量为基础,将被测量的状态转换为可测光信号的装置。与以电学测量为基础的传统传感器相比,光纤传感器具有灵敏度高、电绝缘性能好、抗电磁干扰能力强、耐腐蚀、耐高温、频带宽、动态范围大、几何形状适应性强、体积小、重量轻等诸多优点,可广泛用于位移、加速度、压力、温度、磁场、声场、电场、流量等多种物理量的测量。随着光纤传感技术的不断发展,它将在制造业、军事、航空航天航海和其他科学研究中发挥重要的作用。

10.4.1　光纤检测的基本原理

1. 光纤的结构及分类

光纤是光导纤维的简称,它是利用石英、玻璃、塑料等光折射率高的介质材料制成的极细纤维(直径 $10\mu m$ 左右)。在近红外光至可见光范围内传输损耗极小,是一种理想的光信号传输介质。光纤的结构如图 10.4.1 所示,一般由纤芯、包层、涂覆层和护套等组成,是一种多层介质结构的对称圆柱体,其总直径约 $100 \sim 200\mu m$。纤芯位于光纤中心,围绕纤芯的是一层或多层结构的圆柱形套层,称为包层,纤芯和包层通常是由玻璃或塑料制成;包层外面是由丙烯酸酯、硅橡胶和尼龙等构成的涂覆层,其作用是保护纤芯不受损害,并增加抗弯性能;最外层是由塑料制成的护套,用于增加机械强度。光纤的导光能力取决于纤芯和包层的光学性能,包层的折射率略小于纤芯的折射率,涂覆层的折射率远远大于包层,这种结构能将光波限制在纤芯中传输。工程上一般将多根光纤组成的光纤束称为光缆。

10 - 15　光纤与光缆

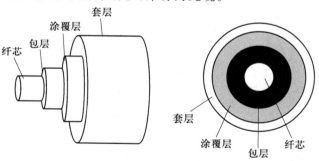

图 10.4.1　光纤的结构

根据组成纤芯和包层的材料不同,光纤可分为玻璃光纤和塑料光纤两大类。玻璃光纤是由高纯度二氧化硅 SiO_2(石英玻璃)和少量掺杂材料如五氧化二磷和二氧化锗构成,掺杂材料用来提高纤芯的折射率;塑料光纤是用高度透明的聚苯乙烯或聚甲基丙烯酸甲酯(有机玻璃)制成。塑料光纤与玻璃光纤相比,制造成本低廉,纤芯直径较大,与光源的耦合效率高,使用方便;但由于损耗较大,带宽较小,塑料光纤只适用于短距离传输。目前通信中普遍使用的是玻璃光纤。

按照传播模式的不同,光纤可分为单模光纤和多模光纤。所谓"模"是指以一定角度进入光纤的一束光。单模纤芯直径很小,仅有几微米,只能传播一种模式,因此传输性能好,信号畸变小,传输频带宽,容量大,传输距离长,但由于纤芯尺寸小,制造、连接和耦合都很困难。多模光纤纤芯直径较大,传输模式很多,即允许多束光在光纤中同时传播,从而导致光纤的传输性能较差,输出波形和输入波形有较大的差异,限制了带宽和距离,但纤芯截面大,容易制造,成本低,连接和耦合较方便。

按照光纤横截面上折射率的径向分布不同,光纤可分为阶跃型光纤和渐变型光纤,如图 10.4.2 所示。阶跃型光纤中包层和纤芯的折射率分布均匀,不随半径变化,但纤芯与包层之间折射率是突变的,呈阶梯状。渐变型光纤中纤芯的折射率不是常数,在横截面中心处的折射率最大,从中心向外逐渐变小,按抛物线规律分布,而在包层中的折射率保持不变。光在阶跃型光纤里的传输呈直线锯齿形轨迹,当传输模式较多时,各种模式的传输路径不同导致光纤的模式色散高,传输频带窄,传输速率不能太高,因此传输性能不够理想。光在渐变型光纤中的传输呈连续弯曲的曲线(近似正弦波形状),这类光纤因有聚焦作用,又称为聚焦光纤。渐变型光纤模式色散小,传输频带宽,传输距离长,但成本较高,目前的多模光纤多为渐变型光纤。

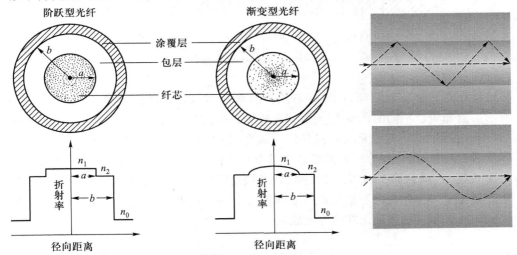

图 10.4.2　光纤的折射率分布及光波传输形式图

2. 光纤的传光原理

光在光纤中的传播是基于光的全反射,下面采用几何光学的方法讨论光纤的传光原理。

光经过不同介质的界面时要发生折射和反射,如图 10.4.3 所示。假设一束光从折射率为 n_1 的介质以入射角 α 射向界面,有一部分光将透过界面进入折射率为 n_2($n_2 < n_1$)的介质,其中折射角为 β;另一部分光从界面反射回来,反射角为 α。根据折射定律有

$$n_1 \sin\alpha = n_2 \sin\beta \tag{10.4.1}$$

当逐渐增大入射角 α,直到 $\beta = 90°$ 时,光不会透过界面而完全反射回来,这就是全反射。产生全反射时光的入射角称为临界角,用 α_c 表示

$$\sin\alpha_c = \frac{n_2}{n_1} \qquad\qquad (10.4.2)$$

由此可见,当光线从光密介质(折射率大)射向光疏介质(折射率小),且入射角大于临界角 α_c 时,光线将在两介质的交界面上产生全反射,反射光不再离开光密介质。

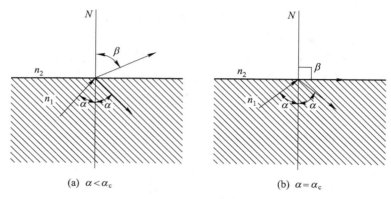

(a) $\alpha < \alpha_c$ (b) $\alpha = \alpha_c$

图 10.4.3   光的折射和反射

根据光的全反射原理,设计纤芯的折射率 n_1 大于包层的折射率 n_2,如图 10.4.4 所示。当光线以不同的角度 θ_i 入射到光纤端面时,在端面(B 点)发生折射进入光纤后,又入射到纤芯(光密介质)与包层(光疏介质)交界面,光线在该处(C 点)有一部分光透射到包层,一部分反射回纤芯。但当光线在光纤端面的入射角 θ_i 减小到某一角度 θ_{ic} 时,光线全部反射回光密介质,即光被全反射,此时的端面入射角 θ_{ic} 称为临界角。只要 $\theta_i < \theta_{ic}$,光线会不断地在纤芯和包层的界面产生全反射并向前传播,最后从另一端面射出。这就是光纤的传光原理。

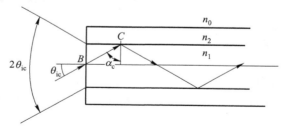

图 10.4.4   光纤的传光原理

为保证全反射,必须满足条件 $\theta_i < \theta_{ic}$。由折射定律可推导出光线从折射率为 n_0 的介质射入纤芯时,实现全反射的临界入射角 θ_{ic} 为

$$\sin\theta_{ic} = \frac{1}{n_0}\sqrt{n_1^2 - n_2^2} \qquad\qquad (10.4.3)$$

外界介质一般为空气,即 $n_0 = 1$,因此有

$$\sin\theta_{ic} = \sqrt{n_1^2 - n_2^2} \qquad\qquad (10.4.4)$$

可见,光纤临界入射角 θ_{ic} 的大小仅仅取决于光纤本身的性质(n_1 和 n_2),与光纤的几何尺寸无关。

3. 光纤的性能

(1) 数值孔径 NA

通常将 $\sin\theta_{ic}$ 定义为光纤的数值孔径 NA(numerical aperture),它是光纤的一个重要的性能参数,表示光纤的集光能力,即反映光纤接收光量的多少。由图 10.4.4 可以看出,无论光源的发射功率有多大,只有在角度 $2\theta_{ic}$ 范围内的入射光才能在进入光纤后以全反射方式向前传输,超出这个范围的光线将在包层中消失。光纤端面的临界入射角 θ_{ic} 的两倍称为光纤的孔径角,显然 $2\theta_{ic}$ 越大,光纤入射端面上接收光的范围越大,进入纤芯的光线越多。

光纤的 NA 越大,表明它的集光能力越强,光纤与光源之间的耦合越容易。但 NA 越大,光信号的畸变也越大,因此应适当选择。典型的多模光纤其数值孔径为 $0.17 \sim 0.23$。

(2) 光纤模式

光纤模式是指光波沿光纤传播的途径和方式。在光的射线理论中,通常认为一个传播方向的光波对应一个模式。为了描述光纤中传输的模式数目,常采用归一化频率 ν 来表示,即

$$\nu = \frac{2\pi r}{\lambda_0}(n_1^2 - n_2^2)^{\frac{1}{2}} = \frac{2\pi r}{\lambda_0}NA \tag{10.4.5}$$

式中,r——纤芯半径;

λ_0——入射光波长。

光纤的 ν 值越大,则允许传输的模式数越多,单模光纤和多模光纤就是由光纤中传输的模式数决定的。根据式(10.4.5)可以看出,光纤的传输模式数除了与光纤自身的结构参数有关外,还与光纤中传输的光波长有关。当 $\nu \leqslant 2.405$ 时,只允许一个模式在光纤中传输,即为单模光纤。当 $\nu > 2.405$ 时,光纤可允许多个模式传输,即多模光纤。若用 M 表示多模光纤的模式总数,当 M 较大时,M 与 ν 之间存在近似关系为 $M \approx \nu^2/2$。

在信息传输中,一般希望模式数量越少越好,即希望 ν 值要小,因此纤芯直径不能太大,一般为几微米到几十微米。另外,n_1 和 n_2 之差也要小,一般要求 n_1 和 n_2 之差不大于 6.2%。

(3) 色散

当光信号以光脉冲(含有多个频率的光波)入射到光纤端面,对于不同角度入射的光波在光纤中将沿着不同的路径传输,到达输出端时将导致光脉冲的展宽,这种现象称为色散。光纤色散会使光脉冲发生畸变,从而限制了光纤的传输带宽(定义为光功率下降 3dB 所对应的调制信号的频率)或容量。在光纤通信中,当传输的脉冲频率很高时,由于色散而产生码间干扰等,增加了误码率,因此它不仅影响传输信息的容量,也限制了光信号的传输距离。

色散分为材料色散、模式色散和波导色散三种。材料色散是指光纤材料的折射

率随波长而变化,从而改变光的传输速度所引起的色散;模式色散是指在多模光纤中各个模式的传输速度不同而引起的色散;波导色散是指由光纤的波导结构所引起的色散,也称为结构色散。

对于多模光纤而言,以模式色散为主导,材料色散和波导色散影响相对较小,因此多模光纤主要考虑模式色散。由于渐变型光纤模式色散小,目前的多模光纤多为渐变型光纤。单模光纤不存在模式色散,主要考虑的是材料色散和波导色散。由于材料色散和波导色散都与光源的光谱宽度有关,因此使用时尽量选择光谱窄的光源。

（4）传输损耗

光波在光纤中传输时,由于材料的吸收、散射以及光纤结构的缺陷、弯曲、连接耦合等影响,导致光功率随传输距离呈指数规律衰减。传输损耗通常用衰减系数 α 来表示,其定义为

$$\alpha = \frac{10\lg(P_i/P_o)}{L} \ (\text{dB/km}) \tag{10.4.6}$$

式中,L——光纤的长度(km);

P_i、P_o——分别为输入端光功率和输出端光功率。

传输损耗是光纤传输的重要指标,表示光纤每单位长度上的衰减。光纤的传输损耗直接影响其传输距离,因此要尽可能降低光纤的传输损耗,目前的单模石英光纤的传输损耗可以达到 0.16 dB/km。

另外,传输损耗也与光波波长有关,一般来讲,衰减系数随着波长的增大呈减小趋势。以石英光纤为例,有三个低损耗"窗口":分别是 850 nm 短波段,1310nm 和 1550nm 长波段。目前光纤通信系统主要工作在 1310nm 波段和 1550nm 波段,尤其是长距离大容量的光纤通信系统多工作在 1550nm 波段。

例 10-2   现有一单模光纤通信系统,光源为激光二极管 LD,发出光功率为 10mW,光纤输出端光探测器要求最小光功率为 10nW。若光纤系统工作在 1310nm 波长窗口,此时光纤衰减系数是 0.3dB/km,那么光纤通信系统的最大传输距离为多少?

解   由式(10.4.6)可得

$$L = \frac{10\lg(P_i/P_o)}{\alpha} = \frac{10\lg[(10\times10^{-3})/(10\times10^{-9})]}{0.3} = 200(\text{km})$$

10.4.2   光纤传感器的组成及工作原理

1. 光纤传感器的组成及类型

光纤传感器通常由光发送器(光源)、光调制器(敏感元件)、光探测器(光接收器)、信号处理系统和光纤组成,如图 10.4.5 所示。其基本原理是从光发送器(光源)发出的光经过光纤送入光调制器(敏感元件),在调制器内与被测参数相互

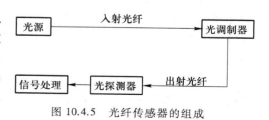

图 10.4.5   光纤传感器的组成

作用,使光的某些参数(如强度、频率、波长、相位、偏振态等)发生变化,成为被调制的光信号,再经出射光纤耦合到光接收器(光探测器),将光信号变为电信号,最后经信号处理获得被测量。

根据光纤在传感器中所起的作用,光纤传感器可分为功能型(传感型)光纤传感器和非功能型(传光型)光纤传感器两种。

功能型光纤传感器中,光纤不仅起传光作用,而且是敏感元件,因此也称为传感型光纤传感器。它是利用光纤本身的传输特性感受被测量的作用而发生变化,光纤中光波的特性被调制的原理来工作的。功能型光纤传感器主要使用单模光纤,其优点是灵敏度高,缺点是结构比较复杂,技术难度较大,成本较高。

非功能型光纤传感器中,光纤仅仅起到传光的作用,因此又称为传光型光纤传感器。它是利用置于光纤端面或两根光纤之间的其他敏感元件感受被测量的变化,从而实现对光波的调制,光纤仅作为光的传导介质。因此,为了得到较大的受光量和传输的光功率,非功能型光纤传感器使用的光纤主要是数值孔径较大的阶跃型多模光纤。其特点是结构简单,技术上容易实现,但灵敏度、测量精度一般比功能型光纤传感器低一些。

在非功能型光纤传感器中,也有不需要外加敏感元件的情况,光纤可以直接将被测对象辐射、反射、散射的光信号传输到光电元件,这类传感器也称为探针型光纤传感器,通常使用单模光纤或多模光纤。其特点是非接触测量,而且具有较高的精度。典型的传感器有光纤激光多普勒速度传感器和光纤辐射温度传感器等。

2. 光纤传感器的工作原理

光纤传感器的基本原理是利用被测量对光纤中传输的光进行调制,使光的特性(如光的强度、频率、波长、相位、偏振态等)发生变化,从而实现对被测量的测量。按照光的调制原理,光纤传感器有强度调制、频率调制、波长调制、相位调制和偏振态调制等五种形式。

(1)强度调制

强度调制是光纤传感器中应用最为广泛的一种调制技术。其基本原理是利用外界信号(被测量)来改变光纤中光的强度,再通过测量输出光强的变化来实现对外界信号的测量。根据调制形式的不同,强度调制可以分为功能型光强调制(内调制器)和非功能型光强调制(外调制器)两种。

功能型光强调制的基本原理是外界信号(被测量)通过改变光纤的外形、纤芯与包层折射率比、吸收特性及模耦合特性等方法对光波强度进行调制。非功能型光强调制的基本原理是根据光束位移、遮挡、耦合及其他物理效应,通过一定的方式使进入接收光纤的光强随外界信号变化而改变。

(2)频率调制

频率调制是利用被测量对光纤中传输的光波频率进行调制,通过测量频率偏移量反映被测量。目前,频率调制主要是利用光学多普勒效应(Doppler),即外界信号通过多普勒效应对接收光纤中的光波频率实施调制,是一种非功能型调制。

根据多普勒效应,若一束频率为 f 的光投射到速度为 v(远小于光速)的运动目

标上,则从运动物体反射到观察者的光频率 f_d 将产生频移,即

$$\Delta f_d = f_d - f = \frac{fv\cos\theta}{c} \tag{10.4.7}$$

式中,Δf_d——多普勒频移;

  c——真空中的光速;

  θ——运动物体与观察者的连线与物体运动方向之间的夹角,即方位角。

由式(10.4.7)可以看出,利用被测量控制运动物体的运动速度即可完成对光波频率的调制,测量出反射光的频率即可求得被测量。频率调制广泛应用于测量血流、气流或其他液体的流速、运动粒子的速度等场合。

（3）波长调制

波长调制是利用外界信号(被测量)改变光纤中传输光的波长或者光谱分布,通过检测光谱特性实现被测量测量。

在波长调制光纤传感器中,有时并不需要光源,而是利用黑体辐射、荧光(磷光)等的光谱分布与某些外界参数有关的特性来测量被测信号的。波长调制的实现方式有黑色辐射调制、荧光(磷光)波长调制、滤光器波长调制和热色物质波长调制等,主要用于医学、化学等领域,如人体血液的分析、pH 值的检测、指示剂溶液浓度的化学分析、磷光和荧光现象分析等。

（4）相位调制

相位调制是指被测量按照一定规律使光纤中传播的光波相位发生相应变化,再利用干涉测量技术将相位变化转换为光强度变化,从而检测被测量。

光纤中光波的相位角 ϕ 由光纤的长度 L、纤芯的折射率 n_1 以及光波的波长 λ 所决定,即

$$\phi = \frac{2\pi n_1 L}{\lambda} \tag{10.4.8}$$

当光纤受到外界信号作用时,光波的相位角将发生变化,从而实现相位调制。由于光波的频率很高(约为 10^{14} Hz),目前各类光电探测器都无法直接测量光波相位的变化,必须应用光学干涉测量技术将相位变化转换为光强变化,才能实现对被测量的检测。因此光纤传感器中的相位调制技术包括产生光波相位变化的物理机理(如应变效应、温度效应、磁致伸缩效应等)和光学干涉技术。与其他调制技术相比,由于采用干涉技术因而具有很高的灵敏度。

（5）偏振态调制

偏振态调制是利用外界信号(被测量)改变光的偏振特性,通过检测光的偏振态的变化即可测出外界被测量。偏振态的调制主要基于磁光效应、弹光效应、电光效应等来实现,可用于温度、压力、振动、机械变形、电场及磁场等检测。

10.4.3　光纤传感器的应用

光纤传感器自其诞生以来,已经广泛应用于许多领域,而光纤传感器的发展与光纤通信技术的发展密切相关,因为光纤通信的许多基础技术和元器件,如光源、光

纤、耦合器、连接器、接收器等都可以用到光纤传感器中,这就为光纤传感器的发展创造了条件。

1. 光纤位移传感器

如图 10.4.6(a)所示为反射式光纤位移传感器的原理图,它是基于改变光纤端面与反射面(被测物体的表面)之间的距离调制反射光强度实现位移测量的。这种传感器可使用两根光纤,分别用来发射和接收光;也可以用一根光纤同时承担两种功能。有时为了增加光通量也可采用光纤束。

当光纤端面与反射面之间的距离为 x 时,发射光纤的发射光在反射面上的光照面积为 A,理论上能够被接收光纤拾取的反射光的最大面积也为 A,但此时只有两圆交叉的那一部分光照面积(B_1)的光能被反射到接收光纤的端面上(光照面积 B_2)。随着距离 x 的增大,发射光纤在反射面上的光照面积为 A 和交叉部分光照面积 B_1 都相应增大,接收光纤端面的反射光光照面积 B_2 也随之增大,即接收的光信号越来越强。当接收光纤的端面(面积为 C)全部被反射光照射时(即 $B_2 = C$),反射到接收光纤的光强达到最大值,接收光纤接收的光最多,达到光峰点,如图 10.4.6(b)所示,随着物体继续远离探头,即距离 x 继续增大,由于反射光的一部分不能进入接收光纤,接收光纤接收的反射光将减小。

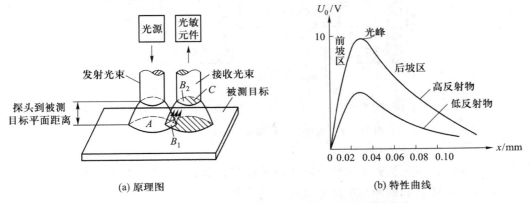

(a) 原理图　　　　　　　　(b) 特性曲线

图 10.4.6　反射式光纤位移传感器工作原理及特性曲线

反射光强与位移的关系如图 10.4.6(b)所示。在前坡区,输出信号与位移 x 近似为线性关系,而且灵敏度很高,适合于对一些精度要求高的小位移进行测量;在后坡区,输出信号与位移 x 的平方成反比,具有非线性,而且灵敏度较低,一般用于测量精度要求不高的大位移测量;在光峰点附近,输出信号对光强变化的灵敏度很大,而对位移的变化不是很敏感,适用于对物体表面粗糙度的测量。反射式光纤位移传感器的特点是非接触测量,基于此原理也可进行液位测量。

2. 光纤振动传感器

利用频率调制的光纤振动传感器是一种非接触式传感器,它可以用来测量高频小振幅的振动。根据多普勒效应,即振动物体反射光的频率变化与物体的速度有关,其工作原理如图 10.4.7 所示。当振动物体的振动方向与光纤的光线方向一致时,测得反射光的频率变化,即可获得振动速度。

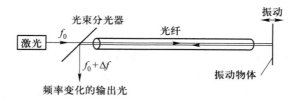

图 10.4.7   多普勒效应光纤振动传感器

图 10.4.8 所示为相位变化型光纤加速度传感器。这种结构形式的传感器共有两种:两根光纤形式和单根光纤形式,两种形式的工作原理是相同的。

当框架纵向振动时,在惯性力的作用下使重物与框架之间产生相对位移(即图中的 L 将变化),使光纤伸缩,从而导致光传播时间变化(即相位变化),利用此变化即可检测框架振动的加速度。

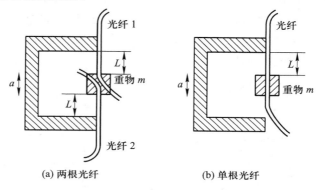

(a) 两根光纤   (b) 单根光纤

图 10.4.8   相位型光纤加速度传感器结构原理

对于单根光纤,框架与重物之间的光纤长度 L 变化 ΔL,它与弹性模量 E、光纤直径 d、重物质量 m 和框架加速度 a 之间的关系为:

$$\frac{\Delta L}{L} = \frac{ma}{E\pi\left(\dfrac{d}{2}\right)^2} \qquad (10.4.9)$$

于是根据相位调制原理可得光传输的相位变化为

$$\Delta\phi = 2\pi\Delta Ln/\lambda = 8Lman/\lambda Ed^2 \qquad (10.4.10)$$

式中,λ——光在真空中的波长;

$\quad\quad n$——光纤纤芯的折射率。

用上述方法,检测相位变化可测量加速度值。如使用图 10.4.8(a)所示的两根光纤的构造,传感器灵敏度是单根光纤的 2 倍,共振频率也有所提高。

这种光纤加速度传感器的线性测量范围很宽,但这种利用相位变化检测加速度的传感器易受环境温度变化的影响,必须采取一定的补偿措施,具体方法可参考有关资料。

3. 光纤流速传感器

多模光纤是速度和流速传感器的理想光纤材料,如图 10.4.9 所示为光纤流速传感器的结构原理示意图。多模光纤插入顺流而置的铜管中,由于流体流动而使光纤发生机械应变,从而使光纤中传播的各模光的相位差发生变化,此变化与流体流速成正比。

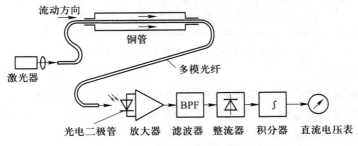

图 10.4.9   光纤流速传感器的工作原理

4. 光纤温度传感器

图 10.4.10 所示为马赫-泽德(Mach-Zehnder)干涉仪,它是一种应用较为广泛的干涉仪,可以用来测量温度。光干涉产生的光场强可简单地表示为 $I \propto 1+\cos 2\pi m$,其中 m 为干涉级数,$m = \Delta l/\lambda = f\tau$,$\Delta l$ 为相对光程差,τ 为相对光程延时,f 为传播光频率,λ 为光波长。因此,当被测量使 Δl、τ、f 或 λ 发生变化时,都可以引起干涉条纹 m 的变化,即干涉条纹的移动可以用检测条纹移动的方式检测待测量。

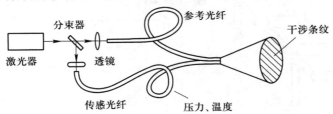

图 10.4.10   Mach-Zehnder 干涉仪用于测量温度

使光源的光频率 f 或波长 λ 固定不变,当干涉仪两臂(参考光纤和传感光纤)处于不同的温度场中,其折射率会产生差异,随之它们的光程也会产生差异,在输出端耦合即会产生干涉,干涉条纹的级数也随之变化。

10.5   工程应用案例——果实分拣系统

番茄收割机用于实现密集、大规模种植的番茄的自动化收割,旨在减少番茄收割中的人力劳动,提高番茄采摘效率,从而实现农业机械的自动化和智能化。根据番茄收割机的工作过程,可将番茄收割机分成三部分:植株收割、果秧分离和果实分拣,图 10.5.1 为番茄收割机工作过程的示意图。果实分拣的任务是将果实中的未成熟的番茄和杂质分拣出来,只保留成熟番茄。

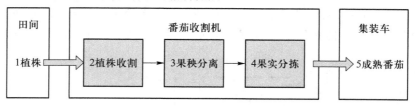

图 10.5.1　番茄收割机工作过程示意图

1. 分拣方案

针对番茄收割机的果实分拣需求,应用机器视觉技术实现番茄的自动识别与分拣。采集设备的安装位置和工作方式设计了两种方案,即整幅拍摄和单列拍摄,如图 10.5.2 所示。

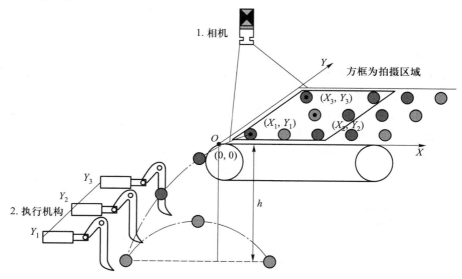

(a) 整幅拍摄(一个摄像头对应多个执行机构)

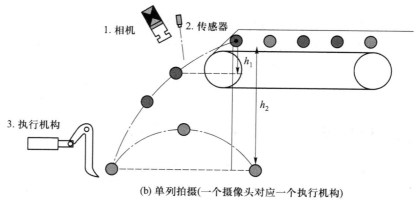

(b) 单列拍摄(一个摄像头对应一个执行机构)

图 10.5.2　番茄分拣方案

表 10.5.1 为两种方案的对比表。在整幅拍摄方案中,采集设备能够拍摄输送带整个宽度上的物体,一张图像中包含多个目标,处理程序复杂,多个目标可能紧密或重叠排列,影响识别效果,系统需要根据番茄位置调用对应执行机构进行番茄分拣。该方案中只用到一个相机,成本较低。

在单列拍摄方案中,番茄在自由落体的过程中是相互分离的,相机只采集传感器检测到的番茄图像,图像中只有一个目标体,图像处理过程简单,精确度提高,没有边缘相互连接的问题。而且一个相机对应一个执行机构,不涉及选择执行机构的问题。但是因为相机只负责一列番茄,要同时进行多列番茄的处理就要增加相机和传感器的数量,设备成本会增加。两种方案各有优缺点,考虑到单列拍摄程序处理简单,准确性高,故选择单列拍摄方案。

表 10.5.1　两种方案对比表

项目	整幅拍摄方案	单列拍摄方案
拍摄位置	输送带末端的番茄	自由落体中的番茄
拍摄范围	多列番茄	单列番茄
相机数量	1 个	多个
成像效果	单张图片中有多个物体	单张图片中只有一个物体
触发方式	脉冲触发	传感器触发
处理过程	复杂	简单
处理速度	慢	快
精确度	低	高
成本	高	低

2. 果实分拣系统组成

果实分拣系统分为图像采集和目标分拣机构两部分,如图 10.5.3 所示。图像采集部分包含:光源 2、光电传感器 3、CCD 相机 4、暗箱 5、背景板 7。图像采集是果实分拣系统的起点,在整个分拣系统中起到基础和重要作用。将图像采集部分和照明系统装在暗箱中,照明系统为图像采集提供光源,纯色的背景板为图像采集排除其他背景干扰,暗箱结构可以使图像采集过程免受不稳定的自然光的影响,提高图像质量。光电传感器的作用是检测到目标体(番茄/杂质)时,触发 CCD 相机进行拍照。目标分拣机构(执行机构 6)的控制是根据目标体(番茄/杂质)的运动速度、图像处理的时间、相机与执行机构之间的距离、执行机构的动作速度等计算出启动执行机构的最佳时间,使执行机构准确击打目标体,从而剔除未成熟番茄和杂质。具体分拣过程为:番茄 1 到达喂料输送带末端后作带有初速度的抛物线运动,当传感器 3 检测到番茄时触发相机 4 进行番茄图像采集,并实时进行图像处理,若为未成熟番茄和杂质,执行机构 6 动作,击打目标体,实现番茄分拣。

3. 番茄分拣系统图像处理

番茄分拣系统的图像采集系统选用 LabVIEW 作为软件平台,采用 Basler 数字相

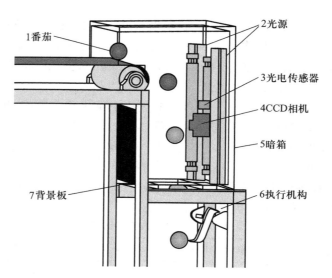

图 10.5.3   果实分拣系统机构示意图

机为传感器、NI CompactRIO 实时采集系统为平台构建番茄识别系统。在数字图像处理方面,通过彩色图像灰度化、图像滤波、图像二值化、形态学处理等图像预处理方法改善图像质量,突出图像中的目标物体,利用信息提取的方法,进行目标特征的提取。通过对在自然光照下拍摄的 100 张番茄照片样本进行实验,结果如图 10.5.4所示。为了分拣出未成熟番茄和杂质,方便执行机构能准确击打目标体,需要确定目标体的外形和重心,而对于成熟番茄系统会自动过滤掉,图 10.5.4 中拍摄的成熟和绿色番茄,可准确获得绿色番茄的外形和重心。经过试验验证,系统识别误差率为 2%,满足番茄采摘收割机分拣需求。

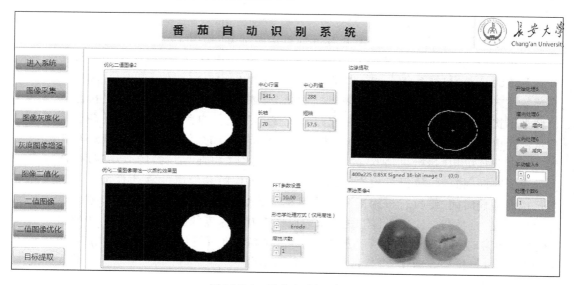

图 10.5.4   番茄自动识别系统

习题与思考题

1. 蓝光的波长比红光要短,那么相同数量光子的蓝光能量比红光能量大还是小?

2. 外光电效应与光强和光频率的关系是什么? 某光阴极在波长为 520nm 的光照下,光电子的最大动能为 0.76eV,问此光阴极的逸出功是多少?

3. 光敏二极管和光电池分别属于哪种光电效应?

4. 为什么光电池作为检测元件时不能当作电压源使用?

5. 用光电式转速传感器测量转速,已知测量孔数为 60,频率计的读数为 4000Hz,问转轴的转速是多少?

6. 用硒光电池制作照度计,其电路原理如题图 10.1 所示。已知硒光电池在 100lx 照度下,最佳功率输出时 $V_m = 0.3V$、$I_m = 1.5mA$。选用 $100\mu A$ 表头改装指示照度值,表头内阻 $R_M = 1k\Omega$,若表头指针满为刻度值 $100\mu A$,计算电阻 R_1 和 R_2 的值。

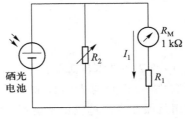

题图 10.1

7. 温度上升时,光敏电阻、光敏二极管、光敏晶体管的暗电流会如何变化?

8. 为什么光电耦合器具有抗干扰特性?

9. 试设计一个利用光电开关来测量转速的测量系统。

10. 什么是 CCD 的势阱? 固态图像传感器中转移栅的主要作用是什么?

11. 光纤主要由哪几部分组成? 光为什么能在光纤中向前传播?

12. 光纤的性能参数主要有哪些? 当光纤用在传感器中时对各参数有何要求?

13. 若某一光纤的纤芯和包层的折射率分别为 1.5445 和 1.5212,试计算该光纤的数值孔径。如果外界介质为空气($n_0 = 1$),求该光纤的最大入射角。

14. 光纤传感器主要由哪几部分组成? 对光进行调制主要有几种形式?

15. 试述反射式光纤位移传感器工作原理。

第 11 章 热电式传感器

【本章要点提示】..

1. 温度测量的基本概念、温度传感器的类型及特点
2. 热电阻的类型、工作特性与测量电路
3. 热电偶的结构原理、测量电路及冷端温度补偿
4. 新型热电式传感器的原理及应用
5. 工程应用案例——基于 AD590 的温度测量及控制

11.1 概述

温度是国际单位制(SI)中的 7 个基本物理量之一,它是工农业生产和科学研究中最普遍、最重要的热工参数之一,也是与人们日常生活密切相关的一个重要物理量。因此,温度的检测和控制是保证生产过程正常运行、确保产品质量的关键。

温度是表征物体冷热程度的物理量,是物体内部分子无规则热运动剧烈程度的标志,温度越高,表示物体内部分子的平均动能越大。因此,温度不能直接测量,只能通过物质的某些特性(如热膨胀、电阻、热电势、弹性、导磁率、介电常数等)随温度变化的规律来间接测量。温度的测量是基于热平衡原理,当两个温度不同的物体相接触时就会产生热交换,热量将从温度高的物体向温度低的物体传递,直到两个物体的温度完全一致为止,即两物体处于热平衡状态。

1. 温标

温标即温度的数值表示方法。为了保证温度量值的准确并利于传递,需要建立用来衡量温度的标准尺度,即温标,它规定了温度的基准点(固定温度点)和测量温度的基本单位。通常将固定的温度点(例如,水的液相和固相平衡点称为冰点,它具有固定的冰点温度值)、测温仪器(即温度计或传感器)和温标方程(用来确定各固定点之间任意温度值的数学关系式,也称内插函数)称为温标的三要素。

目前,国际上常用的温标有摄氏温标、华氏温标、热力学温标和国际实用温标等。

(1)摄氏温标

摄氏温标所用的标准测温仪器是玻璃水银温度计。它规定:在标准大气压下,水的冰点为 0 摄氏度,水的沸点为 100 摄氏度,在冰点和沸点两固定点中间划分 100 等份,每份为 1 摄氏度,记作"1℃",用符号 t 表示。

(2)华氏温标

华氏温标所用的标准测温仪器也是玻璃水银温度计。它规定:在标准大气压下,氯化铵和冰的混合物为 0 华氏度,水的冰点为 32 华氏度,水的沸点为 212 华氏度,在冰点和沸点两固定点中间划分 180 等份,每份为 1 华氏度,记作"1 °F",用符号 F 表示。

华氏温度和摄氏温度之间的关系为

$$F(°F) = 1.8t(°C) + 32 \tag{11.1.1}$$

华氏温标和摄氏温标都是利用一些物质体积膨胀和温度的关系,用实验方法得到的经验公式来确定的温标,通常称为经验温标。它们的温度特性依赖所规定的测量物质,测温范围也不能超过规定的上、下限,因此具有一定局限性。

(3) 热力学温标

热力学温标是由物理学家开尔文(Kelvin)根据热力学定律提出来的最科学的温标,它规定:分子运动停止(即没有热存在)时的温度为绝对零度,水的三相点(气、液、固三相并存)的温度为 273.16,将绝对零度到水的三相点之间均匀划分 273.16 份,每份为 1 开尔文,记作"1K",用符号 T 表示。

热力学温标是一种纯理论的温标,不能直接根据它的定义来测量物体的热力学温度。因此,需要建立一种接近热力学温标的实用温标作为测量温度的标准,这就是国际实用温标。

(4) 国际实用温标

国际实用温标是由国际计量委员会建立的一种国际协议性温标,它与热力学温标相接近,可用内插函数表示,而且复现精度高,所规定的标准温度计使用方便、容易制造。国际实用温标从 1927 年建立以来已做过多次修订,目前使用的国际实用温标是 ITS-90。它规定了一系列温度固定点以及测量和复现这些固定点的标准仪器和内插公式等。

ITS-90 规定:国际实用温标仍以开尔文为单位,1K 等于水的三相点时温度值的 1/273.16。将水的三相点时温度值定义为 0.01°C,则相应的绝对零度修订为 -273.15°C,这样摄氏温度和国际实用温度的关系为

$$t(°C) = T(K) - 273.15 \tag{11.1.2}$$

11-1 ITS-90 定义的固定温度点及标准测温仪器

2. 测温方法分类及特点

温度的测量方法通常分为接触式和非接触式两大类。接触式测温是指感温元件直接与被测介质相接触,两者进行充分的热交换,达到热平衡时两者具有同一温度。非接触式测温是利用物质的热辐射原理,感温元件不与被测介质直接接触,而是通过热辐射实现热交换,从而达到测量的目的。接触式测温的优点是直观可靠,价格低廉,测温精度较高,应用广泛;缺点是感温元件与被测介质直接接触,从而影响被测温度场的分布,且接触不良会带来测量误差。此外,被测介质具有腐蚀性及温度过高时对感温元件的性能和寿命产生严重影响。非接触式测温可避免接触式测温的缺点,测温上限高(1000°C 以上),热惯性小,响应速度快,便于测量运动物体的温度及快速变化的温度,但其精度一般不高。

对应于上述两种测温方法,温度传感器也可分为接触式和非接触式两大类。接

触式温度传感器按照测量原理又可分为热膨胀式、热电阻式(包括金属电阻和热敏电阻)和热电偶式等。非接触式温度传感器包括辐射式、亮度式和光电比色式温度传感器,以及用于中、低温测量的红外热像仪等。常见的温度传感器类型和特点如表 11.1.1 所示。

表 11.1.1　常用温度传感器类型和特点

测温方式	传感器类型		测温范围(℃)	特点
接触式	热膨胀式	玻璃水银温度计	−100~600	结构简单、耐用,精度较低,感温部件体积较大
		双金属温度计	−50~600	
		压力式温度计　液	−100~600	
		压力式温度计　气	−200~600	
	热电阻式	铂	−200~850	标准化程度高,精度和灵敏度较好,感温部件大,须外加电源和电路转换为电压输出
		镍	−50~300	
		铜	−50~150	
		热敏电阻	−50~300	体积小,响应快,灵敏度高;线性差,需注意环境温度影响
	热电偶式	钨−铼	1000~2800	种类多、适应性强,结构简单,应用广泛。需进行冷端温度补偿
		铂铑−铂	0~1600	
		其他	−200~1200	
非接触式	辐射式温度计		100~3200	非接触测温,不干扰被测温度场,响应速度快,测量范围大;易受外界干扰,标定困难
	亮度式高温计		200~3200	
	比色式温度计		500~3200	

在温度传感器中,将温度变化转换为电量的一类传感器称为热电式传感器,其中最常用的热电式传感器是热电阻和热电偶。热电阻是将温度变化转换为电阻值的变化,热电偶是将温度变化转换为电势的变化,这两种热电式传感器在工业生产中广泛应用。

本章主要介绍热电阻、热电偶及几种新型的热电式传感器。

11.2　热电阻

热电阻是利用金属导体或半导体材料的电阻随温度变化的特性来测量温度。热电阻具有测量精度高、测量范围大(低温)、稳定性好等优点,在自动测量和远距离测量中使用方便,在科研和生产中得到越来越广泛的应用。热电阻包括金属热电阻和半导体热敏电阻两大类。

11.2.1　金属热电阻

大多数金属的电阻都随温度而变化,但作为测温用的材料应具有以下特点:电阻温度系数大而且稳定,温度系数越大,灵敏度越高;电阻率尽可能大,以便减小元件尺寸,从而减小热惯性,提高响应速度;电阻值与温度变化应具有良好的线性关系;在整个测温范围内具有稳定的物理和化学性质;应具有良好的可加工性,容易复制,且价格便宜等。目前应用较广泛的金属热电阻材料是铂、铜、镍等。

1. 常用金属热电阻

(1) 铂热电阻

铂的物理、化学性能稳定,具有电阻率大,易于提纯,易加工,尤其是耐氧化能力强、耐高温等优点,因此是目前制造金属热电阻的最佳材料。铂热电阻不仅可用作一般工业上的测温元件,而且还可作为复现温标的基准器。它的长时间稳定的复现性可达 10^{-4} K,是目前测温复现性最好的一种温度计。

铂热电阻的缺点是电阻温度系数较小,且电阻值与温度之间呈非线性关系。另外,铂是一种贵金属,价格昂贵。铂热电阻的精度与铂的纯度有关,通常用百度电阻比 $W(100)$ 表示铂的纯度,即 $W(100) = R_{100}/R_0$,R_{100} 为温度为 100℃ 时铂电阻的电阻值,R_0 为温度为 0℃ 时铂电阻的电阻值。$W(100)$ 越大,纯度越高。一般工业用的铂热电阻 $W(100)$ 为 1.387～1.390,作为基准器的铂热电阻要求 $W(100) \geqslant 1.3925$。

铂热电阻的电阻值与温度之间的关系如下:

在 -200℃ $\leqslant t \leqslant$ 0℃ 时

$$R_t = R_0 \left[1 + At + Bt^2 + C(t-100)t^3 \right] \tag{11.2.1}$$

在 0℃ $\leqslant t \leqslant$ 850℃ 时

$$R_t = R_0 (1 + At + Bt^2) \tag{11.2.2}$$

式中,R_t——温度为 t℃ 时的电阻值;

$\quad R_0$——温度为 0℃ 时的电阻值;

A、B、C——分度系数,与铂的纯度有关。对于常用的工业铂热电阻($W(100) = 1.391$),$A = 3.96847 \times 10^{-3}$/℃,$B = -5.847 \times 10^{-7}$/℃,$C = -4.22 \times 10^{-12}$/℃。

铂热电阻的电阻值与温度的关系也可利用式(11.2.1)和式(11.2.2)制成铂热电阻分度表。这样,在实际测量时,只要知道热电阻的阻值 R_t,即可从分度表中查得与 R_t 对应的温度值 t。目前,工业用的铂热电阻的 R_0 值有 10Ω 和 100Ω 两种,对应的分度号分别为 Pt10 和 Pt100。

(2) 铜热电阻

铜材料容易提纯、加工,价格便宜,其电阻温度系数比铂高,因此铜热电阻的灵敏度高;且在一定的温度范围内(-50℃～150℃),电阻温度特性接近线性关系。但是铜的电阻率小,铜电阻的体积大,热惯性也大,且容易氧化,稳定性较差。所以在一些测量精度要求不高且测温范围不大的场合,通常采用铜热电阻。

在(-50～150)℃ 的温度范围内,铜热电阻与温度的关系可用下式表示

$$R_t = R_0 (1 + \alpha t) \tag{11.2.3}$$

11 - 2
Pt100 铂热电阻分度表

式中，R_t——温度为 t℃时的电阻值；

R_0——温度为 0℃时的电阻值；

α——铜的电阻温度系数，$\alpha = (4.25 \sim 4.28) \times 10^{-3}/$℃。

由式(11.2.3)可知，铜热电阻的电阻值与温度之间具有良好的线性关系。一般要求铜热电阻的百度电阻比 $W(100) \geqslant 1.425$，其测温精度在 $(-50 \sim 50)$℃范围内为 ± 0.5℃，在 $(50 \sim 150)$℃范围内为 $\pm(1\%)t$。

目前，工业用标准化铜热电阻的 R_0 值有 50Ω 和 100Ω 两种，对应的分度号分别为 Cu50 和 Cu100。

2. 金属热电阻的结构及测量电路

金属热电阻的结构比较简单，一般是将金属丝绕制在云母、玻璃、石英、陶瓷等绝缘骨架上，再加上内引线和外保护套管即可制成。内引线位于保护套管内，因保护套管内温度梯度大，作为内引线要选用纯度高、不产生热电动势的材料。

工业用铂热电阻的结构如图 11.2.1 所示，一般由直径 $0.03 \sim 0.07$mm 的铂丝绕在平板形云母骨架上制成，中低温时用银线作引线，高温时用镍丝作引线。铜热电阻的结构与铂热电阻相似，内引线一般用铜丝。为了减小引线电阻的影响，内引线直径通常比热电阻丝的直径大很多。

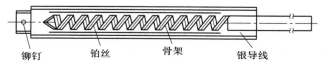

铆钉   铂丝   骨架   银导线

图 11.2.1   工业用铂热电阻的结构

实际测温中，常用电桥电路作为金属热电阻的测量电路。由于热电阻的阻值很小，所以连接导线的电阻值不能忽视。对于连接导线较短、环境温度变化不大且测量精度要求不高的场合，可采用两线制接法。为了减小或消除引线电阻随环境温度变化而造成的测量误差，通常采用三线制或四线制接法。

工业用热电阻一般采用三线制，即在电阻体的一端连接两根引线，另一端连接一根引线，图 11.2.2 所示为热电阻测温电桥电路的三线制接法。图中，G 为检流计，R_1、R_2、R_3 为固定电阻，R_a 为调零电阻。热电阻 R_t 通过电阻为 r_1、r_2、r_3 的三根导线和电桥连接，r_1 和 r_2 分别接在两个相邻桥臂，当温度变化时，只要它们的长度和电阻温度系数相同，则其电阻变化不会影响电桥的输出。检流计具有很大的内阻，流过 r_3 的电流很微弱，因此可视为 r_3 对电桥的状态无影响。

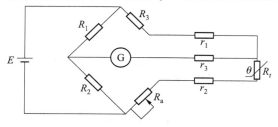

图 11.2.2   热电阻测温电桥电路的三线制接法

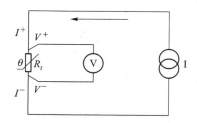

图 11.2.3   热电阻四线制接法

在精密测量中,热电阻多采用四线制,即热电阻体的电阻丝两端各连接两根引线。图 11.2.3 所示为热电阻四线制接法。四线制接法不是电桥电路,只是采用恒流源激励,电压表测量并给出热电阻阻值。图中,I^+、I^- 用于给热电阻提供恒定的电流,V^+、V^- 用于监测热电阻的电压变化,以此进行温度测量。由于电压表具有极高的输入电阻(通常高于 $100M\Omega$),因此流过电压表的电流可忽略不计,流经热电阻 R_t 的电流完全等于恒流源的电流 I。这样,四根导线的电阻变化对测量结果没有影响。只要恒流源的电流稳定,四线制接法的测量精度很高,因此多用于标准铂电阻或实验室中。

另外,需要注意的是,流过金属电阻丝的电流不能过大,否则自身会产生较大的热量(自热效应),影响测量精度,一般应小于 10mA。

工业上广泛应用金属热电阻进行$(-200\sim500)℃$范围的温度测量,其特点是精度高,性能稳定,但热惯性大,因而响应速度慢。

11.2.2　半导体热敏电阻

半导体热敏电阻是利用半导体的电阻值随温度显著变化的特性制成的。半导体热敏电阻(以下简称热敏电阻)具有以下优点:电阻温度系数大,灵敏度高,且半导体材料可以有正的或负的温度系数,可根据需要选择;电阻率大,可制成体积极小的电阻元件,热惯性小,适用于测量点温、表面温度及快速变化的温度;结构简单,使用方便,可根据需要制成各种形状。热敏电阻的缺点是其阻值与温度之间呈非线性关系,且稳定性及互换性差。

1. 热敏电阻的类型及特性

按照半导体电阻随温度变化的不同,热敏电阻可分为正温度系数(positive temperature cofficient,PTC)、负温度系数(negative temperature cofficient,NTC)和临界温度系数(critical temperature cofficient,CTR)三种类型。

PTC 热敏电阻通常是在钛酸钡材料中掺入少量稀土元素烧结而成,具有正温度系数。当温度超过某一数值时,其电阻值随温度升高而迅速增大。它的主要用途包括电气设备的过热保护、发热源的定温控制、限流等。

CTR 热敏电阻是将氧化钒材料在磷、硅氧化物的弱还原气氛中混合烧结而成,具有负温度系数。它的特点是在某个温度时其电阻值会急剧变化,具有开关特性,因此它主要用作温度开关元件。

NTC 热敏电阻主要由锰、钴、镍、铁、铜等金属氧化物混合烧结而成,改变混合物的成分和配比,从而获得测温范围、阻值及温度系数不同的 NTC 热敏电阻。它具有很高的负电阻温度系数,特别适用于$(-100\sim300)℃$之间的温度测量,广泛应用于点温、表面温度、温差等测量及自动控制中。下面主要讨论 NTC 热敏电阻的工作特性。

(1)热电特性

热电特性是指热敏电阻的阻值与温度之间的关系,它是热敏电阻测温的基础。在工作温度范围内,NTC 热敏电阻的电阻与温度的关系可表示为

$$R_T = R_0 e^{B\left(\frac{1}{T}-\frac{1}{T_0}\right)} \qquad (11.2.4)$$

式中，R_T——温度（被测温度）为 $T(\mathrm{K})$ 时的电阻值；

R_0——温度（参考温度）$T_0(\mathrm{K})$ 时的电阻值；

B——热敏电阻的材料常数，由实验获得，一般为 2000~6000 K。

为了方便，通常将参考温度为 $T_0 = 298\mathrm{K}（25℃）$ 时的电阻值 R_{25} 称为热敏电阻的标称电阻值（零功率额定电阻值），则可形成 R_T/R_{25}-T 电阻-温度特性曲线。

热电特性的一个重要指标就是热敏电阻的温度系数，即热敏电阻本身温度变化 1℃ 时电阻值的相对变化量，用 α_T 表示为

$$\alpha_T = \frac{1}{R_T}\frac{\mathrm{d}R_T}{\mathrm{d}T} = -\frac{B}{T^2} \tag{11.2.5}$$

可见，电阻温度系数 α_T 随温度降低迅速增大。若 $B = 4000\mathrm{K}$、$T = 323\mathrm{K}（50℃）$，则 $\alpha_T = -3.8\times10^{-2}/\mathrm{K}$，约为热电阻的 10 倍，因此 NTC 热敏电阻的灵敏度很高。图 11.2.4 所示为 NTC 热敏电阻在不同 B 值时的电阻-温度特性曲线。可以看出，温度越高，阻值越小，且有明显的非线性。

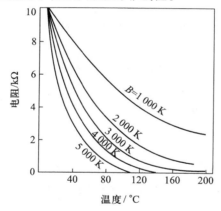

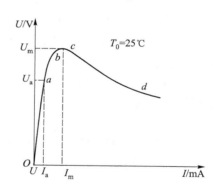

图 11.2.4 NTC 热敏电阻的电阻-温度特性　　　图 11.2.5 NTC 热敏电阻的伏安特性

（2）伏安特性

在稳态情况下，通过热敏电阻的电流 I 和其两端之间的电压 U 之间的关系，称为热敏电阻的伏安特性。图 11.2.5 所示为 NTC 热敏电阻的典型伏安特性曲线。由图可见，当流过热敏电阻的电流很小时，伏安特性服从欧姆定律，即图中的线性段 oa；当电流增大到一定值时（图中 I_a），引起热敏电阻自身发热，温度升高超过了环境温度，则热敏电阻自身阻值下降，因此电压缓慢增加形成非线性区域（ab 段）；电流继续增大，电流达到 I_m 时电压达到最大 U_m，当电流再继续增大时，热敏电阻升温加剧自身阻值迅速减小，此时热敏电阻两端的电压随着电流增加而降低，形成非线性负阻区域（cd 段）；当电流超过某一允许值，热敏电阻将被烧坏。

实际测温时，一般都选择在伏安特性的小电流线性区，尽量减小通过热敏电阻的电流（即减小自热效应），使其自身温度接近于环境温度，阻值可视为恒值。热敏电阻所能升高的温度与环境条件（周围介质温度和散热条件等）有关，当电流和周围介质温度一定时，热敏电阻的电阻值取决于介质的流速、流量、密度等散热条件。根

据这个原理可用来测量流体的流速和介质密度等。

由于热敏电阻是烧结半导体,其特性参数具有一定的离散性,因而导致它的互换性较差。此外,热电特性的非线性较大,也影响了它的测量精度。因此,为了改善热敏电阻的性能,实际应用时可以通过在热敏电阻上串、并联温度系数很小的电阻构成组合式热敏元件,从而使其热电特性在一定范围内呈线性关系。另外,近年来还研制出了线性型 NTC 热敏电阻(如 $CdO-Sb_2O_3-WO_3$ 系和 $MnO-CoO-CaO-RuO_2$ 系等),其线性度和互换性均较好,图 11.2.6 所示为其电阻-温度特性。可以看出,在 $(-20 \sim 200)$ ℃ 温度范围内,其特性呈线性关系,非线性偏差小于 2%,有效解决了 NTC 热敏电阻的非线性问题。

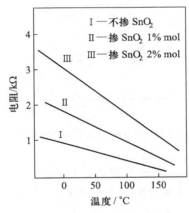

图 11.2.6 $CdO-Sb_2O_3-WO_3$ 系线性 NTC 热敏电阻的电阻-温度特性

2. 热敏电阻的结构及测量电路

热敏电阻的结构简单,主要由热敏探头、引线和壳体等构成。它一般做成二端器件,也有做成三端或四端器件的。可以根据不同的使用要求制作成各种形状,如圆片形、柱形、管形、杆形、珠状、锥状、针状等结构,如图 11.2.7 所示。采用玻璃、树脂或陶瓷封装,易于批量生产,价格低廉,因此应用范围越来越广。

11-5 热敏电阻的典型结构

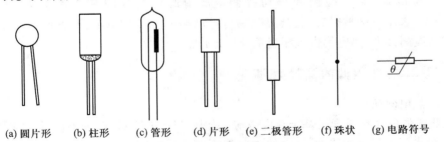

(a) 圆片形   (b) 柱形   (c) 管形   (d) 片形   (e) 二极管形   (f) 珠状   (g) 电路符号

图 11.2.7   热敏电阻的典型结构及电路符号

由于热敏电阻的阻值较大,故其连接导线的电阻和接触电阻等可忽略不计,测量电路多采用电桥电路,如图 11.2.8 所示。热敏电阻 R_t 和三个固定电阻 R_1、R_2、R_3 组成电桥，R_4 为校准电桥的固定电阻，电位器 R_6 可调节电桥的输入电压。当开关 S 处于位置 1 时，电阻 R_4 接入电桥，调节电位器 R_6 使电桥处于平衡状态；当开关 S 处于位置 2 时，电阻 R_4 被热敏电阻 R_t 代替，两者阻值不同，此时电桥输出电压发生变化。电桥输出电压与热敏电阻 R_t 的变化成比例，从而可确定被测温度。

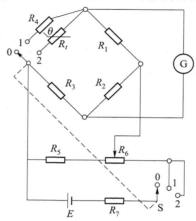

图 11.2.8   热敏电阻的测量电路

由于热敏电阻的阻值随温度改变显著，只要很小的电流流过热敏电阻，就能产生明显的电压变化。另外，热敏电阻具有自热效应，所以应注意勿使电流过大，以防止带来测量误差。

11.3   热电偶

热电偶是工业中使用最为普遍的接触式温度传感器。它具有结构简单、测温范围大、测量精度高、热惯性小、动态性能好、使用方便等优点，它的输出为电信号，便于远距离传输、集中检测和自动控制。常用的热电偶的测温范围为（−200 ~ 1600）℃，选用特殊材料时，其测温范围可扩展至−270℃的低温到 2800℃的高温，尤其在高温测量中，热电偶占有相当重要的地位。

11.3.1   热电偶的测量原理

1. 热电效应

热电偶的工作原理是基于热电效应。如图 11.3.1 所示，两种不同的金属导体 A 和 B 组成一个闭合回路，若两个接点的温度不同（设 $T > T_0$），则回路中将产生电流，这种现象称为热电效应（或称塞贝克效应），相应的电势称为热电势。两种不同金属 A、B 组成的闭合回路称为热电偶，导体 A、B 称为热电极。热电偶的两个接点中，置于被测温度场 T 的接点称为热端（工作端或测量端），另一接点置于某一恒定温度场（T_0）称为冷端（参考端或自由端）。热电势的大小与两种导体的材料及接点温度有关,若热电偶的两个电极材料确定,当冷端温度 T_0 恒定时,热电势就只与温度 T 呈单值关系,这就是热电偶的测温原理。

由理论分析可知,热电偶产生的热电势是由两个导体的接触电势和同一导体的温差电势组成。

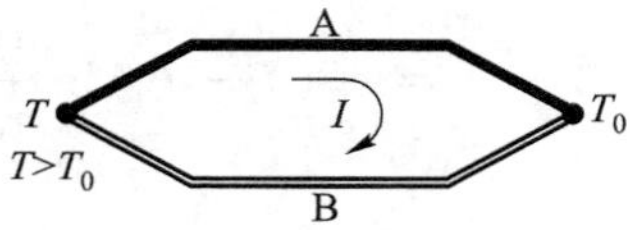

（1）接触电势

接触电势是由于两种导体的自由电子密度不同而在接触处形成的电动势,也称为珀尔帖电势。当自由电子密度不同的两种导体 A 和 B 接触时,在接触处会产生自由电子的扩散现象,假设 A 的自由电子密度大于 B,则自由电子将从密度大的导体 A 扩散到密度小的导体 B 中,于是在 A、B 接触处便形成了一个电场,这个电场将阻碍电子继续扩散。当扩散作用与电场的反作用达到动态平衡时,这时在 A、B 接触处就产生稳定的电位差即接触电势。

图 11.3.1　热电效应示意图

导体 A 和 B 在温度为 T 的接点处形成的接触电势可表示为

$$E_{AB}(T) = \frac{kT}{e}\ln\frac{n_A}{n_B} \tag{11.3.1}$$

式中,T——接点温度（K）；

　　　k——玻尔兹曼常数（$k = 1.38\times10^{-23}\,\mathrm{J/K}$）；

　　　e——电子电荷量（$e = 1.6\times10^{-19}\,\mathrm{C}$）；

n_A、n_B——导体 A 和 B 的自由电子密度。

由式（11.3.1）可知,接触电势的大小与两种导体材料的性质和接触点的温度有关,而与导体的形状和尺寸无关,接触电势的数量级约为 $10^{-3}\sim10^{-2}\,\mathrm{V}$。

（2）温差电势

温差电势是指同一热电极两端因温度不同而产生的热电势,也称为汤姆逊电势。设导体两端的温度分别为 T 和 T_0（$T>T_0$）,由于热端（T）自由电子的能量大于冷端（T_0）自由电子的能量,因而热端便有更多的电子扩散到冷端,使热端失去电子而带正电,冷端得到电子而带负电。当电子扩散达到动态平衡时,从而在热端与冷端之间形成稳定的电位差即温差电势。

导体 A 的两端温度分别为 T 和 T_0,且 $T>T_0$ 时所形成的温差电势可表示为

$$E_A(T, T_0) = \int_{T_0}^{T} \sigma_A \mathrm{d}T \tag{11.3.2}$$

式中,σ_A——汤姆逊系数,表示单一导体两端温度差为 1℃时所产生的温差电势,其值与导体材料性质和温度有关。

由式（11.3.2）可知,温差电势的大小与导体材料的性质和导体两端温度差有关。温差电势一般比接触电势小很多,其数量级约为 $10^{-5}\,\mathrm{V}$。

（3）热电偶回路的热电势

对于由导体 A、B 组成的热电偶闭合回路,当两个接点温度不同时,设 $T>T_0$、$n_A>n_B$,则回路的总热电势为两个接点的接触电势和两个导体的温差电势的代数和,如图 11.3.2 所示。

热电偶回路的总热电势 $E_{AB}(T, T_0)$ 可表示为

$$E_{AB}(T, T_0) = [E_{AB}(T) - E_{AB}(T_0)] - [E_A(T, T_0) - E_B(T, T_0)]$$

$$= \frac{k}{e}(T - T_0)\ln\frac{n_A}{n_B} - \int_{T_0}^{T}(\sigma_A - \sigma_B)\,\mathrm{d}T$$

（11.3.3）

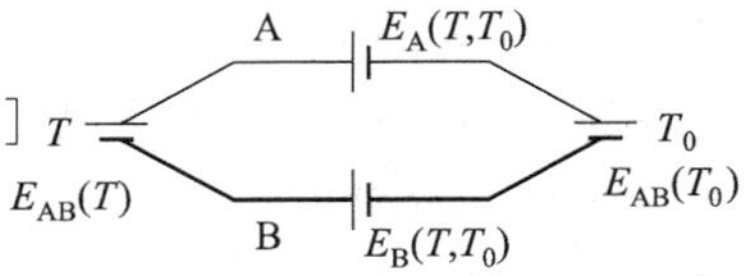

图 11.3.2　热电偶回路的热电势

由以上分析可得出如下结论：

① 如果构成热电偶的两个热电极材料相同，即使两接点的温度不同，总的热电势仍为零。因此，热电偶必须由两种不同的材料作为热电极，且要求热电极为均质导体，热电极材料的均匀性是衡量热电偶质量的一个重要指标。

② 如果热电偶两个接点的温度相同，即使两个热电极 A、B 的材料不同，回路中总的热电势仍然为零。因此要产生热电势两个接点必须有温度差。

③ 热电势的大小仅与热电极材料的性质、两个接点的温度有关，与热电极的尺寸和形状无关。同样材料的热电极其温度与电势的关系是一样的，因此热电极材料相同的热电偶可以互换。

④ 热电极的极性：对于热电势符号 $E_{AB}(T, T_0)$，规定写在前面的 A、T 分别为正极和高温，写在后面的 B、T_0 分别为负极和低温。若热电极的位置调换，则热电势极性相反。

应当指出，金属导体中的自由电子数目很多，温度变化对自由电子密度的影响很小，所以在同一导体内的温差电势极小，可以忽略不计。这样，热电偶回路的总热电势一般可近似表示为

$$E_{AB}(T, T_0) = E_{AB}(T) - E_{AB}(T_0) \tag{11.3.4}$$

当热电极材料选定后，热电势 $E_{AB}(T, T_0)$ 是两个接点温度 T 和 T_0 的函数之差，即

$$E_{AB}(T, T_0) = f(T) - f(T_0) \tag{11.3.5}$$

若使冷端温度 T_0 保持不变，则热电势 $E_{AB}(T, T_0)$ 为热端温度 T 的单值函数。因此通过测量热电势 $E_{AB}(T, T_0)$ 就可求出被测温度 T。

为了使用方便，将冷端温度 T_0 保持为 0℃，通过实验建立热电势与热端温度之间的函数关系，并列成表格，该表称为热电偶分度表，如表 11.3.1 所示。例如，实际使用镍铬-镍硅热电偶测温时，若冷端温度 T_0 为 0℃，测得热电势为 6.138mV，则通过查分度表便可确定被测温度为 150℃。

11-6 镍铬-镍硅（K 型）热电偶分度表

表 11.3.1　镍铬-镍硅（K 型）热电偶分度表（节选）　（冷端温度为 0℃）

t/℃	−200	−100	0	100	200	300	400	500
E/mV	−5.891	−3.554	0	4.096	8.138	12.209	16.397	20.644
t/℃	600	700	800	900	1000	1100	1200	1300
E/mV	24.905	29.129	33.275	37.326	41.276	45.119	48.838	52.410

2. 热电偶的基本定律

利用热电偶测温时，必须用导线将热电偶与测量仪表连接起来。那么，这些导

线和仪表以及它们之间形成的接点会不会产生新的热电势影响测量精度呢?下面几个热电偶的基本定律为解决工程应用问题提供了理论依据。

(1)中间导体定律

在由导体 A、B 组成的热电偶回路中接入第三种导体 C,如图 11.3.3 所示。只要第三种导体 C 两端的温度相同,则对热电偶回路总的热电势没有影响,这就是中间导体定律。

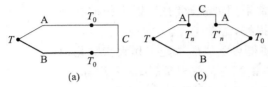

图 11.3.3　中间导体定律示意图

根据中间温度定律,可以在热电偶回路中引入各种仪表和连接导线等直接测量其热电势,也允许采用不同方法来焊接热电偶,或将两热电极直接焊接在被测导体表面,只要保证接入的每一种导体两端温度相同,则不会对热电偶回路的总热电势产生影响。

(2)中间温度定律

如图 11.3.4 所示,热电极为 A、B 的热电偶在接点温度为 (T,T_0) 时的热电势,等于该热电偶在接点温度分别为 (T,T_n)、(T_n,T_0) 时的热电势的代数和,即热电势仅取决于热电极材料及两个接点的温度,而与中间温度 T_n 无关,这就是中间温度定律。用公式表示为

$$E_{AB}(T,T_0) = E_{AB}(T,T_n) + E_{AB}(T_n,T_0) \tag{11.3.6}$$

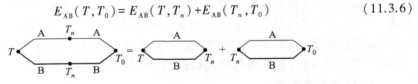

图 11.3.4　中间温度定律示意图

中间温度定律是制定热电偶分度表的理论基础。由于热电偶分度表都是以冷端温度为 0℃ 时做出的,若实际冷端不为 0℃ 时,只要测出热电偶接点温度为 (T,T_n) 时的热电势,便可利用中间温度定律及分度表求得工作温度 T。另外,中间温度定律也为热电偶中补偿导线的使用提供了依据。

例 11-1　用镍铬-镍硅热电偶测炉温,其冷端温度 $T_n = 20℃$,仪表测得热电势 $E(T,20℃) = 7.33\text{mV}$,试求炉温。

解　查镍铬-镍硅热电偶分度表得

$$E(T_n,T_0) = E(20℃,0℃) = 0.798\text{mV}$$

根据式(11.3.6)得

$$E(T,T_0) = E(T,T_n) + E(T_n,T_0) = (7.33 + 0.798)\text{ mV} = 8.128\text{ mV}$$

再查分度表,得炉温为 $T = 200℃$。

（3）标准电极定律

如图 11.3.5 所示，若两种导体 A、B 分别与第三种导体 C 组成的热电偶所产生的热电势已知，则由导体 A、B 组成的热电偶的热电势为它们分别与导体 C 构成热电偶时产生的热电势的代数和，即

$$E_{AB}(T,T_0) = E_{AC}(T,T_0) + E_{CB}(T,T_0) = E_{AC}(T,T_0) - E_{BC}(T,T_0) \quad (11.3.7)$$

导体 C 称为标准电极，这一定律称为标准电极定律。标准电极 C 通常采用纯铂丝制成，因为铂的物理、化学性能稳定，容易提纯，熔点高。

标准电极定律使得热电偶的选配工作大为简化，只要求得各种热电极与铂配对的热电势，那么利用标准电极定律就可以求出任意两种材料配对成热电偶时的热电势，而无须逐个进行测定。

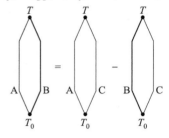

图 11.3.5　标准电极定律示意图

11.3.2　热电偶的类型、结构及测量电路

1. 热电偶的类型及结构

热电偶通常以热电极材料来命名，例如铂铑-铂热电偶、镍铬-镍硅热电偶等。根据热电偶的基本定律，任意两种导体都可以组成热电偶，但工程应用中为了保证工作可靠性并使其具有足够的灵敏度、测量精度以及易复制性等，对热电极材料的要求有：热电特性稳定，测温范围宽；热电势大，热电势与温度之间为线性或接近线性关系；电阻温度系数小，导电率高；物理、化学性能稳定，不易氧化腐蚀；制造方便，易于复制，互换性好等。

目前适于制作热电极的材料有 300 多种，其中广泛应用的有 40~50 种。常用的热电极材料分为贵金属、普通金属和非金属材料三类。贵金属材料有铂铑合金和铂；普通金属材料有铁、铜、康铜、考铜、镍铬合金、镍硅合金、镍铝合金等，还有铱、钨、铼等耐高温材料；非金属材料包括碳、石墨、碳化硅等。

（1）热电偶的种类

根据不同的热电极材料，可以制成适用于不同温度范围、不同测量精度的各类热电偶。通常将热电偶分为标准化热电偶和非标准化热电偶两类。标准化热电偶是指按照国家标准规定了其热电势与温度的关系、允许误差，有统一的分度表，同时有配套的显示仪表可供选择。非标准化热电偶主要为了扩展测温范围，用于某些特殊场合的温度测量，它没有统一的分度表，因此在使用前需个别标定，以确定热电势与温度的关系。

根据国际温标（ITS-90），工业用标准化热电偶有 8 种：铂铑$_{10}$-铂热电偶（S）、铂铑$_{13}$-铂热电偶（R）、铂铑$_{30}$-铂铑$_6$热电偶（B）、镍铬-镍硅热电偶（K）、镍铬硅-镍硅热电偶（N）、镍铬-铜镍热电偶（E）、铁-铜镍热电偶（J）、铜-铜镍热电偶（T）等。其中分度号 S、R、B 属于贵金属热电偶，K、N、E、J、T 属于一般金属热电偶。标准化热电偶技术数据如表 11.3.2 所示。

11-7 GB/T
16839. 1 –
1997 标准
化热电偶
分度表

表 11.3.2　标准化热电偶技术数据

热电偶名称	分度号	热电极材料		$E(100,0)$ /mV	温度范围/℃		允许误差/℃	
		极性	成分		长期	短期	温度	误差
铂铑$_{10}$-铂	S	正	10%Rh,其余 Pt	0.643	0～1300	1600	≤600	±1.5
		负	100% Pt				>600	±0.25%t
铂铑$_{13}$-铂	R	正	13%Rh,其余 Pt	0.647	0～1300	1600	≤600	±1.5
		负	100% Pt				>600	±0.25%t
铂铑$_{30}$-铂铑$_6$	B	正	30%Rh,其余 Pt	0.034	0～1600	1800	≤800	±4
		负	6%Rh,其余 Pt				>800	±0.25%t
镍铬-镍硅 镍铬-镍铝	K	正	10%Cr,0.4%Si,其余 Ni	4.095	-200～1200	1300	≤400	±2.5
		负	3% Si,其余 Ni				>400	±0.75%t
镍铬硅-镍硅	N	正	14.2%Cr,1.4%Si,其余 Ni	2.774	-200～1200	1300	≤400	±2.5
		负	4.4% Si,0.1%Mg,其余 Ni				>400	±0.75%t
镍铬-铜镍	E	正	10%Cr,0.4%Si,其余 Ni	6.317	-200～800	900	≤400	±2.5
		负	55% Cu,45% Ni,少量 Mg 等				>400	±0.75%t
铁-铜镍	J	正	100%Fe	5.268	-100～950	1100	-100～950	±2.5 或 ±0.75%t
		负	55% Cu,45% Ni,少量 Mg 等					
铜-铜镍	T	正	100%Cu	4.277	-200～350	400	≤-40	±1
		负	55% Cu,45% Ni,少量 Mg 等				>-40	±0.75%t

（2）热电偶的结构

热电偶的结构因用途不同而异,常见的热电偶的结构形式有普通型热电偶、铠装热电偶和薄膜热电偶等。

普通型热电偶的结构如图 11.3.6 所示,由热电极、绝缘套管、保护套管和接线盒等组成,主要用于测量气体、蒸汽和液体等介质的温度。热电极的直径由材料的价格、机械强度、导电率及热电偶的用途和测温范围等来决定。贵金属热电偶的热电极多采用直径为 0.35～0.65mm 的细导线,非贵金属热电偶的热电极的直径一般为 0.5～3.2mm。热电偶的长度由安装条件,特别是工作端插入介质的深度来决定,通常为 350～2 000 mm,最长可达 3 500 mm。绝缘套管用于防止两个热电极短路,常用氧化铝、陶瓷或石英等材料制作。保护套管的作用是隔离热电极和被测介质,使之免受有害物质的侵蚀或机械损伤,保护套管的材质根据热电偶的测温范围确定,一般采用金属材料,高温时可采用工业陶瓷或氧化铝。为了便于安装,保护套管采用螺纹连接或法兰连接。接线盒将热电偶的冷端引出,供热电偶和测量仪表之间连接使用,多采用铝合金制成。为防止灰尘及有害气体进入热电偶内部,接线盒的出线孔和接线盒面盖均用垫片和垫圈加以密封。

11-8 热电偶的结构

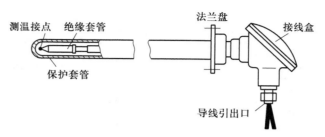

图 11.3.6 普通型热电偶的结构

　　铠装热电偶是将热电偶丝、绝缘材料(氧化铝或氧化镁粉等)和金属保护套管组合在一起经整体拉伸工艺加工而成,也称套管热电偶或缆式热电偶。它可以做得很细很长(最小外径能达 0.25mm,长度可达 100m 以上),使用时随需要可任意弯曲。铠装热电偶的结构如图 11.3.7 所示,其测量端的形式有露头型、碰底型、绝缘型和帽型等。铠装型热电偶的特点是体积小、精度高、动态响应快、挠性好,特别适合于复杂结构和狭小空间的温度测量,同时机械强度高,耐压、耐冲击、耐振动,因此在很多领域得到了广泛应用。

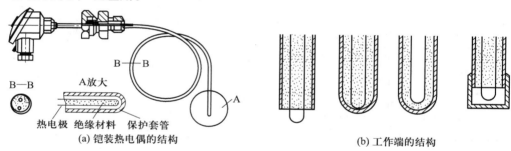

(a) 铠装热电偶的结构　　　　　　　　　　(b) 工作端的结构

图 11.3.7 铠装热电偶及工作端的结构

　　薄膜热电偶是由厚度为 $0.01 \sim 0.1 \mu m$ 的热电极材料,通过真空蒸镀等方法沉积在绝缘基板上制成的一种特殊热电偶,如图 11.3.8 所示。薄膜热电偶的热接点又小又薄,具有热惯性小、响应速度快等优点,其热响应时间达到微秒级,主要适用于表面温度测量以及快速变化的动态温度测量。

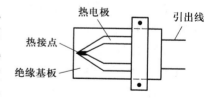

图 11.3.8 薄膜热电偶的结构

　　此外,还有专门用来测量固体表面温度的表面热电偶、专门测量钢水和其他熔融金属温度的快速消耗型热电偶等。

　　2. 测量电路

　　热电偶将温度变化转换为热电势,热电势的大小在毫伏级范围,因此可通过动圈式仪表、电位差计、数字电压表等进行测量。

　　动圈式仪表实际上是一个磁电式毫伏计,它是利用电流流过仪表动圈时,动圈在磁场的作用下带动指针偏转的原理进行工作的。动圈的转角与测量线路中流过的电流成正比,电流不仅与热电势有关,而且与回路的总电阻有关,如图 11.3.9 所

示。因此热电偶的电阻 R_t 和连接导线的电阻 R_1 将会影响测量的准确度。流过动圈的电流为

$$I = \frac{E_{AB}(T, T_0)}{R_t + R_1 + R_G} \qquad (11.3.8)$$

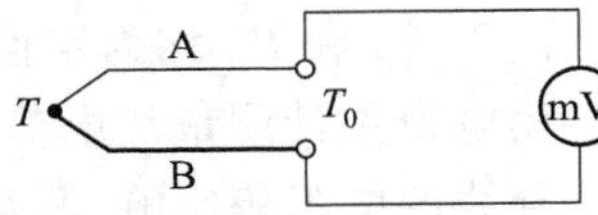

式中，$E_{AB}(T, T_0)$——热电偶的热电势；

$\qquad R_G$——动圈式仪表的内阻。

图 11.3.9　动圈式仪表测量线路

仪表指示电压为

$$U = IR_G = \frac{E_{AB}(T, T_0)}{R_t + R_1 + R_G} R_G \qquad (11.3.9)$$

由此可见，只有当 $U = E_{AB}(T, T_0)$ 时，仪表的指示值才能真实地反映出热电势的大小。为此必须使 $R_G \gg R_t + R_1$，所以要尽可能地减小 R_t 和 R_1。当电阻 R_t 和 R_1 较大时，测量误差就不容忽视。

动圈式仪表常用于测温精度要求不高的场合，结构简单，价格便宜，使用方便。通常为了提高测量精度和灵敏度，可将同类型的多个热电偶串联或并联起来，从而获得各点的平均温度。此外，也可以利用数字电压表直接测量热电势。

如果要求高精度测温，常采用电位差计。电位差计是利用补偿法原理测量热电势的装置，通过将未知的热电势与电位差计上已知的标准电势相比较，从而获得未知的热电势。图 11.3.10 是电位差计的工作原理图，工作过程如下：

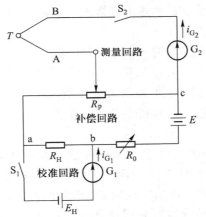

图 11.3.10　电位差计原理图

（1）S_1 合，S_2 断，形成校准回路。调节电位器 R_0 使流过检流计 G_1 的电流为零，于是补偿回路得到恒定的工作电流，即 $I = E_H/R_H$，此时电源 E 施加 R_H 两端的电压与 E_H 平衡。

（2）S_1 断，S_2 合，接入测量回路。调节电位器 R_p，使检流计 G_2 的电流为零，此时热电偶测量回路的电流为零。

（3）当热电偶因温度变化产生热电势时，将有电流流过 G_2，再次调节 S_p 使 $G_2 = 0$。由电位器 R_p 的刻度变化得到一个电阻增量 ΔR_p，则所测热电势为

$$E_{AB}(T,T_n) = \Delta R_p \cdot I = \Delta R_p \frac{E_H}{R_H} \qquad (11.3.10)$$

由于 E_H 和 R_H 均为定值,热电势的大小则可以用 ΔR_p 来度量。

用电位差计测量热电势,由于测量回路中的电流为零,避免了热电偶的电阻和连接导线的电阻等影响,测量精度较高。

为了实现温度的数字显示,可以对热电偶的热电势进行数字化处理(A/D 转换、信号放大等),从而构成热电偶的数字化测温系统。

11.3.3　热电偶的冷端温度补偿

利用热电偶测温时,热电势不仅与热端温度有关,而且也与冷端温度有关。为了使热电势仅是热端温度的单值函数,必须使冷端温度保持不变。但实际应用中,冷端往往处于室温或离热源很近,易受测量对象和环境温度波动的影响,故冷端温度难以保持恒定。为此必须采用恒温或补偿措施消除冷端温度波动的影响。

1. 冷端恒温法

恒温法就是把热电偶的冷端置于某种温度不变的装置中。热电偶分度表是以冷端温度 0℃ 为基准,因此可将冷端放置在冰和水混合的容器或电子恒温槽中,保持冷端为 0℃ 不变。这种方法精度高,但在工程中应用很不方便,一般用于实验室。

实际使用中,对于冷端温度不为 0℃,但能保持恒定不变(放置在恒温器中),采用冷端温度修正的方法,将实测的热电势修正到冷端为 0℃ 时的热电势,从而获得实际温度。

根据中间温度定律,$E_{AB}(T,0) = E_{AB}(T,T_n) + E_{AB}(T_n,0)$,因为保持温度 T_n 不变,因而 $E_{AB}(T_n,0)$ 为常数,该值可以从热电偶分度表中查出。测出的热电势 $E_{AB}(T,T_n)$ 与查表得到的 $E_{AB}(T_n,0)$ 相加,就可得到冷端为 0℃ 时的热电势 $E_{AB}(T,0)$,根据 $E_{AB}(T,0)$ 再查热电偶分度表,便可得到被测温度 T。

2. 补偿导线法

当热电偶冷端离热源较近时,往往采用补偿导线来加长热电偶使冷端延伸到远离热源或恒温的地方,如图 11.3.11 所示。这是工业上普遍应用的一种方法,实际应用中,被测点与指示仪表之间距离往往较远,因此也需要采用补偿导线延长热电偶。对于一般金属热电偶,补偿导线可采用热电极本身材料;对于贵金属热电偶则采用热电特性相近的廉价材料代替。补偿导线常选用直径粗、导电系数大的材料制作,以减小补偿导线电阻的影响。

在一定的温度范围内,补偿导线的热电性能应与相配的热电偶的热电性能一致或相近,即

$$E_{AB}(T_n,T_0) = E_{A'B'}(T_n,T_0) \qquad (11.3.11)$$

需要说明的是,补偿导线只是将冷端延伸到远离热源或环境温度恒定的地方,它不起任何温度补

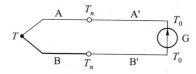

图 11.3.11　补偿导线法

偿作用。若要消除冷端温度不为 0℃ 产生的影响,还需要采用前面介绍的修正法将冷端温度修正到 0℃。

工业上制成了专用的补偿导线,并以不同的颜色加以区别,如表 11.3.3 所示。

表 11.3.3　常用热电偶的补偿导线

补偿导线型号	配用热电偶分度号	补偿导线线芯材质		绝缘层着色	
		正极	负极	正极	负极
SC 或 RC	S、R	SPC(铜)	SNC(铜镍)	红	绿
KC	K	KPC(铜)	KNC(铜镍)	红	蓝
KX	K	KPX(镍铬)	KNX(镍硅)	红	黑
NC	N	NPC(铁)	NNC(铜镍)	红	黄
NX	N	NPX(镍铬硅)	NNX(镍硅)	红	灰
EX	E	EPX(镍铬)	ENX(铜镍)	红	棕
JX	J	JPX(铁)	JNX(铜镍)	红	紫
TX	T	TPX(铜)	TNX(铜镍)	红	白

使用补偿导线时必须注意以下几点:

(1) 补偿导线只能与相应型号的热电偶配用,而且必须在规定的温度范围内;

(2) 正负极性不能接错,否则反会增大误差;

(3) 热电偶与补偿导线两个接点的温度必须相同,且不得超过规定的温度范围,一般为 0～100℃(耐热型为 200℃)。

3. 补偿电桥法

补偿电桥法是利用不平衡电桥随温度变化产生的电势(补偿电压)自动补偿热电偶冷端温度波动而引起的热电势变化量,这种装置称为冷端温度补偿器。

补偿电桥法的工作原理如图 11.3.12 所示。冷端温度补偿器中不平衡电桥的输出端与热电偶串联,并将热电偶的冷端与电桥置于同一温度场中。桥臂电阻 R_t 是由电阻温度系数较大的铜线或镍线制成,其余三个桥臂电阻和限流电阻 R_g 均由电阻温度系数很小的锰铜线制成,其阻值几乎不随温度变化。电桥采用直流稳压电源供电。

设计电桥时,一般选择 20℃ 为电桥平衡温度,使 R_t 在 20℃ 时的阻值与其他三个桥臂 R_1、R_2、R_3 的阻值相同,此时电桥输出电压 $U_{ac}=0$。当电桥所处的环境温度 T_0 变化时,电阻 R_t 的阻值随之改变,使得电桥失去平衡,于是电桥有不平衡电压输出($U_{ac} \neq 0$)。设 $T_0>20℃$,热电势将减小 ΔE,此时 R_t 阻值增大,使得 $U_{ac}>0$,由于 U_{ac} 与热电势 $E_{AB}(T, T_0)$ 同向串联,使输出值得到补偿。同理,若 $T_0<20℃$,热电势将增大 ΔE,此时 $U_{ac}<0$,即 U_{ac} 与热电势的极性相反,可抵消热电势的变化量。若限流电阻 R_g 经过适当选择,可使电桥的输出电压 U_{ac} 的大小正好补偿因冷端温度 T_0 波动而引起的热电势的变化,从而实现冷端温度的自动补偿。

补偿电桥法采用直流供电,简单、使用方便,它可以在 ±20℃ 范围内实现自动补偿。使用中必须注意的是,不同型号的冷端温度补偿器只能与相应型号的热电偶配用,且只能在规定的温度范围内使用,连接时极性切勿接反。

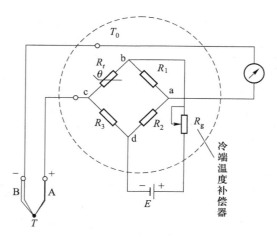

图 11.3.12　补偿电桥法的工作原理

11.3.4　热电偶的校准和标定

　　热电偶使用一段时间后,由于受到物理、化学等诸多因素影响,使得热电特性发生变化,测量精度降低,因而需要定期校准。

　　热电偶校准和标定的方法相同,其目的是核对标准热电偶的热电势与温度的关系是否符合标准,或者确定非标准热电偶的热电势与温度之间的关系,还可以对整个热电偶系统(包括导线、附件、仪表等)进行校正,以消除测量系统的系统误差,提高测量精度。

　　标定(或校准)通常采用两种方法:一种是定点法,利用纯元素具有固定的沸点或凝固点作为温度标准来校正热电偶。例如,标准铂铑$_{10}$-铂热电偶在(630.755～1064.34)℃温度范围内,以金的凝固点 1064.34℃、银的凝固点 961.93℃、锑的凝固点 630.755℃等作为标准温度进行标定,定点法精度高,但使用不便,适用于计量单位。另一种是比较法,它是将标准热电偶和被校准的热电偶一起放在同一温度介质中,以标准热电偶的读数为标准来进行校准,如图 11.3.13 所示。

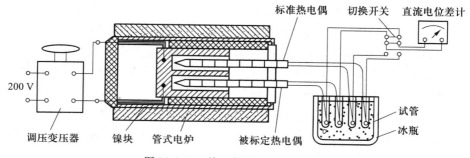

图 11.3.13　热电偶校准系统原理图

　　利用热电偶测温时,由于热接点具有一定的热容量,热接点的温度变化在时间

上总是滞后于被测介质的温度变化。热电偶的动态响应可用一阶微分方程表示为

$$\tau \frac{\mathrm{d}T}{\mathrm{d}t} + T = T_{\mathrm{i}} \tag{11.3.12}$$

式中，τ——热电偶的时间常数；

　　T——热电偶响应温度（即热接点温度）；

　　T_{i}——被测介质温度。

时间常数 τ 是表征热电偶动态性能的一个重要指标，为了减小动态测量误差，必须减小时间常数 τ 值。为此，可选用比热小、密度小的热电极材料，并尽量减小热接点的尺寸，以提高热电偶的动态响应速度。

11.4　新型热电式传感器

近年来随着新材料和新技术的不断涌现，已开发出不少新型热电式传感器，如半导体 PN 结温度传感器、压电式温度传感器、光纤温度传感器等。

11.4.1　PN 结温度传感器

PN 结温度传感器是利用二极管、晶体管 PN 结的伏安特性与温度呈线性关系的特性制作而成。其最大特点是输出特性为线性，而且具有精度高、响应速度快、使用方便、容易集成等优点，因此在电子线路的过热和过载保护、工业温度控制、医学温度测量等方面应用广泛。

无论硅还是锗，只要通过 PN 结的正向电流 I 恒定，则在一定的温度范围内，二极管 PN 结的正向压降 U 及晶体管的基极-发射极电压 U_{be} 与温度成线性关系，灵敏度约为 $-2\mathrm{mV/℃}$，这就是 PN 结温度传感器的基本原理。二极管温度传感器工艺简单，但线性较差；晶体管用于温度测量时把基极 b 与集电极 c 短接作为一个电极，与发射结 e 构成 PN 结，当温度变化时可引起 PN 结电压变化，两者呈线性关系。

将晶体管、放大电路及补偿电路等集成在一个芯片上就构成集成温度传感器。集成温度传感器按输出信号可分为电流型和电压型两种。常见的电流型集成温度传感器有 AD590/592、LM134/234 等，其温度系数约为 $1\mathrm{\mu A/K}$，它的特点是输出阻抗高，适合于远距离传输且无衰减；电压型集成温度传感器有 LM135/235/335、TMP35/36 等，其温度系数约为 $10\mathrm{mV/℃}$，它的特点是输出阻抗低，易于与读出电路或控制电路连接。随着集成技术的发展，目前还有数字输出集成温度传感器如 TMP03/04、DS1820 等。典型的集成温度传感器的工作范围为 $-50℃ \sim 150℃$。

11.4.2　压电式温度传感器

压电式温度传感器是利用振动频率与温度的依赖关系工作的。它分为石英晶体温度传感器、压电超声温度传感器和压电声表面波温度传感器等。

1. 石英晶体温度传感器

石英晶体具有各向异性,通过选择适当的切割角度,则能把温度系数减小到零,反之也能使温度系数变得很大。利用温度系数很小的石英晶片做成的振子,其谐振频率在很宽的温度范围内具有很高的频率稳定性,常作为频率基准。而石英晶体温度传感器是利用大温度系数的石英晶体,两面镀上电极构成电容,连接成 LC 振荡器做成振子,其谐振频率随温度而变化。这种温度传感器的灵敏度为 1 000 Hz/℃,分辨力高达 0.001℃,稳定性好,并能得到频率输出信号,因此适用于数字电路中,测温范围为(−80~250)℃。

2. 压电超声温度传感器

气体中声波传输的速度与气体的种类、压力、密度和温度有关,而压电超声温度传感器是利用压电振子产生的超声波来测温。介质温度不同时,超声波传播的速度也不同,通过测量超声波从发送器到达接收器的时间,就可测出温度的高低。这种传感器的精度在常温时为±0.18℃,在430℃时为±0.42℃。在有热辐射的地方,要检测急剧变化的气温采用这种传感器非常方便。

3. 压电声表面波(Surface Acoustic Wave,SAW)温度传感器

声表面波(SAW)温度传感器是利用 SAW 振荡器的振荡频率随温度变化的原理工作的。SAW 振荡器主要由在压电基片上制成的两个叉指电极(也称声电换能器)和反射栅组成,如图 11.4.1 所示。两个叉指电极分别作为输入换能器和输出换能器,输入换能器将电信号转换成声波信号,沿晶体表面传播,输出换能器再将接收到的声波信号转换成电信号输出。SAW 振荡器的频率变化与温度变化的比值称为频率−温度系数,由压电基片的材料确定。这种传感器的工作温度范围为(−20~80)℃。

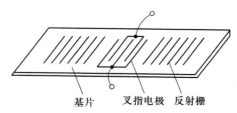

基片　叉指电极　反射栅

图 11.4.1　SAW 振荡器的基本结构

表面波温度传感器具有如下优点:灵敏度高(约为 6.5 kHz/℃);抗干扰能力强;SAW 器件用平面制作工艺,易集成化,结构简单,重复性和可靠性好;体积小、重量轻、功耗小。若将振荡器的频率信号经由天线发射出去,再把接收到的信号转换为频率,便可实现远距离温度测量。

11.4.3　光纤温度传感器

光纤温度传感器按其工作原理可分为功能型(传感型)和非功能型(传光型)两大类。功能型光纤温度传感器是利用光纤的各种特性,当光纤受到外界温度影响时,光纤中传输的光信号的特性参数(如强度、频率、波长、相位、偏振态等)随温度变化的特点进行温度测量,光纤既是传输介质,又是敏感元件。非功能型光纤温度传

感器的光纤只是起到传输光信号的作用,由其他敏感元件感受温度的变化。

功能型光纤温度传感器包括干涉式光纤温度传感器、分布式光纤温度传感器、反射式光纤温度传感器、光纤光栅温度传感器等。非功能型光纤温度传感器包括液晶光纤温度传感器、荧光光纤温度传感器、半导体光纤温度传感器、辐射式光纤温度传感器等。非功能型光纤温度传感器的结构比较简单,并能充分利用温度敏感元件和光纤本身的特点,因此实际应用较为普遍。

1. 液晶光纤温度传感器

液晶光纤温度传感器是利用液晶的"热色"效应,即光的反射系数随颜色变化的原理来测量温度的。例如,在光纤端面上配置液晶片,将三种液晶以适当的比例混合,温度在(10~45)℃范围变化时,液晶的颜色由绿变红,光的反射率也随之变化,测量光强变化可获得温度值。不同形式的液晶光纤温度传感器的测温范围为(-50~250)℃,其精度约为0.1℃。

2. 荧光光纤温度传感器

荧光光纤温度传感器是基于光致发光效应,即利用荧光材料的荧光强度或荧光强度的衰变速度随温度变化的特性来测量温度,前者称为荧光强度型,后者称为荧光余晖型。荧光物质是一种掺有微量铈的稀土磷化物,呈粉末状。将粉末状的荧光物质制成晶片状粘接在光纤的端部,利用紫外光进行激励,荧光材料将发出荧光,检测荧光强度和变化即可检测温度。

荧光强度型温度传感器的测温范围为(-50~250)℃,精度约为±1℃。荧光余晖型温度传感器的测温范围为(-30~200)℃,精度约为±0.5℃。荧光光纤温度传感器的主要优点是测量的温度与光源的光强、光纤的弯曲等因素无关。

3. 半导体光纤温度传感器

半导体光纤温度传感器是利用半导体材料的光吸收特性,即光的透射强度与波长的关系随温度改变而变化的原理来测量温度的。选择合适的半导体发光二极管LED作为光源,发射光经过半导体材料后,光的强度会随半导体材料所处温度的升高而减小,测量光强变化即可检测温度。这类传感器的测温范围一般为(-50~120)℃,精度约为±1℃。

4. 辐射式光纤温度传感器

辐射式光纤温度传感器是基于热辐射的原理,即光纤热辐射的强度和波长随温度变化的原理来测量温度的。辐射式光纤温度传感器的优点是测温范围大,一般为(500~2000)℃,分辨率可达0.01℃,高温时测量精度为±0.2%读数值,适用于高温高压或强磁场环境、复杂结构或空间狭小处温度的测量。

光纤温度传感器是基于光信号传送信息,具有灵敏度高、抗电磁干扰、耐高压、耐腐蚀、工作频带宽、动态性能好、体积小、质量轻、易弯曲等优点,特别适合于易燃、易爆、空间受严格限制及强电磁干扰等恶劣环境下使用,因此在电力系统、建筑、石油化工、航空航天、医疗、海洋等领域应用广泛。

11.5   工程应用案例——基于 AD590 的温度测量及控制

AD590 是一款由美国模拟器件公司生产的电流输出型双端集成温度传感器,在(−55~150)℃温度范围内输出电流与绝对温度成正比。在 4~30 V 电源电压范围内,该器件是一个理想的高阻抗恒流源,其电流只随温度变化而对电压波动不敏感。因此,AD590 集成温度传感器具有良好的线性和互换性、灵敏度高、测量精度高、稳定性好、体积小、响应快、使用简单等优点,广泛应用于高精度温度测量、远距离温度测量等场合。

1. AD590 的性能特点及基本应用电路

AD590 有多种封装形式,包括扁平封装、TO‑52 封装和 SOIC 集成封装等。图 11.5.1 所示为 AD590 的封装形式及电路符号。

AD590 的主要性能特点是:① 线性电流输出,典型的电流温度系数为 $1\mu A/K$;② 工作温度范围为(−55~150)℃;③ 工作电压范围为 4~30 V,并可承受 44V 的正向电压和 20V 的反向电压,即使器件反接也不会被损坏;④ 输出阻抗高达 $10M\Omega$,因此适合于远距离温度测量,其馈线可采用一般的双绞线;⑤ 精度高,AD590 共有 I、J、K、L、M 五挡,其中 M 挡精度最高,在(−55~150)℃范围内,非线性误差仅为 ±0.3℃。

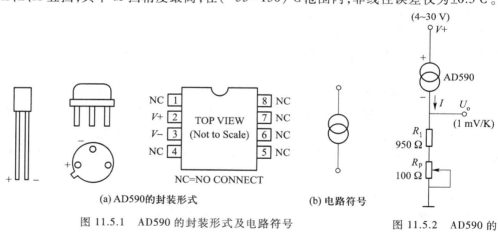

图 11.5.1   AD590 的封装形式及电路符号

图 11.5.2   AD590 的基本应用电路

AD590 的基本应用电路如图 11.5.2 所示,当电阻 R_1 和电位器 R_p 的电阻之和为 1 kΩ时,其输出电压 U_o 随温度的变化为 1mV/K。由此可见,利用这样一个简单电路,很容易地将 AD590 输出的电流信号转换为电压信号,应用非常方便。

由于 AD590 的增益有偏差,电阻值也有误差,因此通常应对电路进行调整。调整方法为:以绝对温度零度(−273.15℃)为基准,根据其电流温度系数 $1\mu A/K$,即每增加 1℃,它会增加 $1\mu A$ 输出电流,因此在 0℃或室温 25℃时,调整电位器 R_p,使其输出电压 $U_o = 273.15$ mV 或者 $U_o = (273.15+25) = 298.15$mV,从而可保证其测量精度。

2. 温度测量及控制

图 11.5.3 是利用 AD590 和差分电路实现的摄氏温度测量电路。图中,集成运放 A_1 为电压跟随器起缓冲隔离作用,集成运放 A_2 构成差分电路。AD590 的输出电流与绝对温度成正比,即 $I=(273.15+t)\mu A$(t 为摄氏温度),该电流通过电阻 R_1(1 kΩ)变为电压信号,即 $U=(273.15+t)\mu A \times 1$ k$\Omega=(273.15+t)$ mV。因此在 0℃时,R_1 电阻上已有 273.15 mV 的电压输出,通过调整电位器 R_P 的阻值抵消 AD590 在 0℃时所产生的输出电压,即在 0℃时输出电压 $U_o=0$。这样,当 AD590 的环境温度大于 0℃时,显示正的摄氏温度(即相应的电压值);环境温度低于 0℃时,显示负的摄氏温度。若将输出电压 U_o 后接 A/D 转换器即可构成数字式摄氏温度计。

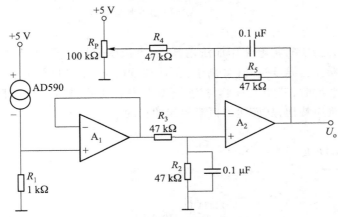

图 11.5.3　利用差分电路实现摄氏温度测量

利用两只 AD590 可构成温差测量电路,如图 11.5.4 所示。当两个 AD590 处于相同温度时,$I_1=I_2$,A 端的输出电流 $I_3=0$,则 B 端的输出电压也为零;当两个 AD590 存在温差 $\Delta T=T_1-T_2$ 时,设 $I_1>I_2$,则

$$I_3=I_1-I_2=k_T(T_1-T_2) \tag{11.5.1}$$

式中,k_T——两个 AD590 的电流温度系数;

T_1、T_2——分别为两个 AD590 的环境温度。

由电路可知,此时 B 端的输出电压为

$$U=R_3I_3=k_TR_3(T_1-T_2) \tag{11.5.2}$$

可见,输出电压与温差 $\Delta T=T_1-T_2$ 成正比。

实际应用中,由于两个 AD590 的电流温度系数存在差异,可通过调整电位器 R_1 和电阻 R_2,确保两个 AD590 等温时输出电压为零。电位器 R_3 可调节整个电路的标度因子,当各电阻为图中所示的标示阻值时,B 端的输出为 10mV/℃。

AD590 不仅可以实现温度的电测,而且也可作为恒温控制电路的信号检测器,具有控温精度高、体积小、无污染、使用方便等优点。图 11.5.5 是 AD590 用于电炉的恒温控制电路。AD590 的输出电流在反相运放 A_1 的负输入端与基准电流比较;运放

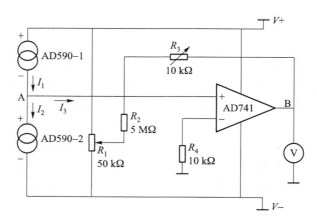

图 11.5.4 AD590 温差测量电路

A₂构成滤波器；运放 A₃将电流作加法运算，放大误差信号，并根据温度值，调节脉冲宽度驱动加热器。当温度达到（或高于）预设温度时，三个二极管截止，停止加热；当温度低于预设温度时，三个二极管导通，开始加热。可变脉宽调制电路可实现无开关控制的平滑响应特性，从而达到恒温控制的目的。

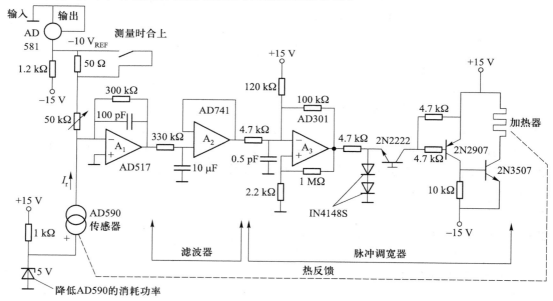

图 11.5.5 AD590 恒温控制电路

.... **习题与思考题** ....

1. 目前常用的温标有哪几种？它们之间有何关系？

2. 温度的测量方法有哪两大类？各有什么特点？

3. 金属热电阻的测温原理是什么？制造热电阻的材料应具备哪些特点？常用的金属热电阻有哪几种？其分度号各为多少？

4. 热电阻测温时常采用哪种测量电路？三线制接法有何优点？

5. 用分度号 Pt100 的热电阻测温，却错查了 Cu100 的分度表，得到的温度是 140℃。问实际温度是多少？

6. 热敏电阻测温有何特点？简述热敏电阻的三种类型、各自特点及应用范围。

7. 已知某 NTC 热敏电阻在温度为 298K 和 303K 时的阻值分别为 3144Ω 和 2772Ω，试求该热敏电阻的材料常数 B 和 298K 时的电阻温度系数 α_{T}。

8. 已知某 NTC 热敏电阻的材料常数 B 为 3450K，若 0℃ 时的电阻为 $30\mathrm{k}\Omega$，求该热敏电阻在 100℃ 时的阻值。

9. 什么是热电效应？简述热电偶产生热电势的条件。

10. 热电偶有哪些基本定律？结合实例说明热电偶基本定律各具有的实际意义。

11. 什么是标准热电偶？常用的标准热电偶有哪几种，各有何特点？

12. 常见热电偶的结构有哪几种？各自特点是什么？

13. 热电偶实际测温时为什么要进行冷端温度补偿？常采用哪几种补偿方法？

14. 用镍铬-镍硅热电偶测量炉温，当室温为 20℃ 时，测得热电势为 29.17mV，问加热炉的温度是多少度？

15. 已知某热电偶的灵敏度为 0.08 mV/℃，将此热电偶与数字电压表相连，电压表接线端处的温度为 50℃，此时电压表的读数为 60 mV，问测量温度值为多少？

16. 如题图 11.1 所示镍铬-镍硅 K 型热电偶测温线路，A′B′ 为补偿导线，已知接线盒 1 的温度为 $t_1 = 40℃$，$t_2 = 0℃$，接线盒 2 处为室温，即 $t_3 = 20℃$。试求下列条件下被测温度：

（1）毫伏表显示为 39.314mV；

（2）如果 A′B′ 换成铜导线，毫伏表显示为 37.702 mV。

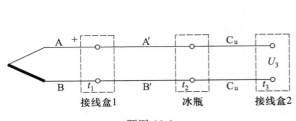

题图 11.1

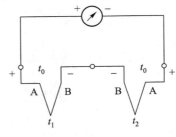

题图 11.2

17. 用两只镍铬-镍硅 K 型热电偶测量两点温度差，其连接线路如题图 11.2 所示。已知 $t_1 = 420℃$、$t_0 = 30℃$，测得两点的温差电势为 15.36mV，问两点温度差是多少？

18. 热电偶冷端温度补偿电桥电路如图 11.3.12 所示，已知铂铑-铂热电偶在温度 0~100℃ 范围内变化时，其平均热电势波动为 $6\mu\mathrm{V}/℃$。桥路中供桥电源电压为

$E = 4\text{V}$，三个锰铜电阻 R_1、R_2、R_3 的阻值和铜热电阻 R_t 的阻值均为 1Ω，铜热电阻的电阻温度系数 $\alpha = 0.004/℃$，已知当温度为 $0℃$ 时电桥平衡。为了使热电偶在冷端温度为 $0\sim50℃$ 范围内其热电势能得到完全补偿，试求可调电阻 R_g 的阻值。

第 12 章　辐射式传感器

【本章要点提示】⋯⋯⋯⋯⋯⋯⋯⋯⋯⋯⋯⋯⋯⋯⋯⋯⋯⋯⋯⋯⋯⋯⋯⋯⋯⋯⋯⋯⋯⋯⋯⋯⋯⋯⋯

1. 红外辐射的物理基础、红外探测器及应用
2. 超声波检测的物理基础、超声波传感器及应用
3. 微波传感器的原理、构成及应用
4. 工程应用案例——雷达测距

12.1　红外辐射传感器

12.1.1　红外辐射的物理基础

红外辐射又称为红外线,是一种不可见光,红外线在电磁波谱中的位置如图12.1.1所示。由于它是位于可见光中红色光以外的光线,故称为红外线。其波长范围大致为 $0.76 \sim 1000\,\mu m$,工程上通常将红外线分为近红外($0.76 \sim 3\,\mu m$)、中红外($3 \sim 6\,\mu m$)、远红外($6 \sim 15\,\mu m$)和极远红外($15 \sim 1000\,\mu m$)四个波段。

红外辐射的物理本质是热辐射。自然界中一切温度高于绝对零度($-273.15\,℃$)的物体,都会产生红外线向外辐射。物体的温度越高,辐射的红外线越多,红外辐射的能量就越强,实验表明,红外线被物体吸收后可转换为热能,因此红外辐射又称为热辐射。

与所有电磁波一样,红外线是以波的形式在空间直线传播的,在真空中也以光速传播。当红外线辐射到物体的表面时,会产生反射、吸收和透射等现象,不同介质的反射、吸收和透射特性存在一定差异。根据能量守恒定律,物体的吸收率、反射率和透过率之和等于1。对于大多数的固体和液体,其透过率几乎为零,因此吸收率高的其反射率必然小,而且反射特性与表面粗糙度有关,若表面粗糙度小于入射波的波长,形成镜面反射,反之呈现漫反射。对于气体,反射率几乎为零,因此吸收率大的气体透过率必然小。红外线在大气中传播时,大气层对不同波长的红外线具有不同的透过率,研究表明,波长为 $1 \sim 2.5\,\mu m$、$3 \sim 5\,\mu m$、$8 \sim 14\,\mu m$ 的三个波段的红外线具有较大的透过率,即这些波段的红外光能较好地穿透大气层。因此这三个波段也称为“大气窗口”,红外探测器一般都工作在这三个波段内。

红外辐射的基本原理是基于黑体辐射理论,所谓黑体是指能在任何温度下全部吸收投射到其表面的红外辐射的物体(吸收率为1)。能全部反射红外辐射并呈镜面

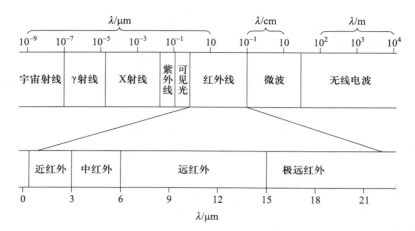

图 12.1.1　红外线在电磁波谱中的位置

反射的物体称为镜体(反射率为 1),能全部反射红外辐射并呈漫反射的物体称为白体(反射率为 1),能全部透过红外辐射的物体称为透明体(透过率为 1)。自然界并不存在理想的黑体、镜体(或白体)和透明体,绝大部分物体都属于灰体,即为部分反射、部分吸收红外辐射的物体。

黑体辐射理论可推广于任何的实际物体,通过引入物体的辐射率,从而获得红外辐射的分布规律。下面介绍三个黑体辐射的基本定律。

(1) 基尔霍夫(Kirchhoff)辐射定律

在热平衡的条件下,所有物体在一定温度下的辐射通量密度(辐射出射度或辐照度)与辐射吸收率(吸收率)的比值相同,并等于黑体在同一温度下的辐射通量密度,即

$$\frac{E}{\alpha} = \frac{E_1}{\alpha_1} = \frac{E_2}{\alpha_2} = \cdots = E_b \tag{12.1.1}$$

式中,E、E_1、E_2、$\cdots$——物体(非黑体)在一定温度下的辐射通量密度(W/m^2);

$\quad\quad\alpha$、α_1、α_2、$\cdots$——物体(非黑体)在一定温度下的辐射吸收率;

$\quad\quad\quad\quad E_b$——黑体在相同温度下的辐射通量密度。

根据辐射率 ε 的定义,即物体在一定温度下的辐射出射度与同温度下黑体的辐射出射度之比称为辐射率(或称发射率),因此有

$$\varepsilon = \frac{E}{E_b} = \alpha \tag{12.1.2}$$

式(12.1.2)表明,任何物体的辐射率等于其吸收率。显然,物体的吸收率越大,其辐射率也越大,反之亦然。因此,好的吸收体必然是好的发射体。

(2) 斯蒂芬-玻尔兹曼(Stefan-Boltzmann)定律

绝对温度为 T 的黑体单位面积在单位时间内辐射出的总能量为

$$E_b = \sigma T^4 \tag{12.1.3}$$

式中,E_b——绝对温度为 T(K)时黑体的辐射通量密度(W/m^2);

σ——斯蒂芬-玻尔兹曼常数，$\sigma = 5.67 \times 10^{-8} \, \text{W} / (\text{m}^2 \cdot \text{K}^4)$。

式（12.1.3）表明，黑体辐射的总能量与波长无关，仅仅与绝对温度的 4 次方呈正比。

基于斯蒂芬-玻尔兹曼定律，实际物体（非黑体）单位面积在单位时间内辐射出的总能量可表示为

$$E = \sigma \varepsilon T^4 \tag{12.1.4}$$

式中，ε 为辐射率。显然，对于黑体，$\varepsilon = 1$；物体的辐射率介于 0 ~ 1 之间，具体数值由实验测定。在一定温度下，物体的辐射率 ε 与其性质（成分、结构等）和表面状态（表面粗糙度、氧化程度等）有关。

（3）普朗克（Planck）定律

普朗克定律描述了黑体的辐射能量与绝对温度和波长的关系。不同温度下黑体的光谱辐射通量密度与波长的关系为

$$E_{b\lambda} = C_1 \lambda^{-5} (e^{C_2 / \lambda T} - 1)^{-1} \tag{12.1.5}$$

式中，$E_{b\lambda}$——黑体的光谱辐射通量密度（即一定温度下，黑体在单位波长内其单位面积所辐射的能量称为光谱辐射通量密度或光谱辐射出射度，$\text{W} \cdot \text{m}^{-2} \cdot \mu\text{m}^{-1}$）；

$\quad\quad\lambda$——波长（μm）；

$\quad\quad T$——绝对温度（K）；

C_1、C_2——普朗克辐射常数，$C_1 = 3.7415 \times 10^{-16} \, \text{W} \cdot \text{m}^2$，$C_2 = 1.4388 \times 10^{-2} \, \text{m} \cdot \text{K}$。

图 12.1.2 表示不同温度下黑体光谱辐射通量密度对波长的分布曲线。显然，黑体发射的光谱是一系列随波长变化的连续光谱，温度越高，光谱辐射通量密度越大。一定温度下黑体辐射的总能量等于该温度对应的曲线下的面积，即

$$E_b = \int_0^\infty E_{b\lambda} \, \text{d}\lambda = \sigma T^4 \tag{12.1.6}$$

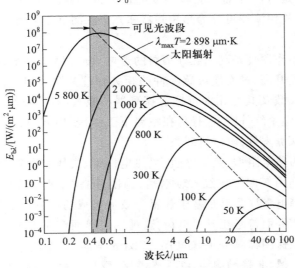

图 12.1.2　黑体光谱辐射通量密度分布曲线

由图 12.1.2 可以看出,在一定温度下黑体光谱辐射通量密度具有一个极大值,该峰值对应的波长随着温度的升高向着短波方向移动(如图中虚线所示)。实验证明,一定温度下,黑体辐射光谱通量密度的峰值波长 $\lambda_m(\mu m)$ 与绝对温度 $T(K)$ 成反比,即

$$\lambda_m = \frac{2898}{T} \qquad (12.1.7)$$

式(12.1.7)称为维恩(Wien)位移定律。

例 12-1 已知人体的温度为 310K(假定人体的皮肤为黑体),求光谱辐射的峰值波长及辐射总能量。若太阳的温度为 6000K 并认为是黑体,求其辐射特性。

解 根据维恩位移定律,可得人体光谱辐射的峰值波长为

$$\lambda_m = \frac{2898}{T} = \frac{2898}{310}\mu m = 9.3\mu m$$

根据斯蒂芬-玻尔兹曼定律,人体辐射的总能量为

$$E_b = \sigma T^4 = 5.67 \times 10^{-8} \times 310^4 \ W/m^2 = 5.2 \times 10^2 \ W/m^2$$

同理可得,太阳光谱辐射的峰值波长和辐射总能量分别为

$$\lambda_m = \frac{2898}{T} = \frac{2898}{6000}\mu m = 0.48\mu m$$

$$E_b = \sigma T^4 = 5.67 \times 10^{-8} \times 6000^4 \ W/m^2 = 7.3 \times 10^7 W/m^2$$

12.1.2　红外探测器及测量系统

1. 红外探测器

红外探测器即红外传感器,是利用红外辐射与物质相互作用所呈现的物理效应来探测红外辐射,是将红外辐射能转换成电量的传感器。红外探测器的种类很多,按照探测机理,红外探测器可分为热探测器和光子探测器两大类。

(1)热探测器

热探测器的工作原理是利用红外辐射的热电效应,热探测器的敏感元件吸收红外辐射后引起温度升高,进而使敏感元件的相关物理参数(如阻值等)发生变化,通过测量这些物理参数及其变化即可确定探测器所吸收的红外辐射。热探测器的响应波段宽,可覆盖整个红外区域,且可在室温下工作,使用方便,应用广泛,但它比光子探测器的峰值探测率低,响应时间长。

热探测器分为热电阻型、热敏电阻型、热电偶型、气体型和热释电型等。其中气体型热探测器是利用气体吸收红外辐射后,温度升高、体积增大的特性来反映红外辐射的强弱。热释电型探测器是基于热释电效应制成的。一些晶体受热时,在晶体两端将产生数量相等而符号相反的电荷,这种因受热而产生的电极化现象称为热释电效应。热释电型探测器具有灵敏度高、探测效率高、频率响应宽、功耗低等优点,广泛用于红外热成像、非接触测温、红外光谱仪、激光测量和亚毫米波测量中。

(2)光子探测器

利用光子效应制成的红外探测器称为光子探测器。当红外线照射到光电器件

上时,红外辐射中的光子流被光电元件接收,从而改变了光电元件电子的能量状态,使其电特性发生变化。按工作原理光子探测器可分为外光电型(PE 器件)、光电导型(PC 器件)、光伏型(PU 器件)、光磁电型(PEM 器件)和量子阱探测器等。光子探测器灵敏度高,响应速度快,响应频率较高,但是探测波段较窄,一般在低温下才能工作。因此大多需采用液氮或温差电等制冷方式,将光子探测器冷却至较低的工作温度,以保持高灵敏度。

光子探测器和热探测器的主要区别是,光子探测器在吸收红外能量后,直接产生电效应;而热探测器在吸收红外能量后产生温度变化,进而产生电效应,温度变化引起的电效应与材料特性有关。热探测器与光子探测器的性能比较见表 12.1.1。

12-1 红外
探测器的
特性参数

表 12.1.1　热探测器与光子探测器的性能比较

	热探测器	光子探测器
波长范围	所有红外波长范围	只对一段波长区间有响应
响应速度	一般在 ms 以上	ns 级
探测性能	与器件形状、尺寸及工艺等有关	与器件形状、尺寸及工艺等无关,易实现规格化
适用温度	不需要冷却	多数需要冷却

2. 红外传感器测量系统

红外传感器测量系统一般由光学系统、红外探测器、前置放大器和信号调制器组成。光学系统是红外传感器的重要组成部分。根据光学系统的结构不同,可分为反射式和透射式两种。

反射式红外传感器的两种光学系统如图 12.1.3 所示,采用凹面玻璃反射镜,将红外辐射聚焦到敏感元件上。反射镜表面镀金、铝和镍铬等对红外波段反射率很高的材料。为了减少像差和使用上的方便,常另加一副反射镜,使目标辐射经过两次反射聚焦到敏感元件上,敏感元件与透镜组合为一体,前置放大器用于接收并放大信号。

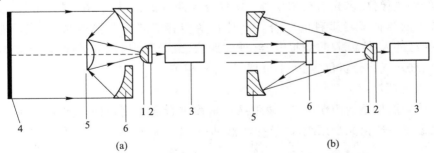

(a)　　　　　　　　　　　　　　(b)

1—浸没透镜;2—敏感元件;3—前置放大器;4—聚乙烯薄膜;5—副反射镜;6—主反射镜

图 12.1.3　反射式红外传感器的两种光学系统

透射式红外传感器的光学系统如图 12.1.4 所示,采用多面组合在一起的透镜将红外辐射聚焦到敏感元件上。透射式光学系统的元件采用红外光学材料做成,并根据所探测的红外波长选择不同的光学材料。在测量 700℃ 以上的高温时采用近红外光,用一般光学玻璃和石英等材料做透镜材料;当测量(100~700)℃ 的温度时,一般采用 3~5μm 的中红外光,使用氟化镁、氧化镁等热敏材料;测量 100℃ 以下的温度时用波长 5~14μm 的中远红外光,多采用锗、硅、硫化锌等热敏材料。

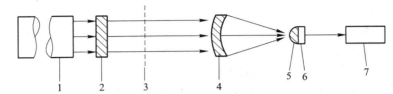

1—光管;2—保护窗口;3—光栅;4—透镜;5—浸没透镜;6—敏感元件;7—前置放大器

图 12.1.4   透射式红外传感器的光学系统

根据发出方式不同,红外探测器可分为主动式和被动式。主动型红外探测器又称为光探测型红外传感器,由红外线发射器和红外线接收器构成。发射器主动发射红外线,接收器接收红外线,常用的红外发射器有使用 GaAs、GaAlAs 等材料的红外发光二极管、激光二极管等,常用的红外接收器有红外接收二极管、光敏二极管、光敏晶体管等。被动型红外探测器只需要红外线接收器,不需要红外发射器。被动式红外探测器不需要附加红外辐射光源,它本身不发射红外线,只是被动的感应周围温度变化,由探测器直接探测来自移动目标的红外辐射,被动式红外探测器通常采用热释电元件。

12.1.3   红外辐射传感器的应用

按照功能和用途,红外辐射传感器的应用分成 5 类:① 红外辐射计,用于辐射和光谱测量;② 红外搜索和跟踪系统,用于确定目标的空间位置,并对其运动进行搜索和跟踪;③ 红外热成像系统,将被测目标发出的不可见红外辐射能量转换为分布图像,如红外热像仪、多光谱扫描仪等;④ 红外测距和通信系统;⑤ 混合系统,以上几类系统中的两种或者多种的组合。红外辐射传感器属于非接触测量,应用非常广泛,包括红外人体探测/防盗报警、红外测距仪、红外测温仪、红外热像仪、红外无损探伤仪、红外气体分析仪、红外水分仪、红外遥感等。

1. 红外测温仪

红外测温仪是运用斯蒂芬-玻尔兹曼定律进行温度测量的。如图 12.1.5 所示,红外测温仪一般由光学系统、红外探测器、信号处理系统、温度显示等组成。

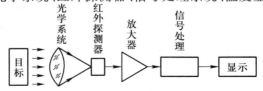

图 12.1.5   红外测温仪原理框图

被测目标的红外辐射经光学系统聚焦在光栅盘上,经光栅盘调制成一定频率的光能投射到红外探测器的光敏元件上;红外探测器把接收到的红外辐射能量转换成为电信号;然后经过信号处理系统的放大、调理后进行显示或记录。

红外测温仪测温范围宽(-100℃~6 000℃),响应速度快(响应时间为 1 μs~1 s,通常为 4~10 ms),对于高速运动的物体可进行在线实时检测,因而在工业中大量应用,如钢铁冶炼、化工产品生产、烧结炉、发电设备等的温度监控。

2. 红外热像仪

红外热像仪是将人眼看不见的红外辐射转换为图像和图片,以反映被测物体表面或近表面层的温度分布情况。按功能红外热像仪可分为测温型和非测温型,测温型可直接从热图像上读出物体表面任意点的温度数值,可用作无损检测仪器,但有效距离较短;非测温型只能观察到物体表面热辐射的差异,可作为观测工具,有效距离较长。按工作温度红外热像仪也可分为制冷式和非制冷式,制冷式热像仪的探测器中集成了低温制冷器,它能给探测器降温,使得热噪声信号低于成像信号,成像质量更好;非制冷式热像仪采用的探测器通常以微测辐射热计为基础,主要有多晶硅和氧化钒两种,其探测器不需要低温制冷。

红外热像仪是利用红外探测器和光学成像物镜接受被测目标的红外辐射能量分布图像,反映到红外探测器的光敏元上,由探测器将红外辐射能转换成电信号,成像装置的输出信号即可完全一一对应地模拟扫描物体表面温度场分布,经放大处理、转换为标准视频信号传至显示屏上,得到与物体表面热分布场相对应的红外热像图。红外热像仪原理如图 12.1.6 所示。

12-3 红外
热像仪

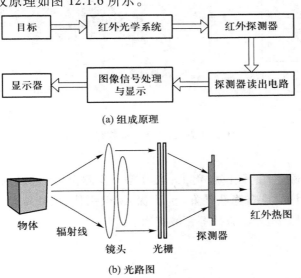

(a) 组成原理

(b) 光路图

图 12.1.6　红外热像仪原理

红外热像仪一般分光机扫描成像系统和非扫描成像系统。非扫描成像的红外热像仪,如新一代的红外焦平面阵列式凝视成像热像仪,具有结构简单、工作稳定可靠、灵敏度高、噪声等效温差性能好等优点,在性能上大大优于光机扫描式热像仪,红外焦平面阵列(IR FPA)已经成为当今红外成像技术发展的主要方向,有逐步取代光机扫描式热像仪的趋势。

红外焦平面阵列热像仪是一种图像传感设备,由位于镜头焦平面处的红外焦平面探测器、读出电路(包括 CMOS 和 CCD 两种)和信号处理电路等组成。如图 12.1.7 所示,红外焦平面探测器由多个 MEMS 绝热微桥结构的像元在焦平面上二维重复排列构成,每个像元对特定入射角的热辐射进行测量;红外辐射被像元中的红外吸收层吸收后引起温度变化,从而使非晶硅热敏电阻的阻值变化;非晶硅热敏电阻通过MEMS 绝热微桥支撑在硅衬底上方,并通过支撑结构与制作在硅衬底上的 CMOS 读出电路相连;CMOS 读出电路将热敏电阻阻值变化转换为差分电流并进行积分放大,经采样后得到红外热图像中单个像元的灰度值。红外焦平面探测器的信号处理电路通常和读出电路集成在同一硅片上,用于进行信号的前置放大、滤波、校正补偿等。为了提高探测器的响应率和灵敏度,利用细长的微悬臂梁支撑像元微桥以提高绝热性能,同时将热敏材料制作在薄桥面上减小热容量,以保证足够小的热时间常数。

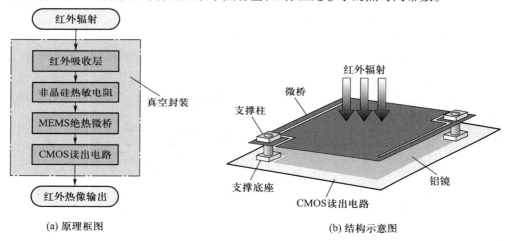

(a) 原理框图   (b) 结构示意图

图 12.1.7　红外焦平面阵列探测器

红外热像仪除了用于冶金、化工、电力等工业测温,还可以利用红外热像仪搜索、捕获和跟踪目标,具有隐蔽性好、抗干扰、易识别伪装、获取信息丰富等优点,在天文探测、遥感、医学、海上救援等领域应用前景广阔。

12.2　超声波传感器

12.2.1　超声波检测的物理基础

机械振动在弹性介质中的传播称为机械波,也称为声波或弹性波。根据振动频率的不同,声波可分为次声波($f<20$ Hz)、可闻声波(20 Hz$\leqslant f\leqslant 20$ kHz)、超声波(20 kHz$\leqslant f\leqslant 1$ GHz)和特超声波($f>1$ GHz),超声波传感器所用的工作频率通常在$0.25\sim20$MHz 范围内,如图 12.2.1 所示。超声波的优点是频率高、方向性好、传播能量集中。它能够聚集成射线定向传播,频率越高,指向性越好;其传播能量大,穿透能力极强;遇到界面会发生反射。超声波的这些特性使它在检测技术中获得了广泛应用,如无损探伤、厚度(距离)测量、流速(流量)测量、清洗、焊接、医学成像等。

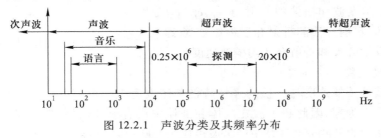

图 12.2.1　声波分类及其频率分布

1. 超声波的反射和折射

当超声波从一种介质入射到另一种介质时,在两介质的界面上会产生反射和折射,如图 12.2.2 所示。由物理学可知,超声波的反射和折射遵循反射定律和折射定律,即

$$\frac{\sin\alpha}{\sin\alpha'}=\frac{c}{c_1} \qquad (12.2.1)$$

$$\frac{\sin\alpha}{\sin\beta}=\frac{c}{c_2} \qquad (12.2.2)$$

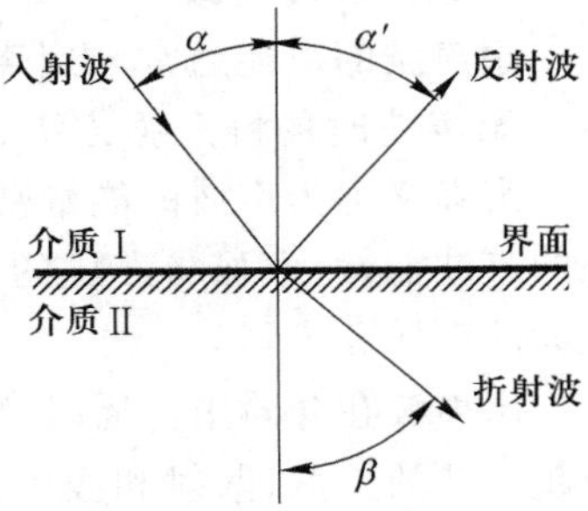

式中,c——入射波在介质中的速度;

　　c_1——反射波在介质中的速度;

　　c_2——折射波在介质中的速度;

　　α——入射角;

　　α'——反射角,当入射波与反射波的波形相同、波速相等时,反射角 α' 等于入射角 α;

　　β——折射角。

图 12.2.2　超声波的反射和折射

2. 超声波的波形及其转换

由于声源在介质中的施力方向与波在介质中传播方向的不同,超声波的波形也不同。超声波主要分为三种波形:① 质点振动方向垂直于传播方向的波称为横波;② 质点振动方向与传播方向一致的波为纵波;③ 质点振动方向介于纵波和横波之间的称为表面波,即沿介质浅表面传播的波,表面波随深度的增加而迅速衰减。其中,纵波能在固体、液体和气体介质中传播,而横波和表面波只能在固体介质中传播。超声波检测大都采用纵波。

当超声波以某一个角度入射到第二种介质(固体)界面上时,除了纵波的反射、折射以外,还会发生横波的反射和折射,如图 12.2.3 所示。在一定条件下还会产生表面波。图中,L 为入射波,L_1 为反射纵波,L_2 为折射纵波,S_1 为反射横波,S_2 为折射横波。

这几种波形均符合几何光学中的反射定律,即

$$\frac{c_L}{\sin \alpha} = \frac{c_{L1}}{\sin \alpha_1} = \frac{c_{S1}}{\sin \alpha_2} = \frac{c_{L2}}{\sin \gamma} = \frac{c_{S2}}{\sin \beta} \quad (12.2.3)$$

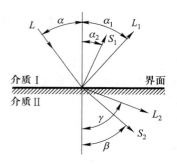

图 12.2.3 超声波的波形转换

式中 α 为入射角,α_1、α_2 分别为纵波和横波的反射角,γ、β 分别表示纵波和横波的折射角,c_L、c_{L1}、c_{L2} 分别表示入射介质、反射介质和折射介质内纵波速度,c_{S1}、c_{S2} 分别表示反射介质和折射介质内横波速度。

3. 传播速度

超声波的传播速度与介质的弹性特性和密度有关。由于气体和液体中的剪切弹性模量几乎为零,因此超声波在气体和液体中没有横波,只能传播纵波。气体中的纵波声速约为 344m/s,液体中的纵波声速为 900~1900m/s。在固体介质中,纵波、横波及表面波之间的声速有一定的关系,通常认为横波声速为纵波声速的一半,表面波声速为横波声速的 90%。

4. 超声波的衰减

超声波的声能通常采用声压和声强表示。声压是指介质中有声波传播时的压强与无声波时的静压强之差,声压与介质密度、声速、质点的振幅及振动频率成正比。声强又称为声波的能量密度,即单位时间内通过垂直于声波传播方向的单位面积的声波能量,声强与声压的平方成正比。通常声波的振动频率越高,越容易获得较大的声压和声强。

超声波在介质中传播时,随着传播距离的增加,能量逐渐衰减,其能量衰减取决于超声波的扩散、散射和吸收。超声波传播过程中的衰减规律与其波面形状有关,对于平面波,其声压和声强通常按指数函数规律衰减,即

$$p = p_0 e^{-\alpha x} \quad (12.2.4)$$
$$I = I_0 e^{-2\alpha x} \quad (12.2.5)$$

式中,p_0、I_0——声源处的声压(Pa)和声强(W/m²);

p、I——距离声源 x(cm)处的声压和声强;

α——衰减系数(Np/cm),不同介质的衰减系数不同。

介质对超声波的吸收程度与超声波的频率、介质密度都有很大关系。气体介质的密度很小,超声波在气体中传播时衰减很快,尤其频率较高时其衰减速度更快,因此在空气中采用的超声波频率较低。在液体、固体中超声波衰减很小,穿透能力很强,特别是在不透光的固体中,超声波能够穿透几十米长度,故超声波检测主要用于固体和液体介质。

5. 超声波对传播介质的作用

当超声波在介质中传播时,与介质的相互作用会产生以下效应:

(1)机械效应。超声波在传播过程中,会引起介质质点运动而使介质产生交替的压缩和扩张,这种机械力的作用将引起机械效应。超声波引起的介质质点运动,

虽然产生的位移和速度不大，但是与超声波振动频率的平方成正比的质点加速度却很大，可以对介质产生强大的机械作用。超声波在压电材料和磁致伸缩材料中传播时，由于机械作用还会引起感生电极化和感生磁化。

（2）空化效应。液体中的微气泡（空化核）在超声波作用下产生振动，当声压达到一定值时，气泡将迅速膨胀，然后突然闭合，在气泡闭合时产生冲击波，这种膨胀、闭合、振荡等一系列动力学过程称为超声波空化作用。空化效应不仅与超声波的声强、频率有关，还与介质的温度、含气量、黏滞性等因素有关。一般来讲，超声波声强越大、频率越低，空化越容易；介质的温度越高、含气量越高、黏滞系数越大，越易于空化。

在空化过程中形成的小气泡会随介质的振动而不断运动、胀大或突然破灭，在气泡被压缩直至崩溃的一瞬间，会产生巨大的瞬时压力，一般可高达几十兆帕至上百兆帕。与空化作用相伴随的内摩擦可形成电荷，并在气泡内因放电而产生发光现象。在液体中进行超声波清洗等技术大多与空化作用有关。

（3）热效应。由于超声波的振动使介质产生强烈的高频振动，介质间产生相互摩擦而发热，从而使介质的温度升高。另外，超声波作用于介质时，一部分能量被介质吸收，也会导致介质的温度升高。由于超声波频率高，能量大，在介质中传播时能产生显著的热效应，这种热效应在工业、医疗上得到了广泛应用。

超声波与介质作用除了以上几种效应外，还有多普勒效应、化学效应、弥散效应和触发效应等。

12.2.2　超声波传感器的原理及检测模式

1. 超声波传感器的工作原理

超声波传感器又称为超声波换能器或超声波探头，它是利用超声波发射、传播及接收的物理特性工作的，是将声信号转换成电信号的声电转换装置。它可以是超声波发射装置、超声波接收装置，也可以是既能发射又能接收超声波的装置，属于典型的双向传感器。按工作原理，超声波传感器可分为压电式、磁致伸缩式、电磁式等，其中压电式在超声波检测中最常用。压电式超声波传感器的组成如图 12.2.4 所示。

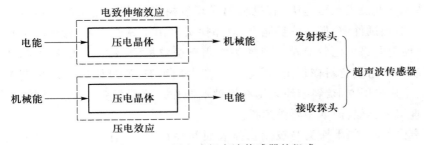

图 12.2.4　压电式超声波传感器的组成

压电式超声波探头常用的压电材料是压电晶体和压电陶瓷。超声波发射是利用逆压电效应,在压电晶片上施加交变电压,使其产生电致伸缩振动,将高频电振动转换为机械振动而产生超声波。超声波的接收则是利用正压电效应,将超声波机械振动转换为电信号。

2. 超声波传感器的结构

压电式超声波探头主要由压电晶片、阻尼块、保护膜和引线等组成。其核心为压电晶片(敏感元件),压电晶片多为圆片形,压电式超声波探头的工作频率与压电晶片厚度成反比;阻尼块用于吸收压电晶片背面的超声脉冲能量,防止杂乱反射波产生,以提高分辨率,阻尼块多采用高衰减系数的复合材料制作;保护膜用于防止晶片磨损,一般采用耐磨性较好的不锈钢、刚玉(Al_2O_3)等制作。超声波探头按其结构可分为直探头、双探头、斜探头和液浸探头等,几种压电式超声波探头结构如图12.2.5 所示。

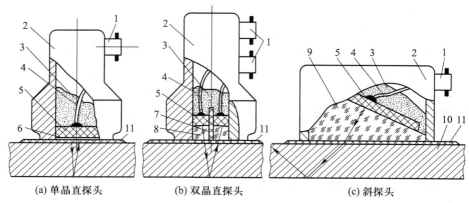

(a) 单晶直探头　　　　(b) 双晶直探头　　　　(c) 斜探头

1—接插件;2—外壳;3—阻尼块;4—引线;5—压电晶片;6—保护膜;7—隔离层;
8—延迟块;9—斜楔块;10—试件;11—耦合剂

12.2.5　压电式超声波探头

12-4 超声
波探头

单晶直探头中超声波发射和接收均利用同一块压电晶片,由电路控制使其处于分时工作状态,单晶探头主要用于纵波检测。双晶直探头的两个晶片分别用于发射和接收超声波,两个晶片之间用一片吸声性强、绝缘性好的薄片加以隔离防止相互干扰;晶片下方设置有延迟块(有机玻璃或环氧树脂),其作用是使超声波延迟一段时间后入射到试件中,提高分辨能力;双晶探头多用于纵波检测,检测精度比单晶直探头高,控制电路也比较简单。斜探头常用于横波检测,斜探头的压电晶片粘贴在与底面成一定角度的斜楔块上,压电晶片产生的纵波,通过倾斜一定角度折射为横波;压电晶片多用方形,斜楔块采用有机玻璃制作。液浸探头可浸入液体中检测,其结构与直探头类似,但不需要保护膜。

超声检测时,如果探头与被测物体表面间存在空气间隙,则超声波在空气界面上全部反射,不能进入被测物体。因此,必须使用耦合剂将接触面之间的空气排挤掉,使超声波能顺利入射到被测介质中,耦合剂的厚度应尽量薄一些,以减小耦合损耗。常用的耦合剂有自来水、机油、甘油、水玻璃、胶水和化学浆糊等。

3. 超声波传感器的检测模式

超声波传感器包括反射和透射两种检测模式,其中反射式又分为一体化反射型和分离式反射型两种,如图 12.2.6 所示。对于透射(对射)式,被测物体位于发射器和接收器之间,将会阻断接收器接收的超声波,常用于遥控器、防盗报警器、接近开关、自动门等。对于反射式,发射器和接收器常置于被测物体的同侧,被测物体将发射的超声波部分地反射回接收器,一体化反射型常用于材料探伤、测厚等;分离式反射型的发射器与接收器是分立的,常用于接近开关、测距、液位和料位检测等。

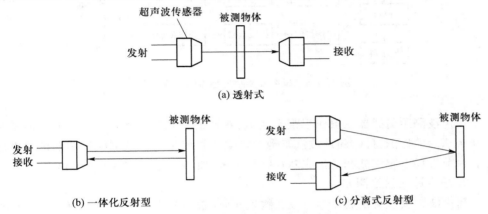

(a) 透射式

(b) 一体化反射型　　　　(c) 分离式反射型

12.2.6　超声波传感器的检测模式

12.2.3　超声波传感器的应用

超声波在固体、液体、气体中都可以传播,穿透能力强,不受环境光线色彩和光照度的影响,反射能力强且对反射界面平整度要求不高,在灰尘、烟雾、电磁干扰、腐蚀性物质等恶劣环境下具有较好的适应能力,所以超声波传感器应用范围非常广泛,如超声波探伤、测距、测速、测厚、物位/液位检测、流量检测、检漏以及医学诊断(超声波 CT)等。

1. 超声波测距

超声波测距是利用超声波在空气中的传播速度为已知,测量超声波在发射后遇到障碍物反射回来的时间,根据发射和接收的时间差求出发射点到障碍物的实际距离。超声波测距原理如图 12.2.7 所示。

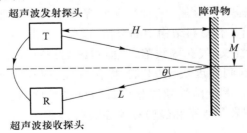

图 12.2.7　超声波测距原理

超声波测距传感器一般由超声波发射、超声波接收、定时器、控制电路等组成，如图 12.2.8 所示。超声波发射器向被测物体发射超声波，然后关闭发射器并同时打开超声波接收器，检测回声信号。定时器用以计测超声波在空气中的传播时间。它从发射器发射超声波时开始计时，直到接收器检测到超声波为止，超声波传播时间的 1/2 与声波在介质中的传播速度的乘积即是被测物体与传感器之间的距离。

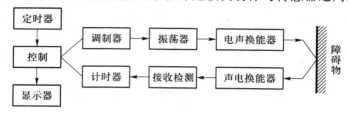

图 12.2.8　超声波测距传感器的组成框图

12-5 超声波测距仪

超声波测距传感器一般作用距离较短，普通的有效探测距离为 5～10m，但是会有几十毫米的探测盲区，超声波汽车倒车防撞装置就是超声波测距传感器的典型应用。目前市场上超声波测距集成芯片型号很多，如 Sony 生产的 CX20106A 等。

2. 超声波无损检测

超声波无损检测是利用超声波在物理介质（被检测材料或结构）中传播时，通过被检测材料或结构内部存在的缺陷处，超声波会产生折射、反射、散射或剧烈衰减等，进而分析这些特性，即可建立缺陷与超声波的强度、相位、频率、传播时间、衰减特性等之间的相关关系。

超声波无损检测的测量方法很多，常用的有穿透法检测、反射法检测等。穿透法检测和反射法检测主要用于探测试件内部缺陷，可采用纵波检测，也可采用横波检测。探测试件表面的缺陷需采用表面波检测。反射法超声波无损检测的工作原理如图 12.2.9 所示，高频发生器产生的脉冲加到探头上使之产生超声波（发射波 T），超声波以一定的速度向工件内部传播。若工件没有缺陷，则超声波传到工件底部时反射回来，形成反射波（也称为底波 B）；若工件有缺陷，则一部分超声波遇到缺陷时反射回来形成缺陷波 F，其余的传到工件底部反射回来形成底波 B，由发射波 T、缺陷波 F 和底波 B 在显示器屏幕（扫描线）上的位置即可确定缺陷在工件中的位置。超声波无损检测所用频率一般为 0.5～10MHz，对钢等金属材料的检验时常用频率为 1～5MHz。超声波无损检测能对缺陷进行定位和定量。

12-6 超声波探伤仪

超声波无损检测是目前金属、复合材料和焊接结构中最重要、应用最广泛的无损检测方法，可检测出复合材料结构中的分层、脱粘、气孔、裂缝、冲击损伤和焊接结构中的未焊透、夹杂、裂纹、气孔等缺陷，并能对缺陷进行定位和定量。超声波无损检测具有灵敏度高、探测速度快、成本低、操作方便、探测厚度大、对人体和环境无害，特别对裂纹、未熔合等危险性缺陷检测灵敏度高等优点。但也存在缺陷评定不直观、定性定量与操作者的水平和经验有关等缺点。

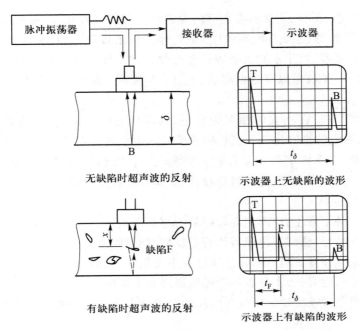

图 12.2.9　反射法超声波无损检测的工作原理

12.3　微波传感器

12.3.1　微波的性质和特点

微波是波长为 1mm～1m 的电磁波,对应的频率范围为 300MHz～300GHz,是介于红外线与无线电波之间的电磁辐射。微波的频率比一般的无线电波频率高,通常也称为"超高频电磁波",广泛应用于通信、传感、雷达、导弹制导、遥感等领域。

1. 微波的主要特性

微波具有电磁波的性质,又不同于普通的无线电波和光波。与微波传感器应用领域相关的微波特性如下:

(1) 似光性和似声性

微波与光波相似,即所谓的似光性是指与频率较低的无线电波相比,微波更能像光线一样传播和集中。这样,利用微波就可以制作方向性极好、体积小的天线设备。微波又与声波相似,即所谓的似声性。例如,微波波导类似于声学中的传声筒,喇叭天线和缝隙天线类似于声学喇叭、萧与笛,微波谐振腔类似于声学共鸣腔。

同时,类似于光波和声波,微波通常也呈现为反射、折射、散射、吸收等特性。

(2) 穿透性

当微波照射到物体上时,由于微波比其他用于辐射加热的电磁波(如红外线、远红外线等)的波长更长,因此具有更好的穿透性。与红外线相比,微波照射介质时更易深入物质内部,微波雷达可穿越大多数物体。对于玻璃、塑料和瓷器等,微波几乎是穿越而不被吸收,对于水和食物等就会吸收微波而使自身发热,而对金属类物品,则会反射微波。微波可以穿透电离层,成为人类探测外层空间的"宇宙窗口"。

（3）信息性

微波频率很高,在不大的相对带宽下,其可用的频带很宽,可达数百甚至上千 MHz,低频无线电波难以比拟。这意味着微波的信息容量大,现代多路通信系统包括卫星通信系统,几乎无例外地工作在微波波段。微波信号还可以提供相位信息、极化信息及多普勒频率信息,这在目标检测、遥感目标特征分析等应用中十分重要。

2. 微波的特点

（1）微波易于产生,空间定向辐射装置容易制造。

（2）定向性好,遇到各种障碍物容易反射,绕射能力差。

（3）传输特性好,损耗小,在传输过程中受烟雾、火焰、灰尘、强光等的影响很小,穿透云、雨、雾的能力强,十分有利于遥感遥测和军事应用。

（4）介质对微波能量的吸收与介质的介电常数成正比,例如水对微波的吸收作用最强。

12.3.2　微波传感器的原理及分类

1. 微波传感器的工作原理

微波传感器是利用微波特性来检测某些物理量,如物体的存在、运动速度、距离、浓度等。其工作原理是,由发射天线发出微波,此微波遇到被测物体时被吸收或反射,使微波功率发生变化。利用接收天线接收透过被测物体或由被测物体反射回来的微波,并将它转换为电信号,再经过信号调理电路,即可显示出被测量,从而实现微波检测。

根据工作原理,微波传感器可分为反射式和遮断式两类。

（1）反射式微波传感器

反射式微波传感器是通过检测被测物反射回来的微波功率或经过的时间间隔来获得被测量。通常可以测量物体的位置、位移、厚度等参数。

（2）遮断式微波传感器

遮断式微波传感器是通过检测接收天线收到的微波功率大小,来判断发射天线与接收天线之间有无被测物体或被测物体的位置、厚度、含水量等参数。

与一般传感器不同,微波传感器的敏感元件可看作一个微波场,其他部分可视为一个转换器和接收器,如图 12.3.1 所示。图中 MS 为微波源,T 为转换器,R 为接收器。转换器是一个微波场的有限空间,被测物处于其中。如果将 MS 与 T 合二为一,称为有源微波传感器;若 MS 与 R 合并,称为自振式微波传感器。

2. 微波传感器的组成

微波传感器通常由微波振荡器、微波天线和微波检测器三部分组成。

（1）微波振荡器

图 12.3.1 微波传感器的结构

微波振荡器（微波发射器、微波源）是产生微波的装置。由于微波波长很短，频率很高，要求振荡回路的振荡时间非常小，即振荡回路应由非常微小的电感与电容构成。因此，微波振荡器不能采用普通的电子管和晶体管，而要采用微波半导体器件，如微波晶体管、磁控管、雪崩渡越二极管、体效应二极管等。

（2）微波天线

由微波振荡器产生的高频振荡信号需用波导管或同轴电缆传输，并由天线发射出去。为了使发射的微波波束具有尖锐的方向性，微波天线要具有特殊的构造和形状。常用的微波天线结构如图 12.3.2 所示，另外还有介质天线、隙缝天线和透镜天线等。

喇叭天线结构简单，制造方便，可看作是波导管的延续，在波导管与敞开空间之间起匹配作用，可获得最大能量输出。抛物面天线相当于凹透镜，能改善微波发射的方向性。

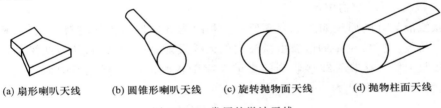

(a) 扇形喇叭天线　　(b) 圆锥形喇叭天线　　(c) 旋转抛物面天线　　　(d) 抛物柱面天线

图 12.3.2 常用的微波天线

（3）微波检测器

微波检测器是指微波探头与信号处理设备的集合。微波电磁场作为空间的微小电场变动而传播，一般使用电流-电压特性呈现非线性的电子元件作为微波敏感探头。与其他探头相比，微波敏感探头在其工作频率范围内必须有足够快的响应速度。在几 MHz 以下的频率下，非线性电子元件通常可用半导体 PN 结、隧道结元件等，而频率比较高时可使用肖特基结。

微波检测有两种方法，一种是将微波变化转换为电流的视频变化方式，另一种是与本机振荡器并用使其变化为频率比微波频率低的外差法。

微波传感器涉及微波的产生、频率的变换以及幅度、相位、频率、品质因素等微波因素的测量。微波传感器必须采用微波半导体器件和微波集成电路。

3. 微波传感器的特点

微波传感器作为一种新型的非接触式传感器，具有以下特点：

（1）有极宽的频谱（波长 1.0 mm～1.0 m）可供选用，可根据被测对象的特点选择不同的测量频率。

（2）时间常数小，反应速度快，可以进行动态检测与实时处理。

（3）微波无显著辐射公害，测量具有非破坏性，可以进行活体检测，大部分测量不需要取样。

（4）烟雾、粉尘、水汽、化学气氛及高低温环境对检测信号的传播影响极小，因此可以工作在恶劣环境下，如高温、高压、有毒、有放射性及恶劣天气等环境条件。

（5）输出信号可方便地调制在载波信号上进行发射与接收，传输距离远，便于实现遥测与遥控。而且，输出信号本身就是电信号，无须进行非电量的转换，便于与计算机接口，实现自动控制。

微波传感器的主要缺点是零点漂移和标定尚未得到很好的解决，测量环境如温度、气压、取样位置等对测量结果影响较大。

12.3.3   微波传感器的应用

近年来，利用微波频段电磁波的特性，研制了大量用于非电量检测和无损探伤的微波传感器。例如，利用微波的定向辐射特性进行测量，如微波开关式物位计；利用微波的反射特性进行测量，如微波液位计、测厚仪和微波雷达等；利用物质对微波的选择性吸收特性测量纸张、粮食、酒精、木材、皮革、土壤、煤炭、石油等物料中的水分（含水量）等。

1. 微波液位计/物位计

微波液位计的原理如图 12.3.3 所示。相距为 S 的发射天线与接收天线，相互构成一定角度。波长为 λ 的微波由微波发射天线发射到被测液面，从被测液面反射后进入接收天线。接收天线接收到的微波功率随被测液面的高低不同而不同。接收天线接收到的功率 P_r 为

$$P_r = \left(\frac{\lambda}{4\pi}\right)^2 \frac{P_t G_t G_r}{S^2 + 4d^2}$$ （12.3.1）

式中，P_t、G_t——发射天线的发射功率和增益；

$\quad\quad G_r$——接收天线的增益；

$\quad\quad S$——发射天线与接收天线之间的直线距离；

$\quad\quad d$——两天线与被测液面间的垂直距离。

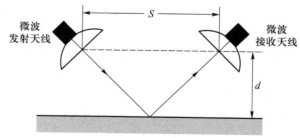

图 12.3.3   微波液位计

当 P_t、λ、G_t、G_r 均为恒值时，则

$$P_r = \left(\frac{\lambda}{4\pi}\right)^2 \frac{P_t G_t G_r}{4} \frac{1}{\dfrac{S^2}{4}+d^2} = \frac{K_1}{K_2+d^2} \qquad (12.3.2)$$

式中,K_1——取决于发射功率、天线增益和波长的常数;

K_2——与天线安装方法和安装距离有关的常数。

由式(12.3.2)可知,微波接收功率 P_r 是液位高度的函数。只要测得接收功率 P_r,即可求得被测液面的高度(即液位)。

微波式物位开关是一种常用的微波物位计,图 12.3.4 所示为微波开关式物位计的原理框图。微波物位开关由发射探头和接收探头两部分组成,两个探头相向安装,发射探头发射低能量微波信号,接收探头接收到的微波功率信号经放大器、比较器(与设定电压比较)后,发出相应的物位信号。

当被测物低于设定的物位时,接收天线接收到的功率 P_0 为

$$P_0 = \left(\frac{\lambda}{4\pi S}\right)^2 P_t G_t G_r \qquad (12.3.3)$$

被测物位升高到天线所在的高度时,接收天线接收到的功率 P_r 为

$$P_r = \eta P_0 \qquad (12.3.4)$$

式中,η——由被测物形状、高度、材料性质及电磁性能决定的系数。

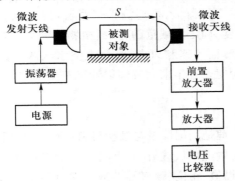

图 12.3.4 微波开关式物位计的原理框图

微波式物位开关也可作为单件物体的计数和位置传感器。

与超声波物位计相比,由于电磁波与声波产生的原理不同,声波是靠物质的振动产生的,不能在真空中传播;而电磁波是靠电子振荡产生的,其本身就是一种物质,传播不需要介质,能在真空中传播。因此微波液位/物位计基本上不受温度、压力(真空)、粉尘以及挥发性气体和蒸汽的影响,传播衰减也很小。

2. 微波湿度(水分)传感器

水分子是极性分子,常态下成偶极子形式杂乱无章地分布着。在外电场的作用下,偶极子会形成定向排列。当微波场中有水分子时,偶极子受电场的作用而反复取向,不断从电场中得到能量(储能),又不断释放能量,前者表现为微波信号的相移,后者表现为微波信号的衰减。这一特性可以用水分子自身的介电常数 ε 来表

征,即

$$\varepsilon = \varepsilon' + \alpha\varepsilon'' \qquad\qquad (12.3.5)$$

式中,ε'——储能的度量;

　　ε''——衰减的度量;

　　α——常数。

ε' 和 ε'' 不仅与材料性质有关,而且还与测试信号的频率有关。一般干燥的物体,如木材、皮革、谷物、纸张、塑料等,其 ε' 在 1~5 范围内,而水的 ε' 高达 64,因此如果材料中含有少量水分子时,其复合 ε' 将显著上升。ε'' 也有类似的性质。

使用微波传感器测量干燥物体与含有一定水分的潮湿物体所引起的微波信号的相移与衰减量,就可以换算出物体的含水量。目前已经研制出土壤、煤炭、石油、矿砂、酒精、谷物、纸张、木材、皮革、塑料等一批微波湿度传感器。

3. 微波辐射计

微波辐射计即微波温度传感器,是一种用来接收在天线视场范围内各种物体自身辐射、散射或反射的微波噪声能量,并等效变换成黑体温度的无源微波遥感电子仪器,是用于测量物体微波辐射能量的被动遥感仪器,具有能穿透云层、可日夜工作及受雾、雨、雪等气象影响较小等优点。

微波辐射计在军事、环境科学上都有重要的作用,其最有价值的应用是微波遥测。将微波辐射计装在飞行器上,可遥测大气对流层的状况,可进行大地测量与探矿,可遥测水质污染程度,确定水域范围,判断植物品种等。微波辐射计在海洋卫星上用来遥感海面温度、海面风速和风向、海面上空水汽浓度、降水率等,在航空遥感飞机上用来遥感海面盐度。近年来微波辐射计又有了新的应用,可用其探测人体癌变组织等。

4. 微波无损检测

微波无损检测的原理是利用微波与被检材料(介质)的相互作用,微波信号入射到介质表面时会发生反射、散射、透射,而且材料中的电磁参数和几何参数也会改变微波场,从而改变回波幅值、相位、频率等参数。通过测量微波信号基本参数的变化即可达到检测材料内部缺陷或者物理特征参数的目的。

微波无损检测属非接触测量,可以快速、连续、实时地进行检测,微波频谱宽、方向性好,对非金属材料的穿透能力很强,微波无损检测设备简单,不需要耦合剂,可避免对材料的污染。因此,微波无损检测在非金属和复合材料的缺陷检测及非电量测量等方面获得了广泛的应用。

微波无损检测的方法主要有穿透法、反射法、散射法、干涉法、全息法及断层成像法(CT 法)等。穿透法可用于测量材料的厚度、密度、湿度、化学成分、固化度等,也可检测夹杂、气孔、分层等内部缺陷;反射法可检测金属材料表面的缺陷、非金属材料的表面和内部缺陷如裂缝、脱粘、气孔、夹杂、分层等;散射法可用于检测非金属材料内部的气孔、夹杂和裂缝等缺陷;干涉法利用微波的干涉现象形成驻波来判断材料性质的变化;全息法是将微波干涉法与光导全息照相技术结合提取材料的微波全息图像;CT 法利用断层扫描技术检测非金属材料的内部缺陷并以断层剖面的图形显示。

5. 微波射频识别(微波 RFID)

射频识别(RFID)是一种利用无线电射频信号进行物体识别的新兴技术,是物联网的核心技术之一。按应用频率 RFID 分为低频(LF)(30~300kHz)、高频(HF)(3~30MHz)、超高频(UHF)与微波(MW)(300MHz~)。超高频与微波频段的射频简称为微波射频,其典型工作频率为:433.92MHz,862(902)~928MHz,2.45GHz,5.8GHz。微波 RFID 系统阅读距离一般大于 1m,典型情况为 4~6m,最大可达 10m 以上。RFID 技术在低频段基于变压器耦合模型(初级与次级之间的能量传递及信号传递),而在高频段则是基于雷达探测目标的空间耦合模型(雷达发射电磁波信号碰到目标后携带目标信息返回雷达接收机)。

微波 RFID 的典型应用有近距离通信、工业自动化、移动车辆识别、仓储物流等。433.92MHz 的 RFID 系统常用于近距离通信和工业控制领域,915MHz 是物流领域的首选,2.45GHz 常用于智能交通领域如我国铁路机车车号识别系统等,5.8GHz 是我国高速公路电子收费系统(ETC)的工作频段。

12.4　工程应用案例——雷达测距

雷达(radio detection and ranging, radar)意为"无线电检测和测距",即利用无线电波来检测目标并测定目标的位置。通过对目标物体发射声波或者电磁波并接收从目标反射回来的信号(回波),由此获得目标物体的距离、距离变化率(径向速度)、方位、大小等信息,从而实现对目标的探测、跟踪和识别。雷达最先应用于军事中,后来逐渐民用化。

1. 雷达的类型及特点

根据工作模式,雷达分为脉冲雷达和连续波雷达。脉冲雷达通过辐射较短的高频脉冲进行测距,适合于同时测量多个目标,当前常用的雷达大多数是脉冲雷达。连续波雷达包括单频、多频和调频连续波雷达,其优点是容易区分活动目标,适合于单一目标的测量,缺点是容易产生信号泄漏和背景干扰,连续波雷达主要用于多普勒导航、测速、导弹制导、目标搜索跟踪和识别、战场监视以及隐身飞机的形体研究等方面。

随着汽车智能化的发展,雷达技术推动了自适应巡航控制系统(adaptive cruise control, ACC)和先进驾驶辅助系统(advanced driver assistance system, ADAS)等汽车主动安全技术的飞速发展。根据测量介质的不同,车用雷达可分为超声波雷达、红外雷达、激光雷达和微波雷达等。超声波雷达和红外雷达因探测距离相对较短,目前主要用于汽车倒车控制系统和泊车系统中;激光雷达和微波雷达具有测量距离远、精度高等优点,被广泛应用于汽车主动安全控制系统。

(1) 激光雷达

激光雷达是激光技术与雷达技术相结合的产物,可提供高分辨率的辐射强度几何图像、距离图像、速度图像等。在军事领域,激光雷达包括跟踪激光雷达、制导激光雷达、火控激光雷达、气象激光雷达、水下激光雷达等,可适应不同战场环境;在民用领域,激光雷达因其在测距测速、三维建模等领域的优越性能也被广泛应用。

按照测量方式,激光雷达可分为一维激光雷达、二维激光雷达、三维激光雷达(三维激光扫描仪)等。其中一维激光雷达主要用于测距测速等,二维激光雷达主要用于轮廓测量、物体识别、区域监控等,三维激光雷达可以实现实时三维空间建模、机器人自主导航、无人驾驶汽车等。

激光雷达的优点是轻便、结构相对简单,具有高单色性、方向性好、分辨率高、测量精度高、探测距离远、隐蔽性好、抗有源干扰能力强等特点,其缺点是易受环境因素的干扰,在雨、雪、烟、雾等天气情况下,测量性能有所下降。

(2)微波雷达

微波雷达是利用波长介于 $1\sim10$mm 之间(频率介于 $30\sim300$GHz)的电磁波进行测量,也称为毫米波雷达。毫米波雷达在导弹制导、目标监视和截获、炮火控制和跟踪、高速通信、卫星遥感等领域都有广泛的应用。近年来,随着毫米波雷达技术水平的提升和成本的下降,毫米波雷达开始应用于汽车领域,如车速监控、车流量检测、防撞雷达、倒车控制系统等。

12-8 24GHz
毫米波雷达

毫米波雷达的优点是探测距离远、精度高、不受目标物体颜色、形状以及天气等外界因素的影响,具有全天候全天时、可靠性高、性价比高等特点。毫米波雷达的可用频带主要有 24GHz、60 ~61GHz、76 ~77GHz 三个频段,当前比较主流的是 24GHz 和 76~77GHz(60~61GHz 只有日本使用)。在这些特殊的频段,微波的辐射能量在大气中具有很大的衰减特性,因而可以降低对其他雷达或无线电设备的影响,并减少对人体的辐射影响。

一般情况下,24GHz 用于短/中距离(15 ~ 30m), 76 ~ 77GHz 用于中/长距离(100~200m),频率越高,波长越短,测距测速的精度就越高。

2. 雷达测距的原理

雷达测距是基于多普勒效应探测运动物体的速度、方向和位移。利用雷达能动地将微波发射到运动物体,接收器接收到的反射波的频率将发生偏移,此现象称为多普勒效应。微波发射、接收频率之差为多普勒频移,即

$$\Delta f_{d} = \frac{v}{\lambda}\cos\theta \tag{12.4.1}$$

式中,Δf_{d}——多普勒频移;

$\qquad v$——运动物体的速度;

$\qquad \lambda$——微波信号的波长;

$\qquad \theta$——微波方向与运动物体之间的夹角即方位角。

当运动物体靠近发射天线时,Δf_{d} 为正;远离发射天线时,Δf_{d} 为负。在确定了 v、λ、θ 中的任意两个参数后,由于 Δf_{d} 可以测出,即可根据式(12.4.1)测得第三个参数。

Δf_{d} 的测量是基于接收器将来自发射器的参照信号与来自运动物体的反射信号混合后,并进行超外差检波,则得到多普勒频移的输出信号为

$$u_{\mathrm{d}} = U_{\mathrm{d}} \sin\left(2\pi \Delta f_{\mathrm{d}} t - \frac{4\pi r}{\lambda}\right) \qquad (12.4.2)$$

式中, r——运动物体与发射天线之间的距离；

U_{d}——多普勒电压信号的幅值。

因此,根据测量到的多普勒频移 Δf_{d},可测定相对速度 v。但该方法不能测量距离,为此可以发射两个不同波长的信号,引起式(12.4.2)中的信号初始相位的变化,即

$$\Delta\varphi = 4\pi r\left(\frac{1}{\lambda_2} - \frac{1}{\lambda_1}\right) \qquad (12.4.3)$$

因此

$$r = \frac{\Delta\varphi\lambda_1\lambda_2}{4\pi(\lambda_1 - \lambda_2)} \qquad (12.4.4)$$

由式(12.4.4)可知,只要测出不同波长 λ_1、λ_2 下的初始相位差 $\Delta\varphi$,即可确定距离 r。

3. 车用雷达在先进驾驶辅助系统(ADAS)中的应用

先进驾驶辅助系统(ADAS)是利用安装于汽车上的各类传感器实时检测并进行静、动态物体的辨识、侦测与追踪等,从而让驾驶者在最短的时间内察觉可能发生的危险,以引起注意和提高安全性的主动安全技术。ADAS 系统采用的传感器主要有摄像头、雷达、激光和超声波等,可以探测光、热、压力或其他用于监测汽车状态的变量,通常位于车辆的前后保险杠、侧视镜、挡风玻璃上等。

目前,在 ADAS 系统中,车载 24GHz 毫米波雷达实现的主要功能包括盲点探测 BSD(blind spot detection)、后方碰撞预警 RCW(rear collision warning)、车道变换辅助 LCA(lane change assistance)、目标横穿预警 CTA(crossing traffic alert)和自动泊车 AP(automatic parking)等。车载 77GHz 毫米波雷达实现的功能主要包括自适应巡航控制 ACC(adaptive cruise control)、自动紧急制动 AEB(autonomous emergency brake)和前方碰撞预警 FCW(forward collision warning)等。其中,自动紧急制动 AEB、前方碰撞预警 FCW 和自适应巡航控制 ACC 采用前向雷达,盲点探测 BSD、后方碰撞预警 RCW、车道变换辅助 LCA 和目标横穿预警 CTA 等采用后向雷达,自动泊车 AP 的雷达遍布车辆周围。

12-9 ADAS
系统中的
传感器

车用雷达作为汽车先进驾驶辅助系统的关键部件,应用前景十分广阔,未来在智能交通系统、无人驾驶汽车的大变革中将发挥重要的作用。

习题与思考题

1. 拟测量一块金属的辐射能量,设金属表面温度为 1050℃,金属的辐射率为 0.82。若后来发现实际的辐射率为 0.75,试问温度误差为多少?

2. 利用辐射计测量物体温度 400K 和 800K。设物体表面的辐射率为 0.2 ±0.05,辐射能量在 800K 时的不确定度为 1%,试确定分别测量两个温度的不确定度。

3. 红外探测器可分哪两类? 其探测机理又有何差异? 试给出 2~3 个红外探测

器的应用实例。

4. 超声波在介质中有哪些传播特性?

5. 利用超声波测量厚度的基本原理是什么? 试设计一个超声波液位检测仪。

6. 采用超声波测速仪测量车辆的行驶速度,某次检测时,第一次发出到接收到超声波信号用时 0.4s,第二次发出到接收到超声波信号用时 0.3s,两次信号发出的时间间隔为 1s,则被测汽车速度是多少?(假设超声波的速度为 340m/s,且保持不变)

7. 试设计一个红外控制的电扇开关自动控制电路,并叙述其工作原理。

8. 试比较微波传感器与超声波传感器的异同。

9. 查阅参考资料,比较红外测距、超声波测距、微波测距和激光测距的优缺点和适用范围。

10. 需要监测轧钢过程中薄板的宽度,应当选用哪些传感器? 说明其工作原理。

11. 常用的无损检测有哪些测量方法? 比较各自的优缺点和适用范围。

12. 需要检测一批航空发动机涡轮机叶片是否存在裂纹,可采用哪些测量方法? 说明其工作原理。

第 13 章　数字式传感器

【本章要点提示】 ┈┈┈┈┈┈┈┈┈┈┈┈┈┈┈┈┈┈┈┈┈┈┈┈┈┈┈┈┈┈┈┈┈┈

1. 数字式位移传感器的结构及工作原理
2. 数字式位移传感器的信号调理电路
3. 数字式位移传感器的典型应用
4. 工程应用案例——光栅在三坐标测量机中的应用

数字式传感器是指能把被测模拟量转换为数字量输出的传感器。与模拟式传感器相比,数字式传感器具有如下特点:① 测量精度和分辨率高;② 抗干扰能力强,稳定性好;③ 可直接与计算机连接,便于信号处理和实现自动控制;④ 传输距离远,便于动态及多路测量等。

按照输出信号形式,数字式传感器通常可分为四类:① 脉冲输出式数字传感器,如栅式数字传感器(光栅、磁栅、容栅、球栅等)、增量编码器、感应同步器、旋转变压器等;② 编码输出式数字传感器,如绝对编码器等;③ 频率输出式数字传感器,它是把被测量转换成与之相对应且便于处理的脉冲频率输出,如谐振式传感器、石英晶体频率式传感器等;④ 集成数字式传感器,如集成式数字温/湿度传感器等。

本章将介绍精密位移测量中广泛应用的光栅传感器、光电编码器、感应同步器、磁栅和容栅等几种数字式位移传感器的结构、工作原理、信号调理电路和应用特点等。

13.1　光栅传感器

13.1.1　光栅的类型和结构

光栅是由很多等节距的透光缝隙和不透光的栅线均匀相间排列构成的光学器件。按工作原理,光栅分为物理光栅和计量光栅,物理光栅基于光栅的衍射现象,常用于光谱分析和光波长等测量;计量光栅是利用光栅的莫尔条纹现象进行测量,常用于精密位移测量。

根据光路的不同,计量光栅分为透射光栅和反射光栅。透射光栅以透光的玻璃为载体,在长方形或圆形的光学玻璃上均匀刻出许多透光的缝隙和不透光的栅线,从而形成规则排列的明暗线条;而反射光栅则是以不透光的金属为载体。

按照栅线型式的不同,计量光栅又分为黑白光栅和闪耀光栅。黑白光栅利用照相复制工艺加工而成,其栅线与缝隙为黑白相间的结构,它只对入射光波的振幅或光强进行调制,因此也称为幅值光栅;闪耀光栅的横断面呈锯齿状,采用刻划工艺制作而成,它可对入射光波的相位进行调制,又称为相位光栅。黑白光栅的刻线密度一般为(25、50、100、125、250)线/mm,闪耀光栅的栅线密度常为(150～2400)线/mm。光栅刻线的密度由测量精度决定,刻线的密度越大,精度越高。

按照用途和形状计量光栅可分为测量线位移的长光栅和测量角位移的圆光栅。长光栅也称为光栅尺,其栅线相互平行;圆光栅一般在圆盘玻璃上刻线(又称为光栅盘),根据栅线刻划的方向分为径向光栅和切向光栅,径向光栅的栅线的延长线全部通过圆心,切向光栅的栅线全部与一个和圆盘玻璃同心的小圆相切。长光栅有透射式和反射式两种,而且均有黑白光栅和闪耀光栅;圆光栅一般只有透射式黑白光栅。

目前还发展了激光全息光栅和偏振光栅等新型光栅。本节主要讨论透射式黑白光栅。

13-1 长光栅与圆光栅

透射式黑白光栅的结构如图 13.1.1 所示,a 为刻线(不透光)宽度,b 为缝隙(透光)宽度,相邻两栅线的距离为 $W = a + b$,称为光栅栅距(或光栅常数),一般 $a = b$,也可做成 $a : b = 1.1 : 0.9$。光栅栅距 W 是光栅的重要参数之一,栅距的大小通常用栅线密度表示,如 $W = 0.02\text{mm}$,其栅线密度为 50 线/mm。对于圆光栅来说,除了参数栅距外,还有栅距角 γ(指圆光栅上相邻两条刻线所夹的角)。

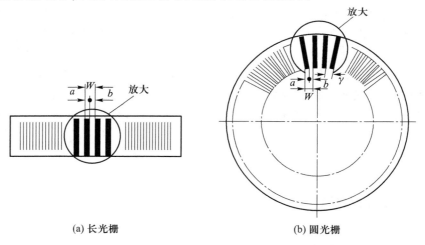

(a) 长光栅   (b) 圆光栅

图 13.1.1   透射式黑白光栅的结构

13.1.2   光栅传感器的工作原理

1. 光栅传感器的结构

光栅传感器主要由光源、透镜、光栅副、光电器件及测量电路等部分组成,如图 13.1.2 所示。光栅副是光栅传感器的核心,由主光栅和指示光栅组成,其精度决定着整个光栅传感器的测量精度。主光栅是测量的基准(也称为标尺光栅),其有效长度由测量范围确定;一般来说主光栅比指示光栅长,但两者的刻线密度相同。指示光栅的长度只要能满足测量所需的莫尔条纹数量即可。测量时,主光栅和指示光栅刻线面相对,两者之间保持小的间距且栅线之间错开一个很小的角度,以便形成莫尔条纹。在长光栅副中,一般主光栅与被测对象连在一起,并随其运动,指示光栅固定不动;但在数控机床上,主光栅往往固定在机床床身上不动,而指示光栅随托板一起移动。在圆光栅副中,主光栅通常固定在主轴上,并随主轴一起转动,指示光栅固定不动。当主光栅相对指示光栅移动时,透过光栅副的光在近似于垂直栅线的方向做明暗相间的变化,形成莫尔条纹。

13-2 光栅尺

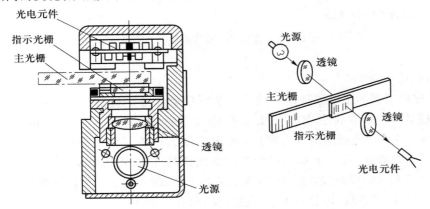

图 13.1.2　光栅传感器的结构

光源的作用是提供给光栅传感器工作所需的能量(光能),主要有普通白炽光源(钨丝灯泡)和半导体发光器件两种。白炽灯输出功率大,价格便宜,但它与光电元件相结合的转换效率低,使用寿命短,且不利于小型化;半导体发光器件如砷化镓(GaAs)发光二极管,与硅光敏三极管相结合时,转换效率高(可达30%),且响应速度快(几十纳秒),可以使光源工作在触发状态,从而可降低功耗和热扩散。

透镜的作用是将光源发出的光转换为平行光,通常采用单个凸透镜。

光电元件的作用是将光栅副形成的莫尔条纹的明暗强弱变化转换为电量输出,主要有光电池和光电三极管。采用半导体发光器件时,需要选用敏感波长与该光源相接近的光电元件,以获得较高的转换效率(输出功率)。此外,为了增大莫尔条纹的信号强度,在光栅副与光电元件之间可加置另一块透镜,在透镜的焦平面上放置光电元件,从而可使光电元件输出较大的光电流,以便于后续电路处理。当光电元件的输出不是足够大时,常常接有放大器,使其得到足够的信号输出以防干扰的影响。

直读式光栅传感器的光路系统如图 13.1.3 所示,按透射光栅和反射光栅,分为透射直读式光路系统和反射直读式光路系统。其中透射直读式光路系统结构简单、紧凑,调整方便,应用广泛;反射直读式光路系统适用于黑白反射光栅,一般用在数控机床上。

2. 光栅传感器的工作原理

13-3 透射光栅与反射光栅

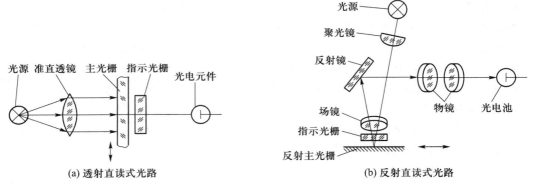

图 13.1.3　直读式光栅传感器的光路系统

13-4 莫尔
条纹

（1）莫尔条纹

光栅传感器的工作原理是利用莫尔条纹现象来进行测量。以透射式长光栅为例，将栅距 W 相同的主光栅与指示光栅重叠放置，两者之间保持很小的间隙（0.1mm），并使两光栅的刻线之间有一微小夹角 θ，如图 13.1.4 所示。当有光源照射时，由于挡光效应，在 a—a 线上两光栅的栅线彼此重合，光从缝隙透过形成亮带；在 b—b 线上两光栅的栅线彼此错开，形成暗带。于是，在大致垂直于光栅栅线的方向上产生明暗相间的条纹，即莫尔条纹，也称为横向莫尔条纹。

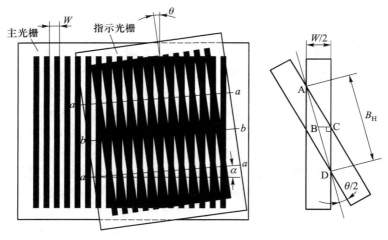

图 13.1.4　莫尔条纹

由图 13.1.4 可以看出，莫尔条纹由一系列四棱形图案构成，图中 α 为亮（或暗）带的倾斜角，θ 为两光栅的栅线夹角，显然 $\alpha = \theta/2$。莫尔条纹（亮带与暗带）的间距为

$$B_{\mathrm{H}} = AD = 2BD = \frac{2BC}{\sin\dfrac{\theta}{2}} = \frac{W/2}{\sin\dfrac{\theta}{2}} \approx \frac{W}{\theta} \tag{13.1.1}$$

式中,莫尔条纹的间距 B_H 和光栅栅距 W 的单位为 mm;两光栅的栅线夹角 θ 单位为 rad。

由此可见,莫尔条纹的间距 B_H 是由光栅栅距 W 与光栅的夹角 θ 所决定。

（2）莫尔条纹的特点

1）莫尔条纹的运动与光栅的运动有对应关系

当主光栅沿刻线的垂直方向作相对移动时,莫尔条纹将沿光栅刻线方向移动（两者的运动方向近似垂直）;光栅反向移动时,莫尔条纹也反向移动。主光栅每移动一个栅距 W,莫尔条纹也相应移动一个间距 B_H。利用这种对应关系,光栅传感器可根据莫尔条纹的移动量和移动方向来测量光栅的位移量和位移方向。

2）莫尔条纹具有位移放大作用

由式（13.1.1）可知,莫尔条纹对光栅栅距具有放大作用,其放大倍数为

$$K = \frac{B_H}{W} = \frac{1}{\theta} \tag{13.1.2}$$

例如,对 50 线/mm 的光栅,$W = 0.02$mm,取 $\theta = 0.1° = 0.0017$ rad,则莫尔条纹间距 $B_H = 11.4592$mm,放大倍数约为 $K = 573$。因此,莫尔条纹的放大倍数相当大,这样读取莫尔条纹的数目比读取光栅栅线要方便很多,而且也有利于布置接收莫尔条纹信号的光电元件,从而实现高灵敏度的位移测量。

3）莫尔条纹具有误差平均效应

莫尔条纹是由光栅的大量刻线共同形成的,对光栅刻线误差具有平均效应,能在很大程度上消除由于刻线误差所引起的局部缺陷和短周期误差影响,可以达到比光栅本身刻线精度更高的测量精度。因此,计量光栅特别适合于高精度大位移测量。

4）莫尔条纹的间距 B_H 随光栅夹角 θ 变化

由式（13.1.1）可知,当光栅栅距 W 一定时,莫尔条纹的间距 B_H 仅由夹角 θ 决定,夹角 θ 越小,莫尔条纹的间距 B_H 越大。实际应用中,通过调整夹角 θ 的大小,可以获得任意所需的莫尔条纹间距。而且,当两光栅的相对移动方向不变时,改变 θ 的方向,则莫尔条纹的移动方向发生改变。

13.1.3 光栅传感器的测量电路

1. 光电转换电路

主光栅和指示光栅的相对位移产生了莫尔条纹,为了测量莫尔条纹的位移,必须通过光电元件（如硅光电池、光电三极管等）将光信号转换成电信号。

如图 13.1.3（a）所示透射直读式光路系统中,在光栅的适当位置放置光电元件,当两光栅作相对移动时,光电元件接收到的光强随莫尔条纹移动而变化,光强变化近似为正弦曲线,如图 13.1.5 所示。在 a 位置,两个光栅刻线重叠,透过的光强最大,光电元件输出的电信号也最大;在 c 位置光被遮去一半,光强减小一半;位置 d 的光被完全遮去而成全黑,光强最小;若光栅继续移动,透射到光电元件上的光强又逐渐增大。当两光栅相对位移一个栅距 W 时,莫尔条纹移动一个条纹间距（明暗变化一次）,照射在光电元件上的光强按正弦规律变化一个周期,从而使输出的电信号也发

生相应的周期变化。

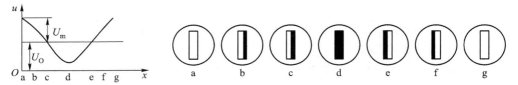

图 13.1.5　光栅位移与光强、输出电压的关系

光电元件输出电压 u 可表示为

$$u = U_0 + U_m \cos\left(\frac{2\pi x}{W}\right) \tag{13.1.3}$$

式中，U_0——输出信号的直流分量；

　　　U_m——输出信号的交流分量幅值；

　　　x——两光栅的相对位移。

可见，在一个周期内，输出电压 u 是位移在一个栅距内变化的余弦（或正弦）函数，每一周期对应一个栅距。因此，只要计算光电元件输出电压的周期数，即可测出位移量。

将光电元件输出的余弦（或正弦）信号通过放大整形和微分电路转变成脉冲信号，送入计数器进行记数，这样脉冲总数 N 就与移动的莫尔条纹数（即移动的栅距数）相对应，即光栅的位移量为

$$x = NW \tag{13.1.4}$$

这就是利用莫尔条纹测量位移的原理。

2. 辨向电路

无论测量直线位移还是测量角位移，都必须能够根据传感器的输出信号判别移动的方向，即判断是正向移动还是反向移动，是顺时针旋转还是逆时针旋转。

但是，仅由一个光电器件的输出无法判别光栅的移动方向，因为在一点观察时，不论主光栅向哪个方向运动，莫尔条纹均作明暗交替变化。为了辨别方向，通常采用在相隔 1/4 莫尔条纹间距 B_H 的位置上安放两个光电元件，获得相位差为 90° 的两个正弦（或余弦）信号，然后送到如图 13.1.6 所示的辨向电路进行处理。

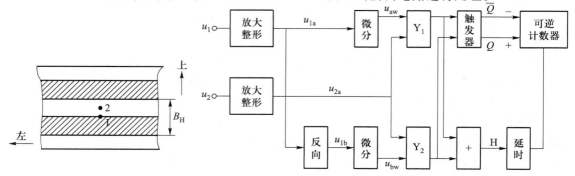

图 13.1.6　辨向电路原理框图

设主光栅正向(向左)移动时,莫尔条纹向上移动,两个光电元件分别输出电压信号 u_1 和 u_2,如图 13.1.7(a)所示,显然 u_1 超前 u_2 90°。u_1、u_2 经过放大、整形得到两个相位差为 90° 的方波信号 u_{1a} 和 u_{2a},u_{1a} 经反相后得到 u_{1b}。u_{1a}、u_{1b} 经过微分电路后得到两组电脉冲 u_{aw}、u_{bw},分别输入到与门 Y_1 和 Y_2。对于与门 Y_1,由于 u_{aw} 处于高电平时,u_{2a} 总是为低电平,故脉冲被阻塞,Y_1 输出为 **0**;对于与门 Y_2,u_{bw} 处于高电平时,u_{2a} 也为高电平,与门 Y_2 输出一个正脉冲,此脉冲一方面使得触发器置 **1**,从而使可逆计数器选择做加法运算;另一方面通过或门 H,并经延时电路延时后,作为记数脉冲送给可逆计数器进行加法计数。同理,当主光栅反向(向右)移动时,输出信号波形如图 13.1.7(b)所示,与门 Y_2 被阻塞,Y_1 输出一个正脉冲信号,此脉冲一方面使触发器置 **0**,从而使可逆计数器选择做减法运算;另一方面通过或门 H,并经延时电路延时后,作为记数脉冲送给可逆计数器进行减法计数。

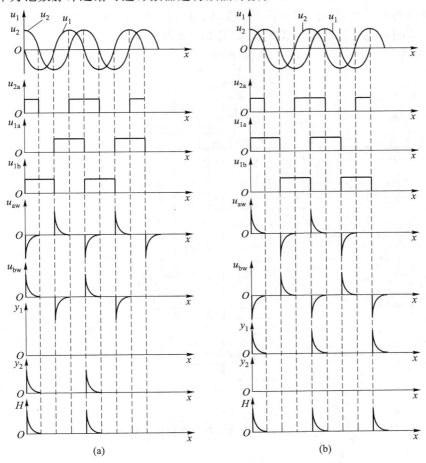

图 13.1.7 光栅移动时偏向电路各点的波形

主光栅每移动一个栅距,辨向电路只输出一个脉冲。正向移动时脉冲数累加,反向移动时则从累加的脉冲数中减去反向移动所得的脉冲数,这样根据运动方向即可正确地加/减计数脉冲,从而完成了位移的辨向。

3. 细分电路

由式(13.1.4)可知,若以移过的莫尔条纹数来确定位移量,则其分辨率为光栅栅距。为了提高分辨率和测量比栅距更小的位移量,以提高测量精度,可以通过增大光栅的刻线密度,但这种方法受光栅刻线工艺的限制,成本较高,而且也会给安装和调试带来困难。目前广泛采用的方法是细分技术,即选择合适的光栅栅距,对栅距进行细分,以提高光栅的分辨率。

所谓细分就是指在莫尔条纹变化的一个周期内(光栅移动一个栅距),发出若干个脉冲,以减小脉冲当量。例如,一个周期内发出 n 个脉冲,即每个脉冲相当于原来栅距的 $1/n$,分辨率提高到 W/n。由于细分后计数脉冲频率提高了 n 倍,因此也称为 n 倍频。细分方法有电子细分和光学细分等,本节主要以电子细分为例加以阐述。

常用的电子细分包括四倍频细分法、电阻电桥细分法和电阻链细分法等。下面介绍一种四倍频细分电路及其波形,如图 13.1.8 所示。

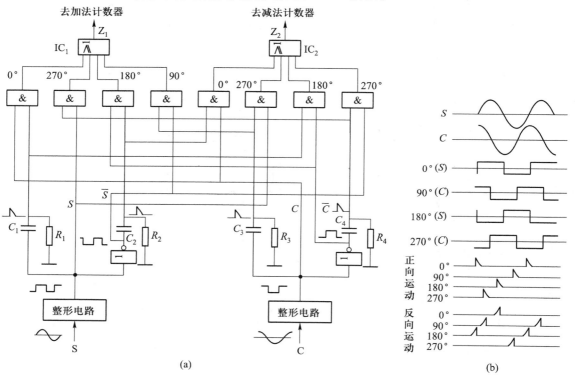

图 13.1.8　四倍频细分电路及其波形

在上述辨向电路的基础上,将获得的两个相位相差 90°的正弦(或余弦)信号分别整形反相,就可得到 4 个相位依次为 0°(S)、90°(C)、180°($\overline{S}$)、270°($\overline{C}$)的方波信号,经 RC 微分电路后就可在光栅移动一个栅距时,得到 4 个计数脉冲,再送到可逆计数器进行加法或减法计数,从而达到四倍频细分的目的,即可将分辨率提高 4 倍。这种细分法电路简单,对莫尔条纹产生的波形没有严格要求,是其他细分法的基础。

13.1.4 光栅传感器的应用

光栅传感器与其他数字式位移传感器相比,具有特点:① 高精度,光栅传感器在大量程长度或直线位移测量方面仅低于激光干涉传感器,在圆分度和角位移连续测量方面是精度最高的,测长精度 $\pm(0.2+2\times10^{-6}L)\,\mu m$($L$ 为被测长度),测角精度为 $\pm0.1''$。② 大量程兼有高分辨率,感应同步器和磁栅也具有大量程测量的特点,但分辨率和精度都不如光栅传感器。③ 响应速度快,可实现动态测量。④ 光栅位移测量属于增量式测量。⑤ 对环境条件的要求不像激光干涉传感器那样严苛,但不如感应同步器和磁栅传感器的适应性强,油污和灰尘会影响它的可靠性。在工业现场使用时,对工作环境要求较高,不能承受大的冲击和振动,要求密封,以防止尘埃、油污和铁屑等的污染,光栅适合在实验室和环境较好的场合使用。⑥ 成本较高。

由于光栅传感器具有测量精度高、测量范围大、分辨率高等优点,而且易于实现测量的自动化,因此广泛应用于数控机床和精密测量仪器设备中。图 13.1.9 所示为光栅传感器用于数控机床的位置检测和闭环反馈控制系统框图。由控制系统生成的位置指令 P_c 控制工作台移动;工作台移动过程中,光栅传感器作为数控机床的检测元件不断检测工作台的实际位置 P_f,并进行反馈(与位置指令 P_c 比较),形成位置偏差 P_e($P_e=P_f-P_c$)。当 $P_f=P_c$ 时,则 $P_e=0$,表示工作台已到达指令位置,伺服电机停转,工作台准确地停在指令位置上。

光栅传感器除了用于长度和角度的精密测量外,其应用范围可扩展到与位移相关的其他物理量,如速度、加速度、振动、力、表面轮廓等。

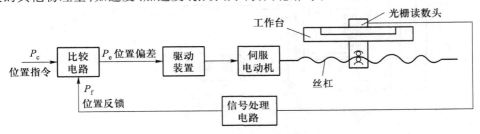

图 13.1.9 数控机床位置控制框图

13.2 感应同步器

感应同步器是利用电磁感应原理把位移量转换成数字量的传感器。感应同步器由两个平面印刷电路绕组构成,类似于变压器的一、二次级绕组,故又称平面变压器。感应同步器通过位移引起两个绕组间的互感量变化来进行位移测量。按照用途感应同步器可分为用于测量直线位移的直线式感应同步器和用于角位移测量的圆感应同步器。感应同步器分类及其特点见表 13.2.1。

13-5 直线式感应同步器与圆感应同步器

表 13.2.1   感应同步器分类及特点

类型		特点
直线式	标准型	精度高,可接长,应用最广泛
	窄型	精度较高,用于安装位置不宽敞的场合,可接长
	带型	精度较低,定尺长度可大于 3m,对安装面精度要求不高
旋转式		精度高,极数多,精度与极数成正比,易于误差补偿

13.2.1   感应同步器的基本结构

1. 直线式感应同步器

直线式感应同步器的结构如图 13.2.1 所示,它由定尺和滑尺两部分组成,长尺为定尺,短尺为滑尺。感应同步器的定尺被安装在固定部件上(如机床的台座),而滑尺则与运动部件或被定位装置(如机床刀架)一起沿定尺移动。定尺和滑尺都是由基板、绝缘黏合剂、平面绕组和屏蔽层等部分组成,其制造工艺相同。在定尺和滑尺的基板上用热压法粘贴上绝缘层和铜箔,然后通过光刻和化学腐蚀工艺刻蚀出所需的平面绕组图形。在滑尺上贴有一层锡箔,以防止静电感应,基板材料一般与被测试件的材料相同,目的是使感应同步器的热膨胀系数与所安装的主体相同。

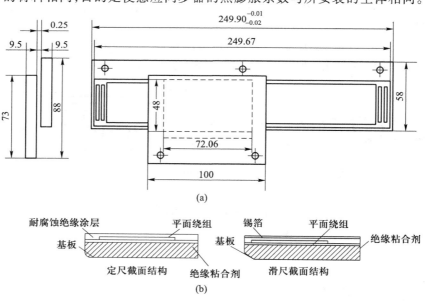

图 13.2.1   直线式感应同步器的结构

直线式感应同步器的绕组结构如图 13.2.2 所示。定尺和滑尺上的绕组均为矩形绕组,绕组导电片的宽度为 a,导电片之间的间隙为 b。定尺绕组为单相连续绕组,节距为 $W_1 = 2(a_1 + b_1)$。滑尺上分布有两组分段绕组,两绕组相位相差 90°,分别称为正弦绕组 S 和余弦绕组 C,两者交替排列,各自串联形成正弦和余弦两相绕组(用于细分和辨向处理)。两相绕组节距相同,均为 $W_2 = 2(a_2 + b_2)$。通常定尺的节距 W_1 与滑尺的节距 W_2 相等。

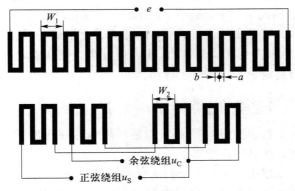

图 13.2.2   直线式感应同步器的绕组结构

直线式感应同步器按其使用的精度、测量范围和安装条件等不同,可分为标准型、窄型和带型等不同形状。直线式感应同步器的类型及其对应的尺寸和精度见表 13.2.2。

表 13.2.2   直线式感应同步器的类型及其对应的尺寸和精度

种 类	定尺尺寸/mm	滑尺尺寸/mm	测量周期/mm	精度/μm
标准型	250×58×9.5	100×73×9.5	2	1.5~2.5
窄 型	250×30×9.5	75×35×9.5	2	2.5~5
带 型	(200~2000)×19	—	2	10

2. 圆感应同步器

圆感应同步器又称旋转式感应同步器,由定子和转子组成,形状呈圆盘形,如图 13.2.3 所示,转子为单绕组,定子做成正弦、余弦绕组形式,两绕组输出信号的相位相差 90°。圆感应同步器定子和转子绕组的制造工艺与直线式感应同步器相同,定子相当于直线式感应同步器的滑尺,转子相当于定尺。

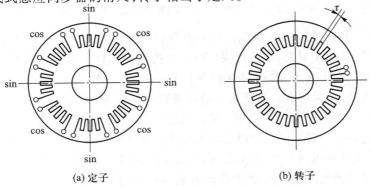

(a) 定子   (b) 转子

图 13.2.3   旋转式感应同步器的绕组结构

　　圆感应同步器的直径一般有 50mm、76mm、178mm 和 302mm 等几种,径向绕组导体数(即极数)有 180、256、360、512、720 和 1080 等数种,τ 表示磁极之间的距离(即极距)。在极数相同情况下,感应同步器的直径越大,精度越高。

　　圆感应同步器的信号由转子输出,工作时转子处于旋转状态,因此不能直接引出信号,通常采用导电环直接耦合输出,或者通过耦合变压器将转子的一次绕组感应电势经气隙耦合到定子二次绕组上输出。

13.2.2　感应同步器的工作原理

　　直线式感应同步器和圆感应同步器都是利用电磁感应原理工作。下面以直线式感应同步器为例介绍其工作原理。

　　直线式感应同步器由定尺和滑尺两个磁耦合部件组成,其工作原理类似于一个多极对的正余弦旋转变压器。定尺和滑尺相互平行放置,其间有一定的气隙,一般应保持在 0.25±0.05mm 内,滑尺相对于定尺移动,如图 13.2.4 所示。

　　工作时,给感应同步器的定尺或滑尺绕组施加正弦交流电压,由于电磁耦合,在另一绕组上将产生同频率的感应电势。该感应电势的大小除了与励磁频率、励磁电压(电流)和两绕组之间的间隙等有关外,还随定尺与滑尺的相对位置不同而变化,如图 13.2.5 所示,通过对此信号进行处理,便可测量出位移量。

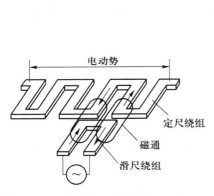

图 13.2.4　直线式感应同步器的工作原理

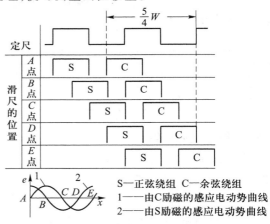

图 13.2.5　感应电势与两绕组相对位置的关系

　　若给滑尺余弦绕组 C 施加正弦励磁电压,当滑尺处于 A 点时,余弦绕组 C 和定尺绕组位置相差 1/4 节距,在定尺绕组内产生的感应电势为零。随着滑尺的移动,感应电势逐渐增大,直到 B 点时($W/4$ 位置),即滑尺的余弦绕组 C 和定尺绕组位置重合,耦合磁通最大,感应电势也最大。滑尺继续右移,定尺绕组的感应电势随耦合磁通减小而减小,直至移动到 C 点时($W/2$ 位置),又回到与初始位置完全相同的耦合状态,感应电势变为零。滑尺再继续右移到 D 点时(3W/4 位置),定尺中感应电势达到负的最大值。在移动一个整节距 W(E 点)时,两绕组的耦合状态又回到初始位置,定尺感应电势又为零。再继续移动将重复以上过程。可见,滑尺余弦绕组在定尺上的感应电势是滑尺与定尺相对位置的正弦函数(如图 13.2.5 中的曲线 1)。

同理,若给滑尺正弦绕组 S 施加与余弦绕组 C 相同的正弦电压,则滑尺正弦绕组在定尺上的感应电势是滑尺与定尺相对位置的余弦函数(如图 13.2.5 中的曲线 2)。

假设滑尺的正弦或余弦绕组上施加的正弦励磁电压为

$$u_i = U_m \sin(\omega t) \tag{13.2.1}$$

则正弦和余弦绕组在定尺上相应产生的感应电势分别为

$$e_s = k\omega U_m \sin(\omega t) \cos\left(\frac{2\pi}{W} x\right) \text{ 或 } e_s = -k\omega U_m \sin(\omega t) \cos\left(\frac{2\pi}{W} x\right) \tag{13.2.2}$$

$$e_c = k\omega U_m \sin(\omega t) \sin\left(\frac{2\pi}{W} x\right) \text{ 或 } e_c = -k\omega U_m \sin(\omega t) \sin\left(\frac{2\pi}{W} x\right) \tag{13.2.3}$$

式中, k——电磁耦合系数;

　　x——机械位移;

　　W——绕组节距;

　　U_m、ω——励磁电压的幅值和频率。

式中的正负号表示滑尺移动的方向。由此可见,定尺的感应电势取决于滑尺的相对位移,故可通过感应电势测量位移。

实际应用中,一般选用励磁电压的频率为 1 ~20kHz,幅值为 1 ~2V,过大的励磁电压将引起大的励磁电流,导致温升过高,而使其工作不稳定。

13.2.3　感应同步器的测量电路

对于由感应同步器组成的测量系统,可以采取不同的励磁方式,并对输出信号采取不同的处理方法。感应同步器通常有两种励磁方式:一种是滑尺(或定子)激磁,从定尺(或转子)绕组取出感应电势信号;另一种是定尺激磁,从滑尺绕组取出感应电势信号。实际应用中多采用第一种励磁方式。

由感应同步器的工作原理可知,感应同步器的输出信号是一个能反映定尺和滑尺相对位移的交变感应电势。感应同步器的测量电路主要有鉴相法和鉴幅法两种。

1. 鉴相法

所谓鉴相法是根据感应电势的相位来鉴别定尺和滑尺相对位移的信号处理方法。在滑尺的正、余弦绕组上分别施加频率和幅值相同、相位差 90° 的正弦励磁电压,即

$$u_s = U_m \sin(\omega t)$$
$$u_c = -U_m \cos(\omega t) \tag{13.2.4}$$

若滑尺相对于定尺移动位移 x,则根据叠加原理求得定尺绕组上的总感应电势为

$$e = e_s + e_c = k\omega U_m \sin(\omega t - \theta) \tag{13.2.5}$$

式中, θ——位移相位角, $\theta = \frac{2\pi}{W} x$。

由此可知,定尺的感应电势 e 是位移相位角 θ(即位移 x)的函数。因此,通过一定的测量电路测出感应电势 e 的相位,就可以测量出定尺和滑尺相对位移 x。

　　感应同步器相当于一个调相器,将感应电势 e 输入到数字鉴相电路,即可由相位变化测出位移。AD2S90 是美国 AD 公司生产的鉴相式感应同步器信号处理的专用集成芯片,它具有成本低、功耗小、功能多、所需外围元件少等优点。该芯片采用差动输入,并以鉴相的方式完成对感应同步器输出信号的数字转换,图 13.2.6 示出 AD2S90 与感应同步器的连接。

　　AD2S90 采用定尺励磁工作方式,由正弦波发生器和功率放大电路产生的一个大约 10 kHz 的正弦波信号作为感应同步器定尺的励磁信号。随着滑尺的运动,滑尺上两个独立绕组感应输出的两个正弦波信号将被定尺和滑尺相对位移所对应的机械角度 θ 所调相。这两个信号和正弦波发生器的参考正弦信号一起被送入 AD2S90 芯片的 SIN、COS 和 REF 端口,然后由 AD2S90 芯片以鉴相的方式将表示定尺和滑尺相对位移的角度 θ 转换成 12 位分辨率的数字信号,此信号由串行数字端口输出或增量编码器端口输出。此外,AD2S90 还可提供滑尺位移的速度和方向信号。

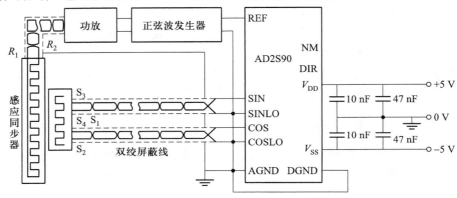

图 13.2.6　AD2S90 与感应同步器的连接

2. 鉴幅法

　　所谓鉴幅法是根据感应电势的幅值来鉴别定尺和滑尺相对位移的信号处理方式。在滑尺的正、余弦绕组上分别施加频率和相位相同、但幅值不同的正弦励磁电压,即

$$u_s = U_S \sin(\omega t)$$
$$u_c = U_C \sin(\omega t)$$
（13.2.6）

利用函数变压器使滑尺上正、余弦绕组的励磁电压的幅值满足

$$U_S = U_m \sin \varphi$$
$$U_C = -U_m \cos \varphi$$
（13.2.7）

式中,U_m——励磁电压幅值;

　　　φ——励磁电压的相位角。

　　于是定尺绕组输出的总感应电势为

$$e = e_s + e_c$$
$$= k\omega U_m \sin(\varphi - \theta) \sin(\omega t)$$
（13.2.8）

式中,$k\omega U_m \sin(\varphi - \theta)$——感应电势的幅值;

$$\theta \text{——位移相位角}, \theta = \frac{2\pi}{W}x \text{。}$$

由此可知,感应电势的幅值随相位角 θ(即位移 x)而变化。此时感应同步器相当于一个调幅器,将感应电势 e 输入到数字鉴幅电路,即可由幅值变化测量出定尺和滑尺相对位移 x。

图 13.2.7 所示为一种数字鉴幅电路框图。初始时,感应同步器的定尺和滑尺处于平衡状态,即 $\varphi = \theta$,感应同步器的感应电势 $e = 0$。当滑尺相对定尺移动时,相位发生变化,产生 $\Delta\theta$,则产生感应电势 e。该信号经放大、滤波再放大后与比较器预先设定的基准电压进行比较。若大于基准电压,则说明位移量大于设定的数值(一个脉冲当量的位移),此时与门电路输出一个计数脉冲,该脉冲一方面经可逆计数器、译码器然后作数字显示,另一方面送入 D/A 转换器,使电子开关状态发生变化,从而使函数变压器输出的励磁电压校正一个电角度 $\Delta\varphi = \Delta\theta$,于是感应电势 e 重新为零,系统又进入平衡状态。若滑尺继续沿同一方向运动,系统将不断重复上述过程,滑尺的位移量将呈现在数显器上。

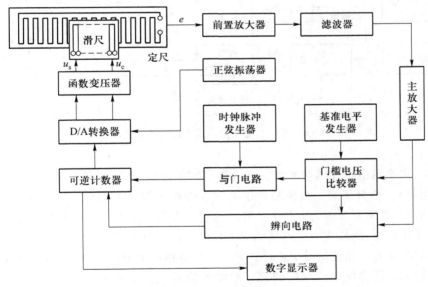

图 13.2.7　数字鉴幅电路框图

感应同步器也可通过输出信号的辨向和细分电路实现辨别位移方向和提高分辨率。辨向和细分电路与光栅传感器的实现方法类似,不再赘述。

13.2.4　感应同步器的应用

感应同步器具有以下特点:

(1)基于电磁感应原理,几乎不受环境因素如温度、油污、尘埃等的影响,环境适应性强。

（2）感应同步器是一种多极感应器件，多极结构对误差起补偿作用；而且输出信号不经过任何机械传动机构，因而测量精度和分辨率较高。目前感应同步器测长精度可达 ±1μm/250mm，测长分辨率可达 0.01μm，测角精度约为 ±0.5″。

（3）定尺与滑尺是非接触式测量，因而使用寿命长，工作可靠，抗干扰能力强，便于维护。

（4）直线式感应同步器的测量范围宽，可以根据需要方便地将若干个定尺接长使用，长度可达 20m。

感应同步器的应用非常广泛，可用于大量程的线位移和角位移的静态和动态测量。直线式感应同步器已广泛应用于大型精密坐标镗床、坐标铣床、数控机床、加工中心及某些专用测试设备的定位、数控和数显。圆感应同步器常用于雷达天线定位跟踪、导弹制导、精密机床或测量仪器设备的分度装置、转台等。

在数控机床中感应同步器常用作为检测元件，构成闭环或半闭环数控系统，机床数控系统分为点位控制系统和位置随动控制系统（又称为伺服控制系统）。一种基于鉴相型感应同步器的位置随动系统如图 13.2.8 所示。

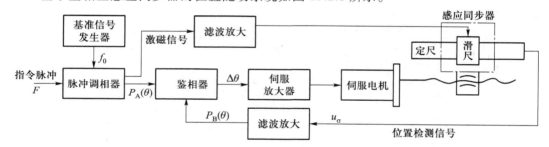

图 13.2.8　基于鉴相型感应同步器的位置随动系统

数字式鉴相型位置随动系统主要由数字相位给定、数字相位反馈和数字相位比较（鉴相器）三部分组成。数控装置送来的进给指令脉冲 F 首先经脉冲调相器变换成相位信号，即重复频率为 f_0 的 $P_A(\theta)$。感应同步器采用相位工作状态，定尺的相位检测信号经整形、滤波放大后得到的 $P_B(\theta)$ 作为位置反馈信号，$P_B(\theta)$ 表示机床移动部件的实际位置。相位信号 $P_B(\theta)$ 和 $P_A(\theta)$ 在鉴相器中进行比较，两者的相位差 $\Delta\theta$ 反映了实际位置和指令位置的偏差。此偏差信号经伺服放大后由伺服电机驱动机床移动部件朝指令位置进给，实现精确的位置随动控制。

13.3　光电编码器

编码器是用于测量线位移和角位移的数字式传感器，按结构形式编码器可分为直线编码器和旋转编码器，直线编码器用于测量线位移，也称为码尺；旋转编码器用于测量角位移，也称为角数字编码器，简称码盘。旋转编码器可将机械转动的角位移转换成二进制编码或增量脉冲输出，相应地旋转编码器也分为绝对编码器和增量编码器。绝对编码器可直接输出数字编码,便于与计算机连接;增量编码器的输出是一系列脉冲,需要附加数字电路才可得到数字编码。

　　根据测量方式编码器可分为接触式、光电式和电磁式等形式。其中光电编码器具有非接触、体积小、分辨率高、可靠性好、使用方便等优点,是目前应用最广泛的编码器,伺服电机、数控机床、机器人位置控制等领域常常采用光电编码器。

13-6 光电编码器

　　由于旋转式光电编码器是测量角位移最直接、最有效的数字式传感器,因此本节只重点介绍旋转式光电编码器。

13.3.1　光电式绝对编码器

　　光电式绝对编码器由码盘、狭缝及安装在码盘两侧的光源、透镜和光电元件等组成,如图 13.3.1 所示。它可将被测角位置转换为相对应的编码输出,即通过读取码盘上的图案来表示其绝对位置,绝对编码器也称为码盘式编码器。

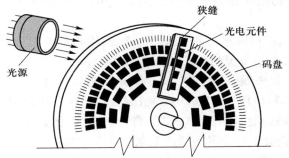

图 13.3.1　光电式绝对编码器的结构示意图

　　如图 13.3.1 所示,光源发出的光经透镜转换为一束平行光,照射在圆形码盘上。码盘上沿径向有若干同心码道,每条码道按一定的编码规律刻划有透光和不透光的扇形区。光电接收元件的排列与各码道一一对应,通过码盘上的光线经狭缝形成一束细光照射在光电元件上。当码盘处于不同角度时,各光电元件根据受光照与否输出相应的电平信号,由此产生绝对位置的二进制编码。

　　图 13.3.2 所示为四位光电式绝对编码器的码盘结构图。图 13.3.2(a)所示为标准二进制编码盘,它是在圆形光学玻璃上采用腐蚀工艺刻有透光和不透光的码形,其中黑色区域为不透光区,用 **0** 表示;白色区域为透光区,用 **1** 表示。图中码盘分成四个码道,每一码道对应一个光电元件,并沿码盘的径向排列,这样在任意角度都有对应的、唯一的二进制编码。

　　显然,码盘的码道数就是该码盘的数码位数,且高位在内,低位在外。绝对编码器的分辨率取决于码盘二进制编码的位数,即码道的数目。设码盘的码道数为 n,则所能分辨的最小角度为

$$\alpha_{min}=\frac{360°}{2^n} \tag{13.3.1}$$

　　可见,码道位数 n 越大,所能分辨的最小角度 α_{min} 越小,测量精度越高。例如,一

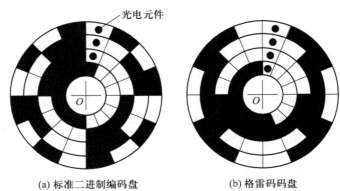

图 13.3.2 四位光电式绝对编码器的码盘结构图

个 10 位(10 码道)的绝对编码器可以产生 2^{10}(1024)个位置,能分辨的最小角度为 21′6″。

图 13.3.2(a)所示的标准二进制编码的码盘,直接取自二进制累进过程,也称作 8421 码盘。当它在两个位置的边缘交替或来回摆动时,由于码盘制作或光电元件安装的误差会导致读数失误,产生非单值性误差。例如,在位置 **0111** 与 **1000** 的交界处,可能会出现 **1111**、**1110**、**1011**、**0101** 等数据。因此实际应用中常采用二进制循环码码盘(又称格雷码码盘),如图 13.3.2(b)所示。它的相邻的两组数码只有一位变化,因此所产生的读数误差最多不超过 **1**,避免了非单值性误差。格雷码本质上是一种对二进制的加密处理,每位不再具有固定的权值,因此必须经过解码过程将格雷码转换为二进制码,才能得到位置信息。解码过程可通过硬件解码器或软件来实现。

4 位二进制码与格雷码之间的对照关系见表 13.3.1。

表 13.3.1 4 位二进制码与格雷码对照表

十进制数	标准二进制码	格雷码	十进制数	标准二进制码	格雷码
0	0000	0000	8	1000	1100
1	0001	0001	9	1001	1101
2	0010	0011	10	1010	1111
3	0011	0010	11	1011	1110
4	0100	0110	12	1100	1010
5	0101	0111	13	1101	1011
6	0110	0101	14	1110	1001
7	0111	0100	15	1111	1000

光电式绝对编码器的优点是具有绝对零位,可直接读出 0~360°范围内角度坐标的绝对值;具有断电位置记忆功能,断电后位置信息也不丢失;无累积误差;编码器的精度取决于位数;最高转速比增量编码器高。但是它结构较复杂、造价较高,光源寿命短,而且信号引出线随着分辨率的提高而增加。

13.3.2 光电式增量编码器

图 13.3.3 所示为光电式增量编码器的结构示意图,增量编码器的圆形码盘周边刻有节距相等的辐射状窄缝,形成均匀分布的透光区和不透光区,其数量从几百条到上千条不等。光电式增量编码器的码盘结构简单,一般只有三个码道,其码道与绝对编码器的码道不同,不直接输出数字编码,它检测出的是圆盘上转过的透光、不透光的线条数,即脉冲数,因此增量编码器也称为脉冲式编码器。外圈码道(A 相)是用来产生计数脉冲的增量码道,内圈码道(B 相)与外圈码道的透光缝隙数目相同,但错开半个缝隙距离,作为辨向码道,其辨向方法与光栅的辨向原理相同。另有一条码道(一般位于最外圈)只有一条透光的狭缝,作为基准码道表示码盘的参考零位(Z 相)。

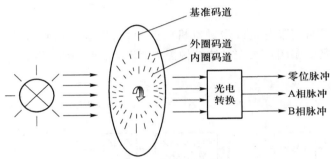

图 13.3.3 光电式增量编码器的结构示意图

当码盘随工作轴一起转动时,增量编码器通过光电器件将角位移转换成近似正弦波的电信号,再经过放大、整形、细分、辨向等电路转换成脉冲信号。增量编码器通常输出三组脉冲即 A 相(增量脉冲)、B 相(辨向脉冲)和 Z 相(零位脉冲),A、B 两组脉冲相位差 90°,从而可方便地判断出旋转方向,而 Z 相为每转一圈发出一个脉冲,用于基准点定位。通过计数脉冲可表示码盘转过的角位移大小,即

$$\alpha = n\frac{360°}{m} \tag{13.3.2}$$

式中,m——码盘圆周上的缝隙数;

    n——计数脉冲数。

显然,光电式增量编码器的分辨率与码盘圆周上的缝隙数 m 有关,它所能分辨的最小角度为

$$\alpha_{min} = \frac{360°}{m} \tag{13.3.3}$$

光电式增量编码器的分辨率通常以码盘每转输出脉冲数(CPR)表示,也称解析分度,或直接称多少线,常用的有 256、512、1024、2048。例如,某码盘的 CPR 为 2048,则可分辨的最小角度为 $10'33''$。

光电式增量编码器的优点是结构简单,平均寿命可达几万小时以上,抗干扰能

力强,可靠性高,适合于长距离传输。其缺点是无法输出轴转动的绝对位置信息,一旦中途断电,将无法得知运动部件的绝对位置。

13.3.3 光电编码器的应用

编码器以其高分辨率、高精度和高可靠性被广泛用于角位移和线位移测量。编码器与伺服电机、伺服驱动器是伺服系统的三大主要部件,编码器在数控机床、材料加工、电梯、电机反馈系统以及测控设备中占据着极其重要的地位。

在数控机床直线进给系统运动控制中,常通过测量角位移的方法间接测量直线位移。编码器在实际应用中有两种典型安装和使用方式:① 编码器与伺服电机同轴安装;② 编码器通过联轴器安装在丝杠末端。编码器安装在丝杠末端时,通过编码器测量滚珠丝杠的角位移 θ,来间接获得工作台的直线位移 x,即 $x = \theta \cdot t/360$,t 为丝杠导程。

编码器通常与伺服电机或步进电机配合使用,构成半闭环位置伺服控制系统,如图 13.3.4 所示。半闭环数控系统结构简单、调试方便、精度较高,在现代 CNC 机床中广泛应用。

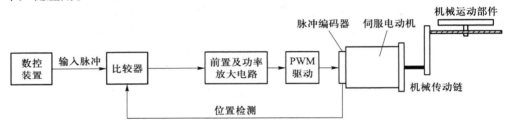

图 13.3.4 由编码器和伺服电机构成的半闭环位置伺服控制系统

除用于直接测量角位移外,还可通过编码器测量脉冲频率(适合于高转速场合)或脉冲周期(适合于低转速场合)的方法来测量转轴的转速。

13.4 容栅传感器

容栅传感器是一种基于变面积原理、可测量大量程直线位移和角位移的电容式数字传感器。它具有电容传感器的优点,如结构简单、非接触测量、动态响应快、能耗低;同时,由于多级电容的平均效应,具有测量精度高、抗干扰能力强等优点,是一种很有发展前景的数字式传感器。现已成功地应用在量具、量仪、机床数显装置等测量仪器中。

13.4.1 容栅传感器的结构和工作原理

按结构形式,容栅传感器可分为长容栅和圆容栅两类。长容栅主要用于直线位移测量,也称为线位移容栅传感器;圆容栅主要用于角位移的测量。

长容栅一般由两组条状电极群相对放置或一对同轴圆筒电极组成,一个电极为动尺,另一个电极为定尺。动尺和定尺(一般用覆铜板制造)通过静电耦合来实现直线位移测量。图 13.4.1 所示为线位移容栅传感器的结构示意图,与一般电容传感器不同的是将定尺和动尺的电容极板分别印刷(或刻蚀)一系列互相绝缘、等间隔的金属栅状电极,因此也称为定栅尺和动栅尺。如图 13.4.1(a)所示,动栅尺包含多个发射电极(A、B、C、D、E、F、G、H)和一个长条形接收电极(J);如图 13.4.1(b)所示,定栅尺包含多个相互绝缘的反射电极(R)和一个屏蔽电极(S)。一个反射电极对应于一组发射电极,一组发射电极的长度为一个节距 W(即反射电极的极距),如图 13.4.1(c)所示。将动栅尺和定栅尺的栅极面相对放置、平行安装,并留有很小间隙(其间可填充电介质),就形成一对对并联连接的电容,即容栅。根据电场理论,若忽略边缘效应,其最大电容量为

$$C_{\max} = n\frac{\varepsilon ab}{\delta} \tag{13.4.1}$$

式中,n——动栅尺栅极片数;

$\quad\varepsilon$——极板间介质的介电常数;

$\quad\delta$——极板间的距离;

a、b——栅极片的长度和宽度。

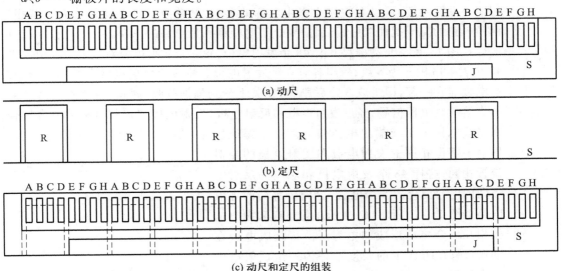

(a) 动尺

(b) 定尺

(c) 动尺和定尺的组装

图 13.4.1　线位移容栅传感器的结构示意图

长容栅传感器最小电容量的理论值应为 0,实际上为一固定电容 C_0(称为容栅固有电容)。当动栅尺平行于定栅尺沿水平方向移动时,每对容栅的覆盖面积将发生周期性变化,其电容量也随之发生周期性变化。由于反射电极的电容耦合及电荷传递作用,使得接收电极的输出信号随着发射电极与反射电极的位置变化而改变,经测量电路处理后,即可测得线位移。

　　圆容栅传感器的结构示意图如图 13.4.2 所示。圆容栅是由两个平行放置彼此绝缘的同轴圆盘电极构成,称为动栅盘和定栅盘,其电容耦合情况可反映两圆盘相对旋转的角度。

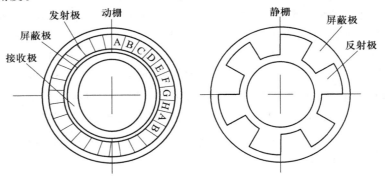

图 13.4.2　圆容栅传感器的结构示意图

13.4.2　容栅传感器的测量电路

　　容栅传感器的测量电路主要有鉴幅型和鉴相型两种形式。鉴幅型测量电路采用闭环反馈系统,可以有效减小寄生电容的影响,其缺点是电路比较复杂。鉴相型测量电路的抗干扰性能好,下面简要介绍鉴相型测量电路的原理。

　　在图 13.4.1 中,动栅尺共有 48 个发射电极,每 4 个发射电极对应一个反射电极。48 个发射电极分为 6 组,每组各有 8 个发射电极。将每组发射电极中相同字母的发射电极连在一起,即组成 8 个激励相,在其上分别施加等幅、同频、相位依次相差 45° 的方波激励电压信号,经过发射电极和反射电极、反射电极和接收电极的电容耦合,在接收电极上形成输出电压信号。由于每组发射极中字母相同的发射电极和反射电极的相对位置相同,这样 48 个发射电极和对应的反射电极间的电容简化为 8 个电容,容栅传感器的等效电路如图 13.4.3 所示,C_f 表示反射电极和接收电极相互耦合之后形成的电容。由于接收电极在动栅尺移动方向上的长度恰好为一组反射电极长度的整数倍,且反射电极呈周期性排列,因此

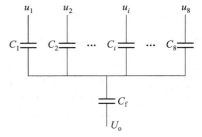

图 13.4.3　容栅传感器的等效电路

接收电极和反射电极的相互覆盖面积不随位移变化,即 C_f 为一常数。

　　容栅工作时,一组方波激励信号 $u_i(i=1,2,\ldots,8)$ 通过一组电容 $C_i(i=1,2,\cdots,8)$ 和定值电容 C_f 耦合,从而得到传感器的输出信号 U_o。根据方波激励信号的谐波分析可知,方波是由基波和高次谐波叠加而成,故可用正弦波进行讨论。

　　初始位置时,每组发射电极与反射电极极板完全覆盖,所形成的初始电容均为 C_0。当动栅尺相对于定栅尺发生位移 x 时,容栅传感器的输出电压 U_o 可表示为

$$U_\mathrm{o} = K\sin\left(\omega t \pm \frac{2\pi}{W}x\right) \qquad (13.4.2)$$

式中,K——输出电压的幅值,近似为常数;

    ω——发射电极激励信号基波电压的角频率;

    W——反射电极的极距。

由式(13.4.2)可知,容栅传感器的输出信号是一个与激励电压基波同频的正弦波电压,其相位角与被测位移近似呈线性关系。通过鉴相电路鉴别调相信号的相位变化,从而可测量位移。鉴相型容栅传感器的测量电路如图 13.4.4 所示,容栅传感器的输出电压 U_o 经过解调、滤波、放大、整形、鉴相电路后产生脉冲信号,由可逆计数器计数进行数字显示,从而获得位移量及位移方向。

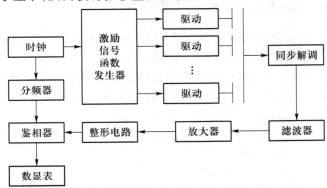

图 13.4.4   鉴相型容栅传感器的测量电路框图

13.4.3   容栅传感器的应用

容栅传感器具有以下突出优点:

(1)灵敏度高、量程大、精度高、分辨率高。采用多个电极并联,极大地提高了灵敏度;线位移测量时量程可达 20m,精度为 2~3μm,分辨率为 1μm,角位移测量时精度在 ±3′以内,分辨率为 0.1°。

(2)结构简单,容栅传感器的敏感元件是动栅和定栅,信号线可以全部从定栅上引出,作为运动部件的动栅不需引线,为传感器的设计提供方便。

(3)非接触式测量,不会因为测量部件的表面磨损而降低测量精度,且测量速度快,可达 1.5m/s。

(4)功耗极低,正常工作电流通常小于 10mA,敏感元件可长时间工作,一粒纽扣电池可保证不间断地工作 1 年以上。

(5)性价比远高于同类传感器。

容栅传感器存在的主要问题是稳定性和可靠性,它受外界环境影响比较大,比如在潮湿环境和电磁干扰环境,性能就会下降很多。

目前,容栅位移传感器在电子数显类三大量具——数显卡尺、数显千分尺和数显指示表(百分表、千分表)中广泛应用。利用容栅技术开发的数显测微仪,如数显

13-8 容栅
数显测微
仪

测角仪、数显高度仪、数显测厚仪等也广泛应用于专用或综合测量仪器及装置中。

13.5 磁栅传感器

13-9 磁栅
传感器

磁栅传感器是一种利用磁栅与磁头的电磁感应进行位移测量的数字式传感器。磁栅传感器按用途可分为用于测量直线位移的长磁栅和用于测量角位移的圆磁栅。磁栅传感器具有制作工艺简单、录磁方便、测量范围广、不需要接长、易于安装、调整方便等优点,因而在大型机床的数字检测及自动控制等方面得到了广泛的应用。

13.5.1 磁栅传感器的结构和工作原理

磁栅传感器由磁栅(磁尺或磁盘)、磁头和检测电路组成。磁栅是一种录有磁化信息的标尺,即用录磁磁头将按一定周期变化的方波、正弦波或电脉冲信号录制在涂有磁粉的磁尺或磁盘上;磁头沿磁栅运动检测磁信号并转换成电信号,通过检测电路处理,从而得到以数字形式显示的磁头相对于磁栅的位移量。磁栅传感器的结构示意图如图 13.5.1 所示。

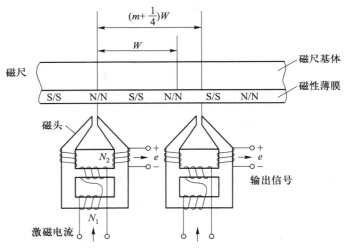

图 13.5.1 磁栅传感器的结构示意图

1. 磁栅

磁栅是检测位移的基准尺,它是在非导磁材料的基体(如铜、不锈钢、玻璃等)上涂敷、化学沉淀或电镀上一层导磁材料薄膜,利用录磁的方法录上间距相等、极性正负交错的磁信号栅条制成的。

录制磁信息时,使标尺固定,磁头根据来自激光波长的基准信号,以一定的速度在其长度方向上边运行边流过一定频率的相等电流,如此就在标尺上录上了相等节距的磁化信息而形成磁栅。磁栅录制后的磁化结构相当于一个个小磁铁按 NS、SN、NS、…的状态排列,如图 13.5.1 所示,图中 N∣N 和 S∣S 分别为正负极性的栅条。在磁栅上的磁场强度呈周期性的变化(可为正弦波或矩形波规律),在 N-N 或 S-S 重叠部分磁感应强度最大。对于长磁栅,磁化信号的节距 W(即磁栅上从一对 N 极到相邻的另一对 N 极之间的距离)一般有 0.05mm、0.1mm、0.2mm、1mm 等,目前常用的磁信号节距为 0.05mm 和 0.2mm 两种。圆磁栅的角节距一般为几分到几十分。为了防止磁头对磁膜的磨损,通常在磁膜上涂一层塑料保护层。

　　如图 13.5.2 所示:按照磁栅基体的形状,磁栅分为长磁栅和圆磁栅两种;长磁栅又分为尺型、带型和同轴型三种。

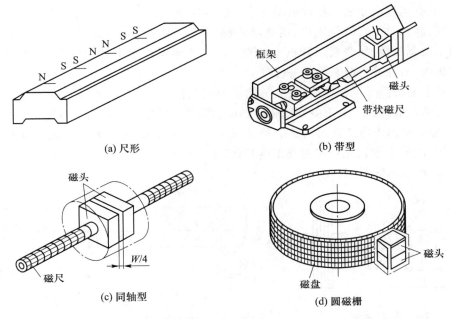

(a) 尺形　　　　　　　　　(b) 带型

(c) 同轴型　　　　　　　(d) 圆磁栅

图 13.5.2　磁栅的类型

　　(1) 尺型磁栅的磁头固定在带有板弹簧的磁头架上,工作时磁头架沿磁尺的基准面运动,磁头和磁尺之间留有间隙,磁头不与磁尺接触。磁尺本身的形状和加工精度要求较高,刚性要好,因而成本较高,主要用于精度要求较高的场合。

　　(2) 带型磁栅是在带状磁性金属(如磷青铜)基体上电镀一层合金磁膜制成。带状磁尺固定在低碳钢屏蔽壳体内,并以一定的预紧力将其绷紧在框架中,使之随同框架或机床一同伸缩,从而减小温度对测量精度的影响。磁头工作时与磁尺接触,因而有磨损。当量程较大或安装面不好安排时,可采用带型磁栅。

　　(3) 同轴型磁栅(又称线状磁栅)是在Φ2 ~4mm 的圆形磁性线材上镀以合金或永磁材料的磁性薄膜,磁头套在圆形线状磁尺上,两者之间留有很小的间隙。磁头是特制的,两磁头轴向相距 $W/4$(W 为磁化信号的节距)。磁尺被包围在磁头中间,对周围电磁场起到了屏蔽作用,故抗干扰能力强。同轴型磁尺结构特别小巧,通常用于小型精密数控机床及小型测量机。

　　(4) 圆磁栅的磁头与带状磁栅的磁头相同,不同的是将磁栅做成磁盘或磁鼓的形状,主要用来检测角位移。

2. 磁头

磁头是进行磁-电转换的变换器,它把记录在磁尺上的反映空间位置的磁化信号转换为电信号输送到检测电路中读取,是磁栅测量装置中的关键元件。按读取信号方式的不同,磁头可分为动态磁头和静态磁头两种。

（1）动态磁头

动态磁头的结构及信号读取原理如图 13.5.3 所示。动态磁头上仅有一个输出绕组,只有当磁头和磁尺相对运动时才有信号输出,运动速度不同,输出信号的大小也不同,静态时没有信号输出,因此动态磁头又称为速度响应式磁头。这种磁头只能用于动态测量,如普通录音机上的磁头。对于运动速度不均匀的部件、或时走时停的机构,不宜采用动态磁头进行测量。

动态磁头测量位移较简单,磁头输出为正弦信号。在 N｜N 重叠处磁感应强度达到正的峰值,在 S｜S 重叠处磁感应强度达到负的峰值。当磁头与磁栅发生相对位移时,磁头输出为周期性的正弦信号,将此信号放大整形,然后用计数器记录脉冲数（即磁节距的个数）,则可以测量出位移量,即 $x = nW$（n 为脉冲数）。这种磁头测量精度较低,而且不能判别移动方向。

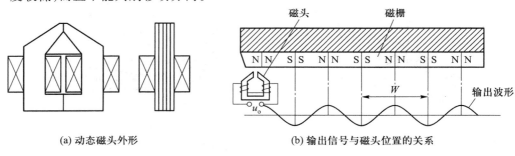

(a) 动态磁头外形　　　　(b) 输出信号与磁头位置的关系

图 13.5.3　动态磁头的结构及信号读取原理

（2）静态磁头

静态磁头又称为磁通响应式磁头。静态磁头是在铁镍合金片叠成的有效截面不等的多间隙铁心上分别绕制两个绕组,即励磁绕组和输出绕组,从而构成一种调制式磁头。它与动态磁头的不同之处在于磁头与磁栅相对静止时,交流励磁信号使输出绕组有信号输出。当磁头与磁栅产生相对运动时,输出绕组感应电势的幅值将随磁尺上的磁通变化而改变,从而实现位移的测量。

静态磁头的结构及信号读取原理如图 13.5.4 所示。励磁绕组相当于一个磁路开关,它对磁尺所产生的磁通起着导通和阻断的作用。在励磁绕组中通入高频励磁电压,一般频率为 5 kHz 或 25 kHz,幅值约为 200 mA。当励磁电压的瞬时值达到某一幅值时,由于铁心（截面尺寸较小）将产生磁场饱和,这时磁阻很大,磁栅上的磁通就不能通过铁心,从而使磁路"断开",即输出绕组不产生感应电势。反之,当励磁电压的瞬时值小于某一幅值时,铁心磁场不饱和,这时磁阻也降得很小,则磁栅上的磁通就可以在磁头铁心中通过,即磁路被"接通",输出绕组从而产生感应电势。随着励磁电压的变化,可饱和铁心这一磁路开关不断"接通"和"断开",这样在输出绕组上产生感应电势,该感应电势与磁头与磁尺的相对位置有关。

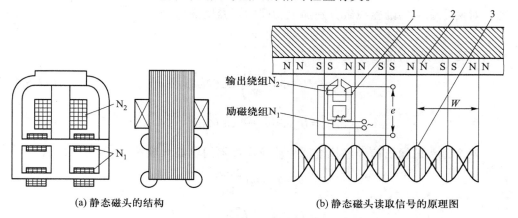

(a) 静态磁头的结构　　　　　　　　　(b) 静态磁头读取信号的原理图

图 13.5.4　静态磁头的结构及读取信号原理图

由于励磁绕组中的激励电压在一个周期内出现两次过零、两次峰值,只要电压幅值超过某一额定值,它产生的正向或反向磁场均可使磁头的铁心饱和,这样它每变化一个周期,铁心发生两次磁场饱和,相应的磁路开关"通""断"两次。因此,输出绕组中感应电势的频率为励磁电压频率的两倍,磁头输出的感应电势为一调幅波,可表示为

$$e = U_{m}\sin(2\pi x/W)\sin(2\omega t) \tag{13.5.1}$$

式中,U_{m}——励磁电压的峰值,$U_{m}\sin(2\pi x/W)$为磁头感应电势的幅值;

ω——励磁电压的角频率;

W——磁信号的节距;

x——机械位移量(即磁头与磁尺的相对位移)。

由式(13.5.1)可知,该感应电势的幅值与磁栅到磁心的磁通量的大小成正比,即与磁头相对磁尺的位移 x 有关,而与磁头与磁尺的相对运动速度无关。

为增大输出,实际使用时常采用多间隙磁头,即将几个甚至几十个磁头串联起来组成多间隙静态磁头。它不仅可以增大输出电压,而且它的输出是多个间隙磁头所获取信号的平均值,具有平均效应作用,因而可提高测量精度。

为了辨别磁栅的移动方向,静态磁头一般采用如图 13.5.1 所示的双磁头。两磁头间距为 $(m+1/4)W$,其中 m 为正整数,W 为磁信号的节距。这样,进行位移测量时,两个磁头输出相位差 90°感应电势信号,从而实现位移的辨向。

13.5.2　磁栅传感器的测量电路

磁栅传感器需要将磁头检测到的电信号转换为脉冲信号输出,其测量电路分为鉴相型和鉴幅型两种方式,输出信号通过鉴相电路或鉴幅电路后可获得正比于被测位移的数字输出。

1. 鉴幅电路

鉴幅电路是利用输出信号的幅值大小来反映磁头的位移量或与磁尺的相对位置。对两个磁头的励磁绕组分别加上相同的正弦励磁信号

$$u = U_m \sin(\omega t) \tag{13.5.2}$$

则两个磁头的输出信号分别为

$$e_1 = U_m \sin\left(\frac{2\pi x}{W}\right) \sin(2\omega t) \tag{13.5.3}$$

$$e_2 = U_m \cos\left(\frac{2\pi x}{W}\right) \sin(2\omega t) \tag{13.5.4}$$

两个磁头的输出信号经检波器检波及滤波器滤除高频载波后,可得

$$e_1' = U_m \sin\left(\frac{2\pi x}{W}\right) \tag{13.5.5}$$

$$e_2' = U_m \cos\left(\frac{2\pi x}{W}\right) \tag{13.5.6}$$

输出信号是两个幅值与磁头位置 x 成比例的信号,经过细分、辨向电路的处理,输出计数脉冲。鉴幅型磁栅传感器的测量电路框图如图 13.5.5 所示。信号辨向、细分电路与光栅的相同,不再赘述。

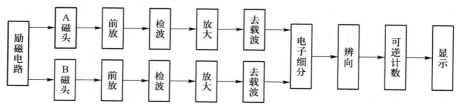

图 13.5.5   鉴幅型磁栅传感器的测量电路框图

2. 鉴相电路

鉴相电路是利用输出信号的相位来反映磁头的位移量或磁头与磁尺相对位置。对两组磁头的励磁电压相移 45°(或者输出信号移相 90°),则两个磁头(sin 磁头和 cos 磁头)的输出感应电势分别为

$$e_1 = U_m \sin\left(\frac{2\pi x}{W}\right) \cos(2\omega t) \tag{13.5.7}$$

$$e_2 = U_m \cos\left(\frac{2\pi x}{W}\right) \sin(2\omega t) \tag{13.5.8}$$

将两路输出信号相加,则总输出电势为

$$e = U_m \sin\left(\frac{2\pi x}{W} + 2\omega t\right) \tag{13.5.9}$$

上式表明,输出信号是一个幅值不变、相位与磁头相对位置有关的信号。只要检测出输出信号的相位,即可确定磁头与磁尺的相对位移。鉴相型磁栅传感器的测

量电路框图如图 13.5.6 所示,输出电势 e 经带通滤波、整形、鉴相细分电路后产生脉冲信号,由可逆计数器计数,即可获得位移量及位移方向。

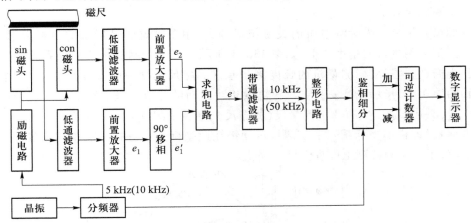

图 13.5.6　鉴相型磁栅传感器的测量电路框图

13.5.3　磁栅传感器的应用

　　磁栅传感器具有如下特点:① 磁信号可重新录制。当需要时,可将原来的磁信号(磁栅)抹去,重新录制;还可以在安装到机床上后再录制磁信号,有利于消除安装误差和机床本身的几何误差,提高测量精度。也可采用激光定位录磁,而不需要采用感光、腐蚀等工艺,制作工艺比光栅简单。② 测量范围从几十毫米到数十米,不需接长,同时也容易实现小型化。③ 成本较低,结构简单,安装调整和使用方便,对使用环境条件要求低。④ 磁栅以耐水、耐油污、耐粉尘、耐震动性见长,在油污、粉尘较多的场合下使用稳定性好,抗干扰能力强。⑤ 由于磁信号的均匀性和稳定性对测量精度影响较大,且磁尺与磁头接触,使用寿命不如光栅,数年后易退磁。磁栅传感器的测量精度远高于电位计式、拉绳式、磁致伸缩式等长行程直线位移传感器,但略低于光栅和感应同步器。目前,磁栅传感器的测量精度可达到 ±0.01 mm /m,分辨率可达 1 ~5μm。

　　磁栅传感器在大中型机床的数控、金属板材压轧设备、木材石材加工机床、电梯运行行程控制、水利测量等方面得到广泛的应用,还可作为通用磁栅测长仪、液位计、闸门开度仪、油缸行程检测仪等。

13 - 10 数显磁栅尺

13.6　工程应用案例——光栅在三坐标测量机中的应用

　　三坐标测量机(CMM)是基于坐标测量的通用化数字测量设备。坐标测量机是通过测头系统与被测工件的相对移动,来检测工件表面各测点三维坐标的测量系统。将被测物体置于三坐标测量机的测量空间,可获得被测物体上各测点的坐标位置,根据这些点的空间坐标值,由有关应用软件进行数学运算,即可求出待测工件的几何尺寸和形状、位置。

1. 标尺系统

标尺系统是三坐标测量机的关键组成部分,用于度量各坐标轴的坐标数值,决定了三坐标测量机的精度高低,如图 13.6.1 所示。三坐标测量机的标尺系统通常采用长光栅,它是三坐标测量机的长度测量基准。标尺光栅一般安装在 CMM 三个坐标轴的导轨上,指示光栅安装在与导轨做相对运动的部位。坐标测量机的三个运动轴 X、Y、Z 上分别安装有 3 把测量尺(光栅尺),在整个测量空间建立起一个笛卡尔直角坐标系(即机器坐标系),一切测量运动都在此坐标系中进行。三维测头安装在 Z 轴端部,用于触测被测工件表面尺寸变化。

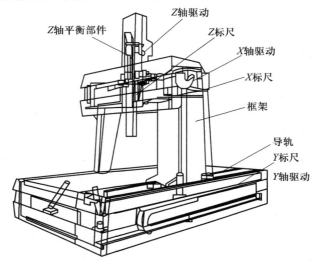

图 13.6.1　三坐标测量机标尺系统

据统计,三坐标测量机的标尺系统使用最多的是光栅,其次是感应同步器和光电编码器。有些高精度 CMM 的标尺系统采用了激光干涉仪。常见的三坐标测量机基本都使用英国 RENISHAW 光栅测量系统。

2. 数控系统

CMM 数控系统主要由计算机、控制器、伺服驱动器、光栅尺、细分器、三维测头和伺服电机等构成,如图 13.6.2 所示。

在测量空间的被测工件上,各几何要素的被测部位由三维测头进行瞄准,测头的运动位置由 3 把光栅尺分别记录,并由 3 个相应的光栅读数头读出具体的三维坐标值,然后将测量信号反馈到计算机中,由三坐标测量应用软件对测量数据进行计算、处理和输出。

此外,还可以在 CMM 测量工作台上配置绕 Z 轴旋转的分度转台和绕 X 轴旋转的带顶尖座的分度头,以方便螺纹、齿轮、凸轮等的测量。数控分度转台和分度头采用伺服驱动系统实现回转、精确分度和定位,其测角传感器通常采用圆光栅、圆感应同步器或光电编码器。

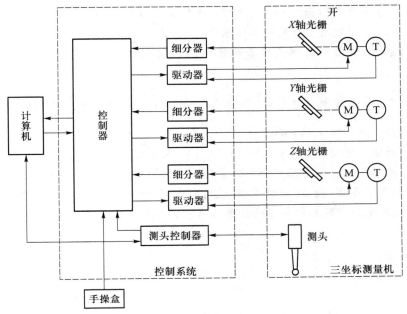

图 13.6.2 三坐标测量机数控系统框图

习题与思考题

1. 透射光栅的基本结构是什么？透射式光栅传感器的莫尔条纹是怎样产生的？

2. 什么是莫尔条纹的放大作用？条纹间距、栅距和夹角之间有什么关系？

3. 光栅传感器由哪些部分组成？如何判别光栅传感器的移动或转动方向？

4. 某一光栅传感器，其刻线数为 100 线/mm，两光栅栅线之间的夹角为 $\theta = 0.01\mathrm{rad}$，求其所形成的莫尔条纹间距 B_H 是多少？若采用光敏二极管接收莫尔条纹信号，且光敏二极管的响应时间为 $10^{-6}\mathrm{s}$，则光栅允许运动的最高速度是多少？

5. 电子细分对提高光栅读数精度有什么作用？

6. 简述四倍频电子细分电路的工作原理。设有一光栅，其刻线数为 250 线/mm，要用它测量 0.5 μm 的位移，应采取什么措施？

7. 某光栅传感器，其刻线数为 100 线/mm，未细分时测得的莫尔条纹数为 800，试问光栅位移是多少？若经过四倍频细分后，计数脉冲仍为 800，则对应光栅的位移是多少？

8. 说明感应同步器的工作原理，它的结构有哪些特点？举例说明感应同步器在大、中型机床上的应用。

9. 感应同步器的输出信号有哪几种处理方法？画出它们的结构框图，并加以说明。感应同步器的节距通常为 $W = 2\mathrm{mm}$，为什么可以用它测出 0.01mm 的位移量？

10. 绝对编码器和增量式编码器有何区别？一个 21 码道的二进制码盘，其最小分辨角度 α_{min} 是多少？若一个 α_{min} 角对应圆弧长度为 0.001mm，则码盘的直径多大？

11. 简述容栅数显千分尺的工作原理。

12. 磁栅传感器中的磁头可否用霍尔元件取代？比较静态磁头与动态磁头的区别。

13. 磁栅传感器测量位移时，其输出电动势为 $e = U_m \sin\left(\dfrac{2\pi x}{W} + 2\omega t\right)$，设磁尺磁信号的节距为 $W = 1.0$mm，试计算：

（1）若输出电动势 $e = 5\sin(50t + 1.25\pi)$V，求与之对应的位移量 x。

（2）此磁栅位移传感器在一个测量周期内所能测量的最大位移量 x_{max}。

14. 从测量范围、精度、分辨率、环境适应性、抗干扰能力、价格等主要技术指标，分析、比较本章介绍的几种数字式位移传感器。

第三篇

新型传感器与检测技术

第 14 章　微型传感器

【本章要点提示】..

1. 微机电系统的基本概念与典型的 MEMS 工艺
2. 微型加速度计的典型结构、原理及特点
3. 微机械陀螺的典型结构、原理及特点
4. 微型压力传感器的典型结构、原理及特点

微型传感器(也称微传感器)是一种基于半导体制造技术的新型传感器,其特征尺寸在微米量级,具有体积小、重量轻、功耗低、成本低、可批量生产等特点,因此成为传感器技术的重要发展方向之一。微型传感器的诸多敏感机理有别于传统传感器技术,其特征尺寸引入的尺度效应为其控制和检测带来了新的敏感机理和物化反应。微型传感器的技术需求引领了一项新型技术的产生——微机电系统(micro-electro-mechanical systems,MEMS)技术,而随着 MEMS 技术的不断发展成熟,反过来又促进了微型传感器技术的进步。

14.1　微机电系统与微型传感器

▶ 14.1.1　微机电系统(MEMS)

1. 基本概念

微机电系统(MEMS)是 20 世纪 80 年代后期发展起来的一种新兴交叉学科,它融合了机械、力、光、热、电、磁、流体等多种学科,利用微电子加工、硅微加工和精密机械加工等微细加工技术,在微米量级特征尺寸内设计和制造微传感器、微执行器、微光学器件等,并将它们与微电子线路、信号处理单元、微电源、通信接口单元等高密度集成于一体,构成一种或几种独立功能的、适于低成本大批量生产的微型系统。

自 1989 年美国国家自然科学基金会首次提出 MEMS 以来,MEMS 技术在航空、航天、军事、医学、生物等领域得到了广泛发展,被认为是继微电子技术之后的又一次技术革命。MEMS 产生之初是由于其体积小、重量轻等优点在军事领域有广阔的应用前景。因此,1992 年"美国国家关键技术计划"把"微米级和纳米级制造"列为"在经济繁荣和国防安全两方面都至关重要的技术"。美国国家自然基金会(NSF)把微米/纳米列为优先支持的项目。美国国防部先进研究计划署(DARPA)制订的微

米/纳米和微系统发展计划,对"采用与制造微电子器件相同的工艺和材料,充分发挥小型化、多元化和集成微电子技术的优势,设计和制造新型机电装置"给予了高度的重视。日本在 1992 年启动了 2.5 亿美元的大型研究计划"微机械十年计划"。欧洲发达国家也纷纷将 MEMS 技术列为国家重大研究计划。

随着商品化的微陀螺、微加速度计、微压力传感器、微麦克风等器件在消费电子、物联网、汽车等行业的广泛应用,使得 MEMS 逐步被大众认知和接受。例如,汽车安全气囊中的微加速度计、智能手机中的三轴微机械陀螺及三轴微加速度计等。MEMS 已经在消费电子及汽车电子等对器件精度要求较低的低端领域获得了广泛的应用,并实现了巨大的商业价值。同时,航空航天、武器装备、精准医疗等领域对高性能 MEMS 器件的迫切需求则会提供更为广阔的市场前景和产品需求。

2. 典型的 MEMS 加工工艺

MEMS 是起源于微电子技术的一项新兴技术,其材料、工艺、封装及测试等环节均沿用了微电子技术中的部分关键技术。

典型的微机电系统以半导体硅作为主要结构材料,同时使用硅的化合物,如氧化硅、氮化硅等作为主要功能材料。而随着 MEMS 技术在可穿戴设备、生物医疗、航空航天等领域的应用,硅基材料在柔性、生物兼容性、耐高温等方面已经无法满足需求,因此,非硅材料,如聚合物、陶瓷、金刚石、氮化铝、蓝宝石等多种先进功能材料崭露头角。

典型的 MEMS 加工工艺来源于半导体工艺,主要包括光刻、氧化、掺杂、薄膜沉积、刻蚀等工艺。同时,鉴于 MEMS 器件在可动机械结构、大惯性质量等方面的特殊需求,产生了诸多专门针对 MEMS 的工艺方法,如 20 世纪 60 年代诞生的利用各向同性或各向异性刻蚀衬底而形成凹坑、沟槽、膜片等微结构的体加工;20 世纪 80 年代出现的利用薄膜沉积和牺牲层技术在衬底表面上制作微机械结构或可活动元件的表面加工;利用同步 X 射线光刻、电铸和注塑制作高深宽比微结构的 LIGA(lithographie galvanoformung abformung)工艺;采用 SOI(silicon-on-insulator)硅片的 SOI 基 MEMS 加工工艺。另外,MEMS 加工工艺还包括键合、深刻蚀、封装等关键工艺。

图 14.1.1 所示为典型(100)硅片湿法腐蚀工艺得到的氮化硅悬臂梁的工艺流程示意图,图(a)所示的湿法腐蚀首先沿无掩膜的区域向下腐蚀,腐蚀侧壁出现(111)面时腐蚀自停止,此时侧壁与硅片表面形成 54.74° 的夹角;随后如图(b)所示,腐蚀继续向下进行,同时悬臂梁底部的凸角开始腐蚀;最终,腐蚀继续向下进行,如图(c)所示,当悬臂梁底部凸角消失后腐蚀自停止,形成所需的悬臂梁结构。

图 14.1.2 所示为表面工艺流程示意图。该工艺为 MEMSCAP 公司的标准 Poly-MUMPs 工艺,包含一层氮化硅、三层多晶硅、两层氧化硅和一层金属,如图 14.1.2(a)所示,其中氧化硅作为牺牲层材料,最终被释放去除,从而形成可动的机械结构,如图 14.1.2(b)所示。表面工艺极大地继承了微电子加工技术,具有与微电子加工技术兼容的特性,能够实现 MEMS 器件与微电子电路单片集成的加工方式,有利于降低整个器件的外界干扰。但表面工艺中的薄膜结构较薄,通常仅为几个微米,不利于

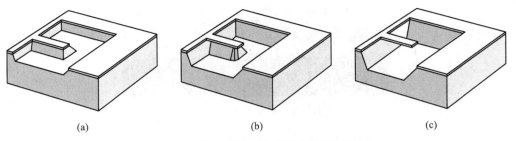

图 14.1.1　湿法腐蚀工艺刻蚀悬臂梁示意图

加工具有高深宽比结构的器件,特别是微惯性器件如微机械陀螺、微机械加速度计等。

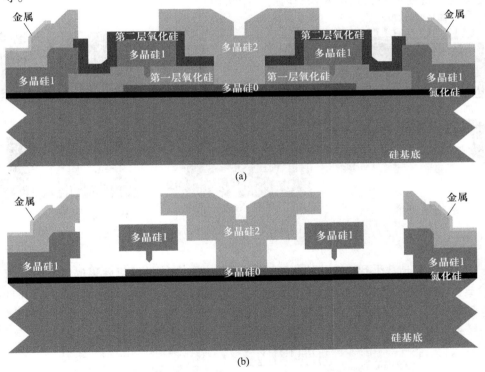

图 14.1.2　典型表面工艺示意图

　　图 14.1.3 所示为典型体硅工艺示意图。它采用湿法刻蚀、干法刻蚀等技术得到所需结构,再通过键合技术将其与另一基片连接在一起,最终形成悬置的三维结构的加工方法。体硅工艺的加工厚度可达几十微米甚至数百微米,利用感应耦合等离子体刻蚀(inductively coupled plasma,ICP)技术可得到高深宽比的结构,能够提高器件灵敏度,适合加工具有较大惯性质量的器件。但体硅工艺无法与微电子加工技术兼容,不易实现 MEMS 器件与微电子电路单片集成加工。

　　LIGA 是德文 Lithographie、Galanoformung 和 Abformung 的缩写,即光刻、电铸和注

图 14.1.3　典型体硅工艺示意图

塑。LIGA 工艺流程示意图如图 14.1.4 所示,主要包括 X 光深度同步辐射光刻,电铸制模和注模复制三个工艺步骤。由于 X 射线有非常高的平行度、极强的辐射强度、连续的光谱,使 LIGA 技术能够制造出深宽比可达 500、厚度大于 1500μm、结构侧壁光滑且平行度偏差在亚微米范围内的三维结构。

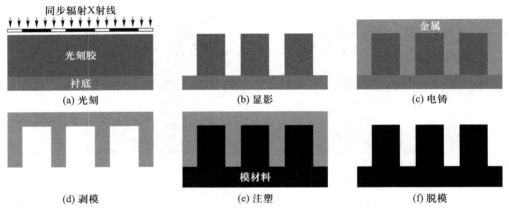

图 14.1.4　LIGA 工艺流程示意图

　　SOI 工艺是基于 SOI 硅片的加工工艺,它是一种在硅材料与硅集成电路巨大成功的基础上出现的、有独特优势、能突破硅材料与硅集成电路限制的新技术。SOI 器件与 Si 器件相比,具有功耗低、速度快、寄生电容小、抗辐射性能强、耐高温高压、可靠性高等一系列优点。图 14.1.5 所示为法国 MEMSCAP 公司的 SOIMUMPs 工艺示意图。

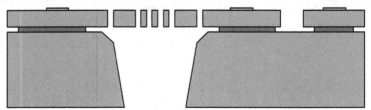

图 14.1.5　SOIMUMPs 工艺示意图

14.1.2　微型传感器

　　微型传感器主要指基于 MEMS 技术的新型传感器。MEMS 技术的应用使得微型传感器的体积、重量、功耗、成本都大幅降低,不但替代了部分传统传感器在多个领域的应用,更重要的是拓展了传感器在体积狭小、重量有限、功耗不足、成本偏低的系统中的应用。微型传感器技术已经成为一项重要的使能技术,使得以往无法想象的多种应用成为可能。

　　世界著名的 MEMS 工业分析机构 Yole Développement 在 2017 年的报告中预计,到 2021 年,微型传感器市场规模将超过 200 亿美元,从手机、平板电脑等消费电子产品,到汽车、工业机器人,甚至高铁、飞机等,微型传感器已经悄悄改变了人类的生活方式。

　　与传统传感器相比,微型传感器具有以下特点:

　　(1)体积小、重量轻。对被测对象的影响小,可有效提高测量的空间分辨率。

　　(2)灵敏度高,响应速度快,固有频率高,工作频带宽。

　　(3)便于集成化和多功能化。采用微加工技术使得结构或功能集成更容易实现,改善系统的性能,并为实现智能传感器或多功能集成传感器奠定基础。图 14.1.6 所示为正在封装的汽车安全气囊用微加速度计。

图 14.1.6　安全气囊用微型加速度计　　　　图 14.1.7　在硅晶圆上批量制作的芯片

　　(4)功耗低,价格低廉。可节省资源和能量,采用批处理的加工方式(如图 14.1.7 所示)可大大降低材料和制造成本。

　　与传统传感器类似,微型传感器可根据不同的工作原理制作成不同的类型,实现不同的用途。本章主要介绍几种典型的微型传感器,包括微型加速度计、微机械陀螺和微型压力传感器等。

14.2　微型加速度计

　　微型加速度计是应用最广、商品化最早的微型传感器之一。20 世纪 80 年代中期,低成本、小体积的 MEMS 加速度计代替昂贵的机械式加速度计使用在汽车安全气囊中,极大地提高了汽车的安全性能,进而促使了美国、日本等国家立法,要求所有汽车中必须装配安全气囊。21 世纪之初,以微型加速度计为代表的微型传感器在智能手机等消费电子产品中成功应用,则极大地丰富了消费电子产品的用户体验,颠覆了传统的按键控制方式,进一步拓展了微传感器的应用领域。

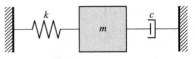

图 14.2.1   微型加速度计原理图

微型加速度计以牛顿第二定律为理论基础,加速度作用在敏感质量上形成惯性力,通过测量该惯性力间接得到载体受到的加速度。线加速度计在结构上可以等效成一个质量—弹簧—阻尼的二阶系统,如图 14.2.1 所示,利用系统的线性响应来实现对加速度的测量。

对于该二阶系统,可以得到下列二阶微分方程

$$m\frac{\mathrm{d}^2 x(t)}{\mathrm{d}t^2} + c\frac{\mathrm{d}x(t)}{\mathrm{d}t} + kx(t) = ma(t) \tag{14.2.1}$$

式中,m、c、k——分别为质量、阻尼系数及弹性系数;

$\quad\quad x(t)$——质量块相对于基底的位移;

$\quad\quad a(t)$——输入加速度。

因此,利用 MEMS 技术制备出相应的质量、弹簧及阻尼系统,并利用不同的检测原理实现加速度的检测,就构成了微型加速度传感器。

14.2.1   压阻式微加速度计

最早的 MEMS 加速度计是美国斯坦福大学的研究者在 20 世纪 70 年代制造的压阻式微加速度计,其结构如图 14.2.2 所示。在加速度作用下,检测质量块相对外围框架运动,作为弹性连接件的硅梁发生弯曲,利用压敏电阻测出该应变从而求得加速度值。

图 14.2.2 中,大的惯性质量块有利于获得高灵敏度和低噪声,故采用了体加工技术,并形成玻璃—硅—玻璃的夹层结构。中间层为包含硅梁和检测质量块结构的硅片。两个经各向同性腐蚀的玻璃片键合在硅片上下表面,构成三明治结构的封闭

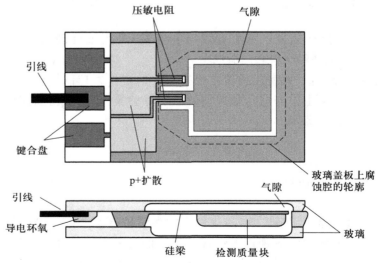

图 14.2.2   压阻式微加速度计结构图

腔。中间硅片由双面腐蚀制作而成,惯性质量块通过硅梁支撑并连接在外围框架上,扩散形成的压敏电阻集成在硅梁上。悬臂梁根部的应变最大,因此为提高灵敏度,压敏电阻制作在靠近悬臂梁根部的位置。为减小横向灵敏度(即减小对非测量方向加速度的灵敏度),可增加悬臂梁的数目或优化质量块及弹性梁的形状、排布形式等。

压阻式加速度计可采用常规的表面工艺或体硅工艺制作,具有输出阻抗低、输出电平高、内在噪声低、工作频带宽,对电磁、静电干扰、应变和热瞬变不敏感等优点,可以用于低频振动的测量和持续时间长的冲击测量。

14.2.2 电容式微加速度计

电容式微加速度计是目前最为常见的加速度计方案,该方案通过敏感电容变化来检测外界输入的加速度。图 14.2.3 所示为两种典型的电容式微加速度计的原理图,分别用于检测平面内的加速度及平面外的加速度。

图 14.2.3(a)为利用梳齿电容器进行电容检测的 x 轴加速度计,质量块由四周的弹性梁支撑形成悬空结构,质量块两侧连接了两组梳齿电容器,当质量块受到 x 轴方向的加速度作用时,将在 x 轴方向产生位移,通过检测两端的梳齿电容器的电容变化即可反求出 x 轴输入的加速度大小。图 14.2.3(b)为利用平板电容器进行电容检测的 z 轴加速度计,质量块由四周的弹性梁支撑形成悬空结构,质量块上下对应布置了两个平板形成平板电容器,当质量块受到 z 轴方向的加速度作用时,将在 z 轴方向产生位移,通过检测上下的平板电容器的电容变化即可反求出 z 轴输入的加速度。

14-1 电容式微加速度计工作原理

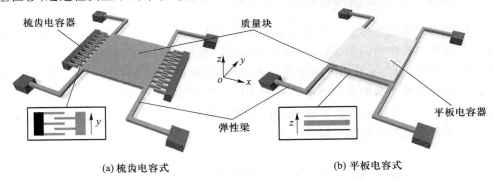

(a) 梳齿电容式   (b) 平板电容式

图 14.2.3 两种典型的电容式微加速度计的原理图

电容式微加速度计可采用表面工艺、体硅工艺及 SOI 工艺制作,是目前应用最为广泛的 MEMS 加速度计,具有测量精度高、输出稳定、温度漂移小、功耗低、结构简单等优点,广泛应用于消费电子、汽车电子、航空航天等领域。

14.2.3 谐振式微加速度计

谐振式微加速度计是一种典型的高精度加速度计方案,该方案通过敏感谐振器的固有频率变化来进行加速度检测。图 14.2.4 所示为典型的谐振式微加速度计原理图,加速度计主要由惯性质量、弹性梁和两个谐振器构成。当加速度计工作时,谐振器 1 和谐振器 2 均处于谐振状态,即谐振器在其固有频率振动。当 x 方向有加速度输入时,根据牛顿第二定律,惯性质量在 x 方向受到惯性力的作用,从而导致谐振器 1 和谐振器 2 分别受到拉应力和压应力的作用,进而改变两个谐振器的固有频率。因此,通过两个敏感谐振器的固有频率变化即可反求出 x 轴方向外界输入的加速度。

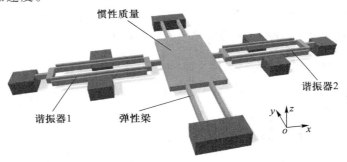

图 14.2.4　谐振式微加速度计原理图

谐振式微加速度计通常采用体硅工艺或 SOI 工艺制作,具有体积小、重量轻、功耗低、测量精度高、稳定性好、易批量生产、直接输出准数字量等优点,是目前高精度微加速度计的主要方案,可用在航空航天、武器装备等高端领域。

14.2.4　隧穿式微加速度计

隧穿式微加速度计是一种具有极高精度的微型加速度计,它利用两物体之间的隧穿电流检测物体的间距,从而反求出外界的加速度。图 14.2.5 所示为隧穿式微加速度计原理图,当有 y 方向的加速度输入时,惯性质量在 y 方向产生微小的位移,此时硅针尖与惯性质量的隧穿电流将发生变化。典型情况下,硅针尖与惯性质量的初始间距为 1 nm,当间距变化 0.01 nm 时,隧穿电流将改变 4.5%。由此可见,隧穿式微加速度计具有极高的检测灵敏度。

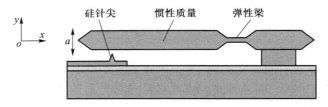

图 14.2.5　隧穿式微加速度计原理图

隧穿式微加速度计通常采用体硅工艺加湿法腐蚀工艺制备,具有极高的检测精度,但其缺点是工艺难度较大,无法检测常值加速度输入。

14.3 微机械陀螺

微机械陀螺是利用科氏效应(Coriolis Effect)进行角速度检测的新型微惯性传感器。基于科氏效应的振动式微机械陀螺可以简化为一个仅具有沿平面内两个坐标轴线性自由度的刚体。如图 14.3.1 所示,以 x 方向作为微机械陀螺的驱动方向,则质量块将受到 x 方向的简谐振动力 $F_x = F_0\sin(\omega_0 t)$,其中 ω_0 为外界驱动力频率。当存在 z 轴方向的角速度 Ω 输入时,由于科氏效应影响,质量块将具有一个沿 y 方向的科氏加速度,并在 y 方向产生振动。通过检测这一振动信号即可推导出外界角速度 Ω 的大小。

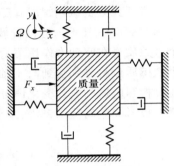

图 14.3.1   振动式微机械陀螺
简化原理图

微机械陀螺的两个模态均可以简化为典型的质量—弹簧—阻尼的二阶系统,当 z 方向无角速度输入时,其运动方程可描述为

$$m_x \ddot{x} + c_x \dot{x} + k_x x = F_x \tag{14.3.1}$$

$$m_y \ddot{y} + c_y \dot{y} + k_y y = F_y \tag{14.3.2}$$

式中,　　　m_x、m_y——驱动模态及敏感模态的等效质量;

　　　　　　c_x、c_y——驱动模态及敏感模态阻尼系数;

　　　　　　k_x、k_y——驱动模态及敏感模态的刚度系数;

　　　　　　F_x、F_y——驱动模态及敏感模态的外力;

x、$\dot{x}$、$\ddot{x}$、y、$\dot{y}$、$\ddot{y}$——驱动模态及敏感模态的位移、速度和加速度。

当 z 方向有角速度 Ω 输入时,根据科氏效应,两个模态的运动方程变化为

$$m_x \ddot{x} + c_x \dot{x} + (k_x - m_x \Omega^2) x - m_x \dot{\Omega} y = F_x + 2m_x \Omega \dot{y} \tag{14.3.3}$$

$$m_y \ddot{y} + c_y \dot{y} + (k_y - m_y \Omega^2) y + m_y \dot{\Omega} x = F_y - 2m_y \Omega \dot{x} \tag{14.3.4}$$

当 z 方向角速度频率远小于微机械陀螺两模态固有频率,且角速度变化量较小时,方程(14.3.3)、(14.3.4)可简化为

$$m_x \ddot{x} + c_x \dot{x} + k_x x = F_x + 2m_x \Omega \dot{y} \tag{14.3.5}$$

$$m_y \ddot{y} + c_y \dot{y} + k_y y = F_y - 2m_y \Omega \dot{x} \tag{14.3.6}$$

微机械陀螺工作时敏感方向一般不施加外力,因此 $F_y = 0$。同时,敏感模态耦合到驱动模态的科氏力 $2m_x \Omega \dot{y}$ 相对于驱动力 F_x 很小,可略去不计,则方程(14.3.5)和(14.3.6)可进一步简化,最终微机械陀螺两个模态的运动方程表示为

$$m_x \ddot{x} + c_x \dot{x} + k_x x = F_0\sin(\omega_0 t) \tag{14.3.7}$$

$$m_y \ddot{y} + c_y \dot{y} + k_y y = -2m_y \Omega \dot{x} \tag{14.3.8}$$

虽然绝大多数微机械陀螺均采用上述科氏效应原理进行角速度检测,但结构形式却多种多样。下面简要介绍三种典型结构的微机械陀螺——音叉式微机械陀螺、框架式微机械陀螺和环形谐振式微机械陀螺。

14.3.1 音叉式微机械陀螺

14-2 音叉式微机械陀螺驱动模态振型图

音叉式微机械陀螺因其工作模态与音叉类似而得名,它是世界上最早出现的完全基于 MEMS 技术的硅微机械陀螺。图 14.3.2 为典型音叉式微机械陀螺结构。两个敏感质量在驱动力作用下沿 x 轴作反向运动,当存在 z 轴方向的科氏力作用时,两个敏感质量将分别受到沿 y 轴正负方向的科氏力,从而在 y 轴方向产生反向位移。通过检测电极的电容变化即可反求出外界输入的 z 轴角速度。检测电极采用两个敏感电极形成差动检测,从而减小外界加速度对陀螺信号的影响。

14-3 音叉式微机械陀螺敏感模态振型图

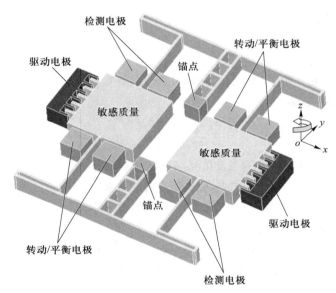

图 14.3.2 典型音叉式微机械陀螺结构图

14-4 微机械陀螺在汽车中的应用

音叉式微机械陀螺可采用表面工艺、体硅工艺及 SOI 工艺制备,具有体积小、功耗低、可靠性高等优点,广泛应用于消费电子、汽车电子等领域。

14.3.2 框架式微机械陀螺

14-5 框架式微机械陀螺工作原理

框架式微机械陀螺如图 14.3.3 所示,惯性质量可分为质量框架和敏感质量两部分,其中质量框架用于隔离驱动模态与敏感模态的运动,从而消除两个模态之间的能量耦合。陀螺工作时,质量框架在驱动电极的作用下沿轴 x 方向振动,从而带动敏感质量也在 x 方向振动。当外界有 z 轴方向的角速度 Ω 输入时,敏感质量将受到沿 y 方向的科氏力作用,从而导致检测电极的电容变化,通过检测这一电容变化即可反求出外界输入的角速度。

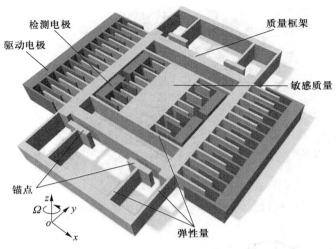

图 14.3.3　框架式微机械陀螺

　　框架式微机械陀螺的检测原理、加工工艺及应用领域与音叉式微机械陀螺类似，仅在结构方案上有所区别。

14.3.3　环形谐振式微机械陀螺

　　环形谐振式微机械陀螺是在半球谐振陀螺基础上发展起来的一种新型的高精度微机械陀螺，它相对于音叉式和框架式微机械陀螺，具有以下优点：

　　（1）环形结构本身固有的全对称性，对环境无用振动不敏感；

　　（2）环形谐振式陀螺采用了理论上频率完全相同的两个工作模态，具有非常高的灵敏度；

　　（3）环形谐振式陀螺的两个工作模态受到温度变化引起的结构热膨胀相同，因此陀螺对于温度变化不敏感。

　　环形谐振式微机械陀螺也是一种基于科氏效应的谐振式陀螺仪，其谐振结构由中心圆形锚点支撑的单个或多个圆环组成，电极可分布在谐振环周围或嵌入多个谐振环之间，如图 14.3.4 所示。环形谐振式微机械陀螺可工作在多种运动模式，其中 $n=2$ 的椭圆工作模式如图 14.3.5 所示。环形谐振式微机械陀螺在驱动力的作用下在 x、y 轴做椭圆振动，当存在 z 轴方向的角速度时，根据科氏效应，谐振环上的点将受到与运动方向垂直的科氏力，如图 14.3.5（a）所示，此时圆环上受到的科氏力合力使得圆环振型变为图 14.3.5（b）所示，通过布置在 45° 和 135° 方向的敏感电极进行检测，即可反求出外界输入的角速度。

　　环形谐振式微机械陀螺可采用体硅工艺或 SOI 工艺制备，是目前精度最高的微机械陀螺，能够实现导航级甚至惯性级的应用，在惯性导航、平台稳定等高端领域具有广阔的应用前景和迫切的应用需求。

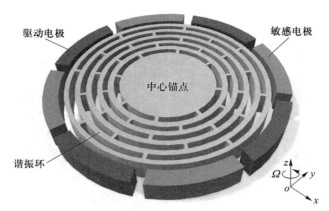

图 14.3.4 环形谐振式微机械陀螺结构原理图

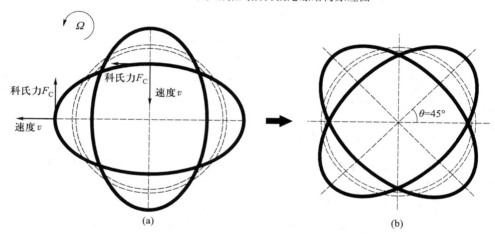

图 14.3.5 环形谐振式微机械陀螺工作原理图

14.4 微型压力传感器

微型压力传感器是微机电系统中研制最早、技术最成熟、最成功的商业化微型传感器之一,已经有 50 多年的发展历史,在国民经济领域有非常广泛的应用。2018 年微型压力传感器销量超过 2 亿颗,相关产品市场规模超过 16 亿美金,年复合增长率保持在 3.8% 以上。随着以人工智能为代表的新兴科学技术不断进步,微型压力传感器正向着结构微型化、功能集成化、行为智能化、关联网络化、封装模块化等方向发展。

根据测试压力不同,微型压力传感器可分为绝压传感器、表压传感器和差压传感器等。根据工作原理不同,微型压力传感器也可分为压阻式微型压力传感器、电容式微型压力传感器和谐振式微型压力传感器等。

14.4.1 压阻式微型压力传感器

压阻式微型压力传感器最早出现于 20 世纪 60 年代末,是目前市场占有率最高的压力传感器。压阻式微型压力传感器的工作原理是基于压阻效应,主要由压力敏感膜片和制作在其表面上的压敏电阻两部分构成,通常采用四个压敏电阻组成惠斯通电桥电路以便获得最大的输出电信号并可进行温度补偿。压阻式微型压力传感器结构如图 14.4.1 所示。当待测压力作用于压力敏感膜片上时,压力敏感膜片发生变形并引起压敏电阻阻值变化,惠斯通电桥失去平衡,通过输出电压变化就可以得到待测压力值。

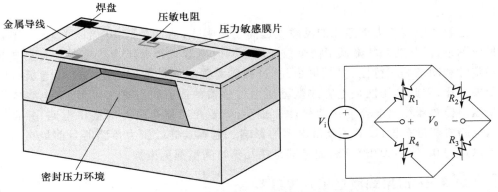

图 14.4.1 压阻式微型压力传感器结构示意图

根据压敏电阻制作方式的不同,压阻式微型压力传感器可分为扩散电阻式和沉积电阻式两种。扩散电阻式微型压力传感器采用扩散或离子注入工艺制作,灵敏度较高,其中常规扩散电阻式微型压力传感器受 PN 结反向漏电和附加温漂等影响,一般仅适用于 120℃ 以下;而采用氧化硅隔离的 SOI 扩散电阻式微型压力传感器最高使用温度达 600℃。沉积电阻式微型压力传感器将压敏电阻沉积在介质层(氧化硅、氮化硅、碳化硅等)表面,最高使用温度可达到 480℃,但其灵敏度一般比扩散电阻式略低。

压阻式微型压力传感器制作工艺简单、线性度好、利于检测、成本低廉,但是由于其固有的零漂和温漂等问题,一般仅适用于对精度和长期稳定性要求不高的场合。

14-6
Kulite 公司
SOI 压阻式微型压力传感器

14.4.2 电容式微型压力传感器

电容式微型压力传感器是 20 世纪 80 年代以后发展起来的一种微型压力传感器,主要由上下两个电极构成。通常活动电极固定连接在膜片表面,膜片受压变形导致两电极极板间距变化,通过检测电容变化值就可以获得被测压力值。典型的电容式微型压力传感器结构如图 14.4.2 所示,常采用各向异性湿法腐蚀工艺制作压力敏感膜片,并利用阳极键合或硅硅键合技术将上下两层结构密封在一起。

根据其工作中上下两电极位置关系的不同,电容式微型压力传感器可分为接触式和非接触式两种工作模式。非接触式微型电容压力传感器结构简单,但是一般线性度较差,实际应用中广泛采用差动形式以改善线性度。接触式微型电容压力传感器相对于非接触式灵敏度较高,过载保护能力强,线性度好,但是一般迟滞较大。

14-7 多单元电容式微型压力传感器

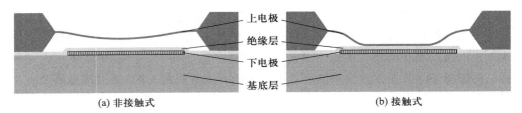

(a) 非接触式   (b) 接触式

图 14.4.2   电容式微型压力传感器结构示意图

电容式微型压力传感器的灵敏度远高于压阻式,通常是其 10 倍以上,更适用于低压测量,但其功耗却降低了两个数量级。同时电容式微型压力传感器具有更高的稳定性和动态响应特性,温漂更小,抗过载能力强。但是考虑到电容变化与极板间距成反比,因此非线性是电容式微型压力传感器的固有特征之一。另外,电容式微型压力传感器输出电容变化信号往往很小,需要相对复杂的专门接口电路,并且接口电路要就近布置,以避免杂散电容的影响。电容式硅微压力传感器目前最高精度可以达到 0.1% ~ 0.075% FS,而且甚至在几年时间里都免维护。

14.4.3   谐振式微型压力传感器

谐振式微型压力传感器起源于 20 世纪 80 年代,是目前精度最高、长期稳定性最好的压力传感器之一,代表着当今世界压力传感器技术的最高水平。它通过检测物体的固有频率来间接测量压力,准数字信号输出,适用于远距离传输,信号采集和处理方便。由于工作在机械谐振状态,其精度主要受结构机械特性影响,因此其抗干扰能力很强,性能较稳定。谐振式微型压力传感器的缺点是制作工艺与检测电路相对复杂。

根据芯体结构的不同,谐振式微型压力传感器主要分为两大类,即压力敏感膜片与谐振器复合结构以及振动膜结构。压力敏感膜片与谐振器复合结构是在压力敏感膜片上制作谐振器,压力变化引起膜片变形并导致谐振器的固有频率改变,通过检测谐振器的固有频率变化实现压力测量。振动膜结构是直接利用膜片变形并引起自身固有频率的变化实现压力测量。

压力敏感膜片与谐振器复合结构的谐振式微型压力传感器如图 14.4.3(a)所示,采用二次敏感模式,其谐振器固定于压力敏感膜片表面适当位置,并密封于参考压力环境(一般为真空)。图 14.4.3(b)为 GE Druck 公司 RPT 系列谐振式微型压力传感器的典型芯体结构,其谐振器和压力敏感膜片在同一张硅片上利用浓硼自停止刻蚀技术制作,采用玻璃浆料键合技术和玻璃管抽真空技术完成封装。振动膜结构的谐振式微型压力传感器如图 14.4.4(a)所示,为一次敏感模式。图 14.4.4(b)为瑞典皇家理工学院研发的振动膜结构谐振式微型压力传感器的芯体结构,其振动膜由一个硅硅键合的空腔构成,而该空腔又密封于两层玻璃键合的真空环境内。振动膜结构相对压力敏感膜片与谐振器复合结构在芯体设计和制作工艺方面更加简单,但振动膜结构不仅振动品质因数受待测压力影响,而且精度受同振质量影响,而压力敏感膜片与谐振器复合结构因谐振器密封于参考压力环境故工作更加稳定可靠。因此,随着 MEMS 技术的发展和日渐成熟,压力敏感膜片与谐振器复合结构谐振式微型压力传感器逐渐成为了研究主流,并且英国、美国、日本、法国等国家已成功研发了谐振式微型压力传感器产品并获得了广泛应用。

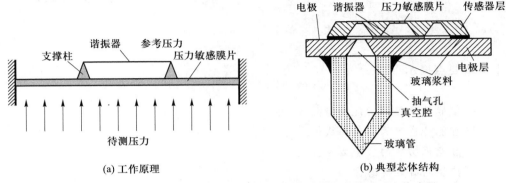

图 14.4.3   压力敏感膜片与谐振器复合结构的谐振式微型压力传感器

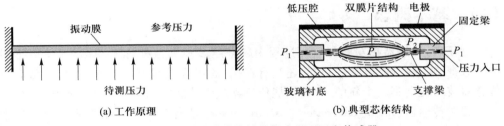

图 14.4.4   振动膜结构的谐振式微型压力传感器

谐振式微型压力传感器的长期稳定性和精度一般高于压阻式和电容式微型压力传感器一个数量级以上,目前最高长期稳定性优于 0.01%FS/2 年,最高精度可以达到 0.004%FS。谐振式微型压力传感器作为一种中高端压力传感器,非常适合对精度和长期稳定性要求严格的航空航天、工业过程控制和其他精密测量场合,在军用和民用领域有着十分广泛的应用和巨大的市场。

习题与思考题

1. 什么是微机电系统(MEMS)?

2. 典型的 MEMS 工艺有哪些? 各有何特点?

3. 基于 MEMS 技术的微型传感器有哪些优点?

4. 比较压阻式、电容式、谐振式和隧穿式微加速度计的结构原理,并说明各自特点。

5. 比较音叉式、框架式和环形谐振式微机械陀螺的结构原理,并说明各自特点。

6. 阐述压阻式、电容式和谐振式微型压力传感器的工作原理,并比较优缺点。

第15章 智能传感器

【本章要点提示 】

1. 智能传感器的功能及特点
2. 智能传感器的结构形式
3. 智能化功能的实现方法
4. 典型的智能传感器

15.1 基本概念

近年来,传感器在发展与应用过程中越来越多地和微处理机相结合,使传感器不仅有视、嗅、触、味、听觉的功能,还具有存储、思维和逻辑判断等人工智能,从而使传感器技术提高到一个新的水平,智能传感器成为传感技术发展的必然趋势。

智能传感器(intelligent sensor 或 smart sensor)是当今世界正在迅速发展的高新技术,至今还没有形成规范化的定义。早期,人们简单地强调在工艺上将传感器与微处理器两者紧密结合,认为"传感器的敏感元件及其信号调理电路与微处理器集成在一块芯片上就是智能传感器",这种提法在实际中并不总是必需的,而且也不经济。于是就产生了新的定义:"传感器通过信号调理电路与微处理器赋予智能的结合,兼有信息检测与信息处理功能的传感器就是智能传感器"。这一提法突破了传感器与微处理器结合必须在工艺上集成在一块芯片上的框框,而着重于两者赋予智能的结合可以使传感器的功能由以往只起"信息检测"作用扩展到兼有"信息处理"功能,因此,智能传感器是既有获取信息又有信息处理功能的传感器。

15.1.1 智能传感器的基本功能及特点

1. 智能传感器的基本功能

智能传感器比传统传感器在功能上有极大拓展,主要表现在以下几个方面。

(1)数据存储、逻辑判断、信息处理

智能传感器可以存储各种信息,如装载历史信息、校正数据、测量参数、状态参数等,可对检测数据随时存取,大大加快了信息的处理速度,并能够对检测数据进行分析、统计和修正,还能进行非线性、温度、噪声、交叉感应以及缓慢漂移等误差补偿,也可根据工作情况进行调整使系统工作在低功耗状态和传送效率优化的状态。

(2)自检、自诊断和自校准

　　智能传感器可以通过对环境的判断和自检进行自动校零、自动标定校准,有些传感器还可以对异常现象或故障进行自动诊断和修复。

　　(3) 灵活组态(复合敏感)

　　智能传感器设置多种模块化的硬件和软件,用户可以通过操作指令,改变智能传感器的硬件模块和软件模块的组合形式,以达到不同的应用目的,完成不同的功能,实现多传感、多参数的复合测量。

　　(4) 双向通信和标准化数字输出

　　智能传感器具有数字标准化数据通信接口,能与计算机或接口总线相连、相互交换信息。

　　根据应用场合的不同,目前推出的智能传感器选择具有上述全部功能或部分功能。智能传感器具有高的准确性、灵活性和可靠性,同时采用廉价的集成电路工艺和芯片以及强大的软件来实现,具有高的性能价格比。

　　2. 智能传感器的特点

　　与传统传感器相比,智能传感器具有如下特点。

　　(1) 精度高、测量范围宽

　　通过软件技术可实现高精度的信息采集,能够随时检测出被测量的变化对检测元件特性的影响,并完成各种运算,如数字滤波及补偿算法等,使输出信号更为精确;同时其量程比可达 100:1,最高达 400:1,具有很宽的测量范围和过载能力,特别适用于要求量程比大的控制场合。

　　(2) 高可靠性与高稳定性

　　智能传感器能够自动补偿因工作条件或环境参数变化而引起的系统特性的漂移,如环境温度变化而引起传感器输出的零点漂移,能够根据被测参数的变化自动选择量程,能够自动实时进行自检,能根据出现的紧急情况自动进行应急处理(报警或故障提示),这些都可以有效提高智能传感器系统的可靠性与稳定性。

　　(3) 信噪比与分辨率高

　　智能传感器具有数据存储和数据处理能力,通过软件进行数字滤波、相关分析、小波分析及希尔伯特-黄变换(HHT)等时频域分析提高信噪比;还可以通过数据融合、神经网络及人工智能技术等手段提高系统的分辨率。

　　(4) 自适应性强

　　智能传感器的微处理器可以使其具备判断、推理及学习能力,从而具备根据系统所处环境及测量内容自动调整测量参数,使系统进入最佳工作状态。

　　(5) 性能价格比高

　　智能传感器通过与微处理器相结合,采用价格便宜的微处理器和外围部件以及强大的软件即可实现复杂的数据处理、自动测量与控制等多项功能。

　　(6) 功能多样化

　　相比于传统传感器,智能传感器不但能自动监测多种参数,而且能根据测量的数据自动进行数据处理并给出结果,还能够利用组网技术构成智能检测网络。

15.1.2　智能传感器的结构

智能传感器视其传感元件的不同具有不同的名称和用途,而且其硬件的组合方式也不尽相同,但其结构模块大致相似,一般由以下几个部分组成:① 一个或多个敏感器件;② 微处理器或微控制器;③ 非易失性可擦写存储器;④ 双向数据通信的接口;⑤ 模拟量输入输出接口(可选,如 A/D 转换、D/A 转换);⑥ 高效的电源模块。图 15.1.1 为典型的智能传感器结构组成示意图。按照实现形式,智能传感器可以分为非集成化智能传感器、集成化智能传感器以及混合式智能传感器三种结构。

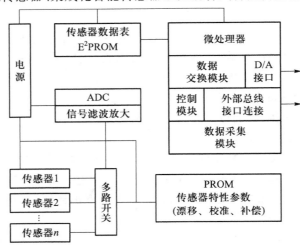

图 15.1.1　典型的智能传感器结构组成示意图

1. 非集成化智能传感器

非集成化智能传感器就是将传统的经典传感器、信号调理电路、微处理器以及相关的输入输出接口电路、存储器等进行简单组合而得到,如图 15.1.2 所示。非集成化智能传感器中传感器与微处理器分为两个独立部分,传感器仅仅用来获取信息,微处理器是智能传感器的核心,不但可以对传感器获取的信息进行计算、存储、处理,还可以通过反馈回路对传感器进行调节;同时微处理器通过软件可实现测量过程的控制、逻辑推理、数据处理等功能,使传感器获得智能化功能,从而提高了系统性能。这种传感器的集成度不高、体积较大,但在当前的技术水平下,它仍是一种比较实用的智能传感器形式。

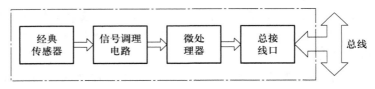

图 15.1.2　非集成式智能传感器框图

2. 集成化智能传感器

集成化智能传感器是采用微机械加工技术和大规模集成电路工艺技术将传感器敏感元件、信号调理电路、微处理器等集成在同一个芯片上而构成的。集成化智能传感器具有体积小、成本低、功耗小、可靠性高、精度高及多功能等优点,因此成为目前传感器研究的热点和传感器发展的主要方向。图 15.1.3 所示飞思卡尔公司的 MMA8451Q 是一款具有 14 位分辨率的智能低功耗、三轴、电容式加速度传感器(尺寸为 3mm×3mm×1mm),最低功耗只有 6μA,主要用于电子罗盘、方向定位、活动分析及运动检测等。

15-1
MMA8451Q
智能加速
度传感器

图 15.1.3　MMA8451Q 智能加速度传感器

3. 混合式智能传感器

根据需要将系统各个集成化环节,如敏感单元、信号调理电路、微处理器单元、数字总线接口等,以不同的组合方式集成在几个芯片上,并封装在一个外壳里构成混合式智能传感器。目前,混合式智能传感器作为智能传感器的主要类型而被广泛应用,混合式智能传感器的实现方式如图 15.1.4 所示。

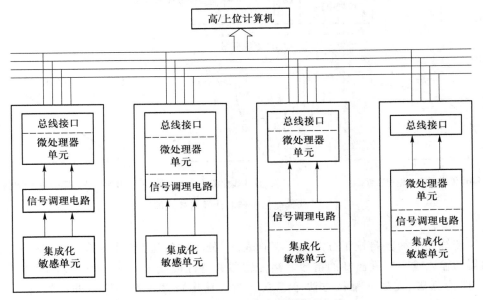

图 15.1.4　混合智能传感器的实现方式

集成化敏感单元包括各种敏感元件及其变换电路,信号调理电路包括多路开关、仪用放大器、基准、模数转换器(ADC)等,微处理器单元包括数字存储器、I/O 接口、微处理器、数模转换器等。

15.2　智能化功能的实现方法

智能传感器的"智能化"主要体现在强大的信息处理功能上,其智能化核心是微处理器,可以在最少硬件基础上利用强大的软件优势对测量数据进行处理,如实现非线性自校正、自诊断、实时自校准、自适应量程、自补偿等,以改善传感器的精度、重复性、可靠性等性能,并进一步提高传感器的分析和判断能力。

15.2.1　非线性自校正

理想传感器的输入量与输出信号成线性关系。线性度越高,则传感器的精度越高。传感器的非线性误差是影响其性能的重要因素,智能传感器通过软件自动校正传感器输入输出的非线性误差,可有效提高测量精度。

智能传感器非线性自校正的突出优点在于不受限于前端传感器、调理电路至 A/D 转换的输入输出特性的非线性程度,仅要求输入输出特性重复性好。

智能传感器非线性自校正原理如图 15.2.1 所示。其中,传感器、调理电路至 A/D 转换器的输入 x—输出 u 特性如图 15.2.1(b)所示,微处理器对输入按图(c)进行反非线性变换,最终可使其输入 x 与输出 y 成线性或近似线性关系,如图(d)所示。

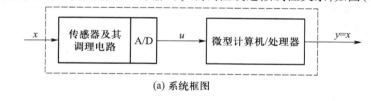

(a) 系统框图

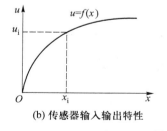
(b) 传感器输入输出特性

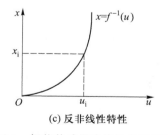
(c) 反非线性特性

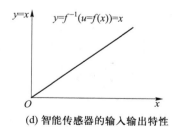
(d) 智能传感器的输入输出特性

图 15.2.1　智能传感器非线性自校正原理图

传统的非线性自校正方法主要有查表法(分段插值法)和曲线拟合法,适用于传感器的输入输出特性已知的情形。当传感器的特性曲线未知时,可通过神经网络方法、遗传算法、支持向量机方法等建立其输入输出特性关系并进行非线性自校正。

下面主要介绍查表法、曲线拟合法和神经网络法。

1. 查表法

查表法是一种分段线性插值方法。根据精度要求对非线性曲线进行分段,用若干折线逼近非线性曲线,如图 15.2.2 所示。将折点坐标值存入数据表中,测量时首先查找出被测量 x_i 对应的输出量 u_i 处在哪一段,再根据斜率进行线性插值,即得输出值 $y_i = x_i$。

线性插值的通式为

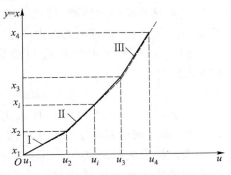

图 15.2.2　反非线性的折线逼近

$$y_i = x_i = x_k + \frac{x_{k+1} - x_k}{u_{k+1} - u_k}(u_i - u_k) \quad (15.2.1)$$

式中,k——折点的序数($k = 1, 2, 3, \cdots, n$),折线条数为 $n-1$。

逼近反非线性特性曲线的折线数量越多,输出值 y_i 越接近真实值,但程序的编写也会越复杂。查表法进行非线性自校正的关键是折线和折点的确定,目前通用的方法有两种:Δ 近似法和截线近似法,如图 15.2.3 所示。不论哪种方法,都必须保证各点误差 Δ_i 均不能超过允许的最大误差限 Δ_m,即 $\Delta_i \leqslant \Delta_m$。

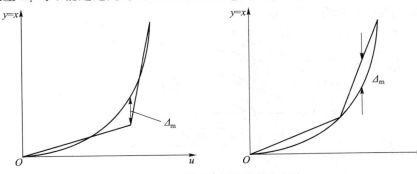

图 15.2.3　折点和折线的确定方法

需要说明的是,分段线性插值仅仅利用两个折点信息,精度较低。要提高拟合精度,可采用二次插值或三次插值等方法,不仅能有效减小误差,也可大大压缩表格数据的存储。

2. 曲线拟合法

曲线拟合法通常采用 n 次多项式来逼近反非线性曲线,多项式方程的各个系数由最小二乘法确定。具体步骤如下:

（1）对传感器及其调理电路进行静态实验标定,得到校准曲线。假设标定点的数据输入 x_i：$x_1, x_2, x_3, \cdots, x_N$;相应输出 u_i：$u_1, u_2, u_3, \cdots, u_N$,$N$ 为标定点个数。

（2）设反非线性曲线拟合多项式方程为

$$x_i(u_i) = a_0 + a_1 u_i + a_2 u_i^2 + a_3 u_i^3 + \cdots + a_n u_i^n \quad (15.2.2)$$

式中,　　　　n——多项式的阶数;

$a_0, a_1, a_2, \cdots, a_n$——待定系数。

多项式拟合的关键就是确定多项式的阶数和系数。阶数的确定通常采用满足设定误差限的最小值原则,即由要求的精度确定;系数的确定则是采用最小二乘法原则,即拟合值与标定值的均方差最小。

(3) 存储多项式的系数和阶数。假设 $n = 3$,系数为 a_0, a_1, a_2, a_3,则由式(15.2.2)得

$$x(u) = a_3 u^3 + a_2 u^2 + a_1 u + a_0 = \left[(a_3 u + a_2) u + a_1 \right] u + a_0 \tag{15.2.3}$$

计算时,只需将采样值 u_i 代入式(15.2.3)中进行三次形同表达式($bu + a_i$)的循环运算,即可求得对应于每个采样值 u_i 的输入被测值 x_i。

曲线拟合法的缺点在于当标定过程中有噪声存在时,可能会在求解多项式系数时遇到矩阵病态而无法求解。为了避免这一不足,就需要采用其他的曲线拟合方法,如神经网络法、支持向量机法等,下面介绍如何利用神经网络法确定多项式的各项系数。

3. 神经网络法

图 15.2.4 为函数链神经网络结构图,其中,$1, u_i, u_i^2, \cdots, u_i^n$ 为函数链神经网络的输入值,u_i 为静态标定实验中获得的标定点输出值;$W_j (j = 0, 1, 2, \cdots, n)$ 为神经网络的连接权值(对应于反非线性拟合多项式 u_i^j 项的系数 a_j),x_i 为传感器的标定值,x_i^{est} 为函数链神经网络的输出估计值。

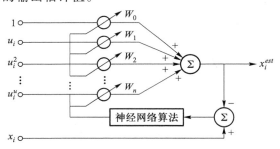

图 15.2.4　函数链神经网络

在函数链神经网络中,每个神经元都采用线性函数,由此得到函数链神经网络的输出为

$$x_i^{est}(k) = \sum_{j=0}^{n} u_i^j W_j(k) \tag{15.2.4}$$

式中,$x_i^{est}(k)$——第 k 步时 x_i 的估计值。

将估计值 $x_i^{est}(k)$ 与标定值 x_i 比较,得到第 k 步的估计误差为

$$e_i(k) = x_i - x_i^{est}(k) \tag{15.2.5}$$

由估计误差,求得函数链神经网络第 $k+1$ 步的连接权值调节式为

$$W_j(k+1) = W_j(k) + \eta e_i(k) u_i^j \tag{15.2.6}$$

式中,$W_j(k)$——第 k 步时第 j 个连接权值,初始权值为一随机数;

η——学习因子,学习因子的取值直接影响到迭代的稳定性和收敛速度。取值大则收敛速度快,但稳定性较差;取值小则稳定性好,但收敛速度慢,因此取值

时应权衡。

利用标定值对神经网络进行训练,神经网络算法不断调整连接权值 $W_j(j=0,1,2,\cdots,n)$ 直至估计误差 $e_i(k)$ 达到精度要求,此时连接权值 W_j 也趋于稳定,训练过程结束,即可得到最终的连接权值 $W_0,W_1,W_2,\cdots,W_n$,即求得多项式的待定系数 $a_0,a_1,a_2,\cdots,a_n$。

15.2.2 自诊断

自诊断技术俗称"自检",包括软件自检和硬件自检,检验传感器能否正常工作,若发生故障希望能及时检测并进行隔离。

传感器故障诊断是智能传感器自检的核心内容之一。自诊断程序应判断传感器是否有故障,并实现故障定位、判别故障类型,以便后续操作中采取相应的对策。按照国际故障诊断权威德国的 P.M.Frank 教授的观点,故障诊断方法可以划分成基于解析模型的方法、基于信号处理的方法、基于知识的方法等 3 种。当可以建立比较准确的被控过程数学模型时,基于解析模型的方法是首选的方法;当可以得到被控过程的输入输出信号,但很难建立被控对象的解析数学模型时,可采用基于信号处理的方法;当很难建立被控对象的定量数学模型时,可采用基于知识的方法。

1. 基于信号处理的方法

基于信号处理的方法是利用信号模型,如相关函数、频谱、自回归滑动平均等,直接分析可测信号,提取诸如方差、幅值、频率等特征值,进而诊断出故障,目前,应用较多的是基于小波变换的方法和基于信息融合的方法。

基于小波变换方法的基本思路是:对系统的输入输出信号进行小波变换,利用该变换求出输入输出信号的奇异点,然后去除由于输入突变引起的极值点,则其余的极值点对应于系统的故障。该方法无须建立对象的数学模型,且对输入信号的要求较低,计算量不大,灵敏度高,克服噪声能力强,可以进行在线实时故障检测。

基于信息融合方法的基本思路是:利用传感器自身的测量数据,以及某些中间结果和系统的知识,提取有关系统故障的特征,即通过多源信息融合进行故障诊断。该方法的一个显著特点是,由于具有相关性的传感器的噪声是相关的,经过融合处理可以明显地抑制噪声,降低不确定性。

2. 基于解析模型的诊断方法

基于解析模型的诊断方法是随着解析冗余思想的提出而形成的,如等价空间法、观测器法、参数估计法等。这些方法应用分析冗余代替物理(硬件)冗余,将被诊断系统数学模型得到的信息和实际测量得到的信息相比较,通过分析残差进行故障诊断。

该方法的优点是模型机理清楚,结构简单,易实现、易分析和可实时诊断等;缺点是计算量大,系统复杂,存在建模误差,模型的可靠性差,容易出现误报、漏报等现象,外部扰动的鲁棒性,系统的噪声和干扰不敏感。

3. 基于知识的故障诊断方法

基于知识的智能故障诊断技术是故障诊断领域最为引人注目的发展方向之一,

它大致经历了两个发展阶段:基于浅知识的第一代故障诊断专家系统和基于深知识的第二代故障诊断专家系统,以及后来出现的混合结构的专家系统,将上述两种方法结合使用,互补不足,相得益彰。它在传感器故障诊断领域的应用,主要集中在专家系统、神经网络和模糊逻辑系统等几个方面。

专家系统方法是通过系统知识的获取,在计算机上根据相应的算法和规则进行编程,实现对系统传感器的故障检测。其优点是规则易于增加和删除,但在实际应用中的最大困难在于知识的获取,而且它对新故障不能诊断。

神经网络具有的非线性大规模并行处理方面的特点,以及容错性和学习能力强,可以避免分析冗余技术中实时建模的需要,因而它被广泛应用于控制系统元部件诊断、执行器诊断和传感器故障诊断。同时,神经网络可以根据传感器中的相关性来恢复故障传感器信号。

模糊逻辑系统在故障诊断方面的应用,大多处于从属地位。由于其处理强非线性、模糊性问题的能力适应了故障非线性和模糊性特点,在故障诊断领域的应用有很大潜力。

15.2.3　自校准与自适应量程

1. 自校准

自校准可以理解为每次测量前传感器自身的重新定标,以消除传感器的系统漂移。自校准可以采用硬件自校准、软件自校准和软硬件结合等方法。

用标准激励或校准传感器进行实时自校准的原理框图如图 15.2.5 所示。

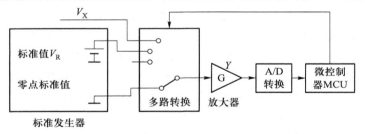

图 15.2.5　标准激励或校准传感器自校准原理框图

智能传感器的自校准过程通常分为以下三个步骤:

(1)校零:输入信号为零点标准值,进行零点校准。

(2)校准:输入信号为标准值 V_R,实时标定系统的增益或灵敏度。

(3)测量:对输入信号 V_X 进行测量,得到相应的输出值。

图 15.2.5 中,标准值 V_R、输入信号 V_X 和零点标准值的属性相同,自校准的精度取决于标准发生器产生的标准值的精度。上述自校准方法要求被校传感器的输入输出特性呈线性,这样仅需两个标准值就可实现系统的自校准,即标定传感器系统的零点和增益。

对于输入输出特性呈非线性的传感器系统,可以采用多点校准的方法,但为了提高标定的实时性,标定点数不宜过多。通常采用施加三个标准值的标定方法(三点标定法)进行实时在线自校准,即通过三个标准值及其对应的输出,确定自校准曲线方程

$$x = C_0 + C_1 y + C_2 y^2 \tag{15.2.7}$$

式中,　x——输入信号;

　　　　y——输出信号;

C_0、C_1、C_2——数值由最小二乘法确定。

这样,进入实际测量时,可根据系统的输出反推出对应的输入量,即得到校准后系统的真实输入信号。因此,只要传感器系统在标定与测量期间的输入输出特性保持不变,传感器系统的测量精度就取决于实时标定的精度。

2. 自适应量程

智能传感器的自适应量程即增益的自适应控制,要综合考虑被测量的数值范围、测量精度和分辨率等因素,自适应量程的情况千变万化,没有统一的原则,应当根据实际情况分析处理。为了减少硬件设备,可使用可编程增益放大器 PGA(programmable gain amplifier),使多回路检测电路共用一个放大器,其根据输入信号电平的大小,改变测量放大器的增益,使各输入通道均用最佳增益进行放大,从而实现量程的自动调整。

图 15.2.6 所示的是一个改变电压量程的例子,在电压输入回路中插入四量程电阻衰减器,每个量程相差 10 倍,在每个量程中设置两个数据限,上限称升量程限,下限称降量程限。上限通常在满刻度值附近取值,下限一般取为上限的 1/10。智能传感器在工作中通过判断测量值是否达到上下限来自动切换量程。

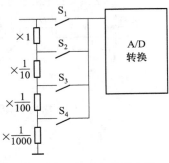

图 15.2.6　自适应量程电路

15.2.4　自补偿

自补偿即误差补偿技术,可以改善传感器系统的动态特性,使其频率响应特性具有更宽的工作频带范围;在系统不能进行完善的实时自校准时,自补偿可以消除由于环境、工作条件变化引起的系统特性的漂移,如零点漂移、灵敏度漂移等,从而提高系统的稳定性,增强抗干扰能力。下面主要介绍两种误差补偿技术:频率自补偿技术和温度自补偿技术。

1. 频率自补偿技术

在利用传感器对瞬变信号进行动态测量时,传感器由于机械惯性、热惯性、电磁储能元件及电路充放电等多种原因,使得动态测量结果与被测量之间存在较大的动态误差。特别是当被测信号的频率较高而传感器的工作频带不能满足测量允许误差的要求时,则希望扩展系统的频带,以改善系统的动态性能。常用的频率自补偿方法包括数字滤波法和频域校正法。

数字滤波法的补偿原理是给现有的传感器系统(传递函数为 $W(s)$)附加一个传

递函数为 $H(s)$ 的校正环节,使系统的总传递函数 $I(s) = W(s) \cdot H(s)$ 满足动态性能的要求,如图 15.2.7 所示。这个附加环节的传递函数 $H(s)$ 由软件编程设计的等效数字滤波器来实现。

频域校正法的补偿原理如图 15.2.8 所示。若由于系统的频带宽度不够或者动态性能不理想,系统对输入信号 $x(t)$ 的输出响应信号 $y(t)$ 将产生畸变,频域校正法的补偿原理就是对畸变的信号 $y(t)$ 进行傅里叶变换,找到被测输入信号 $x(t)$ 的频谱 $X(j\omega)$,再通过傅里叶反变换获得被测信号 $x(t)$。

采用数字滤波法和频域校正法进行频率自补偿时,现有传感器系统的动态特性必须已知,或者需要事先通过实验测定动态特性的特性参数,从而得到传递函数或频率特性,然后通过软件实现频率自补偿。

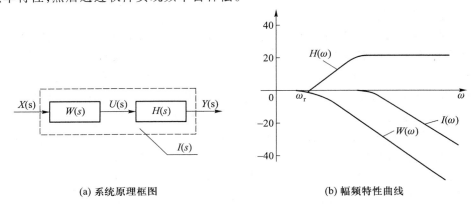

(a) 系统原理框图   (b) 幅频特性曲线

图 15.2.7   数字滤波自补偿法

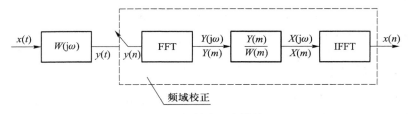

图 15.2.8   频域校正自补偿原理

2. 温度自补偿技术

温度是传感器系统最主要的干扰量,在经典传感器中主要采用结构对称(机械或电路结构对称)方式来消除其影响。智能传感器则采用监测补偿法,即通过对温度干扰量的监测,再经过软件处理实现误差补偿。

基于温度监测法的软件自补偿方法的基本思想:首先找出传感器系统静态输入输出特性随温度变化的规律;当监测出传感器系统当前的工作温度时,立即确立该温度下的输入输出特性,并进行刻度转换,从而避免最初标定时采用的输入输出特性所带来的误差。

下面以压阻式压力传感器为例介绍温度监测补偿法。

（1）温度信号的获取

一般来讲,温度的测量需要通过测温元件来获取,但对于压阻式压力传感器而言,可通过"一桥二测"技术,即通过同一个电桥实现温度和传感器输出信号的同时测量。图15.2.9为采用恒流源激励的压阻式压力传感器的测量电路。

基于压阻效应的压力传感器由四个压敏电阻组成全桥差动电路,当被测压力和干扰温度同时作用时,各桥臂的阻值表达式为

$$R_1 = R_3 = R + \Delta R + \Delta R_T \tag{15.2.8}$$

$$R_2 = R_4 = R - \Delta R + \Delta R_T \tag{15.2.9}$$

进一步得等效电阻 R_{AC} 为

$$R_{AC} = R + \Delta R_T \tag{15.2.10}$$

因此有

$$U_{AC} = IR_{AC} = IR + I\Delta R_T \tag{15.2.11}$$

式中, I——恒流源电流值;

R——压阻式传感器压敏电阻初始值;

ΔR_T——温度改变所引起的桥臂电阻的改变量。

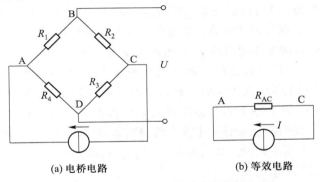

(a) 电桥电路　　(b) 等效电路

图 15.2.9　压阻式压力传感器的测量电路

由式（15.2.11）可知, U_{AC} 随 ΔR_T 而改变,是温度的函数。因此只要进行了 U_{AC}-T 特性的标定,由监测电压 U_{AC} 就可得到传感器系统的工作温度 T。

由图15.2.9测量电路可以看出,A、C两点之间的电压差 U_{AC} 即为温度输出信号, B、D两点之间的电压差 U_{BD} 即为压力输出信号,这样,压力传感器通过"一桥二测"可同时获得压力和温度信号。但是,输出信号 U_{BD} 中既包含了真实压力变化引起的输出信号变化,也包含了温度干扰引起的输出信号变化,因此温度补偿的关键就是将温度引起的干扰信号分离出来,而干扰信号又包含零点漂移和灵敏度漂移。

（2）零点和灵敏度温度漂移的补偿

传感器的零点,即输入量为零值时的输出值 U_0 随温度漂移,而且大多数的传感器的零位温度特性 U_0-T 呈非线性,如图15.2.10所示。只要传感器的零位温度特性 U_0-T 具有重复性就可以进行零点温度补偿,其

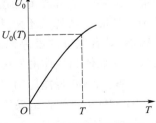

图 15.2.10　零位温漂特性

补偿的原理与一般仪器消除零点的原理完全相同。也就是说,假定传感器的工作温度为 T(实时监测得到),则在传感器的输出值 U 中减去该工作温度下的对应的零点电压 $U_0(T)$ 即可。

可见,零点温度漂移补偿的关键是事先测出传感器的零点温度特性 $U_0 - T$。由不同工作温度 T_i 求取该温度下的零点电压 $U_0(T_i)$,实际上就相当于非线性校正的线性化处理问题。

对于压阻式压力传感器,在输入压力保持不变的情况下,其输出信号随温度升高而下降,如图 15.2.11 所示,图中 $T > T_1$。假定 T_1 是传感器标定/校准时的工作温度,T 为实际工作温度,其输出 $U(T) < U(T_1)$,因此若不考虑温度变化对灵敏度的影响,将会产生明显的测量误差。

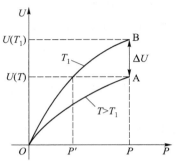

图 15.2.11   压阻式压力传感器的灵敏度温度漂移

一般来讲,在工作温度 T 保持不变时,压阻式压力传感器的输入(压力 P)-输出(电压 U)呈非线性特性;在输入压力 P 保持恒定的情况下,其输出电压(U)-工作温度(T)特性也呈非线性特性。因此,常用的灵敏度温度漂移的补偿方法有两种:一种是在压阻式压力传感器的温度变化范围内,划分多个温度区间(T_i,其中 $i = 1, 2, \cdots n$)并测量不同温度 T_i 下的输入压力(P)-输出电压(U)特性,然后,根据实际工作温度 T 采取多段折线逼近非线性的方法(即线性插值)获得所需要的补偿电压 ΔU,这样将工作温度为 T 时测得的传感器输出 $U(T)$ 加上补偿电压 ΔU,再由不同标定温度下的 $U(T_i) \sim P$ 进行标度变换即可求得实际压力值 P。另一种是曲线拟合法,即利用非线性拟合得到工作温度范围内非标定条件下任一温度 T 时的输入(压力 P)-输出(电压 U)特性,通过最小二乘法得到拟合系数,即可由反非线性特性得到准确的输入压力值。

15.3   典型的智能传感器

15.3.1   智能压力(差)传感器

ST-3000 系列智能压力传感器是美国霍尼韦尔公司(Honeywell)在 1983 年开发的世界上第一个智能传感器,它具有多参数传感(差压、静压和温度)与智能化的信号调理功能。该公司还相继开发出 ST3000—900/2000、PPT、PPTR 等系列智能压力传感器,具有完善的误差修正功能、自诊断功能和双向数字通信能力等。它适用于测量各种液体和气体的压力,可输出标准的 4~20mA 模拟信号和数字信号。

1. ST-3000 智能压力/压差传感器的结构及工作原理

ST-3000 的核心是采用离子扩散硅技术将差压(ΔP)、静压(SP)和温度(T)三个传感器集成在一块 2×2 mm 的硅片上,制造成复合扩散硅压阻式传感器,如图

15.3.1 所示。其中,差压传感器和静压传感器均接成惠斯通电桥的形式。在差压、静压和温度三个参数的共同作用下,每个传感器的输出都是三个参数的函数,设 $U_{\Delta P}$、U_{SP}、U_T 分别表示三个传感器的输出,即有:

$$\begin{cases} U_{\Delta P} = f_1(\Delta P, SP, T) \\ U_{SP} = f_2(\Delta P, SP, T) \\ U_T = f_3(\Delta P, SP, T) \end{cases} \qquad (15.3.1)$$

由以上三式可解出待测差压(ΔP)和静压(SP)。要准确地测量差压,必须考虑静压和温度的影响,其中静压主要影响压差的零点输出。上述方法可有效解决差压、静压及温度之间交叉灵敏度对测量的影响,从而提高测量精度。

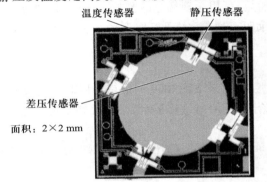

15-2 ST-3000 智能变送器

(a) 复合扩散硅压阻式压力传感器芯片　　(b) ST 3000 智能变送器

图 15.3.1　ST-3000 智能压力/压差传感器

图 15.3.2 为 ST-3000 智能压力传感器的组成框图,包括两部分:一部分为传感器芯片及调理电路;另一部分为微处理器及存储器。

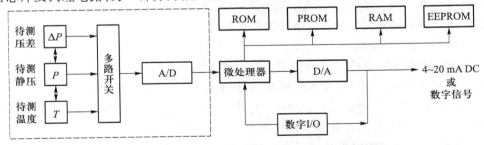

图 15.3.2　ST-3000 智能压力/压差传感器的组成框图

在 ST-3000 智能传感器的校准过程中,对压差传感器的零点补偿及环境温度影响修正数据,都要事先存储在 EEPROM 中。实际工作时,传感芯片上的三个传感器的信号经多路模拟开关、调理电路以及 A/D 转换器,分别进入微处理器。微处理器利用事先存储在 EEPROM 中的修正系数,对三种信号进行程序运算处理,最终产生一个高精度的特性优异的待测压力(差)信号输出。

2. ST-3000 智能压力/压差传感器的主要性能特点如下:

（1）宽量程比

量程比通常可达 100:1，最大可达 400:1（一般传感器仅达 10:1），当被测压力发生明显变化时，通过调整量程可使一台 ST-3000 智能传感器覆盖多台传感器量程。

（2）高精度和稳定性

每个 ST-3000 智能传感器出厂前都在与工作现场相似的环境进行校准，其内存储器 EEPROM 中有一完整的温度、压力补偿曲线参数，从而可保证在使用时不受环境因素的影响。ST-3000 模拟输出时的精度达量程的 ±0.075%，其数字输出方式时的精度可达量程的 ±0.0625% 或读数的 0.125%。

（3）双向通信能力

ST-3000 具有的双向数字通信能力，可用于现场总线测控系统中，且通过手持的现场通信器（SFC）与 ST-3000 进行远距离通信，实现工作现场与中央控制室之间的参数设定、调整和作业。

（4）完善的自诊断功能

将现场通信器与 ST-3000 连接通信，可对 ST-3000 的通信线路和传感器进行不断检测，针对系统故障，可进行远程诊断，并给出维修提示，帮助维修人员排除。

（5）使用温度及静压范围宽

ST-3000 的使用温度范围可达 -40℃～110℃，静压可达 0～210 kgf/cm^2，且具有温度和静压补偿功能。

15.3.2　SHT11/15 智能温湿度传感器

SHT1X 系列（包括 SHT10/11/15）智能传感器是瑞士 SENSIRION 公司推出的能同时测量相对湿度、温度和露点等参数的数字式智能温湿度传感器，具有超小尺寸、极低功耗、自校准、精度高、响应速度快、抗干扰能力强等优点，适用于需快速、多点测量、无人值守的仓库，农业大棚内温湿测量与控制，洁净厂房、实验室、宾馆空调系统等，也是嵌入式系统温湿度测量的理想选择。

1. 结构及工作原理

SHT11/15 智能传感器的外形尺寸仅为 7.62 mm（长）×5.08 mm（宽）×2.5 mm（高），质量只有 0.1 g，可采用表面贴片、插针型封装或柔性 PCB 封装，如图 15.3.3 所示。它采用专利的半导体芯片（CMOS）与传感器技术融合的 CMOSens® 技术，确保其具有极高的可靠性与卓越的长期稳定性。

SHT11/15 智能温湿度传感器的内部电路如图 15.3.4 所示，该传感器包括一个电容性聚合体湿度传感器和一个用能隙材料制成的温度传感器，这两个传感器与一个 14 位 A/D 转换器和一个串行接口电路设计在同一个芯片上。每个传感器芯片都在极为精确的恒温室中进行标定，以镜面冷凝式露点仪为参照，将标定得到的校准系数存储在芯片本身的内存中。通过两线制的串行接口和内部电压的自动调节，可使其具有方便、快速的系统集成。

SHT11/15 智能温湿传感器先利用两只传感器分别测量温度和湿度信号，经过信号放大，送至 A/D 转换器进行模数转换、校准和纠错，由二线接口将信号送至微控制

15-3
SHT11/15
智能温湿
度传感器

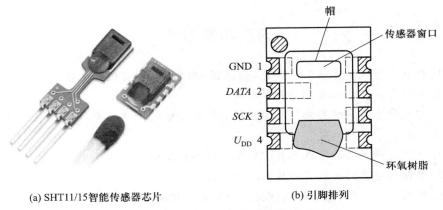

(a) SHT11/15智能传感器芯片　　　　　(b) 引脚排列

图 15.3.3　SHT11/15 智能温湿度传感器

器,再利用微控制器完成相对湿度的非线性补偿和温度补偿,并通过温度和湿度读数计算露点值。

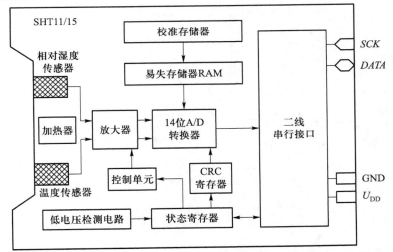

U_{DD}—电源(工作电压2.4–5.5 V);GND—地; DATA—串行数据(双向);SCK—串行时钟输入

图 15.3.4　SHT11/15 智能温湿度传感器的内部电路

2. 主要性能特点

(1) 将温湿度传感器、信号放大调理、A/D 转换、I^2C 总线接口全部集成于一个芯片(专利 CMOSens® 技术)。

(2) 可给出全校准的相对湿度、温度及露点值输出;湿度值输出分辨率为 14 位,温度值输出分辨率为 12 位,并可编程为 12 位和 8 位。

(3) 片内装载的校准系数可保证 100% 的互换性。

(4) 具有可靠的 CRC 数据传输校验功能。

习题与思考题

1. 什么是智能传感器？能否说"传感器＋微处理器＝智能传感器"？

2. 智能传感器应具有哪些基本功能？

3. 智能传感器有哪些部分构成，是否所有的智能传感器都具有这些组成部分？为什么？

4. 什么是传感器的集成化与智能化？试举例说明。

5. 智能传感器的功能实现技术有哪些？

6. 查阅有关资料，阐明微机械技术如何促进智能传感器的发展。

第 16 章　生物传感器

【本章要点提示】 ....

1. 生物传感器的工作原理及分类
2. 典型生物传感器
3. 生物芯片技术
4. 生物传感器的应用及发展趋势

生物传感器(biosensor)也称为生物量传感器,由生物或生物衍生的活性敏感元件与相应的物理化学传感器结合而成,利用生物活性物质对特定物质所具有的选择性和亲和力即分子识别功能进行检测。生物传感器具有特异性、灵敏度高、稳定性好、体积小、操作简单、响应速度快、能进行实时连续检测等特点,样品用量少,且可反复多次使用,成本低廉,因而在医疗检验、环境检测和食品安全等多个领域取得了广泛应用。

16.1　概述

16.1.1　生物传感器的基本原理

生物传感器通常由敏感元件(包括酶、抗体、抗原、微生物、细胞、组织、核酸等生物敏感活性材料)、信号转换部分以及信号传输和处理部分组成。其基本原理如图16.1.1 所示,敏感元件的作用是识别被测物质,也称为分子识别元件。通常敏感元件固定在敏感膜等固相载体上,当被测物质经扩散作用进入生物敏感膜时,经分子识别而发生生物学反应(物理、化学变化),进而导致相应的信号如分子浓度、电位、热、光等变化;信号转换部分利用物理、化学换能器(如电化学电极、场效应管、热敏电阻、压电晶体、光纤等)将此信号转换成电信号,再经信号传输至信号处理系统,从而实现被测物质的定量检测。

由于生物活性材料本身具有高的选择性和亲和性,决定了生物传感器对检测物质响应的特异性与灵敏性。生物活性材料的固定化技术是实现生物传感器高选择性、高灵敏性和稳定性的关键,目前生物活性材料的固定化技术主要有吸附法、共价偶联法、交联法和包埋法等,如图 16.1.2 所示。

吸附法利用范德华力、离子作用力等将生物活性材料吸附在生物敏感膜上,其

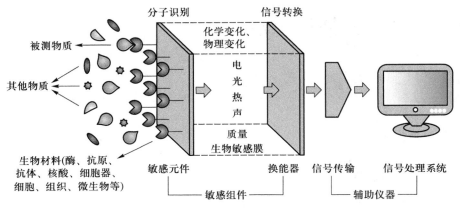

图 16.1.1 生物传感器的基本原理

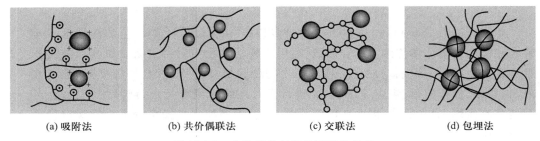

图 16.1.2 生物活性材料的固定化技术

特点是无需化学试剂,对生物活性材料的影响小,但该方法的吸附过程具有可逆性,由于生物活性材料易从生物敏感膜上脱落,因此寿命较短。

共价偶联法是生物活性材料通过共价键与生物敏感膜结合而固定的方法,虽然共价键合较吸附困难,但其固定的稳定性较好。

交联法利用交联剂使得生物活性材料与敏感膜发生共价结合,该方法操作简单,结合牢固,但需要严格控制实验条件。

包埋法是采用凝胶/聚合物将生物活性材料包埋并固定在高分子聚合物的空间网状结构中,该方法过程简单,对生物活性材料的影响小,可用于对多种生物活性材料进行包埋。包埋法是目前应用最普遍的固定化技术。

随着科学技术的发展,新的固定化技术如电化学聚合法、分子自组装等方法的应用必将推动生物传感器的进一步发展。

16.1.2 生物传感器的分类

生物传感器有多种分类方法,按照分子识别元件、换能器和传感器输出信号产生方式的不同可分类如下:

1. 按照分子识别元件分类

分子识别元件(或称敏感膜、生物受体、生物活性物质)是生物传感器的关键组件。据此可将生物传感器分成七大类,即酶传感器(enzyme sensor)、微生物传感器(microbial sensor)、免疫传感器(immunology sensor)、核酸传感器(DNA sensor)、细胞传感器(cell-based biosensor)、组织传感器(tissue sensor)和细胞器传感器(organelle sensor)等,如图 16.1.3 所示。

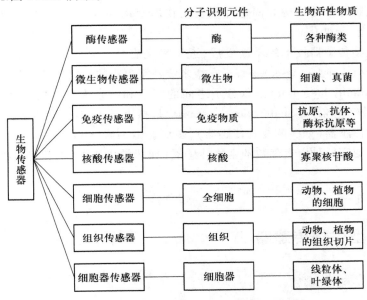

图 16.1.3　生物传感器按分子识别元件分类

2. 按照换能器分类

按照换能器即信号转换器的不同,生物传感器可以分为生物电极(bioelectrode)或电化学生物传感器(electro-chemical biosensor)、光生物传感器(optical biosensor)、介体生物传感器(medium biosensor)、半导体生物传感器(semiconduct biosensor)、热生物传感器(calorimetric biosensor/thermal biosensor)和压电晶体生物传感器(piezoe-lectric biosensor)等,如图 16.1.4 所示。

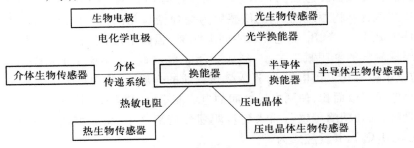

图 16.1.4　生物传感器按换能器分类

3. 按照传感器输出信号产生方式分类

根据被测物与分子识别元件相互作用产生传感器输出信号的方式,生物传感器可以分为代谢型（或催化型）生物传感器和亲和型生物传感器。代谢型（或催化型）生物传感器是将被测物与分子识别元件上的敏感物质相作用并生成新的产物,换能器将底物的消耗或产物的增加转变为输出信号;亲和型生物传感器利用被测物与分子识别元件上的敏感物质具有生物亲和作用,即两者能特异性相结合,从而引起敏感材料上生物分子的结构和固定介质发生物理变化,如电荷、厚度、温度、光学性质（颜色或荧光）等变化。

随着生物传感器技术的不断发展,近年来又出现了新的分类方法。例如,微型生物传感器（micro biosensor）是直径在微米级甚至更小的生物传感器的统称;亲和生物传感器（affinity biosensor）是以分子之间的识别和结合为基础的生物传感器的统称;复合生物传感器（recombination biosensor）是指由两种以上不同分子敏感膜材料组成的生物传感器（如多酶复合传感器）;多功能传感器（multifunctional biosensor）是指能够同时测定两种以上参数的生物传感器（如味觉传感器、嗅觉传感器、鲜度传感器）等。

16.2　典型生物传感器

16.2.1　酶传感器

酶传感器是最早出现的生物传感器,由具有分子识别功能的固定化酶和转换电极组成。酶是生物体内产生的、具有催化活性的蛋白质,在生命活动中参与新陈代谢过程的所有生化反应。目前已经鉴定出的酶有 2000 余种。

常见的酶传感器根据输出信号的不同主要有电流型和电位型两种。其中,电流型是由与酶催化反应所得到的电流来确定反应物的浓度,一般采用氧电极、H_2O_2 电极等;电位型是通过电化学传感器测量敏感膜电位来确定与催化反应有关的各种物质的浓度,一般采用 NH_3 电极、CO_2 电极、H_2 电极等。

下面以葡萄糖酶传感器为例说明其工作原理与检测过程。图 16.2.1 所示为葡萄糖酶传感器的结构原理图,它的敏感膜为葡萄糖氧化酶,包埋在聚四氟乙烯膜中。敏感元件由 P_t 阳电极、P_b 阴电极和中间电解液（强碱溶液）组成。在电极 P_t 表面上覆盖一层透氧气的聚四氟乙烯膜,形成封闭式氧电极,它避免了电极与被测液直接接触,防止电极毒化。当电极 P_t 浸入含蛋白质的介质中,蛋白质会沉淀在电极表面,从而减小电极有效面积,使两电极之间的电流减小,传感器受到毒化。

测量时,葡萄糖酶传感器插入到被测葡萄糖溶液中,由于酶的催化作用而耗氧（过氧化氢 H_2O_2）,其反应式为

$$葡萄糖+H_2O+O_2 \xrightarrow{GOD} 葡萄糖酸+H_2O_2 \tag{16.2.1}$$

式中,GOD 为葡萄糖氧化酶。

由式（16.2.1）可知,葡萄糖氧化时产生 H_2O_2,而 H_2O_2 通过选择性透气膜,使聚四氟乙烯膜附近的氧量减少,相应电极的还原电流减少,从而通过电流值的变化来

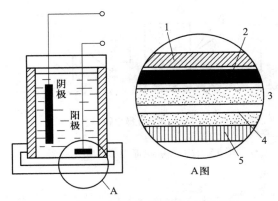

1—P,阳极；2—聚四氟乙烯膜；3—固相酶膜；
4—半透膜多孔层；5—半透膜致密层

图 16.2.1　葡萄糖酶传感器的结构原理图

确定葡萄糖的浓度。

　　目前酶传感器已实用化,在市场上出售的商品达 200 多种。值得指出的是,酶作为生物传感器的敏感材料虽然已有许多应用,但其价格比较昂贵,性能不够稳定,其应用也受到限制。

16-1 常见
的酶传感
器

16.2.2　微生物传感器

　　微生物传感器是一种生物选择性电化学传感器,它是将微生物固定在敏感膜上,通过微生物细胞内的酶促反应(类似酶传感器)或者微生物的呼吸机能和代谢机能等检测被测物质。微生物敏感膜通常采用多孔醋酸纤维膜、胶原膜等制备,电化学传感器常采用电化学电极、场效晶体管等,常用的电化学电极有氧电极、氨电极、二氧化碳电极、pH 玻璃电极等。

　　微生物传感器从原理上主要分为两大类:呼吸机能型和代谢机能型。呼吸机能型微生物传感器通常由需氧型微生物敏感膜和氧电极组合而成,测定时以微生物的呼吸机能为基础,如图 16.2.2 所示。当传感器放入溶解氧保持饱和状态的被测溶液中,溶液中的有机化合物受到微生物的同化作用(也称为合成代谢),微生物的呼吸增强,电极上扩散的氧减少,电流值急剧下降。当有机物由被测溶液向微生物敏感膜的扩散趋于恒定时,微生物的耗氧量也达到恒定,于是被测溶液中氧的扩散速度与微生物的耗氧速度达到平衡,即向电极扩散的氧量趋于恒定,从而得到一个恒定的电流值。可见,该电流值与被测溶液中有机化合物浓度相关,从而间接测定有机物浓度。

　　代谢机能型微生物传感器是以微生物的代谢机能为基础,如图 16.2.3 所示。当传感器放入含有机化合物的被测溶液中,溶液中的有机化合物受到微生物的异化作用(也称为分解代谢),生成含有电极活性物质(如氢、二氧化碳、甲酸或有机酸等)的代谢产物,电极活性物质与离子选择型电极(或燃料电池型电极)产生氧化反应形成电流。因此,测定该电流可得到有机物的浓度。

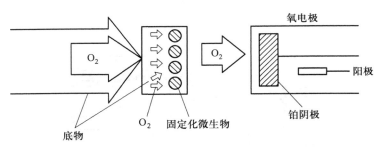

图 16.2.2　呼吸机能型微生物传感器

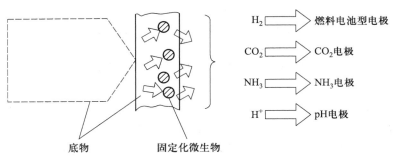

图 16.2.3　代谢机能型微生物传感器

16-2 常见的微生物传感器

　　微生物反应与酶促反应的共同点在于:① 同属生化反应,都在温和条件下进行;② 凡是酶能催化的反应,微生物也可以催化;③ 催化速度接近,反应动力学模型近似。而微生物中除含有酶外,还含有辅酶和酶促反应的其他必要成分,在使用中不需纯化,亦不需添加其他成分,因此微生物传感器与酶传感器相比具有价格便宜、性能稳定、使用寿命较长的优点,但响应时间较长(数分钟)、选择性较差。目前微生物传感器已成功应用于发酵工业、环境监测以及医学检测中。

16.2.3　免疫传感器

　　免疫是指机体对病原生物感染的抵抗能力,可分为自然免疫和获得性免疫。自然免疫是非特异性的,即能抵抗多种病原生物的损害,如皮肤、黏膜、吞噬细胞、溶菌酶等;获得性免疫一般是特异性的,在微生物等抗原物质刺激后才形成,如免疫球蛋白等,并能与该抗原起特异性反应。免疫传感器是利用抗体对相应的抗原具有识别和结合的双重功能,将抗体或抗原与换能器组合而成的装置。由于蛋白质分子(抗原或抗体)携带有大量的电荷、发色基团等,当抗原抗体结合时,会产生电学、化学、光学等变化,通过适当的传感器可以检测这些参数,从而构成不同的免疫传感器。免疫物质的高特异性识别使免疫传感器具有很高的特异性。

　　免疫传感器根据抗体是否进行标记分为标记免疫传感器和非标记免疫传感器;根据信息转换过程可分为直接型免疫传感器和间接型免疫传感器;根据使用的换能器分为电化学免疫传感器、光学免疫传感器和压电免疫传感器等。免疫传感器具有灵敏度高、特异性强、使用简便等优点,目前已广泛应用于微生物检测、临床诊断、环境检测及食品分析等诸多领域。

1. 电化学免疫传感器

电化学免疫传感器一般可分为非标识型和标识型两种。非标识型免疫传感器是将抗体或抗原固相化在电极上,当其与溶液中的待测特异性抗原或抗体结合后,传感器表面就会形成抗原-抗体的复合体,引起电极表面膜和溶液交界面电荷密度的改变,从而导致介电常数、电导率、膜电位、离子浓度等变化,其变化程度与溶液中待测抗原或抗体的浓度成比例。非标识免疫传感器的特点是不需要额外试剂,操作简单,响应快,但是灵敏度低,不适宜作为标准检测方法。标识型免疫传感器则是利用标记酶的化学放大作用来增加传感器的检测灵敏度,因此也称为酶免疫传感器,该方法亦称为酶联免疫测定法(enzyme linked immunoassay, ELISA 法)。

电化学免疫传感器根据检测信号的不同可分为电位型免疫传感器、电流型免疫传感器、电容型免疫传感器和电导型免疫传感器等。

传统的电化学免疫传感器容易受到介质条件的限制和非特异性的干扰影响,光学免疫传感器、压电免疫传感器的出现为实现多种抗原或抗体的快速定量检测提供了保障。

16-3 常见的电化学免疫传感器

2. 光学免疫传感器

光学免疫传感器以光敏元件作为信息转换器,利用光学原理进行工作,即通过固定在传感器上的生物识别分子与光学器件的相互作用,使光信号产生变化来检测免疫反应。光敏器件有光纤、波导材料、光栅等。光学免疫传感器可以高灵敏地检测免疫反应,并进行精细免疫化学分析。其中发展最迅速的是光纤免疫传感器,它灵敏度高、尺寸小、制作方便,而且在检测中不受外界电磁场的干扰。

光纤免疫传感器通常由两种不同折射率(RI)的介质组成:低 RI 介质表面固定抗原或抗体,也是加样品的地方;高 RI 介质通常为玻璃棱,在前者的下方,当入射光束穿过高 RI 介质射向两介质界面时,便会折射进入低 RI 介质。但一旦入射光角度超过一定角度(临界角度)时,光线便从两介质面处全部向内反射回来,同时在低 RI 介质界面产生一高频电磁场,称消失波或损失波。该波沿垂直于两介质界面的方向行进一段很短的距离,其场强以指数形式衰减。样品中的抗体或抗原若能与低 RI 介质表面的固体抗原或抗体结合,则会与消失波相互作用,使反射光的强度或极化光相位发生变化,变化值与样品中抗体或抗原的浓度成正比。

16-4 典型光学免疫传感器

3. 压电免疫传感器

压电免疫传感器是一种将高灵敏的压电传感器技术与特异的免疫反应相结合,通过换能器将生物信号转化为易于定性或定量检测的物理或化学信号的新型生物检测分析器件。压电免疫传感器的结构如图 16.2.4 所示,以石英晶体为换能器件,生物分子为敏感元件,将抗原与抗体、受体与配体等相互作用的生物信号以及所处体系形状的变化转变成易于检测的频率信号。其工作原理是依据石英晶体的压电效应及基于压电效应的质量—频率关系,即利用石英晶体对电极表面附着质量的敏感性,以及生物功能分子(如抗原和抗体)之间的选择特异性,使压电晶体表面产生微小的压力变化,引起其振动频率的变化,振动频率的变化与待测抗体或抗原的浓度成正比,如图 16.2.5 所示。

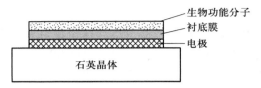

图 16.2.4   压电免疫传感器的结构图

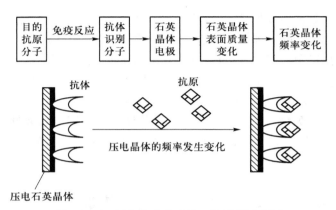

图 16.2.5   压电免疫传感器工作原理示意图

压电免疫传感器是微电子技术、生物医学技术、新材料技术相互结合的产物,具有设备操作简单、成本低廉、无需任何标记且灵敏度高、特异性好、微型化、响应迅速等特点,代表着当今现代分析技术的发展方向。目前已广泛应用于分子生物学、疾病的诊断和治疗、环境污染检测、食品卫生监督等诸多领域。

16.2.4   核酸(DNA)传感器

核酸传感器也称为基因(DNA)传感器,是基于分子杂交技术建立起来的。具有一定互补碱基序列的寡聚核苷酸在液相或固相中按碱基互补配对的原则缔合成双链的过程称为核酸的分子杂交。核酸的分子杂交包括 DNA(或 RNA)探针和待测DNA(或 RNA)两方面。探针是一段与待测 DNA(或 RNA)互补的寡聚核苷酸序列,该核苷酸序列通常是按照可与待测核苷酸的特定碱基位点发生杂交反应的要求而人为设计的。核酸的固定是构建核酸传感器的关键,通常可采用吸附法、交联法、分子自组装等方法将核酸固定到某些高分子材料、生物高分子或无机材料的固体基质表面。

核酸传感器由分子识别元件(DNA)和信号转换器构成。通常先在信号转换器探头上固定一段单链 DNA(ss-DNA)作为探针,通过 DNA 分子杂交,与另一段具有探针的互补碱基序列的单链 DNA(靶序列)相结合,形成双链 DNA,如图 16.2.6 所示。双链 DNA 的形成,

图 16.2.6   DNA 探针与靶序列的杂交

可以产生某些物理信号的改变,通过加入杂交指示剂,将这些较弱的物理信号进行转换和放大,杂交后的 DNA 含量通过信号转换器转换为电信号,此类核酸传感器称为单链 DNA 传感器。此外,还有一种双链 DNA(ds-DNA)探针,它是直接将双链 DNA 固定在信号转换器探头上,利用 DNA 与其他分子或离子的相互作用产生的信号进行检测。

核酸传感器的类型很多,根据分子识别元件的不同可分为单链 DNA 传感器和双链 DNA 传感器;根据是否选用指示剂,分可为标识型和非标识型核酸传感器,前者需要加入信号指示剂,检测其荧光或氧化还原信号,后者不需要加入信号指示剂,直接检测杂交前后的质量、折射率等物理或化学信号;根据检测方法的不同,可分为电化学核酸传感器、光学核酸传感器和压电核酸传感器等。核酸传感器具有实时、在线检测、活体分析等优点,在基因识别、生物研究、药物合成、环境监测、食品监控等方面起到重要作用。

1. 电化学核酸传感器

由于单链 DNA(ss-DNA)与其互补靶序列杂交具有高度的序列选择性,若将单链 DNA(探针)修饰到电极表面,则该修饰电极具有极强的分子识别功能。在适当的温度、pH 值、离子强度下,电极表面的 DNA 探针分子能与靶序列选择性地杂交,形成双链 DNA,从而导致电极表面结构的改变。根据杂交前后电极上单链 DNA 和双链 DNA 的性能差异,采用电化学的方法将识别结果转换为可测量的电信号,从而实现对 DNA 的结构识别和浓度测定,电化学核酸传感器的工作原理如图 16.2.7 所示。

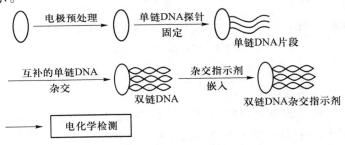

图 16.2.7　电化学核酸传感器的工作原理

电化学核酸传感器以电极作为信号转换器界面,在电极表面固定 DNA(或 RNA)探针,杂交之后通过检测信号指示剂产生的电化学信号来对 DNA(或 RNA)进行定性或定量的检测。指示剂是一类能与单链 DNA 和双链 DNA 以不同方式相互作用的电活性化合物,在与单链 DNA 和双链 DNA 选择性结合的能力上有差别,这种差别体现在 DNA 修饰电极上富集程度不同,即电流响应不一样。由于杂交过程没有共价键的形成,是可逆的,因此固定在电极上的单链 DNA 可经受杂交、再生循环,这不但有利于传感器的实际应用,还可用于分离纯化基因。电化学核酸传感器具有简单、灵敏度高、成本低、小型化及易与芯片技术整合等优点,成为核酸检测中盛行的检测手段。

2. 光学核酸传感器

光学核酸传感器主要有光纤式、光波导式和表面等离子体共振式等类型。光学核酸传感器具有选择性好、生物特异性强、灵敏度高、操作方便、安全性好等优点,因此应用广泛。

图 16.2.8(a)所示为光纤倏逝波原理,它是基于光波在光纤中以全反射方式传输时产生的倏逝波(或消失波),来激发光纤纤芯表面标记在生物识别分子(探针)上的荧光染料,从而检测通过特异性反应附着于纤芯表面倏逝波范围内的生物物质的属性及含量。

光纤倏逝波核酸传感器原理如图 16.2.8(b)所示,部分光纤纤芯表面活化后,以非特异性吸附、化学或共价结合等方法固定生物识别分子(探针)形成敏感膜;将敏感膜置于事先标记了荧光染料的待测生物分子溶液中,由于同种生物的核酸分子具有互补性,可以发生特异性杂交反应,从而使待测核酸分子与荧光染料一起结合到敏感膜上;将激光耦合到光纤内,结合于敏感膜表面倏逝波范围内(即纤芯与待测生物分子溶液的界面处)的荧光染料受激发出荧光,其中的一部分荧光将进入光纤,沿光纤传输后从端面射出,通过测量从光纤端面射出的荧光光通量,可测定被测核酸分子的浓度等。

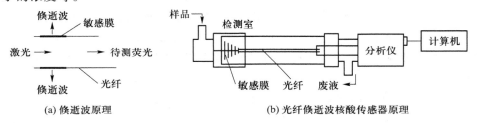

(a) 倏逝波原理　　　　　(b) 光纤倏逝波核酸传感器原理

图 16.2.8　光纤倏逝波核酸传感器

3. 压电核酸传感器

压电核酸传感器的原理如图 16.2.9 所示,它是基于压电效应,在压电晶体上固定单链 DNA 探针或者具有特异性序列的寡聚核苷酸片段,当压电晶体浸入到含有被测目标单链 DNA 分子的溶液中,固定的探针分子与溶液中的互补序列目标 DNA 分子杂交形成双链 DNA,引起压电晶体振荡频率或阻抗的改变,从而实现目标 DNA 的测量。压电核酸传感器是一种非常灵敏的质量传感器,可以检测到亚纳克级的物质。由于它具有灵敏度高、特异性强、实时检测、无污染等优点,且该方法无须标记,因此在分子生物学、疾病诊断和治疗、新药开发、司法鉴定等领域具有很大的应用潜力。

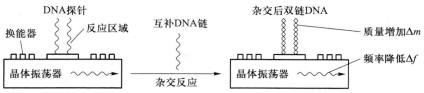

图 16.2.9　压电核酸传感器的原理

16.2.5 细胞传感器

细胞传感器(cell-based biosensor)是利用固定化的生物活体细胞结合传感器或换能器,检测胞内或胞外的微环境生理代谢化学物质、细胞动作电位变化或与免疫细胞等起特异性交互作用后产生响应的一种装置,如图16.2.10所示。

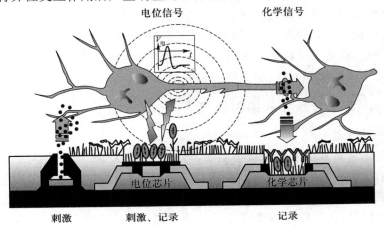

图 16.2.10　细胞传感器

如图16.2.11所示,细胞传感器系统通常包括细胞和传感器两个部分:细胞作为一级换能器,它直接感受外界刺激如药物、化学物质、环境毒素、电刺激等作用,引起各种生理参数如细胞阻抗特性、胞外离子浓度、胞外电位信号等改变。二级换能器(如物理或化学传感器)可将这些生理信号的变化转换为电信号,再通过电路系统实时处理,最后记录、显示、保存在计算机上。常用的细胞传感器为群细胞传感器,相比于单细胞传感器,群细胞传感器降低了生物的个体差异,提高了细胞传感器的一致性,有利于更加精确地评价外界刺激的作用。

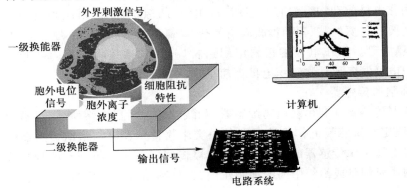

图 16.2.11　细胞传感器系统

细胞传感器是将细胞培养在传感器上,当细胞受到外部刺激导致生理参数变化时,通过光学或电化学检测方法,在一定的时间内记录细胞外的代谢和

16-5 典型
的细胞传
感器

电位及其他信号变化,研究这些变化发生与转导的内在生物机理。从生物学角度来看,能够探索细胞的状态、功能和基本生命活动;从被分析物角度来看,能够研究和评价被分析物的功能。区别于前述基于酶、抗原抗体等分子类生物传感器,细胞传感器将整个细胞作为敏感元件。就敏感元件而言,前者是固定化的生物体成分,后者是生物体本身。基于分子的生物传感器具有高度选择性和敏感性,只对靶分子有响应,同时也正因为这种高度选择性,可能会使某些具有相同功能的相关分子检测不到,而将活细胞作为探测单元,可以检测到许多未知的物质。细胞传感器具备实时、动态、快速、微量生物测定的特性,在生物医学、环境监测、药物开发等领域具有十分广阔的应用前景。

16.2.6　组织传感器和细胞器传感器

1. 组织传感器

组织传感器是直接采用动植物组织薄片作为敏感元件的一类生物传感器。它是利用动植物组织的酶的催化作用而制作的,即以动植物组织薄片中的生物催化层与敏感电极结合而成,该催化层以酶为基础,因此基本原理类似酶传感器,敏感电极多采用气敏电极,气敏电极的选择性好且便于组装。生物组织含有丰富的酶类,在所需要的酶难以提纯时,直接利用生物组织可以得到足够高的酶活性。与酶传感器相比,它具有以下特点:

(1) 酶活性高。这是因为天然动植物组织中除酶分子外,还存在辅酶及酶促反应的其他必要成分,酶促反应处于最佳环境中,能保存与诱导酶的催化活性。

(2) 酶的稳定性增强。由于酶处于适宜的自然环境中,同时又被"固定化"了,酶不易流失,可反复使用,寿命较长。

(3) 所用生物材料易于获取,可代替昂贵的酶试剂。

(4) 识别元件制作简便,一般无须固定化。

(5) 在选择性、灵敏度、响应速度等方面存在不足。

16-6 组织
传感器的
构成示例

常用作电极的动物组织有肾组织、肝组织、肠组织、肌肉组织和胸腺组织等,测定对象主要有谷氨酰胺、葡萄糖胺 6 磷酸盐、D 氨基酸、过氧化氢、地高辛、胰岛素、腺苷、磷酸腺苷等。用作电极的植物组织选材广泛,包括植物的根、茎、叶、花、果等。植物组织电极制备比动物组织电极更简单,成本更低并易于保存。

2. 细胞器传感器

细胞器传感器是利用动植物细胞器(如线粒体、微粒体、溶酶体、过氧化氢体、叶绿体等)固定在敏感膜上作为感受器的一类生物传感器。与组织传感器一样,细胞器传感器也属于酶传感器的衍生型。细胞器传感器的作用机理有两种方式:一是利用待测物质对细胞或组织中酶的抑制作用;二是利用待测物质对绿色植物细胞光合作用的拮抗作用。

以线粒体传感器为例,利用线粒体的电子传递体系制成的传感器有辅酶 I(NADH)传感器,它由固定有电子传递粒子(ETP)的凝胶附着在氧电极的透氧膜上构成。测定原理是 NADH 被氧化时,ETP 将电子传递给氧,氧被还原生成水。反应

式如下

$$2NADH+O_2+2H^- \xrightarrow{ETP} 2NAD^+2H_2O \qquad (16.2.2)$$

测定氧的消耗即可测定 NADH。这种方法与常用的比色法、荧光法相比,更简便、快速。

　　不同的细胞器内含有一些独特的酶,且往往是多酶体系,故细胞器传感器可以用来测定单一酶传感器不能测定的物质。由于酶在细胞器中稳定存在,因此其性能稳定。与组织传感器相比,细胞器传感器需要复杂的制备提取和固化过程。

16.3　生物芯片

　　生物芯片(biochip)技术是 20 世纪 90 年代随着人类基因计划发展起来的,它是融合微电子学、微机电系统(MEMS)、分子生物学、物理、化学和计算机技术为一体的高度交叉的全新微型生化分析技术。生物芯片主要是指通过微细加工技术和微电子技术在固体芯片表面构建的微型生物化学分析系统,以实现对生物组分准确、快速、大信息量的检测。

16.3.1　生物芯片的基本概念

　　狭义的生物芯片是指将大量的生物大分子如核苷酸片段、多肽分子以及细胞、组织切片等制成探针,以预先设计的方式有序地、高密度地排列在固相载体(如硅片、玻璃、陶瓷、纤维膜等)上,构成密集的二维分子阵列,然后与已标记的待测生物样品靶分子杂交或相互作用,反应结果采用化学荧光法、酶标法、同位素法显示,再用扫描仪等光学仪器进行快速、并行、高效地扫描检测,最后通过专门的计算机软件进行数据分析,从而实现对样品的检测。

　　对于广义生物芯片而言,除了上述被动式微阵列芯片之外,还包括利用微电子光刻技术和微细加工技术等在固体基片表面构建微流体分析单元和系统以实现对生物分子准确、快速的并行处理和分析的微型固体薄型器件,主要有核酸扩增芯片、毛细管电泳芯片等。

　　与传统的生物传感器相比,生物芯片中的每一个点阵或单元可以看作是一个生物传感器的敏感单元,其分析过程实际上就是传感器分析的组合,因而生物芯片可以看作是高通量的生物传感器阵列。其优势在于在一个芯片上可以同时对多个分析物进行检测分析,检测效率大大提高,结果一致性好,而且所需的样品量和试剂量大为减少。因此,生物芯片是生物传感器的延伸与发展,为生物传感器开拓了新的发展方向。

　　生物芯片按照芯片结构及工作原理可分为微阵列芯片(microarray chip)和微流控芯片(microfluidic chip)两大类。微阵列芯片以生物技术为基础,以亲和结合技术为核心,以在芯片表面固定一系列可寻址的高密度识别分子阵列为结构,具有使用方便、效率高、体积小、灵敏度高、成本低的特点,但一般是一次性使用,并有很强的专用性。微流控芯片又称功能生物芯片,是以分析化学和分析生物化学为基础,以微机电加工技术为依托,以微管道网络为结构特征,由多种微流体管道、腔体按一定方式连接而成的满足一定功能要求的微装置。它把整个化学或生化实验室的功能,包括化学、生物、医学分析过程的样品制备、反应、分离、检测等基本操作集成到一个微芯片上并自动完成分析全过程,因此也称为微全分析系统(micro total analysis system, μTAS)或芯片实验室(lab-on-a-chip, LOC)。它具有信号检测快、样品耗量低、稳定性高、无交叉污染、制作容易、成本低等诸多优点,且可多次使用,因此具有更广泛的适用性,目前已成为生物传感器发展的重要方向和前沿,在环境监测、食品安全、生命科学等领域具有巨大的发展潜力和广阔的应用前景。

微阵列芯片的工作流程如图 16.3.1 所示,主要包括样品制备、芯片设计和制造、生物分子反应、信号的检测和分析等步骤。生物样品往往是非常复杂的生物分子混合体,一般不能直接与芯片发生反应,必须进行生物标记、体外扩增等处理,才能使之与固化在芯片上的目标生物分子发生相互作用并产生足够强度的信号。芯片的设计和制造是微阵列芯片的关键,首先需要依据一定的条件选择载体(如硅片、玻璃、陶瓷、纤维膜等),并对载体表面进行表面化学处理,然后按照特定的顺序使生物分子样品排列在载体上。

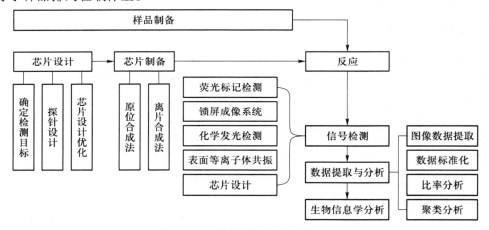

图 16.3.1　微阵列芯片的工作流程

微阵列芯片以高密度阵列为特征,其核心是在有限的固相载体表面印刻大量的生物分子阵列。目前芯片的制造方法主要分为两大类:原位合成技术(in-situ synthesis)和离片合成技术(off-chip synthesis)。原位合成技术包括光导化学合成法、分子印章法、原位喷印合成法等,适合于商品化、规模化的高密度芯片的制造。离片合成技术是利用手工或自动点样装置将预先制备或合成的生物分子直接点样在经过特殊处理的载体上即可,该技术优点在于相对简易低廉,适合于中低密度芯片的制造。

微流控芯片是当前生物芯片的研究热点,它的目标是将整个实验室的功能包括采样、稀释、加试剂、反应、分离、检测等集成在微芯片上,如图 16.3.2 所示。在微阵列芯片基础上发展的微流控芯片不仅在结构尺寸上大大减小,而且在系统的分析性能方面也有了改善,具有极高的效率。同时使试样与试剂(尤其是贵重生物试样)消耗降低到微升甚至纳升水平,降低了分析费用,减少了对环境的污染。微流控芯片功能集成化及体积微型化更易于制成功能齐全的便携式仪器,用于各类现场分析。微流控芯片的微小尺寸使芯片材料消耗甚微,批量生产后成本大幅度降低,有望实现普及。

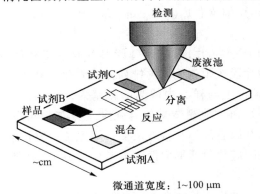

图 16.3.2 微流控芯片工作原理示意图

　　然而,目前微流控芯片还处于发展阶段,微流控芯片系统涉及芯片结构设计、加工工艺、微流体的驱动和控制技术、样品进样及预处理、混合、反应、分离以及检测等多项功能模块,如图 16.3.3 所示。虽然很多相关技术制约着微流控芯片技术的快速发展,但是微流控芯片依然存在广阔的发展空间和应用前景,芯片实验室是生物芯

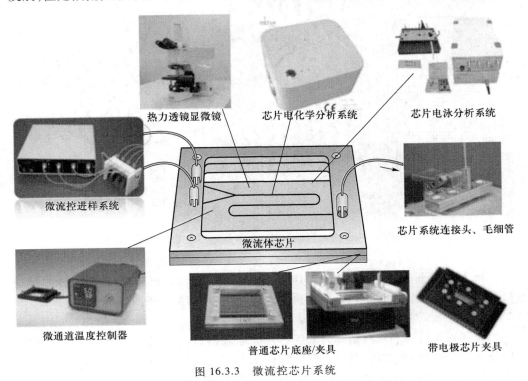

图 16.3.3 微流控芯片系统

片技术发展的最终目标。

16.3.2   典型生物芯片

根据芯片上所固化生物材料的不同,生物芯片可分为基因芯片(gene chip)、蛋白质芯片(protein chip)、细胞芯片(cell chip)和组织芯片(tissue chip)等。

1. 基因芯片

基因芯片又称为 DNA 芯片,微阵列基因芯片是基于核酸探针互补杂交原理制成。将大量寡核苷酸片段按预先设计的排列方式固化在载体(如硅或玻片)表面,并以此为探针,在一定条件下与样品中待测的靶基因片段杂交,反应结果可用同位素法、化学荧光法等显示,通过检测杂交信号强度及分布来实现对靶基因信息的检测和分析。目前微阵列基因芯片的制备方法多采用原位合成技术和微点样技术。

常见的微阵列基因芯片包括平面微阵列基因芯片、三维结构微阵列基因芯片和电诱导控制基因芯片等。

图 16.3.4 所示为一种用于检测白血病的微阵列基因芯片工作原理示意图。

16-8 原位合成技术

16-9 微点样技术

16-10 常见的微阵列基因芯片

16-11 图16.3.4 用于白血病检测的微阵列基因芯片工作原理

16-12 常见的微流控基因芯片

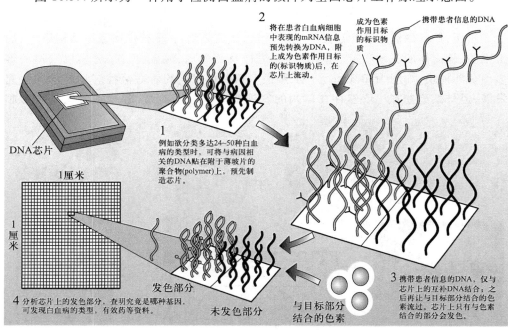

图 16.3.4   用于白血病检测的微阵列基因芯片工作原理示意图

图 16.3.5 所示为一种微流体 DNA-PCR 扩增芯片。PCR 即聚合酶链式反应(polymerase chain reaction),是一种选择性体外扩增 DNA 分子的方法。

2. 蛋白质芯片

微阵列蛋白质芯片与微阵列基因芯片的原理类似,它是将大量预先设计的蛋白质分子(如酶、抗原、抗体、受体、配体、细胞因子等)或检测探针固定在芯片上组成密集的阵列,利用抗原与抗体、受体与配体、蛋白与其他分子的相互作用产生相应的

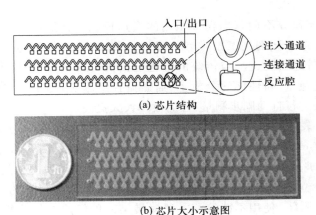

(a) 芯片结构

(b) 芯片大小示意图

图 16.3.5　微流体 DNA-PCR 扩增芯片

光、电、热等信号进行检测,如图 16.3.6 所示。微阵列蛋白质芯片虽然具有检测灵敏度高、样品需求量少等优点,但其结构不利于自动化操作。

16-13 基因芯片与蛋白质芯片的比较

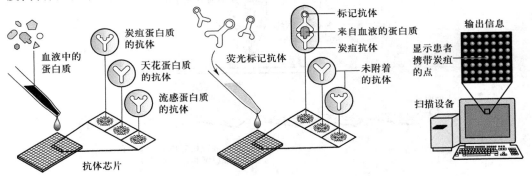

图 16.3.6　微阵列蛋白质芯片

微流控蛋白质芯片(microfluidic protein biochip)也称第二代蛋白质芯片,如图 16.3.7 所示,在保留高密度蛋白质微阵列的前提下引入了微通道,使得蛋白质的探针固定、待检测样品的注入以及随后多余样品的清洗都能够实现集成化和自动化,它代表了蛋白质芯片的发展趋势。

16-14 微流控蛋白质芯片

　　微流控蛋白质芯片具有分离效率高、有效分离距离短、样品和试剂消耗量少、集成化程度高、检测通量高、生产成本低等优点,广泛应用于蛋白质的分离和富集(分离和检测浓缩的蛋白)。

　　3. 细胞芯片

　　微阵列细胞芯片沿袭基因芯片、蛋白芯片的基本思想,将细胞以阵列形式固定在芯

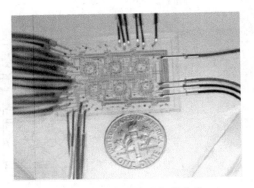

图 16.3.7　微阵列蛋白质芯片

片表面,主要用于研究不同基因在细胞内的表达情况、高通量的药物筛选等。微流控细胞芯片主要结合微细加工技术和传感器检测技术,对细胞的电生理参数、代谢过程、胞内成分等进行测量。与传统的细胞检测实验相比较,微阵列细胞芯片的主要优势体现在高通量、高性能的分析上;而微流控细胞芯片则可以在微型芯片上对细胞的多种参数进行自动同步测量,检测效率大大提高。

用于 cDNA 表达的微阵列细胞芯片的制备与分析如图 16.3.8 所示。图(a)首先用点样仪将含有 cDNA 的凝胶按一定阵列点在载玻片表面,可对多个载玻片并行点样。图(b)将载玻片放入培养皿中,加入转染试剂和相应类型的细胞,对其进行细胞培养。这样只有位于 cDNA 样点处的细胞被转染成功,其他位置的非转染细胞作为背景信号存在。图(c)使用不同检测方法对转染后的细胞进行分析,得到兴趣表型的相关信息。cDNA 的表达影响了载体细胞的特征,这样可以通过活细胞实时成像检测细胞的信息以此鉴定所表达的 cDNA,也可以将细胞固定后用免疫荧光、原位杂交、化学荧光或放射自显影等方式进行检测。

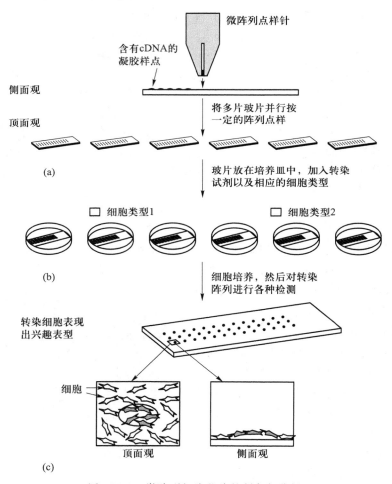

图 16.3.8　微阵列细胞芯片的制备与分析

　　基于微流控技术的细胞芯片可用于细胞的代谢机制、细胞内生物电化学信号识别传导机制、细胞内环境的稳定及胞外环境的控制等研究,与其他传统方法相比有很大的优越性。微流控细胞芯片一般是运用显微技术或微纳米技术,利用一系列几何学、力学、电磁学等原理,在芯片上完成对细胞的捕获、固定、平衡、运输、刺激及培养等精确控制,并通过微型化的化学分析方法,实现对细胞样品的高通量、多参数、连续原位信号检测和细胞组分的理化分析等研究。图 16.3.9 所示为一种用于细胞裂解产物的生化分析的微流控细胞芯片,它将细胞裂解和裂解物的分析功能集成在一起进行微量生化分析。

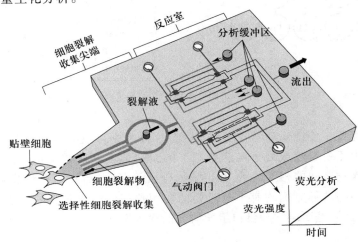

图 16.3.9　微流控细胞芯片示意图

　　目前,微流控细胞芯片至少可以实现以下三个方面的功能:① 在芯片上实现对细胞的精确控制,直接获得与细胞相关的大量功能信息(即关于细胞对各种刺激的应答信息);② 在芯片上完成对细胞的特征化修饰;③ 在芯片上实现细胞与内外环境的交流和联系。

　　4. 组织芯片

　　组织芯片是一种不同于基因芯片和蛋白质芯片的新型生物芯片,它是将数十个甚至数千个不同个体的组织标本集成在一张固相载体上形成组织微阵列(tissue microarray),从而进行同一指标(基因、蛋白)的原位组织学研究。

　　组织芯片采用了与基因芯片和蛋白质芯片完全相反的设计策略。基因芯片和蛋白质芯片是为检测同一样本中的不同实验指标而设计的,而组织芯片是针对在原位检测不同样本中同一实验指标设计的,是将几十到几百个小组织样本以规则的阵列方式包埋于同一蜡块后,进行切片而制作成的,每张玻片上可同时排列几十到几百例小组织样本,可同时进行同一实验指标的研究。

　　图 16.3.10 所示为美国 Zymed 实验室研制的人体正常组织芯片,包含 30 种从不同器官获取的组织样本,每个组织样本直径约为 1.5 mm。

　　组织芯片为分子生物医学提供了一种高通量、大样本以及快速的分子水平的分

16-15 不同密度的组织芯片

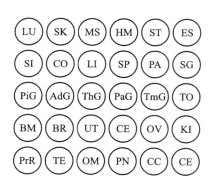

LU=肺　　　　TmG=胸腺
SK=皮肤　　　TO=扁桃腺
MS=肌肉，骨骼　BM=骨髓
HM=心肌　　　BR=乳房
ST=胃　　　　UT=子宫
ES=食道　　　CE=子宫颈
SI=小肠　　　OV=卵巢
CO=结肠　　　KI=肾
LI=肝脏　　　PrG=前列腺
SG=唾液腺　　TE=睾丸
PiG=脑下垂体　OM=网膜
AdG=肾上腺　　PN=外周神经
ThG=甲状　　　CC=大脑皮层
PaG=甲状旁腺　CE=小脑

图 16.3.10　人体正常组织芯片

析工具。它克服了传统病理学方法和基因芯片技术中存在的某些缺陷,使人类可有效利用成百上千份自然或处于疾病状态下的组织标本来研究特定基因及其所表达的蛋白质与疾病之间的相互关系,在疾病的分子诊断、预后指标和治疗靶点的定位、抗体和药物的筛选等方面均有十分重要的实用价值。组织芯片的广泛应用将极大地促进现代医学、基因组学和蛋白组学研究的深入发展。

16.4　生物传感器的应用及其发展趋势

生物传感器充分利用了生物科学、信息学等当今带头学科的成果,在医学、生命科学、环境科学等与生命活动有关的领域均有重大应用前景,它不仅为人类认识生命的起源、遗传、发育与进化,为人类的疾病诊断、治疗和防治开辟了全新的途径,而且为生物大分子的全新设计、药物开发、药物基因组学研究提供了重要的支撑平台。随着生物芯片技术的成熟,将为人类提供能够对个体生物信息进行高速、并行采集和分析的强有力的技术手段,给 21 世纪的生命科学研究带来一场革命。

16.4.1　生物传感器的应用

生物传感器的典型应用如图 16.4.1 所示。

下面以环境监测为例介绍生物传感器在环境检测领域的应用。目前已开发的环境监测生物传感器可用于水环境监测、大气环境监测、土壤重金属测定、环境内分泌干扰物(EDCs)检测以及持久性有机污染物检测等。

1. 用于水环境监测的生物传感器

当前生活污水和工业废水的排放量不断增加,利用生物传感器可以实现水质的在线检测,为污水/废水的生物处理提供依据。用于水环境监测的生物传感器包括

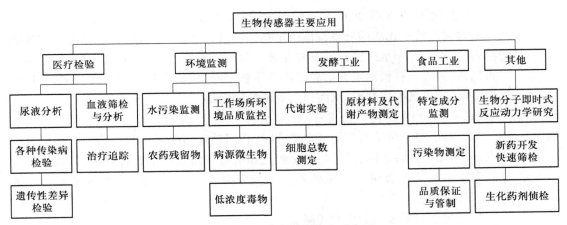

图 16.4.1　生物传感器的典型应用

生化需氧量(BOD)生物传感器、测定酚的生物传感器和测定农药残留的生物传感器等。

(1) 生化需氧量(BOD)生物传感器

BOD 生物传感器一般是将微生物夹膜固定在溶解氧探头上,溶解氧随缓冲溶液进入到生物膜层。当样品溶液通过 BOD 生物传感器时,可降解的有机物通过多孔渗透膜渗透到微生物层而被微生物氧化、吸收,从而引起膜周围溶解氧的减少,导致氧电极的电流下降。将测定的电流与标准曲线进行对比,可测定 BOD(生化需氧量)。用于制作 BOD 生物传器的微生物主要有酵母、假单胞菌、芽孢杆菌、发光菌和嗜热菌等。

(2) 测定酚的生物传感器

微生物传感器以微生物电极、酶电极和植物电极为敏感元件,可以快速准确测定废水中的酚含量。当酚类物质与 O_2 一起扩散进入微生物膜时,由于微生物对酚的同化作用而耗氧,致使进入氧电极的 O_2 速率下降,传感器输出电流减小,并在几分钟内达到稳态。在一定的浓度范围内,电流降低值与酚的浓度之间呈线性关系,由此来测定酚的浓度。

(3) 测定农药残留的生物传感器

用于农药残留检测的电化学生物传感器的分子识别元件大都为乙酰胆碱酯酶(AChE)和丁酰胆碱酯酶(BChE)。酶的活力受到有机磷(Ops)(如马拉硫磷、对硫磷等)和氨基甲酸酯杀虫剂(如西维因、涕灭威)的抑制。测定农药残留的生物传感器有两种类型:电流型传感器测量的是 O_2、H_2O 等电活性物质浓度,是基于生成的胆碱被胆碱氧化酶(ChOD)氧化,消耗氧而生成 H_2O_2,从而通过测定溶液中的氧或 H_2O_2 来间接测量酶的抑制物;电位型传感器则是通过测量 H^+ 的浓度来反映抑制物的浓度。

2. 用于大气环境监测的生物传感器

(1) 测定 SO_2 的生物传感器

SO$_2$ 是酸雨酸雾形成的主要原因,传统的检测方法很复杂。将亚细胞类脂类——含硫酸盐氧化酶的肝微粒体固定在醋酸纤维膜上,与氧电极制成电流型生物传感器,可对 SO$_2$ 形成的酸雨酸雾样品进行检测。新的生物传感器由噬硫杆菌和氧电极制作,将噬硫杆菌固定在两片硝化纤维膜之间,使微生物新陈代谢增加,溶解氧浓度下降,氧电极响应改变,从而测出亚硫酸物含量。

（2）测定 NOx 的生物传感器

NOx 是引起光化学烟雾的最主要原因,利用硝化细菌以硝酸盐为唯一能源这一特点,用多孔气体渗透膜、固定化硝化细菌和氧电极组成微生物传感器,能有效测定样品中亚硝酸盐的含量。此传感器选择性很高,不易受乙酸、乙醇等挥发物质的干扰。

3. 测定土壤重金属的生物传感器

基于抑制作用的酶生物传感器测定环境样品中的抑制剂的研究近年来备受关注,该方法可应用于检测土壤中的污染物。汤琳等提出了一种基于抑制作用的新型葡萄糖氧化酶生物传感器,用于测定土壤样品中的二价汞离子。二价汞离子可作为葡萄糖氧化酶的一种抑制剂,在 pH 较低的酸性环境中,能与酶活性中心的某些位点结合而抑制酶的活性,从而引起响应电流的下降,产生可测定信号。

4. 检测内分泌干扰物

环境内分泌干扰物（EDCs）通过食物、水、大气和土壤等环境介质与包括人类在内的环境生物体系全方位地接触,成为迫切需要治理的第三代环境污染物。Andreeacu 等开发了一种以酪氨酸酶为基础的电化学生物传感器（Tyr-CPE）,成功应用于检测酚类 EDCs。近年来,以表面等离子体共振（SPR）为原理的高灵敏度转换器被较多地应用于生物传感器中,通过检测 SPR 信号的改变,来反映识别元件生物分子与受试物分子的相互作用（结合或解离）,从而定量测定待测物,该检测方法简单快捷。

5. 测持久性有机污染物

常见的持久性有机污染物是氯化烃类,如三氯乙烯（TCE）、四氯乙烯（PCE）等。这类物质大都具有致癌作用,一旦进入地下水或土壤中,将对人体健康构成极大危害。Han 等发明了一种附有假单细胞菌 JI104 的聚四氟乙烯薄膜,固定于氯离子电极上,再将带有 AgCl/Ag 薄膜的氯离子电极和 Ag/AgCl 参比电极连接到离子计上,记录电压的变化,通过与标准曲线对照,测定三氯乙烯的浓度。

16.4.2　生物传感器的发展趋势

由于生物传感器具有快速、在线、连续监测的优点,越来越受到人们的重视。经过近 30 年的研究,生物传感器已获得了很大发展。但由于生物结构固有的不稳定性、易变性,生物传感器的实用化还存在不少问题,如稳定性差、对许多有毒物质缺乏抵抗性、使用寿命短、维护较为复杂等。

未来生物传感器发展的方向主要集中在以下几个方面:

1. 多功能化、微型化和便携性

　　生物传感器研究的重要内容之一就是研究能代替生物视觉、嗅觉、味觉、听觉和触觉等感觉器官的生物芯片,进而制造成仿生传感器,也称为以生物系统为模型的生物传感器。同时,生物芯片技术将与其他技术结合使用,如基因芯片、PCR、纳米芯片等,以及不同生物芯片间综合应用,以实现生物传感器的多功能化。

　　随着微加工技术和纳米技术的进步,生物传感器将不断微型化,纳米生物材料的利用也为生物传感器的发展提供了新的契机。同时,便携式生物传感器的出现必将使疾病诊断、环境监测、食品检测等应用更为快捷、方便。

　　2. 智能化、集成化

　　未来的生物传感器必定与计算机紧密结合,自动采集数据、处理数据,更科学、更准确地提供结果,实现采样、进样、结果一条龙,形成检测的自动化系统。同时,芯片技术将愈加进入传感器领域,实现检测系统的集成化、一体化,进而实现生物传感器智能化。

　　3. 向高灵敏度、高稳定性、低成本、长寿命方向发展

　　通过检测系统的优化组合,采用高灵敏度的荧光标志、多重检测等手段以提高检测的灵敏度和特异性,同时,选择灵活性强、选择性高的生物敏感元件也是生物传感器的关键所在。制作容易,可重复使用,成本低,寿命长也是生物传感器研究的重要方向。

16 – 16 我国有代表性的生物传感器研究机构

习题与思考题

　　1. 生物传感器有哪几种类型? 各有何特点?

　　2. 常见的酶传感器的检测方式有哪几种?

　　3. 微生物传感器按照工作原理分为哪两种类型? 简要说明区别。

　　4. 常见的电化学免疫传感器有哪几种? 其工作原理分别是什么?

　　5. 核酸传感器由哪几部分构成? 简要说明工作机理。

　　6. 细胞传感器、组织传感器与细胞器传感器有何区别?

　　7. 微阵列芯片和微流控芯片各有何特点? 为什么说芯片实验室是生物芯片技术发展的最终目标?

　　8. 举例说明生物传感器在食品工业中有哪些应用,生物传感器的发展趋势主要有哪些方面。

第 17 章 自动测试技术及其应用

【本章要点提示】

1. 自动测试系统的构成、I/O 通道设计及常用的信号调理与转换电路
2. 虚拟仪器的构成及软件开发平台 LabVIEW
3. 无线传感器网络的体系结构、特点及应用
4. 物联网的体系结构、RFID 技术及物联网应用

17.1 自动测试系统

17.1.1 概述

随着科学技术的快速发展,测试的领域和范围在不断拓展,对测试的要求也越来越高。目前,以计算机为核心的自动测试系统已经成为测试系统设计开发的主要形式,它是计算机技术与传感器技术、测试仪器技术、测控技术、可靠性设计技术等深层次结合的产物。

自动测试系统一般是指在人极少参与或不参与的情况下,对被测对象自动进行测量、数据处理,并以适当方式显示或输出测试结果的系统。一方面直接测量并显示测试结果,以便实现对被测参数的监测;另一方面,输出测试结果至计算机控制系统,以实现对被测参数的自动控制。因此,自动测试系统是自动化系统必不可少的组成部分和生产自动化的重要技术保障。

自动测试系统一般包括硬件和软件两大部分。硬件部分主要由传感器、信号调理电路、数据采集卡(板)和计算机等组成,各部分之间的连接通过 I/O 接口和总线来实现,可完成对多通道和多种参量的自动检测,如图 17.1.1 所示。自动测试系统软件即自动测试应用程序,主要包括人机交互、仪器管理与驱动、数据采集与分析处理、测量结果输出显示、系统监测与故障诊断等功能模块软件。

以计算机为核心的自动测试系统具有强大的数据运算处理功能、测量速度快、信息存储方便、设计灵活性高、功能易扩展、可靠性高、操作简便、性价比高等诸多优点,因此无论在生产过程中还是科学研究中,自动测试系统都得到广泛的应用。

17.1.2 自动测试系统的类型

1. 自动测试系统的类型

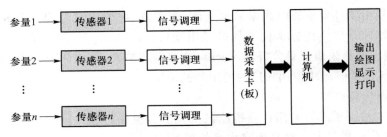

图 17.1.1 自动测试系统的基本结构

按照不同的测试要求,自动测试系统大致可分为基本型、标准通用接口型、专用接口型、混合型、闭环控制型和网络化自动测试系统等。

（1）基本型

基本型是目前自动测试系统的基本形式,由多路传感器、信号调理器、数据采集卡(板)和计算机等组成,各部分之间的连接是通过适当的接口和总线来实现,能完成对多通道和多种参量的自动检测。基本型自动检测系统如图 17.1.2 所示。

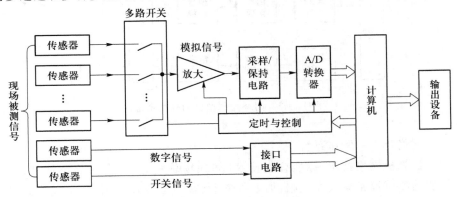

图 17.1.2 基本型自动测试系统

除了传感器以外,多路开关(MUX)、程控放大器(PGA)、滤波器、采样保持器(S/H)、A/D 转换器(ADC)、D/A 转换器(DAC)以及数据采集、数据处理软件等构成了自动测试系统的一个子系统,即数据采集系统。一般可将多路开关(MUX)、程控放大器、滤波器等作为信号调理硬件模块。

（2）标准通用接口型

标准通用接口型是由仪器功能模块(如台式仪器或插件板)组合而成,所有模块的对外接口都按规定标准设计。通过标准总线将各个台式仪器模块连接起来,也可将有关插板部件模块插入标准机箱扩展槽,即可非常方便地构成自动测试系统。

（3）专用接口型

系统的全部硬软件规模完全根据系统的要求配置,系统软硬件应用配置比高,由具有特定功能的模块相互连接而成,是更专业、更大型、性能更优异的数据采集系统。可分为专业厂商生产的大型、高精度专用测试系统以及小型智能测试仪器和系统两种。专用接口型系统的数据采集速度、通道数、抗干扰能力及专用数据采集和分析处理软件等性能指标都优于标准通用接口型。例如，美国 Nicolet 公司生产的 Odyssey 型多通道采集记录分析仪、Pacific 公司生产的 Pacific-6000 型数据采集系统就是在航天测控领域中应用较广的专用测试系统。

（4）混合接口型

由标准总线系统与专用计算机测试系统混合组成，并通过各种总线（并行或串行）将两部分连接起来。它是为完成系统的特定功能要求而配置的，如各种现场采集数据系统等。

（5）闭环控制型

闭环控制型是指应用于闭环控制的自动测试系统，测试系统的输出作为反馈环节，这种闭环控制系统通常称为自动测控系统，一般由实时数据采集、实时判断决策和实时控制等组成，如图 17.1.3 所示。D/A 转换器、执行器（执行机构）是闭环控制型系统的基本硬件模块。

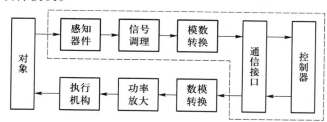

图 17.1.3　闭环控制型自动检测系统

（6）网络化自动测试系统

利用计算机网络技术、标准总线技术（如现场总线等）将分散在不同地理位置、不同功能的测试设备集成在一起，加上服务器、客户端以及数据库，组成测试局域网系统，通过网络化的虚拟仪器软件，共同实现复杂、相互组合的多种测控功能。基于现场总线和工业以太网（Ethernet）的自动测控系统如图 17.1.4 所示。

2. 自动测试系统中的总线技术

所谓总线是指计算机、测量仪器、自动测试系统内部以及相互之间信息传递的公共通路，是自动测试系统的重要组成部分。目前，自动测试系统广泛采用标准化总线。标准化总线具有集成化、模块化、兼容性好、可扩展等特点，利用标准总线技术，能够大大简化系统结构，增加系统的兼容性、开放性、可靠性和可维护性，便于实行标准化以及组织规模化的生产，从而显著降低系统成本。

总线的类型很多，分类方法多样。根据总线上传输的信息不同，总线可分为地址总线、数据总线和控制总线；按系统结构的层次划分，总线可分为片内总线、芯片间总线（元件级总线）、系统总线（内总线）和通信总线（外总线）。根据信息的传送方式，总线可分为并行总线和串行总线。

自动测试系统中常用的标准并行总线有 STD、ISA、PCI/Compact PCI、SCSI、GPIB、VXI、PXI 及 CAMAC 等。并行总线速度快，但成本高，不适宜于远距离通信。

17-1 常用
标准总线

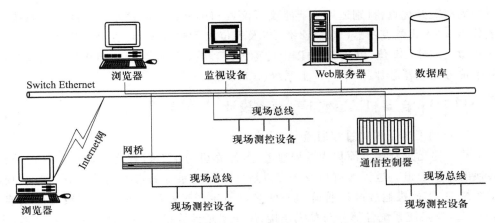

图 17.1.4　基于现场总线和工业以太网的自动测控系统

为提高数据采集和数据传输速率,集成式自动测试系统大多采用并行总线。常用的串行总线有 RS-232C、RS422A、RS-485、USB、IEEE-1394 等。串行总线速度较慢,但需要的连接信号线少,接口简单,成本低,适合于远距离通信,广泛用于 PC 与外设的连接和计算机测控网络。

3. 自动测试系统中的计算机

（1）工业控制计算机（简称工控机）

与普通计算机相比,工控机的主要特点是可靠性较高,实时响应速度快,对环境适应能力强,连续工作性能好,有丰富的软硬件资源,并有较好的可扩展性。目前常用的工控机主要有 IPC（工业 PC）、PLC（可编程控制系统）、DCS（分散型控制系统）、FCS（现场总线系统）及 CNC（数控系统）五种,其中 IPC 和 PLC 应用最为广泛。

IPC（工业 PC）是一种基于 PC 总线增强加固型的工业电脑,可以作为一个工业控制器在工业环境中可靠运行。它主要由工业机箱、无源底板及可插入其上的各种板卡组成,如 CPU 卡、I/O 卡等,并采取全钢机壳、机卡压条、过滤网,双正压风扇、无风扇等设计,以及 EMC 技术以解决工业现场的电磁干扰、震动、灰尘、高/低温等问题。IPC 由于采用底板+CPU 卡结构,因而具有很强的输入输出功能,最多可扩充 20 个板卡,能与工业现场的各种外设、板卡相连来完成各种任务。

PLC（可编程控制系统）不仅能实现逻辑控制,还具有数据处理、通信、网络等计算机功能。它通过软件来改变控制过程,具有体积小、组装维护方便、编程简单、可靠性高、抗干扰能力强等特点,已广泛应用于工业控制、机电一体化等各个领域。PLC 是目前工业自动化领域中最常用的工业控制计算机,尤其适用于恶劣的工业环境。

（2）嵌入式系统

嵌入式系统是一种完全嵌入受控器件内部、为特定应用而设计的专用计算机系统,与采用工控机相比,它具有体积小、功耗低、价格便宜、功能齐全、可靠性高、开发研制周期短等优点,特别适用于智能仪器仪表和小型自动测控系统。嵌入式系统一般分为:嵌入式微控制器(16 位、8 位、以及 8 位以下的 CPU,典型代表是单片机),嵌入式微处理器(32 位,以及 32 位以上的称为处理器,典型代表是 ARM 核的处理器),数字信号处理器芯片(DSP),片上系统(SOC)等。

17.1.3   自动测试系统 I/O 通道设计

1. 自动测试系统的过程通道

输入输出过程通道简称为过程通道,是计算机与生产过程之间进行信息传送和转换的连接通道。过程通道和 I/O 接口是自动测试系统的重要组成部分,在自动测试系统中,工控机通过过程通道和 I/O 接口与生产过程测控对象及其被测量相连。I/O 接口电路使系统各部分与总线连接,用于实现计算机与外设之间的信息交换,实现数据的传递和通信,以便测量和控制。自动测试系统的过程通道的结构如图 17.1.5 所示。

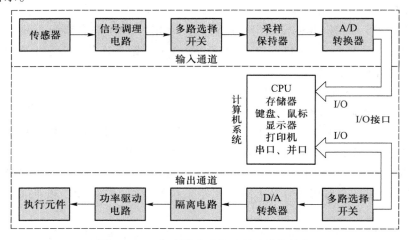

图 17.1.5   自动测试系统过程通道的结构

2. 输入通道及其结构类型

输入通道是指传感器与计算机之间的接口通道,分为模拟量输入通道(AI)和数字量输入通道(DI)。模拟量输入通道(AI)将传感器的输出信号转换成数据采集系统可以接受的标准电压信号(0~5V,±5V,±10V 等)或电流信号(4~20mA)。数字量输入通道(DI)用于数字量输出形式(如开关量、数字编码信号等)的传感器与计算机的连接,包括脉冲整形、电平匹配、数码变换等。大多数自动测试系统中传感器的输出信号为模拟量电压或电流信号,需要通过模拟量输入通道进行信号调理和数据采集。

传感器输出信号可以分为高电压、大电流模拟信号,低电压、小电流模拟信号,频率信号(脉冲信号),开关量信号等,与之相对应的输入通道结构如表 17.1.1 所示。

表 17.1.1　输入通道的结构类型

信号类型	输入通道结构类型
高电压大电流模拟信号	电压变送器 → A/D → 计算机；电流变送器 → I/V变换 → V/F → 计算机
低电压小电流模拟信号	小电压信号 → 放大 → A/D → 计算机；小电流信号 → I/V变换 → 放大 → V/F → 计算机
频率信号	放大 → 整形 → 计算机
开关信号	防抖 → 整形 → 计算机

注：I/V 变换即电流/电压转换器，V/F 变换为电压/频率转换器

V/F 变换器是将被测参数转换为与之成比例的 TTL 电平形式的频率信号，它具有良好的精度、线性和积分输入特性，但转换速度比 A/D 转换器慢很多。

在实际的自动测试系统中，常常需要采集多个模拟信号，即构建多通道自动测试系统。按共享资源程度不同的要求，多通道数据采集系统可分为单 ADC 型和多 ADC 型。

（1）多通道单放大器、分时共享 ADC 型（基本型）

由多路模拟开关实现多通道被测信号分时共享一个放大器、一个 S/H（采样/保持）和一个 ADC（模数转换），如图 17.1.6 所示。当各个通道信号相差比较大时，宜采用可编程增益放大器，由计算机进行自动增益控制，根据不同信号大小选择不同的增益。当传感器输出信号电压较大时，多路模拟开关可直接与传感器输出信号相连，放大器置于多路开关之后。对于直流或低频信号，通常可以不用 S/H，直接用 ADC 采样。基本型结构简单，节省硬件资源，但实时性差，适用于慢速数据采集。

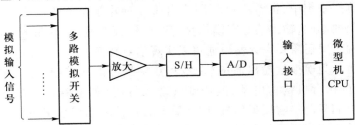

图 17.1.6　多通道单放大器、分时共享 ADC 型

（2）多通道共享 ADC 型（同步型）

每个通道都有自己的 S/H 电路，用多路模拟开关依次轮流采样各通道信号，分时进行 A/D 转换，如图 17.1.7 所示。多通道模拟信号输入通道一般分时共享一个

ADC,数据采集采用多路模拟开关分时进行。这种系统适用于高频或瞬态过程测量的数据采集。

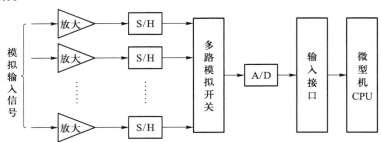

图 17.1.7   多通道多放大器、共享 ADC 型

（3）多 ADC 型（并行型）

每个通道都有独立的放大器、S/H 和 ADC,它允许各通道同时进行 A/D 转换,如图 17.1.8 所示。并行型主要用于高速、高频信号的数据采集,具有灵活性强、高速、高精度等特点。

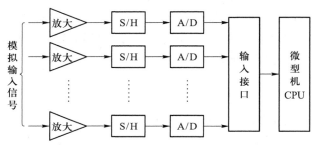

图 17.1.8   多 ADC 型数据采集系统

3. 输出通道及其结构类型

自动测试系统输出通道的任务是将测试结果数据转换成为容易显示记录的信号形式。在测控系统中,常常需要利用输出信号对外部设备及工业过程实施控制,根据受控对象的不同,输出信号有模拟量、数字量、开关量、频率量等。因此,在计算机与执行机构之间还需要设计输出通道以实现信号转换。

输出通道分为模拟量输出通道（AO）和数字量输出通道（DO）。在实际工程应用中,大多数的执行机构为电动、液压或气动执行器（如电磁阀、电液比例阀、电机等）等形式,它们只能接收模拟信号,因此需要通过计算机将数字信号（开关量、数字量、频率量）转换成为模拟信号输出。AO 通道主要包括 DAC（数模转换）、多路开关和采样保持器等环节,它将计算机处理后的数字量转换成模拟信号输出,经功率放大后驱动执行机构,完成对被测参数的控制。DO 通道可实现对数字量（包括开关量和频率量）输出信号的光电隔离、继电器隔离以及输出驱动,常用的驱动电路有功率晶体管、晶闸管、功率场效晶体管及各种专用集成驱动电路等。输出通道的结构形式见图 17.1.9。

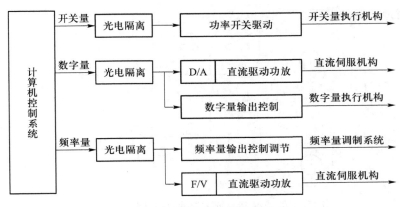

图 17.1.9 输出通道的结构形式

17.1.4 信号调理与转换电路

信号调理与转换电路是自动测试系统的重要组成部分,它的输入是传感器输出的电信号,通过对该输出电信号进行适当的调理与变换,使之成为适合传输、显示、记录或后续装置要求的信号。常用的信号调理电路主要包括信号放大、信号变换、信号滤波、阻抗变换、调制与解调等。下面将主要介绍自动测试系统中常用的信号放大、信号变换及滤波电路的基本形式和应用实例。

1. 信号放大电路

在自动测试系统中,信号放大电路的作用是将传感器输出的微弱电压、电流或电荷信号进行放大和线性处理。在实际工作中,传感器输出的微弱信号除了包含被测量信息,同时也包含传感器本身、电子线路以及外界环境等引起的干扰信号。为了保证测量精度,要求信号放大电路应满足一定的性能,如高增益、高输入阻抗、低输出阻抗、高共模抑制比、低温漂、低噪声、低失调电压和电流、精度高、线性度好等等。

实际的放大电路通常由运算放大器构成,如同相放大器、反相放大器和差分放大器等,由于单个运算放大器构成的放大电路存在电路结构不对称、抗共模干扰能力差等问题,因此在精密测量中不能直接用于微弱信号的放大。下面简要介绍测量放大器、隔离放大器以及程控增益放大器等几种不同用途的放大电路,实际应用时结合具体应用场合和系统要求选取。

17-2 基本
信号采集
电路

(1) 测量放大器

测量放大器又称为仪表放大器,具有线性度高、低噪声和抗共模干扰能力强等特点,广泛用于传感器的信号放大,特别是微弱信号以及具有较大共模干扰的场合。

测量放大器多采用差分放大,图 17.1.10 所示为 3 个运算放大器构成的测量放大器,它由二级放大器串联组成。前级由两个性能相同的放大器 A_1、A_2 构成对称结构,在同相输入端引入输入信号,从而具有高抑制共模干扰能力和高输入阻抗;后级是差动放大器,不仅可以切断共模干扰的传输,而且双端输入单端输出的电路接法可以适应对地负载的需要。

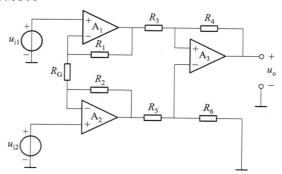

图 17.1.10　3 个运算放大器构成的测量放大器电路

分析图 17.1.10 测量放大器电路,可得该电路的输出电压与差动输入电压之间的关系为($R_3 = R_5$ 、 $R_4 = R_6$)

$$u_o = \frac{R_4}{R_3}\left(1 + \frac{R_1 + R_2}{R_G}\right)(u_{i2} - u_{i1}) \tag{17.1.1}$$

由此可见,该电路可放大差模信号、抑制共模信号。差模放大倍数数值越大,共模抑制比越高,而且当输入信号中含有共模噪声时也将被抑制。测量放大器的增益由电阻 R_G 设定,若选取 $R_1 = R_2 = R_3 = R_4 = R_5 = R_6 = 10 \ k\Omega$, $R_G = 100 \ \Omega$,即可构成一个增益约为 200 的放大器。

目前,在实际应用中多采用集成测量放大器,如 ADI 公司 AD8221、AD522 等。典型的测量放大器的共模抑制比可达 130dB 以上,输入阻抗可达 $10^9 \Omega$,电路增益可达 1000。

AD8221 是精密集成测量放大器,具有非线性失真小、共模抑制比高、低漂移和低噪声等特点,AD8221 的实物、引脚及电路原理如图 17.1.11 所示。

（2）隔离放大器

在测试系统中,传感器输出的信号中往往包含高共模电压和干扰信号,为了提高系统的抗干扰性,常采用隔离放大器。隔离放大器是将电路的输入和输出在电器上完全隔离的放大电路,既可以切断输入和输出的直接联系,避免共模电压和干扰等影响有用信号,又可以放大有用信号。

隔离放大器通常由输入放大器、输出放大器、信号耦合器和隔离电源组成,目前集成隔离放大器主要有变压器耦合隔离放大器、光电耦合隔离放大器和电容耦合隔离放大器三种。图 17.1.12 所示为 AD210 变压器耦合隔离放大器的电路图,它是一种三端口、高精度、宽带宽隔离放大器,通过模块内部的变压器耦合提供信号隔离和电源隔离。图中 A_1 为输入放大器, A_1 的输出信号经调制电路变为交流信号,然后通过变压器 T_1 耦合到输出端,再经解调滤波电路还原为直流信号,最后通过 A_2 构成的电压跟随器输出,以增强带负载能力。它内部包含 DC/AC 电源变换模块,因此只需外部提供单个 +15V 直流电源(PWR、PWR COM),即可通过变压器 T_2 和 T_3 产生内部所需的输入输出侧电源。

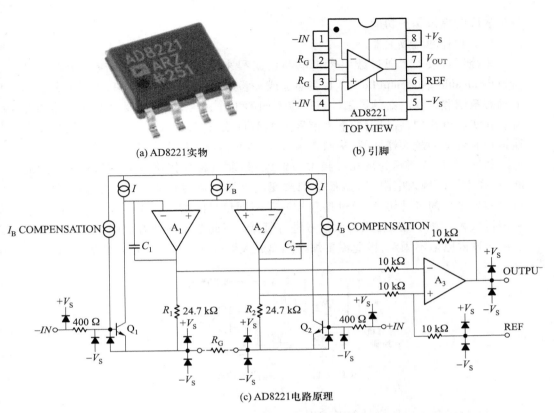

(a) AD8221实物   (b) 引脚

(c) AD8221电路原理

图 17.1.11 AD8221 测量放大器

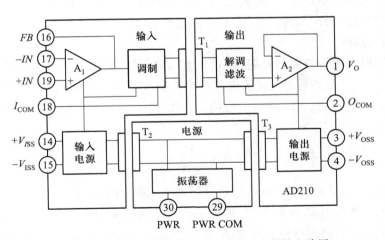

图 17.1.12 AD210 变压器耦合隔离放大器的电路图

AD210 采用三端口结构,具有完整的隔离功能(即输入、输出和电源三端隔离),适合单通道或多通道应用,即使在连续共模干扰的情况下仍然能保持高性能,这是其他隔离放大器无法比拟的。由于 AD210 能够切断回路和漏电通路,并抑制共模电压和降低噪声,因此它能够提供高精度和优良的电隔离,同时也可在系统其他电路发生故障时提供保护功能。

（3）程控增益放大器

程控增益放大器通过数字逻辑电路由编程来控制放大电路的增益，简称 PGA（programmable gain amplifier）。在多通道或多参数的自动测试系统中，为了增大系统的动态范围和改变电路的灵敏度以适应不同的工作条件，经常需要改变放大器的增益。在实际电路中，各通道的输入信号大小不同，通过改变放大器的增益，使各输入通道均有合适的放大器增益，从而达到 A/D 转换器输入所要求的标准值。

如图 17.1.13 所示为反相程控增益放大器，通过编程控制开关 $SW_1 \sim SW_n$ 的通断，选择不同的输入电阻 R_i，从而达到改变放大器增益的目的。程控增益放大器还可以实现量程的自动切换，通过编程控制对不同信号的增益，既可以对输入的小信号进行放大，也可以对输入的大信号进行衰减，因此电路的动态范围很宽。但该方法由于输入电阻不固定，因此需要加入隔离放大器以减少对前级信号源的影响。

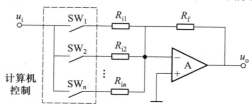

图 17.1.13　反相程控增益放大器

（4）信号放大电路设计的考虑因素

在信号放大电路设计中，实现微弱信号精确地放大且抑制误差以及干扰，需要从电路阻抗匹配、噪声、共模抑制比等多种因素考虑。

1）输入阻抗

传感器输出信号通常很微弱，接口放大电路接入后，应尽可能减小对传感器的影响。图 17.1.14 为传感器与放大电路接口模型，U_o 为传感器输出信号，R 为传感器输出电阻，R_i 为接口放大电路输入电阻。在图 17.1.14（a）所示的接口电路模型中，放大电路输入电压 U_i 为

$$U_i = \frac{R_i}{R + R_i} U_o \tag{17.1.2}$$

要使 $U_i = U_o$，必须使 $R_i \gg R$。若 R_i 不足够大，那么 U_i 将偏离理论值，其误差和非线性度增大。然而当 R_i 足够大时，外界干扰将不可避免引入电路中，例如外界磁场在传输线上产生的感应电流 i_f 非常小，由于 $U_f = i_f \cdot R_i$，当 R_i 很大时，U_f 的影响就不能忽略了。通常采用缩短连接导线和利用双绞线等减小耦合的磁通面积或者直接屏蔽。

图 17.1.14（b）为电流形式的接口电路，其输入电流 I_i 为

$$I_i = \frac{R_i}{R + R_i} I_o \tag{17.1.3}$$

要使 $I_i = I_o$，则须使 $R_i \ll R$，即当接口放大电路测量电流信号时，输入电阻应尽量小；然而当 I_i 很小时，连接导线的分布电容耦合进来的干扰和感应电流等因素的影响就不能忽略，采用直接屏蔽或缩短连接导线和利用双绞线等减小耦合的磁通面积，可基本消除干扰的影响。

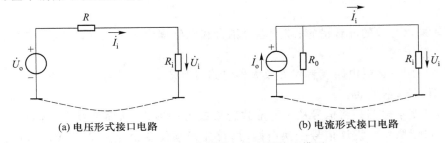

(a) 电压形式接口电路　　　　(b) 电流形式接口电路

图 17.1.14　传感器与放大器接口模型

2）噪声

放大电路的噪声主要由外部噪声和内部噪声两部分构成，为获得高性能的放大电路，必须使得放大电路的噪声尽可能小。

图 17.1.15 为放大电路的噪声等效电路，A 为理想的放大器，则放大电路折合到输入端总的等效噪声电压 E_n 为

$$E_n = \sqrt{4KTR_s\Delta f + e_n^2 + (i_n R_s)^2} \tag{17.1.4}$$

式中，K 是玻尔兹曼常数，其值为 $1.38 \times 10^{-23}\text{J/K}$；$T$ 是绝对温度（K）；R_s 是输入端总电阻（Ω）；Δf 是噪声带宽（Hz）；根式中的三项依次为：输入端总电阻热噪声、放大器电压噪声、由放大器电流噪声转换得到的电压噪声。

17-3 放大
电路噪声

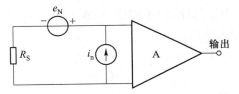

图 17.1.15　放大电路噪声等效电路

3）共模抑制比 CMRR

在传感器接口电路中，常采用差分放大电路，以抑制在系统的两个输入端引入共模干扰信号，该共模干扰电压一般比较大。而当干扰信号在电路参数不对称时会转化为差模信号并对测量系统产生影响，其影响程度取决于共模干扰转换成差模信号的大小。常用共模抑制比 CMRR 来衡量差分放大电路抑制共模干扰及放大差模信号的能力，其定义为放大器对差模信号的电压放大倍数与对共模信号的电压放大倍数之比。共模抑制比 CMRR 值越高，说明差分放大电路对共模干扰的抑制能力越强。因此，在设计电路时，应选用高共模抑制比的运算放大器来构成差分放大电路。

17-4 差分
放大电路
共模抑制
比 CMRR

此外，还可以采取以下措施提高共模抑制比：

① 放大器正负输入信号通道上的元件特性和参数应该尽可能一致。

② 增大接地导线面积，缩短导线长度，减小接地公共电阻；模拟电路和数字电路的接地要分开，需要共地时，最好只有一个公共节点，减小不同通路通过共地线的电流流动。

③ 采取有效的屏蔽措施，减少电容耦合和电感耦合的干扰，采用隔离电源，减小 50Hz 工频干扰。

④ 采用三运放电路或者仪表放大器电路可有效提高共模抑制比。

2. 信号变换电路

信号变换电路是将信号从一种形式转换成另一形式，从而使具有不同输入输出的器件可以联用。设计信号变换电路时，首先必须使变换电路具有线性特性；其次考虑到负载效应，信号变换电路应具有一定的输入输出阻抗，以便进行阻抗匹配。下面简要介绍常用的信号变换电路，包括电压与电流的相互转换、电压与频率的相互转换等。

（1）电压/电流与电流/电压转换电路

在工业测控系统中，模拟信号一般以电压形式输出，为了减小信号在远距离传输过程中的衰减和外界干扰的影响，常用电压/电流（V/I）转换电路将电压信号转换成具有恒流特性的电流信号输出，而后在接收端再由电流/电压（I/V）转换电路还原成电压信号。

电压/电流（V/I）转换是将输入的电压信号转换成满足一定关系的电流信号，转换后的电流相当一个输出可调的恒流源，其输出电流应能够保持稳定而不会随负载的变化而改变。利用集成运算放大器构成的 V/I 转换电路如图 17.1.16 所示，它由运算放大器 A_1 和 A_2 组成，A_1 构成同相求和运算，A_2 构成电压跟随器，由电路分析可得输出电流与输入电压的关系为

$$i_o = \frac{u_i}{R_o} \tag{17.1.5}$$

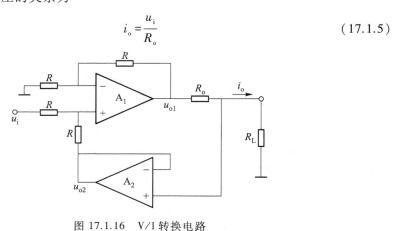

图 17.1.16　V/I 转换电路

可见，该电路的输出电流只与电阻 R_o 有关，与运算放大器参数及负载电阻无关，即具有恒流特性。V/I 转换电路也可直接采用集成 V/I 转换芯片，如 AD694、

AM442 等。

电流/电压(I/V)转换电路可将输入电流信号转换为与之成线性关系的输出电压信号,图 17.1.17 所示为反相输入型转换电路。假设电流源的内阻 R_s 无穷大,则输出电压与输入电流的关系为

$$u_o \approx -iR_1 = -i_sR_1 \qquad (17.1.6)$$

可见,输出电压 u_o 正比于输入电流 i_s,实现了电流到电压的线性转换,且与负载电阻无关。该电路要求电流源的内阻 R_s 足够大,且电流 i_s 要远大于运算放大器输入偏置电流 I_b,否则将产生较大误差。

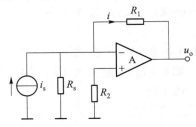

图 17.1.17   反相 I/V 转换电路

（2）电压/频率与频率/电压转换电路

电压/频率(V/F)转换电路将输入电压信号转换成相应的频率信号,即输出信号频率与输入信号电压值成正比例,又称为电压控制(压控)振荡器(VCO),广泛应用于调频、锁相和 A/D 转换等。V/F 转换电路可以采用通用运算放大器构成,也可直接采用集成 V/F 转换芯片,如 AD650、LM131 等。LM131 由输入比较器、定时比较器和 RS 触发器构成的单稳定时器、基准电源电路、精密电流源、电流开关及集电极开路输出管等部分组成,图 17.1.18 所示为由 LM131 构成的 V/F 转换电路及输出波形。

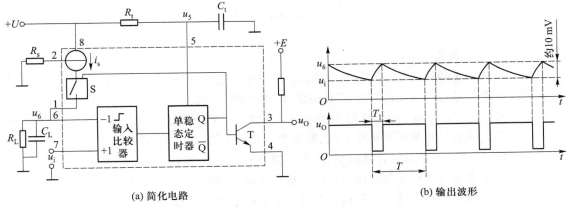

图 17.1.18   采用 LM131 的 V/F 转换电路及输出波形

LM131 的工作过程如下:

当 $u_i > u_6$ 时,比较器输出高电平,$Q=1$,T 导通,$u_o=0$;开关 S 闭合,i_s 对 C_L 充电,

u_6 逐渐上升;与 5 脚相连的单稳态触发器被钳制,U 经 R_t 对 C_t 充电,u_5 上升,直至 $u_5 \geq \dfrac{2}{3}U$ 时,$Q = 0$,T 截止,$u_0 = +E$;开关 S 断开,C_L 通过 R_L 放电,u_6 下降;C_t 迅速放电,$u_5 = 0$。当 $u_i \geq u_6$,T 导通,开始新周期,如此反复地进行。输入电压 u_i 改变,电容 C_L 充放电时间周期相应改变,输出脉冲频率改变,从而实现 V/F 转换。

频率/电压(F/V)转换电路可以将频率或周期信号线性地转换成电压信号。F/V 转换电路主要包括电平比较器、单稳态触发器和低通滤波器三部分,输入信号通过电平比较器转换成快速上升/下降的方波信号去触发单稳态触发器,产生定宽、定幅度的输出脉冲序列,此脉冲序列经低通滤波器平滑,从而得到正比于输入信号频率的输出电压。

图 17.1.19 所示为由集成芯片 LM131 构成的 F/V 转换实用电路,输入频率信号 u_i 经 $R_d C_d$ 接到 LM131 的引脚 6,引脚 1 输出电压经 $R_L C_L$ 低通滤波电路后,其输出电压 u_0 与输入信号 u_i 的频率成正比。

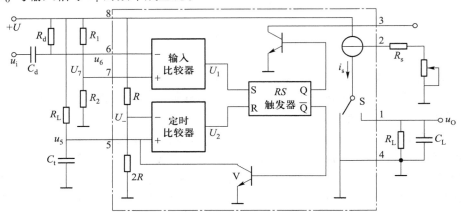

图 17.1.19   LM131 用于 F/V 转换电路

3. 滤波电路

传感器输出信号往往受到测试环境电磁干扰等因素影响,含有多种频率成分的噪声信号有时甚至会"淹没"有用信号,使得测试系统难以或者无法获取被测信号的真实情况。因此,需要采取各种抗干扰措施,提高系统信噪比,抑制无用的干扰信号。滤波是测量系统排除干扰、抑制噪声常用的方法。滤波分为软件滤波和硬件滤波,软件滤波是通过计算机程序,采用滤波算法对传感器信号进行处理;硬件滤波是利用电路组成滤波器对传感器信号进行处理,抑制不需要的频率成分。

滤波器实质就是一种选频放大器,它只允许特定频带范围内的信号通过,并能抑制或极大地衰减干扰、噪声。滤波器有多种类型,根据处理信号的频带不同可分为低通滤波器、高通滤波器、带通滤波器和带阻滤波器等;按照处理信号的性质不同可分为模拟滤波器和数字滤波器;按照传递函数或微分方程的阶次不同可分为一阶滤波器、二阶滤波器和高阶滤波器;按照滤波电路采用的元件不同分为有源滤波器和无源滤波器,其中无源滤波器是由 R、L、C 等元件构成,有源滤波器通常由运算放大器和 RC 网络构成。下面主要介绍采用硬件实现的典型模拟滤波器电路。

(1)滤波器的性能参数

在前面的 3.4 节中介绍了不失真测试的条件。同样,对于理想滤波器,应满足通带内幅频特性为常数和相频特性为线性的条件。然而,实际滤波器是无法达到理想滤波器的特性,一般在通带和阻带之间存在一个过渡带。在过渡带中,位于通带到阻带的信号受到由小到大的衰减,显然,过渡带越窄,滤波器性能越好,越接近理想滤波器。因此,在设计实际滤波器时,总是通过各种方法使其尽量逼近理想滤波器。

图 17.1.20 表明理想带通滤波器(虚线)与实际带通滤波器(实线)的幅频特性的差异。由图可见,理想滤波器的特性只要用两个截止频率 ω_1、ω_2 就可以说明,而实际滤波器的特性曲线较为复杂,因此描述其性能需要的参数更多,主要包括:截止频率、带宽、品质因素、波纹幅度、倍频程选择特性、滤波器因素等。

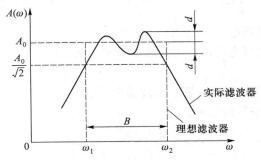

图 17.1.20　理想滤波器和实际滤波器的幅频特性

1)截止频率

幅频特性值等于 $A_0/\sqrt{2}$ 所对应的频率称为滤波器的截止频率。A_0 为参考值,$A_0/\sqrt{2}$ 对应于 $-3\mathrm{dB}$ 点,即相对于 A_0 衰减 3dB。若以信号幅值的平方表示信号功率,该频率点又称为半功率点。截止频率即取低通滤波器通带的右边频点、高通滤波器通带的左边频点,带通及带阻滤波器即取两端频点(图 17.1.10 中的 ω_1 和 ω_2)。

2)带宽 B 和品质因素 Q

滤波器带宽 B 定义为上下截止频率之间的频率范围,也称为 $-3\mathrm{dB}$ 带宽。带宽表示滤波器的分辨能力,即分离信号中相邻频率成分的能力。

对于带通滤波器,通常将中心频率(上下截止频率的几何平均值,即 $\omega_0 = \sqrt{\omega_1 \cdot \omega_2}$)和带宽 B 之比称为滤波器的品质因素 Q。Q 值越大,滤波器的频率选择性越好。例如,对于中心频率同为 500Hz 的两个带通滤波器,品质因素分别为 $Q_1 = 50$、$Q_2 = 20$,则对应的带宽分别为 $B_1 = 10$、$B_2 = 25$,可见第一个带通滤波器的频率分辨力高,频率选择性好。

3)纹波幅度 d

滤波器通带内其幅频特性可能呈波动情况,纹波幅度 d 指幅频特性的最大波动值。显然,波动幅度 d 与 A_0 相比越小越好。

4）倍频程选择性

实际滤波器有一个过渡带,过渡带的幅频特性曲线的斜率表明其幅频特性衰减的快慢,它决定着滤波器对通频带外频率成分的衰减能力。显然,过渡带内幅频特性衰减越快,对通频带外频率成分的衰减能力越强,滤波器的选择性越好。

倍频程选择性是利用频率变化一倍频程时,过渡带幅频特性的衰减量来衡量滤波器选择性的指标。衰减量越大,滤波器选择性越好。

5）滤波器因素（矩形因素）

滤波器因素是滤波器选择性的另一种表示方式,滤波器因素λ定义为滤波器幅频特性的$-60\mathrm{dB}$带宽与$-3\mathrm{dB}$带宽的比,即

$$\lambda = \frac{B_{-60\mathrm{dB}}}{B_{-3\mathrm{dB}}} \tag{17.1.7}$$

对于理想的滤波器有 $\lambda = 1$;常用的滤波器 $\lambda = 1 \sim 5$。显然,λ值越接近于 1,滤波器选择性越好。

（2）典型的滤波器电路

本节以低通滤波器为例说明无源滤波器和有源滤波器特性。

1）无源滤波器

图 17.1.21 所示为一阶 RC 低通滤波器电路,$u_\mathrm{i}(t)$、$u_\mathrm{o}(t)$ 分别为输入输出信号,根据电路理论,该网络的传递函数为

$$H(s) = \frac{U_\mathrm{o}(s)}{U_\mathrm{i}(s)} = \frac{1}{RCs+1} \tag{17.1.8}$$

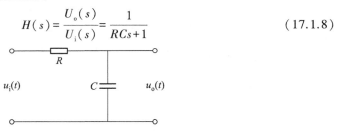

图 17.1.21   一阶无源 RC 低通滤波电路

令 $\tau = RC$,称为时间常数,用 $s = \mathrm{j}\omega$ 代入,可得频率响应为

$$H(\mathrm{j}\omega) = \frac{1}{\mathrm{j}\tau\omega + 1} = A(\omega)\mathrm{e}^{\mathrm{j}\varphi(\omega)} \tag{17.1.9}$$

式中,$A(\omega) = \dfrac{1}{\sqrt{1+\tau^2\omega^2}}$ 为其幅频特性;$\varphi(\omega) = -\arctan(\tau\omega)$ 为其相频特性。

该一阶无源低通滤波器的幅频、相频特性如图 17.1.22 所示。

当 $\omega \ll \dfrac{1}{RC}$ 时,$A(\omega) \approx 1$,$\varphi(\omega) \approx 0$,该网络近似为增益为 1 的信号传输系统。当 $\omega = \dfrac{1}{RC}$ 时,$A(\omega) = 0.707$,$\varphi(\omega) = -45°$,此时,ω 即为滤波器截止频率 ω_c,通过调整 R、

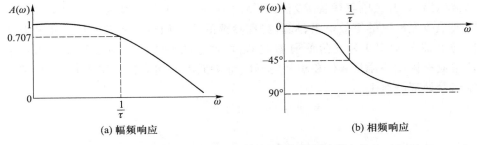

(a) 幅频响应　　　　　　　　　　　　(b) 相频响应

图 17.1.22　一阶无源 RC 低通滤波器的频率响应

C 的数值,就可以改变低通滤波器的通频带。当 $\omega \gg \dfrac{1}{RC}$ 时,$A(\omega)=0$,$\varphi(\omega) \approx -90°$,此时滤波器呈现高阻状态。

无源滤波器的结构简单,噪声低,且动态范围宽,但它的倍频程选择性不好。为此采用多个 RC 环节级联或者采用电感元件代替电阻元件的方式,可达到较好的滤波效果。理论上采用多个 RC 环节级联可提高滤波器的阶次,从而达到改善它的倍频程选择性的目的。但在实际应用中必须考虑各级联环节之间的负载效应,解决负载效应的最好办法是采用运算放大器构造有源滤波器。

2）有源滤波器

有源滤波器是指采用运算放大器和 RC 网络组成的电路,与无源滤波器相比具有较高的增益,输出阻抗低,易实现高阶滤波器,构成超低频滤波电路时无需大电容和大电感等优点;缺点是参数调整和抑制自激振荡等方面较复杂。

二阶有源 RC 电路如图 17.1.23 所示,根据运算放大器虚断、虚短特性,得到低通滤波器的传递函数为

$$H(s)=\frac{U_o(s)}{U_i(s)}=\frac{k_F}{R_1 R_2 C_1 C_2 s^2+\left[\left(R_1+R_2\right) C_2+\left(1-R_F\right) R_1 C_1\right] s+1} \quad (17.1.10)$$

式中,$k_F=1+\dfrac{R_f}{R_0}$。确定元件参数时,应先确定增益 k_F,再根据截止频率确定 C_1 和 C_2。一般取 $C_1=C_2$,$R_1=R_2=R$ 实现滤波器设计要求,电容大小通常根据工作频率确定。

17-5 电容
选取

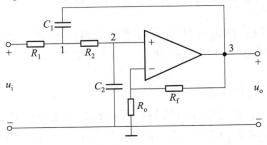

图 17.1.23　二阶有源 RC 电路

集成有源滤波器是由 MOS 开关、MOS 电容器和运算放大器组成的一种新型单

17-6 应用
实例——
微加速度
计检测电
路

片滤波电路,以开关电容代替 RC 滤波器中的电阻 R,通过改变开关电容的切换频率可方便地改变电路的等效电阻,从而实现参数的快速调整。典型的单片集成开关电容式滤波器 MAX280 为五阶低通滤波器,可通过级联构成十阶或更高阶低通滤波器。集成有源滤波器具有体积小、性能好、价格低和使用方便等诸多优点,已广泛应用于信号处理电路中。

17.2　虚拟仪器

17.2.1　概述

1. 虚拟仪器的基本概念

虚拟仪器(Virtual Instrument,VI)是计算机技术与测试技术、仪器技术深层次结合而产生的一种新的仪器模式。所谓虚拟仪器,就是在以通用计算机为核心的硬件平台上,由用户设计定义具有虚拟操作面板、测试功能由测试软件实现的一种计算机仪器系统。它突破了传统仪器以硬件为主体的模式,强调"软件就是仪器",用软件来实现仪器功能。

与传统的仪器相比,虚拟仪器具有以下特点:

(1) 基于通用硬件平台,由软件取代传统仪器中的硬件来完成仪器的功能,不同虚拟仪器的差异主要在于软件。

(2) 充分发挥计算机的优势,突破了传统仪器在数据处理、显示、存储等方面的限制,具有强大的数据分析、计算及处理功能,可创造出功能更强大的仪器。

(3) 用户可以自行定义仪器的功能,可以根据自己的需要定义和制造各种仪器。

(4) 采用图形化编程软件 LabVIEW 进行科学研究、项目设计以及功能测试等应用开发时,可大大提高工作效率,缩短开发周期。

虚拟仪器的突出优点在于它充分利用不断发展的计算机技术来实现并增强传统仪器的功能,具有很大的灵活性。有了虚拟仪器,用户就可以完全根据自己的需要灵活地组建测试测量自动化系统。

2. 虚拟仪器的构成

虚拟仪器由计算机、仪器硬件和应用软件三部分构成,其中计算机与仪器硬件又称为 VI 通用仪器硬件平台(简称硬件平台)。虚拟仪器的基本构成如图 17.2.1 所示。

(1) 虚拟仪器的硬件平台

虚拟仪器的硬件平台包括计算机硬件平台和 I/O 接口设备两大部分。计算机硬件平台可以是各类计算机,如 PC、工作站、嵌入式计算机等。I/O 接口设备的主要任务是完成数据采集、A/D 转换、D/A 转换、数字 I/O、信号调理等。I/O 接口设备根据所采用的总线有不同的形式,如基于 PC 的数据采集系统、GPIB 总线仪器、VXI 总线仪器、串口总线仪器、现场总线仪器等。目前常用的虚拟仪器的硬件系统是数据采

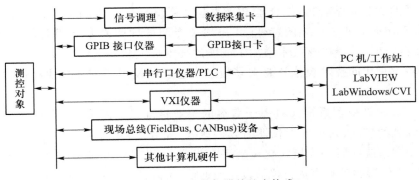

图 17.2.1　虚拟仪器的基本构成

集系统、GPIB 仪器控制系统、VXI 仪器系统、PXI 总线仪器系统和 LXI 总线仪器系统等。

1）数据采集系统：数据采集系统通常由信号获取、信号调理、数据采集和数据处理等四部分组成。PC-DAQ 数据采集卡（Data Acquisition,DAQ）是最常见的数据采集设备，一般由多路复用模拟开关、程控增益放大器、采样保持器、A/D 转换器等组成。常用的数据采集卡有基于 PCI 总线和 USB 总线两种。数据采集卡一般都有自己的驱动程序（通常由 I/O 设备生产厂商提供），通过驱动程序来控制数据采集卡的硬件操作。

PC-DAQ 是目前构建虚拟仪器最基本、最常用，也是比较廉价的形式。受 PC 计算机机箱结构和总线形式的限制，PC-DAQ 硬件系统存在电源功率不足、机箱内噪声电平高、扩展插槽数目少及机箱内无屏蔽等缺陷。

2）GPIB 仪器控制系统：GPIB 仪器系统采用 GPIB 接口卡将若干 GPIB 仪器连接起来，利用计算机实现对仪器的操作和控制，便于扩展仪器的功能，可以灵活构建大型自动测试系统。GPIB 仪器系统具有技术易于升级、维护方便、开发和使用容易、测试效率高等优点。

3）VXI 仪器系统：VXI 仪器系统综合了 GPIB 仪器系统和 DAQ 板的优点，可以很方便地实现多功能、多参数的自动测试，它为虚拟仪器系统提供了一个很好的硬件平台，具有广阔的发展空间。

VXI 仪器系统一般有三种不同的配置方案：GPIB 控制方案、嵌入式计算机控制方案和 MAX 总线控制方案。GPIB 控制方案适用于对总线控制的实时性不高、在系统中集成较多 GPIB 仪器的场合；嵌入式计算机控制方案具有体积紧凑、数据传输速率高、电磁兼容性好等优点，多用在性能要求较高和投资较大的场合，如航天、军用等；MAX 总线控制方案综合了 GPIB 控制方案的使用外部计算机灵活方便、易于升级和嵌入式控制方案的高性能等优点，性价比高，便于系统扩展和升级，适用于各种实验室、科研项目及体积要求不高的场合。

4）PXI 总线仪器系统：PXI 是 PCI 总线在仪器领域的扩展，是一种基于 PCI 平台、用于测量和自动化系统的坚固总线。PXI 将台式 PC 的性价比和 PCI 面向仪器领域扩展的优势相结合,它结合了 PCI 的电气总线特性与 CompactPCI 的坚固性、模块化及 Eurocard 机械封装的特性,并添加了专门的同步总线和重要的软件特性。PXI 总线是 PCI 总线内核技术增加了成熟的技术规范和要求而形成的,如增加了多板同步触发总线的技术规范和要求多板触发总线以及用于相邻模块高速通信的局部总线。

5) LXI 总线仪器系统:LXI 基于著名的工业标准以太网技术,是 LAN(局域网)在仪器领域的扩展,它扩展了仪器需要的语言、命令、协议等内容,构成了一种适用于自动测试系统的新一代模块化仪器平台标准。LXI 仪器利用现有的 LAN 协议和标准的 IVI 仪器驱动程序进行仪器设备间通信,可降低仪器系统开发成本,可以利用网络界面精心操作,不需要编程和其他虚拟面板。LXI 利用 100Mb/s 或 1Gb/s 以太网实现仪器间高速数据传输,利用精密时间协议,可实现仪器间 ns 级同步触发,在分布对象、实时测试应用中有其独特技术优势。

(2) 虚拟仪器的应用软件

虚拟仪器的应用软件由应用程序和 I/O 接口设备驱动程序构成。I/O 接口设备驱动程序主要完成特定外部硬件设备的驱动、控制、扩展与通信,不同的硬件设备都有自己的驱动程序,一般由设备生产厂商以源码的形式提供给用户。应用程序包括实现虚拟面板功能的软件程序和定义测试功能的流程图软件程序等。

虚拟仪器的应用程序可以用文本式编程语言开发,如 Visual C++、Visual Basic、LabWindows/CVI 等;也可以用专业图形化编程语言进行开发,如 LabVIEW、HPVEE 等。

3. 虚拟仪器的基本功能

与传统仪器类似,虚拟仪器的基本功能也是由三大模块构成:数据采集与控制、数据分析与处理、结果表达与输出。其中,数据分析与处理模块、结果表达与输出模块完全由应用软件系统来完成,只有数据采集与控制模块需要数据采集设备。因此,只需要提供必要的数据采集硬件,就可构成基于计算机的虚拟仪器系统,即基于计算机的自动测试仪器和自动测试系统。

总之,虚拟仪器就是利用高性能的模块化硬件,结合灵活高效的软件来完成各种测试、测量和自动化应用。模块化的硬件能方便地提供全方位的系统集成,灵活高效的软件能帮助用户创建完全自定义的用户界面,标准的软硬件平台能满足对同步和定时应用的需求。

17.2.2　虚拟仪器软件开发平台

1. 虚拟仪器的软件结构

对于虚拟仪器而言,在相同的硬件平台上,通过不同的软件就可以虚拟出各种功能完全不同的仪器。虚拟仪器软件体系结构如图 17.2.2 所示。

虚拟仪器软件结构一般分为 4 层:测试管理层、测试程序层、仪器驱动层、I/O 接口层。仪器驱动程序和 I/O 接口程序均已实现了工业标准化,通常由仪器生产厂商配套提供。用户只需要进行测试应用程序和测试管理程序开发。LabVIEW 提供了

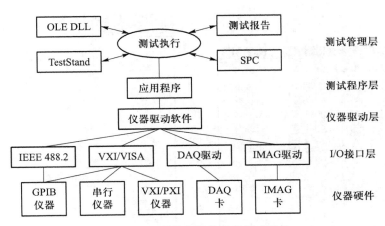

图 17.2.2　虚拟仪器的软件体系结构

大量预先编制好的各种不同类型的应用程序库,用于数据分析、显示、报表等,测试管理软件开发工具也提供了强大、灵活的功能来满足用户的广泛需求。虚拟仪器应用软件建立在仪器驱动程序之上,直接面对操作用户,通过提供直观、友好的操作界面、丰富的数据分析和处理功能,来完成自动测试任务。

2. 虚拟仪器软件开发平台 LabVIEW

LabVIEW(Laboratory Virtual Instrument Engineering Workbench)是由美国国家仪器(NI)公司研制的虚拟仪器图形化程序开发环境。LabVIEW 是一种用图标代替文本创建应用程序的图形化编程语言(又称为 G 语言)。LabVIEW 是一个面向最终用户的工具,它可以增强构建自己的科学和工程系统的能力,提供了实现仪器编程和数据采集系统的便捷途径。使用它进行原理研究、设计、测试并实现仪器系统时,可以大大提高工作效率。

LabVIEW 的两大优势:(1) G 语言编程简单,形象生动,易于理解和掌握;(2) LabVIEW 针对数据采集、仪器控制、信号分析与处理等任务,提供的节点(函数)对底层协议进行了高度封装,用户只需直接调用即可,大大提高了开发效率。LabVIEW 函数库功能强大,包括数据采集、GPIB、串口控制、数据分析、数据显示及数据存储等等。

LabVIEW 提供了工具选板(Tools Palette)、控件选板(Controls Palette)、函数选板(Functions Palette)等多个图形化的操作选板,用于创建和运行虚拟仪器程序(VI),如图 17.2.3~图 17.2.5 所示。

使用 LabVIEW 编写的程序被称为虚拟仪器(VI),其文件扩展名均默认为 vi。一个完整的 LabVIEW 应用程序,即虚拟仪器(VI),包括前面板(Front Panel)、程序框图(Block Diagram)以及图标/连接器(Icon/Connector)三部分,如图 17.2.6 所示。

图 17.2.3　LabVIEW
工具选板

图 17.2.4　LabVIEW 控件选板

图 17.2.5　LabVIEW 函数选板

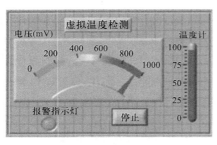

(a) 前面板

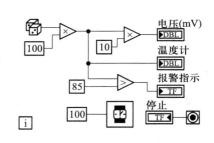

(b) 程序框图

图 17.2.6　LabVIEW 程序的组成

17.2.3　虚拟仪器应用实例

　　虚拟仪器技术已成为测试测量、工业 I/O 和控制,以及产品设计的主流技术,随着功能和性能的不断提升,虚拟仪器技术已在航空航天、军事、电子、通信、电力工程、汽车、工业自动化、机械工程、医疗仪器及生物医学工程等诸多领域广泛应用,成为传统仪器的主要替代方式。本节以虚拟数字电压表为例介绍虚拟仪器的设计和搭建。

　　1. 虚拟数字电压表的硬件构成

　　虚拟数字电压表基于 PC-DAQ 数据采集卡和计算机,由软件编程来实现电压表的测量功能。本虚拟数字电压表的主要功能包括:DC 电压测量,AC 电压测量(峰-峰值、平均值、有效值),可以设置采集频率、采集点数。

本虚拟数字电压表采用 NI 公司的 USB 接口型数据采集模块 USB-6003,利用数据采集卡完成模拟电压信号输入。NI USB-6003 是一种低成本多功能 DAQ 设备,它提供 8 通道、16 位分辨率、采样速率 100 kSample/s 的模拟输入,2 路 12 位模拟输出通道,13 条数字 I/O 线、一个用于边沿计数的 32 位硬件定时器/计数器。它具有轻质的机械外壳,采用 USB 总线供电,便于携带。可通过螺栓端子接口轻松将传感器和信号连接到 USB-6003。

USB-6003 多功能 IO 设备外形如图 17.2.7 所示,设备引脚定义如图 17.2.8 所示,模拟输入端子为 AI0～AI7。

图 17.2.7   NI USB-6003 设备外形

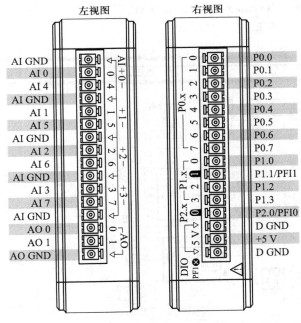

图 17.2.8   NI USB-6003 设备引脚定义

2. LabVIEW 软件设计

虚拟数字电压表前面板如图 17.2.9 所示。

前面板上的控件主要有数值输入控件、数值显示控件、按钮开关控件等。

使用 NI USB-6003 数据采集卡的虚拟数字电压表的数据采集程序框图见图 17.2.10。

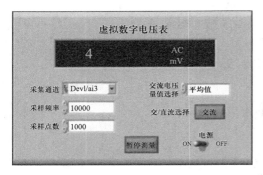

图 17.2.9　虚拟数字电压表前面板

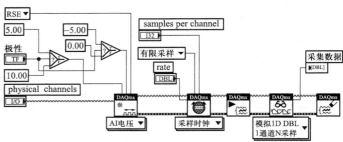

图 17.2.10　虚拟数字电压表的数据采集程序框图

数据采集程序设计时,采用 DAQmx Create Virtual Chanel.vi 配置采集通道、输入接线方式、输入电压最大/最小值范围。本例输入接线配置为参考单端模式,选择单极性、双极性时输入电压最大/最小值范围分别为 0~10V 和 ±5V。

AC 电压测量计算时,采用"数组最大值与最小值.vi"求峰-峰值,采用"Mean.vi"求平均值,采用"Std Deviation and Variance.vi"求有效值。虚拟数字电压表的总体程序框图如图 17.2.11 所示。

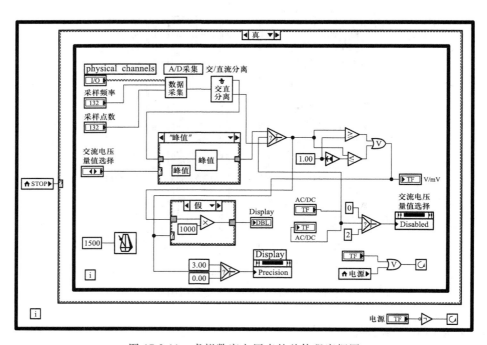

图 17.2.11　虚拟数字电压表的总体程序框图

17.3 无线传感器网络

17.3.1 传感器网络的发展

随着传感器技术、微机电系统(MEMS)、嵌入式技术、网络及通信技术、分布式信息处理等技术的高速发展与广泛应用,出现了网络化的自动测试技术。传感器网络是由大量分布式传感器节点通过某种有线或无线通信协议联接而成的测控系统,其目的是协作地感知、采集、处理和传输网络覆盖区域内各种环境或感知对象的监测信息。

传感器网络的研究起源于 20 世纪 70 年代,其发展大致经历了四个阶段:第一代传感器网络是由传统的传感器采用点对点传输构成的测控系统。20 世纪 80 年代至 90 年代,随着计算机技术的不断发展,采用串/并行接口(如 RS-232、RS-485 等)与传感器的结合构成了具有信息综合和处理能力的智能传感器测控网络,即第二代传感器网络。20 世纪末以来,现场总线技术开始用于组建智能化传感器网络,使得传感器通信技术进入局域网阶段;随着网络技术的快速发展,基于 TCP/IP 协议的网络传感器通过网络介质可直接接入 Internet 或 Intranet,可以做到"即插即用",这就是第三代传感器网络。第四代传感器网络即目前正在研究开发的无线传感器网络(wireless sensor network,WSN),无线传感器网络由各类集成化的微型传感器以自组织方式构成的无线网络对监测对象的信息进行采集、处理和传输,从而真正实现了"无处不在的计算"模式。

可以看出,传感器网络的发展使传感器由单一功能、单一检测向多功能和多点检测发展;从被动检测向主动进行信息处理方向发展;从就地测量向远距离实时在线测控发展。无线传感器网络(WSN)的发展得益于 MEMS、片上系统(system on chip, SoC)、嵌入式技术、无线通信和分布式信息处理技术的飞速发展,它被认为是 21 世纪最有影响的技术之一,它的发展和广泛应用将对人类的社会生活和产业变革带来极大的影响,并产生巨大的推动力。

17.3.2 无线传感器网络的体系结构及特点

1. 无线传感器网络的基本结构

无线传感器网络是一个集信息感知(sensing)、信息处理(processing)、信息传输(transmitting)和信息提供(provisioning)等功能的自组织网络,通常包括传感器节点(sensor node)、汇聚节点(sink node,又称为基站或网关节点)和管理节点(manager node),如图 17.3.1 所示。

在图 17.3.1 中,A~E 为分布式无线传感器节点群,这些传感器节点被随机布设在监测区域内,节点之间通过自组织的方式形成网络。每个传感器节点既是信息的发起者,也是信息的转发者,通过附近的节点以多跳中继的方式将所监测的数据发

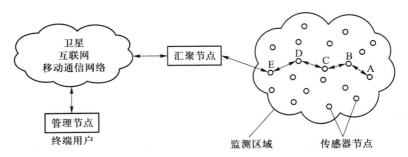

图 17.3.1   无线传感器网络的基本结构

送到汇聚节点。监测数据在向汇聚节点传递的过程中,可能需要在中继转发节点进行数据融合处理,以压缩需要传输的数据量或提高信息的精度和可信度,或者对多个原始数据进行归纳、汇总与推理,从更高的层次判断所出现的现象或发生的事件。汇聚节点承担网关的功能,通过互联网、卫星通信、移动通信网络等公共网络与管理节点通信,汇聚节点负责连接传感器节点和外部网络,并最终为用户提供服务。用户通过管理节点可以对无线传感器网络进行配置和管理,发布监测任务并收集监测数据。

2. 无线传感器网络的体系结构

无线传感器网络发展至今,美国、欧盟等不同国家开发了多种较为完善的体系结构。目前,我国无线传感器网络采用标准的三层体系架构,如图 17.3.2 所示。

底层无线传感器网络由大规模散布的节点构成,主要面向传感数据业务流量较小、节点和网络生命周期要求较长的低端传感节点组网互连,主要功能为静态参数监控和动态目标探测,通过分簇、多跳等组网方式将各传感节点的数据传送至汇聚节点(sink node),具有大规模、低速、低成本、低功耗等特点。

中层无线传感器网络一般设计为异构性网络,主要面向传感数据业务流量较大的高端传感节点组网互连,一般包括三类形式的节点:底层无线传感器网络接入节点、普通接入节点 AP(access point)和高端传感节点(如视频传感节点等高速率、高能耗节点)。中层无线传感器网络通过一部分节点接入现有互联网或卫星网络,从而形成面向用户级的高层无线传感器网络,因此要求中层无线传感器网络中部分节点具备移动性和一定的中、远程通信能力以接入现有网络。接入节点 AP 和高端传感节点往往要具备足够的能量供给(更换电池、交流电等)、更多的内存与计算机资源,以及较高的无线通信能力等。

高层无线传感器网络涉及无线传感器网络的最终应用形态,主要为选择连接中层节点的接入网络,如光纤网、互联网、卫星网络等。高层的接入网络通过选择连接的中层节点,为中层提供更大的冗余机制和通信负载平衡能力,并能扩展中层无线传感器网络的覆盖范围,实现在军事、环境监测、公共安全等领域的大规模应用。

3. 无线传感器网络的特点

无线传感器网络并非传感器技术、网络技术和无线通信技术的简单叠加,具有

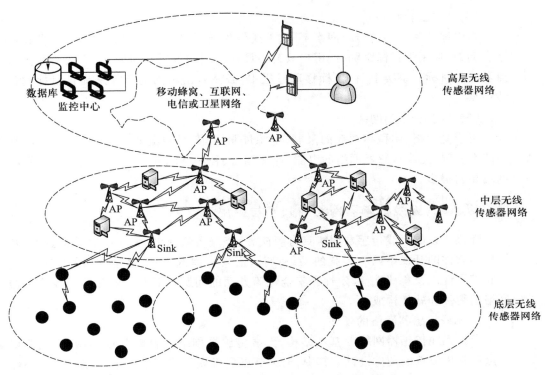

图 17.3.2　我国无线传感器网络的三层体系架构

以下主要特点:

（1）大规模网络

为了提高监测的精确度,无线传感器网络的传感器节点通常部署在很大的监测区域内,节点密集,且数量众多。这种大规模特性使其能够通过不同空间视角获得的信息具有更大的信噪比;通过分布式处理大量的采集信息能提高监测准确度,降低对单个节点传感器的精度要求;大量冗余节点的存在,使系统具有很强的容错能力;同时,大量节点能扩大覆盖的监测区域,减少监测盲区。

（2）自组织

在大部分网络应用中,传感器节点的布设往往具有随机性,节点位置及相邻节点的关系不能预先精确确定,而且存在节点故障、无线网络不稳定等因素,这就要求传感器节点具有自组织能力,能够进行自动配置和管理,通过拓扑控制机制和网络协议自动形成转发监测数据的多跳无线网络系统。

（3）动态性网络

造成传感器网络的拓扑结构发生改变可能的因素有:环境因素或电能耗尽造成传感器节点出现故障或失效;环境条件变化可能造成无线通信链路带宽变化,甚至时断时通;传感器网络的节点、感知对象和观察者等要素都可能具有移动性;新节点的加入等。这就要求传感器网络系统要能够适应这种变化,具有动态的系统可重构性。

（4）以数据为中心

与以地址为中心的传统网络不同,无线传感器网络是以数据为中心的任务型网络。例如,在用于目标跟踪时,用户只关心目标出现的位置和时间,并不关心哪个节点监测到目标。事实上,在目标移动过程中,必然是由不同的节点来提供目标的位置信息。

（5）资源有限的网络

由于受价格、体积和功耗的限制,电源能量有限,计算处理和存储能力有限,通信能力有限,无线传感器网络的电能、计算能力、程序空间和内存空间比普通计算机网络要弱很多。

17.3.3　无线传感器网络的开发与应用

随机布设的无线传感器网络具有规模大、节点数量众多、无人值守等特点,对其硬件和软件的开发不同于传统的网络设计,需要考虑低成本、微型化、低功耗、灵活性和扩展性以及鲁棒性、稳定性和安全性等方面的问题。下面简要介绍无线传感器网络的硬件和软件构成。

1. 无线传感器网络的硬件

根据无线传感器网络的基本结构,无线传感器网络主要涉及传感器节点、汇聚节点和管理节点的硬件设计。其中,汇聚节点负责联系传感器网络与互联网等外部网络,通过协议转换实现管理节点与传感器网络之间的通信,发布管理节点提交的监测任务,并将收集到的数据转发到外部网络。汇聚节点既可以是一个具有增强功能的传感器节点,有足够的能量供给和更多的内存与计算资源,也可以是没有监测功能仅带有无线通信接口的特殊网关设备。管理节点即用户节点,用户可以通过管理节点对传感器网络进行配置和管理,发布监测任务及手机监测数据,它通常为运行有网络管理软件的 PC 或手持终端设备。下面主要介绍传感器节点的开发设计。

在无线传感器网络中,传感器节点是整个网络的核心,担负着监测区域的信息获取、转换、处理和传递的重任。它们不仅要对本地的信息进行收集和处理,而且还要对其他传感器节点转发来的数据进行存储、管理和融合,同时与其他传感器节点协作完成一些特定任务。传感器节点通常是一个微型的嵌入式系统,主要由传感器模块、处理器模块、无线通信模块、能量供应模块四部分构成,如图 17.3.3 所示。

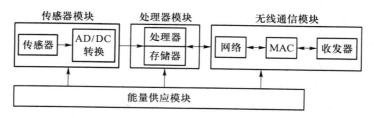

图 17.3.3　传感器节点的基本构成

（1）传感器模块

它由能感受外界特定信息的传感器和 A/D、D/A 转换器构成,负责对感知对象的信息进行采集和数据转换。传感器种类繁多、参数各异,在设计时首先应根据应用需求选择参数、性能合适的传感器,并设计相应的驱动电路和信号处理电路。近年来,随着 MEMS 技术的发展,出现了集成信号调理电路和模数转换的数字传感器,这种数字传感器只需通过相应的数字接口即可实现与处理器模块的通信,降低了节点的尺寸和设计的复杂度。

（2）处理器模块

该模块是传感器节点的核心,负责整个节点的操作(设备控制、任务分配与调度)、存储与处理自身采集的数据以及其他节点发来的数据。该模块包括嵌入式处理器和寄存器,通常采用通用型,对于功耗有特殊要求及大量节点的应用,可选用专用集成电路。

现有的传感器节点大多采用微处理器,市场上主流的微处理器有 ATMEL 公司 AVR 系列 8 位处理器、TI 公司的 MSP 系列 16 位处理器以及 ARM 系列 32 位处理器等,在实际应用中需根据不同的应用要求选择合适的器件。

（3）无线通信模块

它用于无线传感器网络节点间的数据通信,负责与其他传感器节点进行无线通信、交换控制信息和收发采集信息,主要由无线窄带通信芯片及相应的滤波电路等外围电路组成。

常用的无线数据传输组网技术包括蓝牙、WIFI、Zigbee、无线射频、红外、通用分组无线服务(GPRS)、全球定位系统(GPS)等方式。目前在无线传感器网络中应用最多的是基于 Zigbee 技术的通信芯片,Zigbee 技术是一种低功耗、低成本、高通信效率、近距离、高容量的双向无线通信技术,可以嵌入在各种设备中,同时支持地理定位功能。

17-7 传感器网络技术标准——IEEE1451

（4）能量供应模块

它为传感器节点提供运行所需的能量,可采取多种灵活的供电方式。通常由微型电池和直流—直流(DC/DC)电源模块组成,DC/DC 模块为传感器节点的用电单元提供稳定的输入电压。由于传感器节点采用电池供电,因此应尽量采用低功耗的器件,以获得更高的电源效率;同时,传感器网络可根据节点的能量状态动态调整网络的拓扑结构,使剩余能量多的节点承担较繁重的任务,剩余能量少的节点则转为低功耗状态,以平衡节点间的能量开销。另外,利用外部环境(如太阳能、风能、振动能等)获取能量与节点供电相结合也是未来的发展方向。

除此之外,传感器节点还包括其他辅助单元以满足某些特殊需求,如时间同步系统、定位系统、移动模块等。

2. 无线传感器网络的软件

无线传感器网络应用系统架构如图 17.3.4 所示。最底层为无线传感器网络的基础设施,逐渐向上分别为应用支撑层、应用程序层、具体的应用领域(如军事侦察、环境监测、健康和商业等),管理和信息安全纵向贯穿于各个层次的技术架构。其中无线传感器网络应用支撑层、无线传感器网络基础设施和基于无线传感器网络应用程序层的一部分共性功能,以及管理、信息安全等部分组成了无线传感器网络中间件和平台软件,它是无线传感器网络业务应用的公共基础,采用中间件实现技术,利用软件构件化、产品化有利于扩展无线传感器网络的应用,并简化设计和维护。下面简要介绍无线传感器网络软件平台的两个重要组成部分——中间件和操作系统。

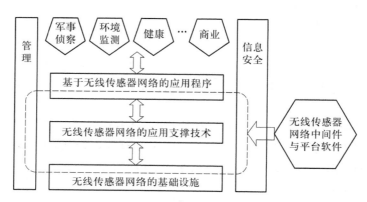

图 17.3.4　无线传感器网络应用系统架构

（1）中间件(middleware)

中间件在通信网络和 IT 系统间起桥接作用,它是一种独立的系统软件或服务程序,分布式应用软件借助中间件技术可实现资源共享。无线传感器网络中间件和平台软件体系结构主要分为四个层次:网络适配层、基础软件层、应用开发层和应用业务适配层。其中,网络适配层和基础软件层组成无线传感器网络节点嵌入式软件(部署在无线传感器网络节点中)的体系结构;应用开发层和应用业务适配层组成无线传感器网络应用支撑结构(支持应用业务的开发与实现)。在网络适配层中,网络适配器是对无线传感器网络底层(无线传感器网络基础设施、无线传感器操作系统)的封装;基础软件层包含无线传感器网络各种中间件,这些中间件构成无线传感器网络平台软件的公共基础,并提供了高度的灵活性、模块性和可移植性。

基础软件层包含的中间件如下:

① 网络中间件:主要完成无线传感器网络接入服务、网络生成服务、网络自愈合服务、网络连通等任务。

② 配置中间件:主要完成无线传感器网络的各种配置工作,如路由配置、拓扑结构的调整等。

③ 功能中间件:主要完成无线传感器网络各种应用业务的共性功能,提供各种功能框架接口。

④ 管理中间件:为无线传感器网络应用业务提供各种管理服务,如目录服务、资源管理、能量管理、生命周期管理等。

⑤ 安全中间件:为无线传感器网络应用业务提供各种安全服务,如安全管理、安

全监控、安全审计等。

　　无线传感器网络中间件和平台软件采用层次化、模块化的体系结构,使其更加适应无线传感器网络应用系统的要求,并用自身的复杂性换取应用开发的简便,而中间件技术能够更简单明了地满足应用的需要。一方面,中间件提供满足无线传感器网络个性化应用的解决方案,形成一种特别适用的支撑环境;另一方面,中间件通过整合,使无线传感器网络应用只需面对一个可以解决问题的软件平台,因而以无线传感器网络中间件和平台软件的灵活性、可扩展性保证了无线传感器网络的安全性,提高了无线传感器网络的数据管理能力和能量效率,降低了应用开发的复杂性。

　　(2) 操作系统

　　针对无线传感器网络应用的多样性、硬件功能有限、资源有限、节点微型化和分布式多协作等特点,需要开发专用的无线传感器网络操作系统。目前,典型的无线传感器网络操作系统有 TinyOS、MintisOS、SOS、MagnetOS 等。

　　TinyOS 是美国加州大学伯克利分校开发的一个开源的嵌入式操作系统,它采用一种基于组件(component-based)的开发方式,能够快速实现各种应用。它采用 nesC 语言编程,TinyOS 的很多特性,如并发模型、组件结构等都是由 nesC 语言实现的。

　　MintisOS 是美国科罗拉多大学开发的以易用性和灵活性为主要目标的无线传感器网络操作系统(简称 MOS)。它的内核和 API 采用标准 C 语言,提供 Linux 和 Windows 开发环境,方便用户使用。

　　SOS 是美国加州大学洛杉矶分校网络和嵌入式实验室(NESL)开发的一套无线传感器网络操作系统。SOS 可以消除很多操作系统静态的局限性;引入了消息模式来实现用户应用程序和操作系统内核的绑定。

　　MagnetOS 是美国康奈尔大学采用虚拟机的设计思想开发的无线传感器网络分布式操作系统。它能够为自组织网络提供单一的 Java 虚拟机系统映像,系统能够自动将应用程序分割成各种组件,并且以节能、延长网络寿命的方式将这些组件自动放置和迁移到最合适的节点上。

　　3. 无线传感器网络应用实例

　　无线传感器网络在国防军事、工业监控、环境与生态监测、农林业、医疗卫生、智能交通、智能楼宇、智能物流、智能能源等多个领域具有广泛的应用前景。

　　(1) WSN 在军事方面的应用

　　无线传感器网络凭借其可快速部署、自组织、隐蔽性强、高容错性等特点,非常适合在军事上应用。利用飞机或火炮等发射装置,将大量的传感器节点如智能微尘(smart dust)、灵巧传感器网络系统(smart sensor web)等布放在待测区域,从而实现对军事目标的搜索、监控、定位和跟踪等。目前,WSN 技术已经成为军事 C^4ISRT (Command,Control,Communication,Computing,Intelligence,Surveillance,Reconnaissance and Targeting)系统不可或缺的一部分,它将为未来的现代化战争提供集命令、控制、通信、计算、智能、监视、侦察和定位为一体的战场指挥系统,因而受到各国的普遍重视。

（2）WSN 在工业监控方面的应用

工业是无线传感器网络应用的重要领域，随着制造业朝着"智能化、数字化、网络化"的方向发展，将无线传感器网络嵌入到铁路、桥梁、公路、电网、建筑、矿/油井等各种工业仪表和自动化设备中，实现与工业过程的有机融合，从而大幅度提高生产制造效率和产品质量。一个典型的智能制造车间 WSN 如图 17.3.5 所示，将传感器网络用在智能监测中，将有助于工业生产过程的工艺优化，同时可以提高生产设备的实时监控、工业安全生产管理等水平，使得生产过程的智能化水平不断提高。

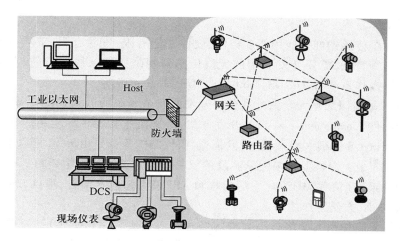

图 17.3.5   典型的智能制造车间 WSN

（3）WSN 在气象生态环境监测方面的应用

人类面临的生态环境问题日益突出，通过对气象生态环境进行全天候、全方位的实时监测可为有效管理气象生态环境提供科学数据。目前，无线传感器网络已经在动植物生长环境监测、生化监测、海洋监测、空间探测，以及洪水、火灾、地震、山体滑坡等自然灾害监测等方面开始应用。

图 17.3.6 所示为典型的农业生态环境监测 WSN 系统，应用无线传感器网络实时监测温度、湿度、光照强度、土壤成分、PH 值、CO_2 浓度、O_2 浓度等信息，为精准调控农作物生长的最佳环境提供科学依据，最终实现农业生产的标准化、数字化和网络化。

总之，无线传感器网络有着十分广泛的应用前景，它不仅在军事、工业、农业、环境、医疗等传统领域具有巨大的应用价值，未来还将在许多新兴领域体现其优越性，如家用、保健、交通等领域。可以预见，未来无线传感器网络将无处不在，完全融入我们日常生活和社会生产活动中。随着技术的进步和经济的发展，对无线传感器网络的进一步研究，将对未来高技术民用和军事发展具有重要的经济和战略意义。

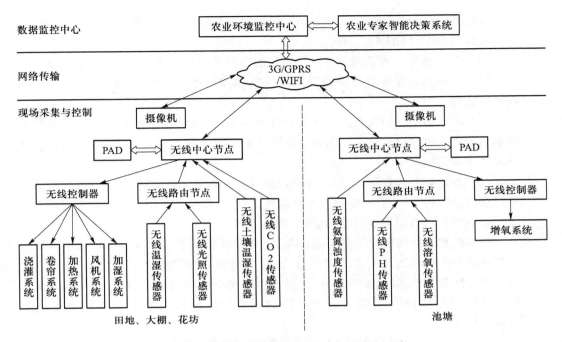

图 17.3.6　典型的农业生态环境监测 WSN 系统

17.4　物联网技术

17.4.1　物联网概述

1. 物联网的概念

物联网（Internet of Things, IoT），即"物物相连的互联网"。物联网技术是通信技术、互联网技术、信息技术、传感技术发展到一定阶段之后出现的集成技术，物联网的核心和基础仍然是互联网，它是在互联网基础上将用户端延伸和扩展到了任何物品与物品之间；它通过自动识别、传感器等信息感知设备对感知对象进行识别、信息交换和通信，以实现智能化管理。因此，物联网是互联网、移动通信网络应用的延伸，是传感器、自动控制、遥测遥控及信息技术的综合应用和展现，被认为是继计算机、互联网和移动通信技术之后世界 IT 产业的又一次新的浪潮。

目前关于物联网还没有一个统一的定义，业界基本接受的定义是：物联网是通过各种信息传感设备，如射频识别（radio frequency identification, RFID）装置、红外感应器、条码与二维码、激光扫描器、全球定位系统等，按约定的协议，把任何物品与互联网连接起来，进行信息交换和通信，以实现智能化识别、定位、跟踪、监控和管理的一种网络。

与传统的互联网相比，物联网具有鲜明的特征，即全面感知、可靠传输和智能处理三大特征,它实现了任何人(anyone)、任何时间(anytime)、任何地点(anywhere)及任何物体(anything)的 4A 连接。

(1)全面感知。物联网中部署了大量的多种类型的传感器,利用传感器、RFID、二维码等各种感知设备对物理世界进行感知,实时采集和获取物体的信息,并且不断更新数据。

(2)可靠传输。通过各种无线和有线网络与互联网的融合,实现对物体信息和数据的准确实时传输和交互。在数据传输中必须采取有效手段,以适应各种异构网络和网络通信协议。

(3)智能处理。利用云计算、模糊识别等各种智能信息处理技术,对海量的数据和信息进行分析和处理,对物体实施智能化的控制,以适应不同用户的应用需求。

2. 物联网与互联网、传感器网络之间的关系

计算机和互联网面向的是信息世界,物联网则实现了信息世界和物理世界的融合。物联网不仅有人与人之间的通信,还有人与物、物与物之间的通信。传感器网络是物联网最基础、最底层的部分,是所有物联网上层应用实现的基础,传感器网络的应用将是物联网与互联网最大区别之所在。传感器网络与物联网的对比见表17.4.1。

表 17.4.1　传感器网络与物联网的对比

比较项	传感器网络	物联网
定义	大量的静止或移动的传感器以自组织和多跳的方式构成的无线网络	通信网和互联网的拓展应用和网络延伸,它利用感知技术与智能装置对物理世界进行感知识别
终端	大量的传感器节点	传感器、RFID、二维码、GPS、内置移动的各种模块
基础网络	无	传感器、互联网、电信网、移动网等
通信对象	物对物	物对物、物对人

可见,物联网的概念要比传感器网络的概念更大,无线传感器网络是构成物联网感知层和网络层的重要组成部分,无线传感网络是物联网的核心技术之一。

3. 物联网的体系结构

按照物联网数据的产生、传输和处理的流动方向,通常将物联网自下而上划分为感知层、网络层和应用层三个层次,如图 17.4.1 所示。在物联网的三层体系结构中,感知层用来感知数据,相当于人的五官和皮肤;网络层负责数据传输,相当于人的神经中枢和大脑;应用层相当于人的社会分工。

(1)感知层

感知层主要负责物理世界和信息世界的衔接。它依靠部署在其中具有感知和识别功能的设备如各类传感器、执行器、二维码标签、RFID 标签和读写器、摄像头、IC卡、红外感应器、GPS 等获取物品的信息并进行初步地处理。感知层的功能是采集物品信息,传递控制信号,因此也称为感知互动层。

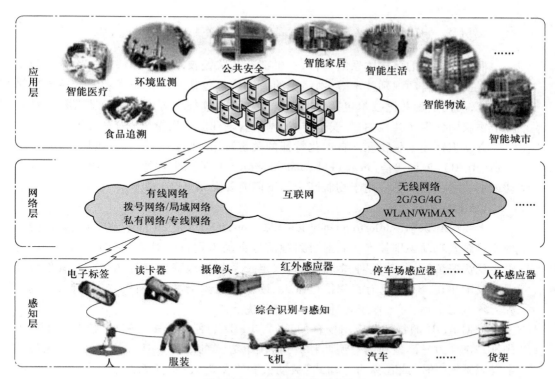

图 17.4.1 物联网的体系结构

感知层是物联网应用的基础,涉及的主要技术包括 RFID 技术、传感器技术、电子产品编码(electronic product code,EPC)技术、定位技术等。

(2) 网络层

网络层主要负责感知层与应用层之间的数据传输。它通过互联网、移动通信网、卫星通信网、企业内部网、各类专网、小型局域网等基础网络设施,对来自感知层的信息进行接入和传输,实现数据和控制信息的双向传输、路由和控制。

网络层是物联网的关键环节,它通过各种近距离通信技术(如蓝牙、ZigBee、WiFi等)、4G/5G 通信技术、卫星通信技术等多种通信技术实现对信息的传输。由于现有各种通信技术是针对不同的目标而设计,因此物联网必须针对众多的异构网络实现无缝的互联互通。

(3) 应用层

应用层利用经过分析处理的感知数据,构建面向各类行业实际应用的管理平台和运行平台,为用户提供丰富的特定服务。应用层是物联网与行业专业技术的深度融合,是行业智能化应用的解决方案集。

应用层是物联网发展的目的,也是物联网产业的核心价值所在。通过海量数据处理、云计算、人工智能等各种智能信息处理技术,实现物联网的智能应用,如智能交通、智能医疗、智能物流等。

17.4.2   物联网的关键技术——RFID 技术

根据物联网的层次体系结构,每一层都有其关键技术。感知层的关键技术包括传感器技术和自动识别技术等;网络层的关键技术包括互联网技术和无线传输网络技术等;应用层的关键技术包括数据库技术和云计算技术等。还有一些技术是针对整个物联网各层次共性的,如安全技术、网络管理和服务质量(QoS)管理等。

自动识别技术是物联网自动化特征的关键环节,条形码识别、二维码识别、射频识别(RFID)、近场通信(near field communication,NFC)、生物特征识别和卡识别等自动识别技术已被广泛应用于物联网中。下面简要介绍 RFID 技术。

1. RFID 的概念

无线射频识别(radio frequency identification,RFID)是 20 世纪 90 年代兴起的一种非接触式自动识别技术。它通过射频信号自动识别目标对象并获取相关数据,可以实现快速读写、移动识别、多目标识别、定位及长期跟踪管理等功能。与其他自动识别技术相比,RFID 具有存储信息量大、读取信息安全可靠、操作方便快捷,识别过程无须人工干预,可工作于各种恶劣环境等优点。

根据 RFID 的特征和应用场合的不同,RFID 的种类很多。例如,按照其工作方式,RFID 分为只读型和读写型两种;按照供电方式的不同,RFID 分为有源、无源和半有源系统三种,或者称为主动式、被动式和半主动式;按照系统工作频率的不同,RFID 分为低频(30~300kHz)、高频(3~30MHz)、超高频(300 MHz ~3GHz)和微波(2.45GHz 以上)四种;按照作用距离的不同,RFID 分为密耦合(0~1cm)、遥耦合(1m以内)和远距离(1~10m 或更远)三种;按照耦合方式不同,RFID 分为电感耦合和电磁反向散射耦合两种;等等。

2. RFID 系统的构成

典型的 RFID 系统由电子标签、读写器、中间件和应用系统软件四部分构成,如图 17.4.2 所示。

RFID 的基本工作原理:首先由读写器发射一定频率的射频信号;当电子标签进入磁场,接收到读写器发射的无线电波,电子标签天线产生感应电流,电子标签获得能量被激活;电子标签将自身编码等信息通过内置天线发射出去;读写器依时序对接收到的数据进行解调和解码;并送给中间件进行数据处理,然后将处理的数据交给后台应用系统软件进行管理操作。

(1) 电子标签(tag 或 transponder)

电子标签也称为应答器、射频标签、智能标签或感应标签,它作为特定的标识附着在被识别的物体上,一般由 IC 芯片和无线通信天线组成。每个芯片含有唯一的标识码 UID(unique identifier),保存有特定格式的电子数据,如 EPC 物品编码信息等。内置的射频天线用于与读写器进行通信,读写器以无线电波的形式非接触地读取芯片数据,并通过读写器的处理器进行信息解读和相关管理。

电子标签有多种类型,随应用目的和场合的不同而有所不同。常用的电子标签有卡式、环状、纽扣状、钉状和纸质等形式,如图 17.4.3 所示。

17-8 电子
标签

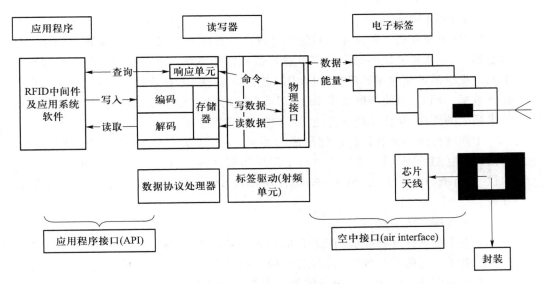

图 17.4.2 典型的 RFID 系统

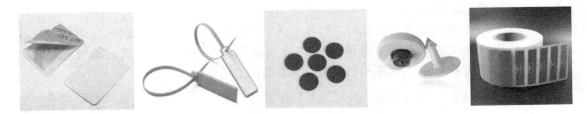

图 17.4.3 电子标签

（2）读写器（reader）

读写器是利用射频技术读写电子标签信息的设备，在 RFID 系统中扮演着重要的角色，通常由天线、射频接口和逻辑控制单元三部分组成。读写器通过天线与电子标签进行双向数据通信，可以实现对标签识别码和内存数据的读出或写入操作。

目前，常见的读写器有固定式读写器、便携式读写器、工业读写器、OEM 读写器等，如图 17.4.4 所示。

17-9 读写器

图 17.4.4 读写器

（3）RFID 中间件

RFID 中间件是一种独立的系统软件或服务程序,介于前端读写器硬件模块与后端数据库、应用软件之间,它是 RFID 读写器和应用系统之间的中介。应用程序使用中间件提供的通用应用程序接口(API),连接到各种 RFID 读写器设备,并读取电子标签数据。RFID 中间件屏蔽了 RFID 设备的多样性和复杂性,能够为后台业务系统提供强大的支撑,从而推动更广泛、更丰富的 RFID 应用。

中间件作为一个软硬件系统集成的桥梁,一方面负责与 RFID 硬件及配套设备的信息交互与管理,另一方面负责与上层应用软件的信息交换。目前,RFID 中间件的供应商有 IBM、BEA、SUN、Sybase、Oracle、SAP、Microsoft、深圳立格、清华同方等。

（4）应用系统软件

应用系统软件是直接面向 RFID 应用的最终用户的人机交互界面,协助使用者完成对电子标签的读写控制、读写器的指令操作以及对中间件的逻辑设置等,并使用可视化界面进行展示。应用系统软件需要根据不同应用领域的企业进行专门定制,因此很难具有通用性。应用系统软件可以是各种类型的数据库或供应链系统,也可以是面向特定行业的、高度专业化的管理数据库,或者是企业资源计划(ERP)大型数据库等。

RFID 作为物联网系统的关键技术之一,近年来得到了迅猛发展,应用范围日益扩展,目前已广泛应用于身份识别、工业自动化、商业自动化、交通运输管理、物流、防伪等众多领域,为物联网的应用和发展提供了基础。

17.4.3　物联网的应用

1. 物联网的应用模式及应用领域

（1）智能标签和对象智能辨识。标签与标识是一个物体特定的重要象征,在移动物联网时代,物体更是拥有二维码、条码、RFID 等智能标签。通过智能标签,可以进行对象识别,读取相关信息。

（2）对象行为智能监测监控与跟踪。在如今互联网和移动互联网高速发展的时代,社会环境中的各种对象及其行为都可通过物联网进行监控和跟踪。例如,可以通过物联网对市区的环境噪声、大气 CO_2 浓度以及机动车位置和流量等进行智能监控与跟踪。

（3）智能控制与反馈。基于云计算平台和智能网络,依据传感器网络获取的数据信息,对对象的行为进行智能控制和反馈。例如,根据光照强弱自动调整路灯的亮度,根据机动车流量自动调整红绿灯的灯时等。

目前,物联网的应用领域非常广泛,遍及各行各业,智能工业、智能农业、智能物流、智能交通、智能电网、智能环保、智能安防、智能医疗、智能家居、智慧地球、智慧城市、智慧工厂、智慧校园、智慧社区等都是物联网应用的具体体现。

2. 工业物联网的应用实例

工业物联网(Industrial Internet of Things,IIoT)是将具有感知、监控能力的各类传

17-10 智慧城市物联网

感器或控制器,以及移动通信、智能分析等技术不断融入工业生产过程各个环节,从而大幅提高制造效率,改善产品质量,降低产品成本和资源消耗,最终实现将传统工业提升到智能化的新阶段。从应用形式上,工业物联网的应用具有实时性、自动化、嵌入式(软件)、安全性和信息互通互联性等特点。

工业物联网在制造企业中的典型应用如下:

(1)生产设备互连。利用数字化生产设备提供的数据接口,将各生产设备从物理上连接成一个网络,利用协议转换软件将网络组成一个通用的 IP 网络。

(2)物品识别定位系统。利用 RFID 等识别定位技术来标识生产过程中使用的原材料、半成品和成品,并利用物联网技术将该系统接入计算机网络,完成对物品数量、所处位置、责任人员信息等的数字化管理。

(3)能耗自动检测系统。利用有关装置完成对电能、气能、热能消耗数据的自动采集,并将这些系统接入物联网,通过计算机网络提供的信息功能完成对这些数据的管理。

(4)生产设备状态检测。利用生产设备提供的数字接口获取该生产设备的内部参数和运行过程中的动态参数,通过无线传输技术与相应的集中控制装置连接成一个小型的物联网,利用信息技术对这些数据进行管理,并根据企业生产管理的要求做出相应的处理。

(5)生产考核系统。采用数字化生产设备互连系统中的生产数据的动态采集,获取动态生产数量的数据采集,利用数据库系统中的生产安排,建立生产员工、时间、生产数量的对应关系,完成员工业绩的统计和考核。

(6)环保监测系统。物联网与环保设备的融合实现了对工业生产过程中产生的各种污染源及污染治理各环节关键指标的实时监控。在重点排污企业排污口安装无线传感设备,不仅可以实时监测企业排污数据,而且可以远程关闭排污口,防止突发性环境污染事故的发生。

习题与思考题

1. 自动检测系统具有哪些功能特点? 举例说明传感器在自动检测系统中发挥的作用。

2. 以某一工程量(如压力、流量、位移等)为例,设计一套自动检测系统,描述系统的功能、性能指标及主要组成环节(如传感器类型和型号、信号调理电路、控制计算机、接口设计、应用程序框图等),说明系统工作原理和工作过程。

3. 某自动检测系统的测试对象是温室大棚,被测量为温室大棚温度和湿度,要求测量精度分别为 +1℃、+3%RH,每 10 min 采集一次数据,应选择哪一种 A/D 转换器和通道方案?

4. 虚拟仪器的含义是什么? 与传统仪器相比,虚拟仪器有哪些优点?

5. 试用 LabVIEW 设计一个多功能信号发生器、一个数字调制解调器。

6. 无线传感器网络的传感器节点有哪些部分组成? 简述无线传感器网络的特

点及其体系结构。

7. RFID 系统由哪几个部分构成？它是如何工作的？

8. 简述物联网与传感器网络、互联网之间的关系。举例说明物联网的典型应用案例。

附录 1　镍铬–镍硅(镍铝)K 型热电偶分度表

附录 1 镍铬–镍硅(镍
铝)K 型热电偶分度表

附录 2 习题与思考题参考答案

附录 2 习题与思考题参
考答案

参考文献

[1] 费业泰.误差理论与数据处理[M].6版.北京:机械工业出版社,2014.

[2] 孙长库,胡晓东.精密测量理论与技术基础[M].北京:机械工业出版社,2015.

[3] 张文娜,熊飞丽.计量技术基础[M].北京:国防工业出版社,2009.

[4] 仝卫国,苏杰,赵文杰编著.计量技术与应用[M].北京:中国质检/标准出版社,2015.

[5] 倪育才.实用测量不确定度评定[M].3版.北京:中国计量出版社,2009.

[6] 贾民平,张洪亭.测试技术[M].2版.北京:高等教育出版社,2009.

[7] 江征风.测试技术基础[M].2版.北京:北京大学出版社,2010.

[8] 孔德仁,王芳.工程测试技术[M].3版.北京:北京航空航天大学出版社,2016.

[9] 马化祥,王艳颖,刘念聪.工程测试技术[M].武汉:华中科技大学出版社,2014.

[10] 祝海林.机械工程测试技术[M].北京:机械工业出版社,2014.

[11] 郑建明,班华.工程测试技术及应用[M].北京:电子工业出版社,2011.

[12] 郑艳玲,张登攀.工程测试技术[M].北京:电子工业出版社,2011.

[13] 谢里阳,孙红春,林贵瑜.机械工程测试技术[M].北京:机械工业出版社,2012.

[14] 马西秦,许振中.赖申江.自动检测技术[M].3版.北京:机械工业出版社,2009.

[15] 梁森,欧阳三泰,王侃夫.自动检测技术及应用[M].2版.北京:机械工业出版社,2012.

[16] 周杏鹏,仇国富.现代检测技术[M].2版.北京:高等教育出版社,2010.

[17] 陈杰,黄鸿.传感器与检测技术[M].2版.北京:高等教育出版社,2010.

[18] 胡向东.传感器与检测技术[M].2版.北京:机械工业出版社,2013.

[19] 余成波,陶红艳.传感器与现代检测技术[M].2版.北京:清华大学出版社,2014.

[20] 樊尚春.传感器技术及应用[M].3版.北京:北京航空航天大学出版社,2016.

[21] 彭杰纲.传感器原理及应用[M].2版.北京:电子工业出版社,2017.

[22] 杨清梅,孙建民.传感技术及应用[M].北京:清华大学出版社,2014.

[23] 何道清,张禾,谌海云.传感器与传感器技术[M].3版.北京:科学出版社,2014.

［24］刘传玺,袁照平,程丽平.传感与检测技术［M］.2 版.北京:机械工业出版社,2017.

［25］唐露新,骆德汉,徐今强.传感与检测技术［M］.3 版.北京:科学出版社,2011.

［26］潘炼.传感器原理及应用［M］.北京:电子工业出版社,2012.

［27］刘迎春,叶湘滨.传感器原理、设计与应用［M］.5 版.北京:国防工业出版社,2015.

［28］栾桂冬,张金铎,金欢阳.传感器及其应用［M］.2 版.西安:西安电子科技大学出版社,2012.

［29］李林功.传感器技术及应用［M］.北京:科学出版社,2015.

［30］樊尚春,刘广玉.新型传感技术及应用［M］.2 版.北京:中国电力出版社,2011.

［31］周浩敏,钱政.智能传感技术与系统［M］.北京:北京航空航天大学出版社,2008.

［32］刘君华.智能传感器系统［M］.2 版.西安:西安电子科技大学出版社,2010.

［33］蒋亚东,太惠玲,谢光忠,杜晓松,等.敏感材料与传感器［M］.北京:科学出版社,2016.

［34］何金田,刘晓昊.智能传感器原理、设计与应用［M］.北京:电子工业出版社,2012.

［35］江晓军.光电传感与检测技术［M］.北京:机械工业出版社,2011.

［36］王庆友.光电传感器应用技术［M］.2 版.北京:机械工业出版社,2014.

［37］王平,刘清君,陈星.生物医学传感与检测［M］.4 版.杭州:浙江大学出版社,2016.

［38］永远.传感器原理与检测技术［M］.北京:科学出版社,2013.

［39］徐开先,钱正洪,张彤,刘沁,等.传感器实用技术［M］.北京:国防工业出版社,2016.

［40］杨圣,张韶宇.先进传感技术［M］.合肥:中国科学技术大学出版社,2014.

［41］王平.细胞传感器［M］.北京:科学出版社,2007.

［42］王营冠,王智.无线传感器网络［M］.北京:电子工业出版社,2012.

［43］施云波.无线传感器网络技术概论［M］.西安:西安电子科技大学出版社,2017.

［44］韩毅刚,冯飞,杨仁宇,等.物联网概论［M］.2 版.北京:机械工业出版社,2018.

［45］孙艳,孙峰,杨玉孝,谭玉山.光学免疫传感器技术与应用［J］.传感器技术,2002(7):5-8.

［46］张玉萍,肖忠党.细胞传感器的研究进展［J］.传感器与微系统,2008,27(6):5-9.

［47］姚雅红,高钟毓,吕苗,等.采用薄片溶解工艺制造微机械惯性仪表的实验

研究[J].清华大学学报,1999.38(11):12-15.

[48] 何金田,张全法.传感检测技术例题习题及试题集[M].哈尔滨:哈尔滨工业大学出版社,2008.

[49] 梁福平.传感器原理及检测技术学习与实践指导[M].武汉:华中科技大学出版社,2014.

[50] 李玮华.机械工程测试技术基础学习指导、典型题解析与习题解答[M].北京:机械工业出版社,2013.

[51] 汤琳、曾光明等,基于抑制作用的新型葡萄糖氧化酶传感器测定环境污染物汞离子的研究[J].分析科学学报,2005,21(2):123-126.

[52] ANDREEACU S, SADIK O A. Correlation of analyte structures with biosensor responses using the detection of phenolic estrogens as a model[J], Anal Chem., 2004,76(3):552-560.

[53] HAN T S, KIM Y C, SASAKI S, et al. Microbial sensor for trichloroethylene determination[J]. Anal Chim Acta, 2001,43:225.